中国古建筑挂落500例

刘永红　樊友恒　徐大勇　主编

中国建筑工业出版社

图书在版编目（CIP）数据

中国古建筑挂落500例/刘永红等主编. —北京：中国建筑工业出版社，2010
ISBN 978-7-112-11963-9

Ⅰ.中… Ⅱ.刘… Ⅲ.古建筑-建筑装饰-中国
Ⅳ.TU-092.2

中国版本图书馆CIP数据核字（2010）第050597号

本书以中国古建筑挂落设计为专题，收集整理了500余例古建筑挂落设计方案图，分成6个部分，以AutoCAD矢量图的形式展现给读者，即节点大样、花牙子、矩花挂落、菱花挂落、圆花挂落和组合挂落。随书附送的AutoCAD矢量图光盘，与书的内容完全对应，读者可将选中的设计方案修改后直接下载打印成图纸用于工程中，非常方便。

本书可作为数据库，为从事古建筑设计、维修和仿古装饰装修的工程技术人员提供服务。其实用、方便、快捷的特点，一定会受到广大读者的欢迎。

责任编辑：周世明
责任设计：张　虹
责任校对：王金珠　王雪竹

中国古建筑挂落500例
刘永红　樊友恒　徐大勇　主编
*
中国建筑工业出版社出版、发行（北京西郊百万庄）
各地新华书店、建筑书店经销
北京嘉泰利德公司制版
北京中科印刷有限公司印刷
*
开本：880×1230毫米　1/16　印张：31¾　字数：1010千字
2010年8月第一版　2010年8月第一次印刷
定价：**89.00**元（附光盘）
ISBN 978-7-112-11963-9
(19228)

《中国古建筑挂落500例》
编 委 会 名 单

前　　言

挂落是中国古建筑的重要组成部分。它具有装饰梁底、分割空间、改善受力、竖向遮阳、活跃气氛等功能。由于它的功能特殊，所以常用于古建筑中。在现代建筑中也有点缀一二的，这样使得建筑风格别具一番韵味。凡是有华人居住的地方，不分国内和海外，只要建造居所，都会首先想到具有中国特色的民族建筑。如门窗、栏杆、挂落等，含有丰富的民族底蕴，也弘扬了中国建筑所具有的民族文化。

挂落也随着中国古建筑的发展经历了一个漫长的发展过程。大体可分为三类：一、皇家建筑；二、官府建筑；三、民居建筑。皇家建筑至高无上；官府建筑等级森严；民居建筑朴实无华。在皇家建筑中就大量地采用了挂落构件，如故宫、颐和园的建筑中都出现了挂落和变形鸡脚罩等。也随着官府大员告老还乡，建造居所，使得民居建筑也拉开了档次。只要在不犯忌的情况下，民居建筑也建造得精美别致。这样就出现了江南的苏州园林、岭南园林和各种别具特色的民居建筑。在各处园林、豪宅中的雕梁画栋就是一例。

随着中国古建筑的发展历程，在建造中国古建筑中的智慧工匠利用建筑的边角余料，建造成了各式各样的精美花色图案的挂落，安装在梁底，这样就产生了意想不到的建筑效果。它使得中国古建筑更具有了立体感、层次感、韵律感，真可谓美不胜收。由于挂落用料不大、用工又省、造价也低，具有很强的实用性，同时也增强了房屋的整体性，提高了房屋的抗震功能，因此大量地出现在中国古建筑中，特别是民居建筑中。挂落走进了千家万户，使得民居建筑也风姿多彩。

但是也正由于挂落的风姿多彩，给我们从事古建筑设计工作者，在设计中采用什么挂落提出了一个很高的要求。使自己的作品怎样才能不落俗套，更具观赏性、实用性，又与整个建筑更加协调、风格一致呢？为了解决这个难题，我们根据多年来从事古建筑设计的经验，收集、整理、汇编成册，为广大从事古建筑设计工作者提供了一条捷径，从我们汇编的挂落一书中信手拈来，选取自己所需要的，又与自己的作品相得益彰的挂落，更使作品具有观赏美感。

本书收集了各种形式的挂落，有矩花型、菱花型、圆花型、组合型等，可以用于古建筑中的亭台楼阁。

本书是《中国古建筑门窗500例》、《中国古建筑栏杆300例》的姊妹篇。三书在手，从事古建筑设计就会更加得心应手，也会使自己的作品更上一层楼。

由于缩放原因，书中有些尺寸无法标注，具体见光盘。

目　　录

1 节点大样

（由于缩放原因，有些尺寸无法标注，具体见光盘）

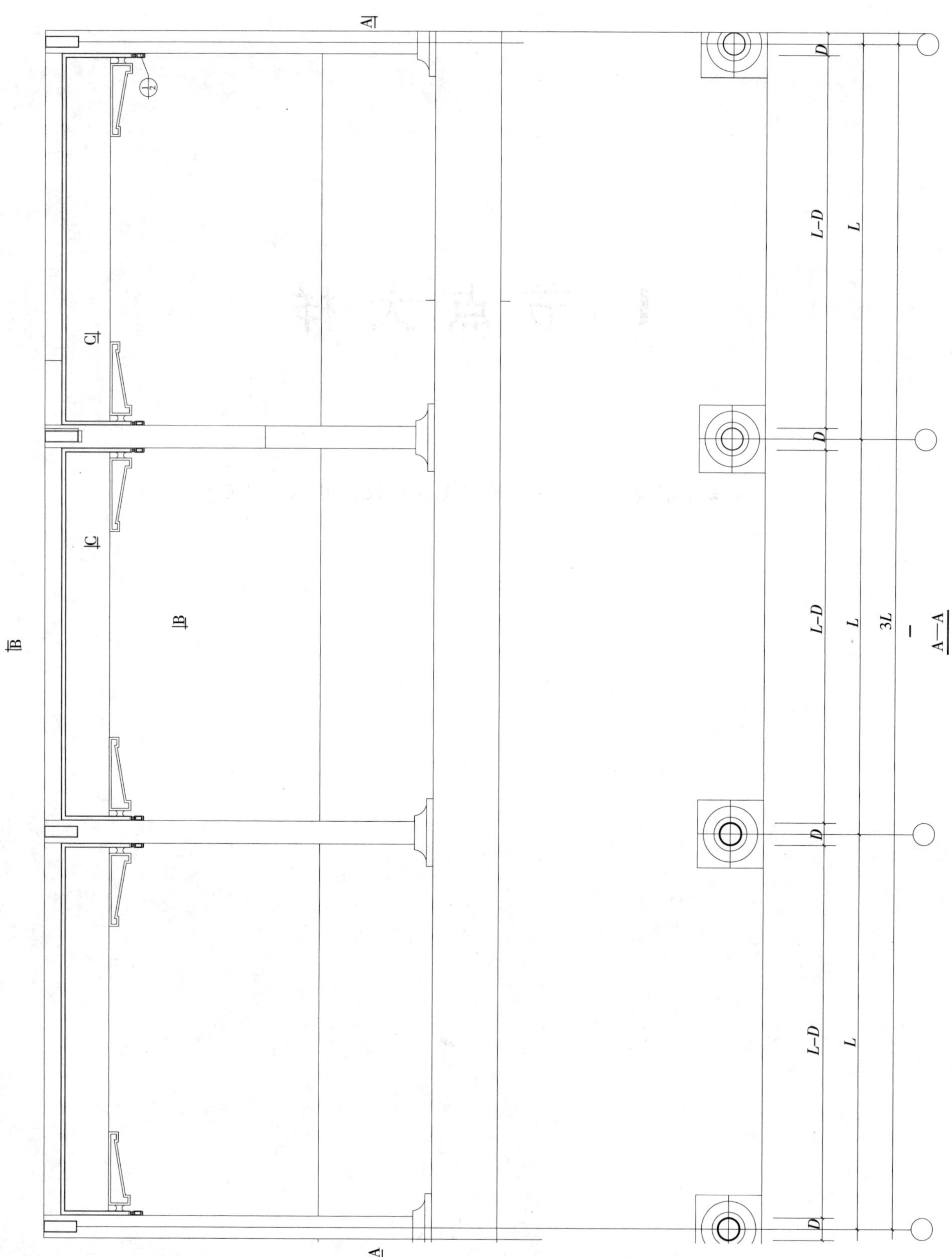
A
A
B
B
C
C
D
D
D
D
L–D
L–D
L–D
L
L
L
3L
A—A

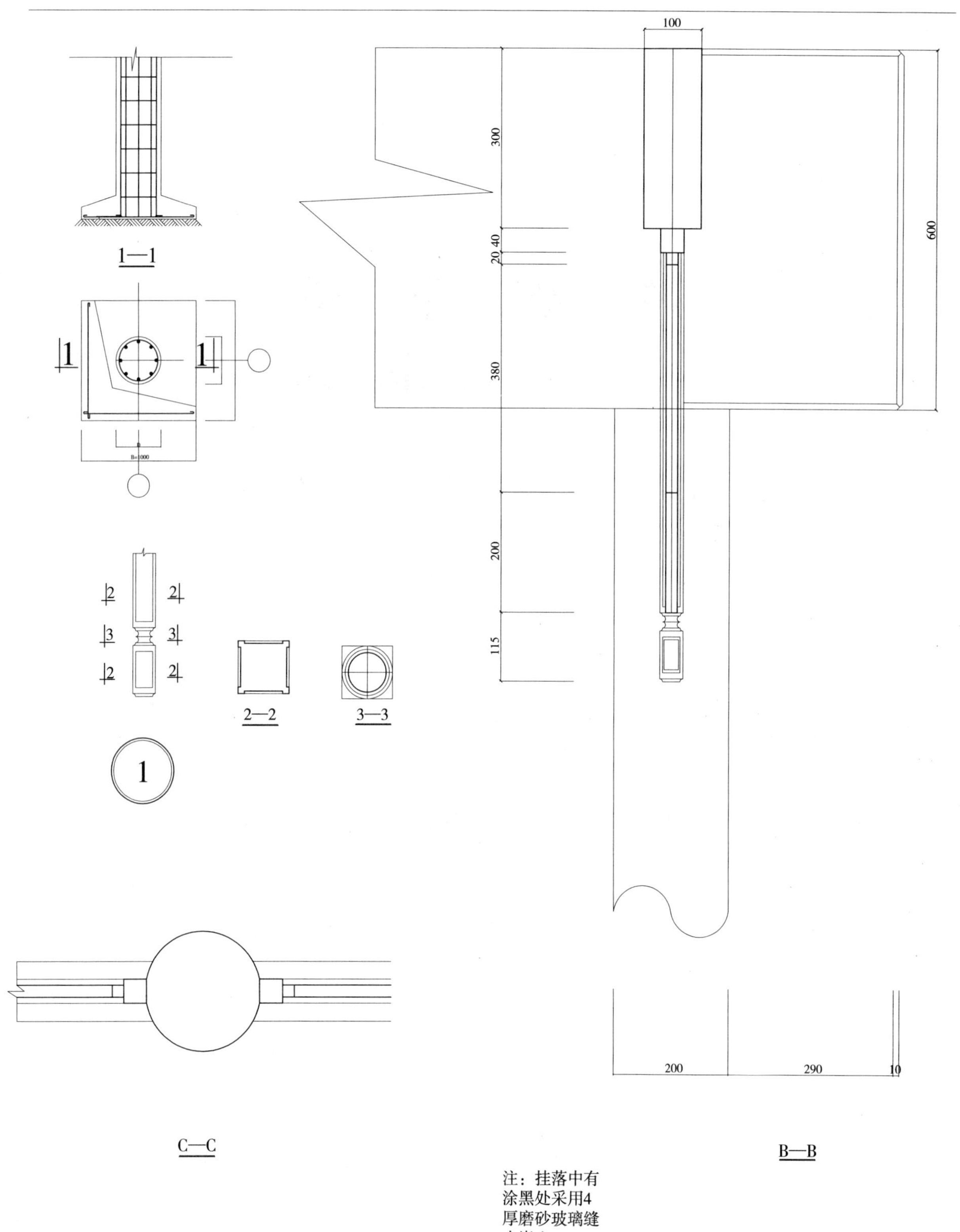

注：挂落中有
涂黑处采用4
厚磨砂玻璃缝
中嵌入

2 花　牙　子

（HY－01～HY－40）

（由于缩放原因，有些尺寸无法标注，具体见光盘）

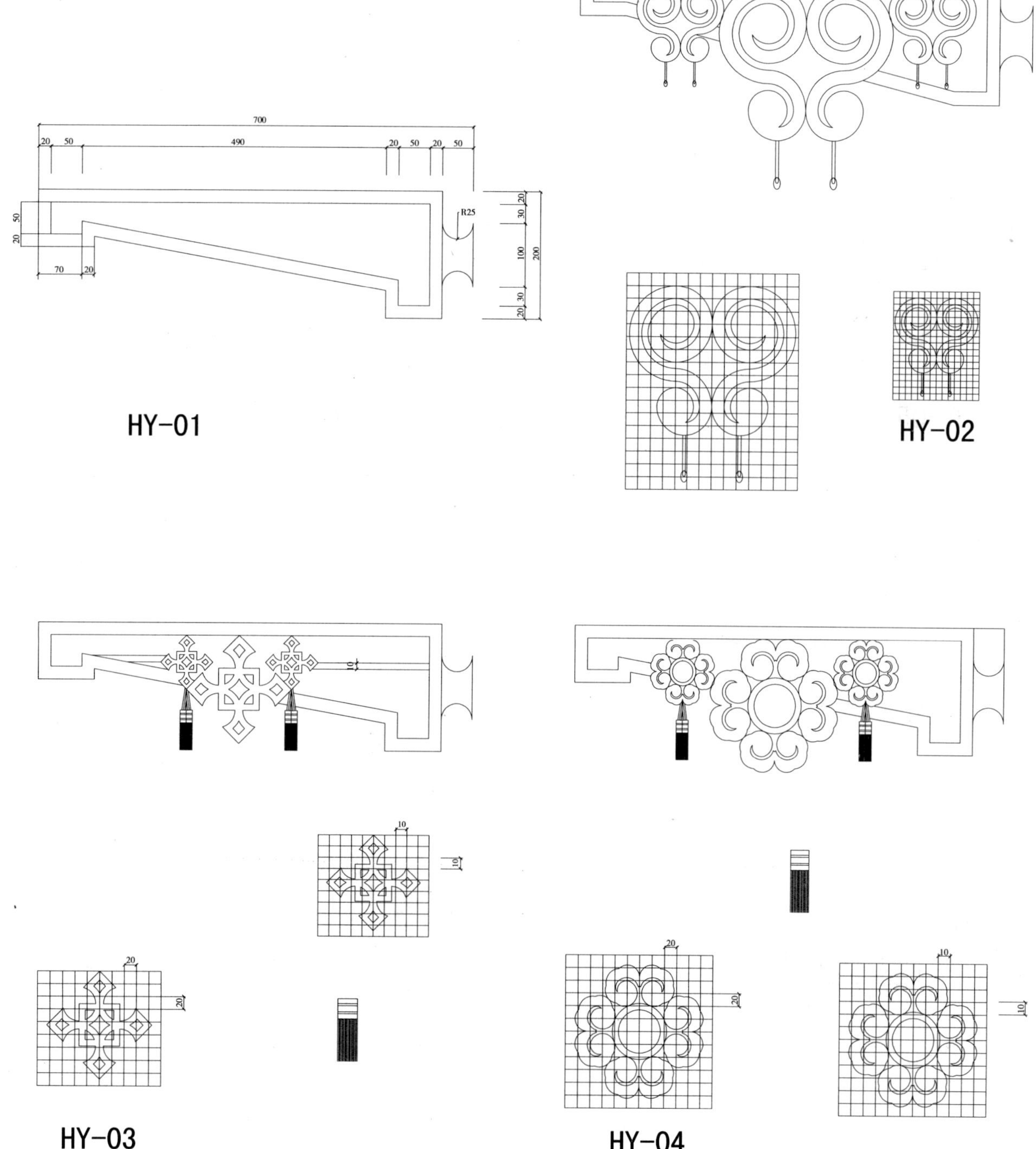

700
20
50
490
20
50
20
50
R25
50
20
70
20
20
30
100
200
30
20
HY-01
HY-02
10
10
10
20
20
HY-03
20
20
10
10
HY-04

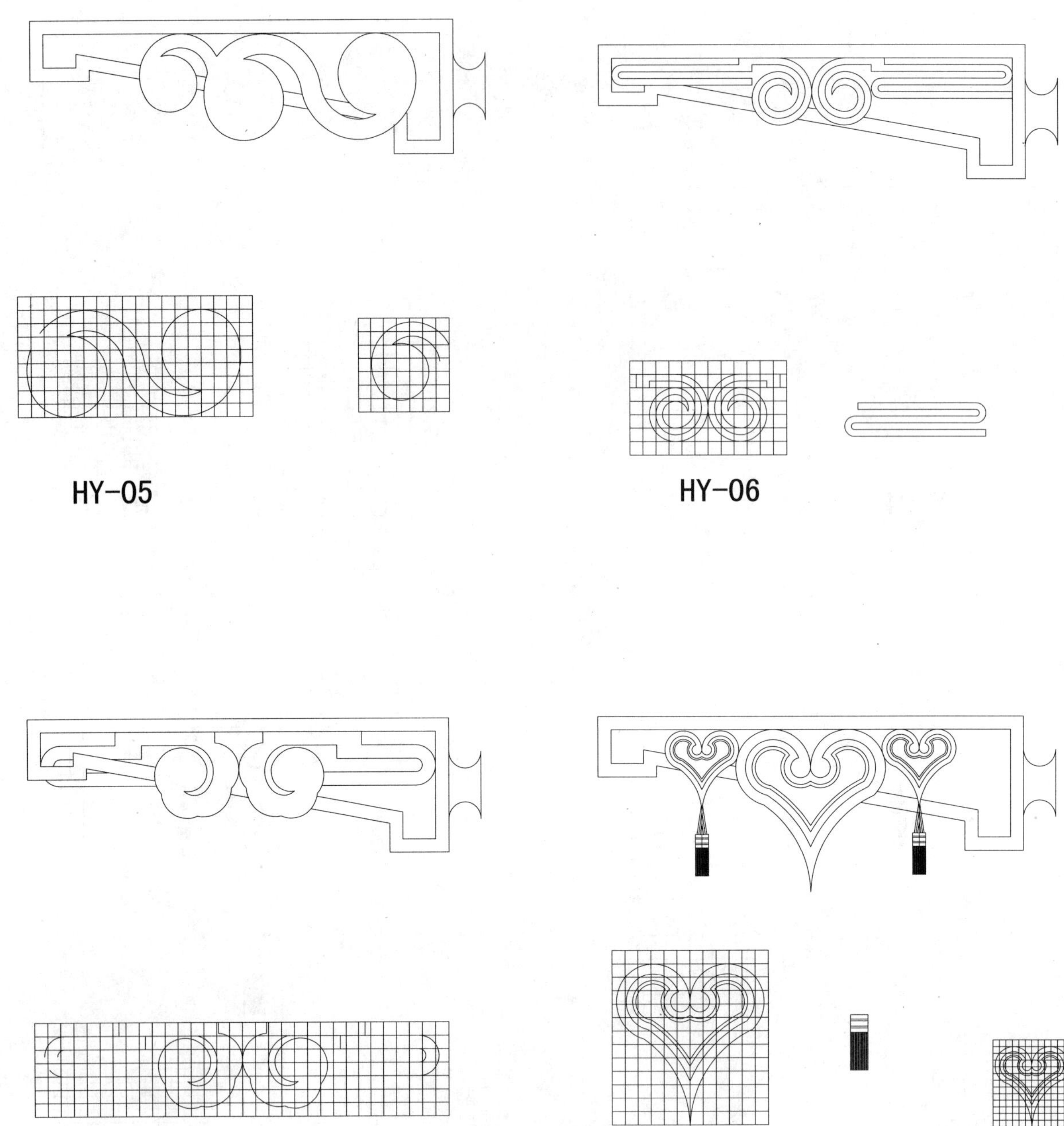
HY-05
HY-06
HY-07
HY-08

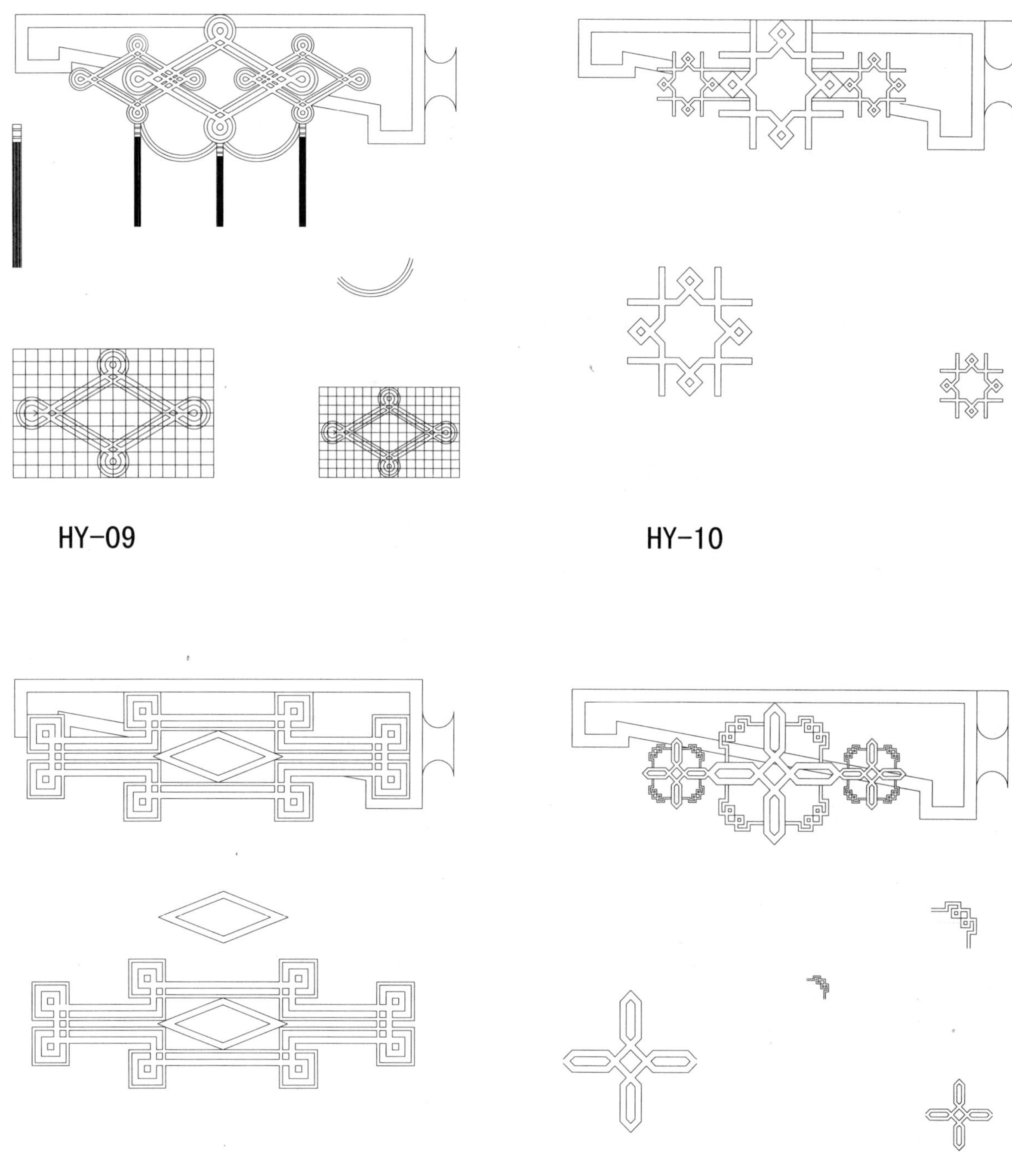

HY-11　　HY-12

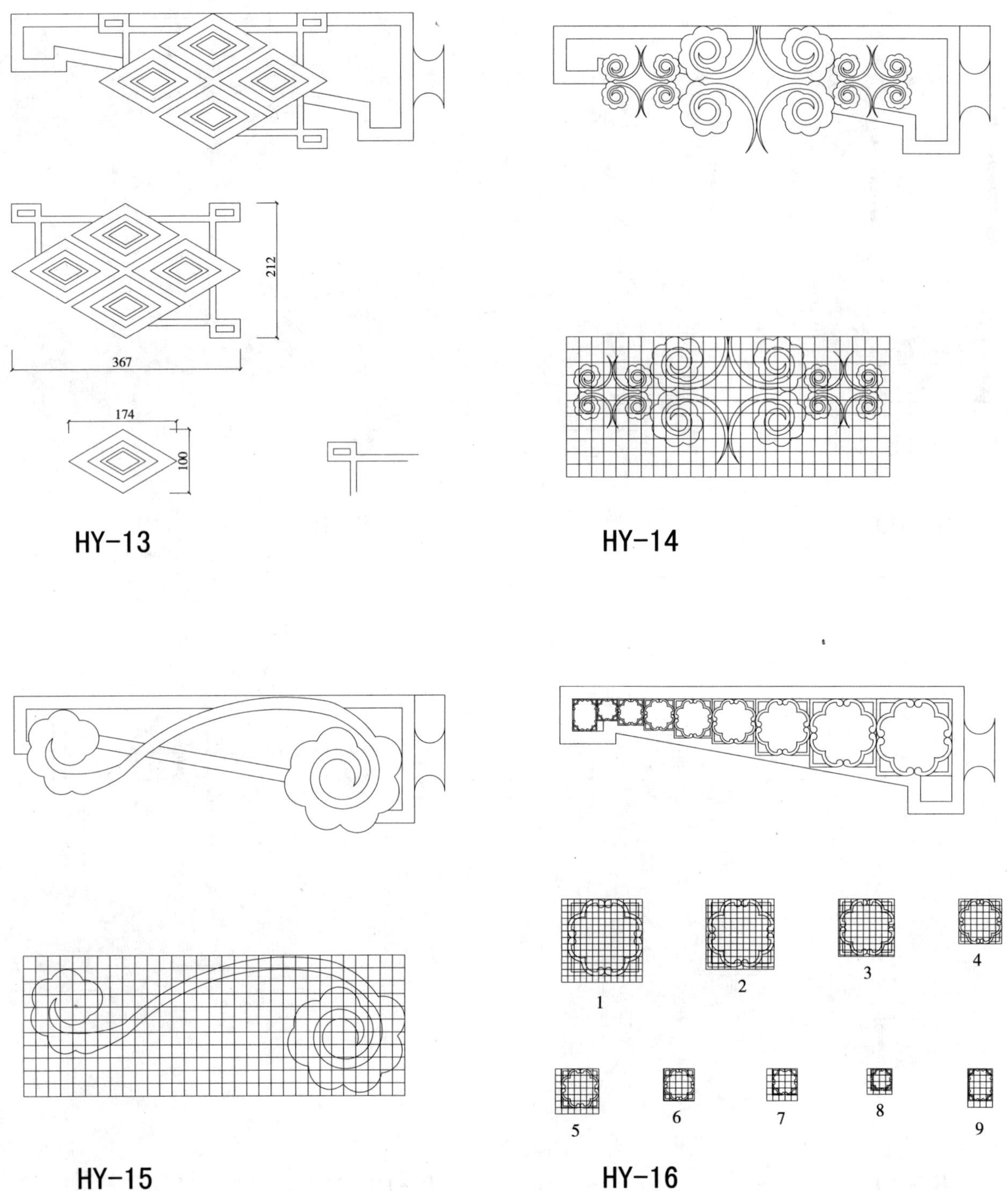

HY-13

HY-14

HY-15

HY-16

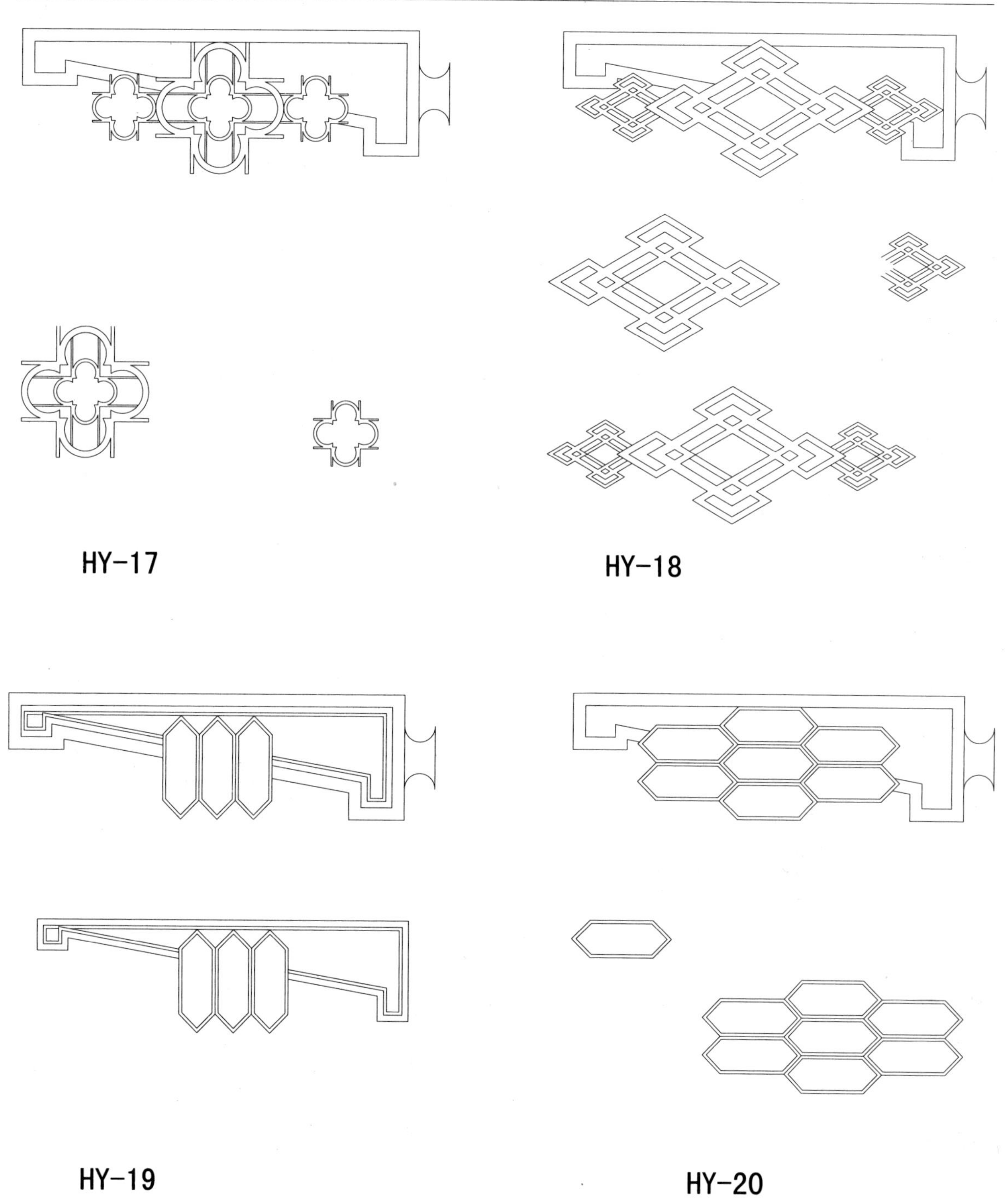
HY-17
HY-18
HY-19
HY-20

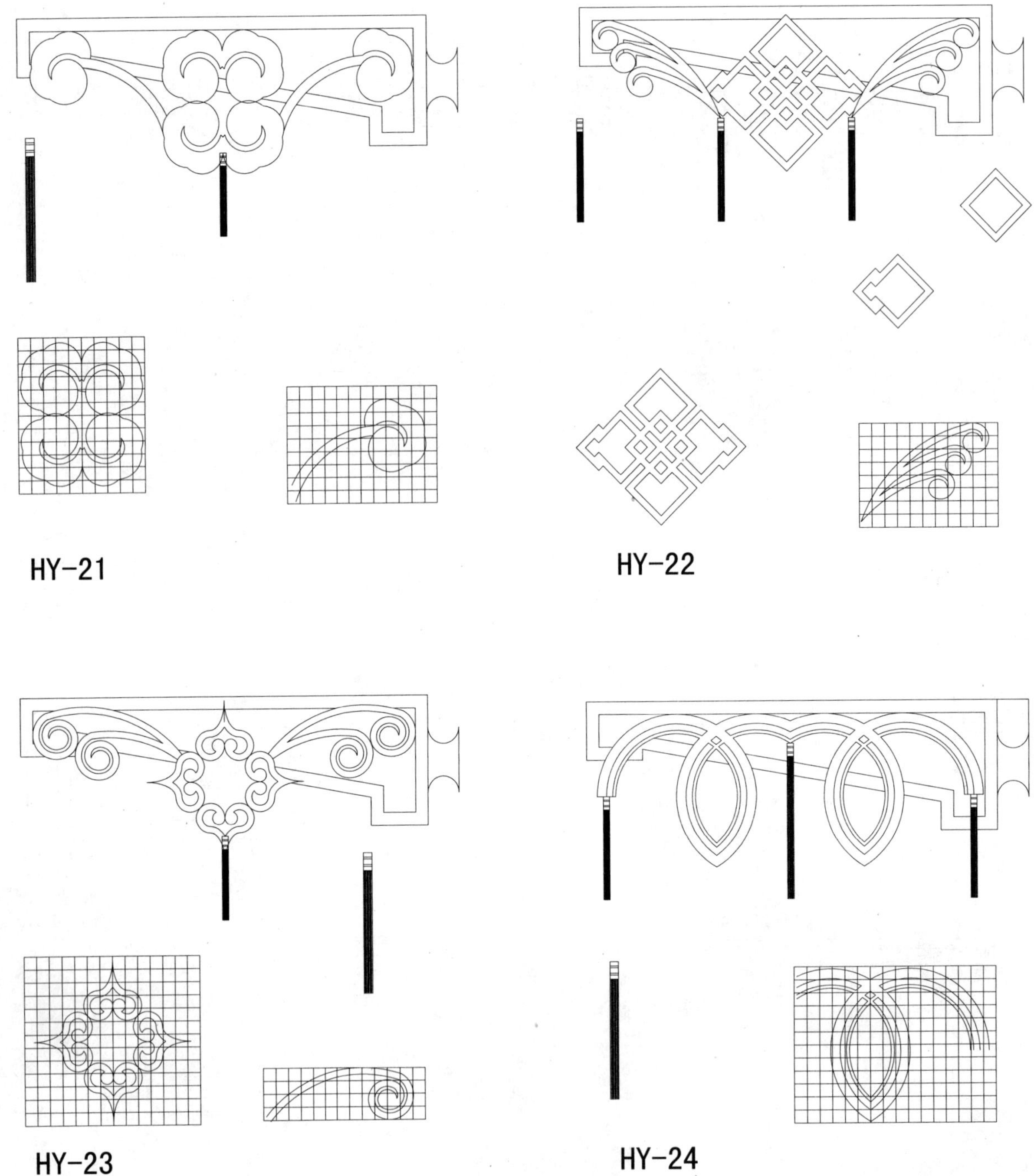
HY-21
HY-22
HY-23
HY-24

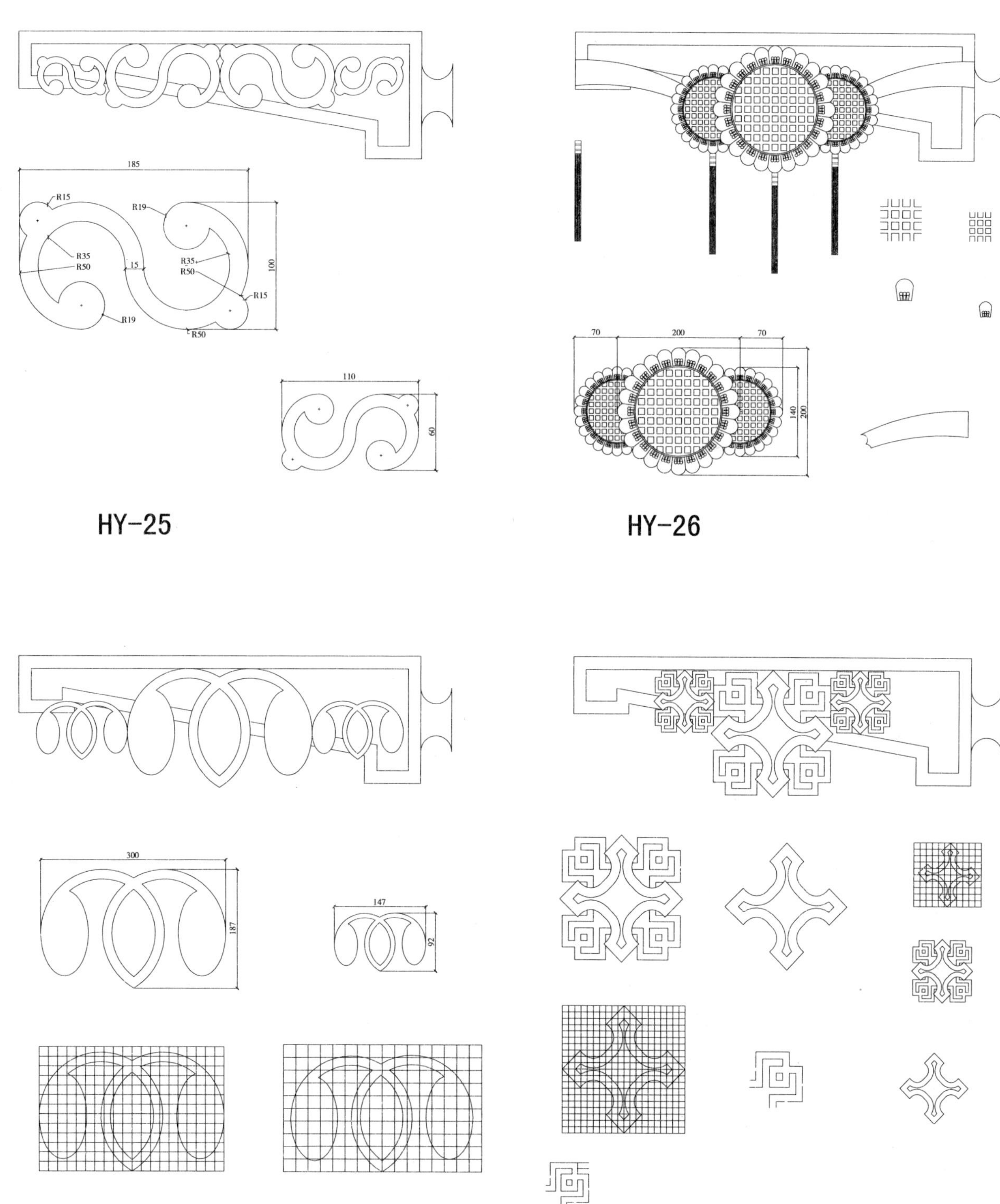

HY-25

HY-26

HY-27

HY-28

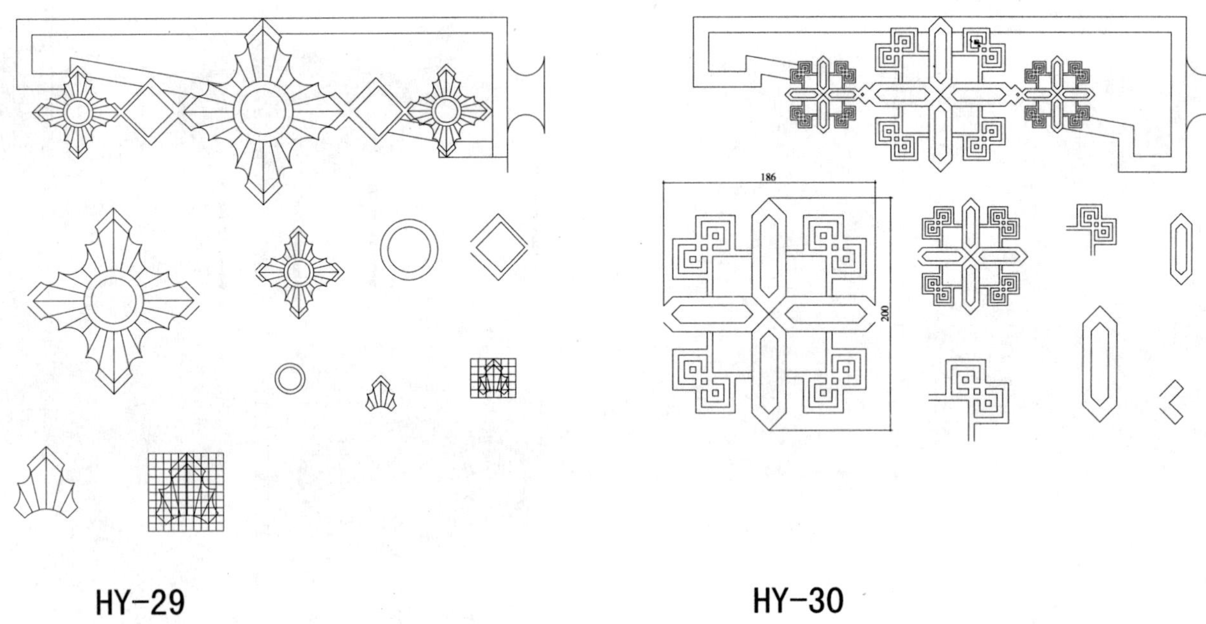
186
200
HY-29
HY-30

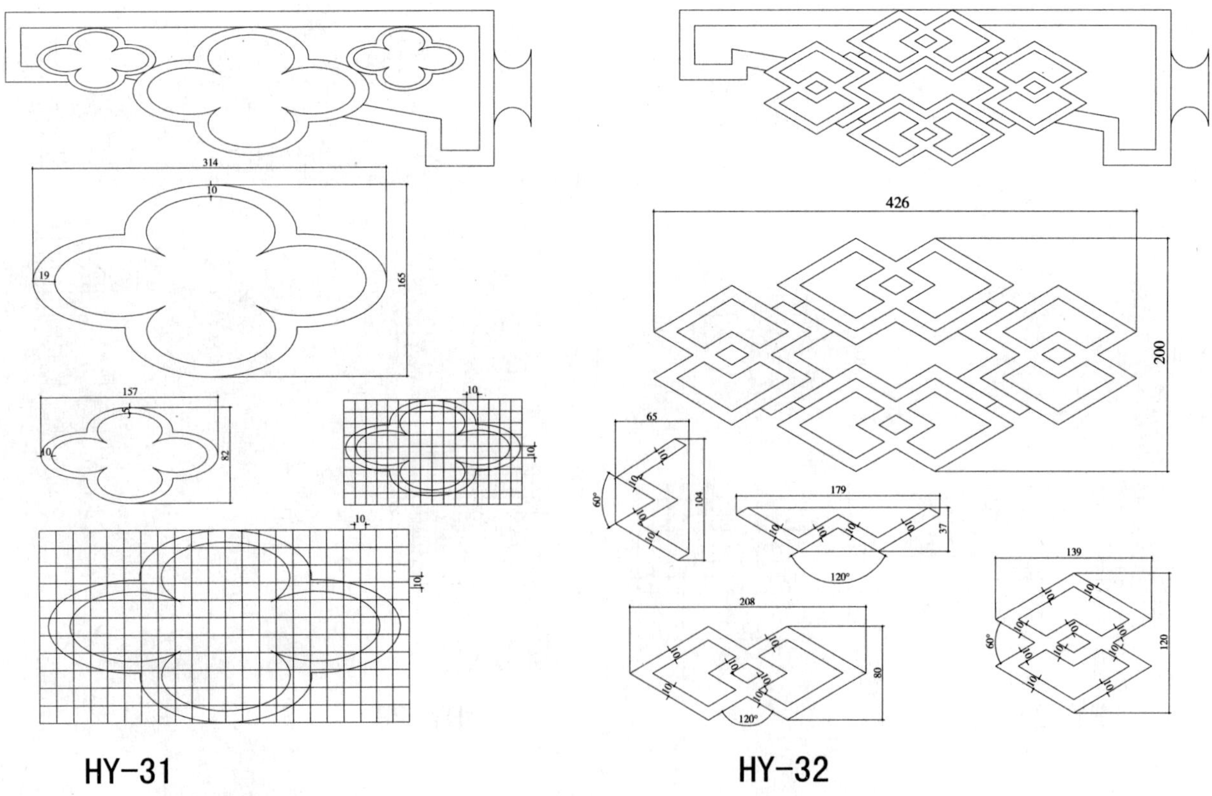
314
10
19
165
157
82
426
200
65
104
60°
179
37
120°
208
80
139
120
HY-31
HY-32

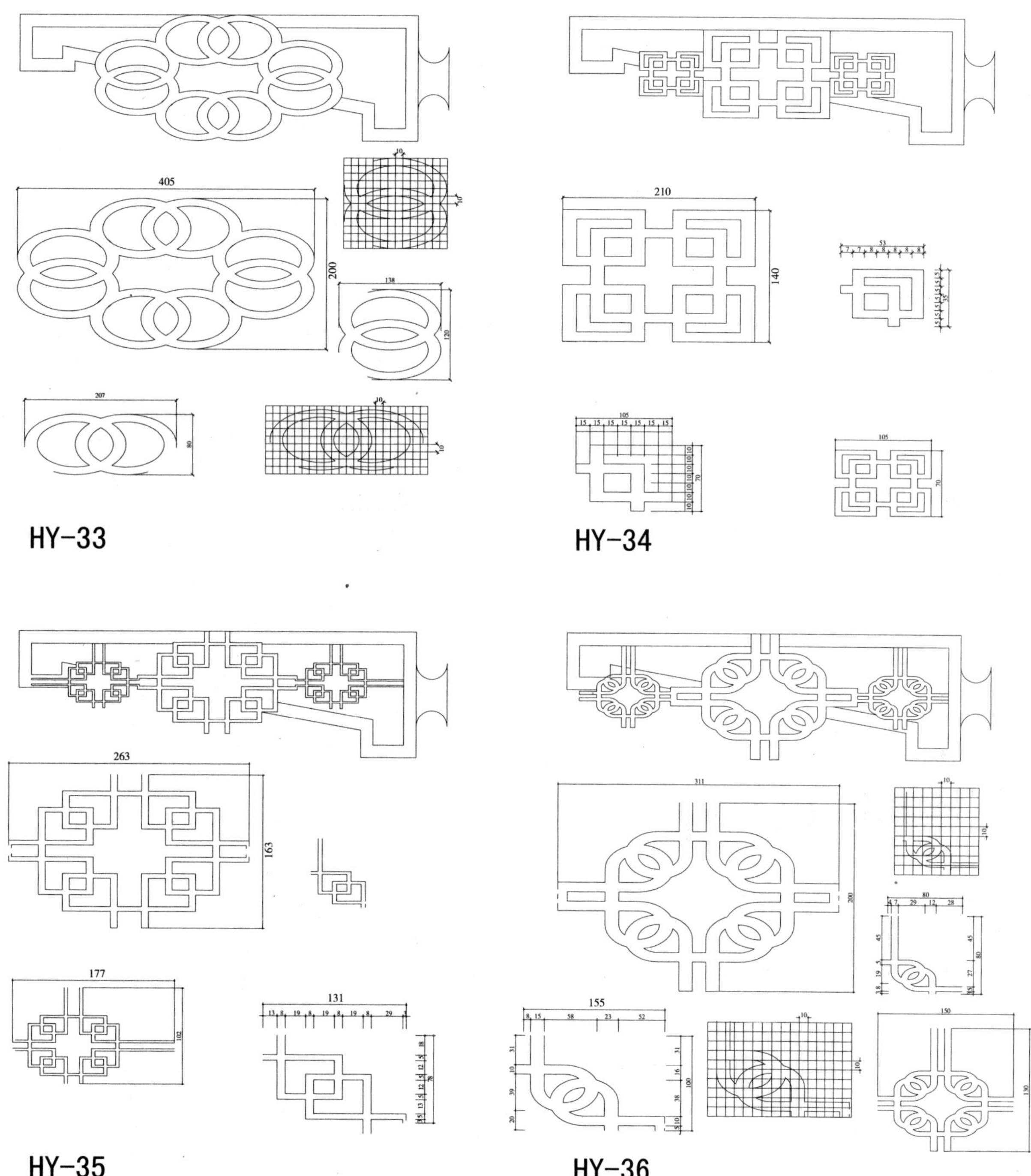
HY-33
HY-34
HY-35
HY-36

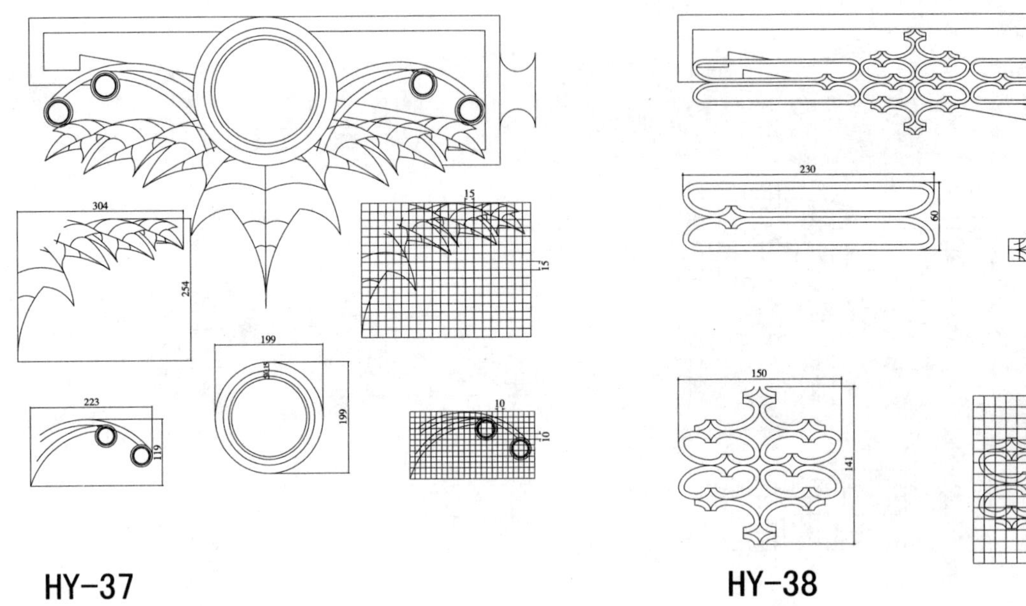

HY-37

HY-38

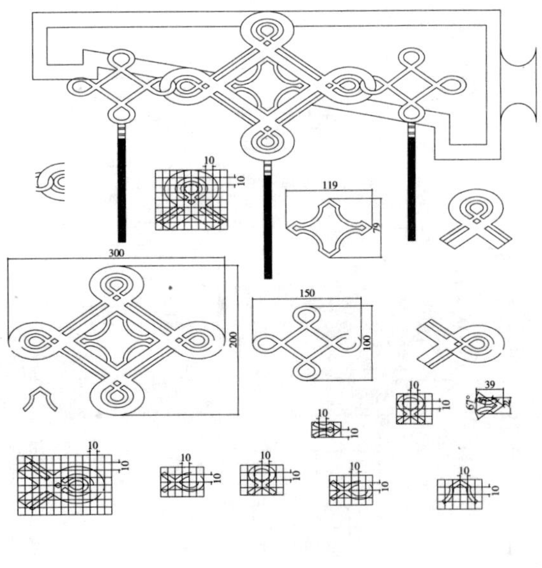

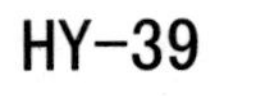

HY-39

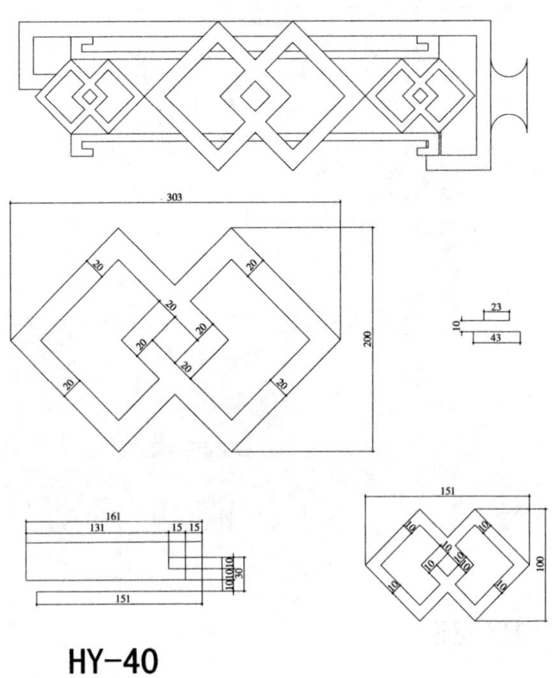

HY-40

3 矩花挂落

(JH－001～JH－139)

(由于缩放原因，有些尺寸无法标注，具体见光盘)

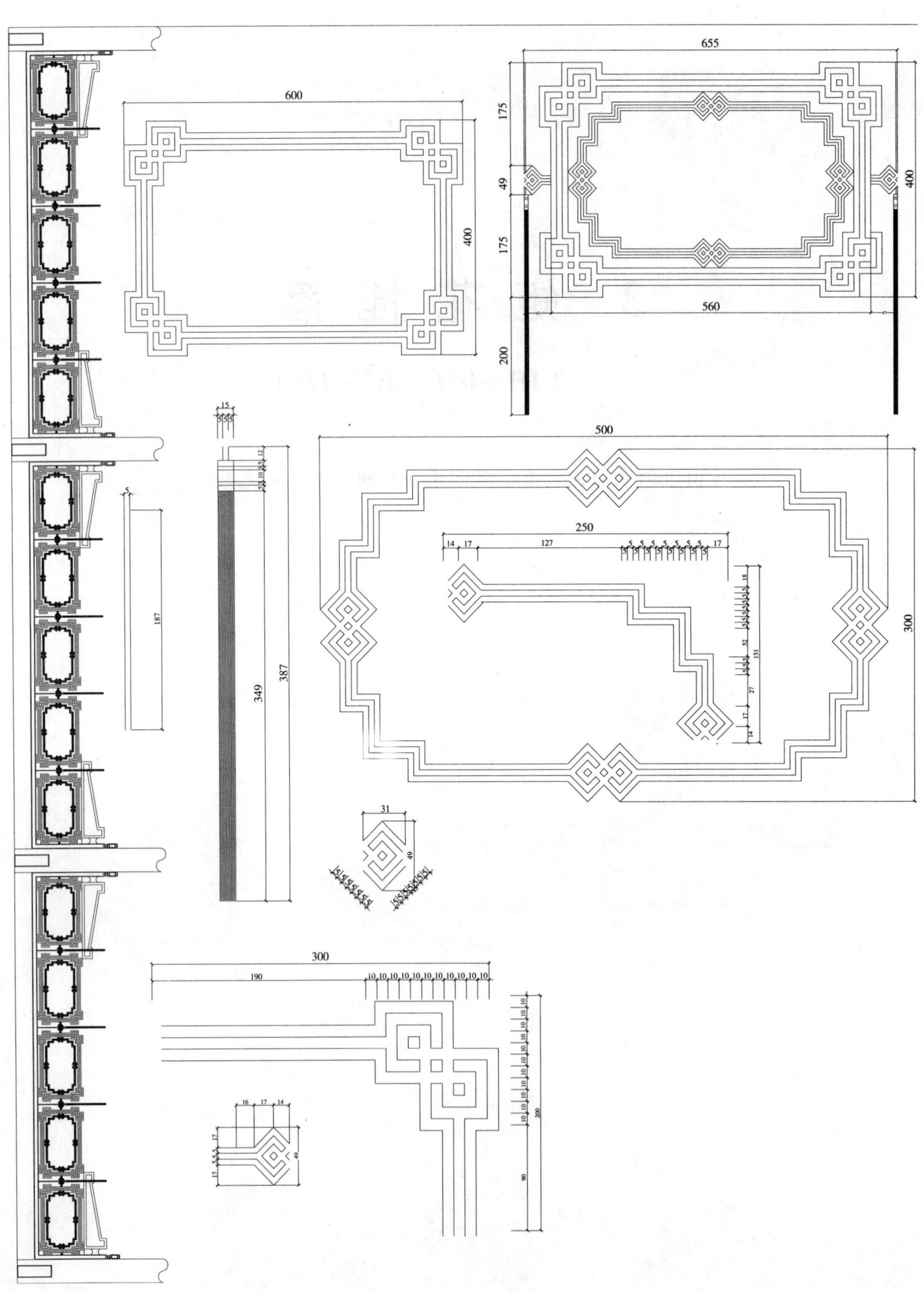
655
600
175
49
175
400
400
560
200
15
5 5 5
12
5 5 10 5 5
187
349
387
500
250
14 17 127
5 5 5 5 5 5 5 5 5 17
300
151
31
49
300
190
10 10 10 10 10 10 10 10 10 10 10
200
90
16 17 14
17
49

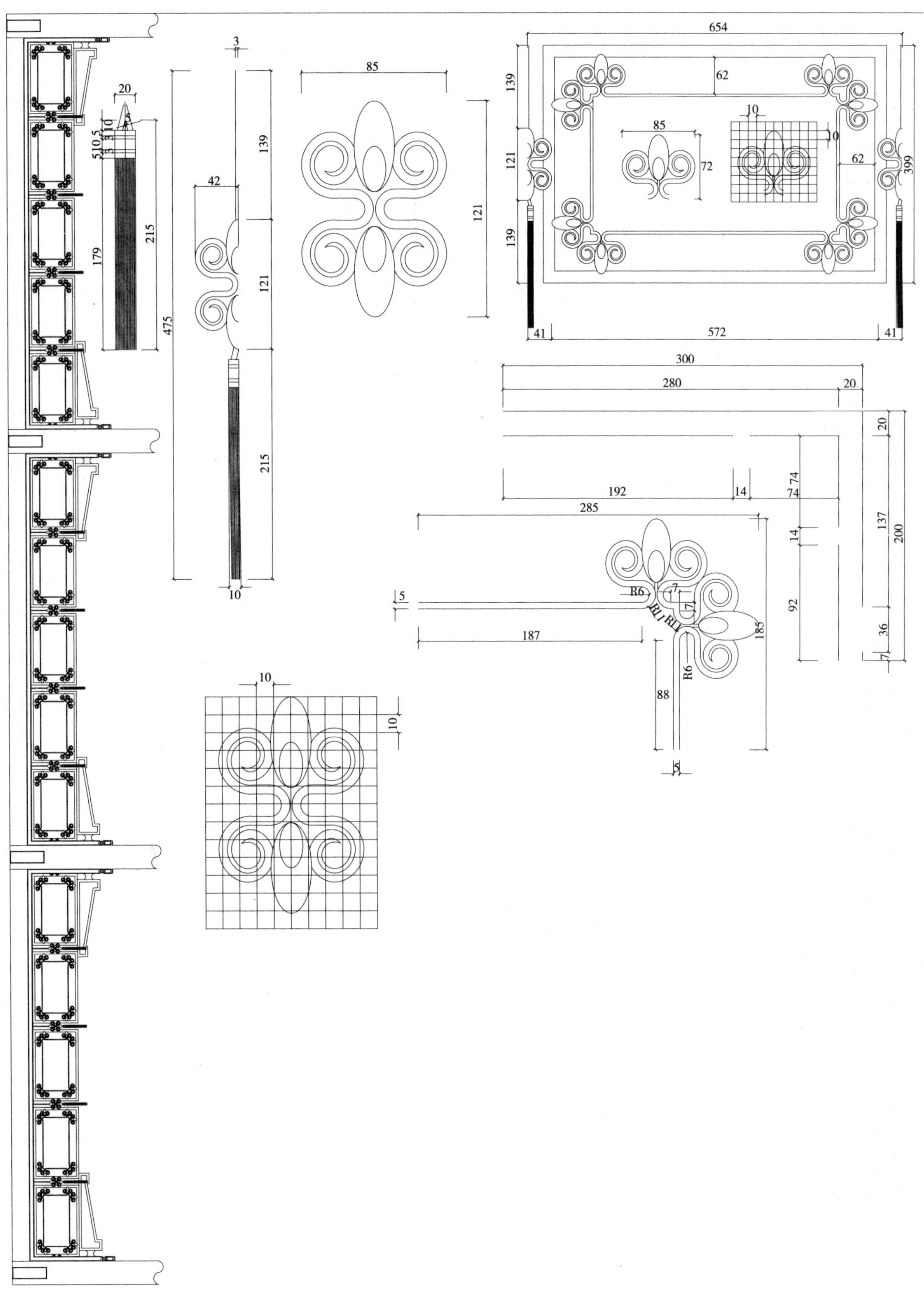
654
139
62
121
139
85
72
10
10
62
399
41
572
41
300
280
20
20
192
14
74
74
285
14
137
200
92
36
7
5
R6
7
7
R11
R11
185
187
R6
88
5
85
121
3
20
5
10
3 3
5 10.5
215
179
475
139
42
121
215
10
10
10

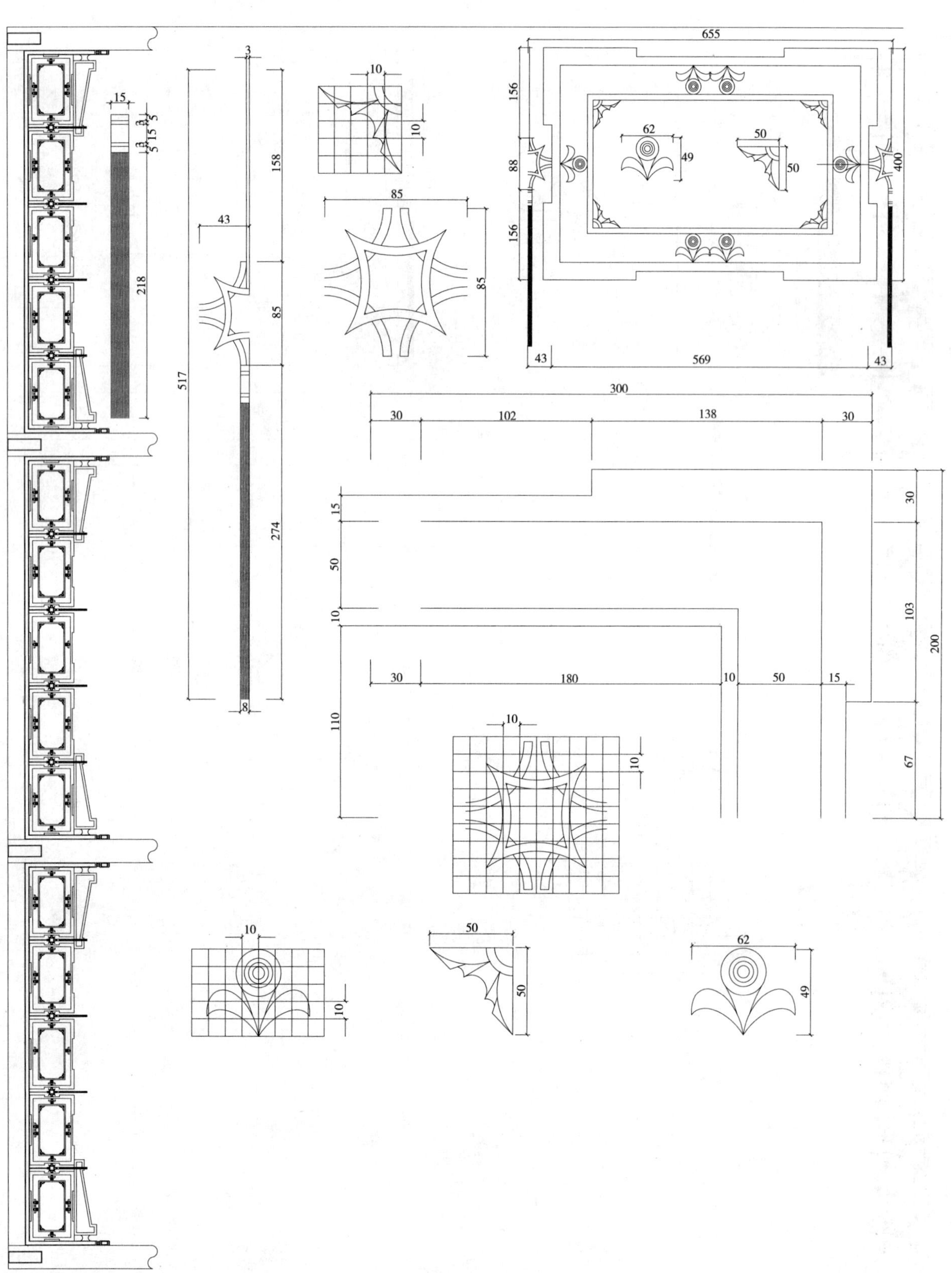
15
3 3 5 15 5
218
3
158
43
85
517
274
8
10
10
85
85
655
156
88
156
62
49
50
50
400
43
569
43
300
30
102
138
30
15
50
10
110
30
180
10
50
15
30
103
200
67
10
10
10
10
50
50
62
49

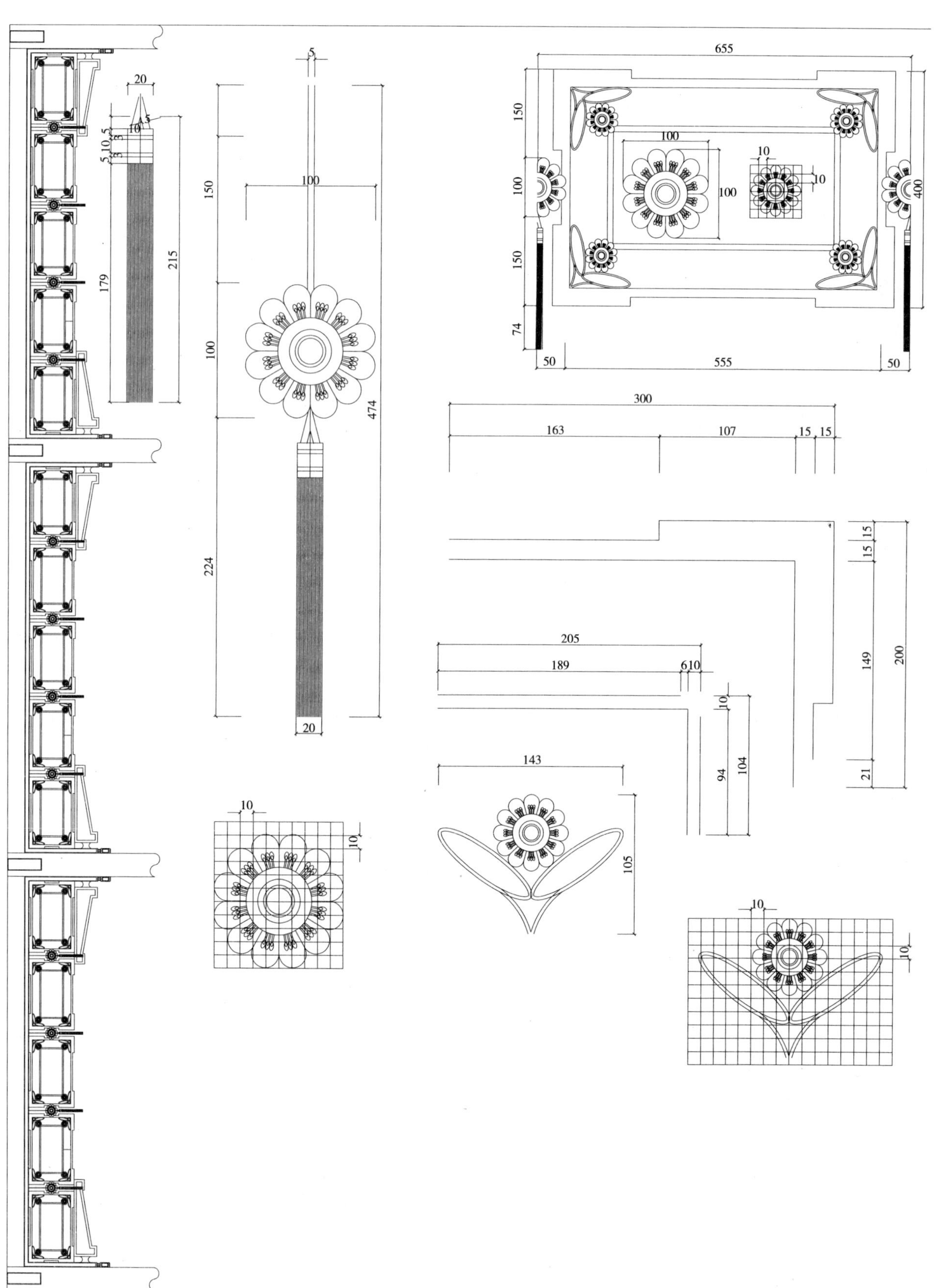
655
150
100
100
10
10
100
400
150
74
50
555
50
20
10
5
179
215
5
150
100
474
100
224
20
300
163
107
15
15
205
189
6
10
10
104
94
15
15
149
200
21
143
105
10
10
10
10

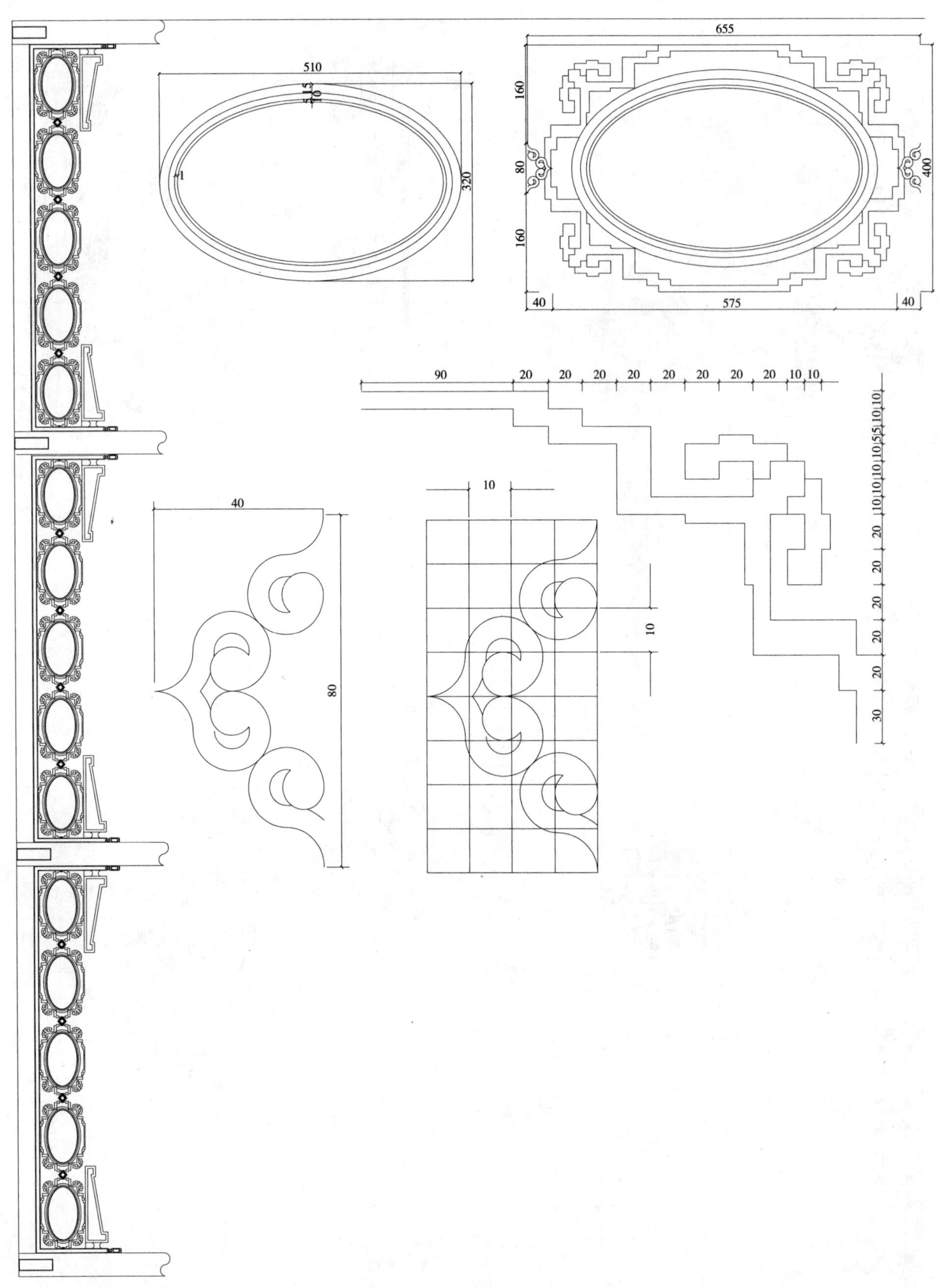

510
5 15
10
1
320
655
160
80
400
160
40
575
40
90
20
20
20
20
20
20
20
20
10
10
10
10
10
10
5
5
10
10
10
20
20
20
20
20
30
40
80
10
10

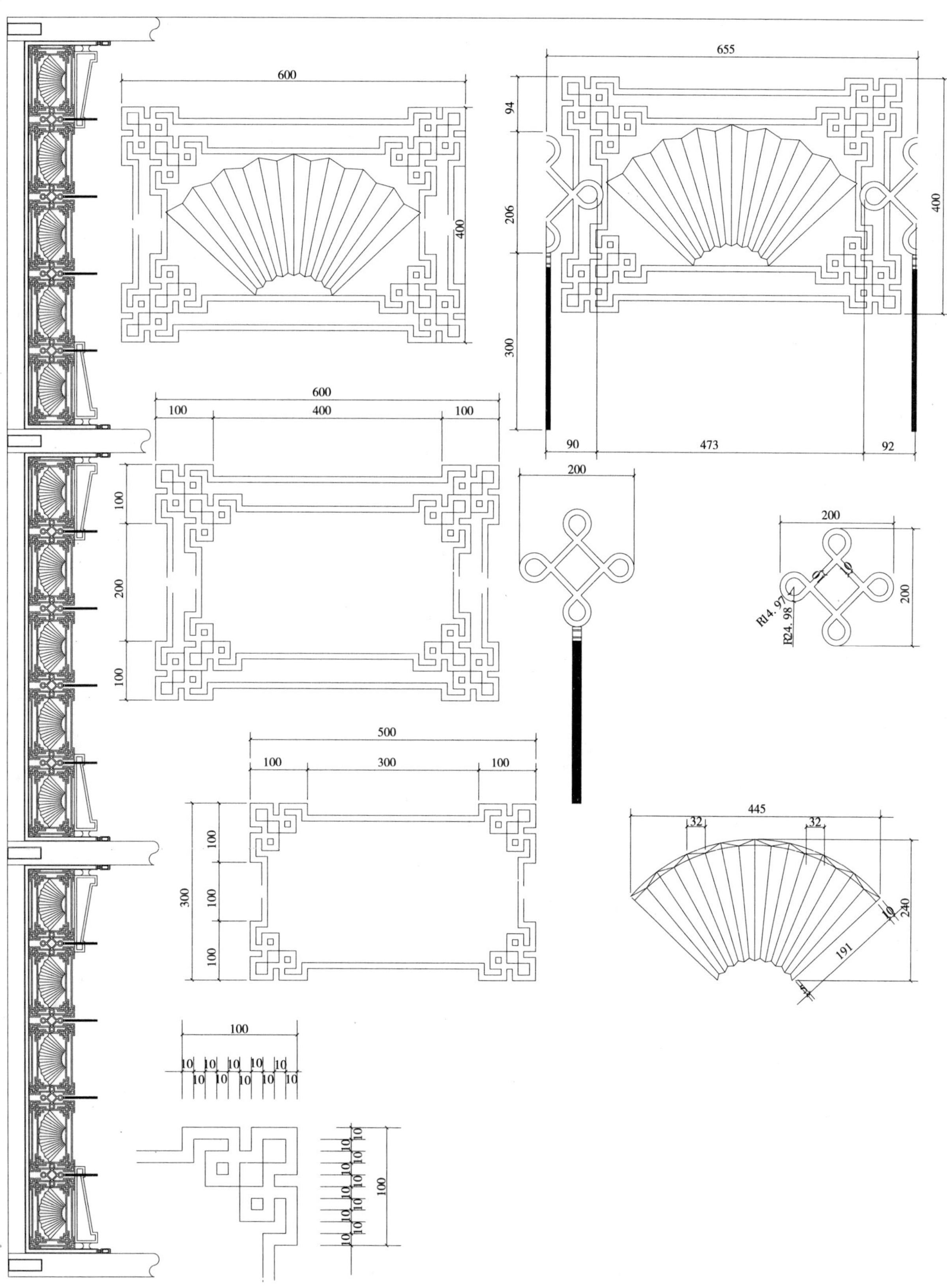
600
400
655
94
206
300
400
90
473
92
600
100
400
100
100
200
100
200
200
R14.97
R24.98
200
500
100
300
100
300
100
100
100
445
32
32
240
191
100
10
100

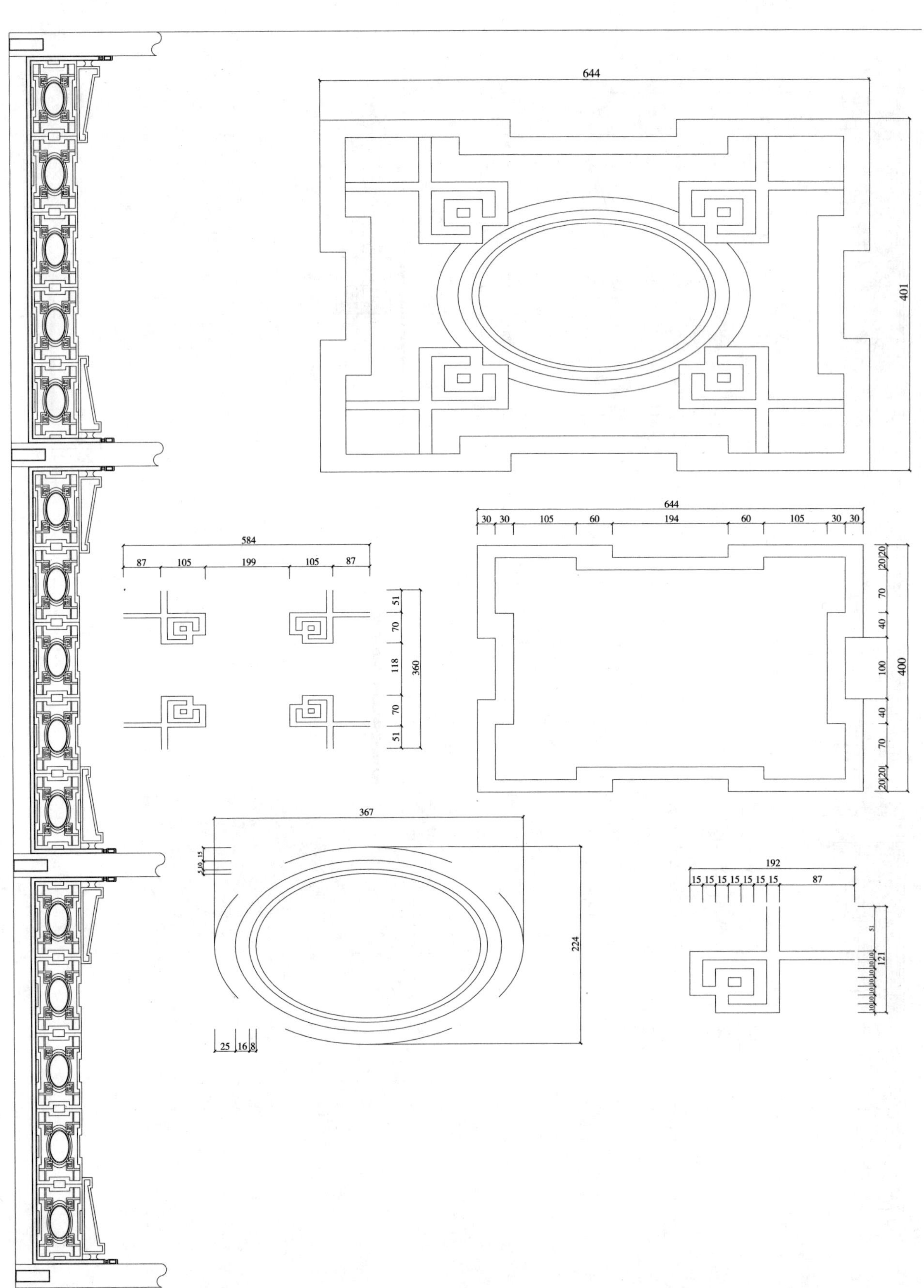
644
401
644
30 30 105 60 194 60 105 30 30
20 20 70 40 100 40 70 20 20
400
584
87 105 199 105 87
51 70 118 70 51
360
367
224
5 10 15
25 16 8
192
15 15 15 15 15 15 15 87
51
121

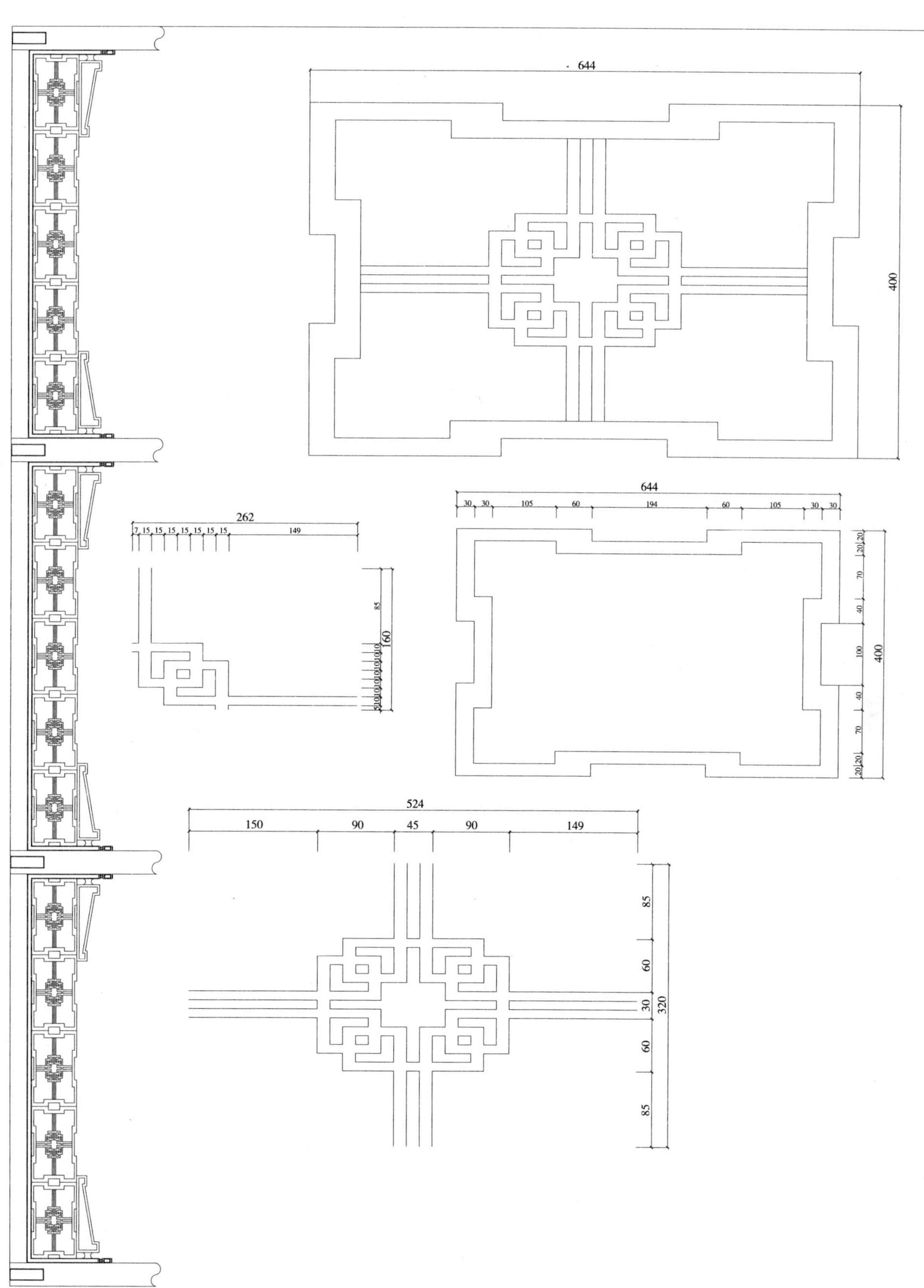
644
400
262
7 15 15 15 15 15 15 15 149
85
160
644
30 30 105 60 194 60 105 30 30
20 20 70 40 100 40 70 20 20
400
524
150 90 45 90 149
85
60
30
320
60
85

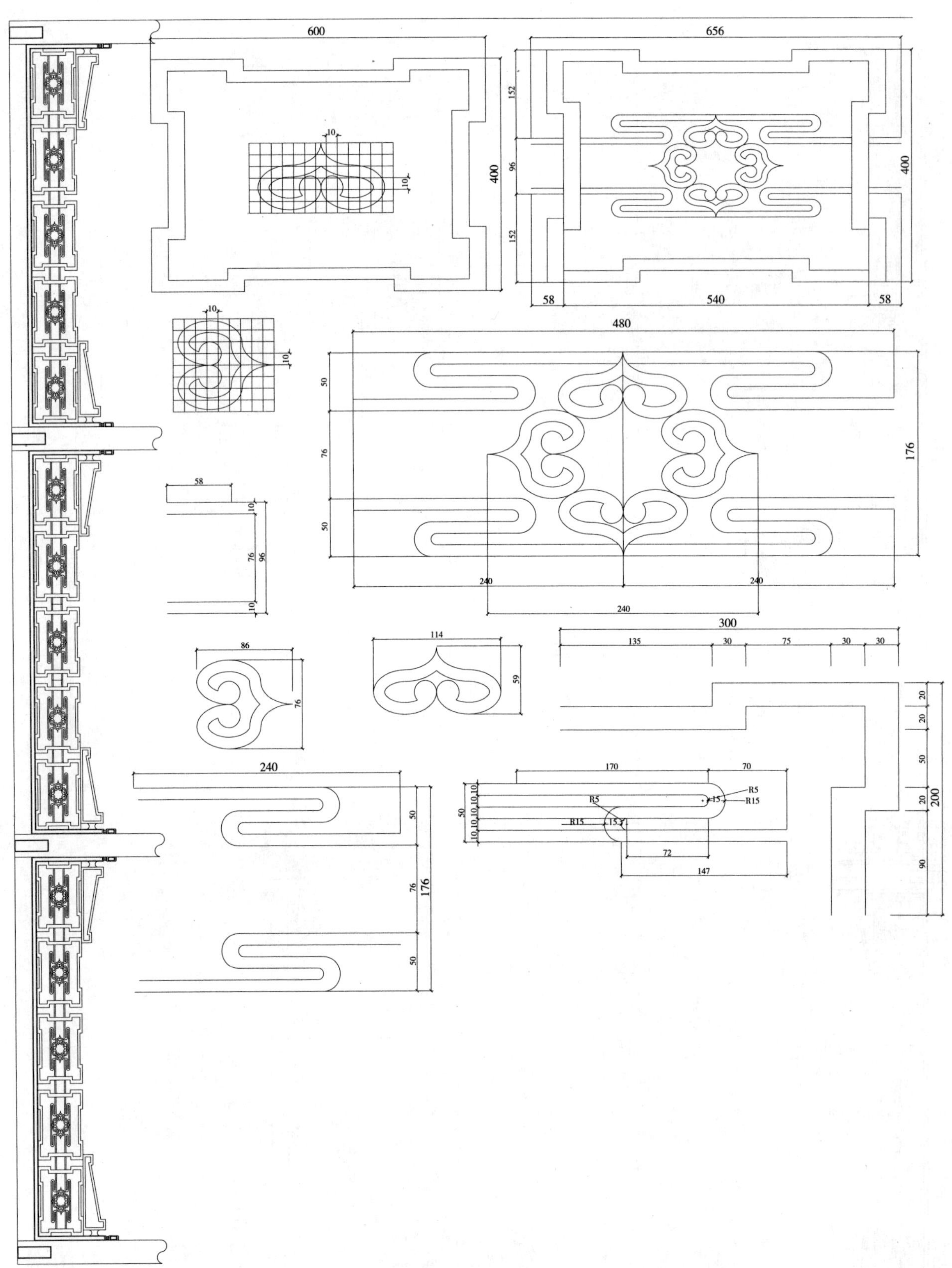

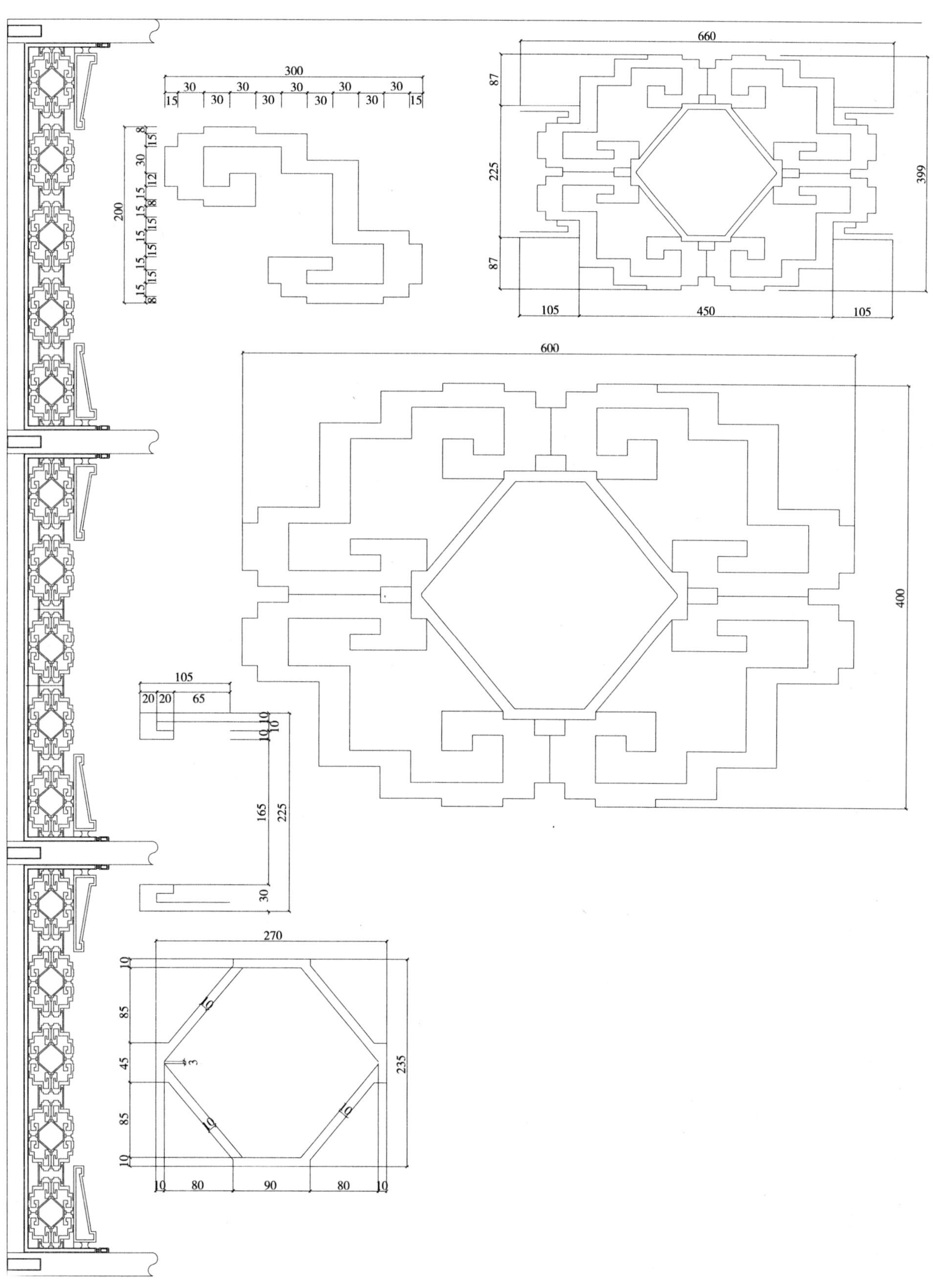
300
30
30
30
30
30
15
30
30
30
30
30
15
200
660
87
225
87
399
105
450
105
600
400
105
20
20
65
10
10
10
165
225
30
270
235
10
85
45
85
10
80
90
80
3

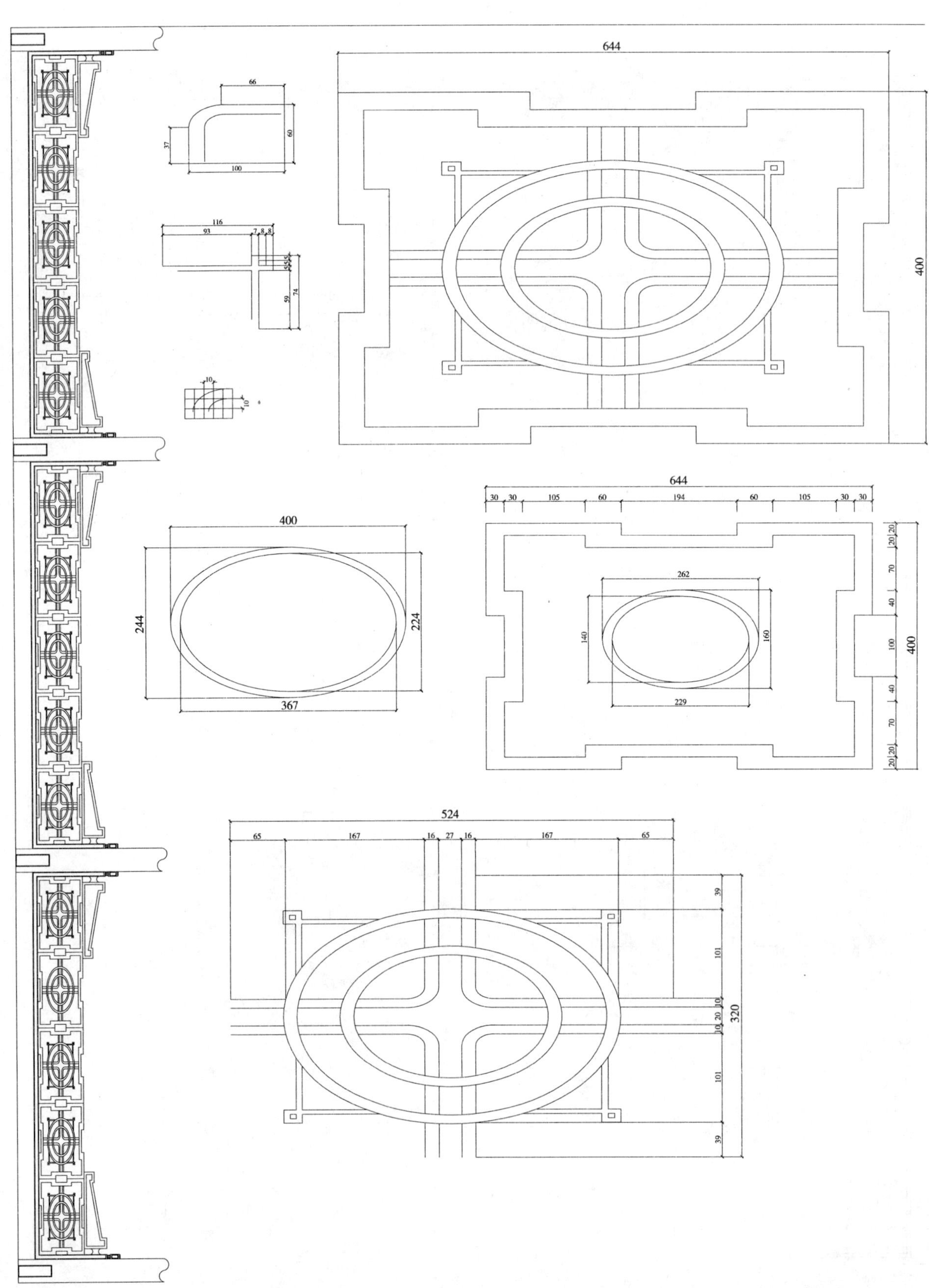
644
400
66
60
37
100
116
93
7 8 8
5 5 5
59
74
10
10
400
244
224
367
644
30 30 105 60 194 60 105 30 30
262
140
160
229
20 20 70 40 100 40 70 20 20
400
524
65 167 16 27 16 167 65
39
101
10 20 10
320
101
39

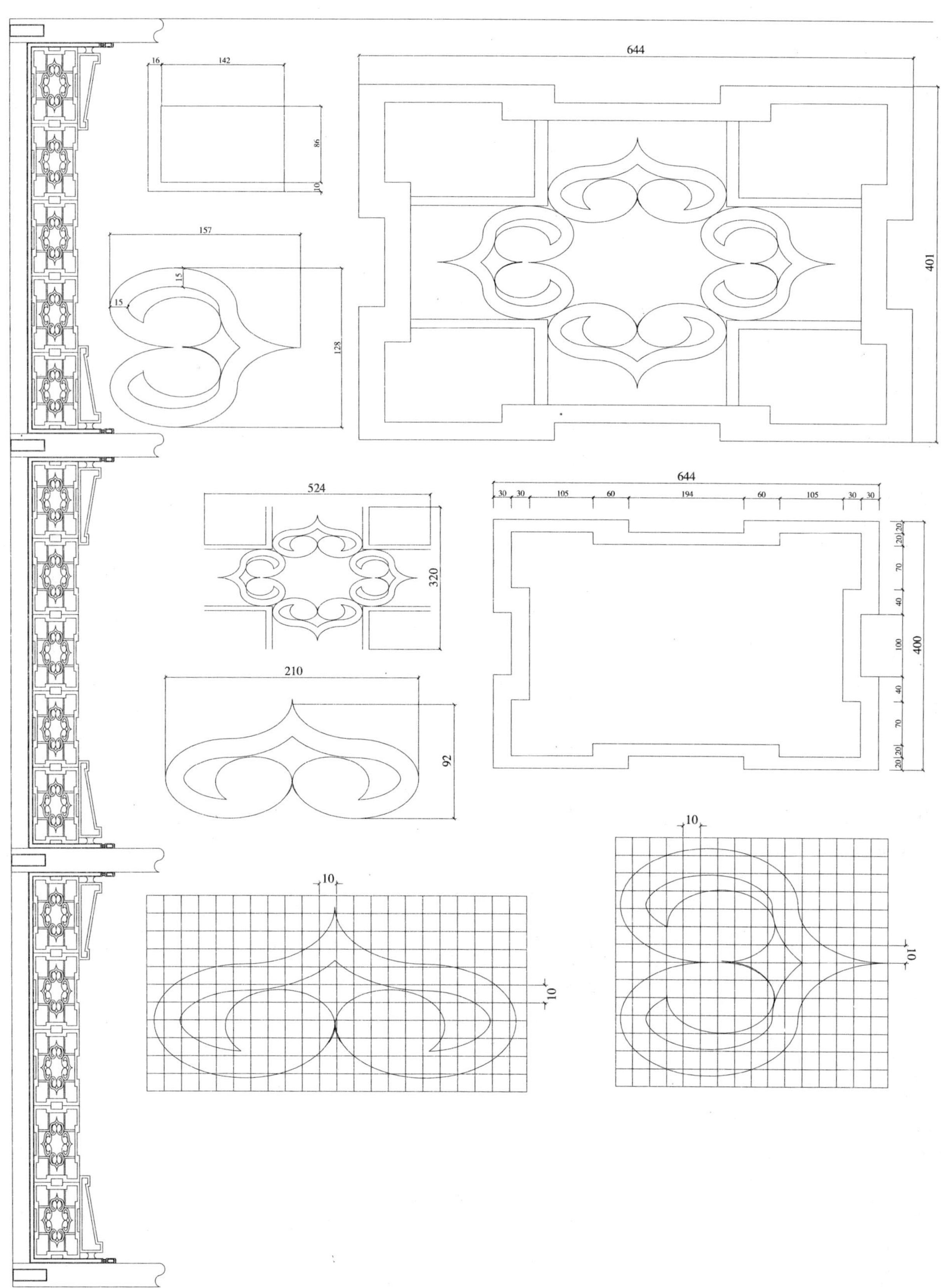

16
142
86
10
644
401
157
15
15
128
524
320
644
30 30 105 60 194 60 105 30 30
20 20 70 40 100 40 70 20 20
400
210
92
10
10
10
10

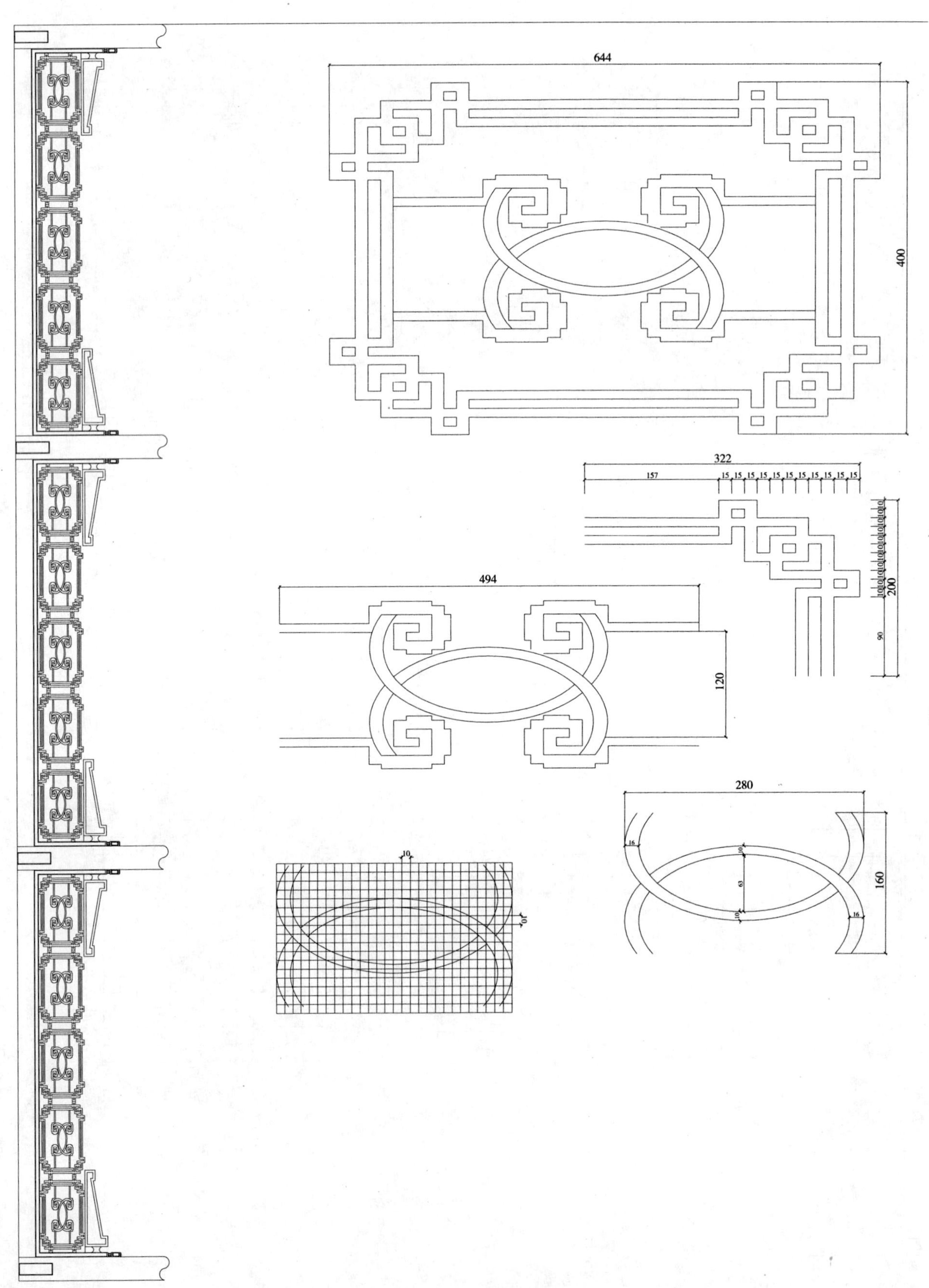
644
400
322
157
15 15 15 15 15 15 15 15 15 15 15
200
90
494
120
280
16
10
63
10
16
160
10
10

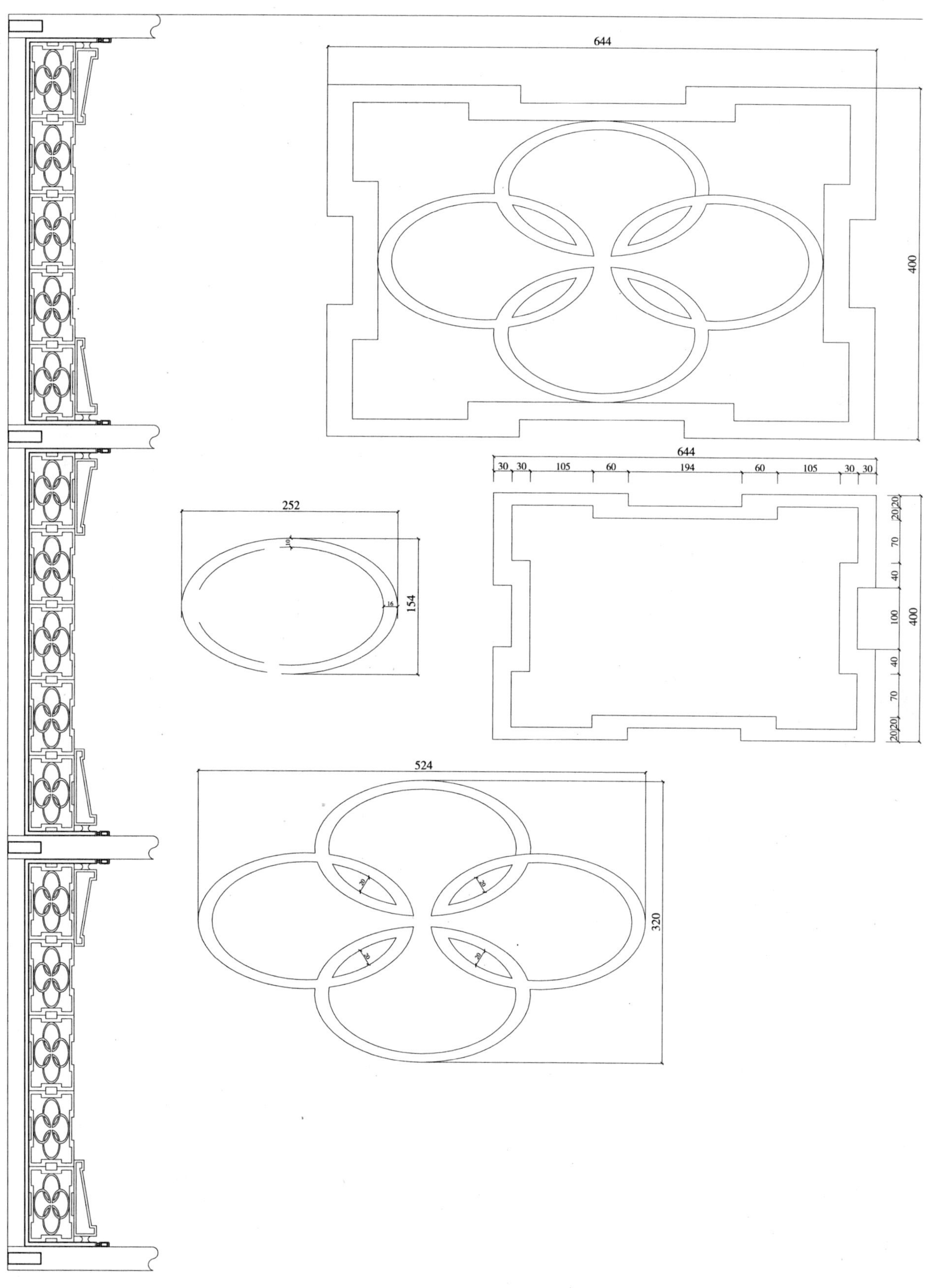
644
400
644
30 30 105 60 194 60 105 30 30
20 20 70 40 100 40 70 20 20
400
252
10
16
154
524
20
20
20
20
320

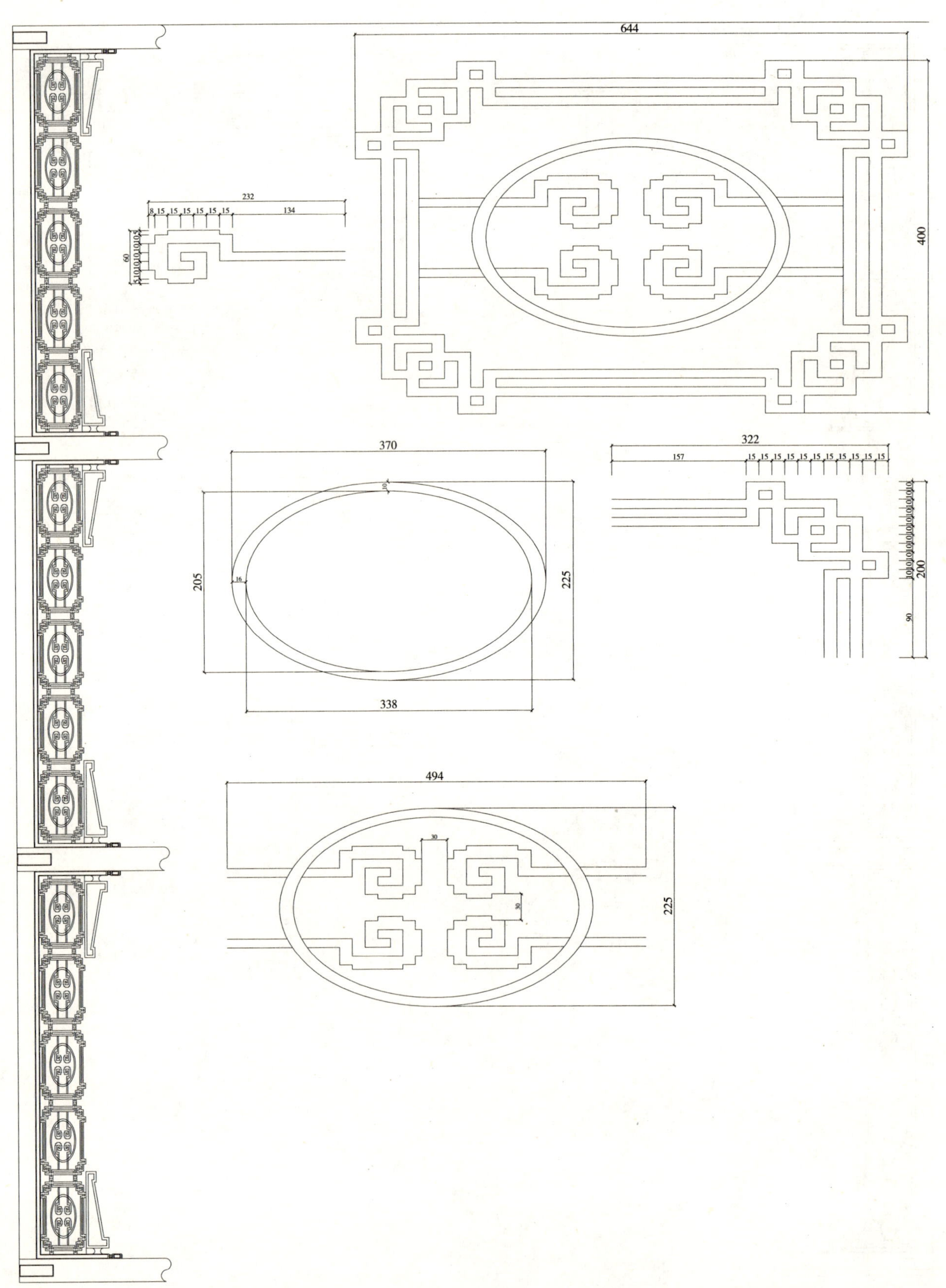
644
400
232
8 15 15 15 15 15 15
134
60
370
205
225
338
16
10
322
157
15 15 15 15 15 15 15 15 15 15 15
200
90
494
30
30
225

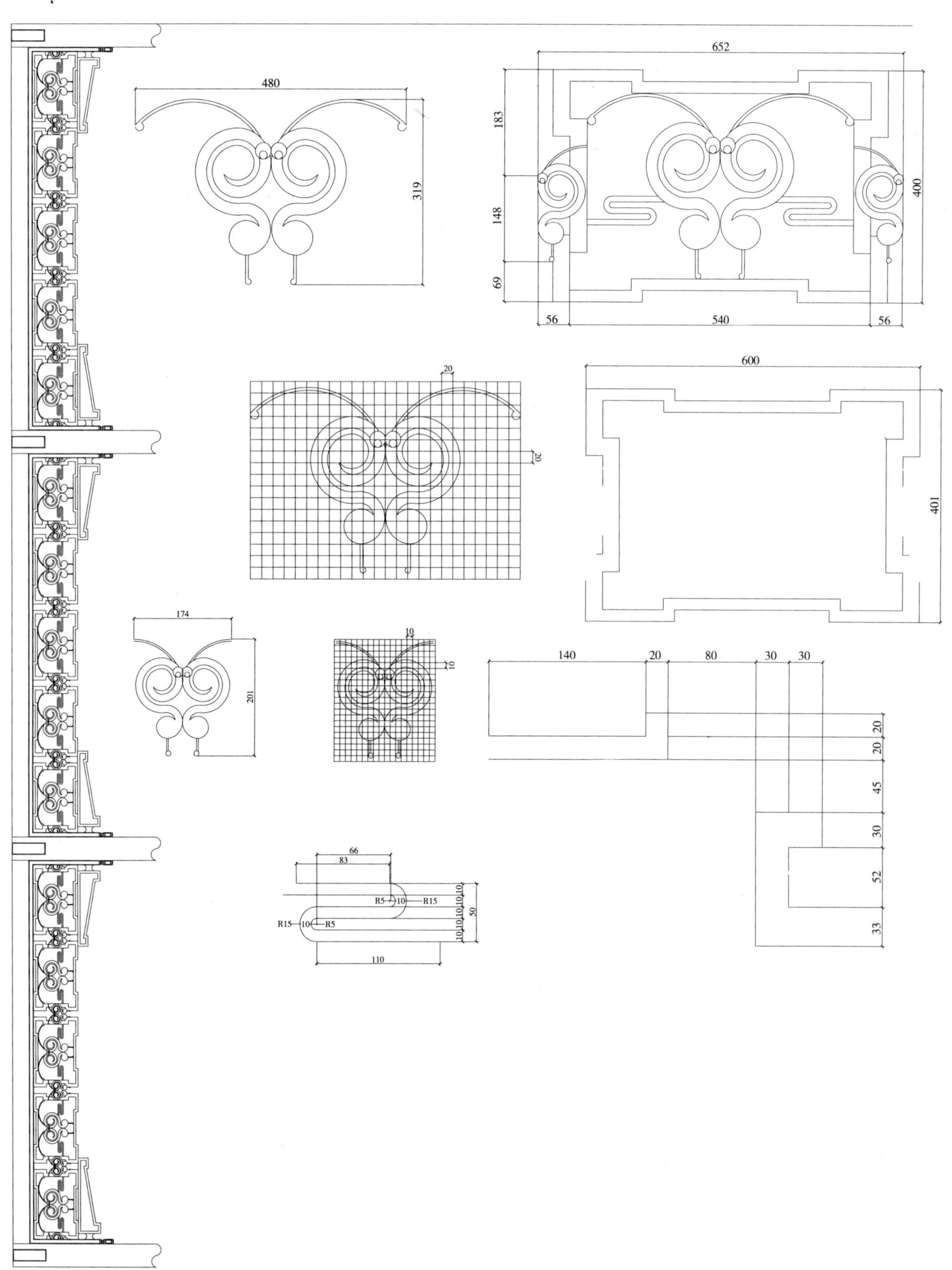
480
319
652
183
148
69
400
56
540
56
20
20
600
401
174
201
10
10
140
20
80
30
30
20
20
45
30
52
33
66
83
R5
10
R15
R15
10
R5
10
10
10
10
10
10
10
50
110

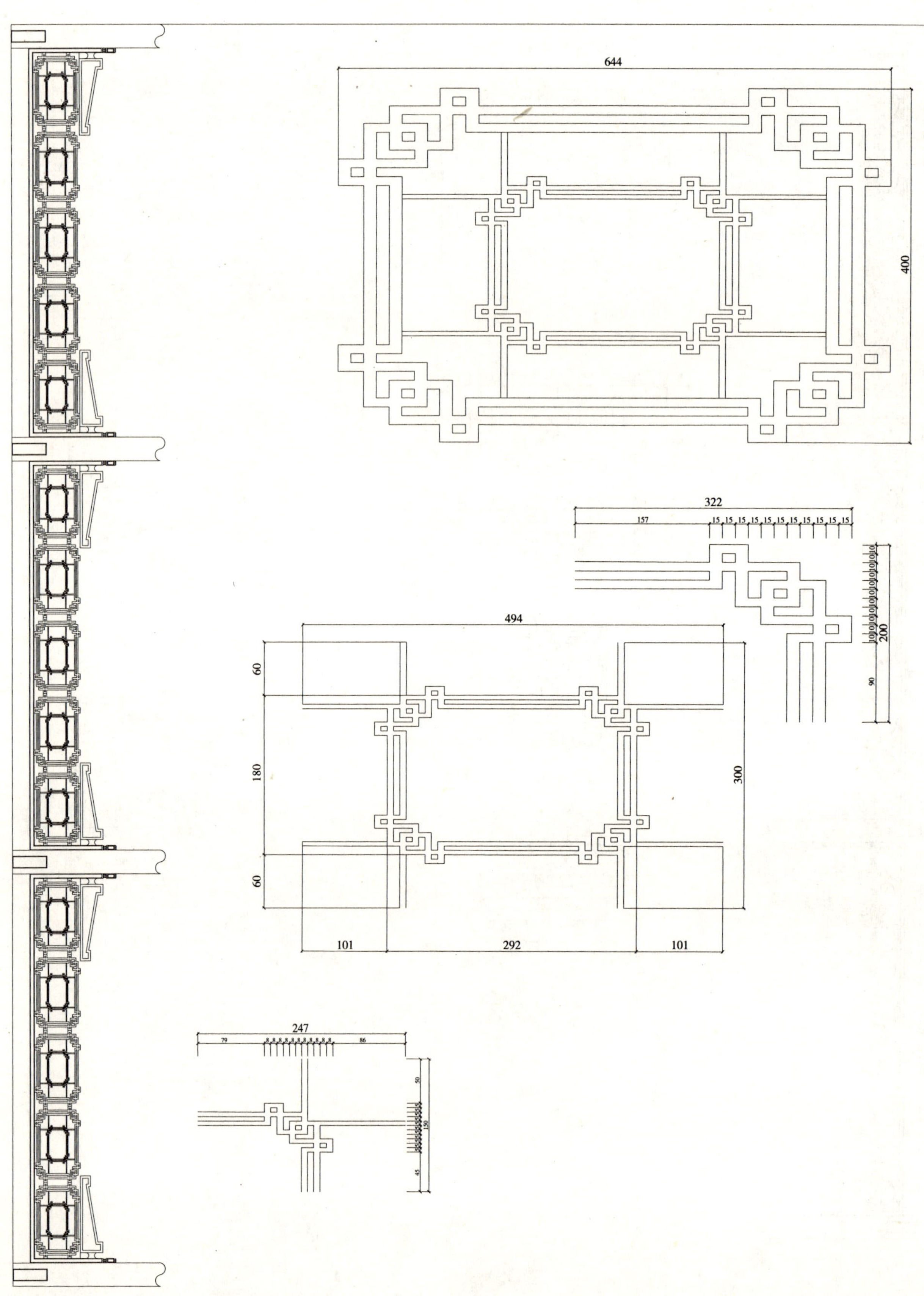
644
400
322
157
15 15 15 15 15 15 15 15 15 15 15
200
90
494
60
180
60
300
101
292
101
247
79
86
50
150
45

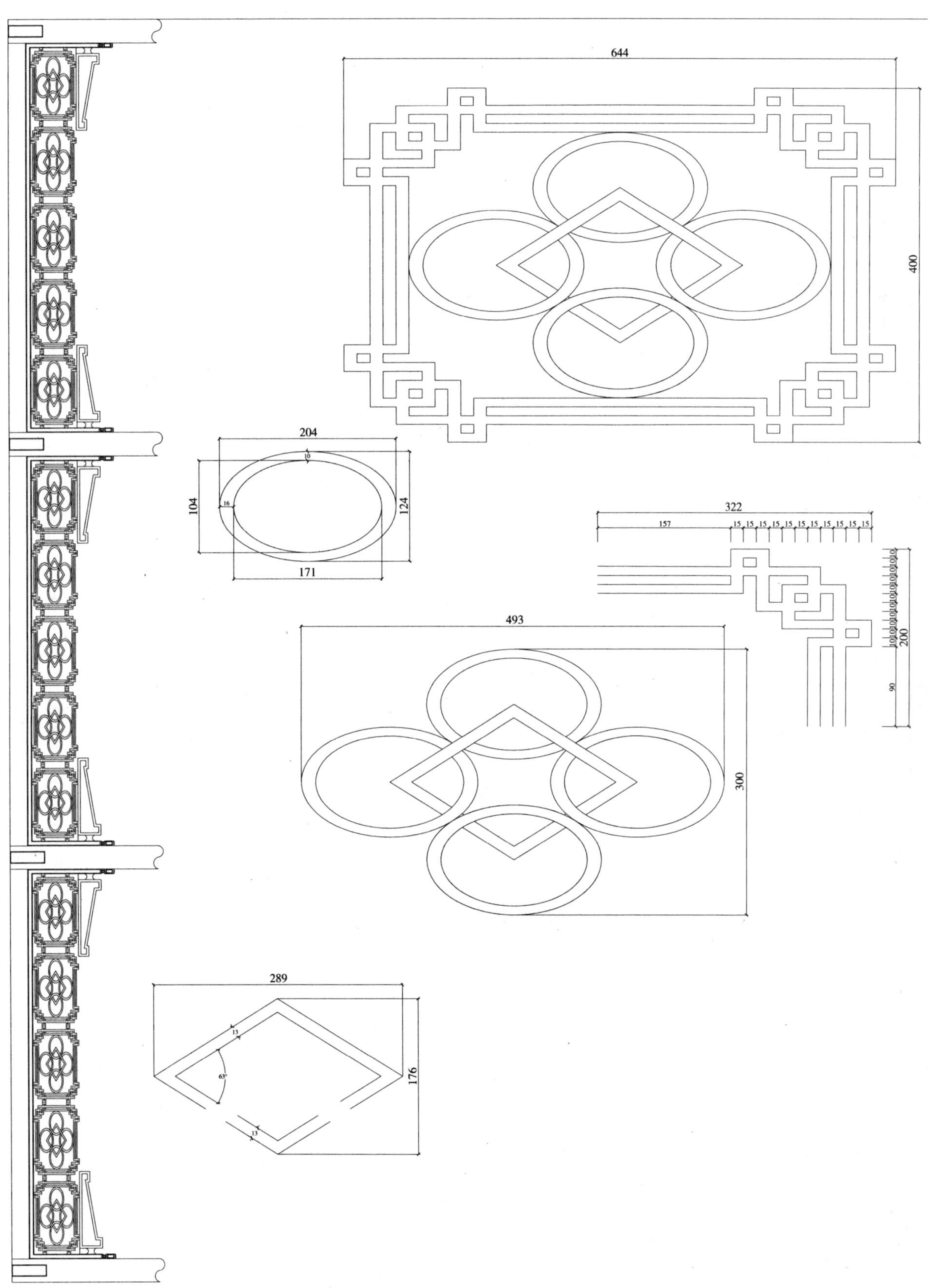
644
400
204
10
104
16
124
171
322
157
15 15 15 15 15 15 15 15 15 15 15
200
90
493
300
289
13
63°
13
176

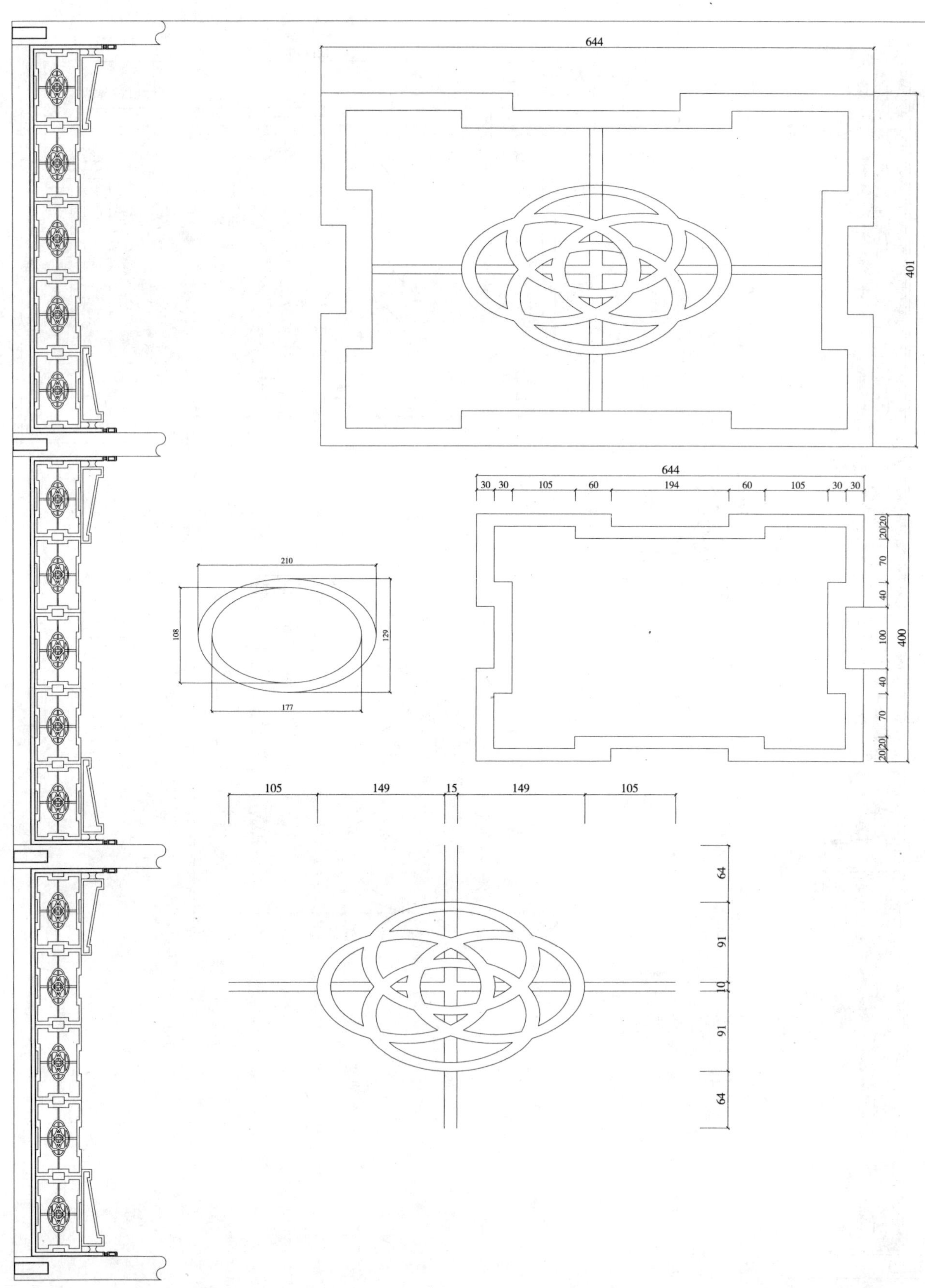
644
401
644
30
30
105
60
194
60
105
30
30
20
20
70
40
100
40
70
20
20
400
210
108
129
177
105
149
15
149
105
64
91
10
91
64

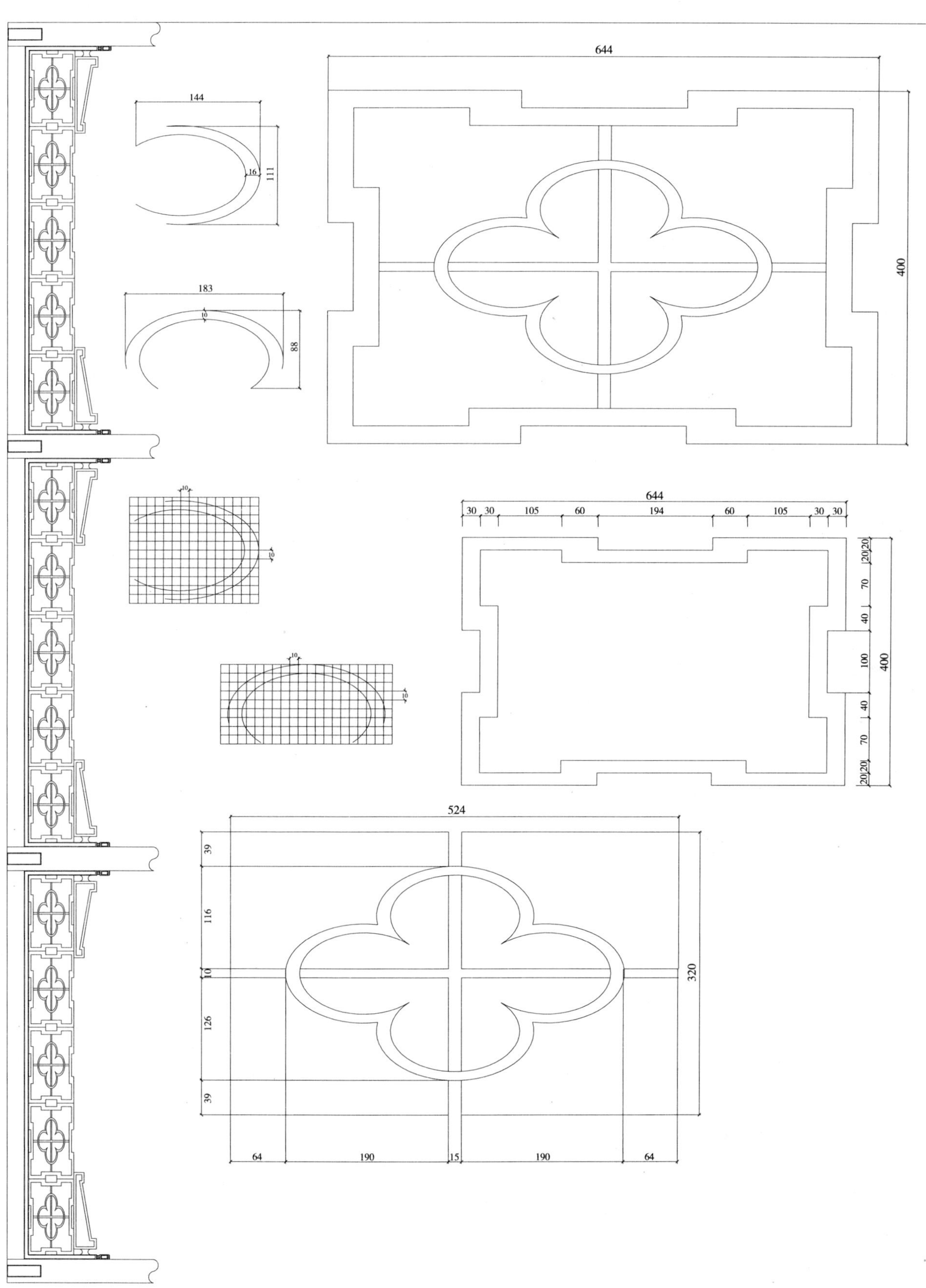
644
144
16
111
183
10
88
400
10
10
10
10
644
30 30 105 60 194 60 105 30 30
20 20 70 40 100 40 70 20 20
400
524
39
116
10
126
39
320
64 190 15 190 64

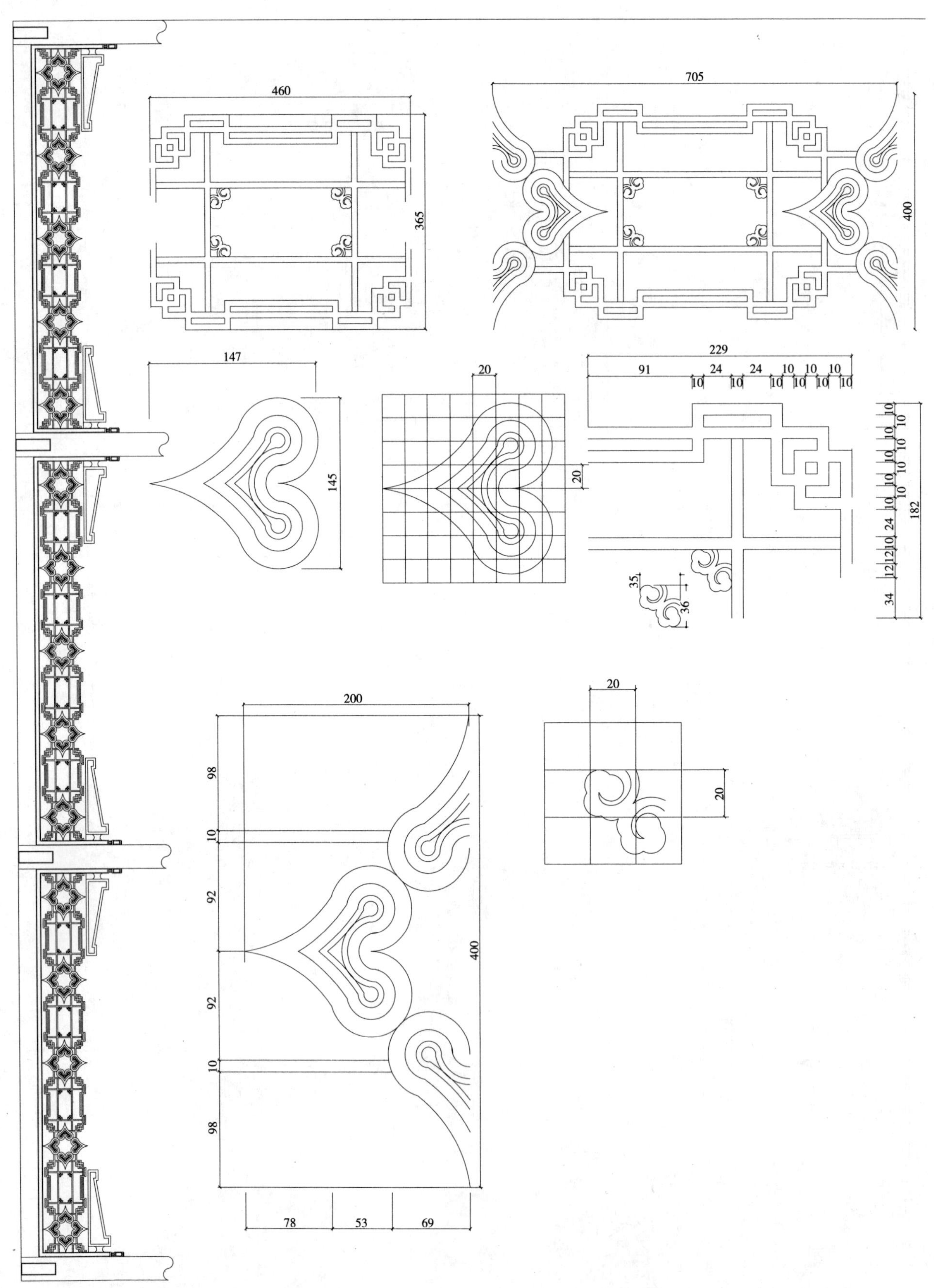
460
365
705
400
147
145
20
20
229
91
24
24
10
10
10
182
35
36
34
200
98
10
92
92
10
98
400
78
53
69
20
20

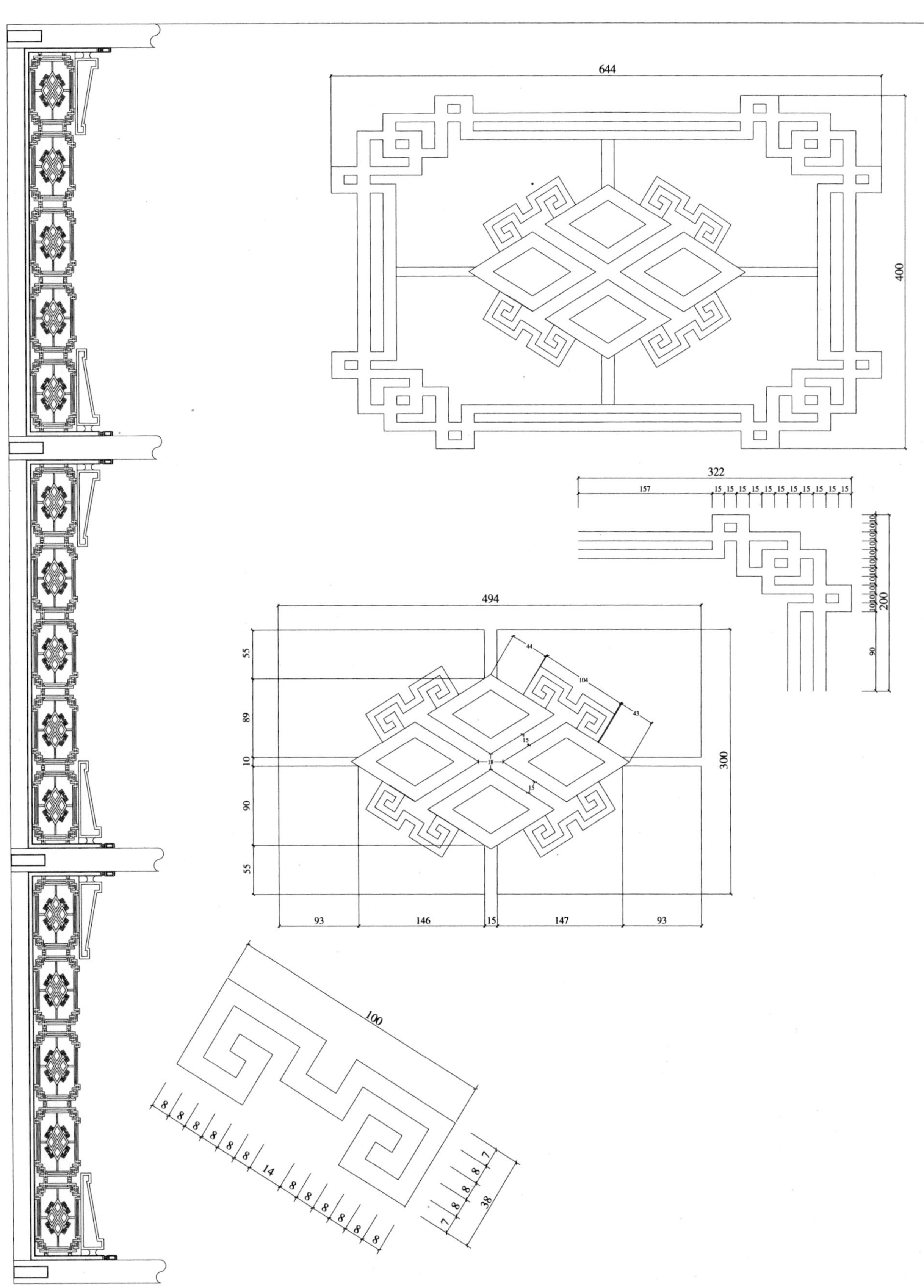
644
400
322
157
15 15 15 15 15 15 15 15 15 15 15
200
90
494
55
89
10
90
55
300
44
104
43
15
18
15
93
146
15
147
93
100
8 8 8 8 8 8 14 8 8 8 8 8 8
7 8 8 7
7 8 8
38

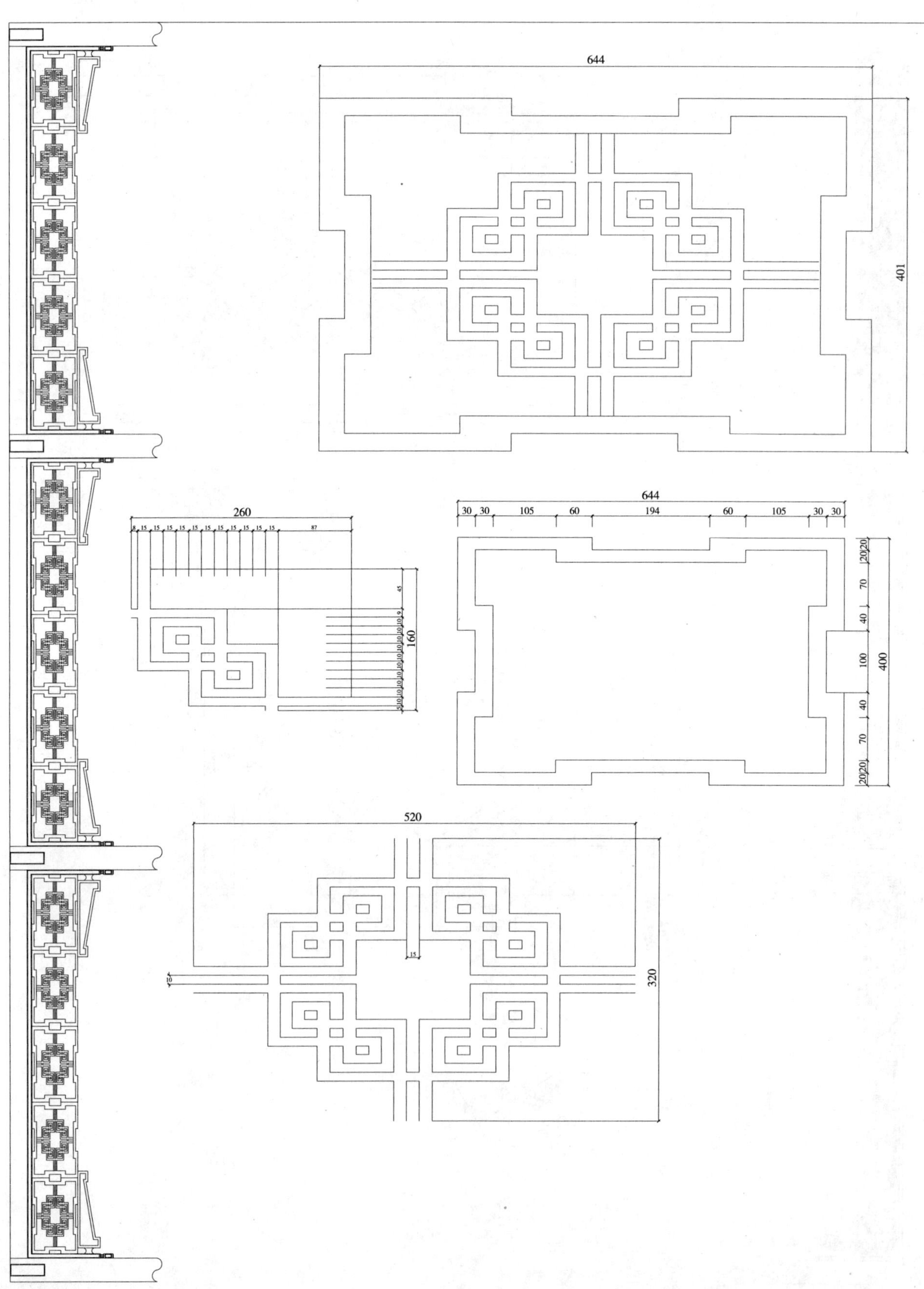
644
401
260
8
15
15
15
15
15
15
15
15
15
15
87
45
160
644
30
30
105
60
194
60
105
30
30
20
20
70
40
100
400
40
70
20
20
520
15
10
320

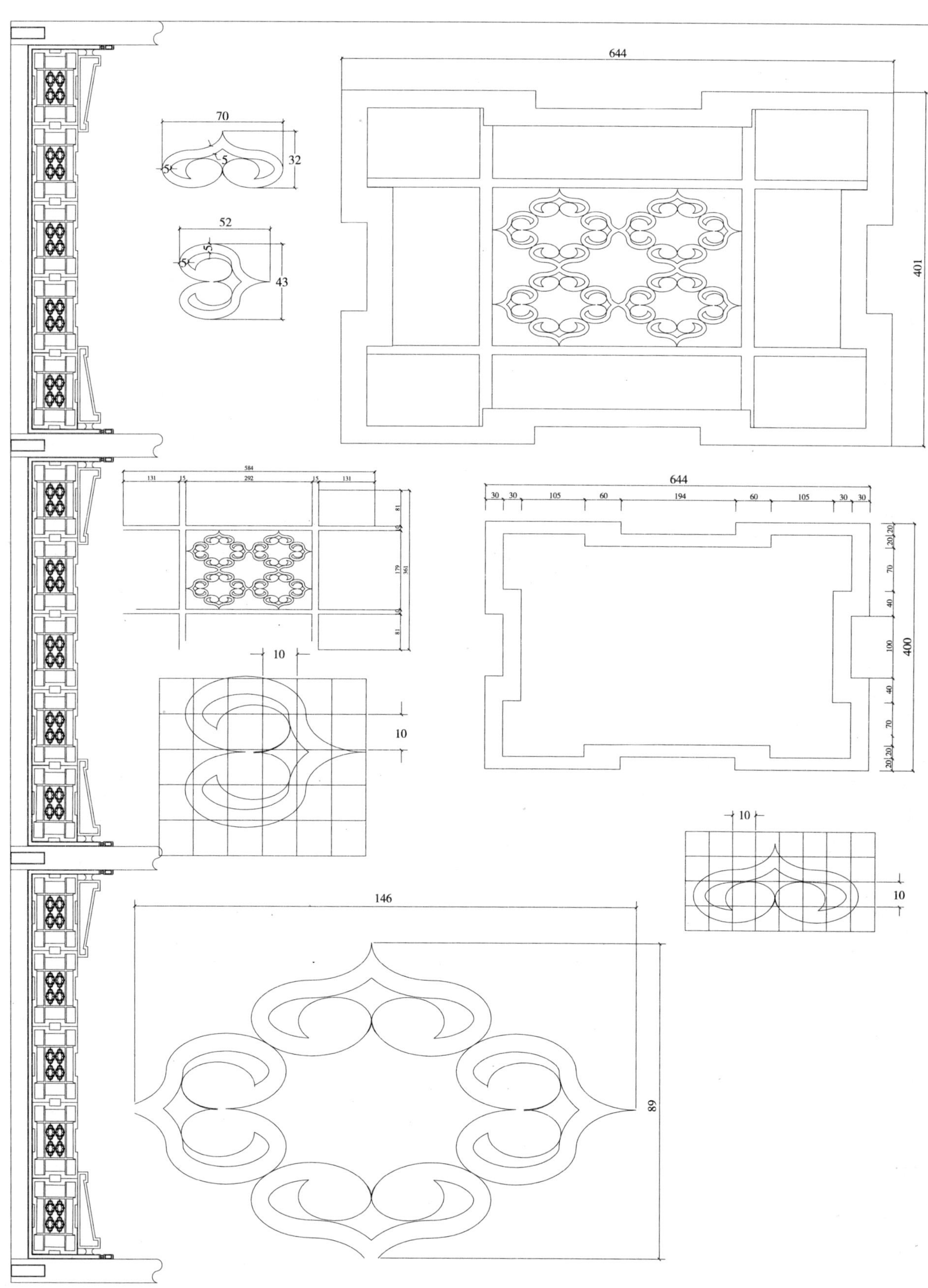
644
70
5
5
32
52
5
5
43
401
584
131
15
292
15
131
81
10
179
361
10
81
644
30
30
105
60
194
60
105
30
30
20
20
70
40
100
400
40
70
20
20
10
10
10
10
146
89

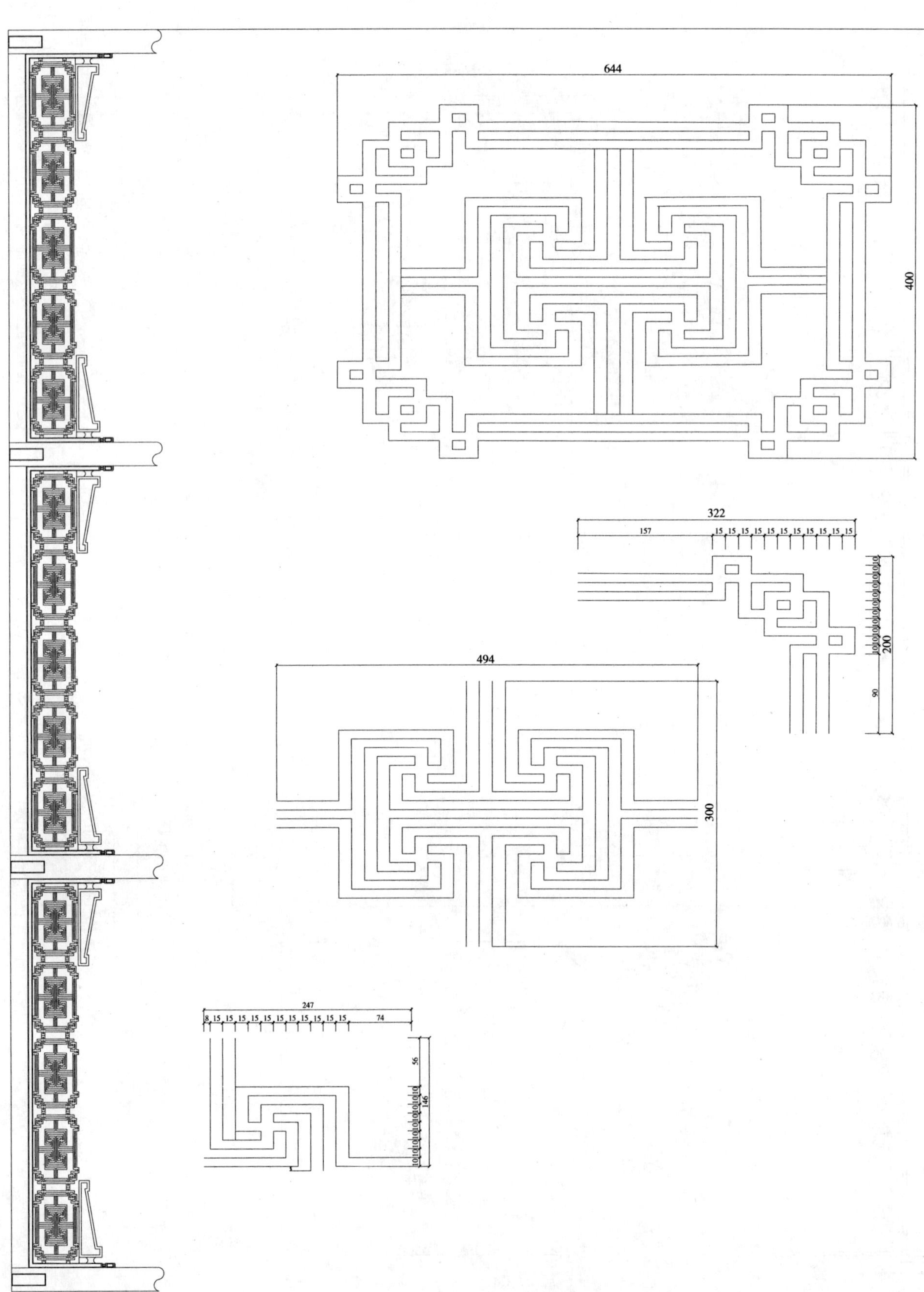
644
400
322
157
15 15 15 15 15 15 15 15 15 15 15
200
90
494
300
247
8 15 15 15 15 15 15 15 15 15 15 15 74
56
146

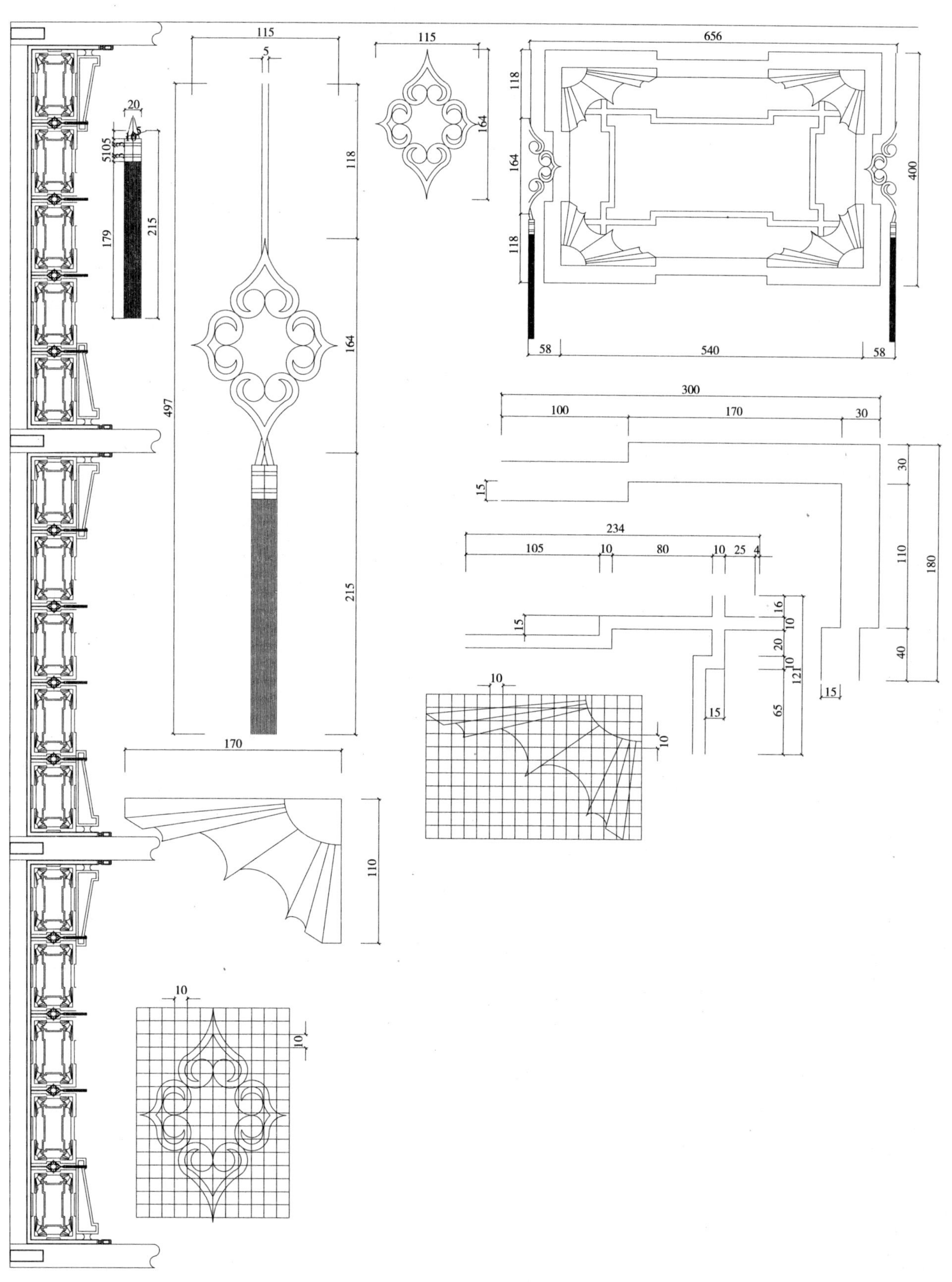
115
5
20
5105
3 3 3
10
179
215
118
164
497
215
115
164
656
118
164
118
400
58
540
58
300
100
170
30
15
30
110
180
40
234
105
10
80
10
25
4
15
16
10
20
10
121
65
15
15
10
10
170
110
10
10

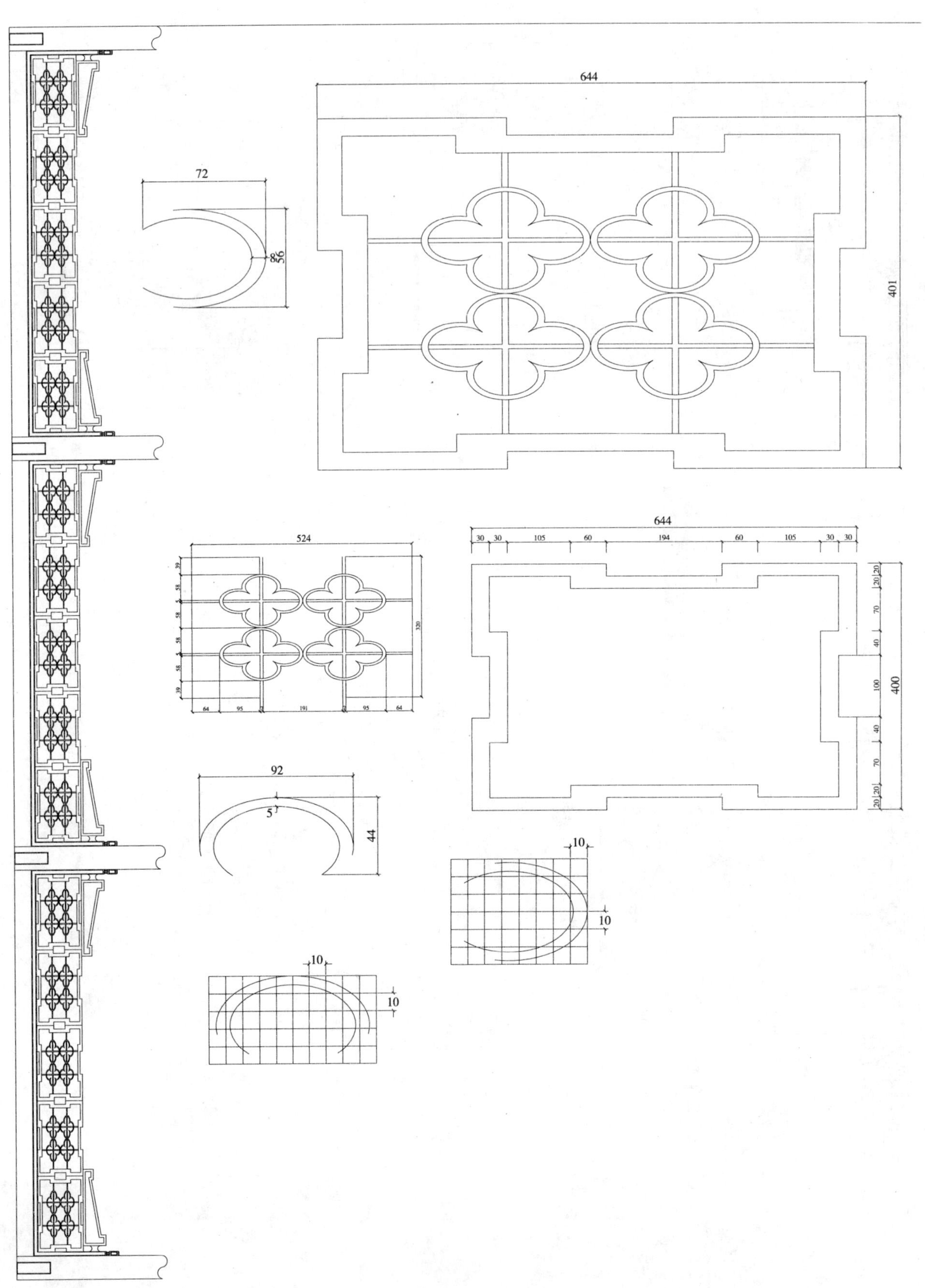
644
401
72
8
56
524
320
39
58
5
64
95
191
92
5
44
644
30
105
60
194
400
20
70
40
100
10

600
400
654
162
77
162
400
57
540
57
480
320
10
10
300
135
30
75
30
30
20
20
50
20
200
90
10
10
255
13
75
10
10
57
77
15
97
66
10
113
15
170
12
15
10
10

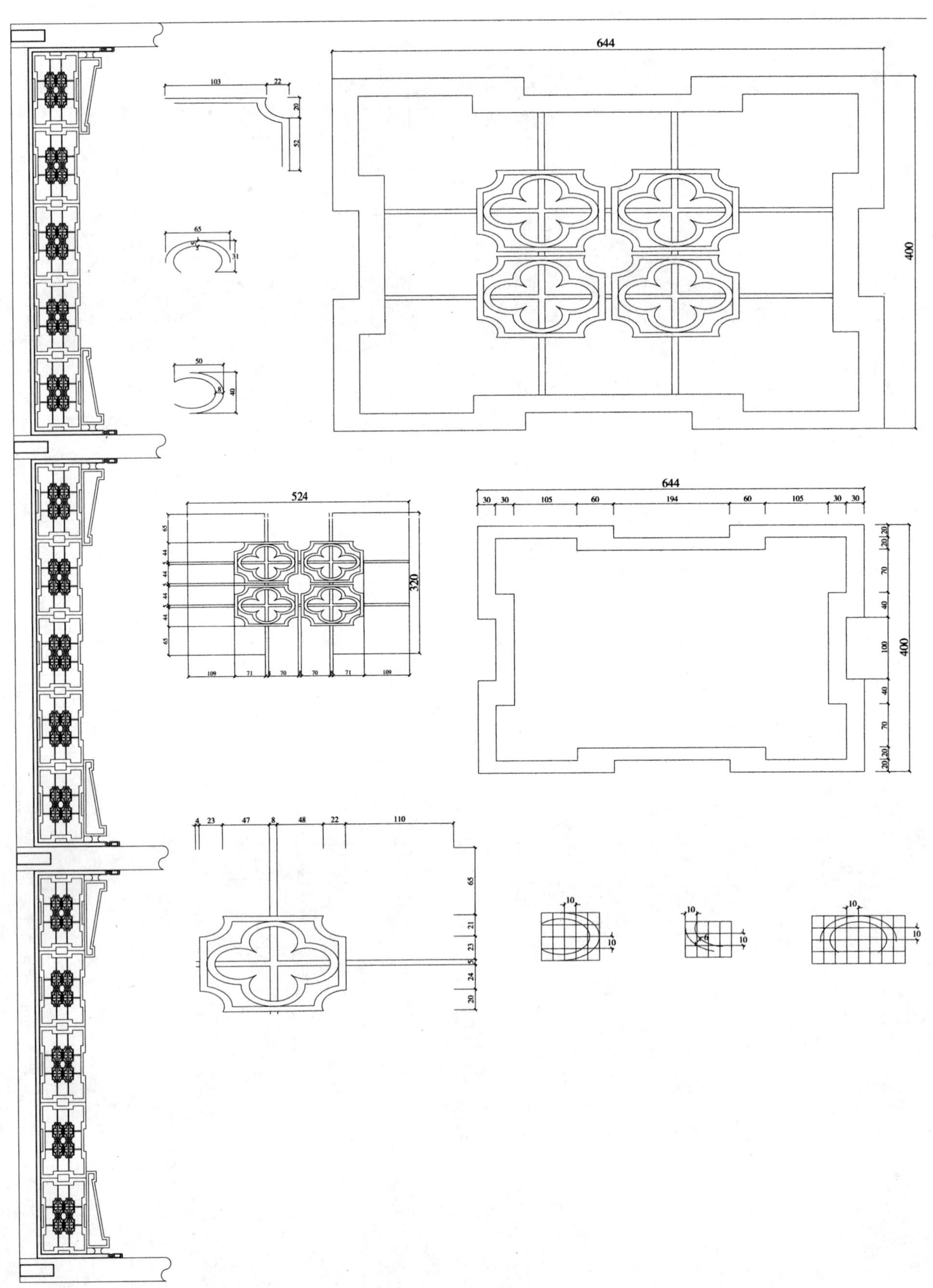
644
103
22
20
52
65
5
31
50
40
400
524
320
109
71
70
105
194
60
30
100
4
23
47
8
48
110
21
24
10

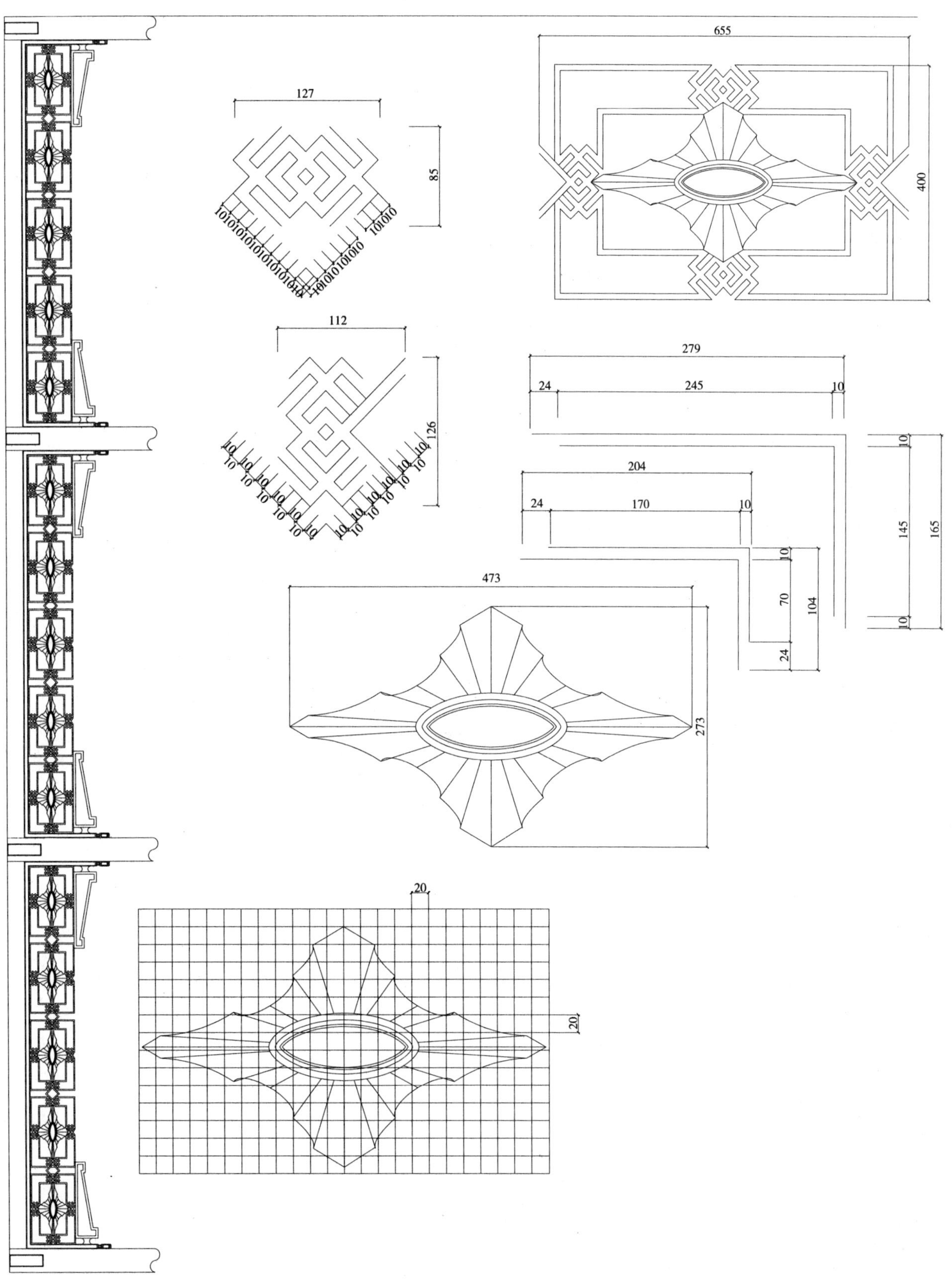
655
400
127
85
112
126
279
24
245
10
204
170
145
165
70
104
473
273
20

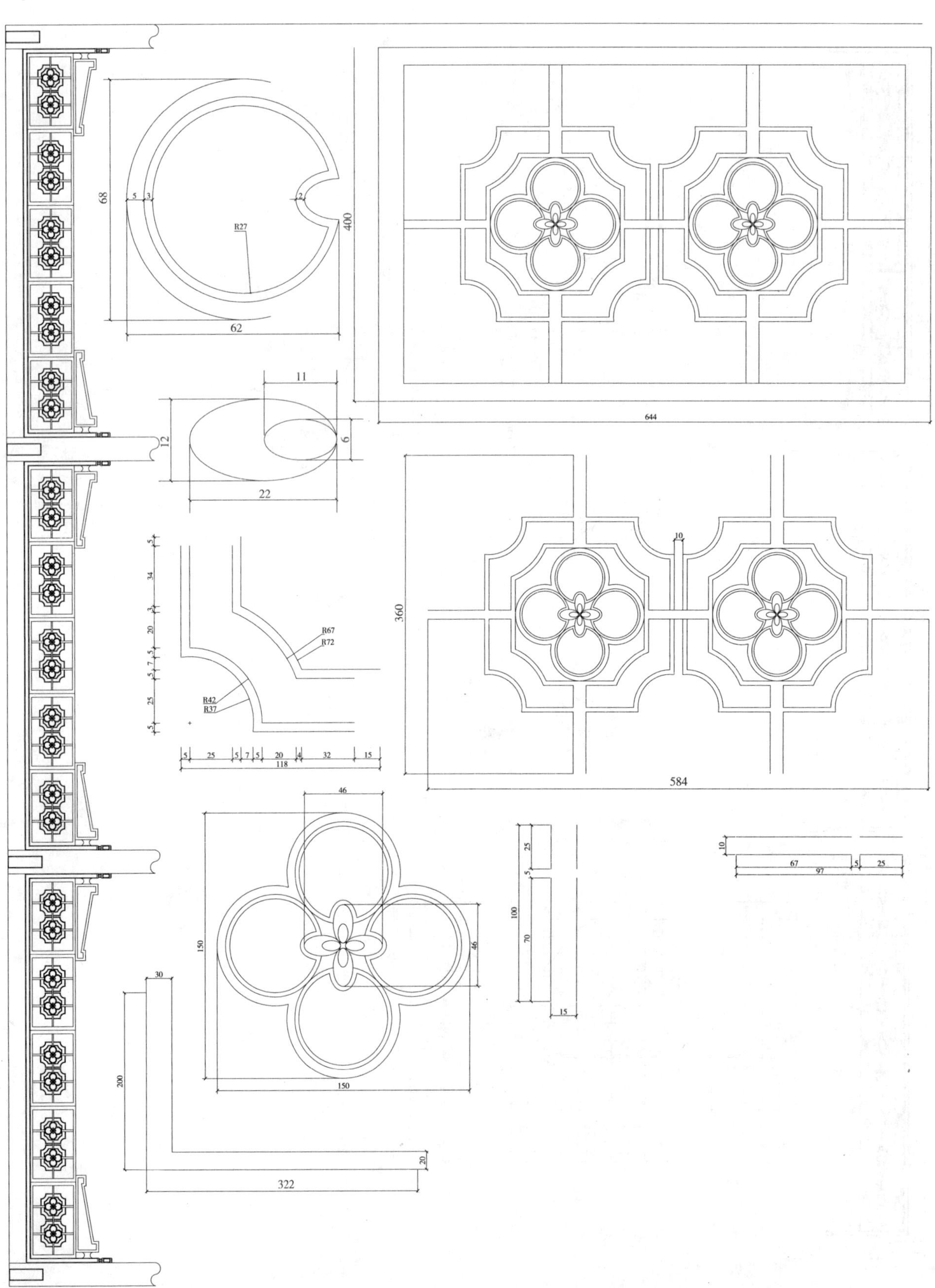
68
5
3
2
R27
62
400
644
11
12
6
22
10
360
584
R67
R72
R42
R37
5
34
3
20
5
7
25
118
32
15
4
46
150
30
200
322
100
70
67
97

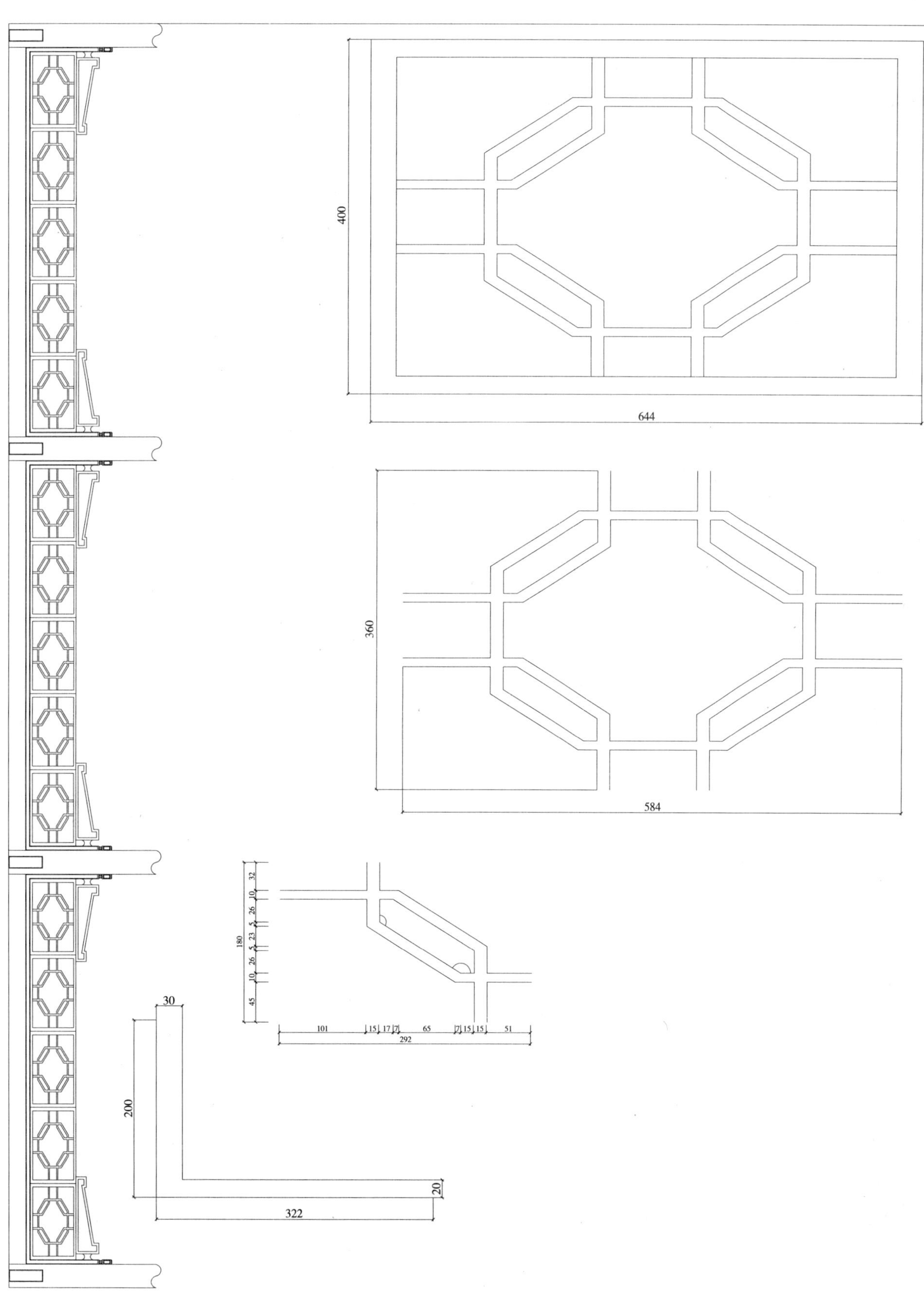
400
644
360
584
32
10
26
5
23
5
26
10
45
180
101
15
17
7
65
7
15
15
51
292
30
200
20
322

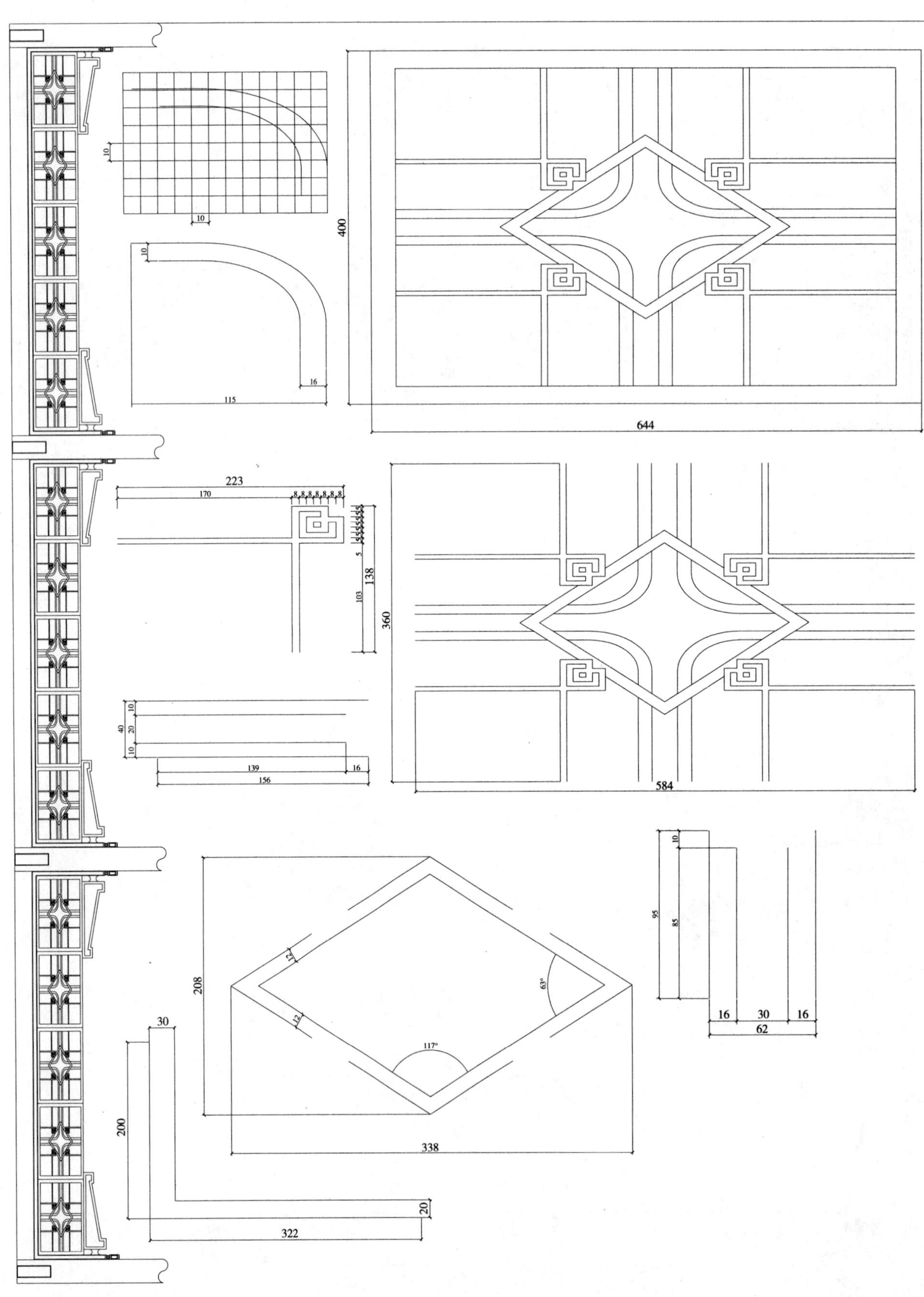
10
10
10
16
115
400
644
223
170
8 8 8 8 8 8 8
5 5 5 5 5 5 5
5
103
138
360
584
10
20
40
10
139
16
156
10
95
85
16
30
16
62
12
12
63°
117°
208
338
30
200
20
322

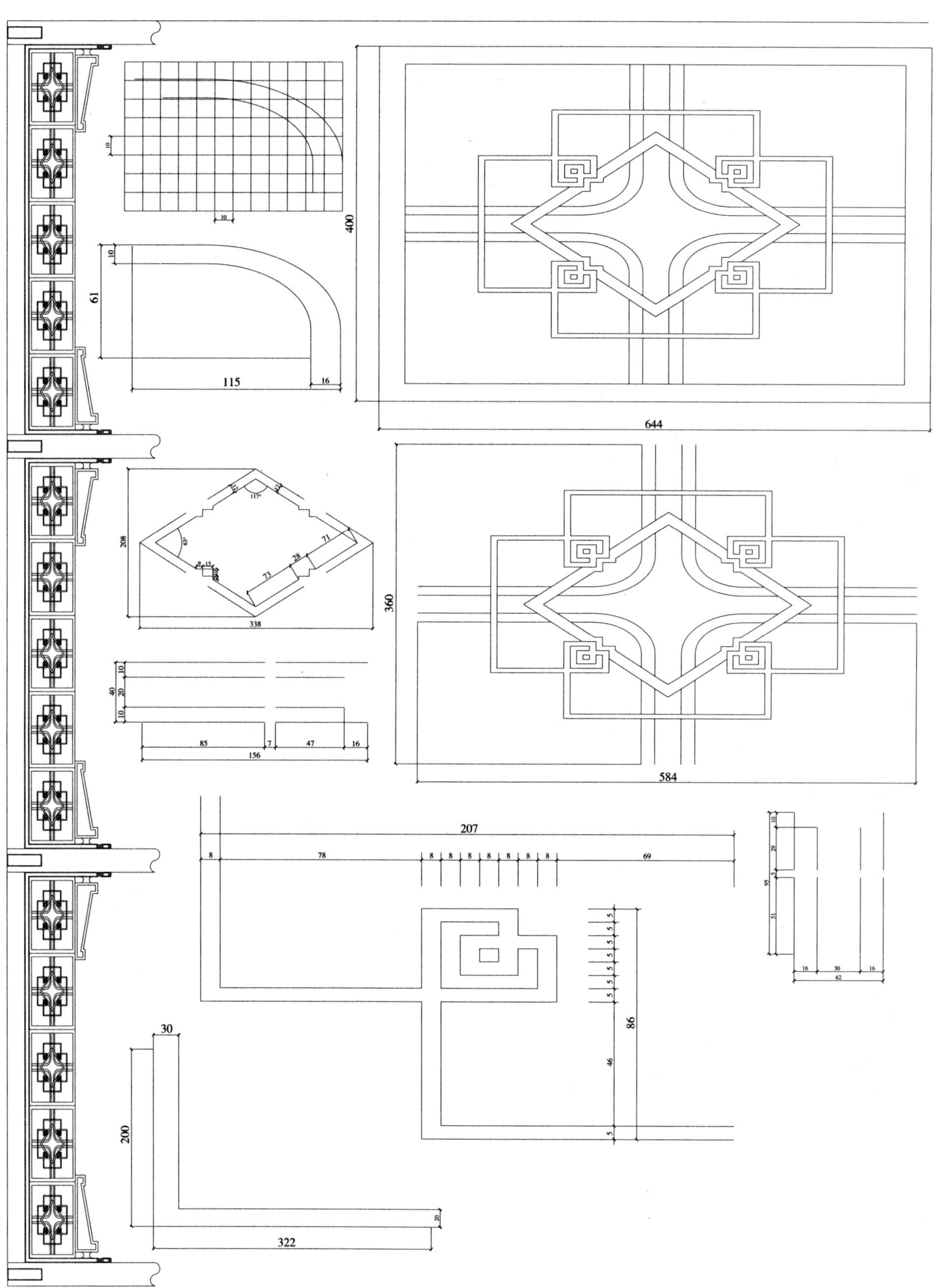
10
10
10
61
115
16
400
644
117°
63°
208
338
28
71
73
10
20
10
40
85
7
47
16
156
360
584
207
8
78
8
8
8
8
8
8
8
69
5
86
46
30
200
20
322
10
29
95
51
16
30
16
62

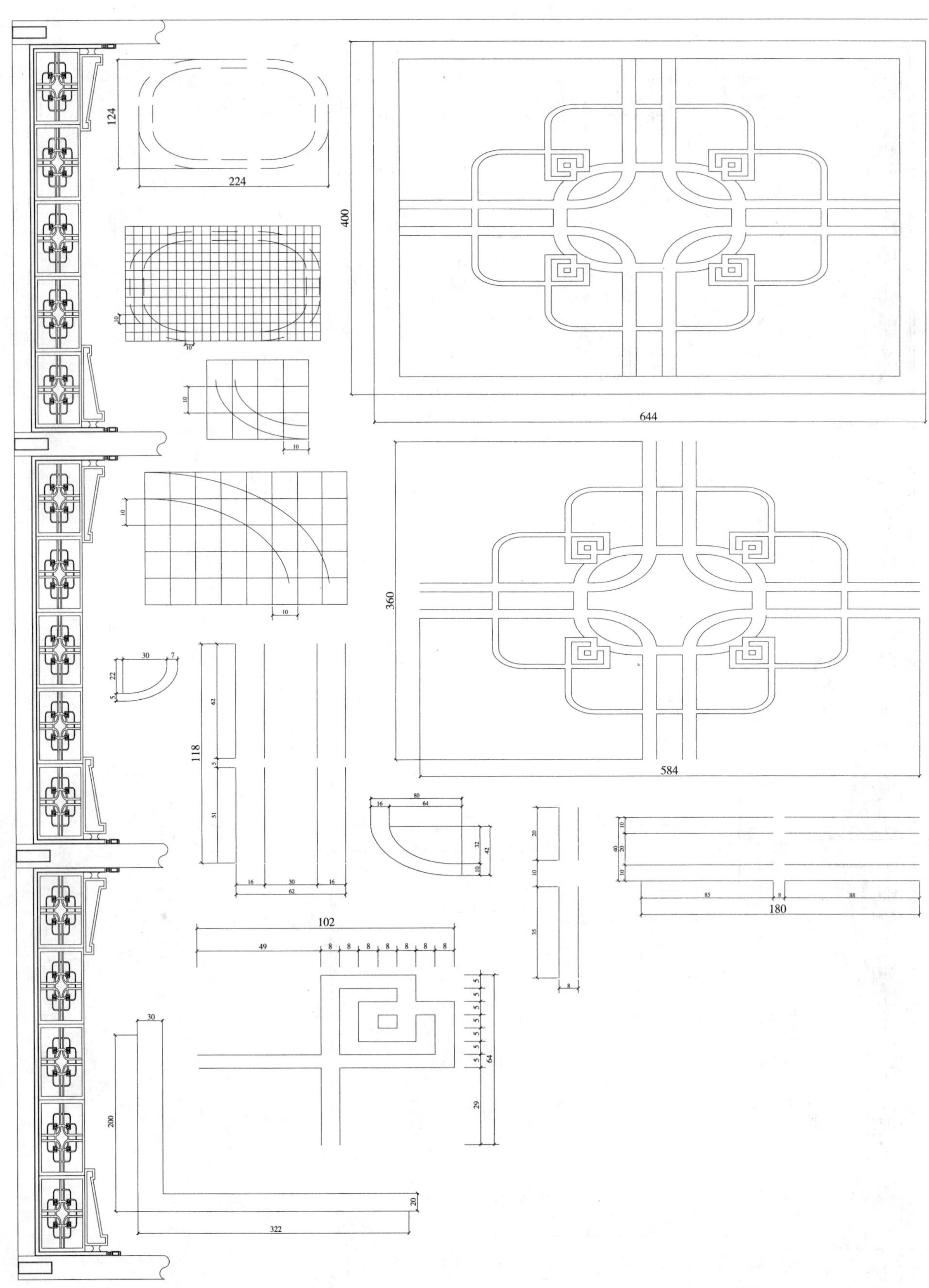
124
224
400
644
360
584
10
30
7
22
5
118
62
51
16
80
64
32
42
20
35
8
40
85
88
180
102
49
200
322
29
64

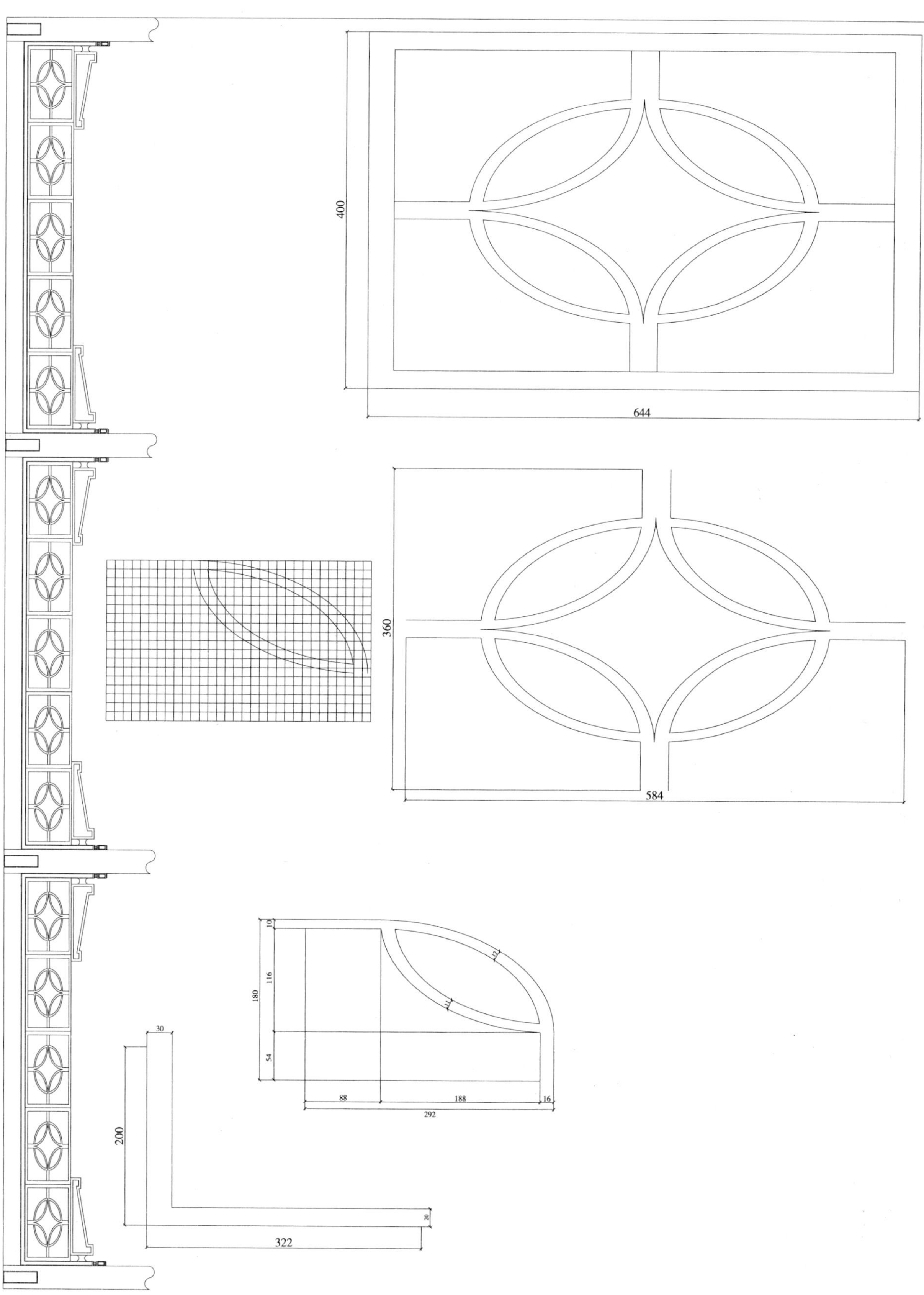
400
644
360
584
10
116
180
54
12
11
88
188
16
292
30
200
20
322

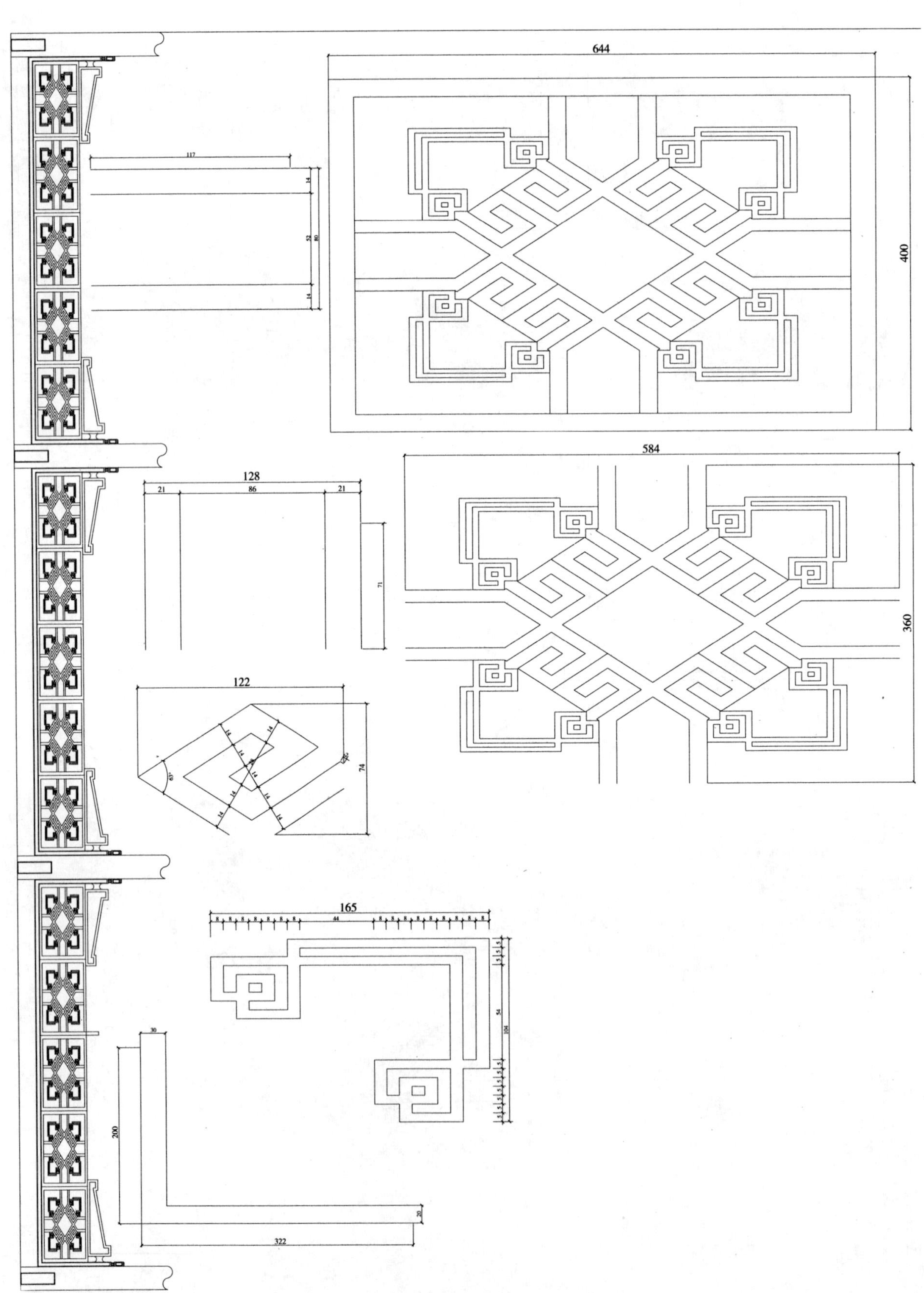
644
400
117
14
52
80
14
584
360
128
21
86
21
71
122
74
63°
14
165
44
54
104
30
200
20
322

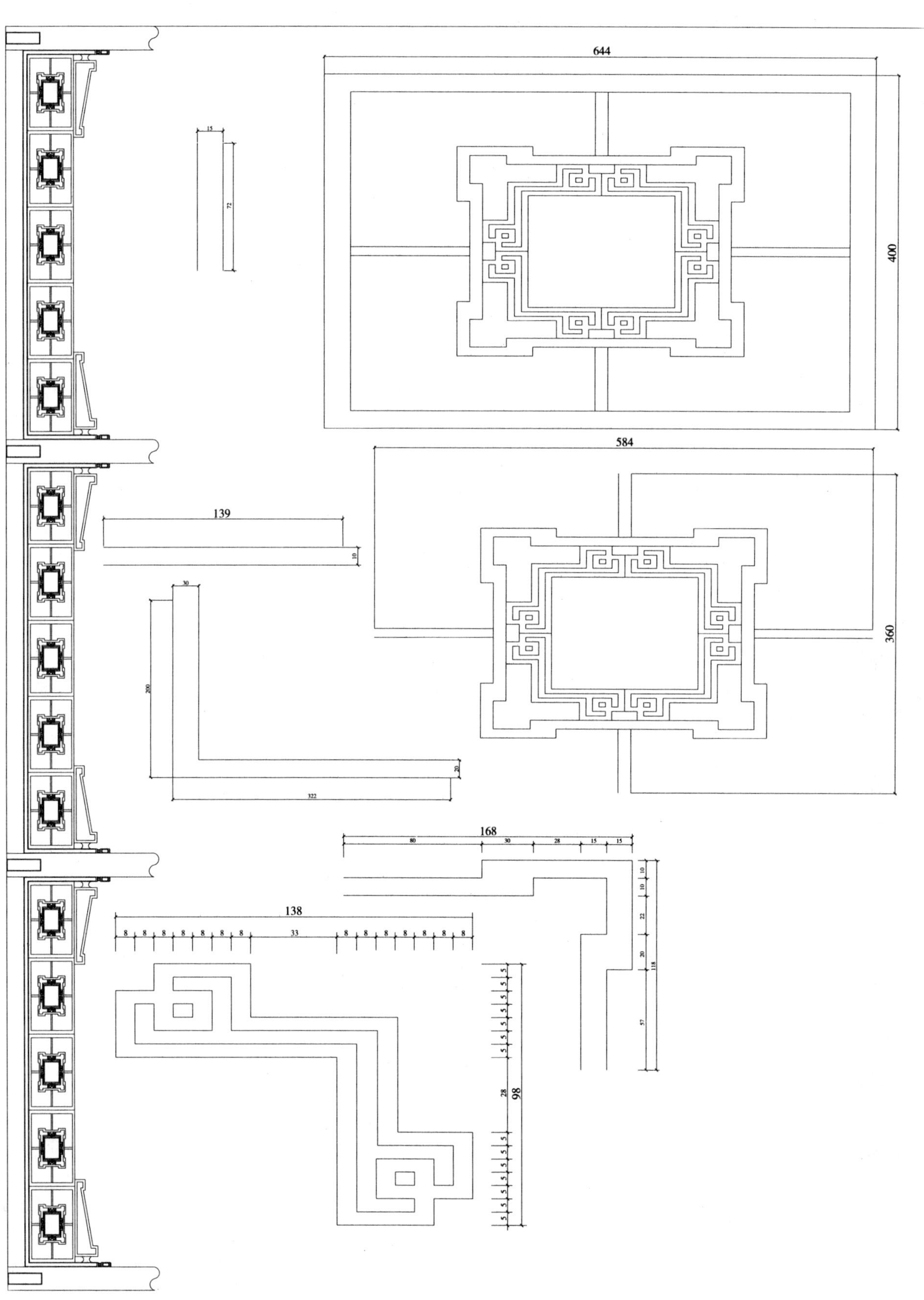
644
400
15
72
584
360
139
10
30
200
20
322
168
80
30
28
15
15
10
10
22
20
118
57
138
8
33
98
28
5

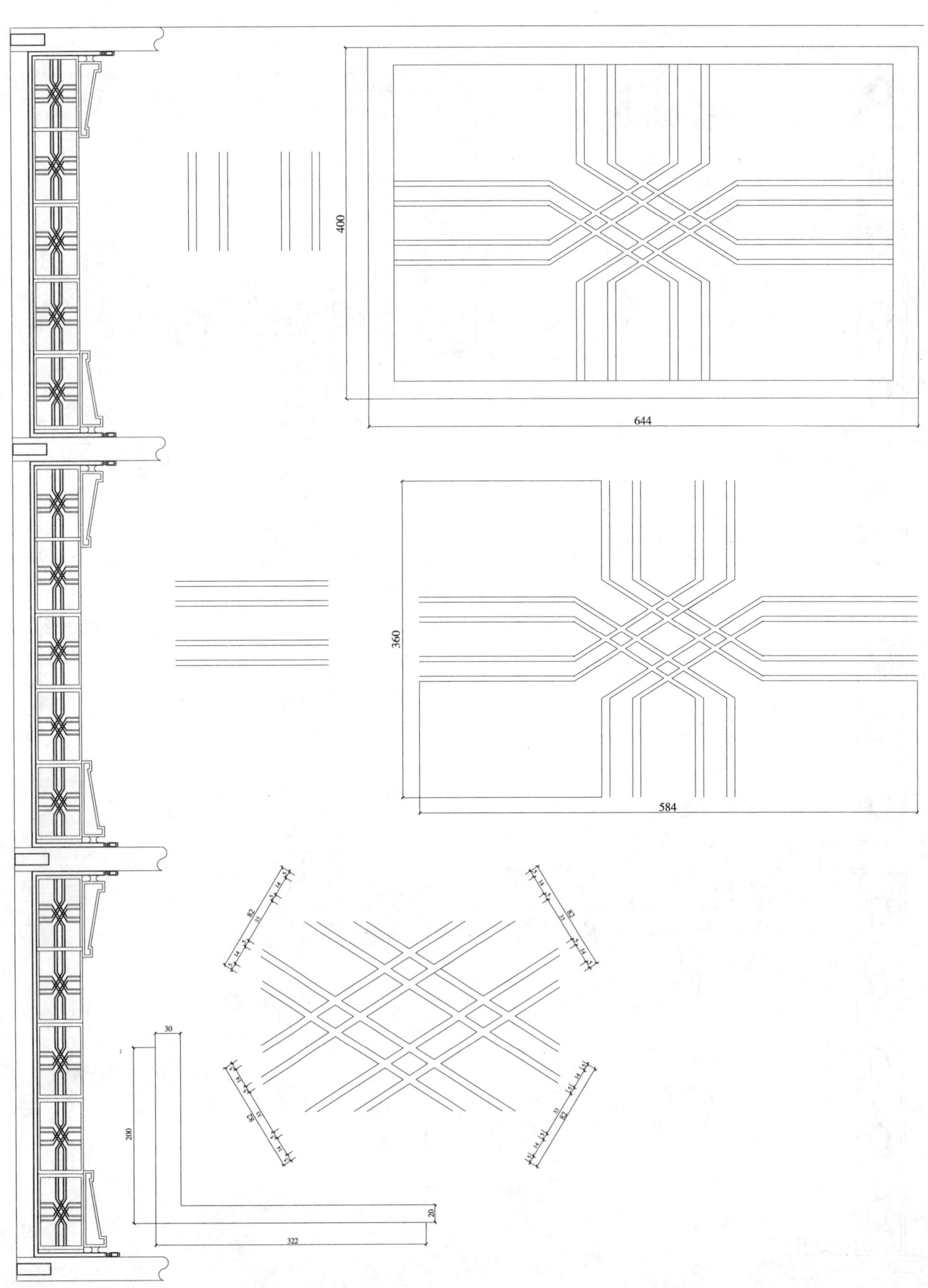
400
644
360
584
82
33
14
5
30
200
20
322

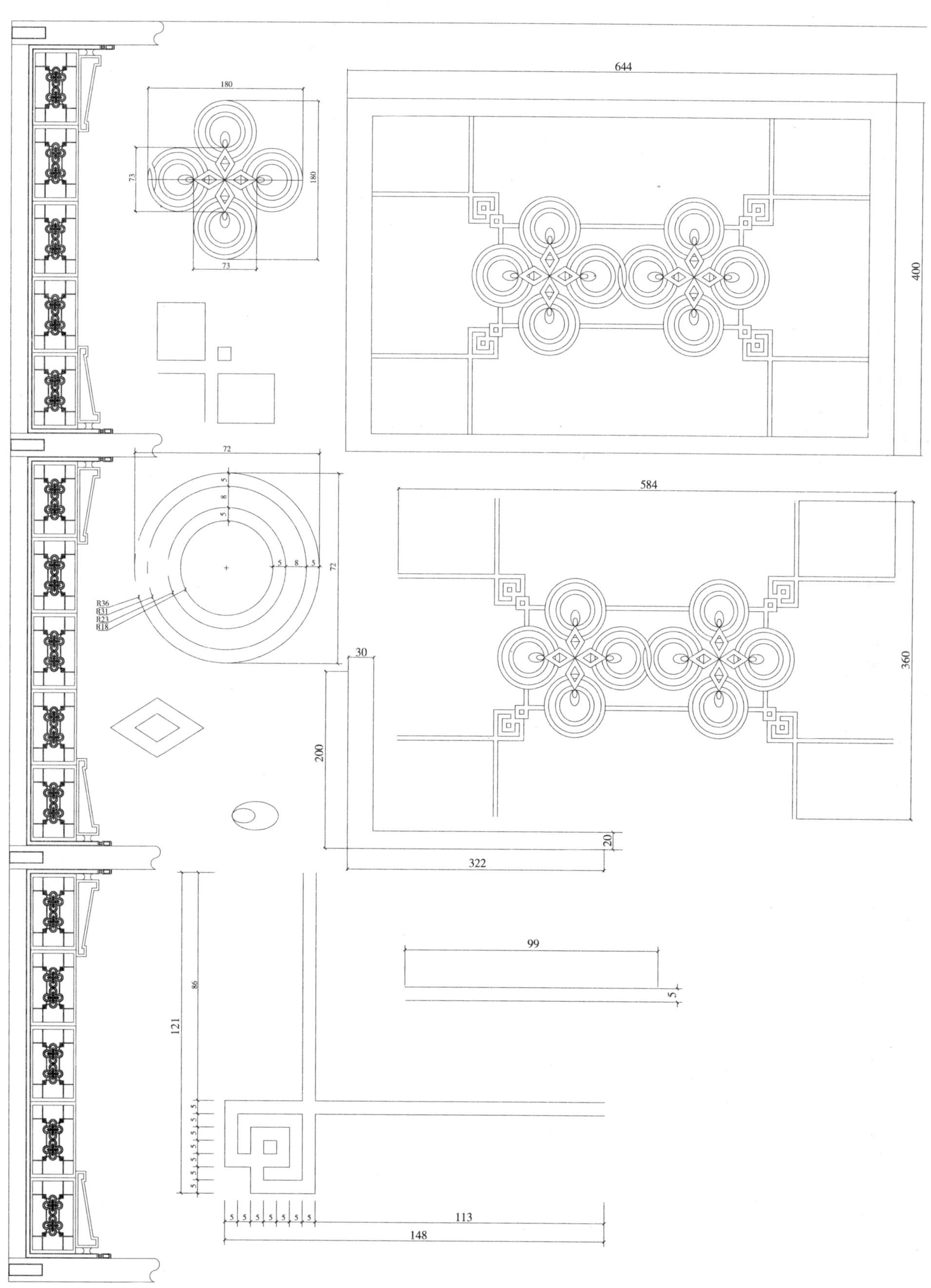
180
73
180
73
644
400
72
5
8
5
5 8 5
72
R36
R31
R23
R18
584
360
30
200
20
322
99
5
86
121
5 5 5 5 5 5 5
5 5 5 5 5 5 5
113
148

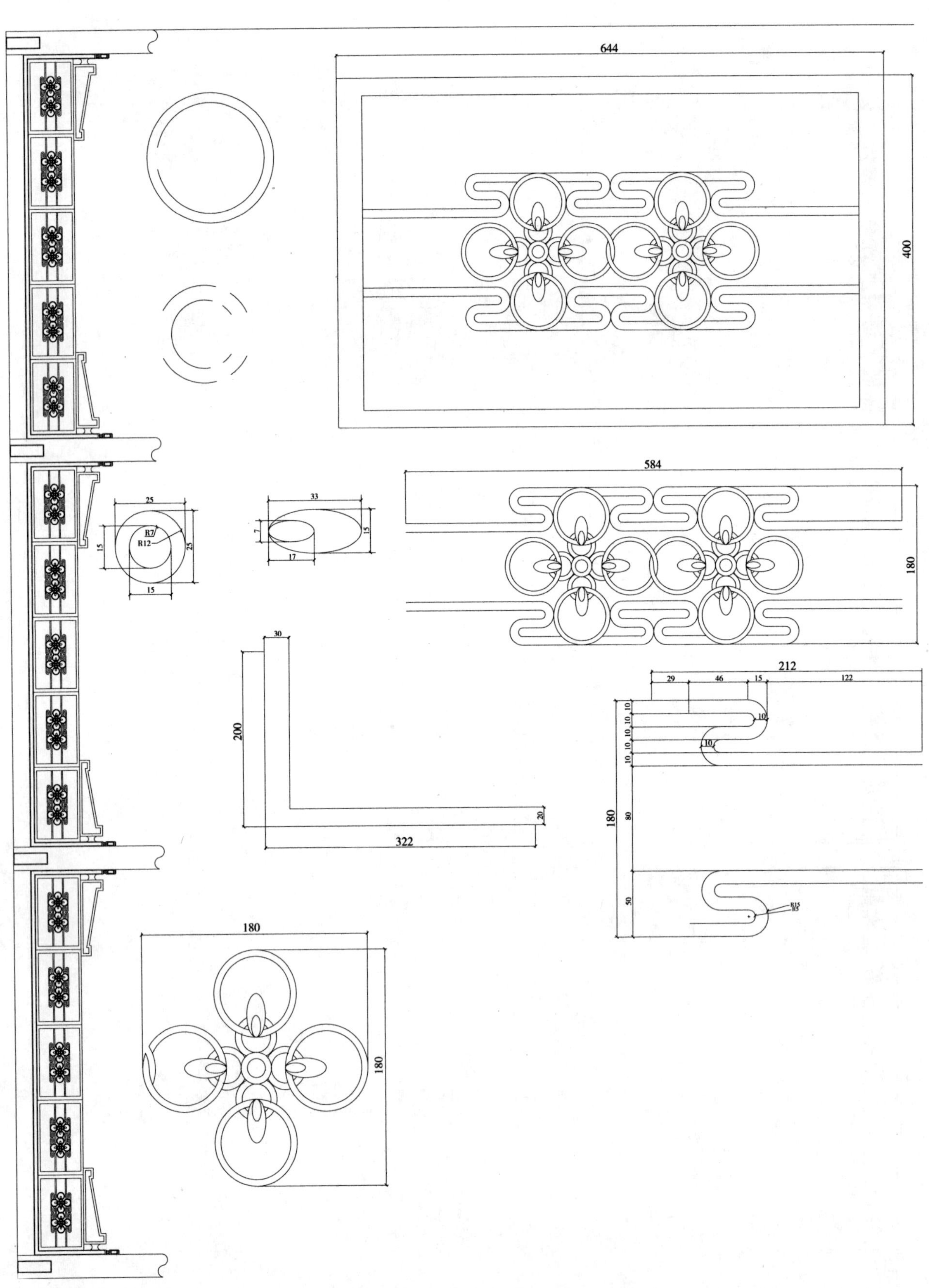
644
400
584
180
25
R7
R12
15
25
15
33
7
15
17
30
200
322
20
212
29
46
15
122
10
10
10
10
10
10
10
10
180
80
50
R15
R5
180
180

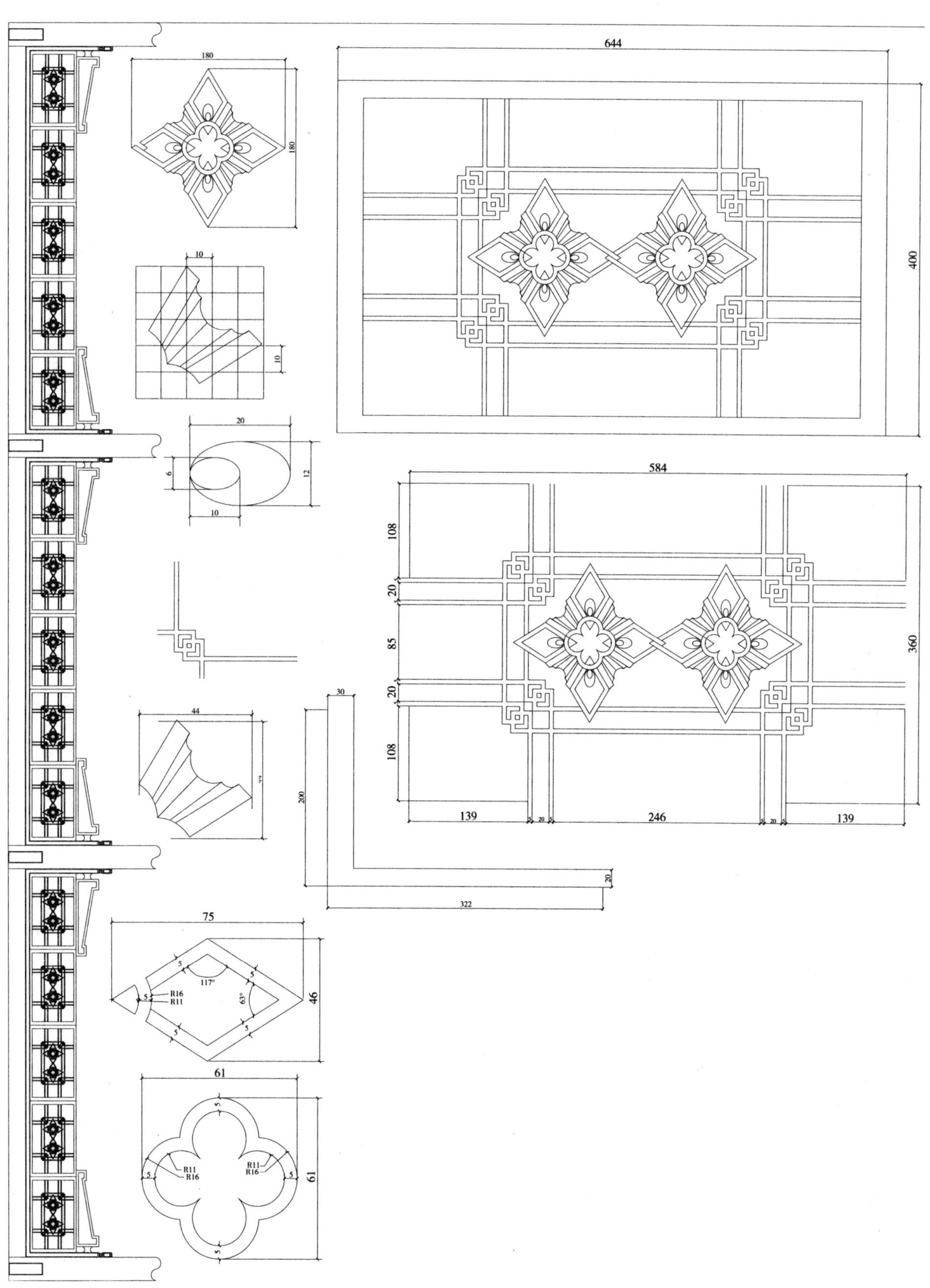
644
180
180
400
10
10
20
6
12
10
584
108
20
85
20
108
360
139
246
139
44
30
200
20
322
75
46
117°
63°
R16
R11
61
61
R11
R16

10
10
644
400
584
360
117
200
100
322
161
180
180

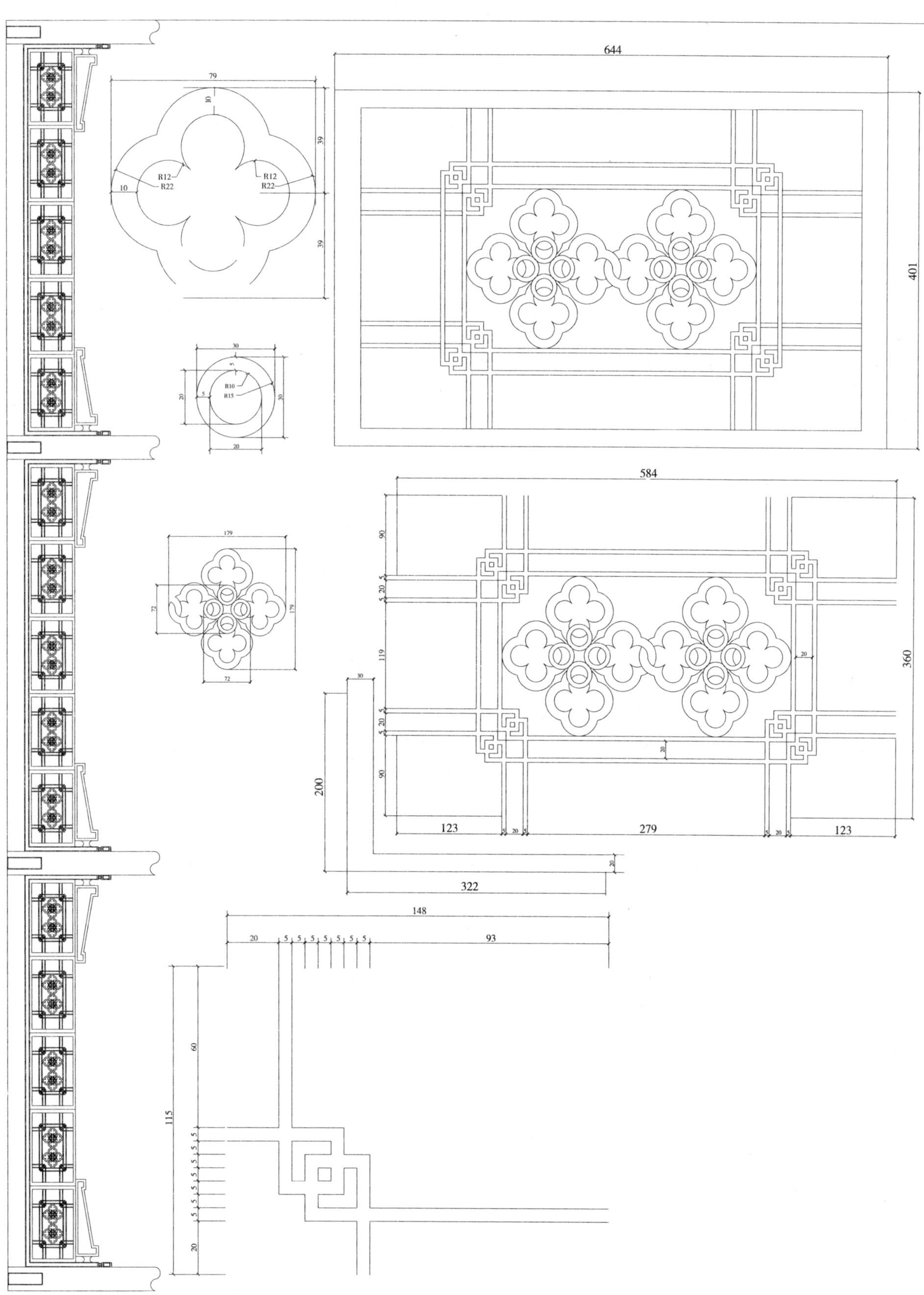
644
401
79
10
39
39
R12
R22
10
R12
R22
30
5
R10
R15
20
5
30
20
179
179
72
72
584
90
5
20
5
119
5
20
5
90
20
20
360
123
20
279
20
123
30
200
20
322
148
20
5 5 5 5 5 5
93
60
115
5
5
5
5
5
5
20

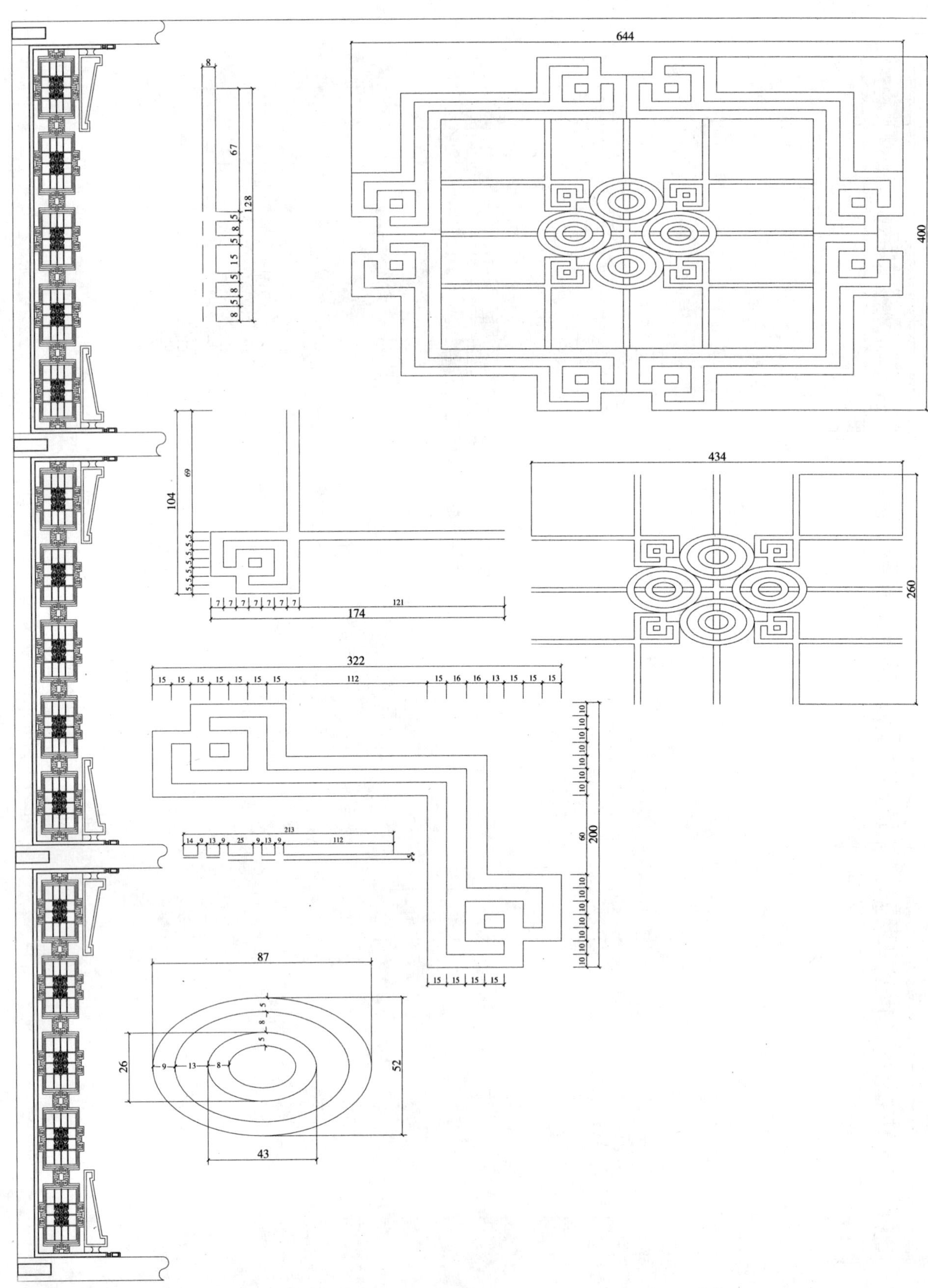
644
400
434
260
322
200
174
121
104
128
87
52
26
43
213
112

63
R23
R28
R7
R12
15
25
56
33
64
R27
R32
54
64
54
107
10
644
401
15
165
15
584
30
200
20
322
360
190
190

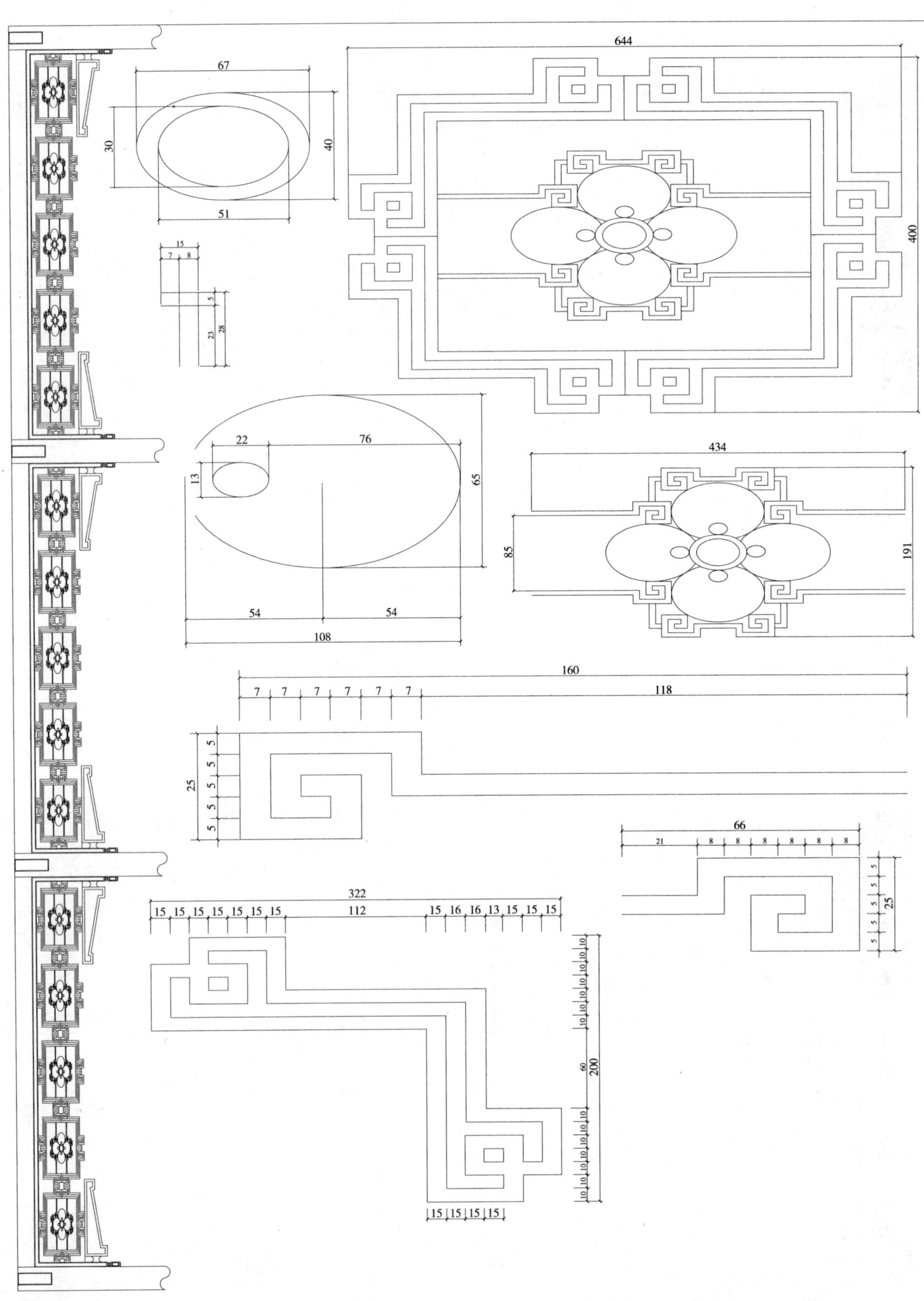
67
30
40
51
15
7
8
5
23
28
644
400
22
76
13
65
54
54
108
434
85
191
160
7 7 7 7 7 7
118
25
5 5 5 5 5
66
21 8 8 8 8 8 8
5 5 5 5 5
25
322
15 15 15 15 15 15 15
112
15 16 16 13 15 15 15
200
60
15 15 15 15

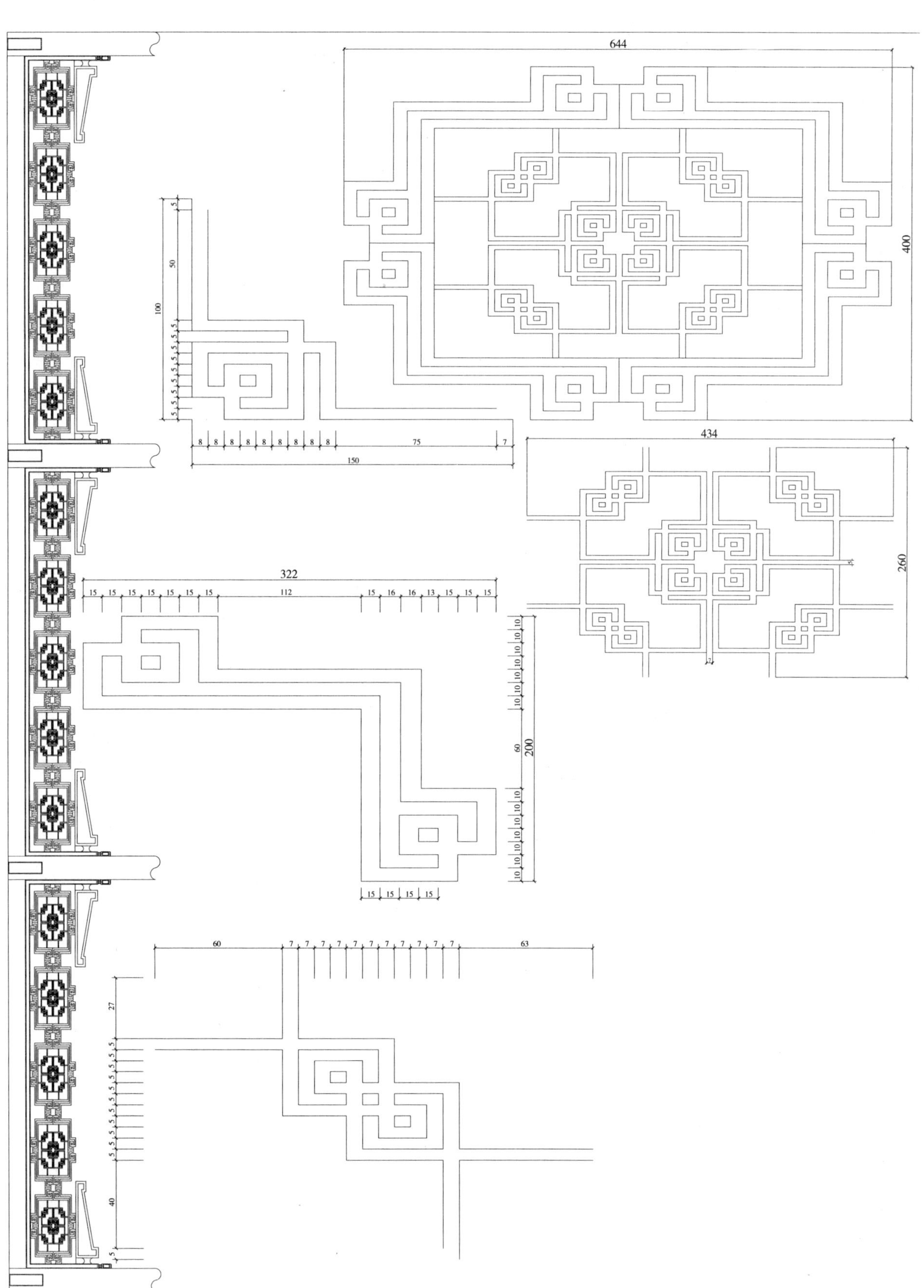
644
400
434
260
322
200
150
75
112
60
63
100
50
27
40

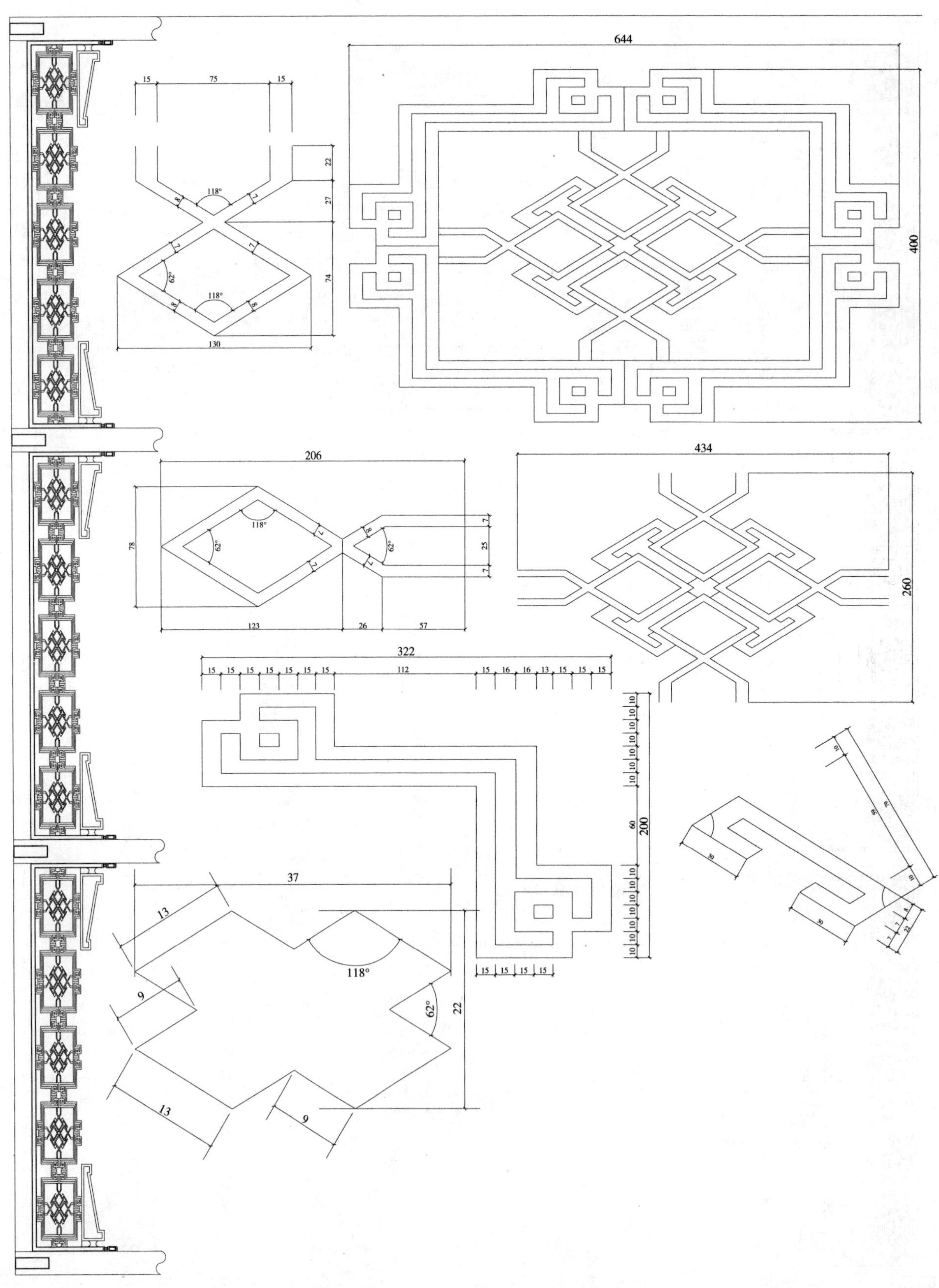
644
400
15
75
15
22
27
74
118°
62°
118°
130
206
78
118°
62°
62°
25
123
26
57
434
260
322
112
200
37
13
118°
9
62°
22
13
9

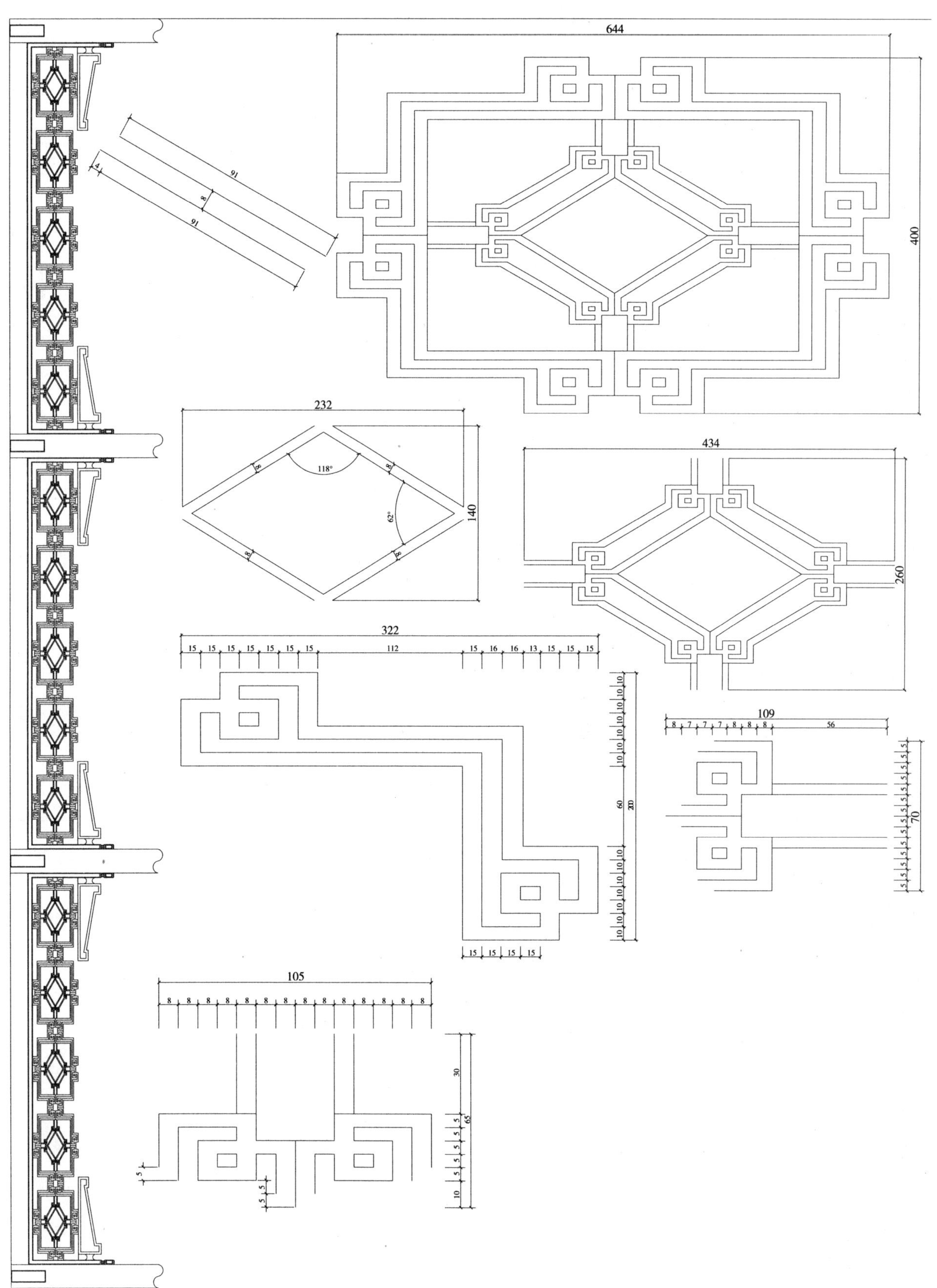
644
400
91
8
91
4
232
118°
62°
8
140
434
260
322
112
109
56
70
105
30
65
200
60

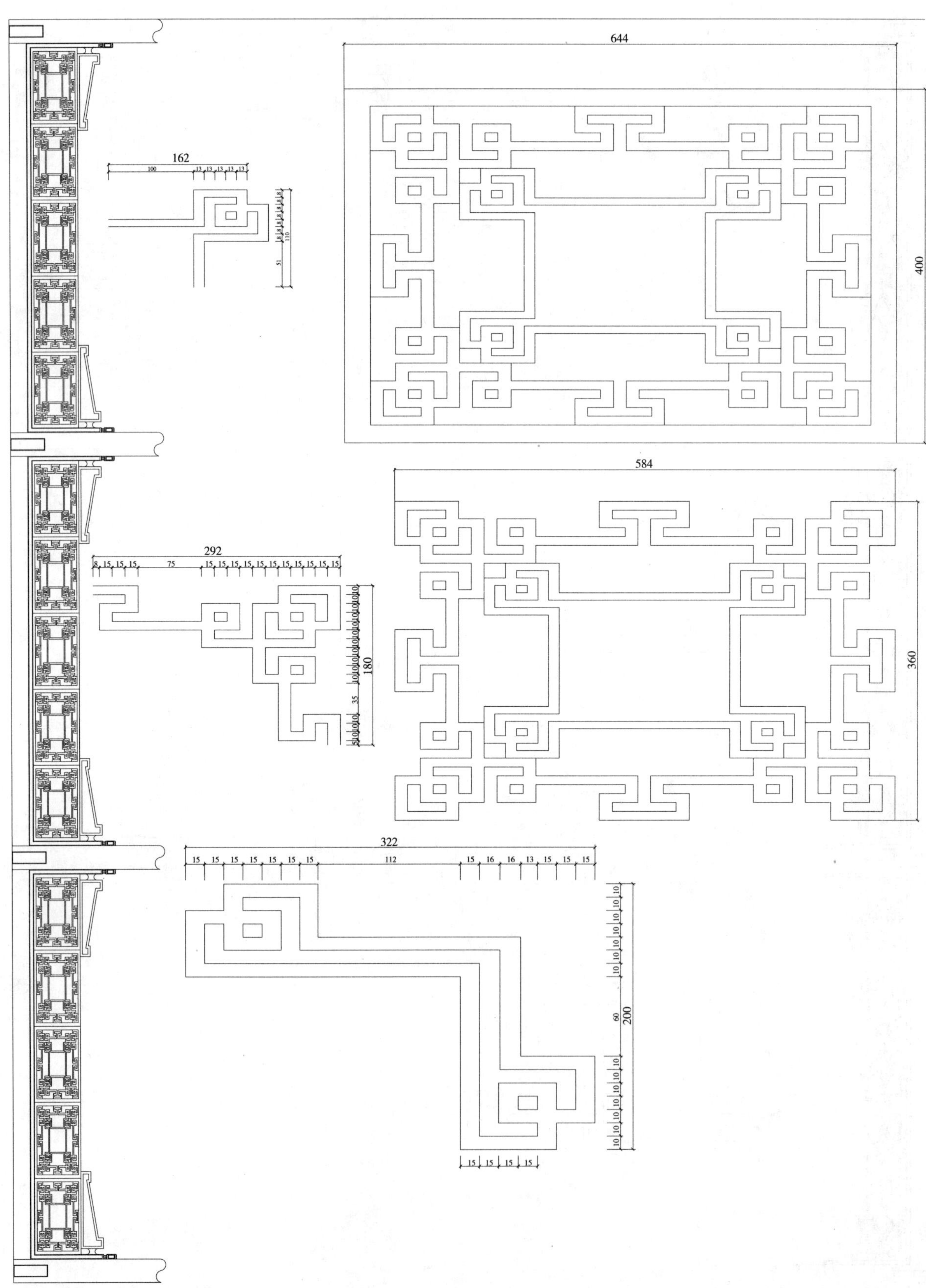
644
400
162
292
180
584
360
322
200

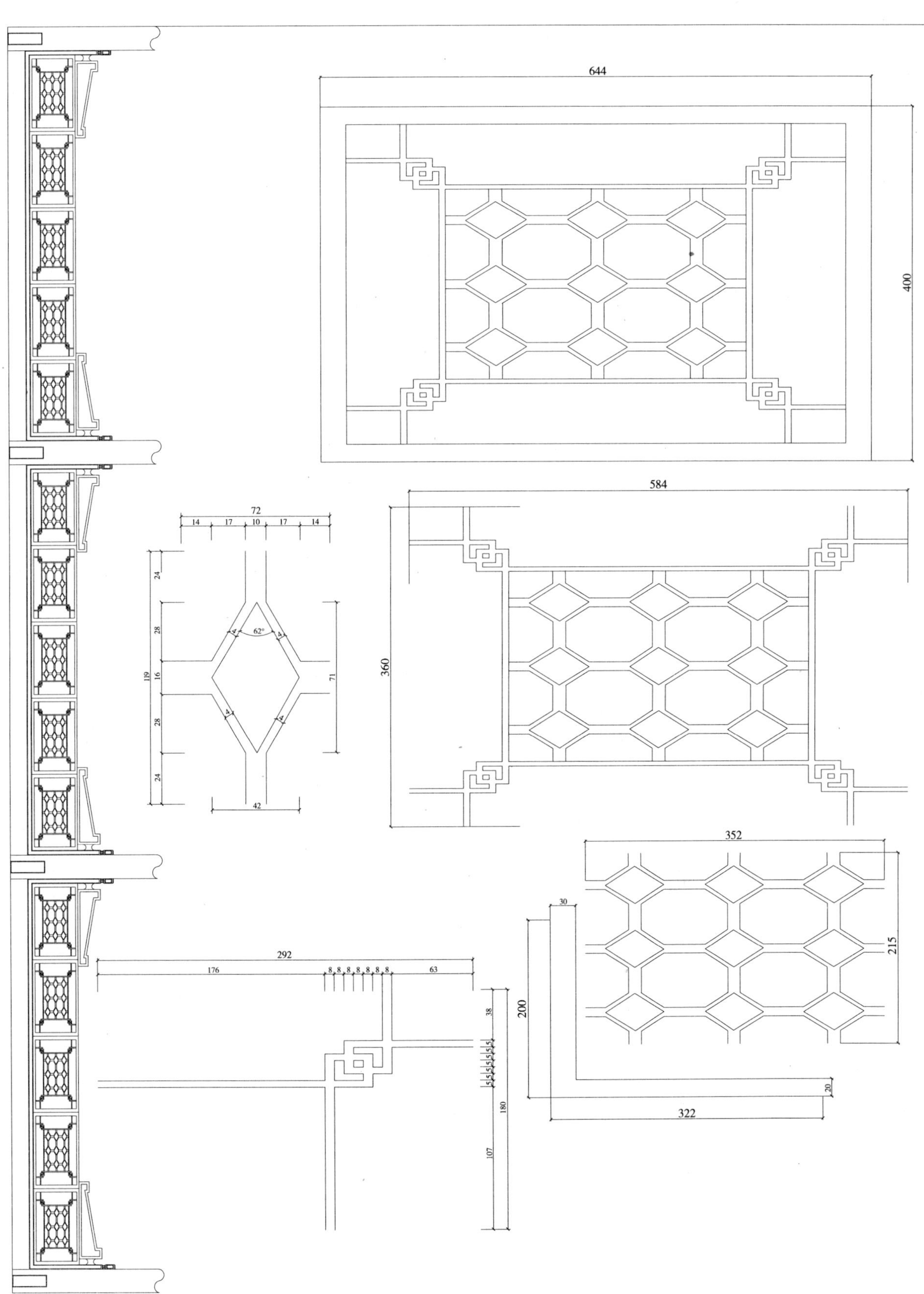
644
400
584
360
72
14 17 10 17 14
62°
24
28
119
16
28
24
71
42
352
215
30
200
20
322
292
176
8 8 8 8 8 8 8
63
38
5 5 5 5 5
5 5 5 5 5
180
107

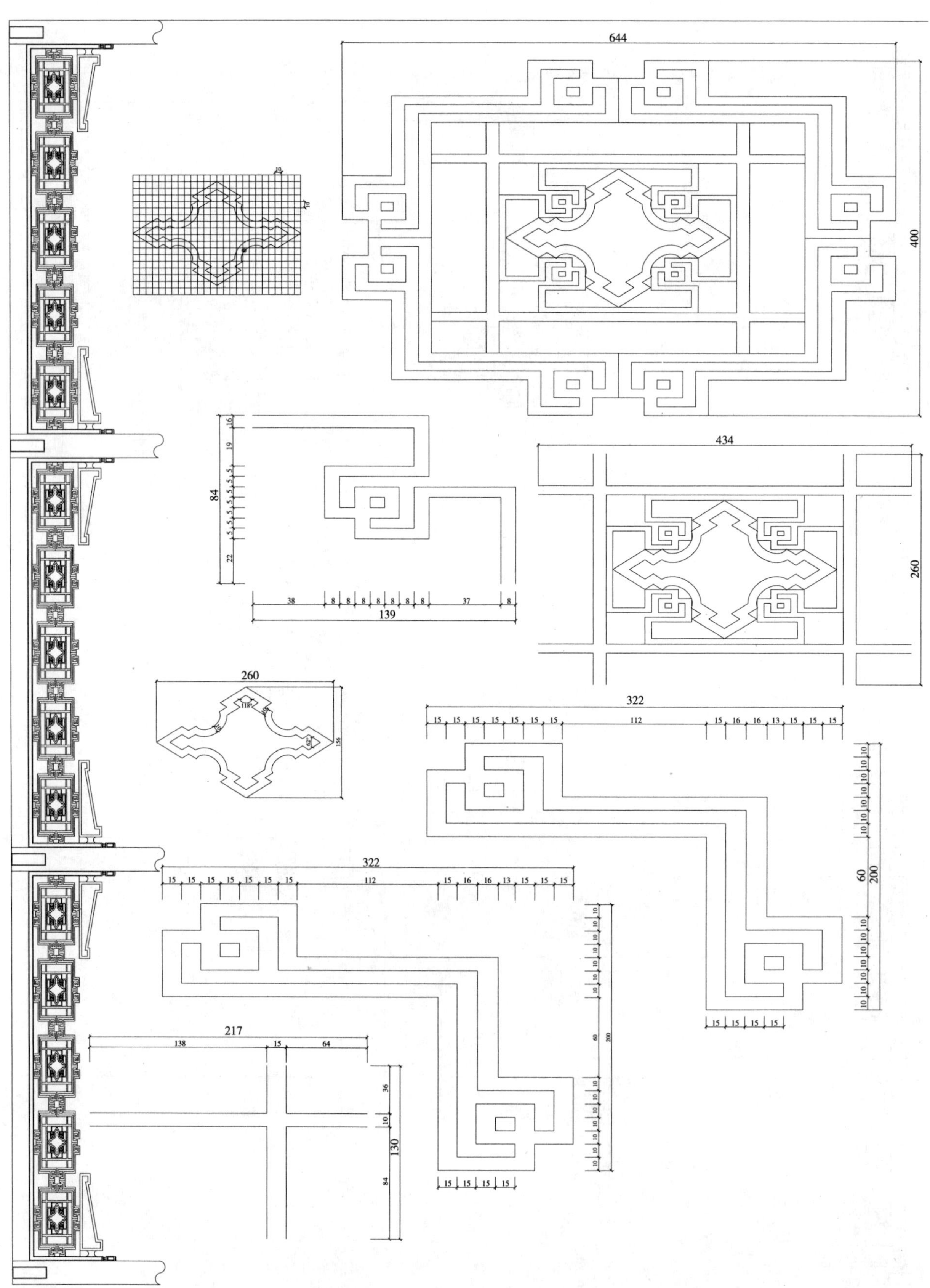
644
400
84
139
434
260
260
322
200
322
200
217
130

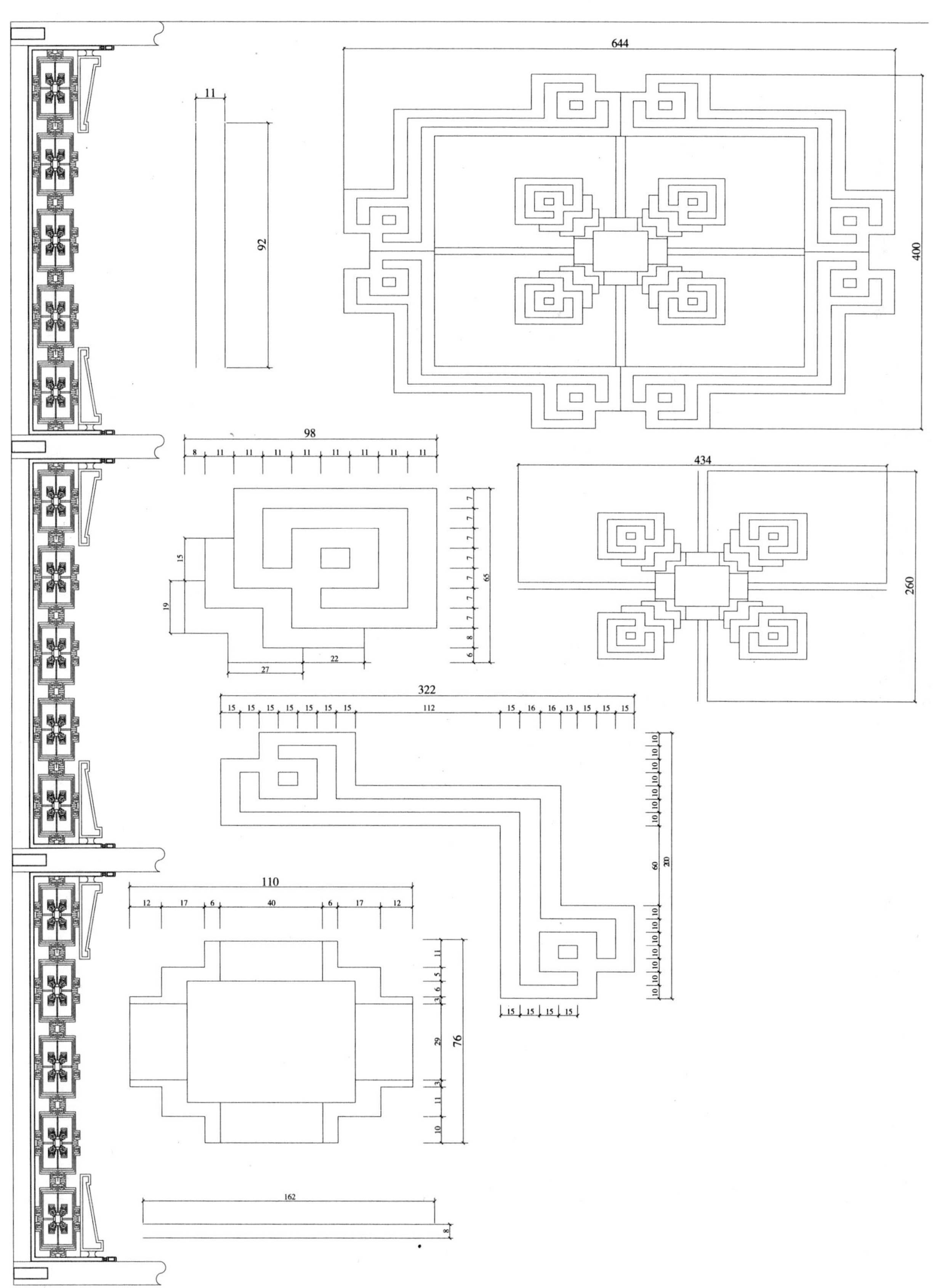
644
400
11
92
98
8 11 11 11 11 11 11 11 11
65
15
19
27
22
434
260
322
15 15 15 15 15 15 15 112 15 16 16 13 15 15 15
200
60
15 15 15 15
110
12 17 6 40 6 17 12
76
162
8

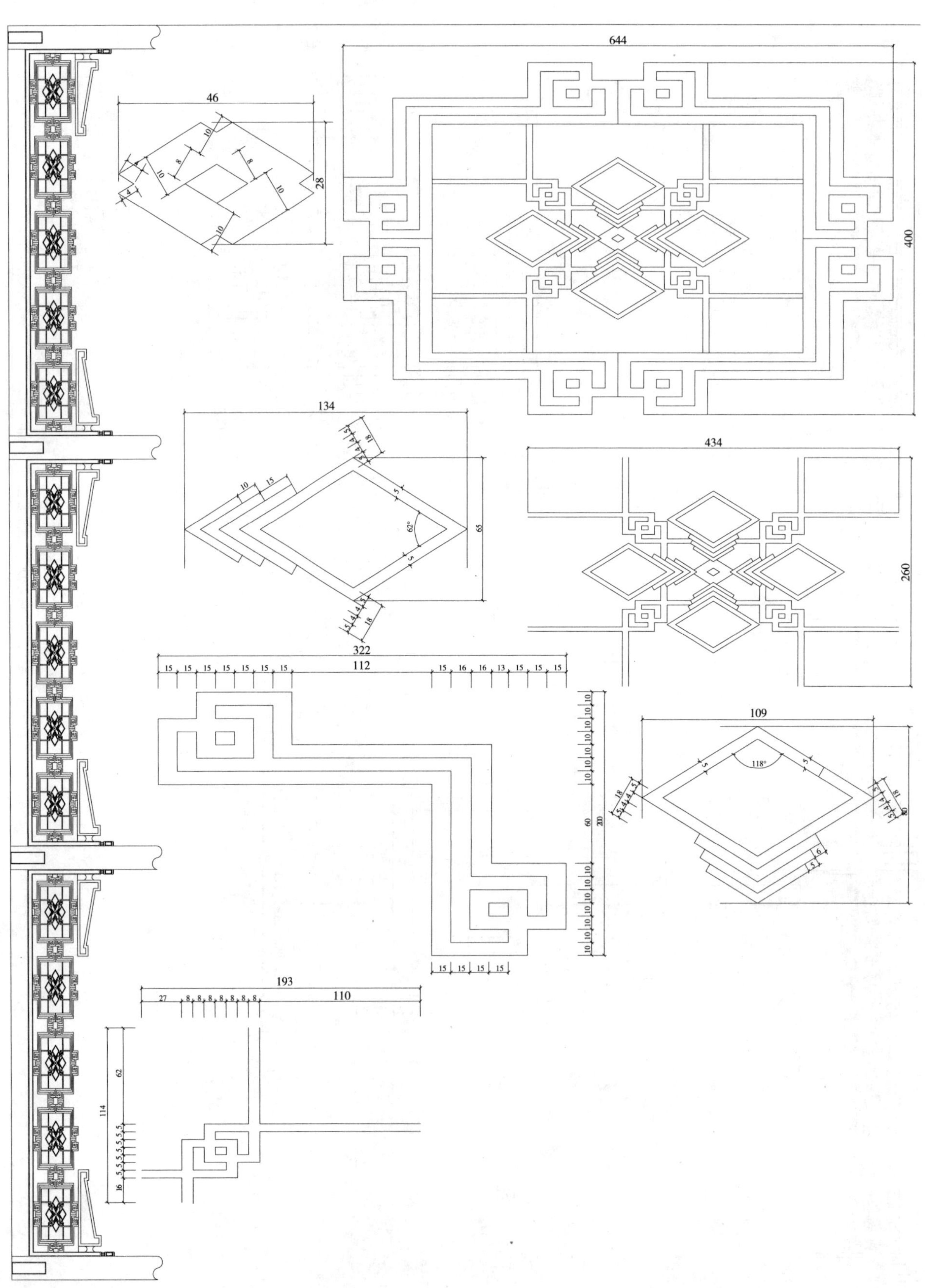
644
400
46
28
134
65
62°
434
260
322
112
109
118°
193
110
114
62

644
400
106
5
50
60
5
98
5
5
5
15
30
200
20
322
292
180
113
7
98
7
121
60
68
22
7
8
7
50
10
10
98
75
10
10
130
67
7
142
2
30
33
18
88
15
83
38

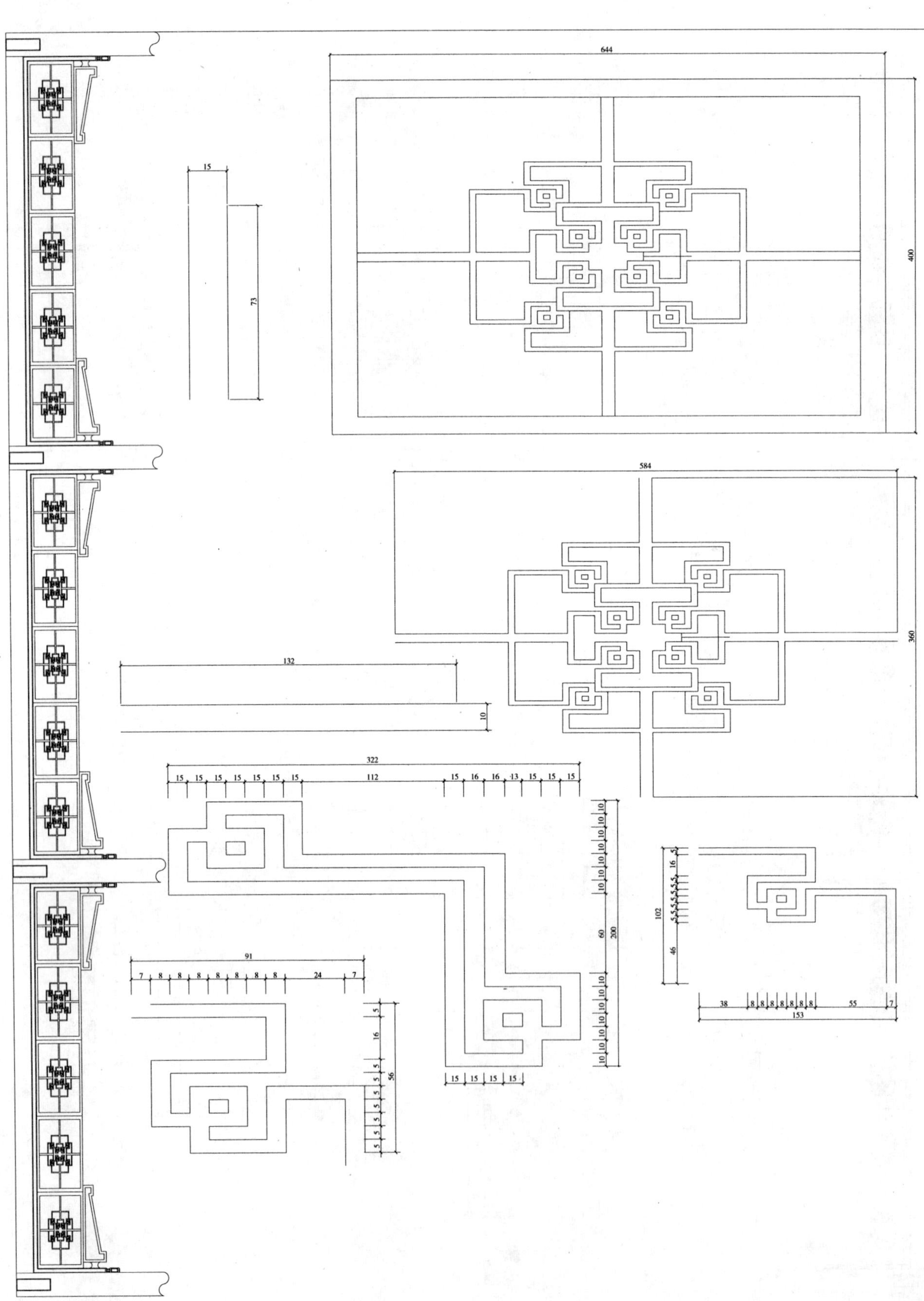

644
400
15
73
584
360
132
10
322
15 15 15 15 15 15 15 112 15 16 16 13 15 15 15
200
60
10 10 10 10 10 10 10 10 10 10 10 10 10
15 15 15 15
91
7 8 8 8 8 8 8 8 24 7
56
5 16 5 5 5 5 5 5
102
16 5 5 5 5 5 5 5 5 46
38 8 8 8 8 8 8 55 7
153

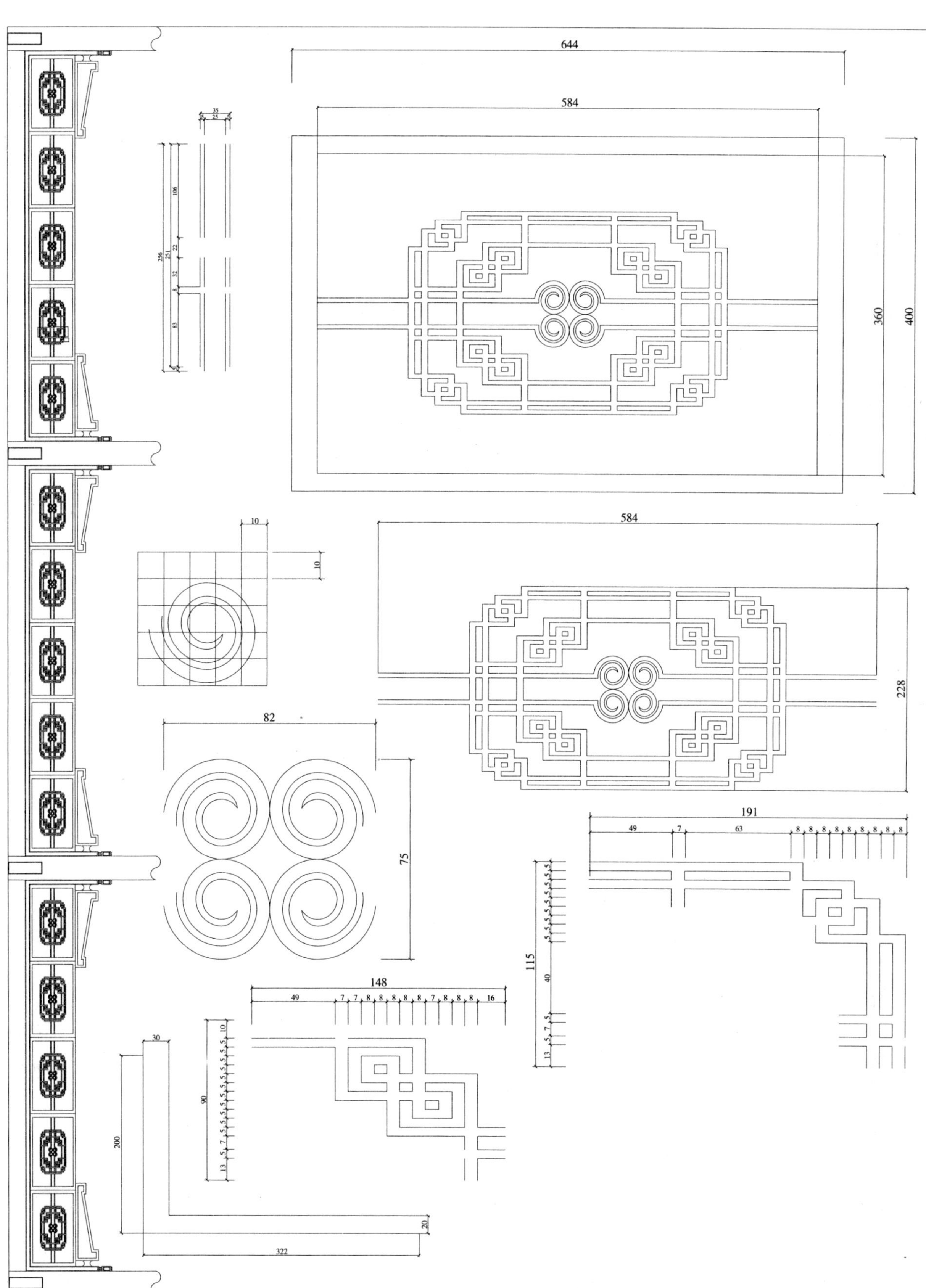
644
584
360
400
35
5
25
106
256
251
22
32
8
83
10
10
584
228
82
75
191
49
7
63
8 8 8 8 8 8 8 8 8
115
5 5 5 5 5 5 5 5 5 5 5
40
5 7 5 13
148
49
7 7 8 8 8 8 7 8 8 8 16
90
10 5 5 5 5 5 5 5 5 5 5 5 7 5 13
30
200
20
322

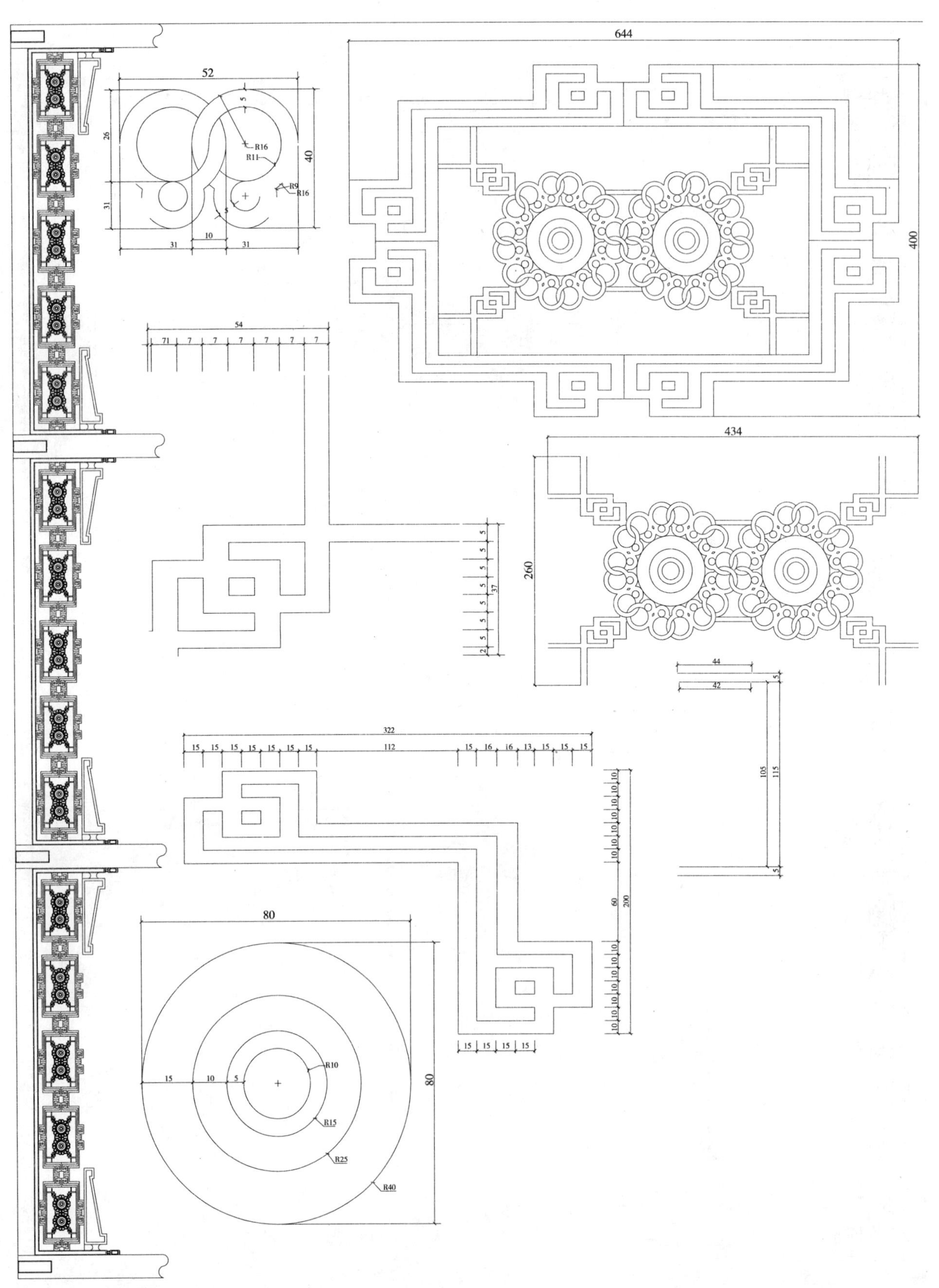
644
400
434
260
52
40
R16
R11
R9
R16
31
10
31
54
322
112
80
R10
R15
R25
R40
44
42
105
115
200

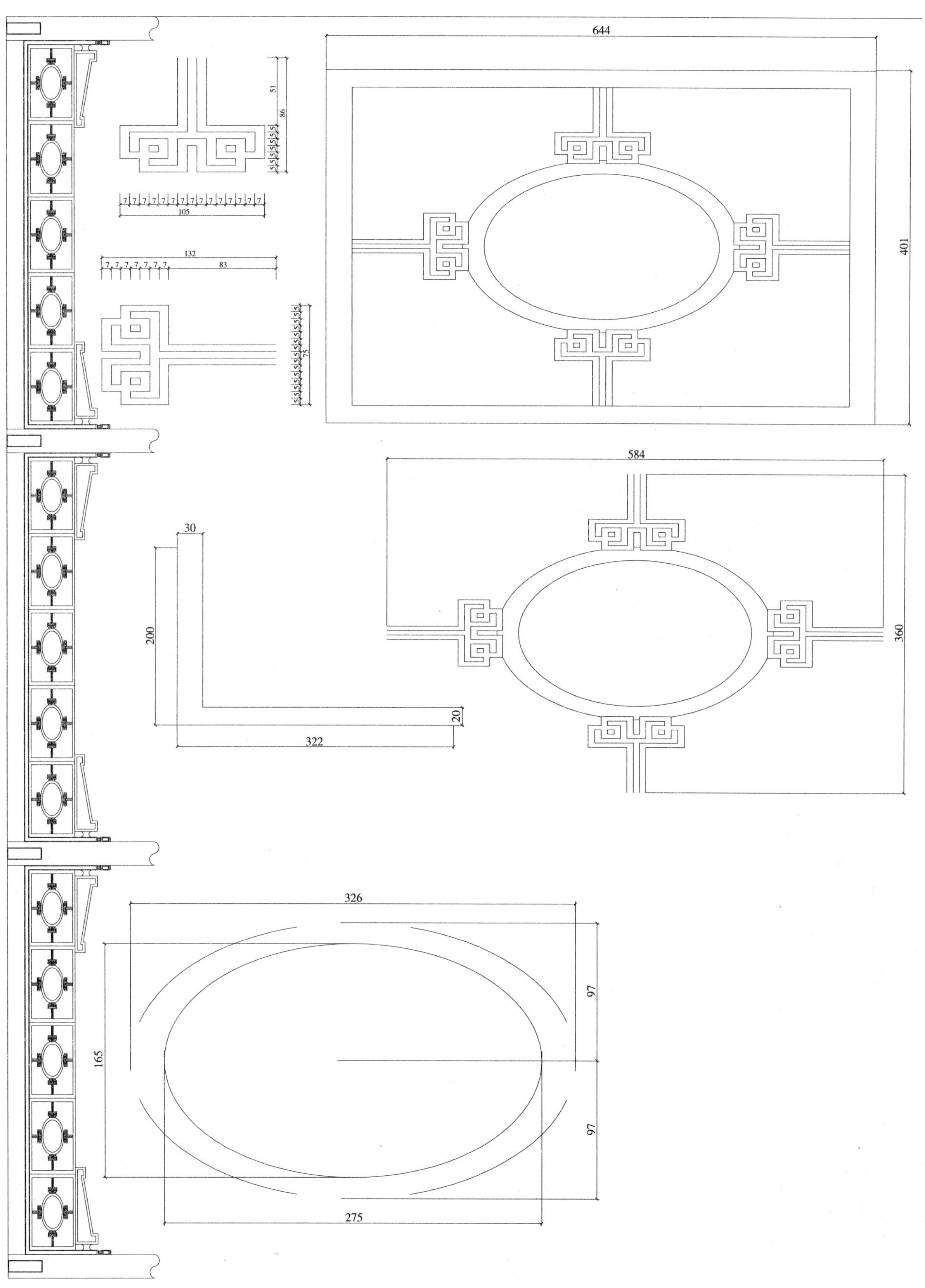
644
401
51
86
5 5 5 5 5 5
7 7 7 7 7 7 7 7 7 7 7 7 7 7 7
105
132
7 7 7 7 7 7 7
83
75
584
360
30
200
20
322
326
97
165
97
275

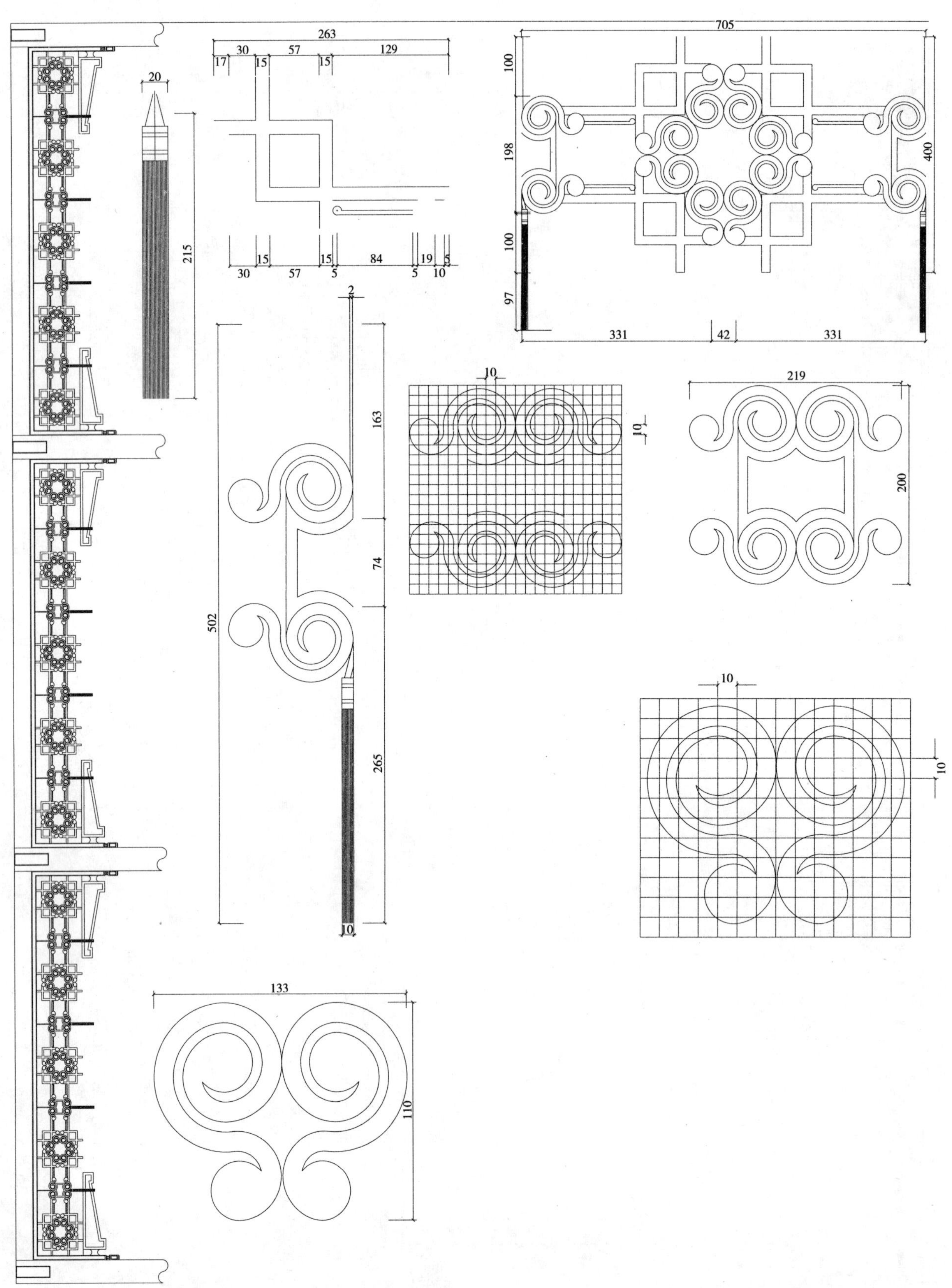
263
30
57
129
17
15
15
15
15
84
19
5
30
57
5
5
10
20
215
2
163
74
502
265
10
705
100
198
400
100
97
331
42
331
10
10
219
200
10
10
133
110

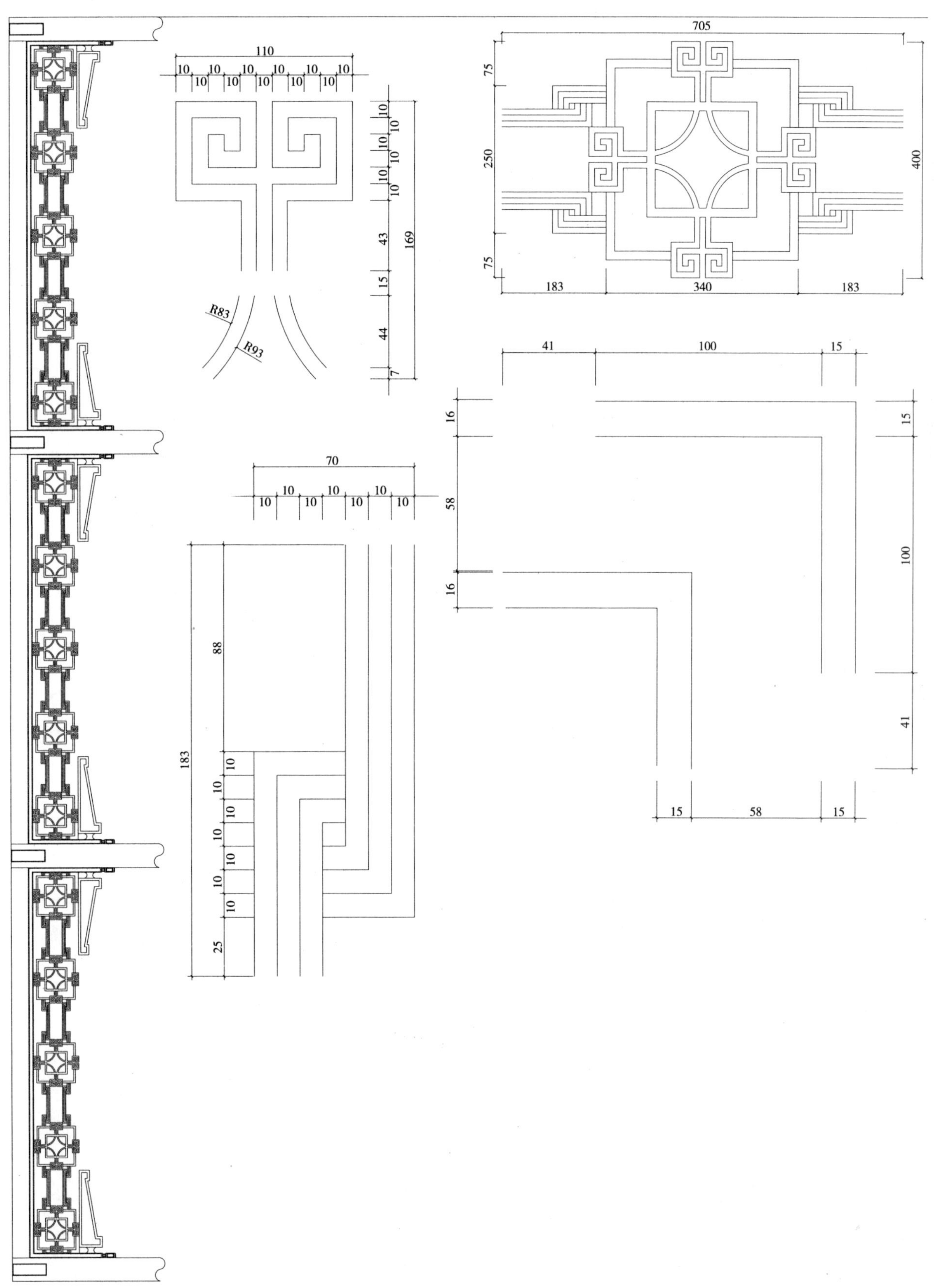
705
75
250
400
75
183
340
183
110
10 10 10 10 10 10
10 10 10 10 10
10
10
10
10
10
10
43
169
15
44
7
R83
R93
41
100
15
16
15
58
100
16
41
15
58
15
70
10 10 10
10 10 10 10
183
88
10
10
10
10
10
10
10
10
25

704
69
263
69
400
165
374
165
3
78
3
10
83
97
127
30
97
30
127
20
20
3
81
82
27
10
185
10
27
258
165
10
10
135
77
10
10
169
75

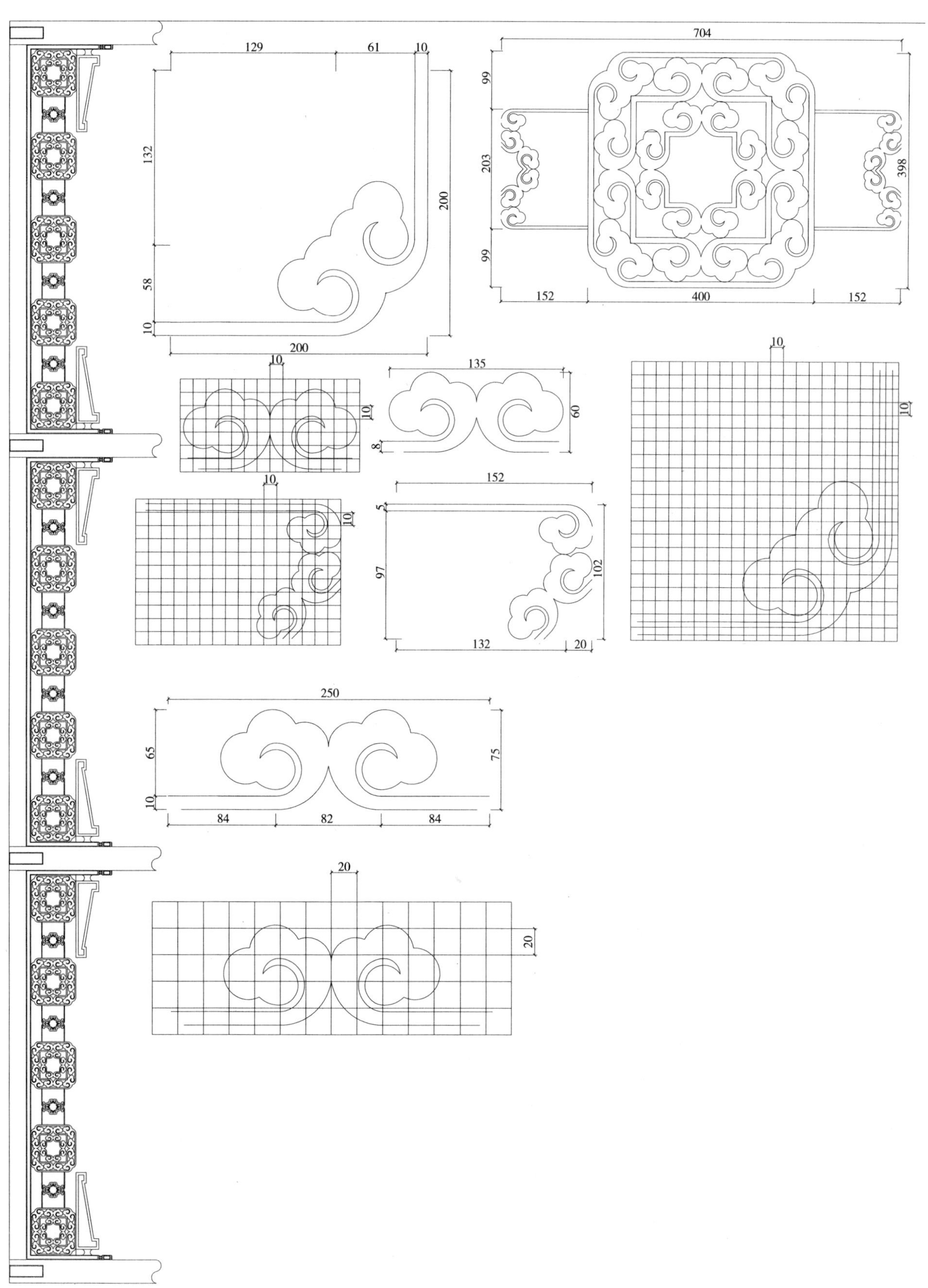
129
61
10
132
200
58
10
200
704
99
203
398
99
152
400
152
10
135
60
8
10
10
10
10
152
5
97
102
132
20
250
65
75
10
84
82
84
20
20

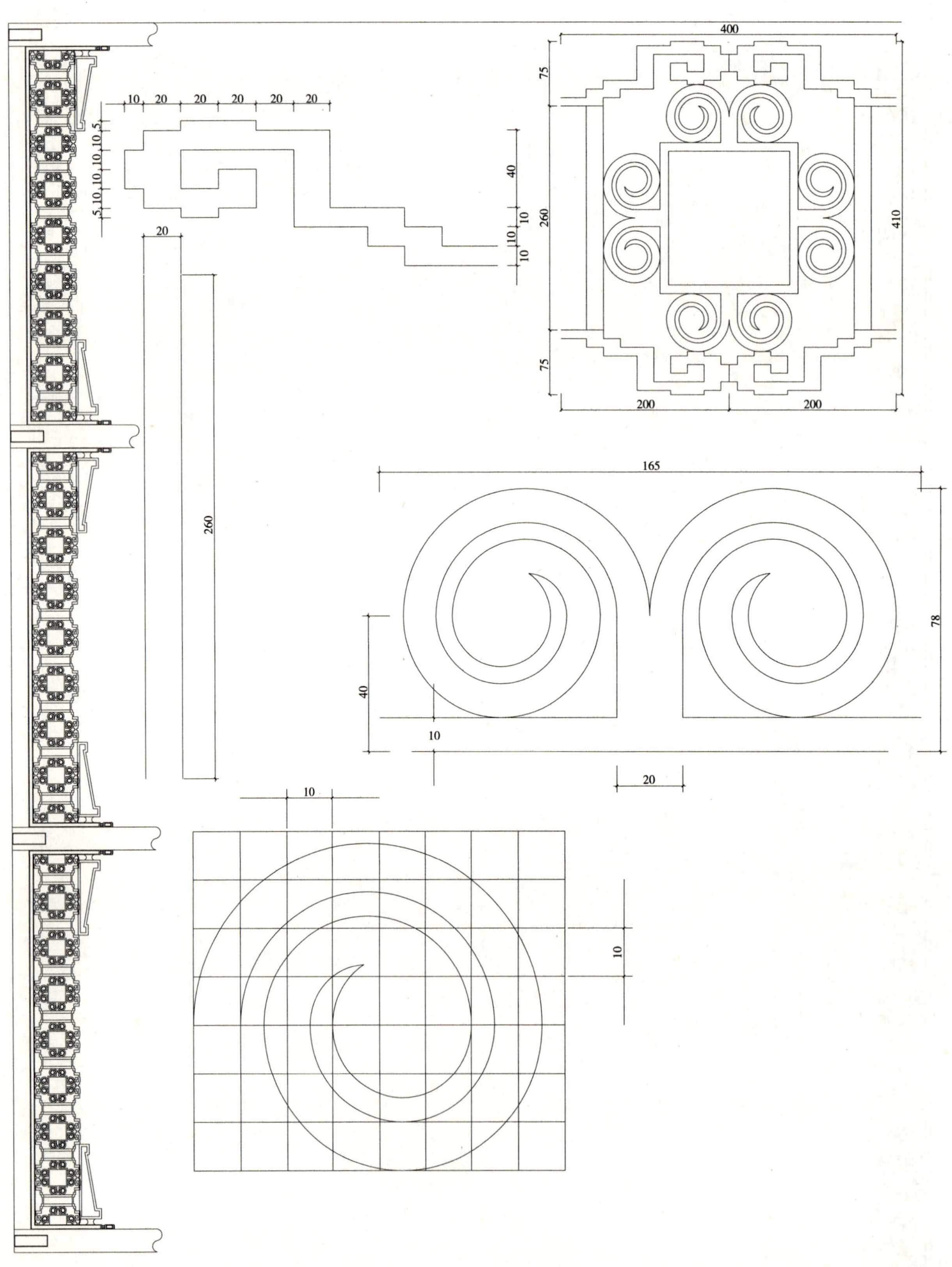
400
75
260
410
75
200
200
10
20
20
20
20
20
5
10
10
10
10
5
40
10
10
10
20
260
165
78
40
10
20
10
10

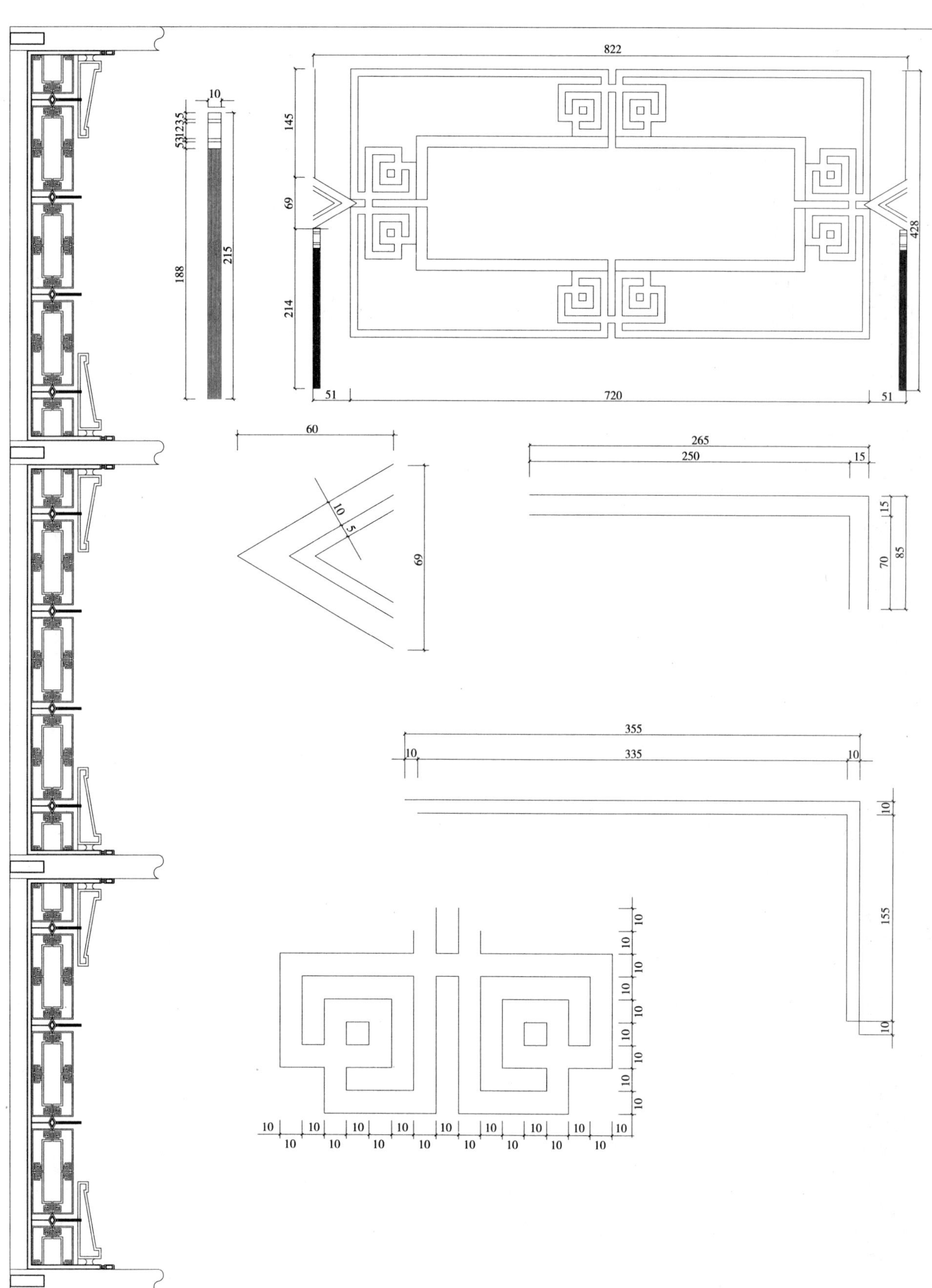
822
10
5
3
1
2
3
5
188
215
145
69
214
428
51
720
51
60
10
5
69
265
250
15
15
70
85
355
10
335
10
10
155
10

10
5
2
20
5
2
99
133
123
3
442
55
77
145
77
55
409
72
298
72
68
10 10 5 10 5 10 10
10 10 5 10 5 10 10
68
122
175
10
10
72
R30
R20
R15
R10
R204
145

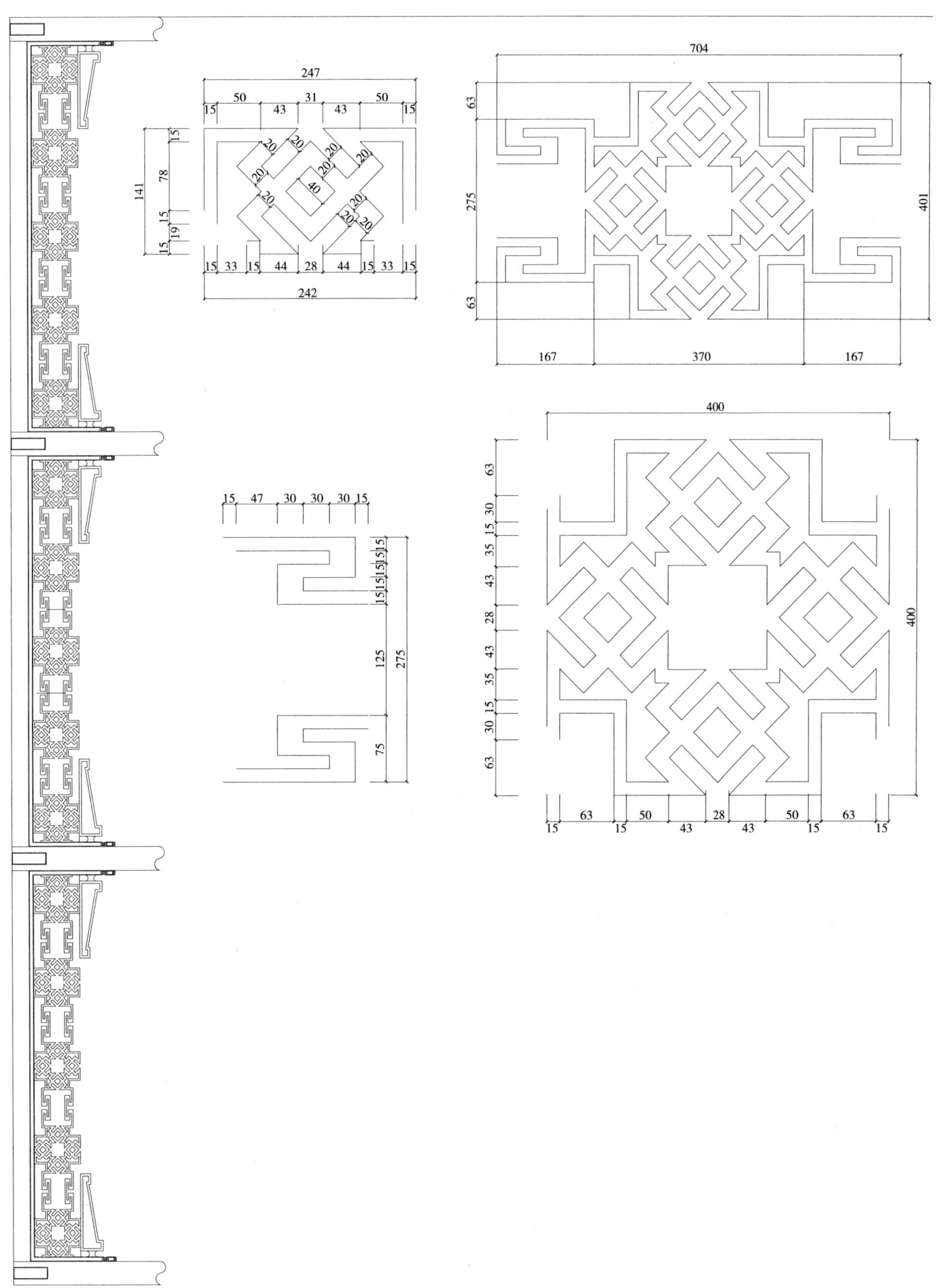
247
50
31
50
15
43
43
15
15
78
141
15
19
15
20
20
20
20
20
20
40
20
20
20
20
15 33 15 44 28 44 15 33 15
242
704
63
275
401
63
167
370
167
15 47 30 30 30 15
15
15
15
15
125
275
75
400
63
30
15
35
43
28
43
35
15
30
63
400
63 50 28 50 63
15 15 43 43 15 15

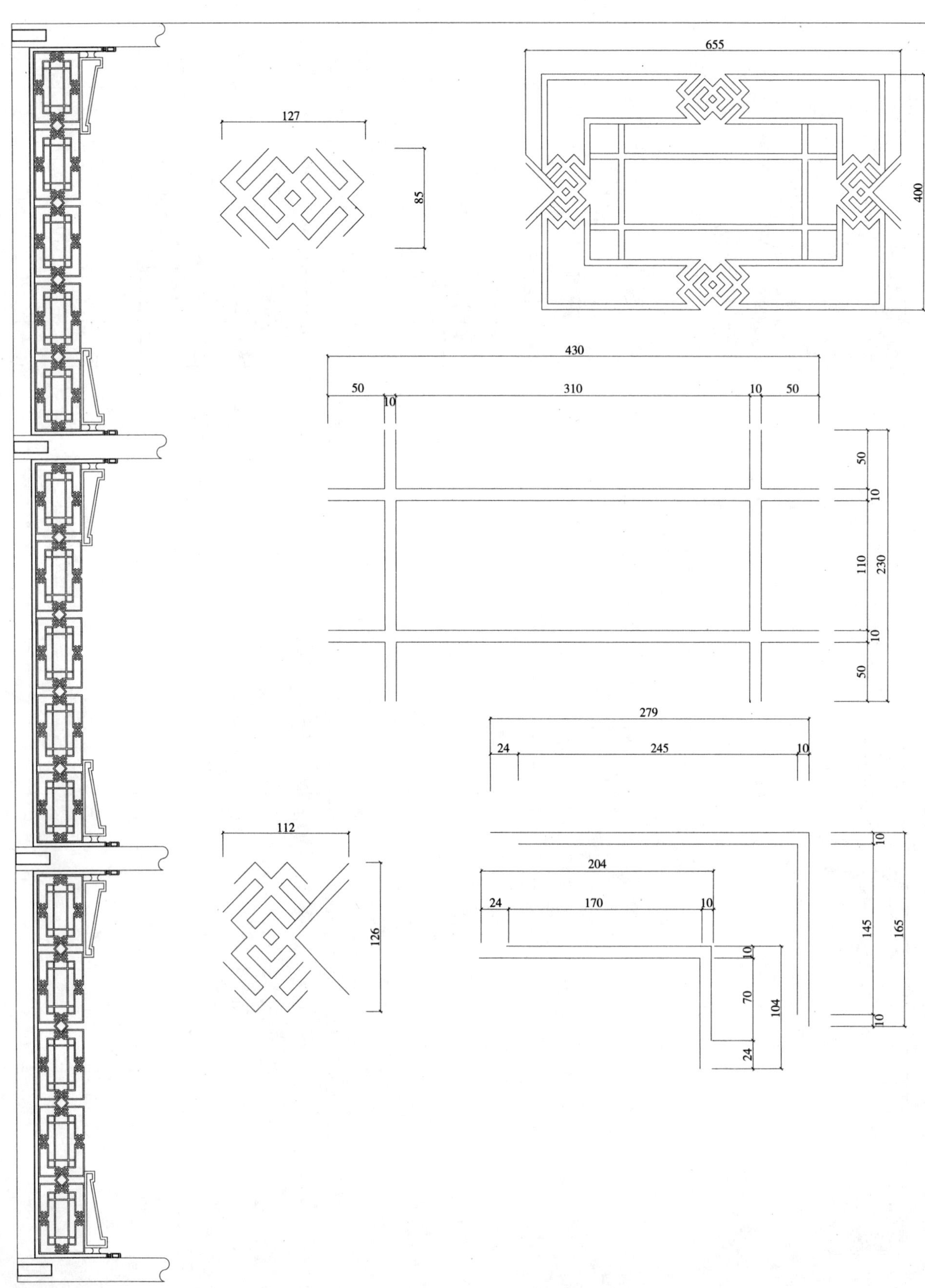
655
400
127
85
430
50
10
310
10
50
50
10
110
230
10
50
279
24
245
10
112
126
204
24
170
10
10
70
104
24
10
145
165
10

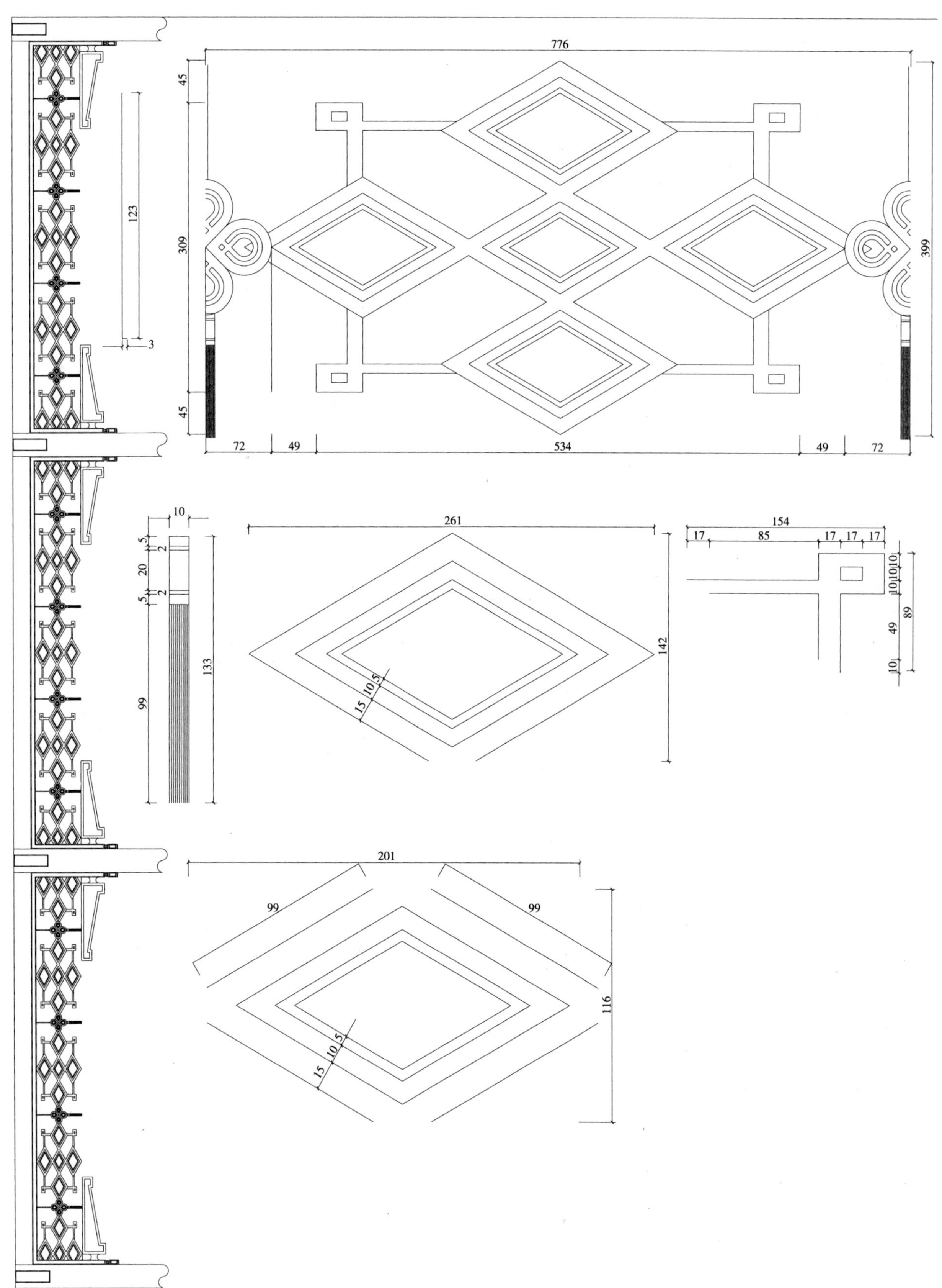
776
45
309
45
399
123
3
72
49
534
49
72
10
5
2
20
5
2
99
133
261
142
15
10
5
154
17
85
17
17
17
10
10
10
49
10
89
201
99
99
116
15
10
5

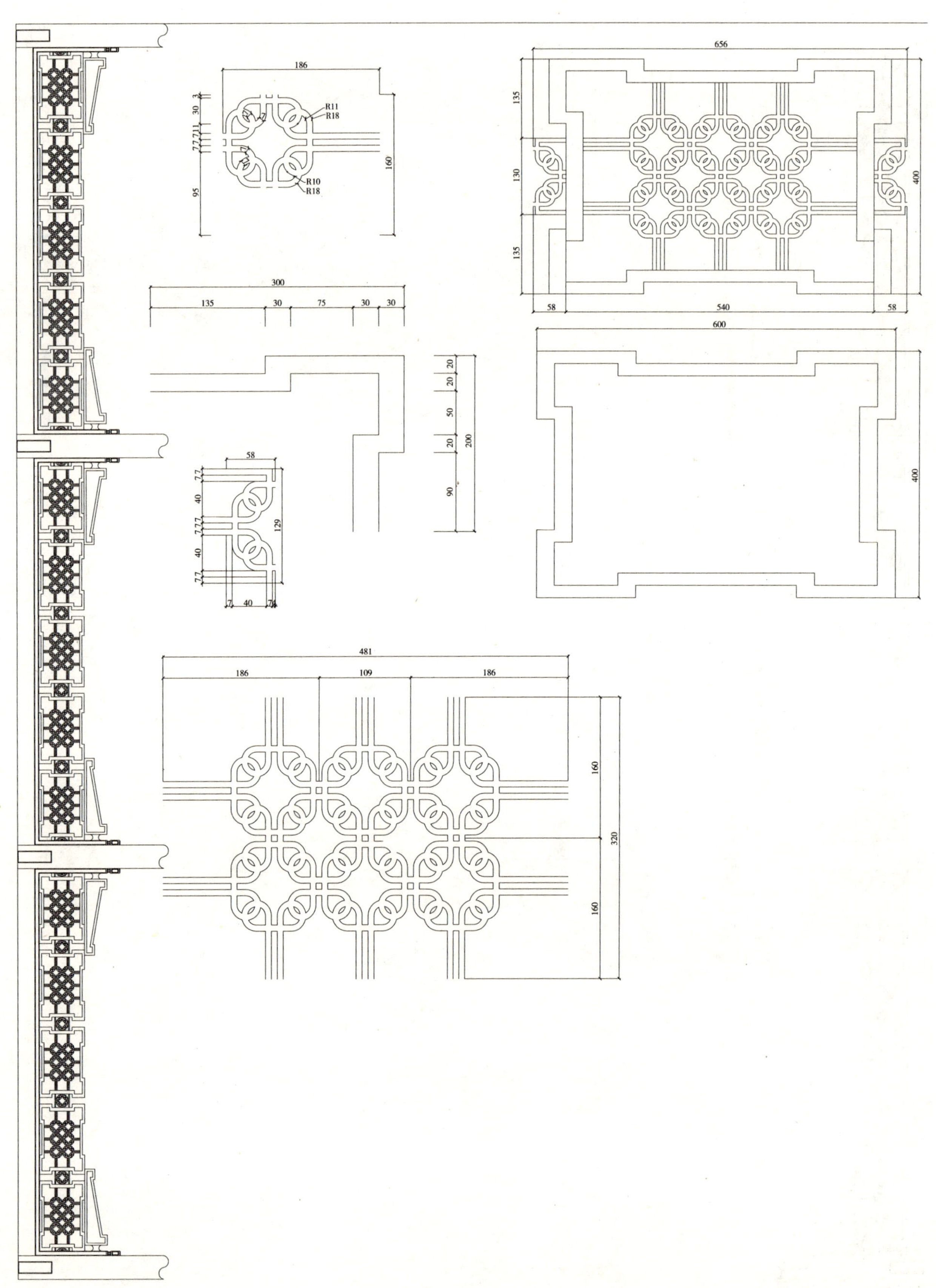
186
R11
R18
R10
R18
160
95
300
135
30
75
30
30
200
90
50
20
58
129
40
7
656
135
130
400
540
600
481
109
320

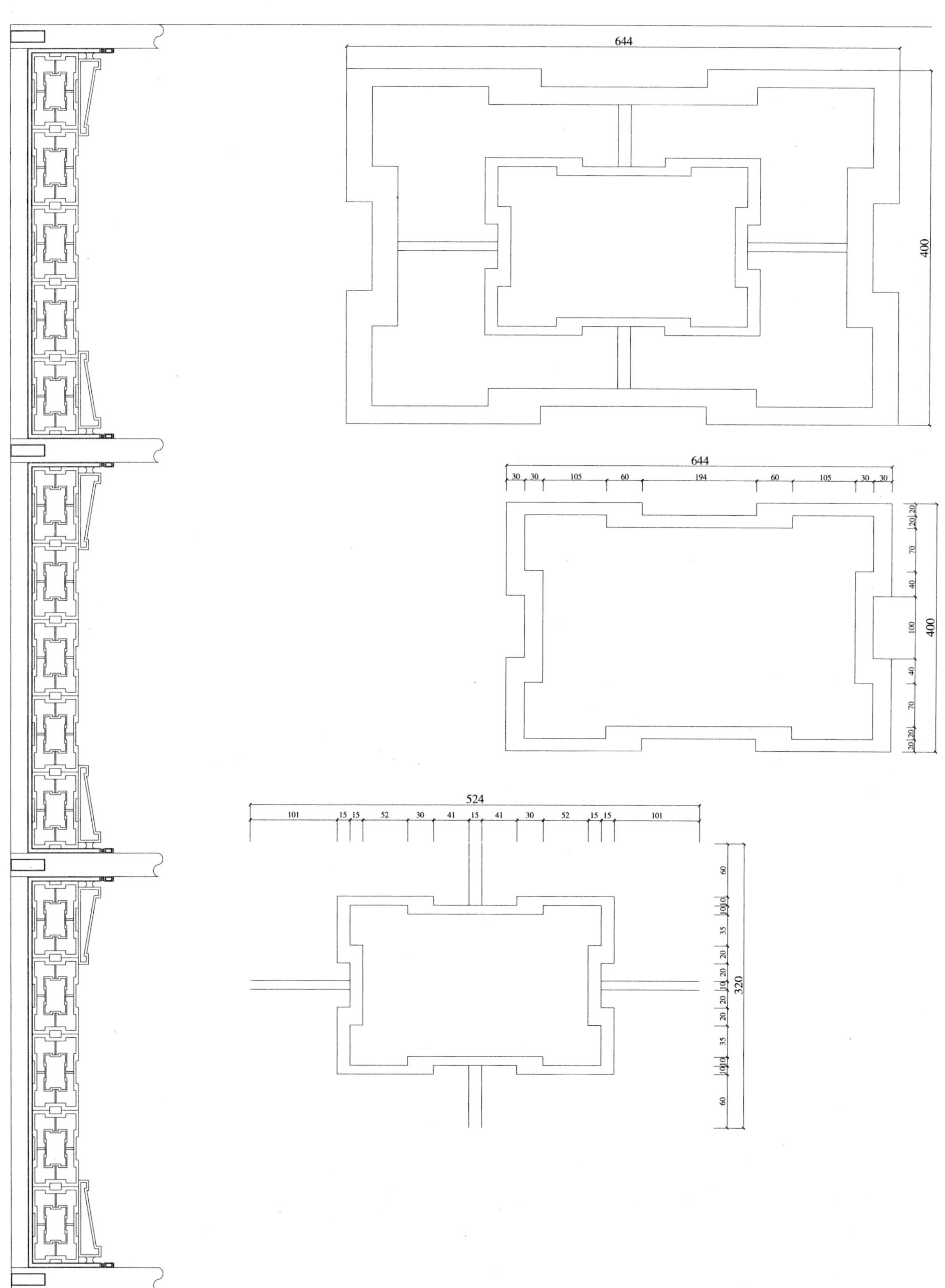
644
400
644
30 30 105 60 194 60 105 30 30
20 20 70 40 100 40 70 20 20
400
524
101 15 15 52 30 41 15 41 30 52 15 15 101
60 10 10 35 20 20 10 20 20 35 10 10 60
320

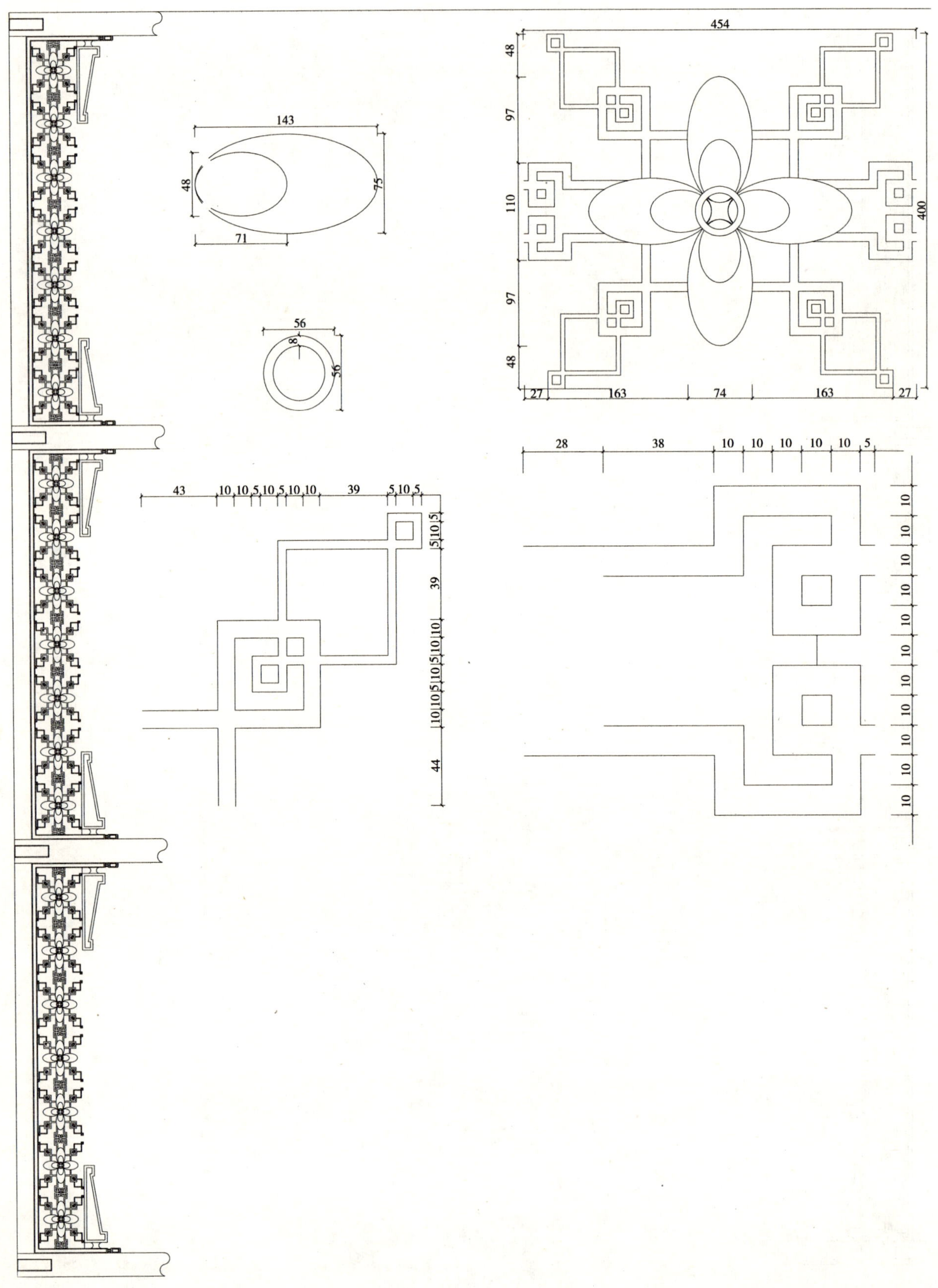
454
48
97
110
97
48
400
27
163
74
163
27
143
48
75
71
56
8
56
43
10
10
5
10
5
10
10
39
5
10
5
5
10
5
39
10
10
5
10
5
10
10
5
10
44
28
38
10
10
10
10
10
5

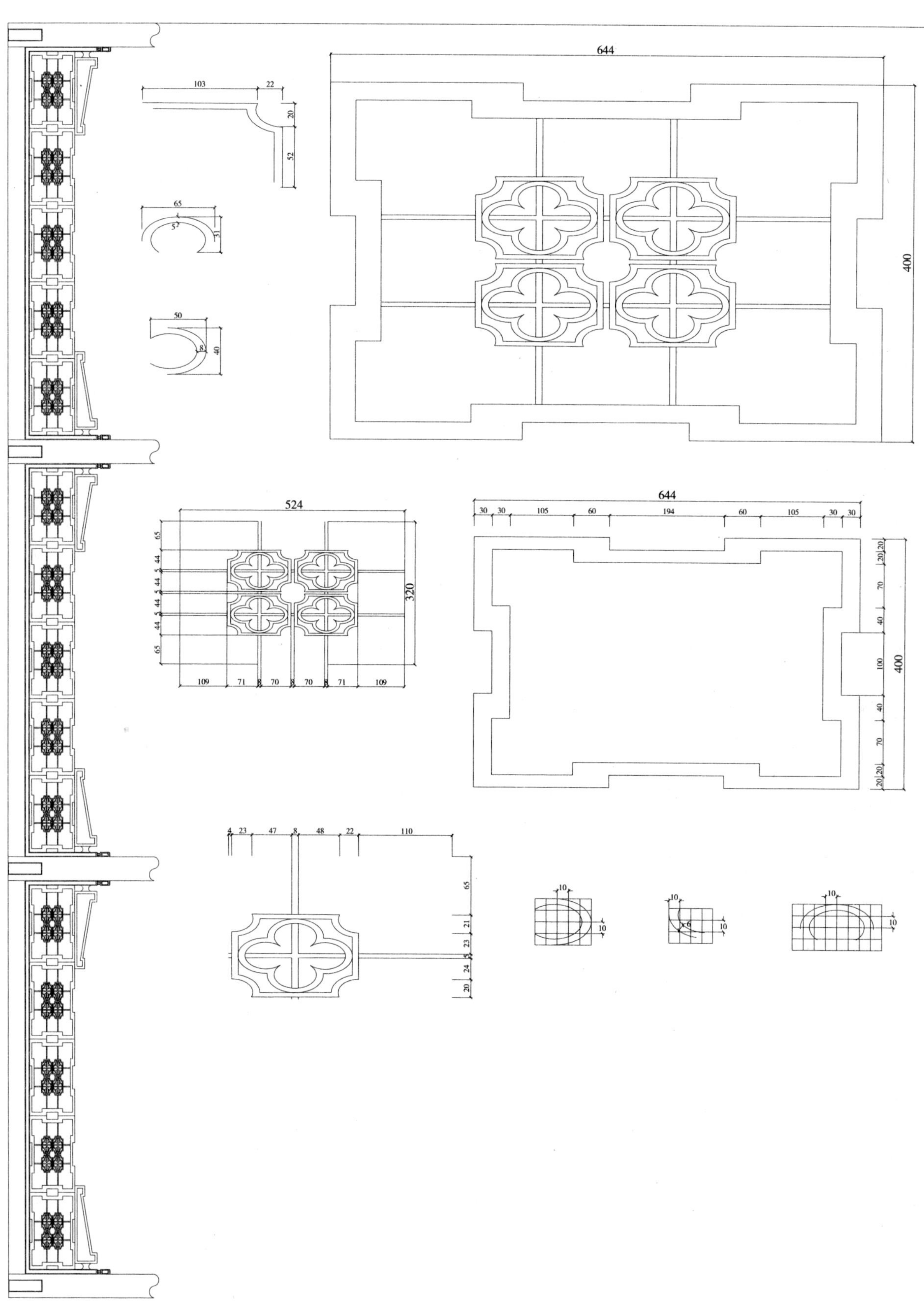

644
400
103
22
20
52
65
31
50
40
524
320
109 71 8 70 8 70 8 71 109
644
30 30 105 60 194 60 105 30 30
20 20 70 40 100 40 70 20 20
4 23 47 8 48 22 110
65 21 23 5 24 20
10

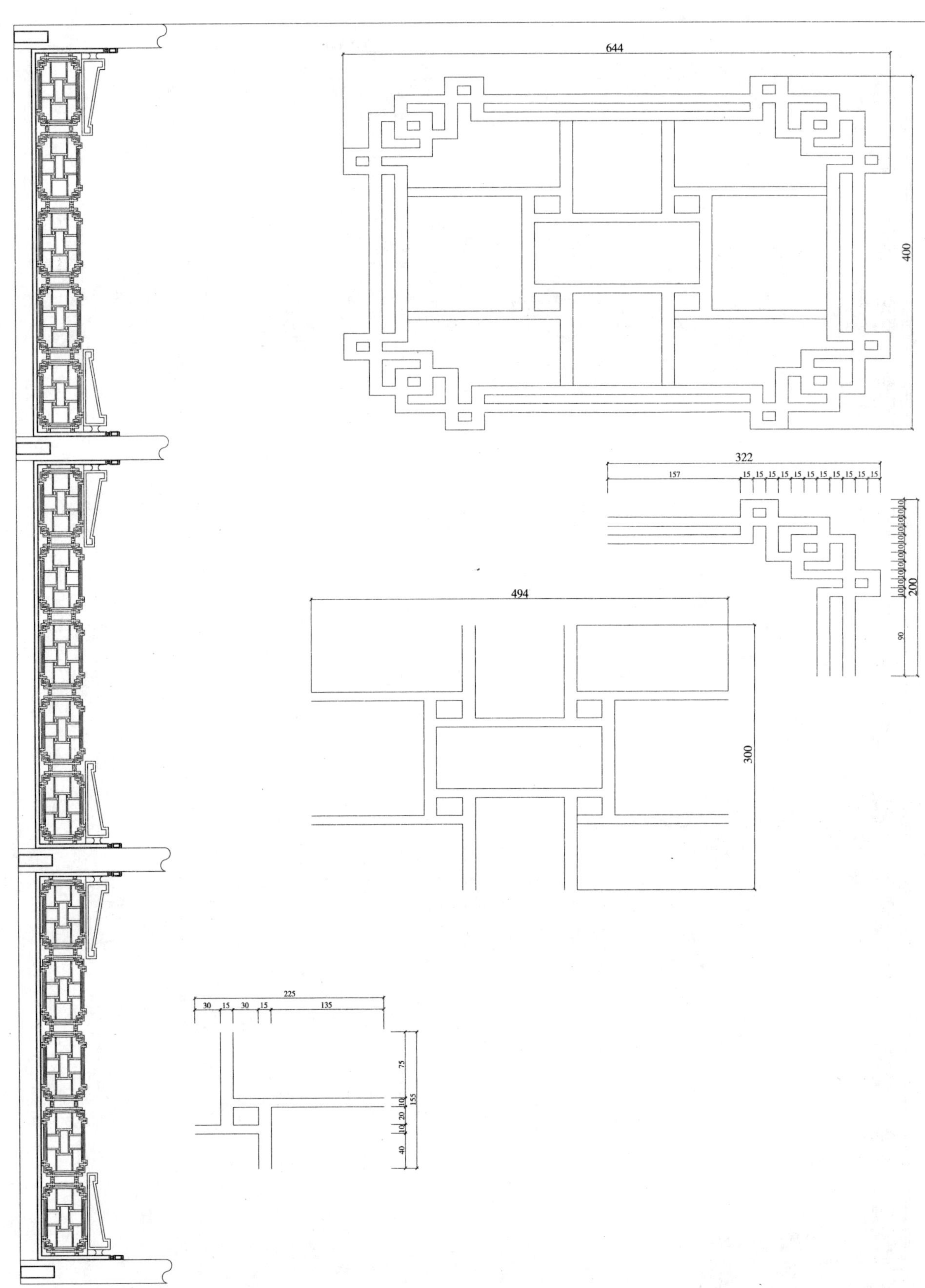
644
400
322
157
15 15 15 15 15 15 15 15 15 15 15
200
90
494
300
225
30 15 30 15 135
75
155
10
20
10
40

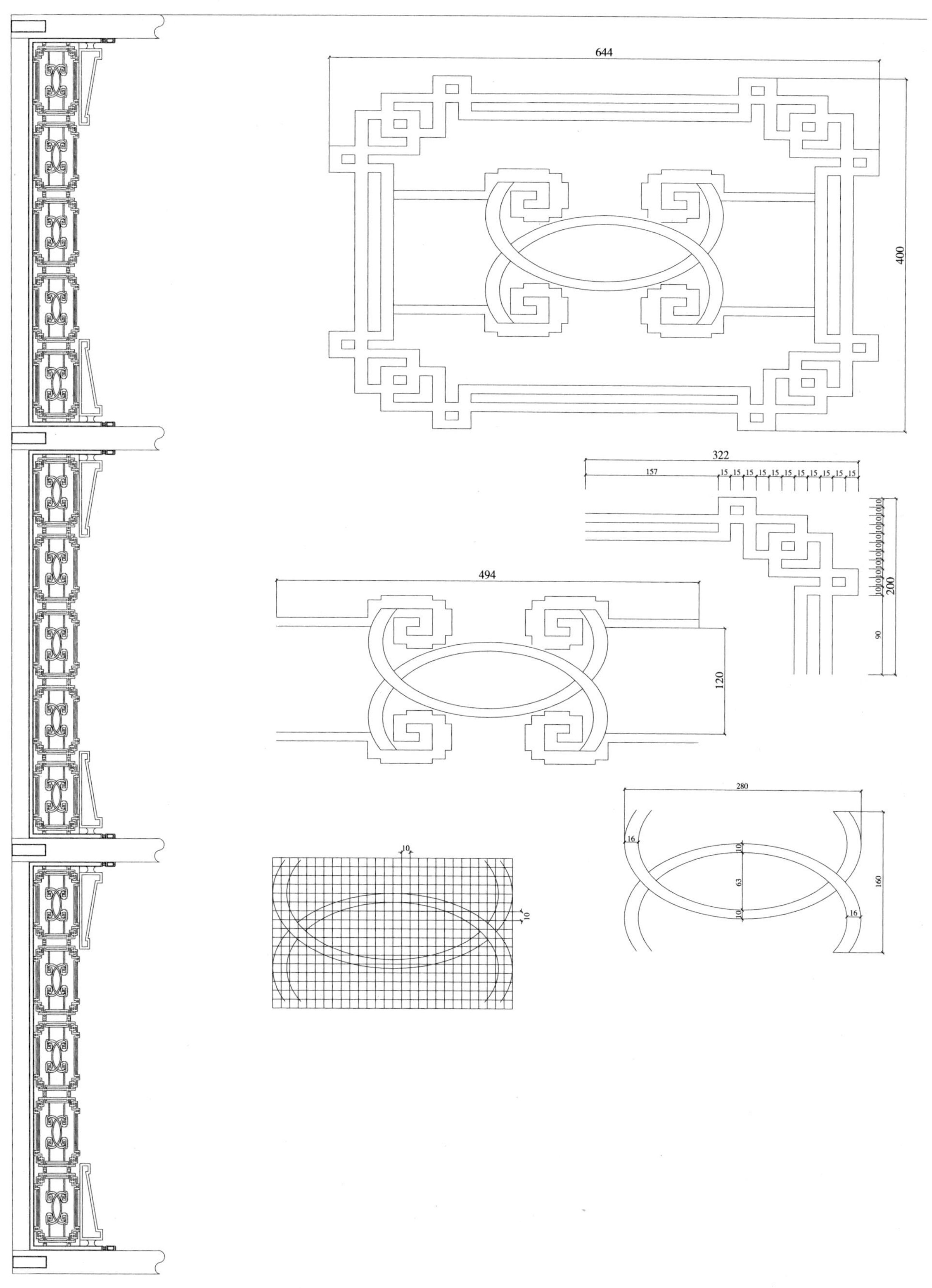
644
400
322
157
15 15 15 15 15 15 15 15 15 15
10 10 10 10 10 10 10 10 10 10 10
200
90
494
120
280
16
10
63
10
160
16
10
10

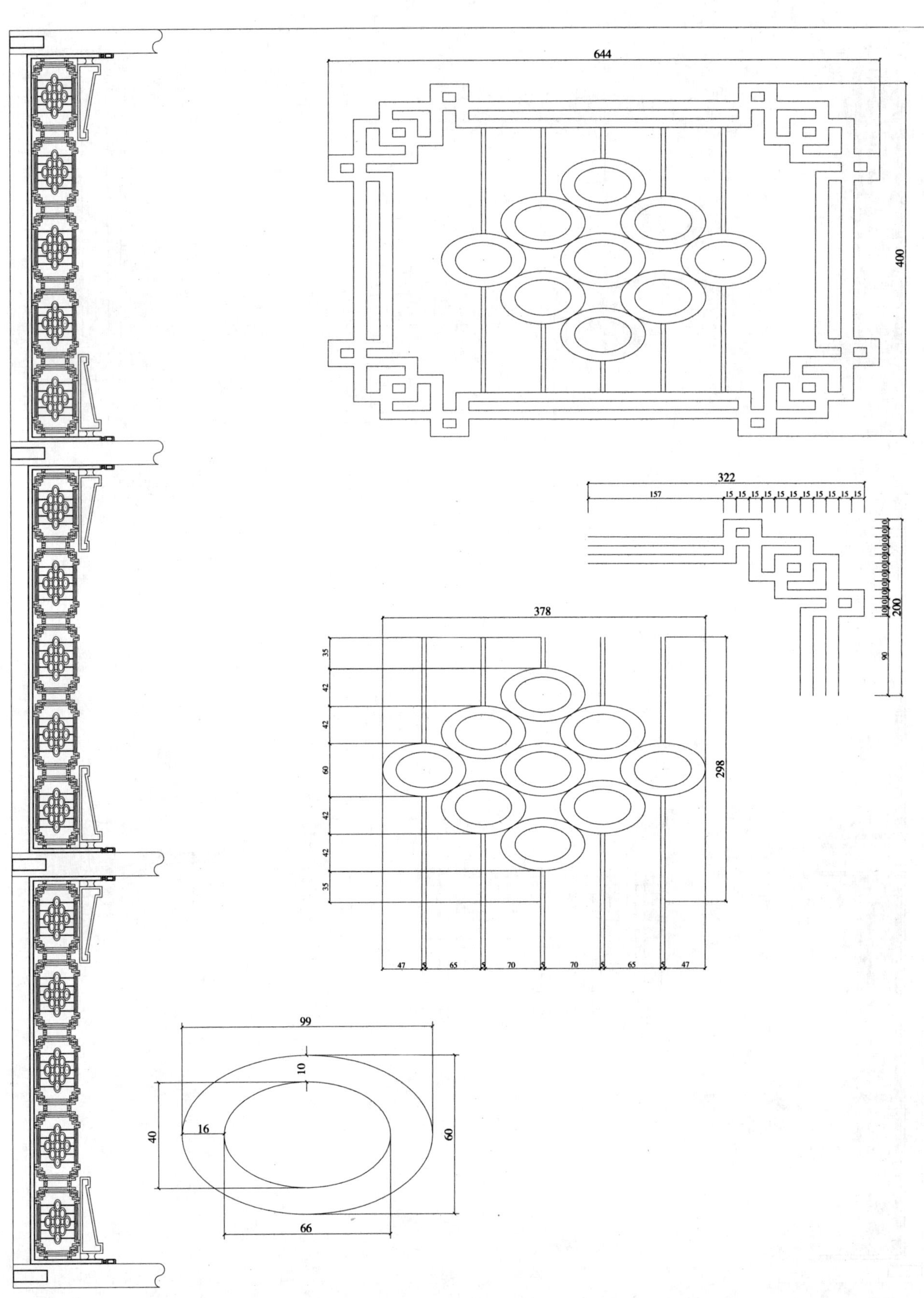
644
400
322
157
15 15 15 15 15 15 15 15 15 15 15
200
90
378
35
42
42
60
42
42
35
298
47
5
65
70
70
65
47
99
10
40
16
60
66

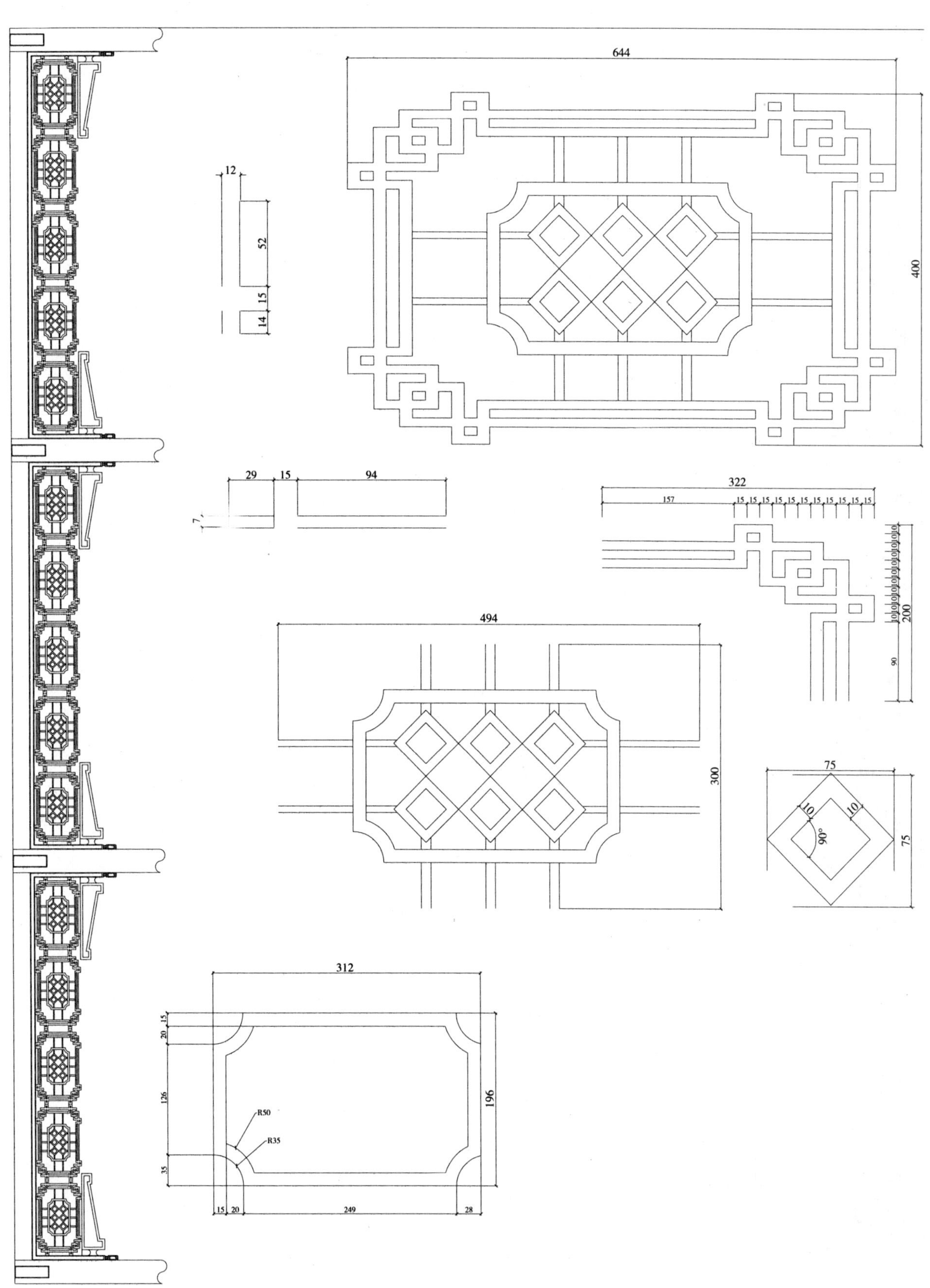
644
400
12
52
15
14
29
15
94
7
322
157
200
90
494
300
75
10
10
90°
75
312
15
20
126
R50
R35
35
196
15
20
249
28

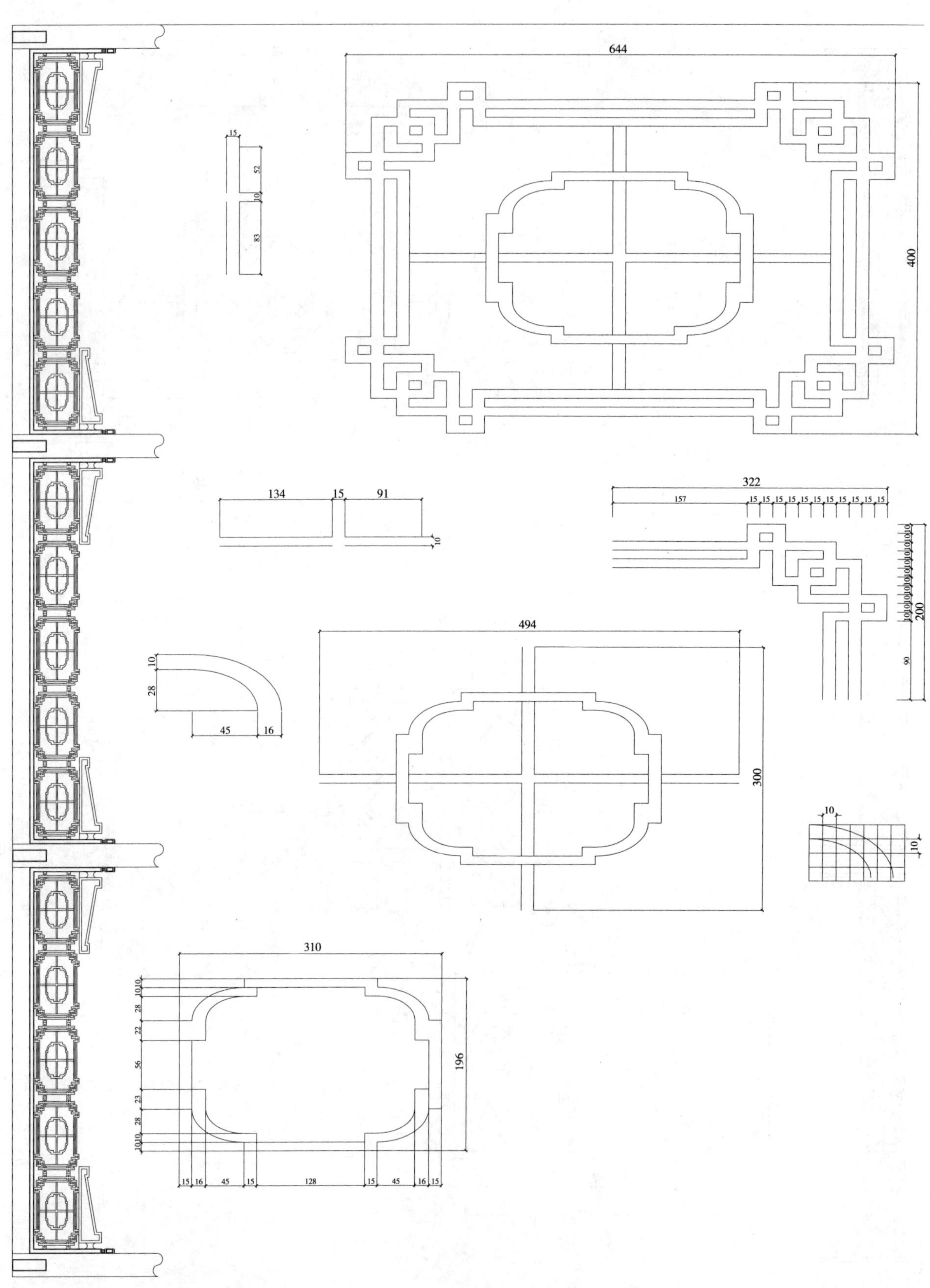
644
400
15
52
10
83
134
15
91
10
322
157
15 15 15 15 15 15 15 15 15 15 15
200
90
494
300
10
28
45
16
10
10
310
196
15 16 45 15 128 15 45 16 15
22
56
23
28

644
400
322
157
15 15 15 15 15 15 15 15 15 15 15
129
50
10
200
35
250
250
74
60
R30
R20
R10
R5
125
125
37
5
5
5
30
R15
R10
R5
R3

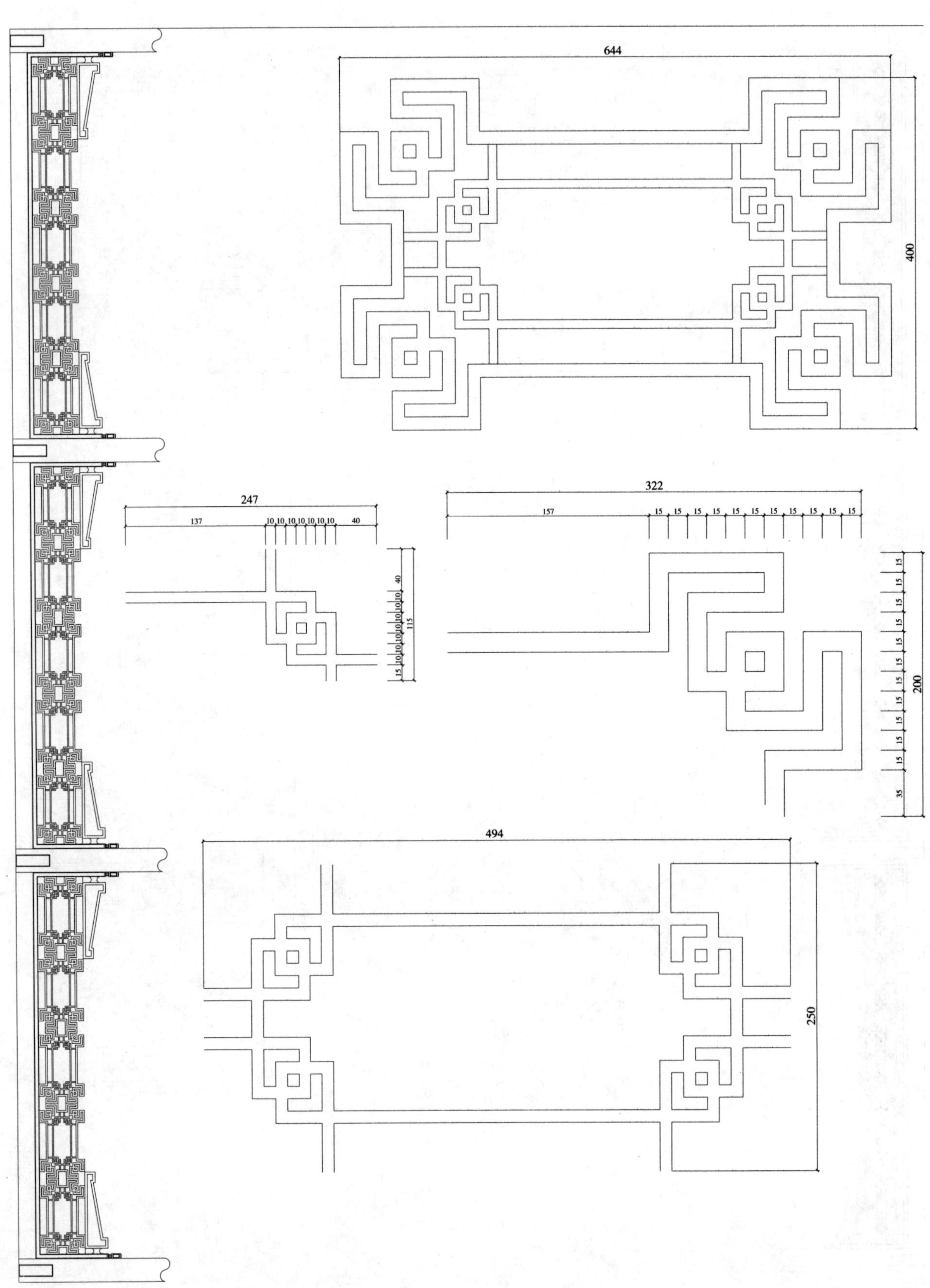
644
400
247
137
10 10 10 10 10 10 10
40
40
10 10 10 10 10 10 10
15
115
322
157
15 15 15 15 15 15 15 15 15 15 15
15 15 15 15 15 15 15 15 15 15 15
35
200
494
250

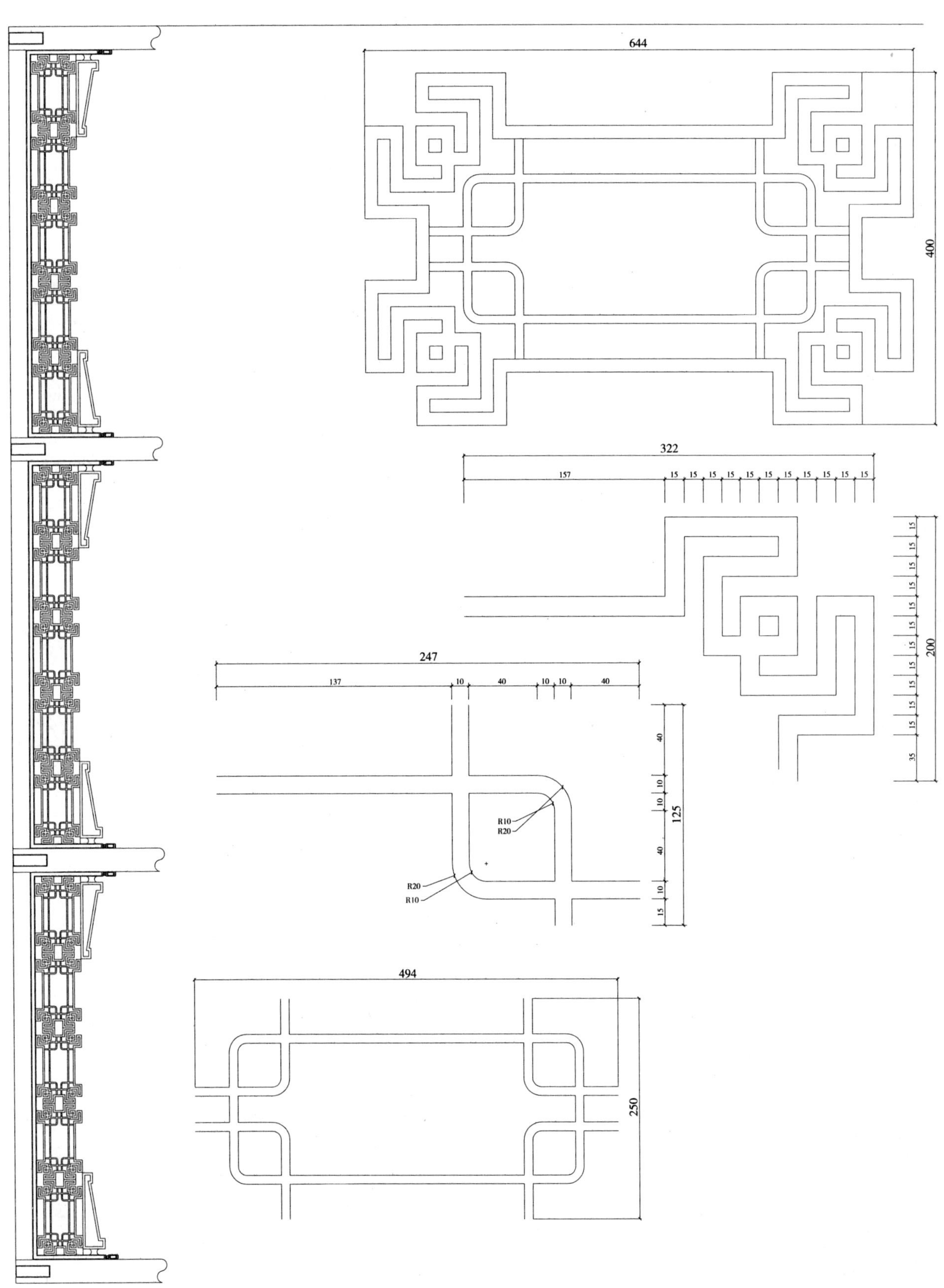
644
400
322
157
15 15 15 15 15 15 15 15 15 15 15
200
35
247
137
10
40
10 10
40
125
R10
R20
R20
R10
494
250

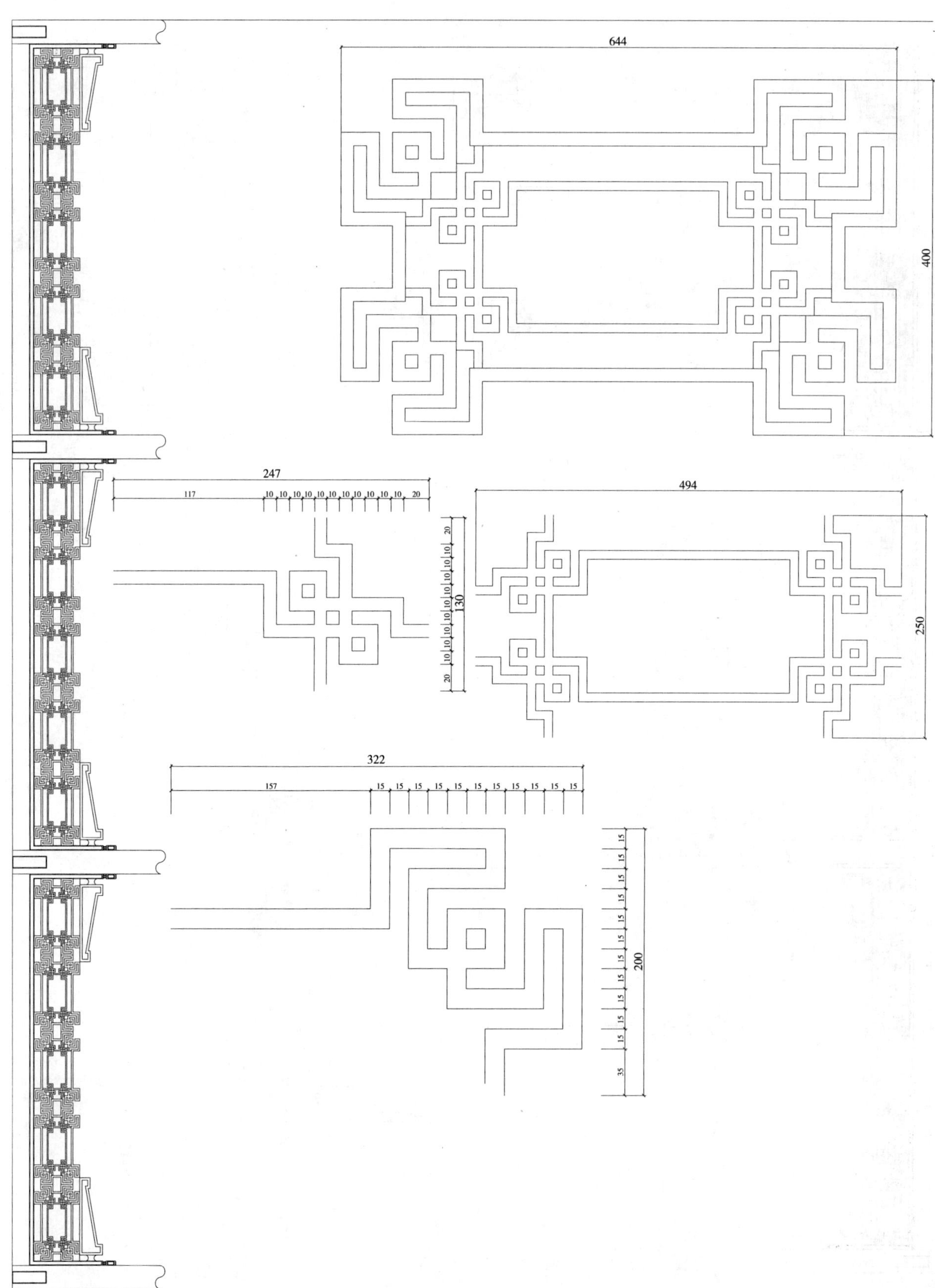
644
400
247
117
10 10 10 10 10 10 10 10 10 10 10 20
130
20 10 10 10 10 10 10 10 10 10 10 20
494
250
322
157
15 15 15 15 15 15 15 15 15 15 15
200
15 15 15 15 15 15 15 15 15 15 15 35

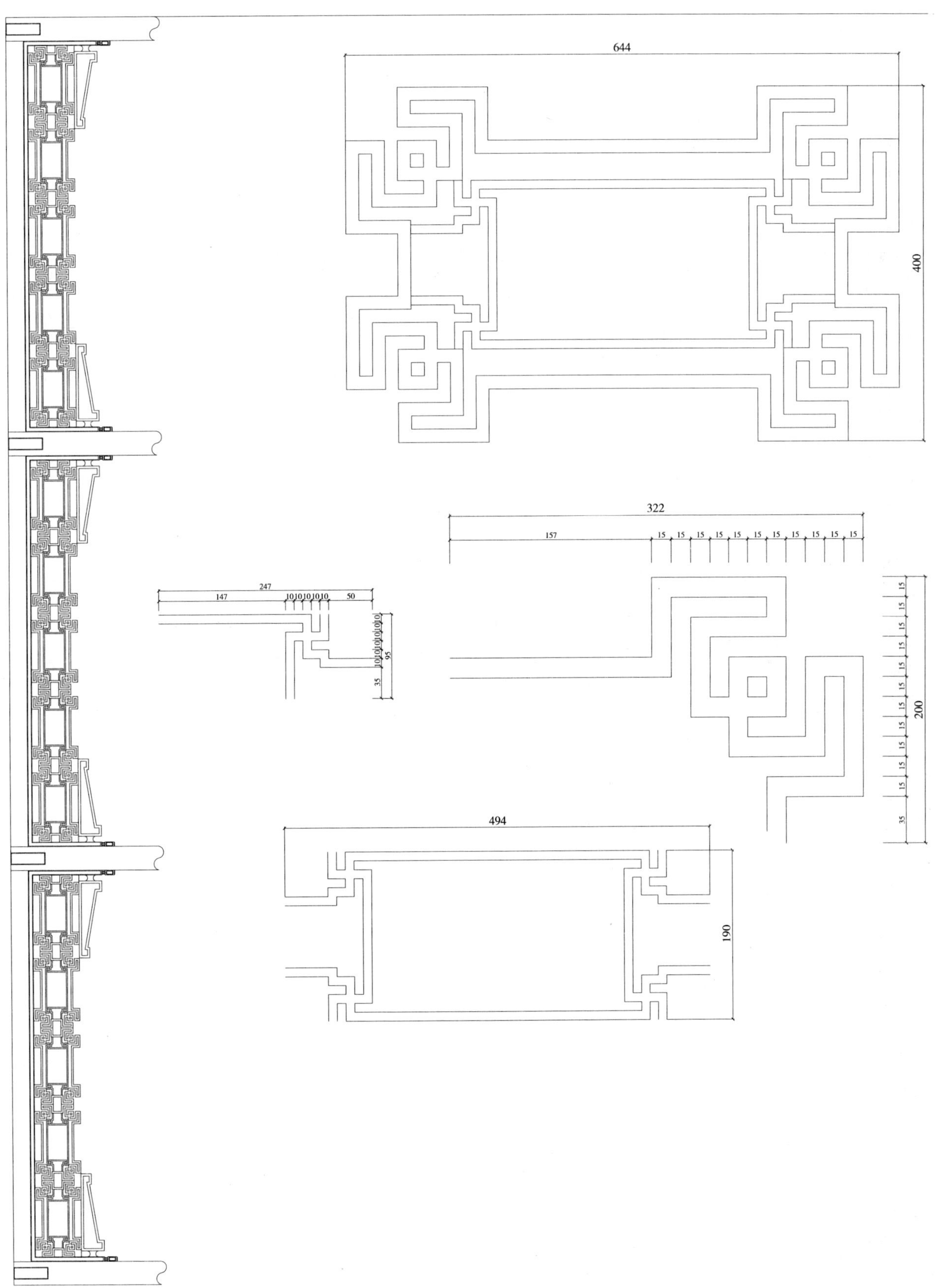
644
400
322
157
15 15 15 15 15 15 15 15 15 15 15
200
35
247
147
10 10 10 10 10 10
50
95
494
190

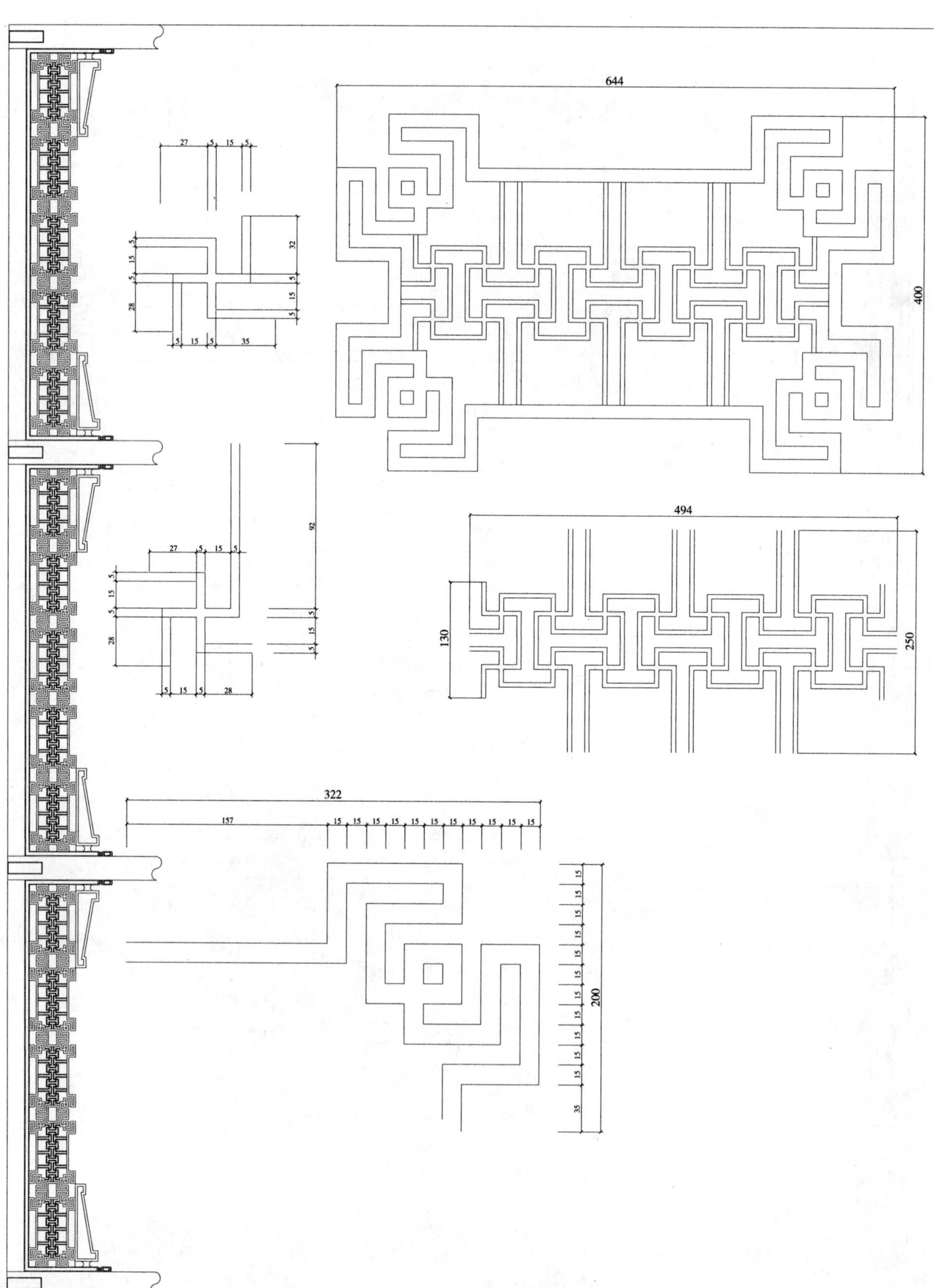
644
400
494
130
250
322
157
200
92
27
35
28
32

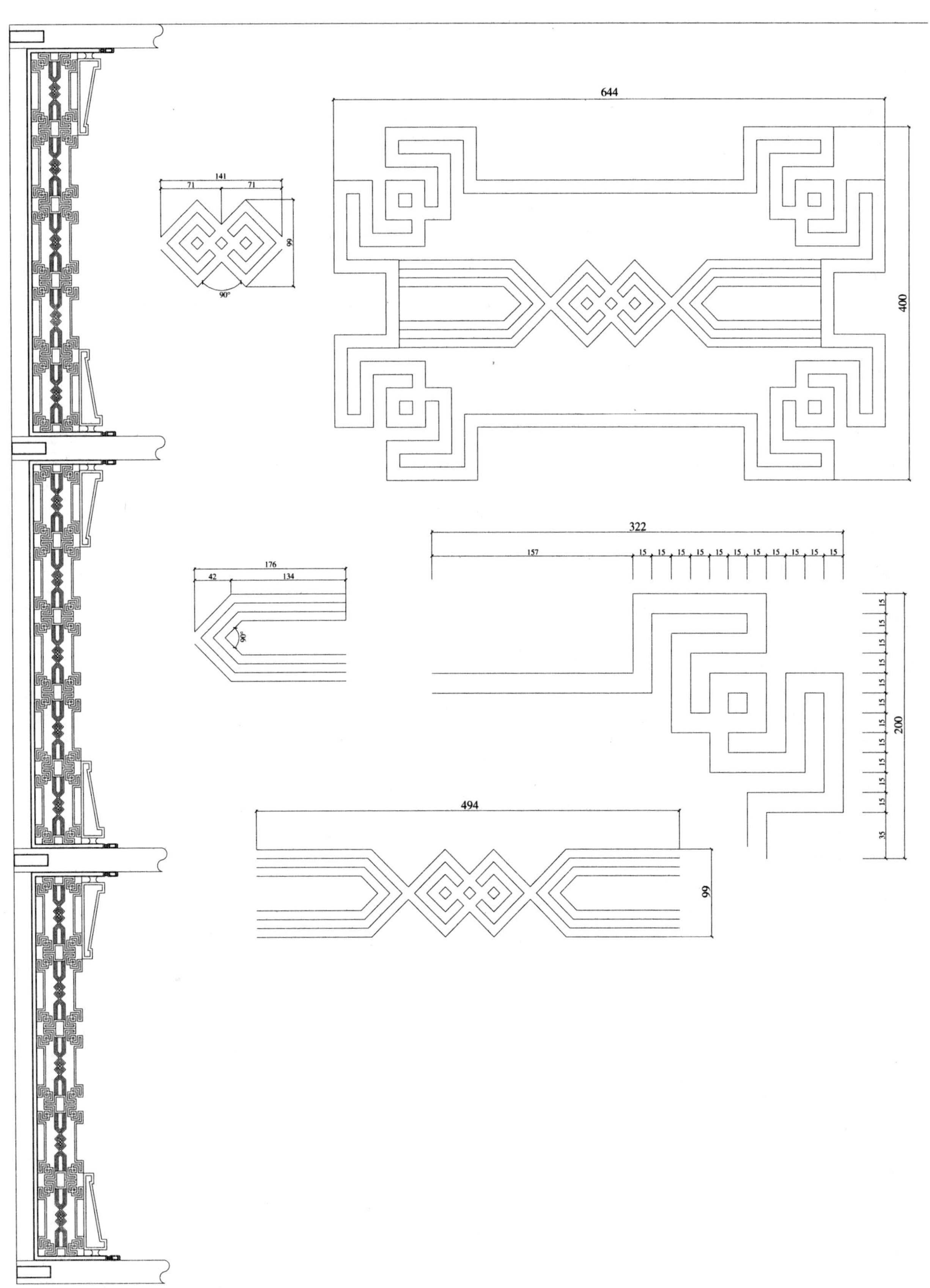
644
400
141
71
71
99
90°
176
42
134
90°
322
157
15
200
35
494
99

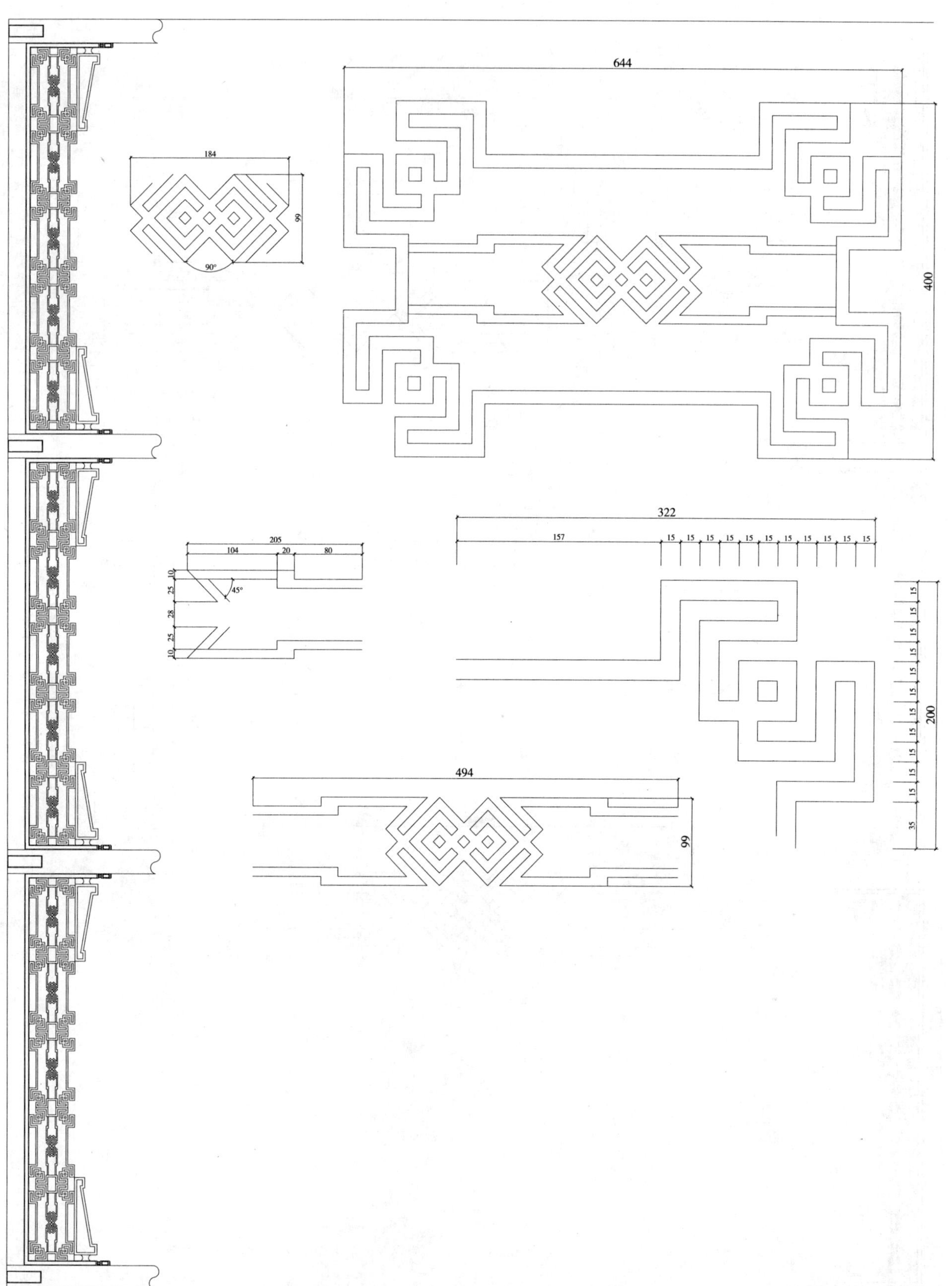
644
400
184
99
90°
205
104
20
80
10
25
28
25
10
45°
322
157
15
200
35
494
99

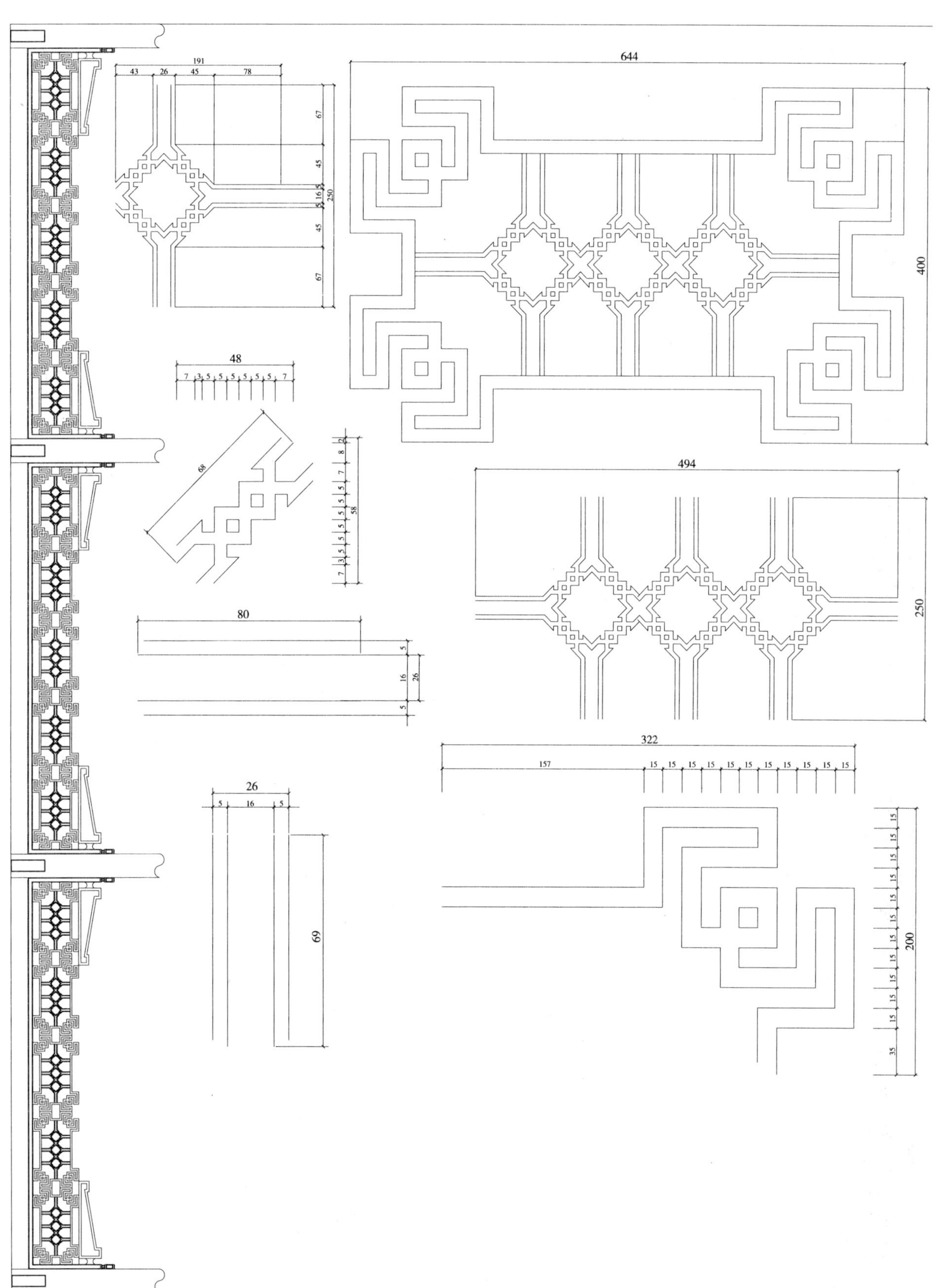
191
43
26
45
78
67
45
5
16
5
250
45
67
644
400
48
7
3
5
5
5
5
5
7
68
58
494
250
80
5
16
26
5
322
157
15
26
5
16
5
69
200
35

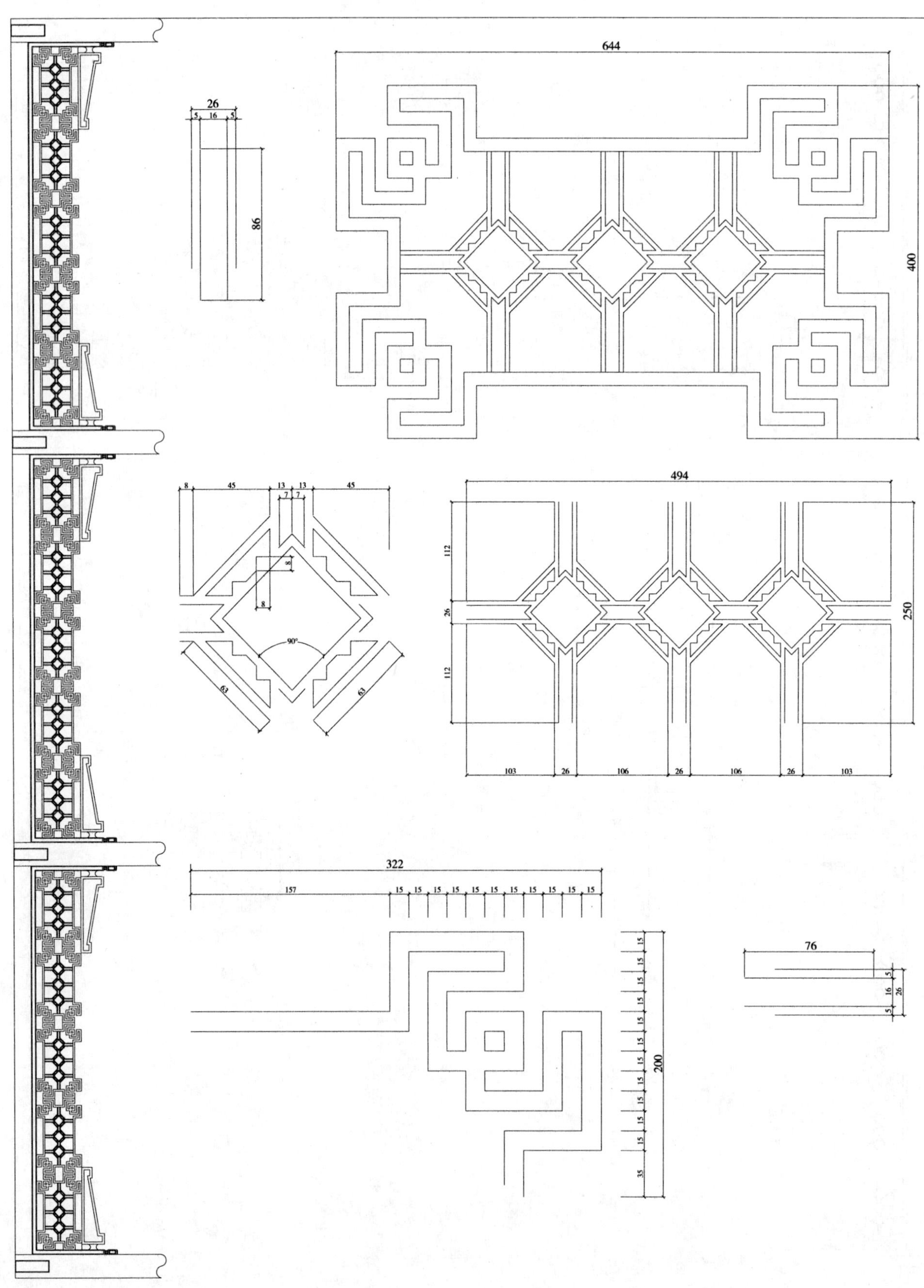
644
26
5 16 5
86
400
494
8 45 13 13 45
7 7
8
8
90°
63
63
112
26
112
250
103 26 106 26 106 26 103
322
157
15 15 15 15 15 15 15 15 15 15 15
200
35
76
5
16
5
26

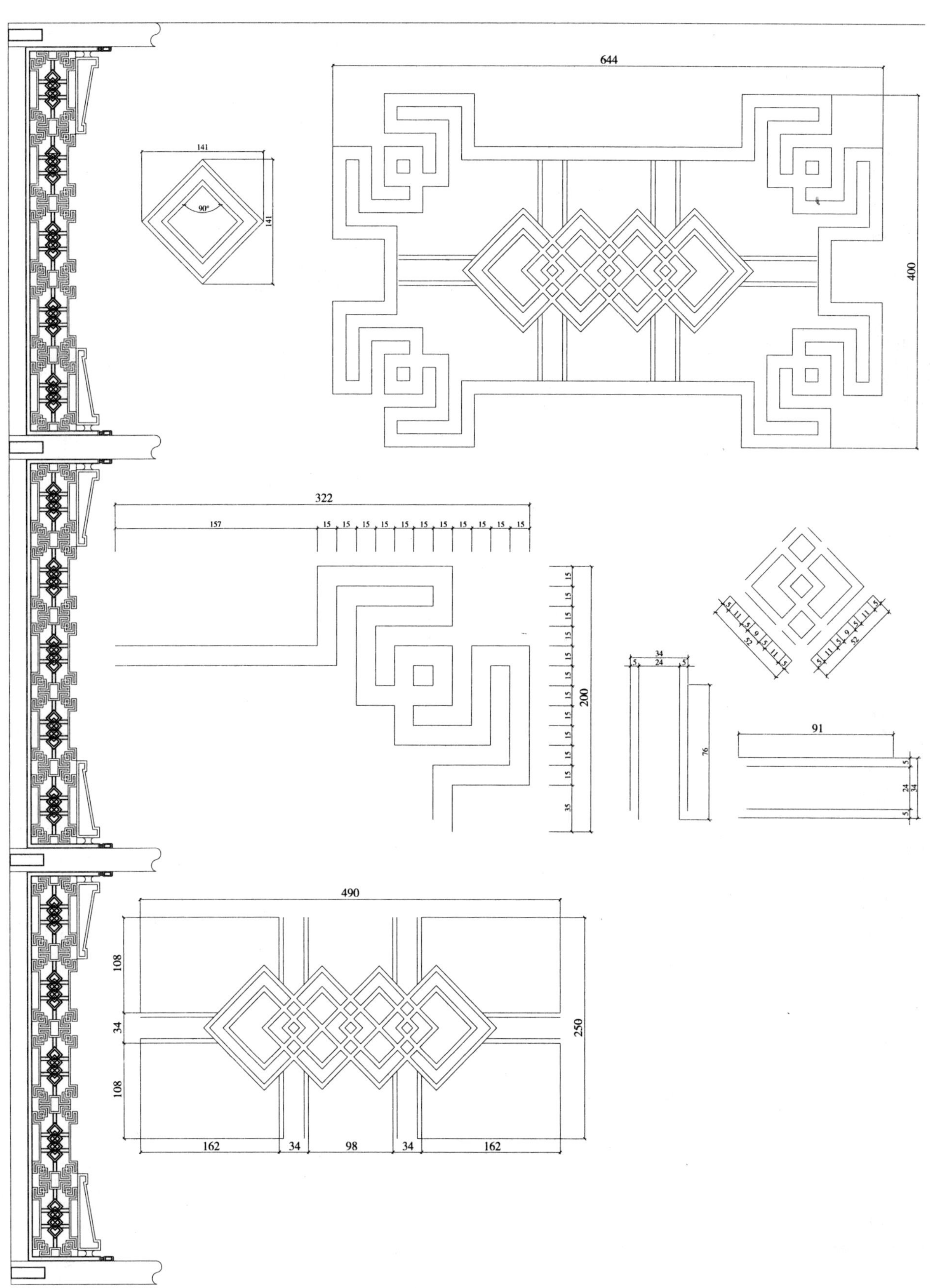
644
400
141
141
90°
322
157
15 15 15 15 15 15 15 15 15 15 15
200
35
34
5 24 5
76
91
5
24
34
5
52
490
108
34
108
250
162 34 98 34 162

644
400
111
R71
R66
R50
R55
110
119
5
32
11
322
157
15
200
35
143
R66
R71
77
37
47
494
101
250
120
159
58

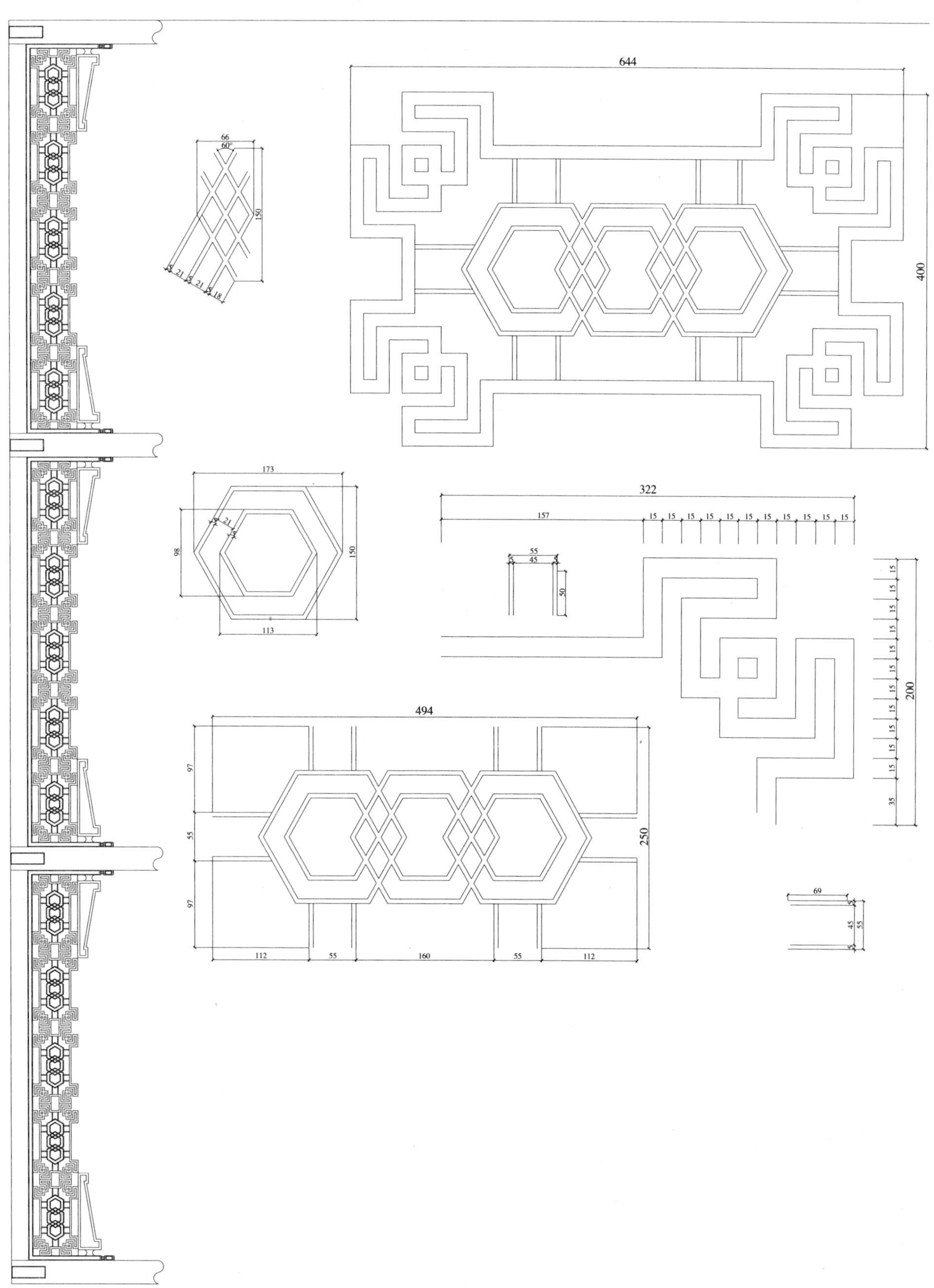
644
400
66
60°
150
5 21 5 21 5 18
173
21
98
150
113
322
157
15 15 15 15 15 15 15 15 15 15 15
55
5 45 5
50
200
35
494
97
55
97
250
112
55
160
55
112
69
45
55

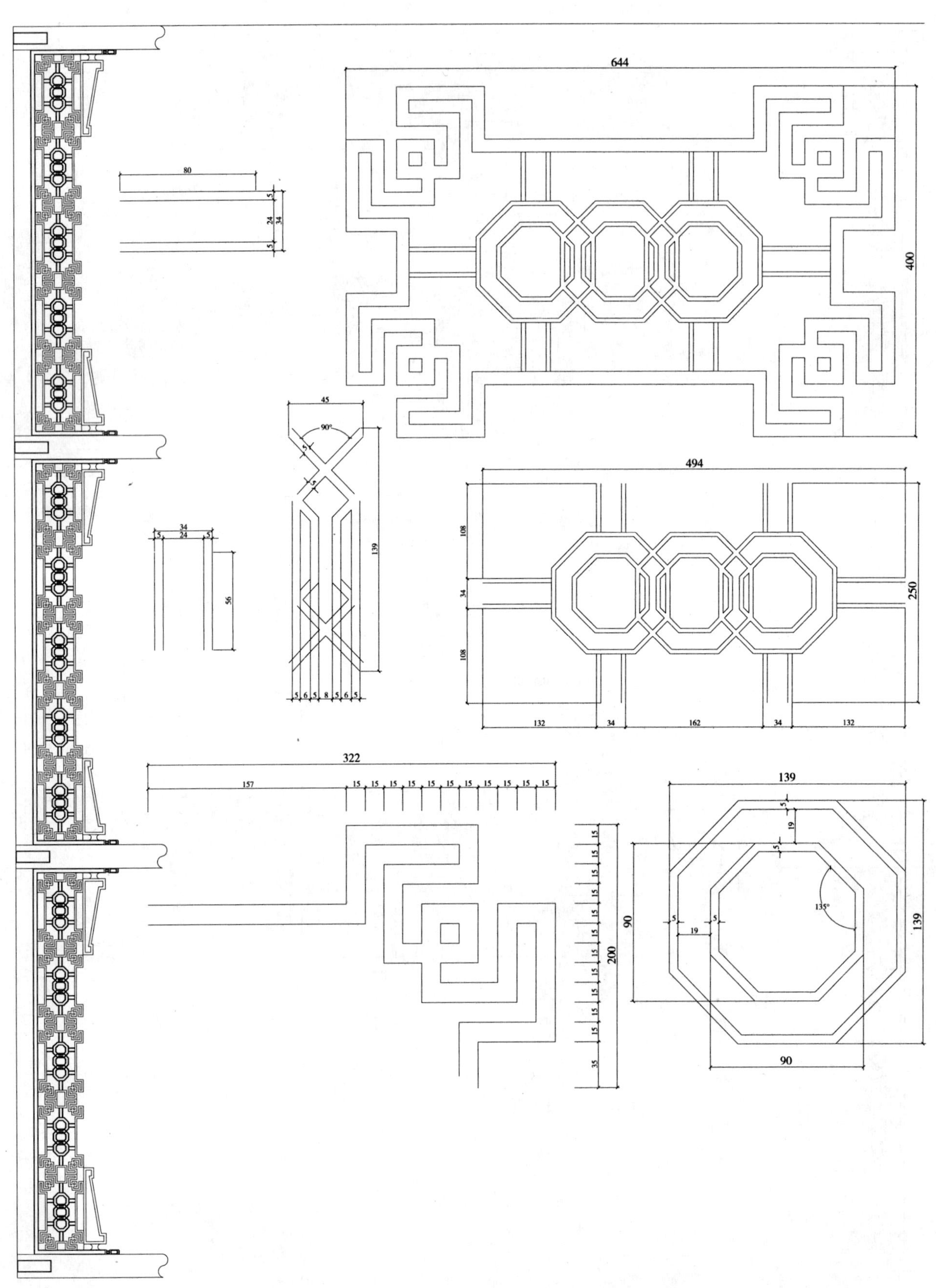
644
400
80
5
24
34
5
45
90°
5
5
139
34
5
24
5
56
5 6 5 8 5 6 5
494
108
34
108
250
132
34
162
34
132
322
157
15 15 15 15 15 15 15 15 15 15 15
200
35
139
5
19
5
90
135°
5
19
5
139
90

644
400
82
39
5
39
39
5
82
39
5
56
5
18
29
5
92
R17
R22
5
92
494
56
139
250
56
173
149
173
322
157
15
200
35
139
5
5
135°
129

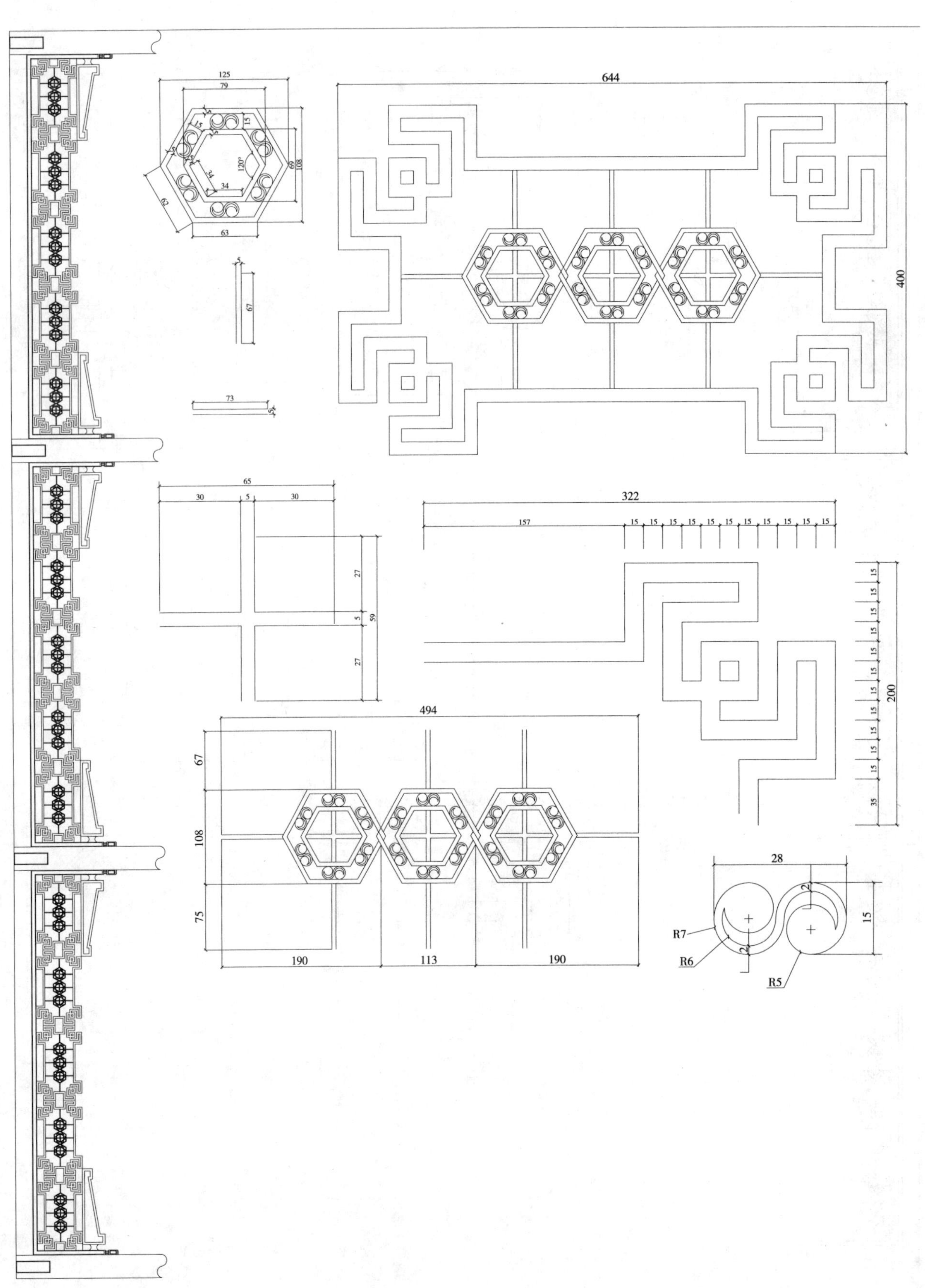
125
79
120°
34
63
69
108
67
73
644
400
65
30
5
27
59
322
157
15
200
35
494
190
113
108
75
28
R7
R6
R5

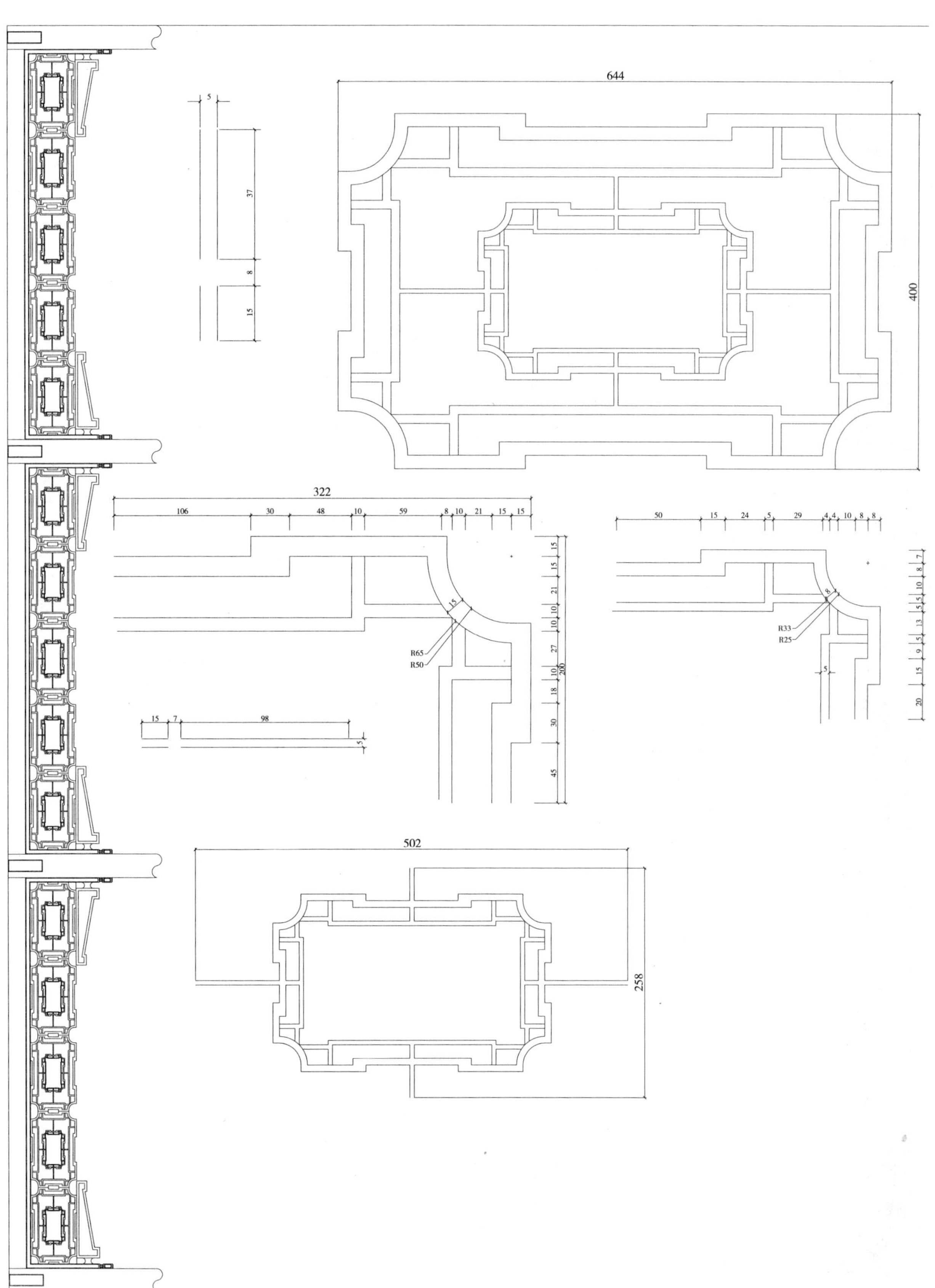
644
400
5
37
8
15
322
106
30
48
10
59
8
10
21
15
15
R65
R50
200
27
18
30
45
98
7
50
24
29
4
R33
R25
20
13
502
258

637
400
128
15
98
15
R15
R5
R5
R15
10
10
10
10
50
11
96
50
5
15
R34
R39
322
106
30
48
10
59
8
10
21
15
15
152
113
15
24
R5
R15
R5
R15
15
120
10
10
10
10
10
50
R65
R50
15
15
21
10
10
27
10
200
18
30
45
377
185
R159
R164
R174
R189
10
10
74
74

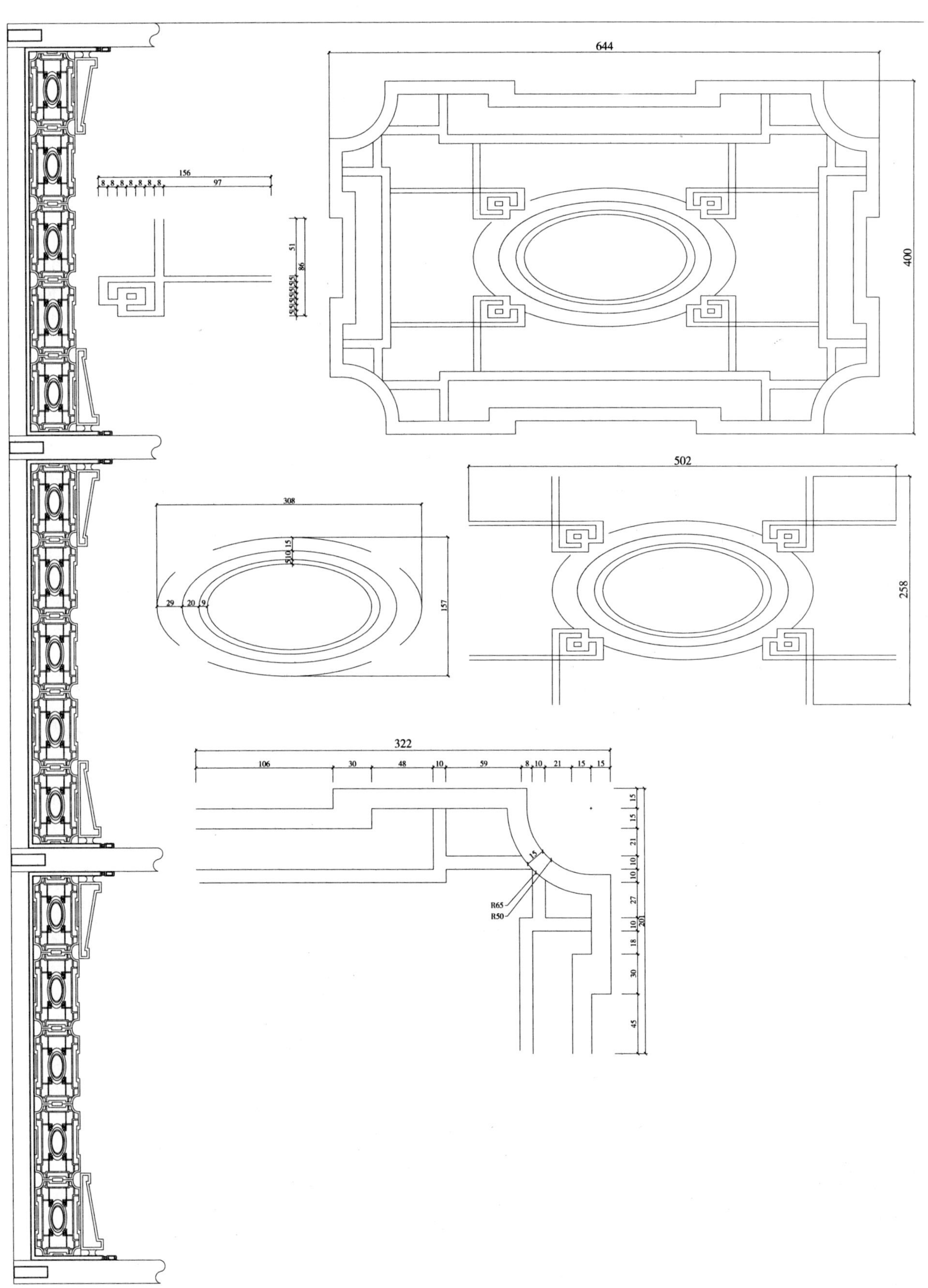
644
400
156
8 8 8 8 8 8 8 8
97
51
86
308
157
29
20
9
502
258
322
106
30
48
10
59
8
10
21
15
15
R65
R50
27
18
45
20

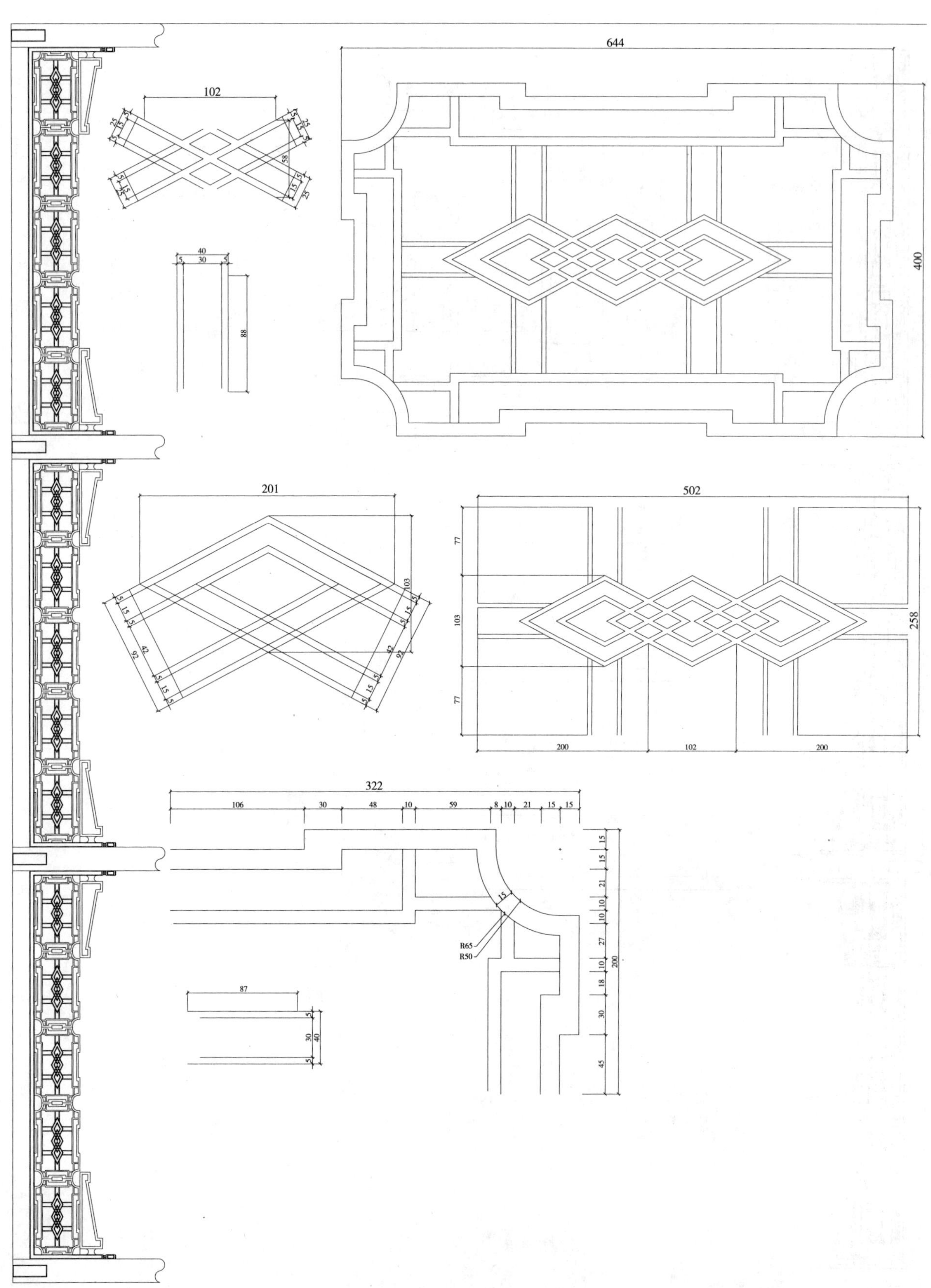
644
400
102
25
25
5
15
5
58
15
25
40
30
5
88
201
103
92
42
502
77
103
77
258
200
102
200
322
106
30
48
10
59
8
21
15
27
18
45
R65
R50
200
87

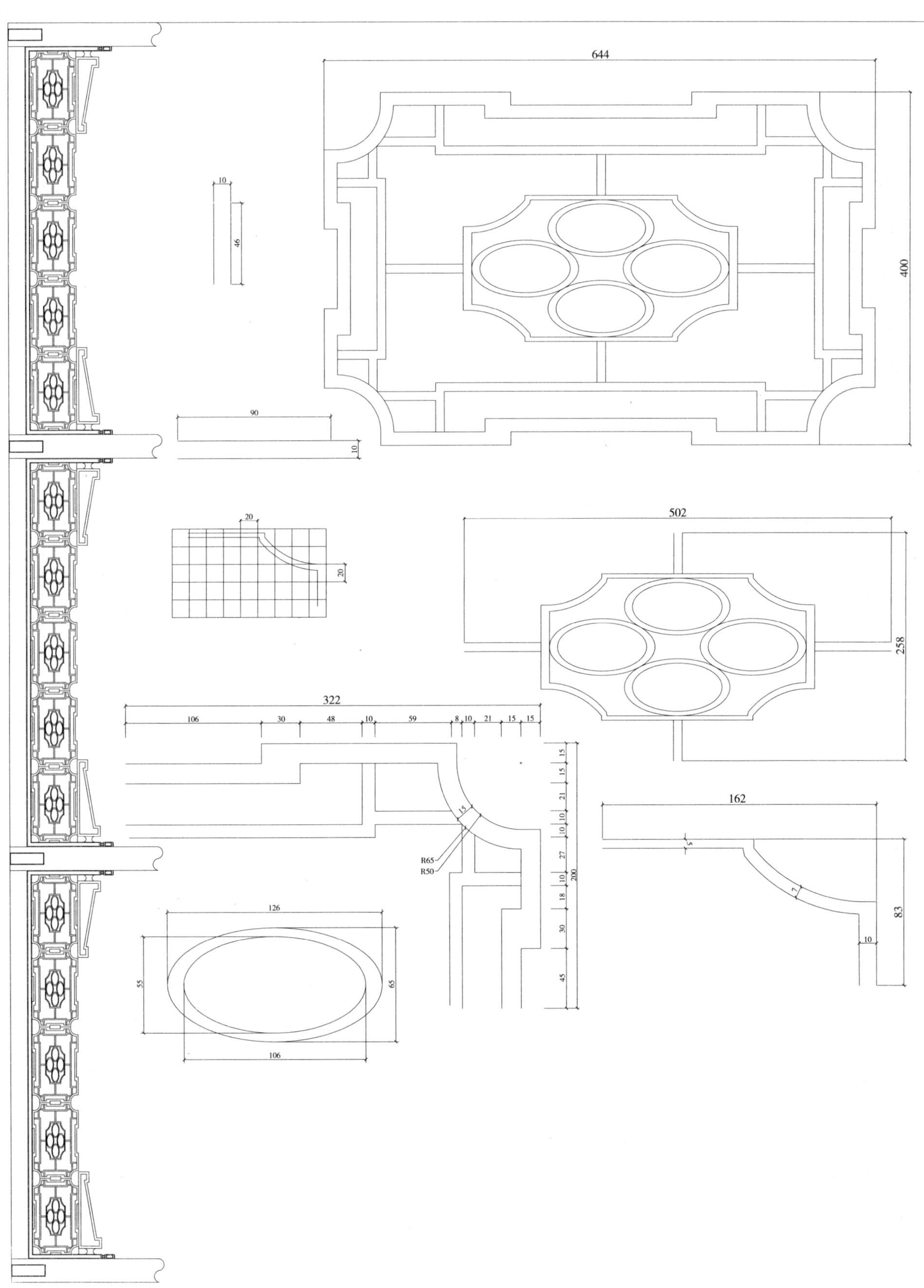
644
400
10
46
90
10
20
20
502
258
322
106
30
48
10
59
8
10
21
15
15
15
15
21
10
10
27
10
18
30
45
200
R65
R50
162
5
7
83
10
126
55
65
106

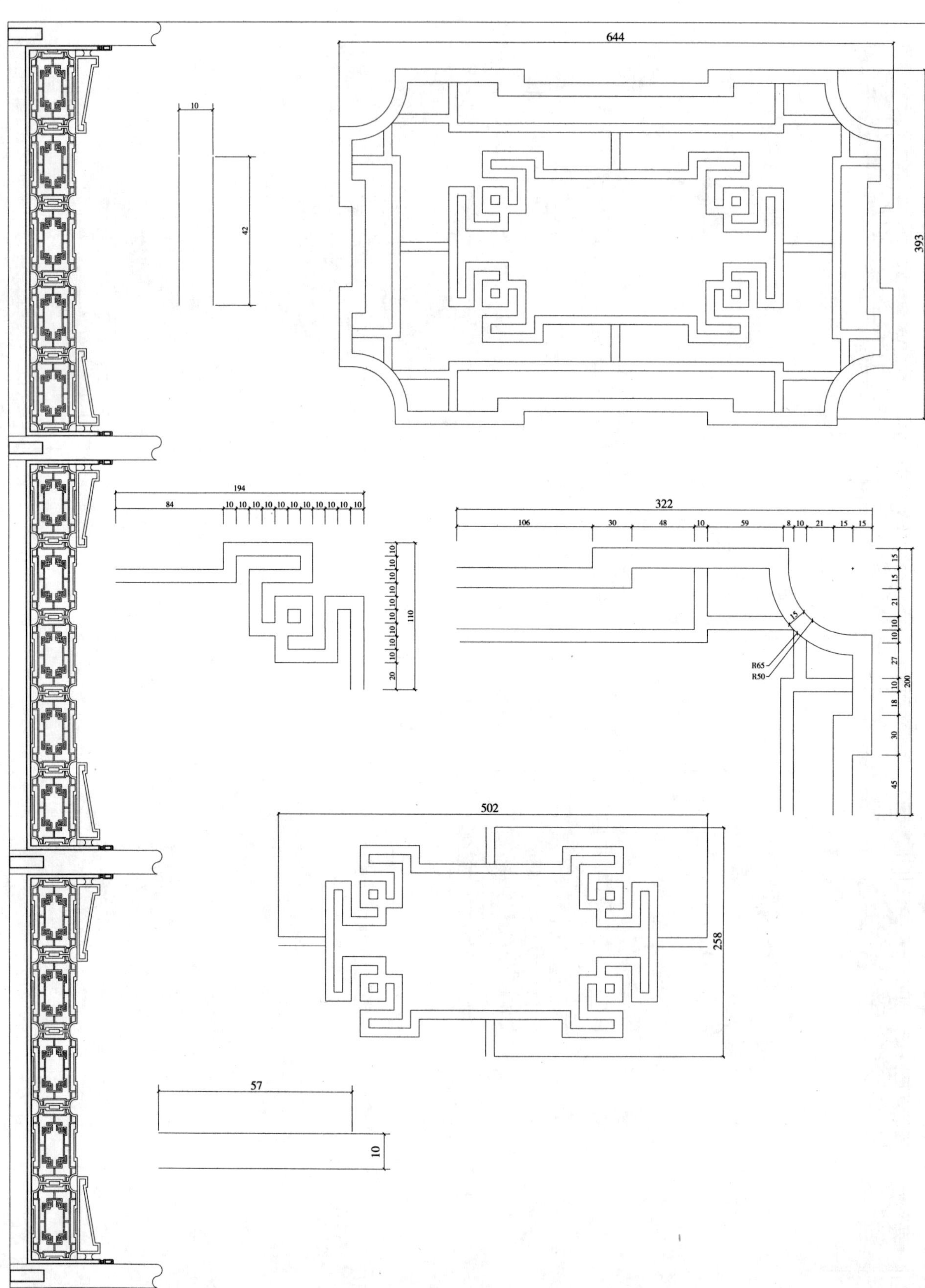
644
393
10
42
194
84
10 10 10 10 10 10 10 10 10 10 10
10 10 10 10 10 10 10 10 10 20
110
322
106 30 48 10 59 8 10 21 15 15
15
R65
R50
15 15 21 10 10 27 10 18 30 45
200
502
258
57
10

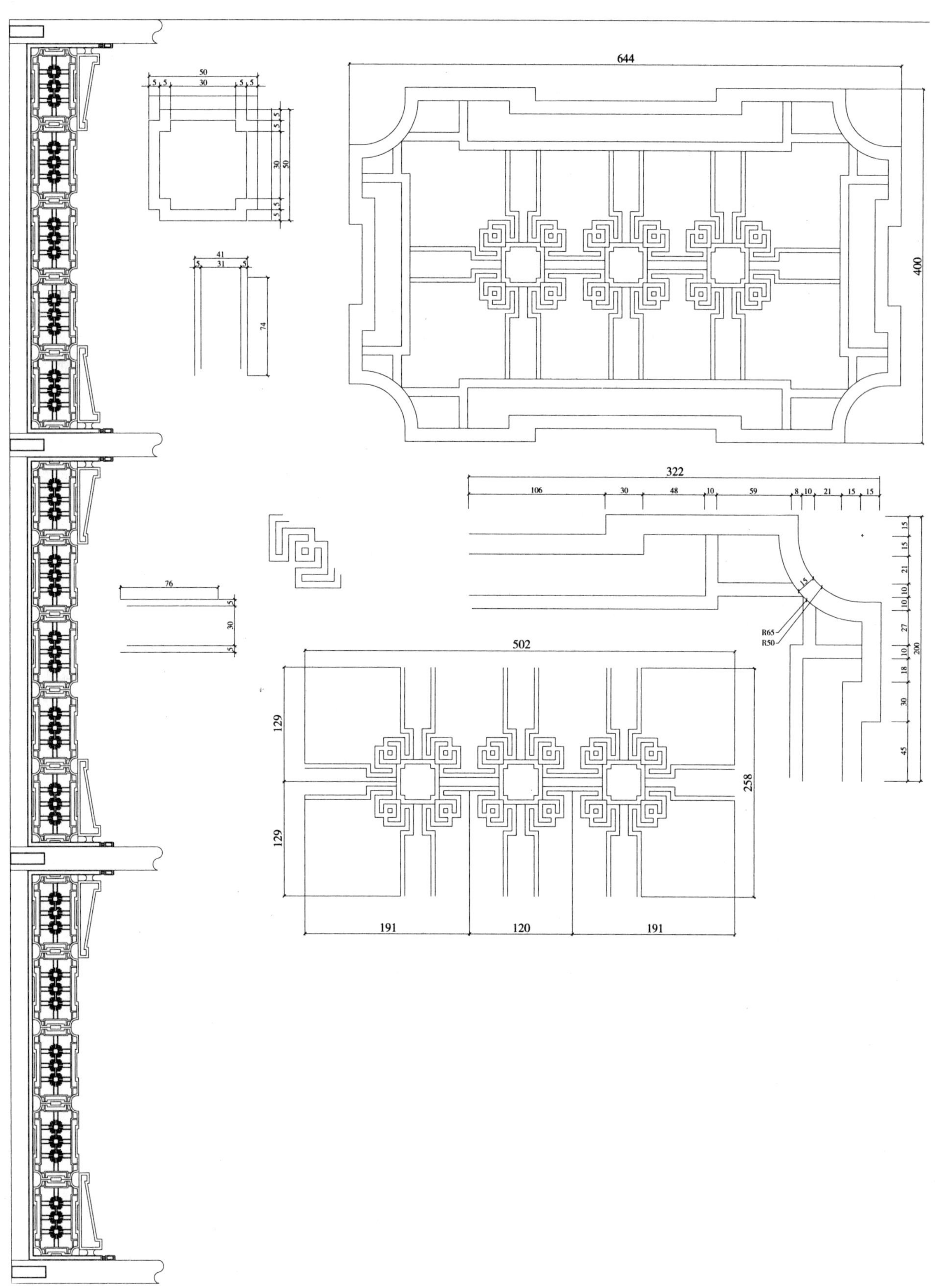
644
400
50
30
41
31
74
76
322
106
48
10
59
8
21
15
R65
R50
27
18
45
200
502
129
258
191
120

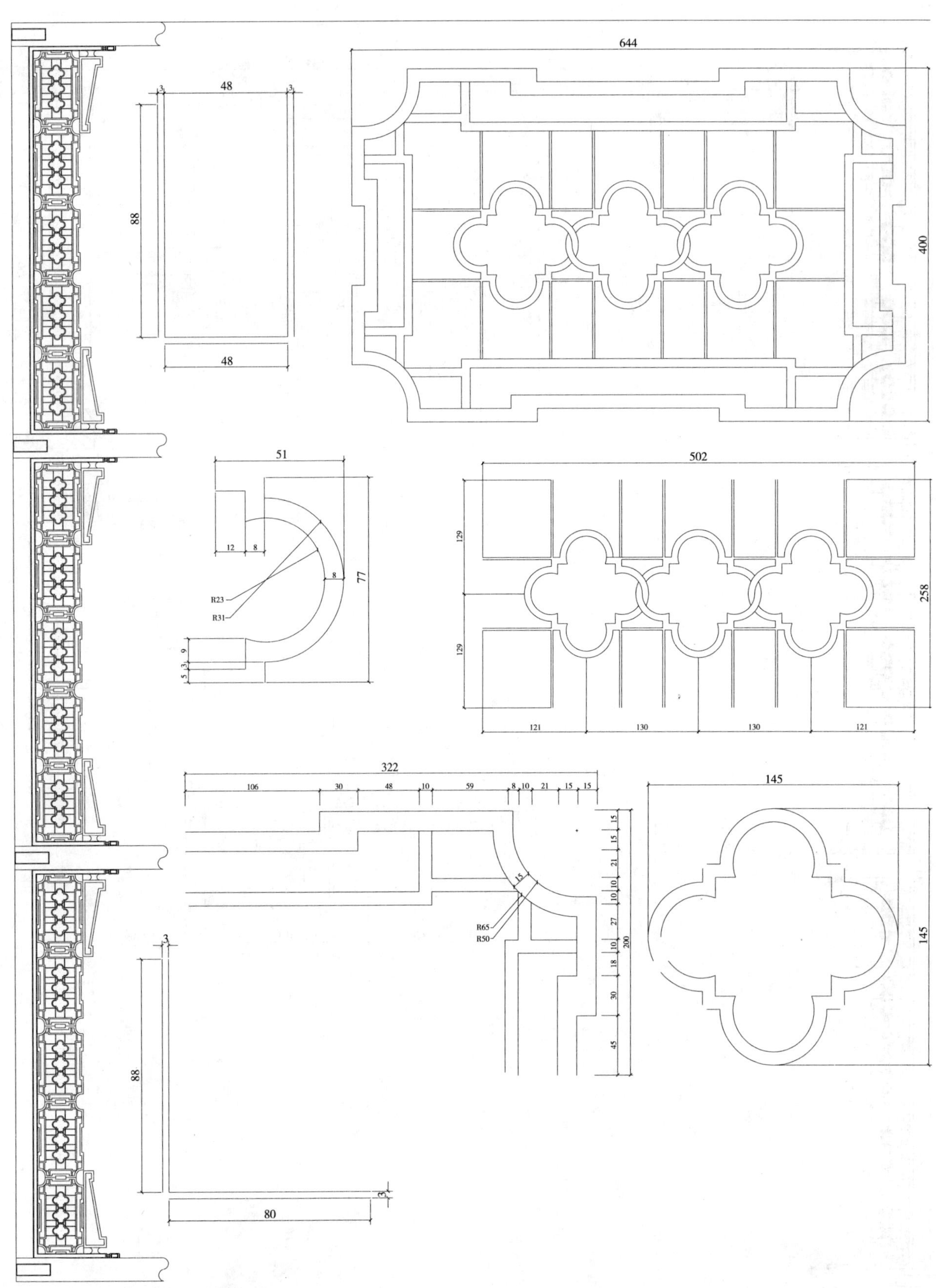
644
400
48
3
3
88
48
51
12
8
8
77
R23
R31
9
3
5
502
129
129
258
121
130
130
121
322
106
30
48
10
59
8
10
21
15
15
R65
R50
200
145
145
3
88
80
3

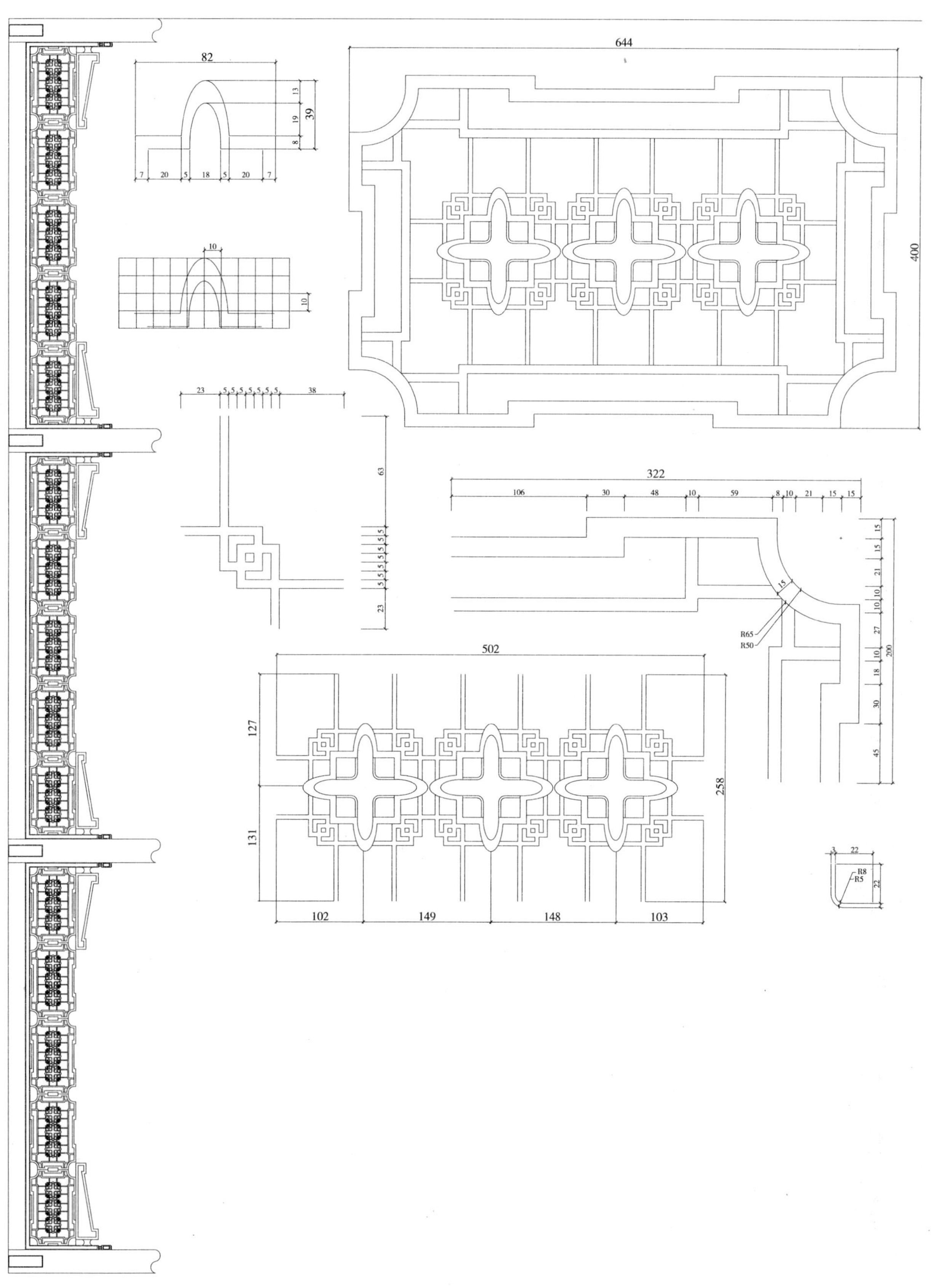
82
13
19
39
8
7 20 5 18 5 20 7
10
10
644
400
23 5 5 5 5 5 5 5 38
63
5 5 5 5 5 5 5
23
322
106 30 48 10 59 8 10 21 15 15
15 15 21 10 10 27 10 18 30 45
200
15
R65
R50
502
127
131
258
102 149 148 103
3 22
R8
R5
22

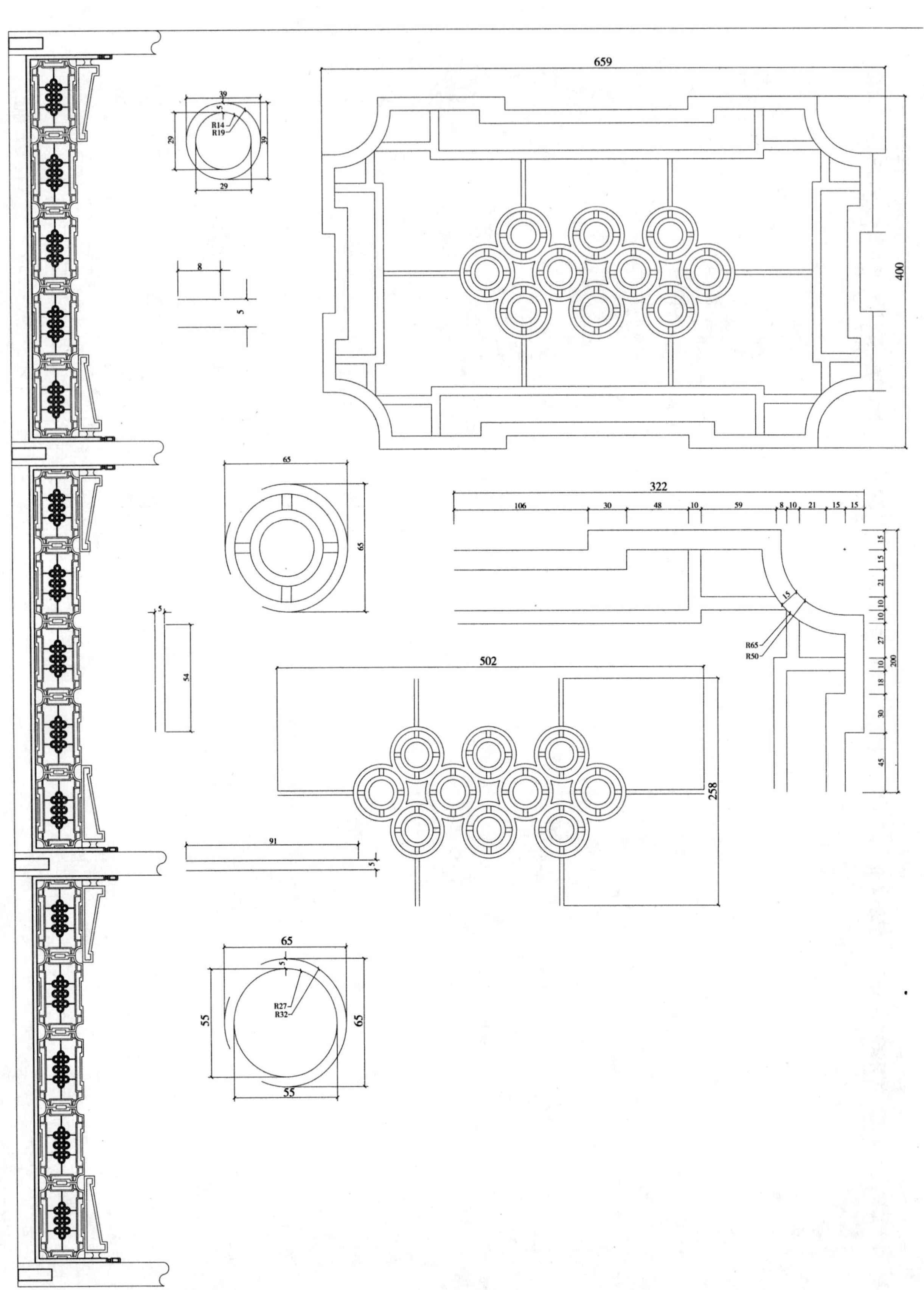
659
400
39
R14
R19
29
39
29
8
5
65
65
322
106
30
48
10
59
8
10
21
15
15
R65
R50
200
54
502
258
91
55
R27
R32
55
65

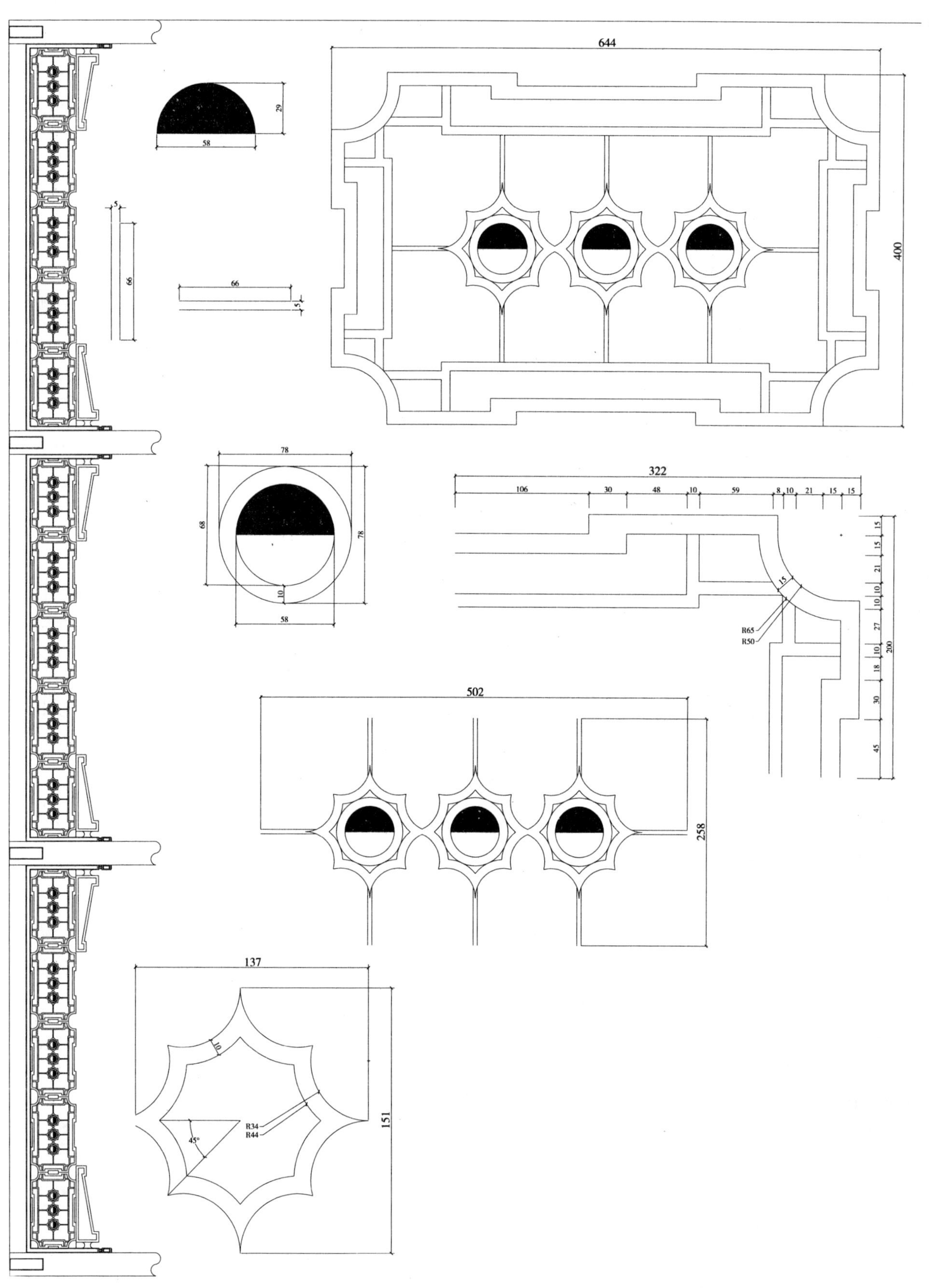
644
400
29
58
5
66
66
5
78
68
78
10
58
322
106
30
48
10
59
8
10
21
15
15
15
15
21
10
10
27
10
18
30
45
200
15
R65
R50
502
258
137
151
10
R34
R44
45°

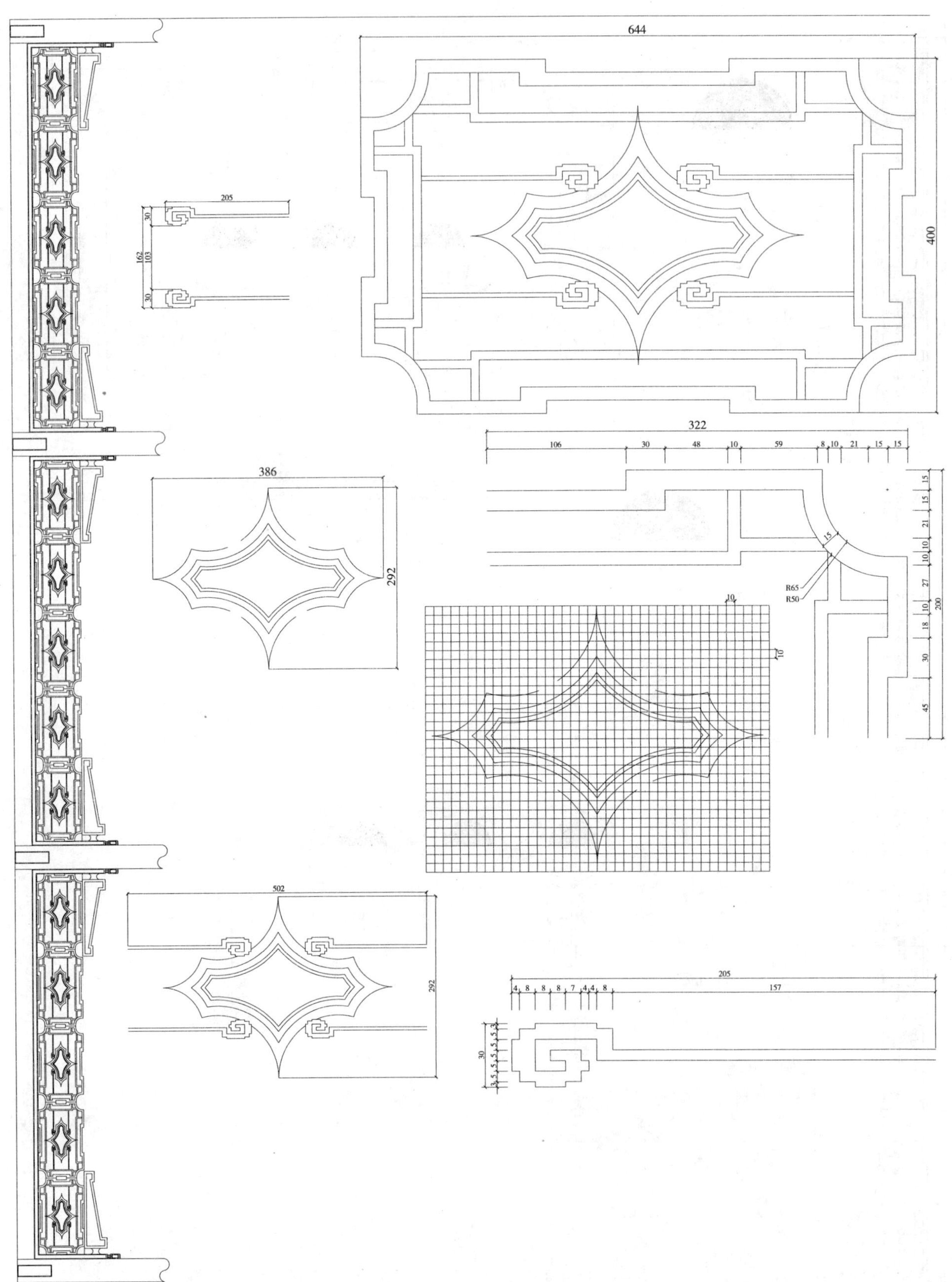
644
400
205
30
162
103
30
386
292
322
106
30
48
10
59
8
10
21
15
15
R65
R50
200
27
18
45
502
292
205
157
4
8
8
8
7
4
4
8
30

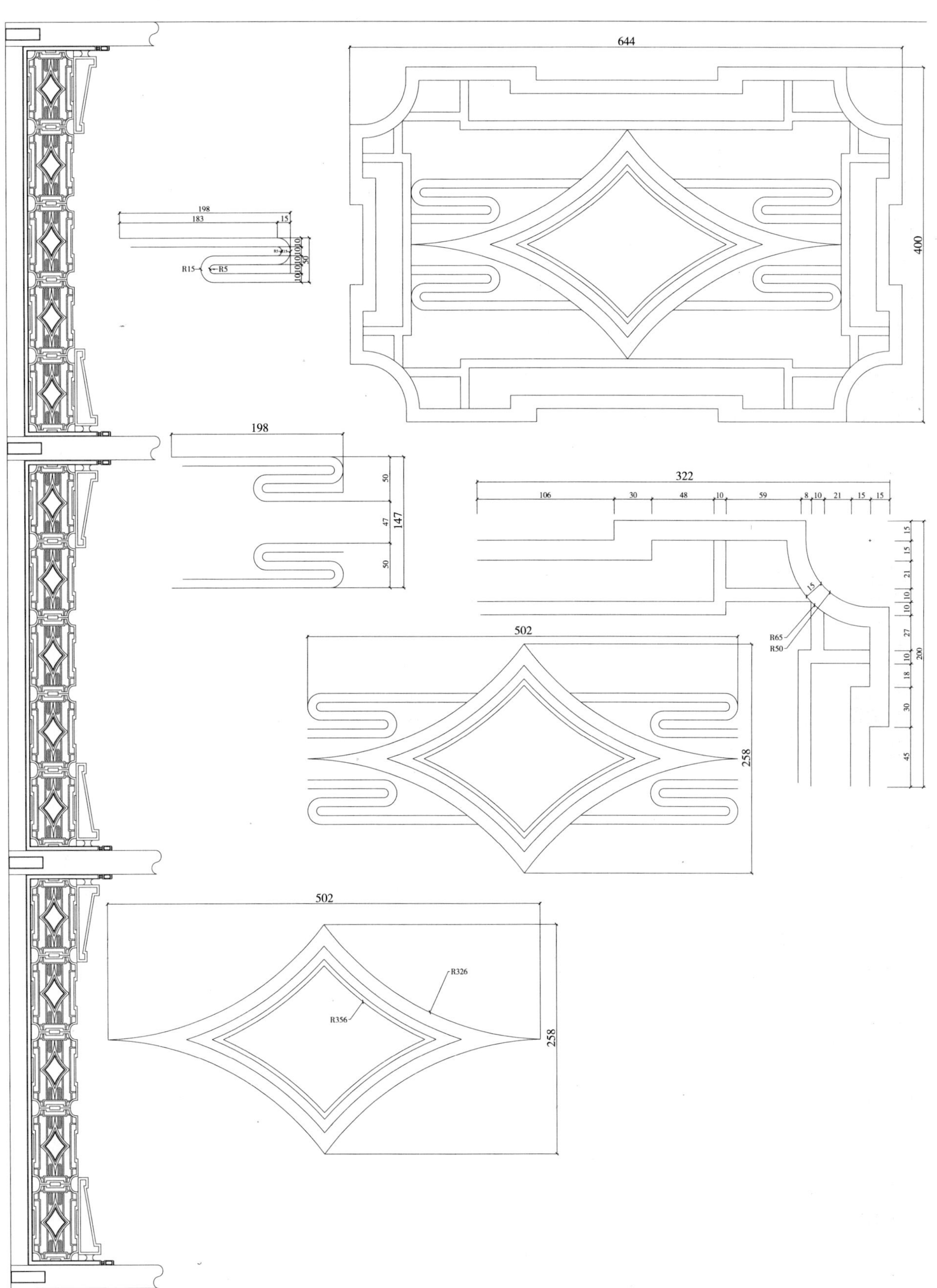
644
400
198
183
15
R15
R5
50
147
47
322
106
30
48
10
59
8
21
R65
R50
200
27
18
45
502
258
R326
R356

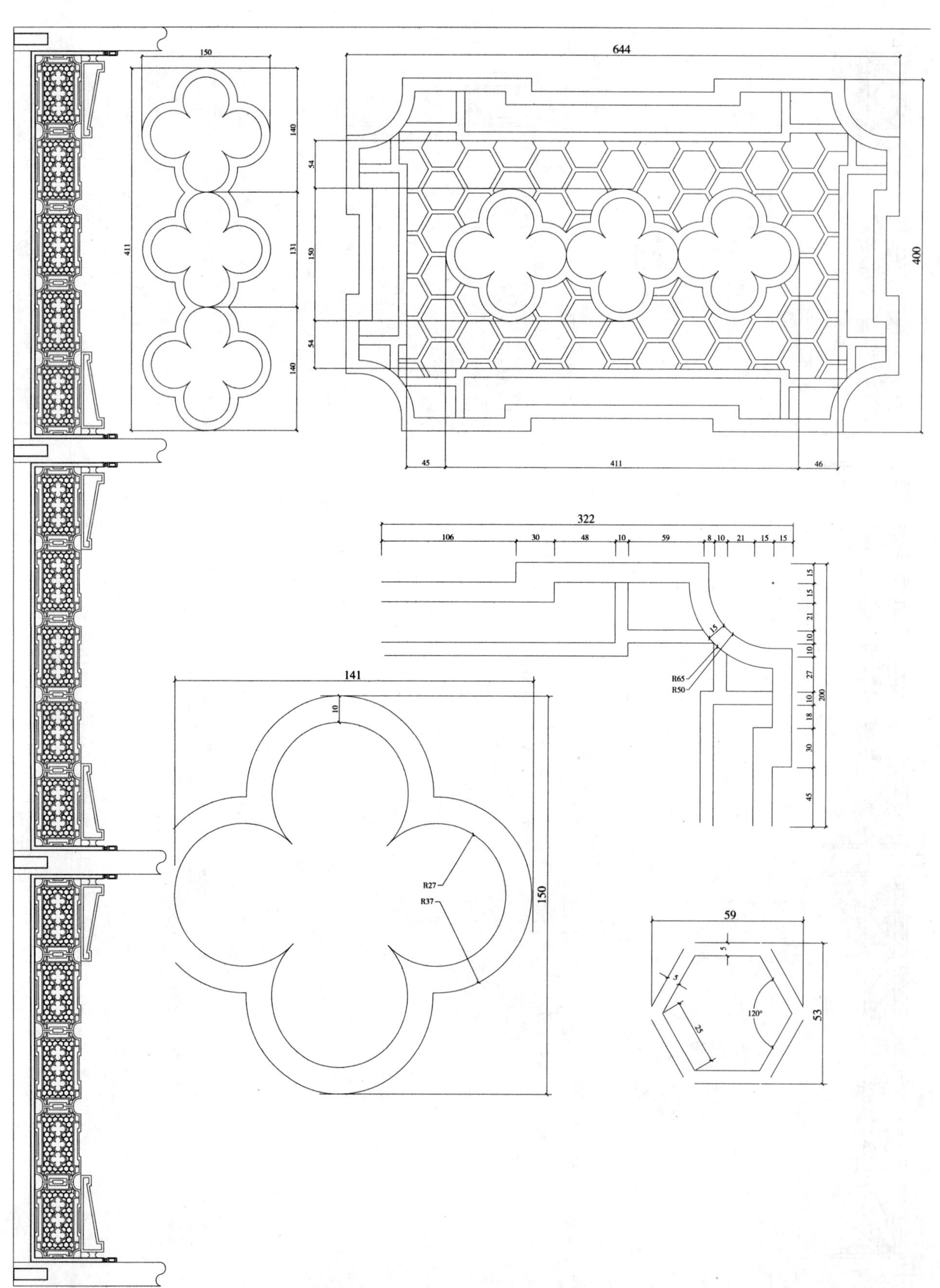

150
140
131
140
54
150
54
411
644
400
45
411
46
322
106
30
48
10
59
8
10
21
15
15
15
15
21
10
10
27
10
18
30
45
200
R65
R50
141
10
R27
R37
150
59
5
5
25
120°
53

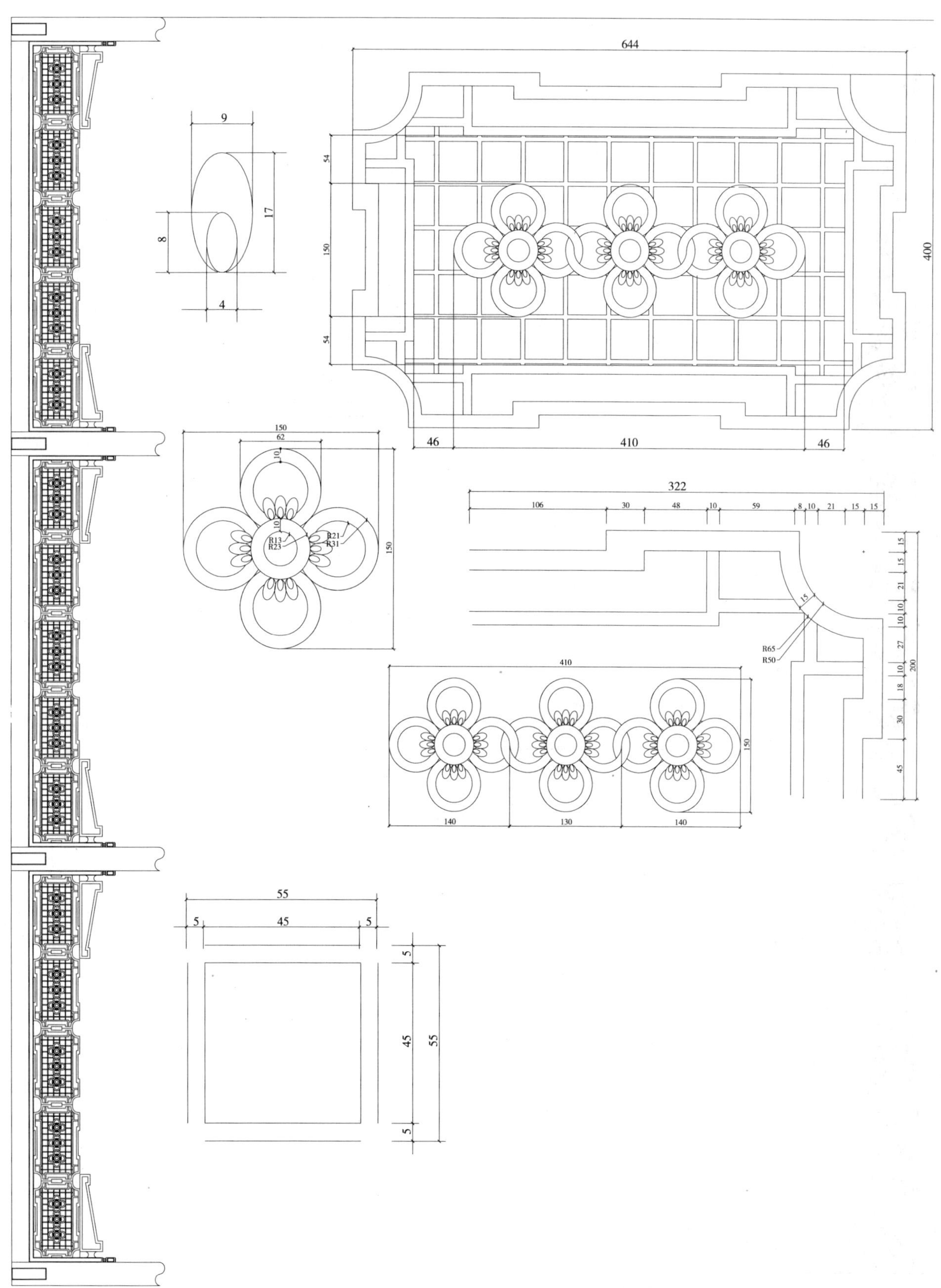
644
9
17
8
4
54
150
54
400
46
410
46
150
62
10
R13
R23
R21
R31
150
322
106
30
48
10
59
8
10
21
15
15
R65
R50
200
410
150
140
130
140
55
5
45
5
45
55
5
5

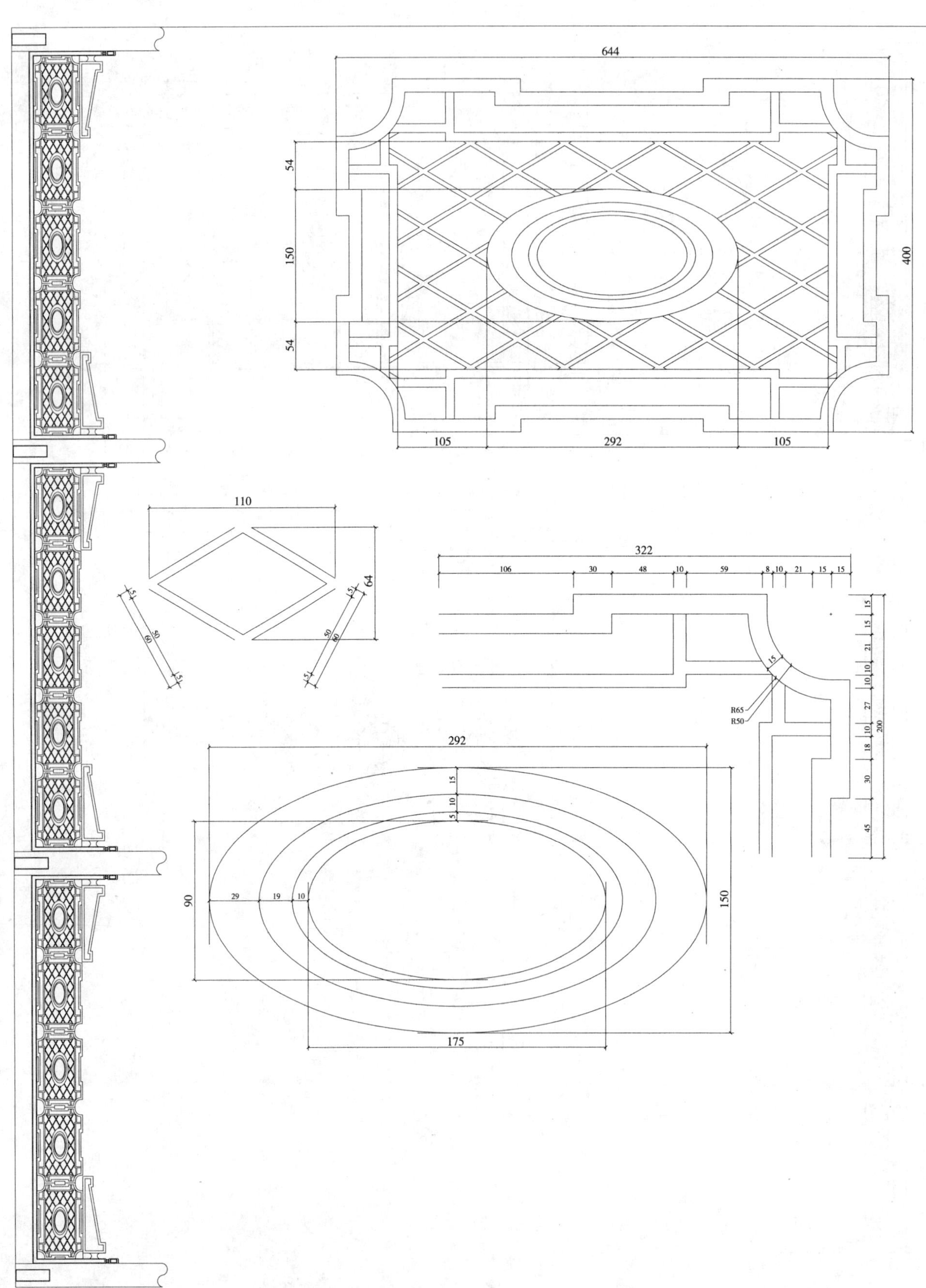
644
54
150
54
400
105
292
105
110
64
322
106
30
48
10
59
8
10
21
15
15
R65
R50
200
292
90
29
19
10
150
175

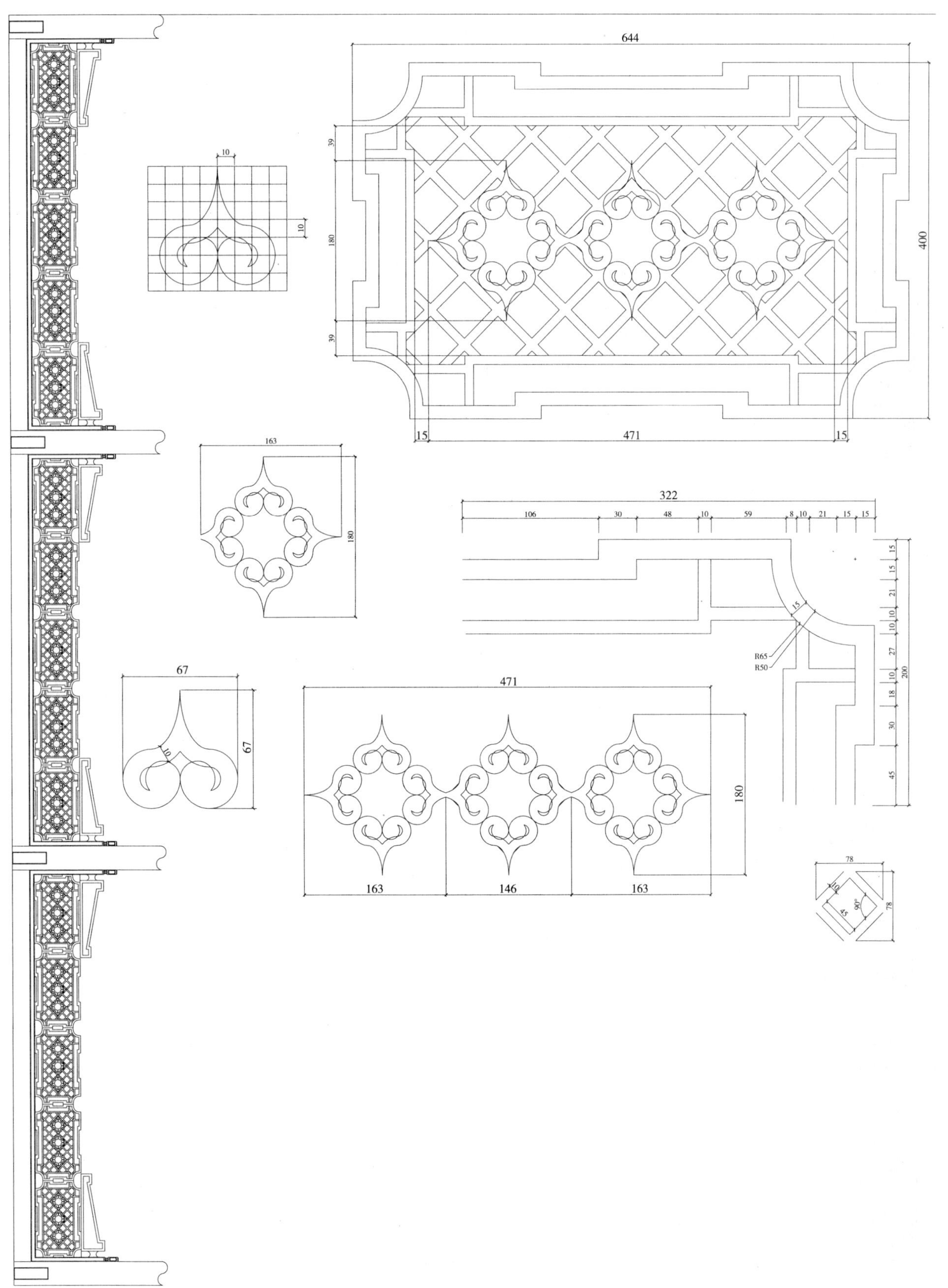
644
39
180
39
400
15
471
15
10
10
163
180
322
106
30
48
10
59
8
10
21
15
15
R65
R50
200
27
18
45
67
67
471
180
163
146
163
78
78
90°

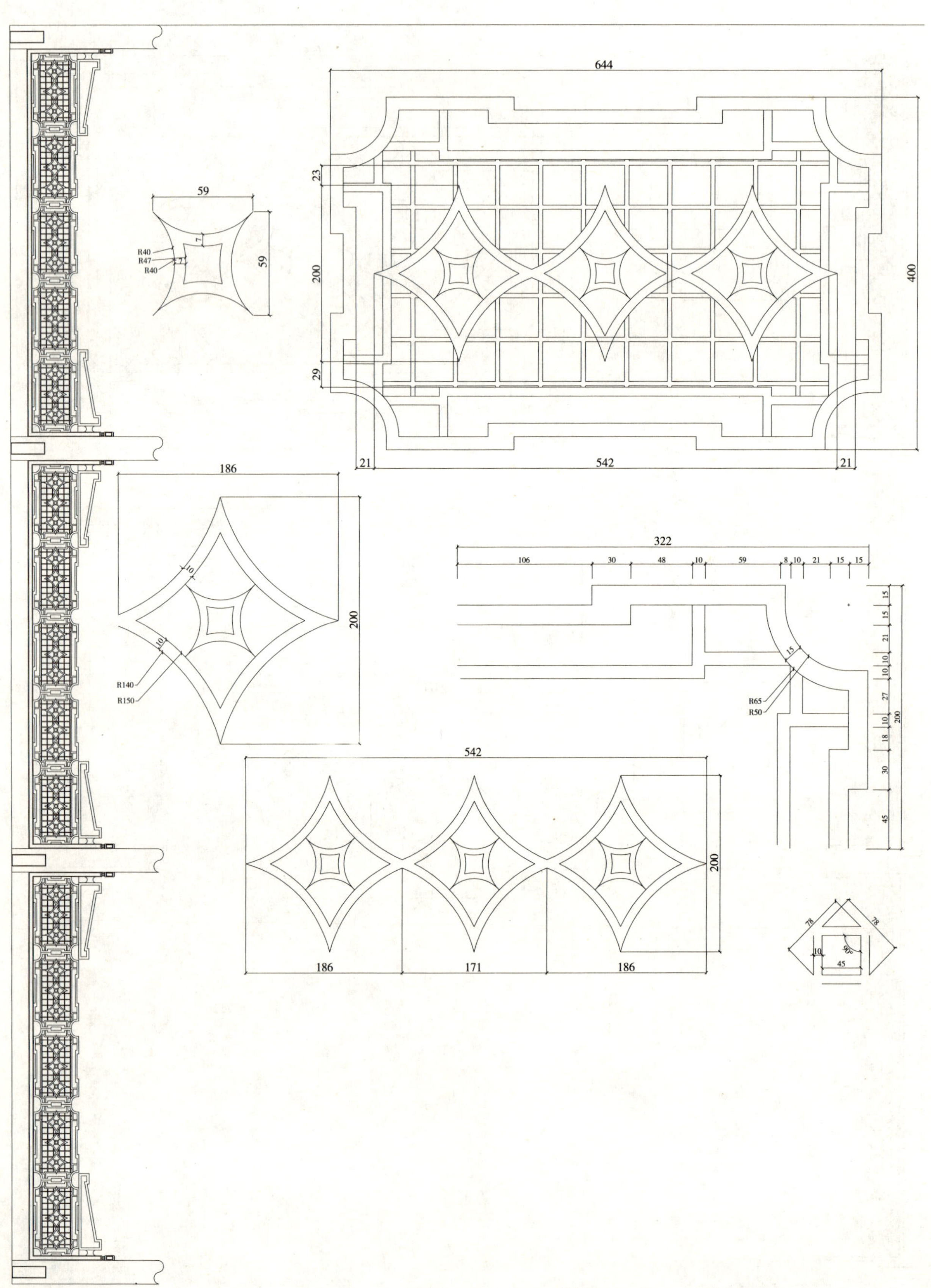
644
400
200
23
29
21
542
21
59
59
R40
R47
R40
186
200
10
10
R140
R150
322
106
30
48
10
59
8
10
21
15
15
R65
R50
200
542
186
171
186
200
78
78
10
90°
45

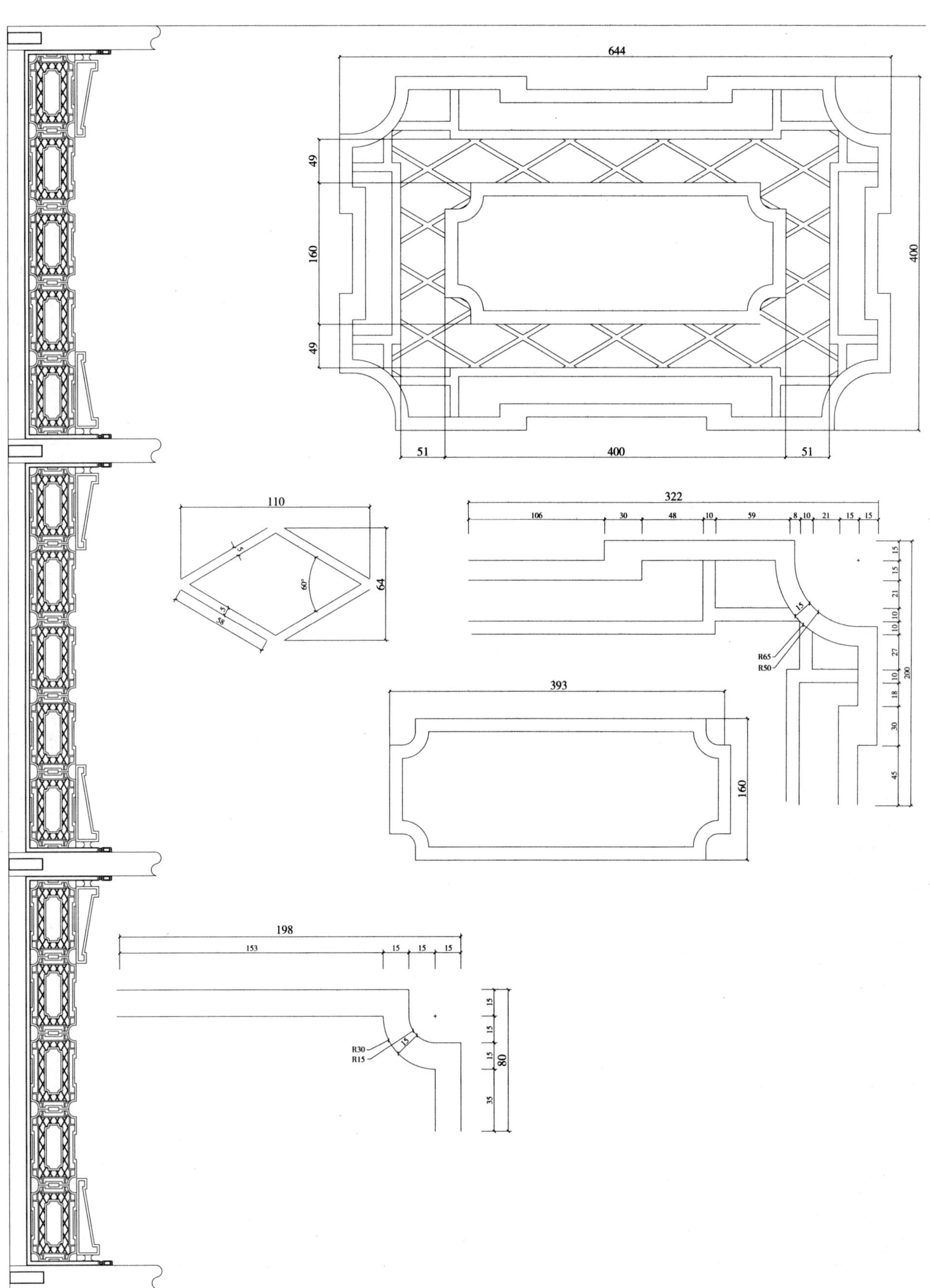
644
49
160
49
400
51
400
51
110
5
5
58
60°
64
322
106
30
48
10
59
8
10
21
15
15
R65
R50
200
393
160
198
153
15
15
15
R30
R15
80
35

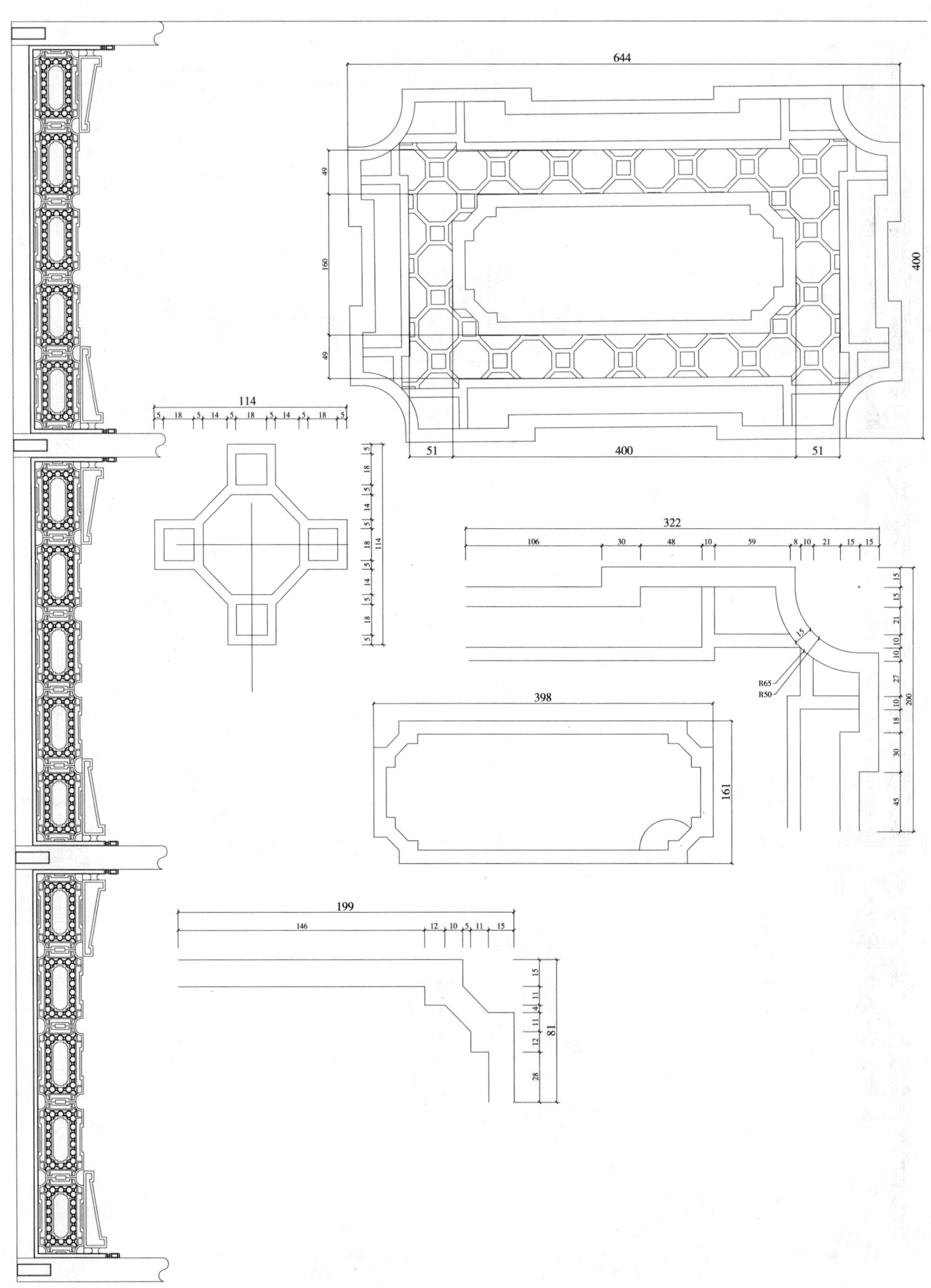
644
400
51
400
51
49
160
49
114
5 18 5 14 5 18 5 14 5 18 5
322
106 30 48 10 59 8 10 21 15 15
15 15 21 10 10 27 10 18 30 45
200
15
R65
R50
398
161
199
146 12 10 5 11 15
15 11 4 11 12 28
81

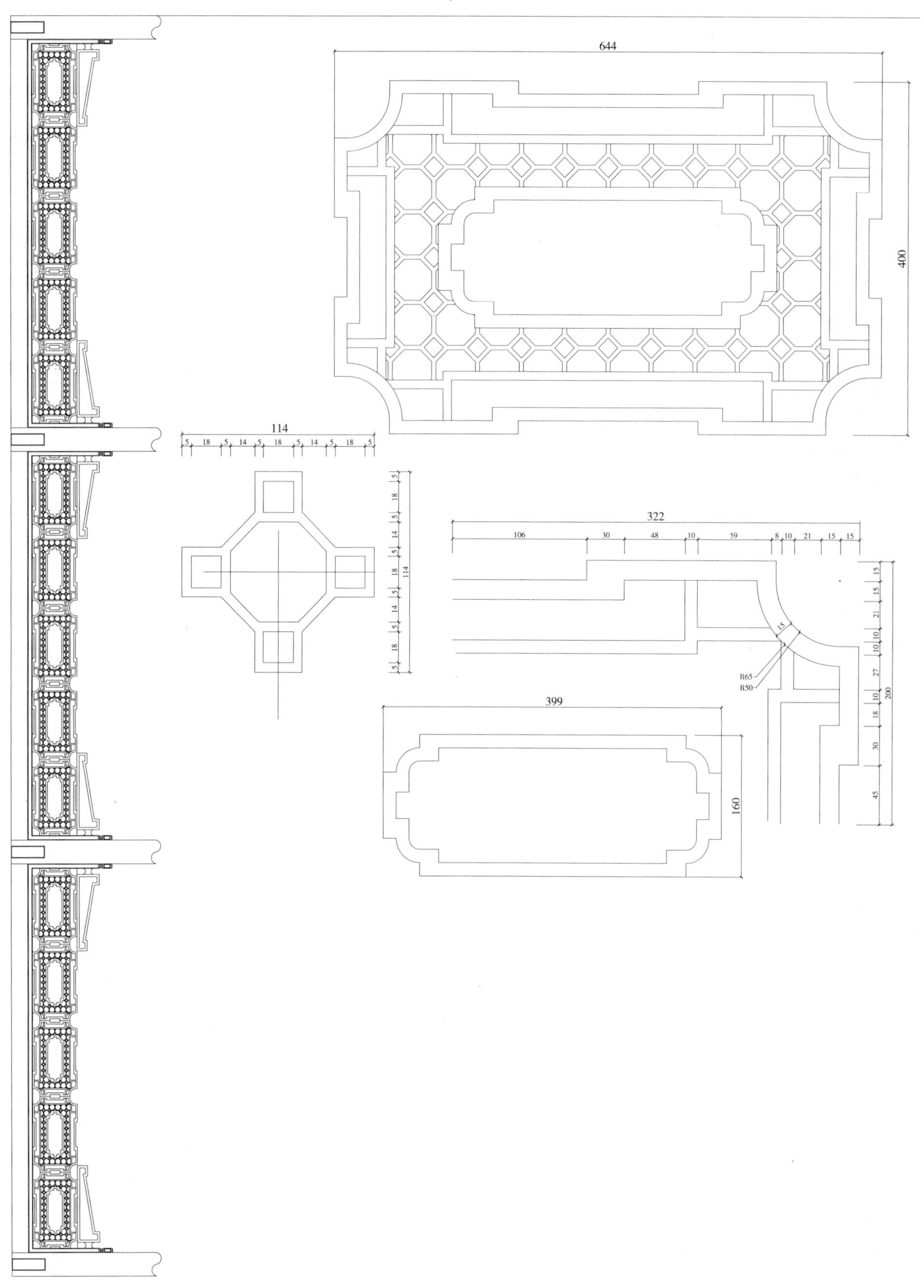
644
400
114
5 18 5 14 5 18 5 14 5 18 5
322
106 30 48 10 59 8 10 21 15 15
15 15 21 10 10 27 10 18 30 45
200
15
R65
R50
399
160

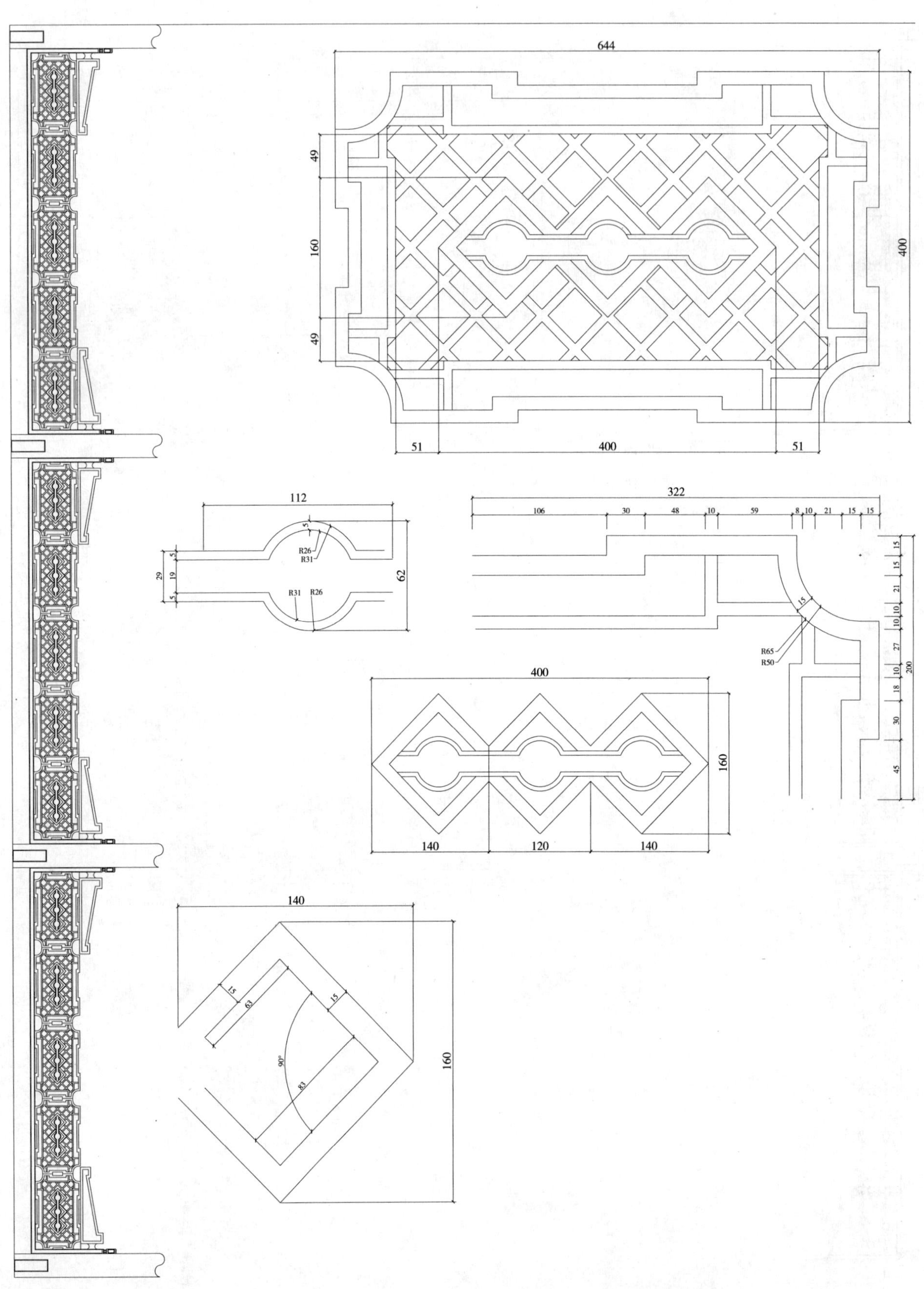
644
400
49
160
49
51
400
51
112
62
29
19
5
5
R26
R31
R31
R26
322
106
30
48
10
59
8
10
21
15
15
R65
R50
200
27
18
30
45
400
160
140
120
140
140
160
15
63
15
90°
83

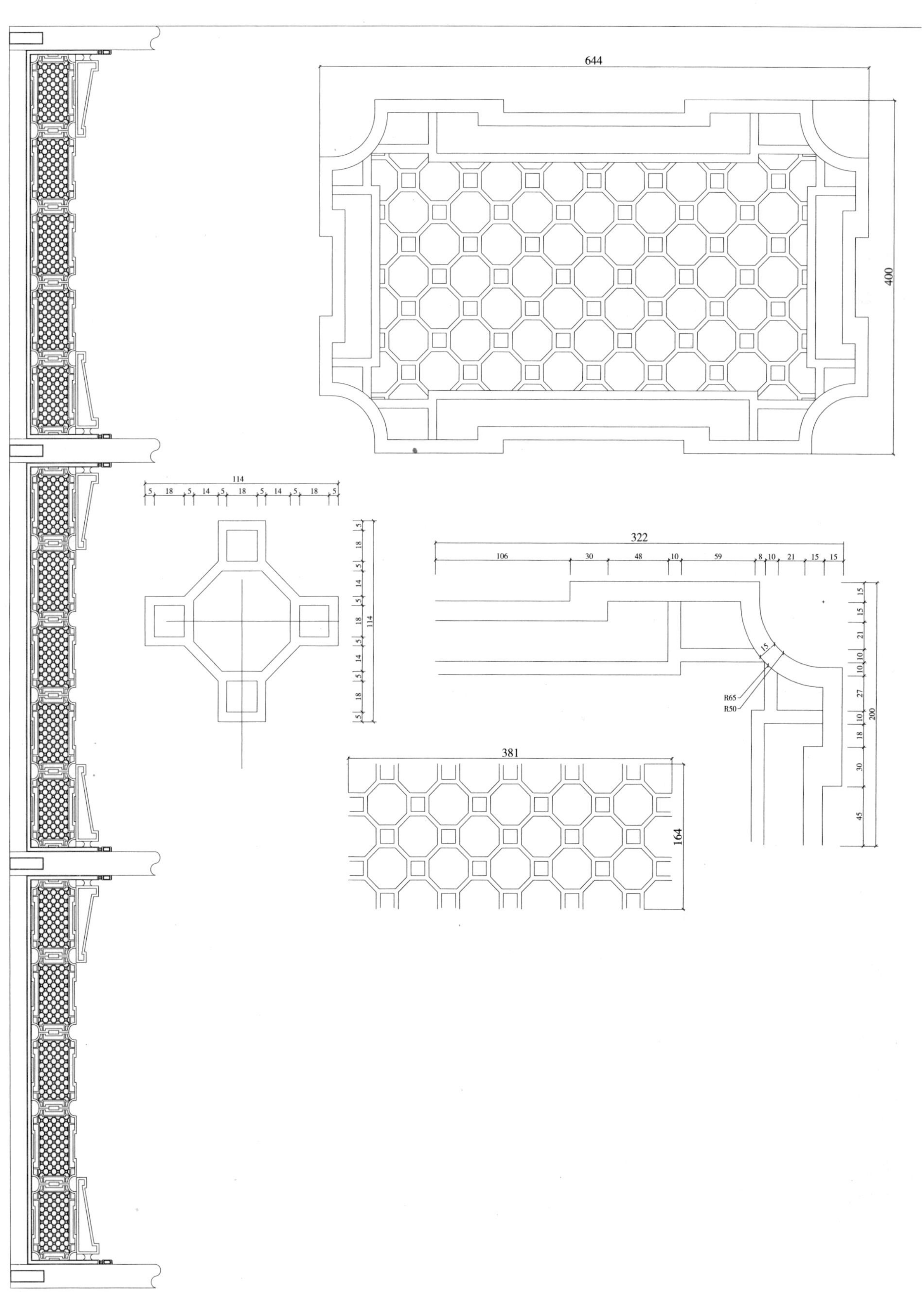
644
400
114
5 18 5 14 5 18 5 14 5 18 5
5 18 5 14 5 18 5 14 5 18 5
114
322
106 30 48 10 59 8 10 21 15 15
15
R65
R50
15 15 21 10 10 27 10 18 30 45
200
381
164

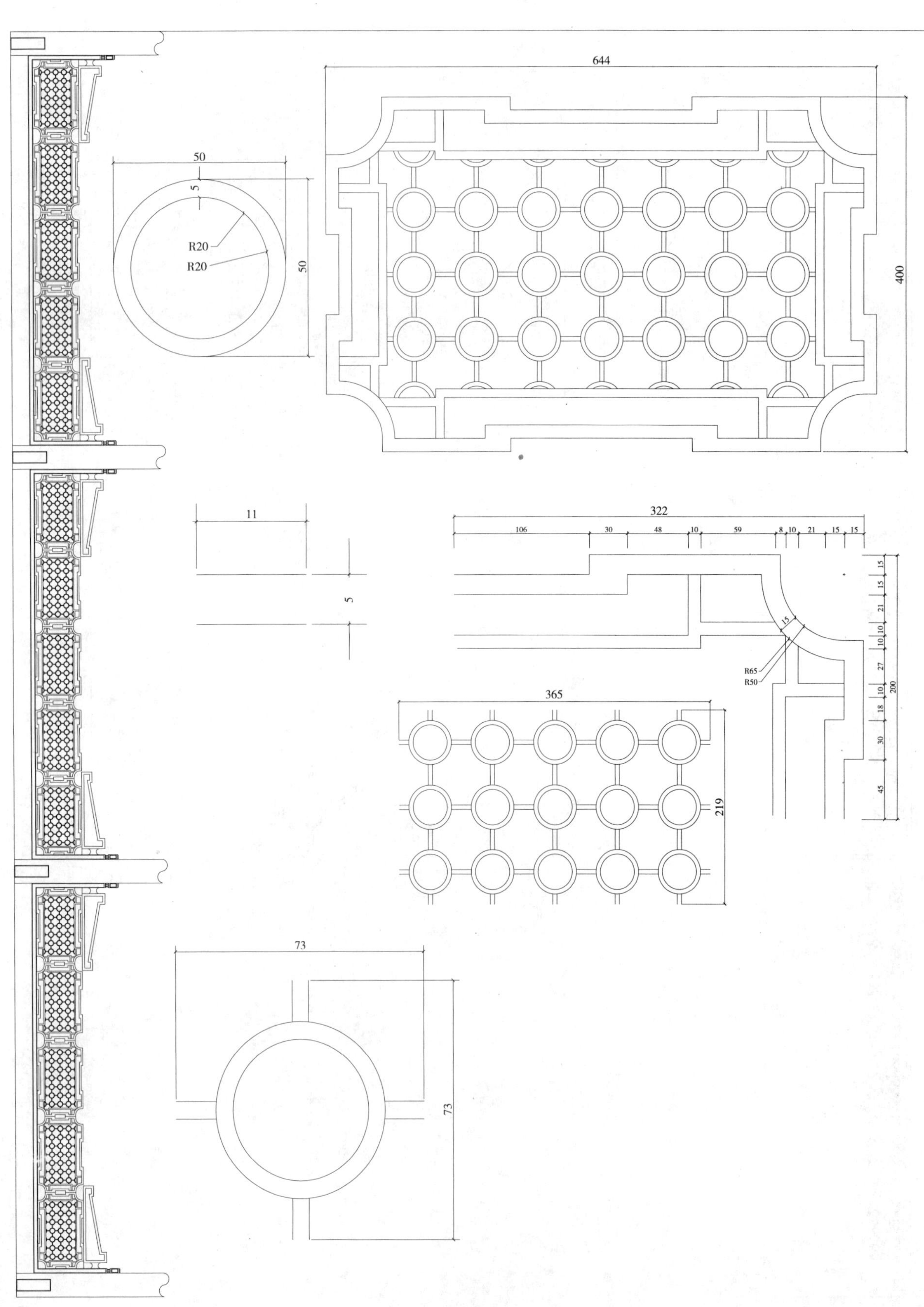
644
400
50
5
R20
R20
50
11
5
322
106
30
48
10
59
8
10
21
15
15
15
15
21
10
10
27
10
18
30
45
200
R65
R50
15
365
219
73
73

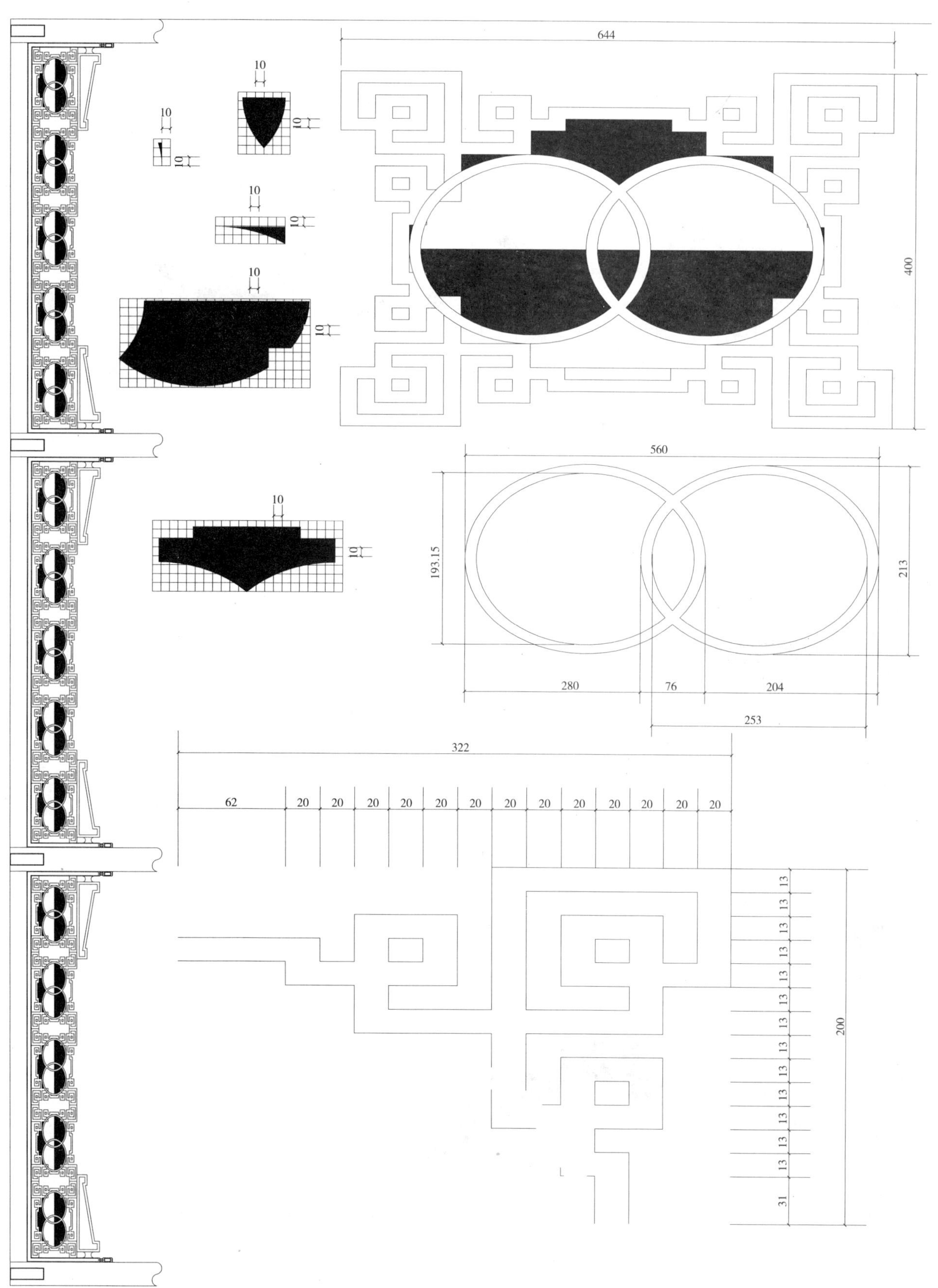
10
10
10
10
10
10
10
10
10
10
644
400
560
193.15
213
280
76
204
253
322
62
20
20
20
20
20
20
20
20
20
20
20
20
20
13
13
13
13
13
13
13
13
13
13
13
13
13
31
200

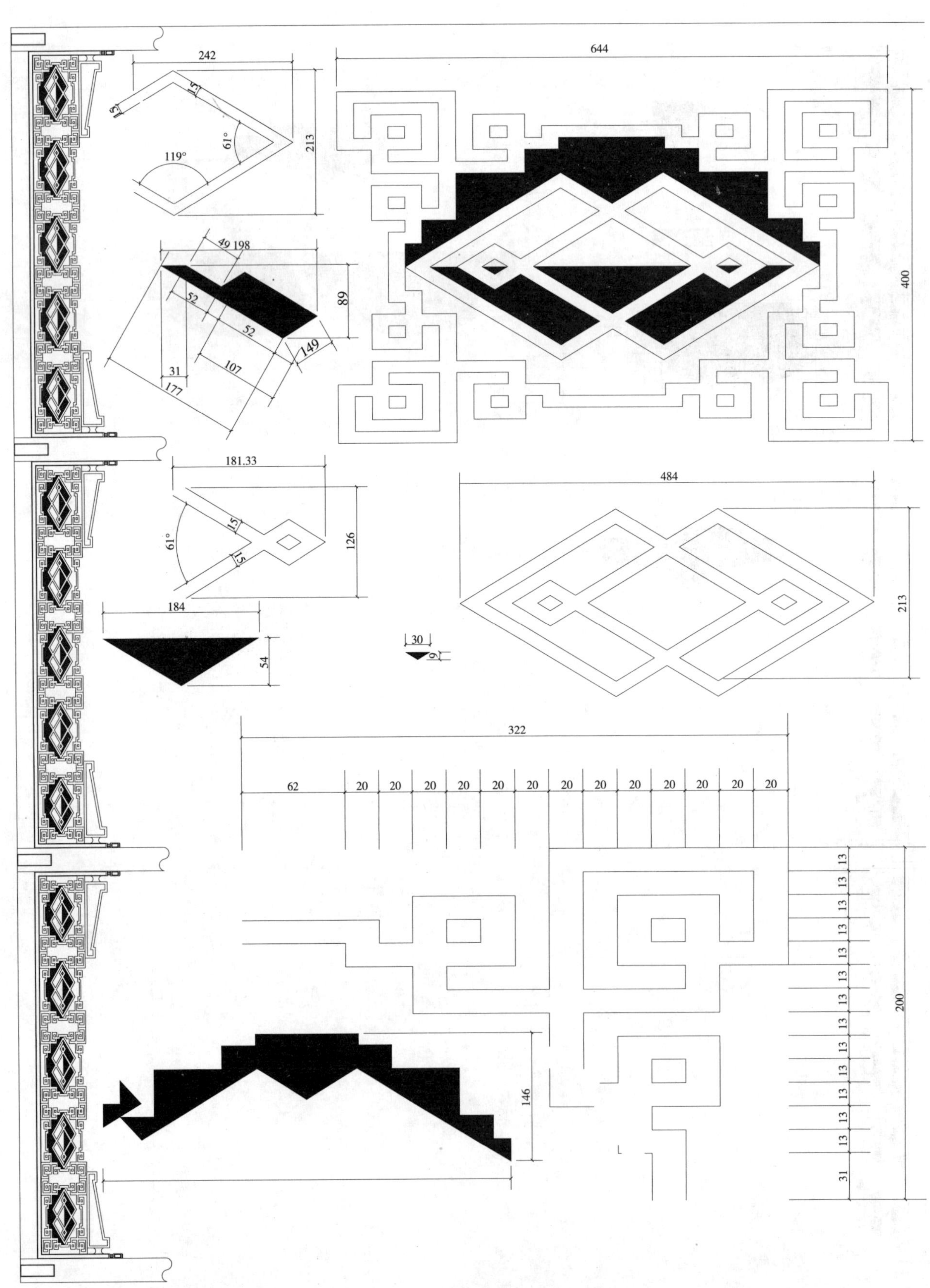
242
213
119°
61°
15
644
400
49 198
89
52
52
149
31
107
177
181.33
126
61°
15
15
484
213
184
54
30
9
322
62
20
20
20
20
20
20
20
20
20
20
20
20
20
13
13
13
13
13
13
13
13
13
13
13
13
13
31
200
146

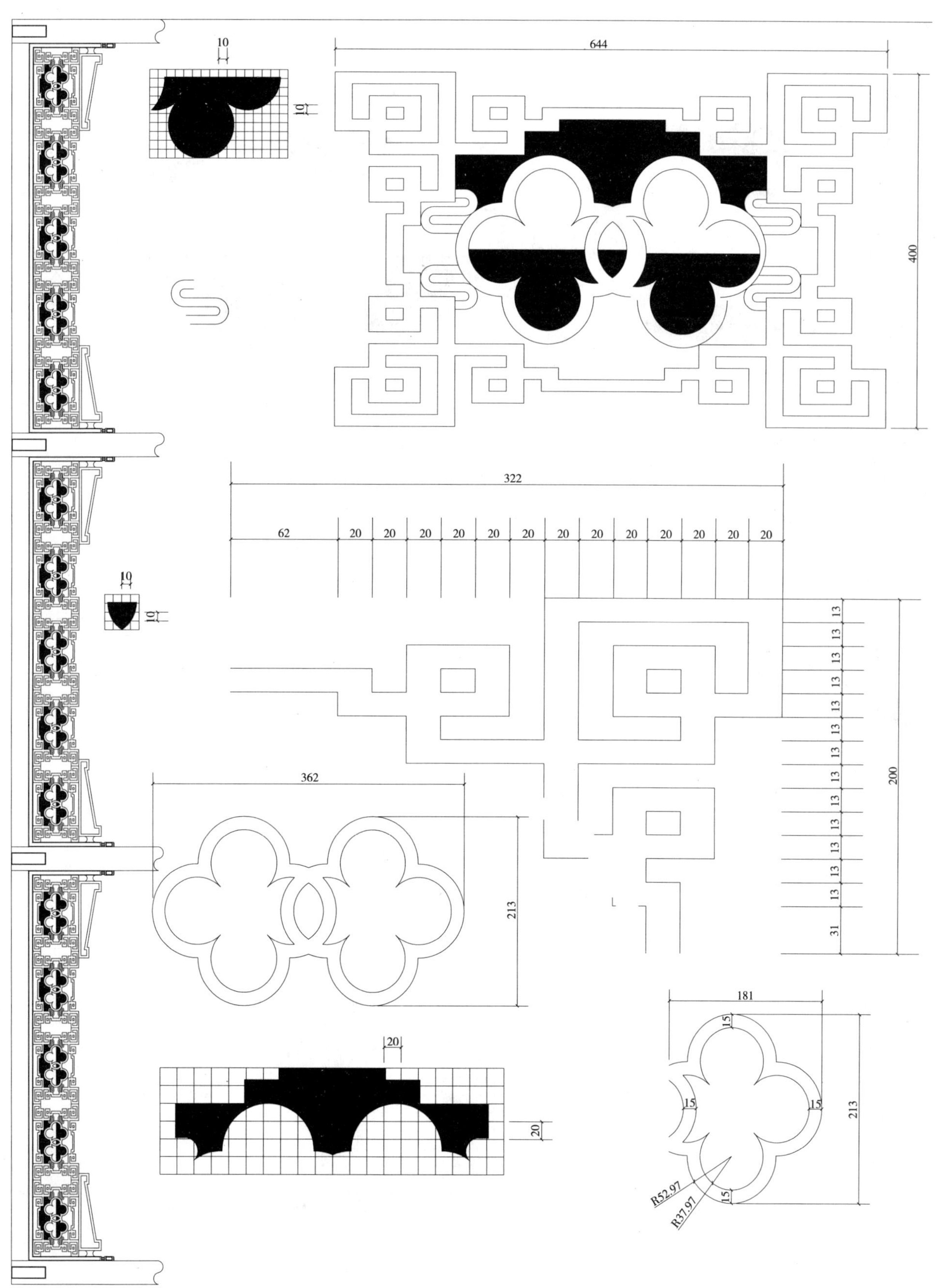
10
10
644
400
10
10
322
62
20
20
20
20
20
20
20
20
20
20
20
20
20
13
13
13
13
13
13
13
13
13
13
13
13
13
31
200
362
213
20
20
181
15
15
15
15
213
R52.97
R37.97

644
400
10
10
10
10
322
62
20
20
20
20
20
20
20
20
20
20
20
20
20
13
13
13
13
13
13
13
13
13
13
13
13
31
200
10
10
10
10
484
227.59
242
19
34
228
10
10

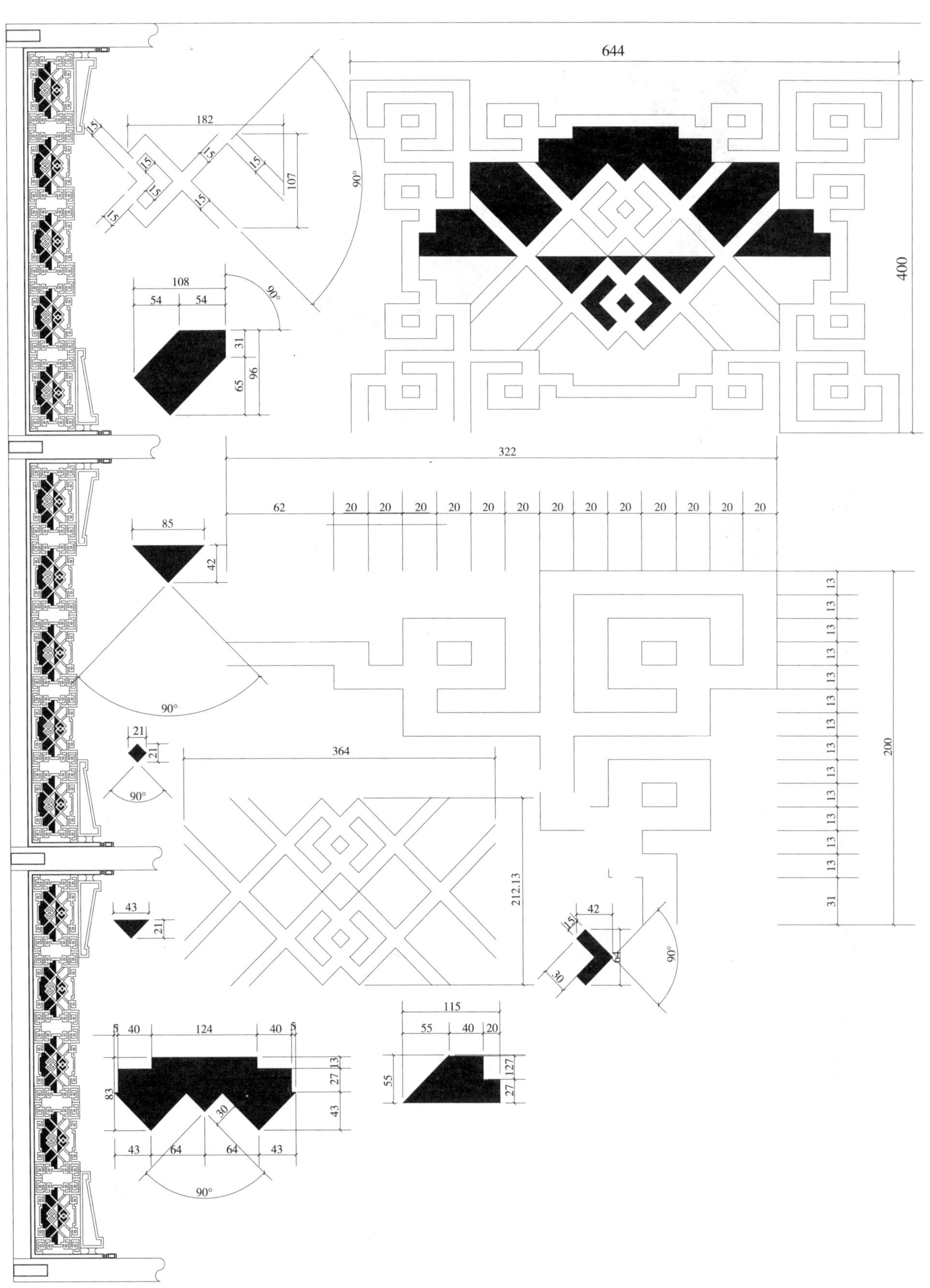
644
400
182
107
90°
108
54
54
31
96
65
322
62
20
85
42
90°
21
21
90°
364
212.13
200
13
31
43
21
42
15
30
64
115
55
40
20
127
27
5
124
83
43
64
30

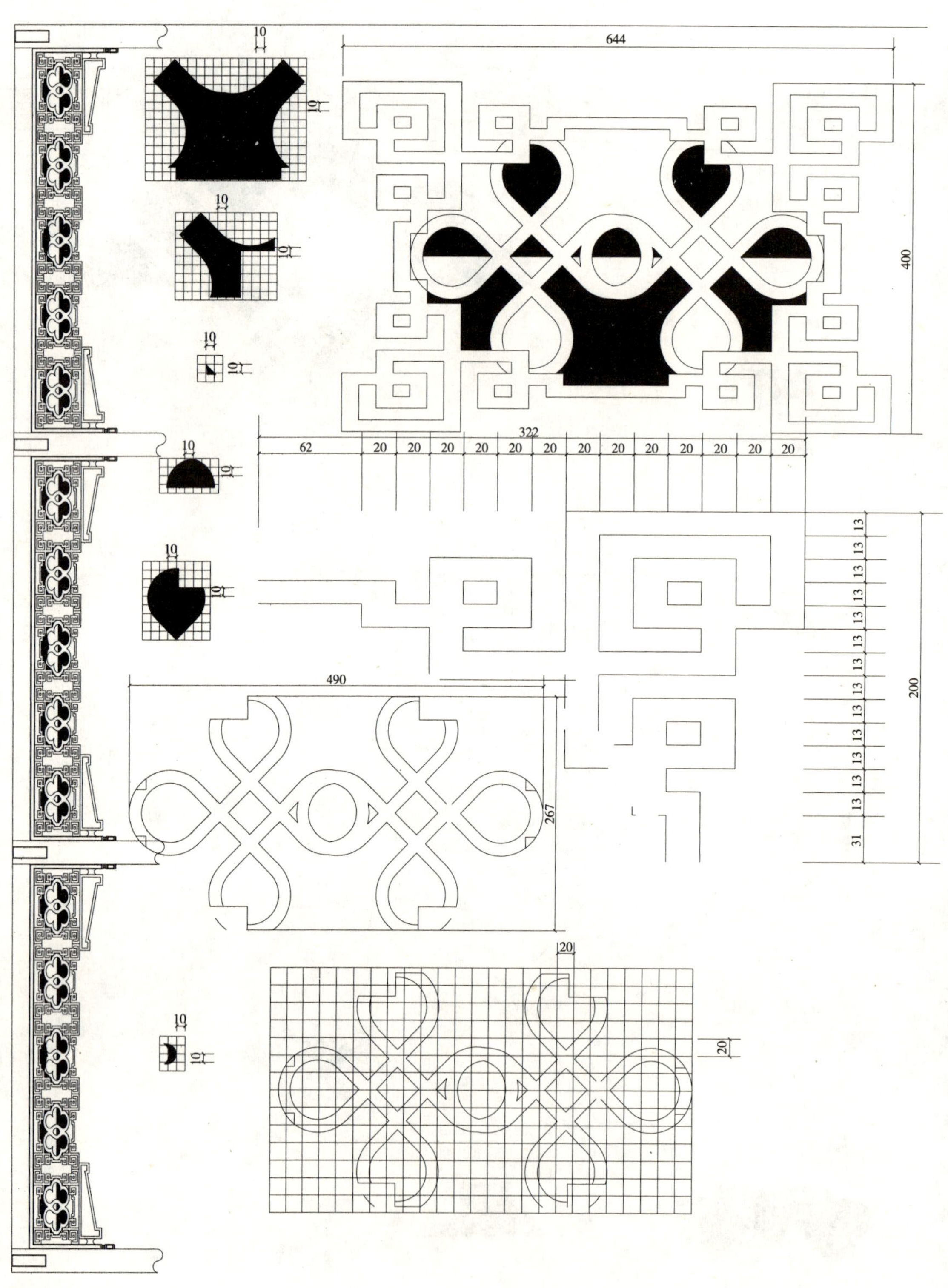
10
19
644
400
322
62
20
13
31
200
490
267

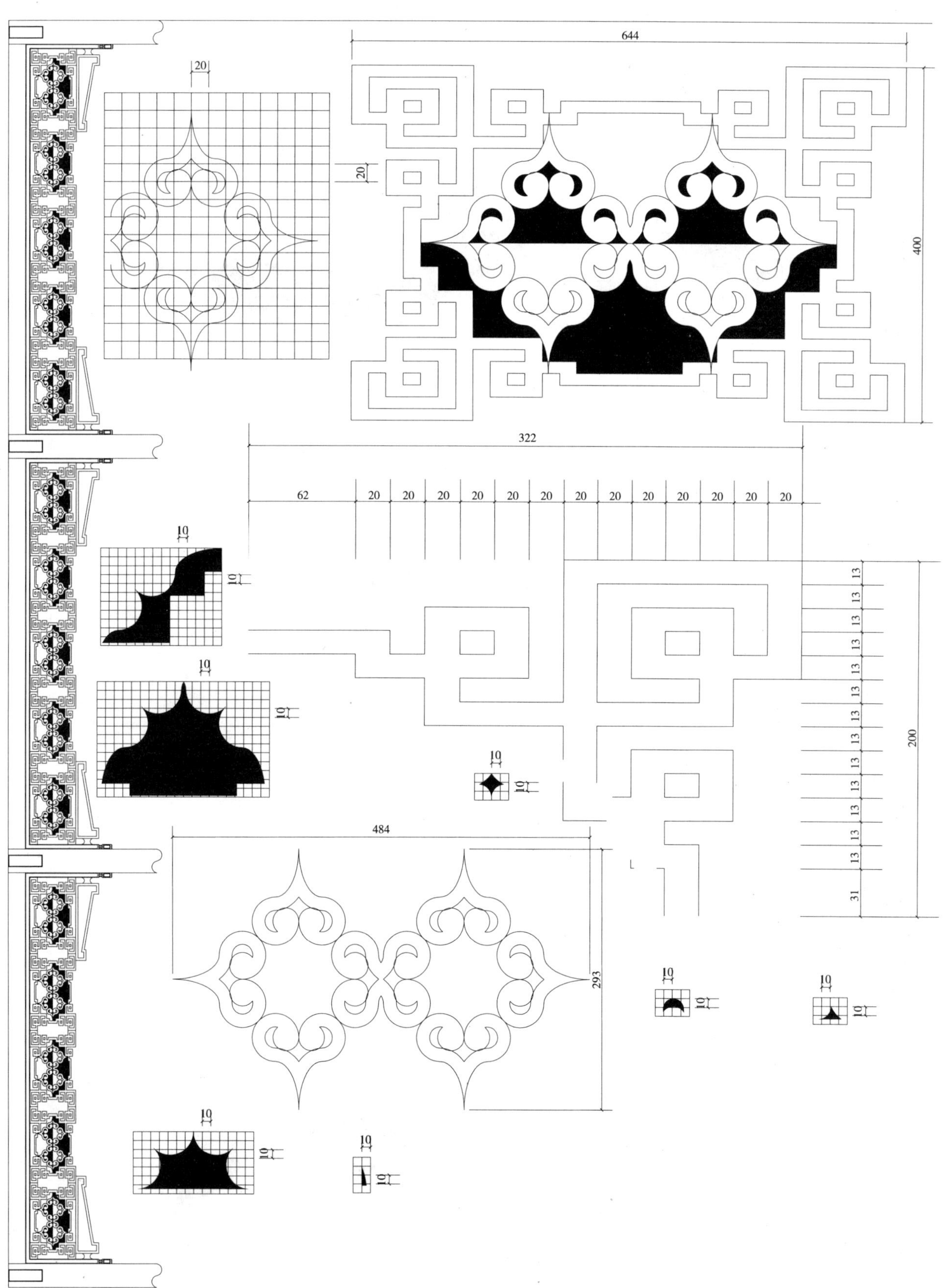
644
20
20
400
322
62
20
20
20
20
20
20
20
20
20
20
20
20
20
10
10
13
13
13
13
13
13
13
13
13
13
13
13
13
31
200
484
293

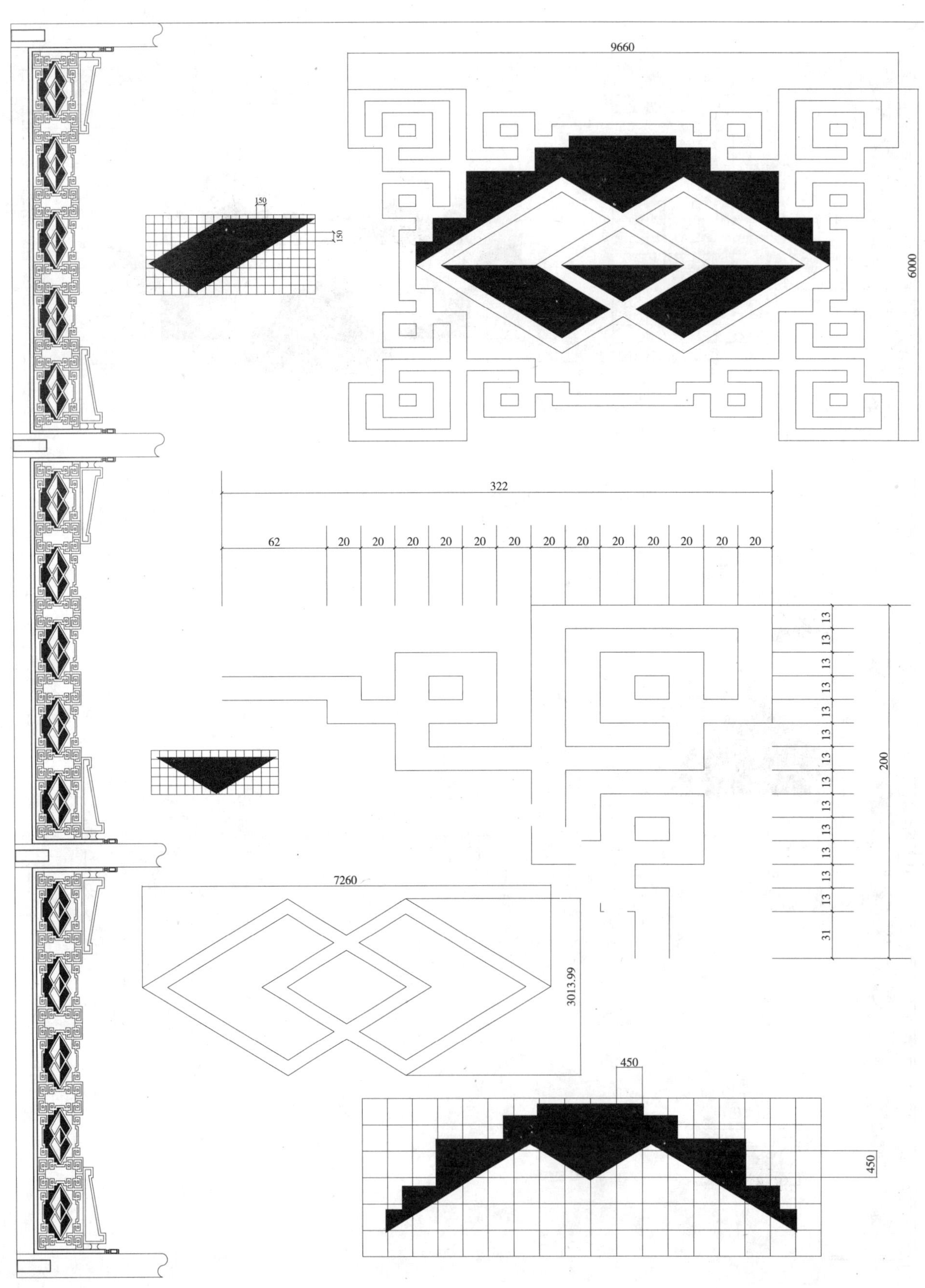
9660
6000
150
150
322
62
20
20
20
20
20
20
20
20
20
20
20
20
20
13
13
13
13
13
13
13
13
13
13
13
13
13
31
200
7260
3013.99
450
450

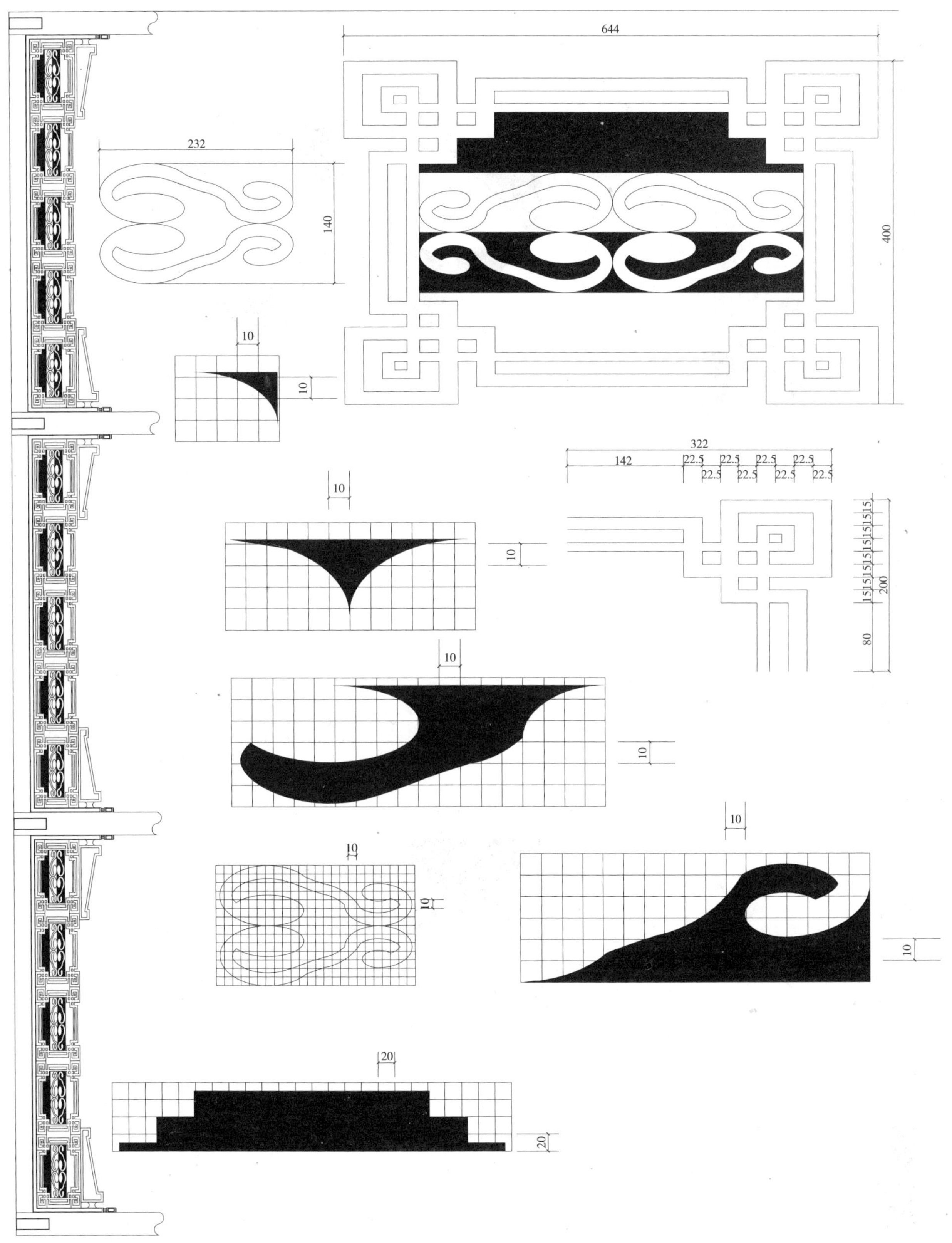
644
232
140
400
10
10
10
10
322
142
22.5
22.5
22.5
22.5
22.5
22.5
22.5
22.5
15
15
15
15
15
15
15
15
15
15
200
80
10
10
10
10
10
10
10
20
20

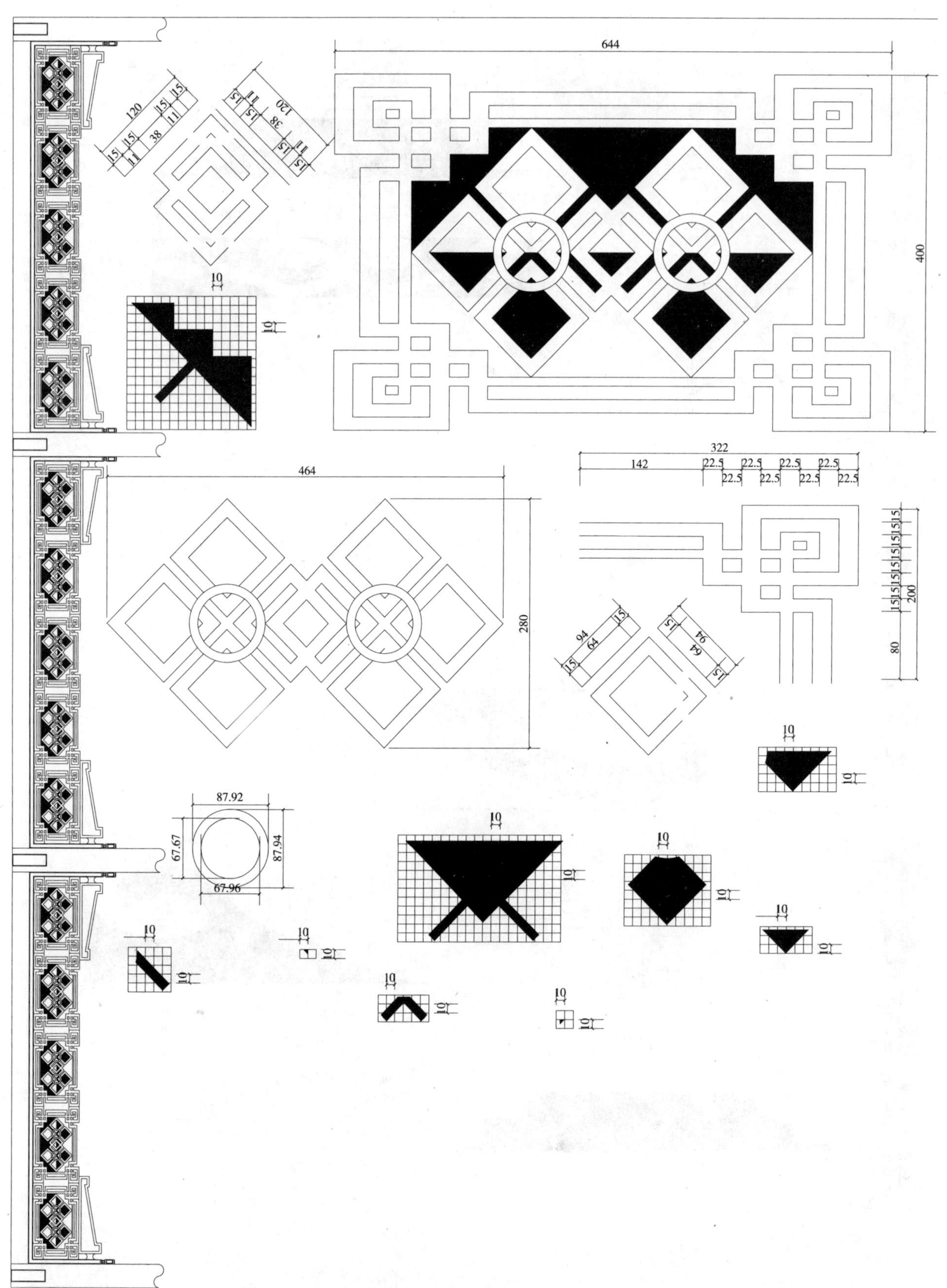
644
400
120
15
11
38
464
280
322
142
22.5
200
80
94
64
10
87.92
67.67
87.94
67.96

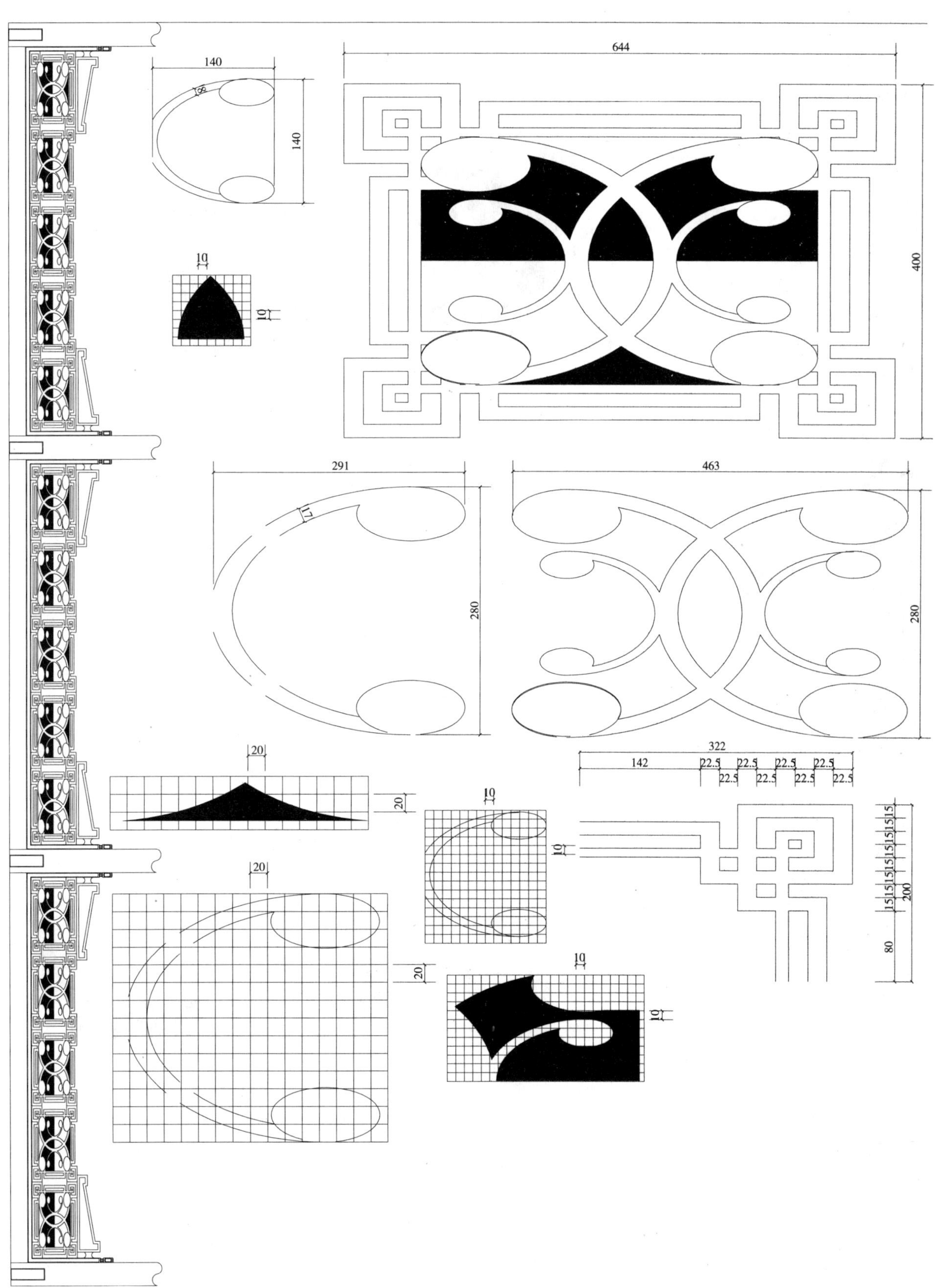
644
140
140
8
400
10
10
291
463
17
280
280
322
142
22.5
20
20
10
10
20
20
10
10
15
200
80

644
400
132
26 9 53 9 18 17
15 46 122 46 15
209
9 140 9 34 17
15 74 178 74 15
86
103
464
80 123 58 123 80
29 121 179 29
10
322
142 22.5 22.5 22.5 22.5 22.5 22.5 22.5 22.5
110
179
15 20 15
50
15 15 15 15 15 15 15 15
200
80

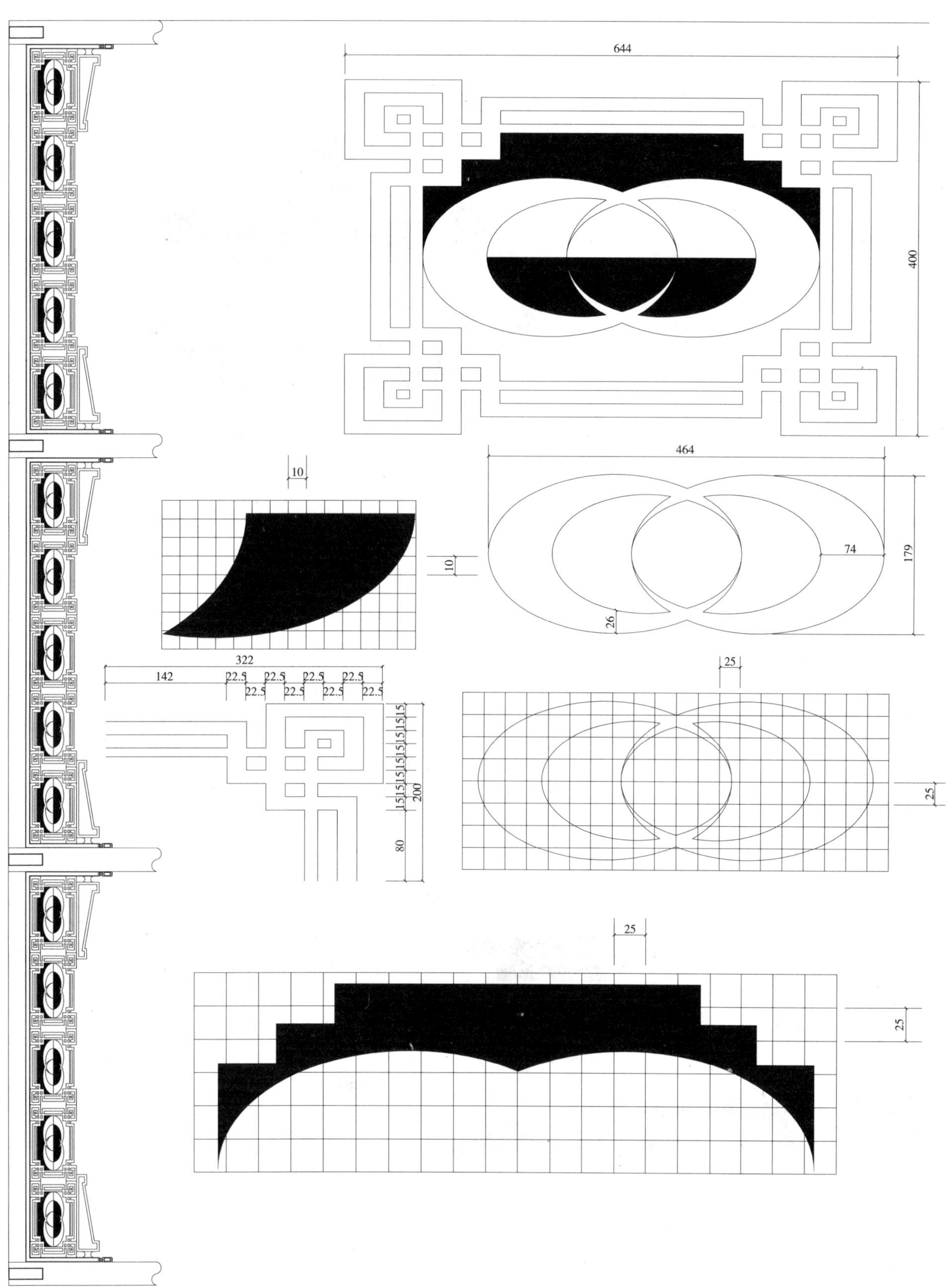
644
400
464
74
179
26
10
10
322
142
22.5
15
200
80
25
25
25
25

644
400
26
9
53
9
35
120°
15
46
46
209
9
140
9
51
15
74
178
74
15
120°
464
179
63
15
15
15
179
60°
322
142
22.5
10
200
80

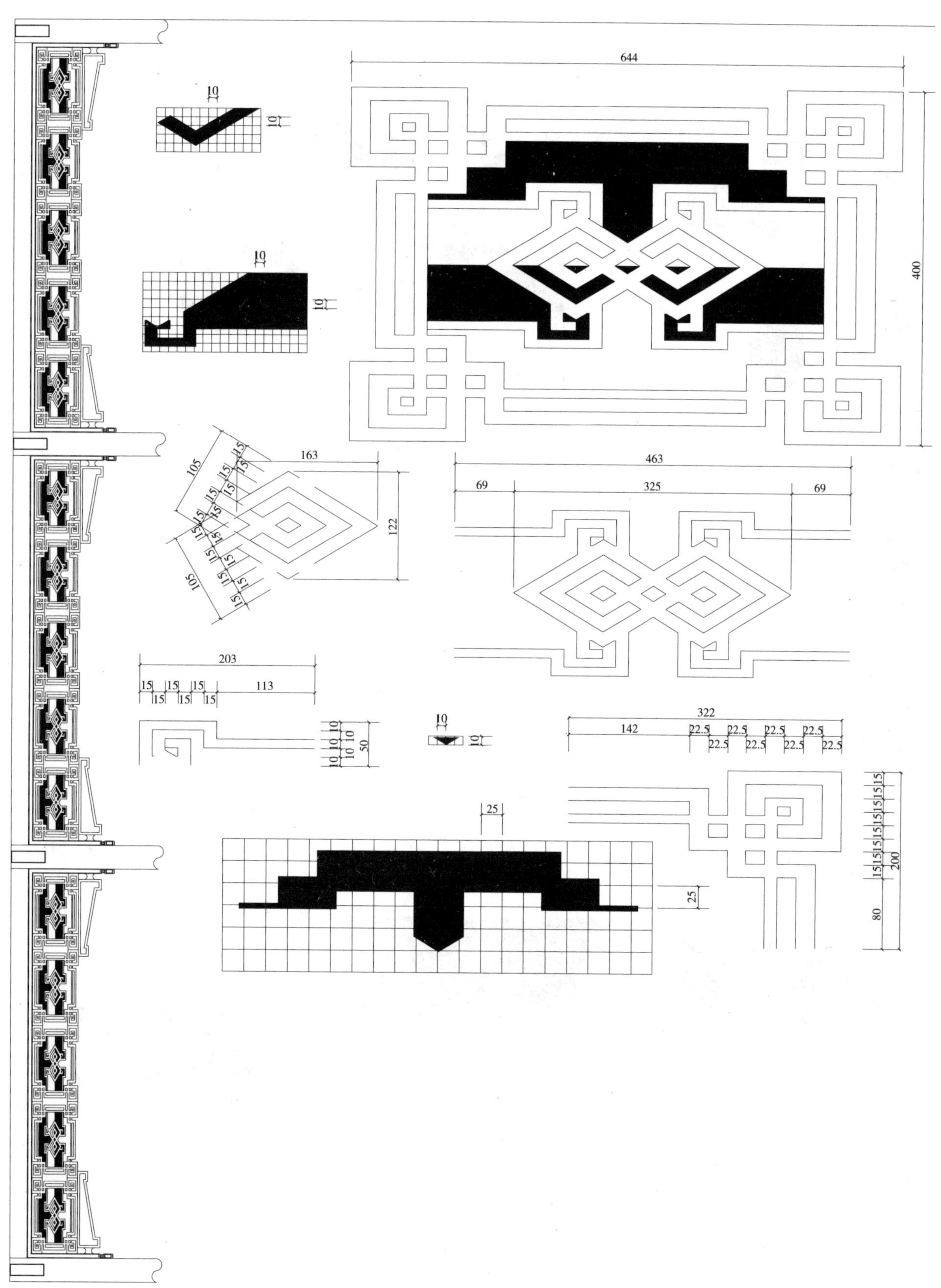

644
400
10
10
10
10
163
122
105
105
15
463
69
325
69
203
15
15
15
15
15
15
113
10
10
10
10
10
50
10
10
322
142
22.5
25
25
200
80

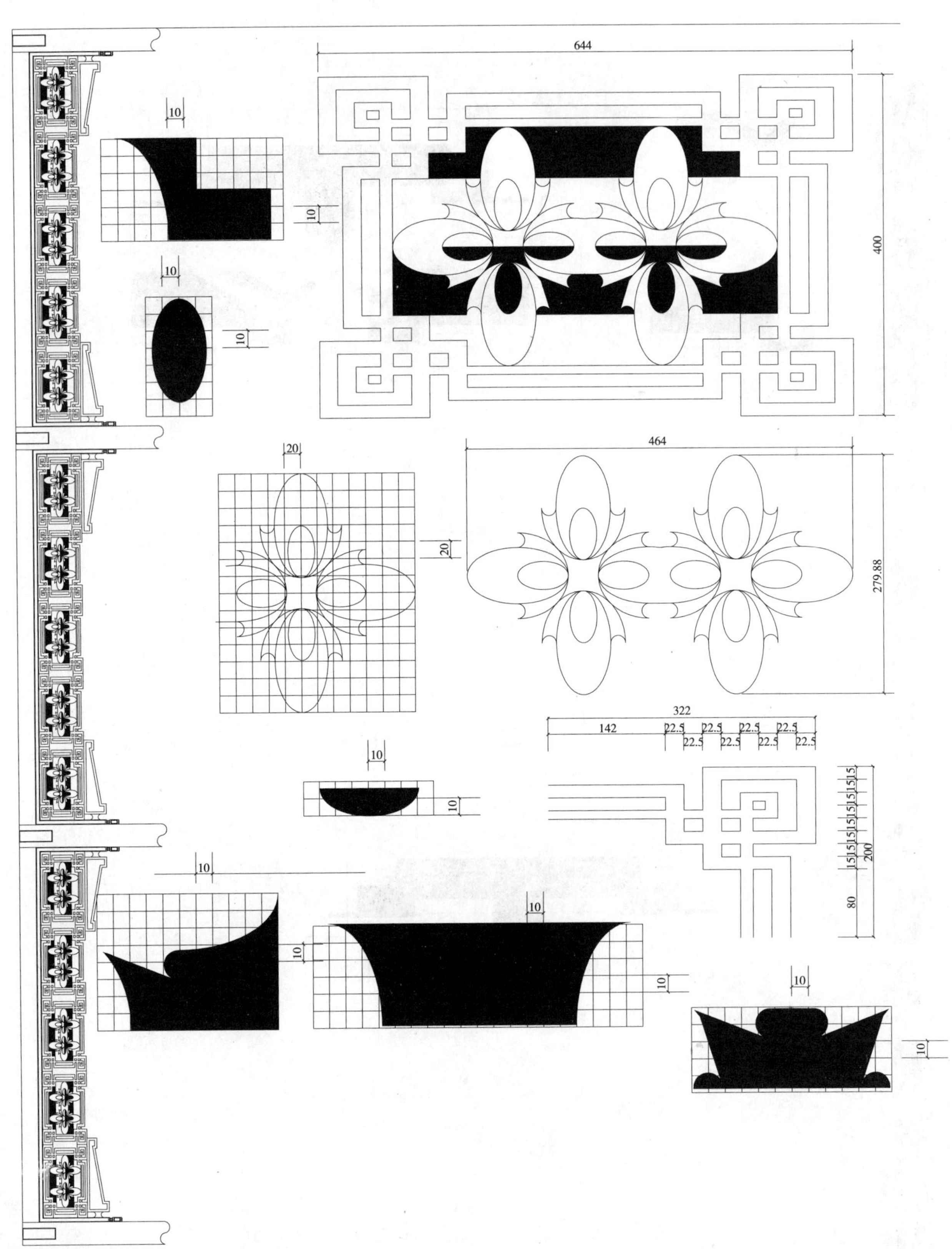
644
400
10
20
464
279.88
322
142
22.5
200
15
80

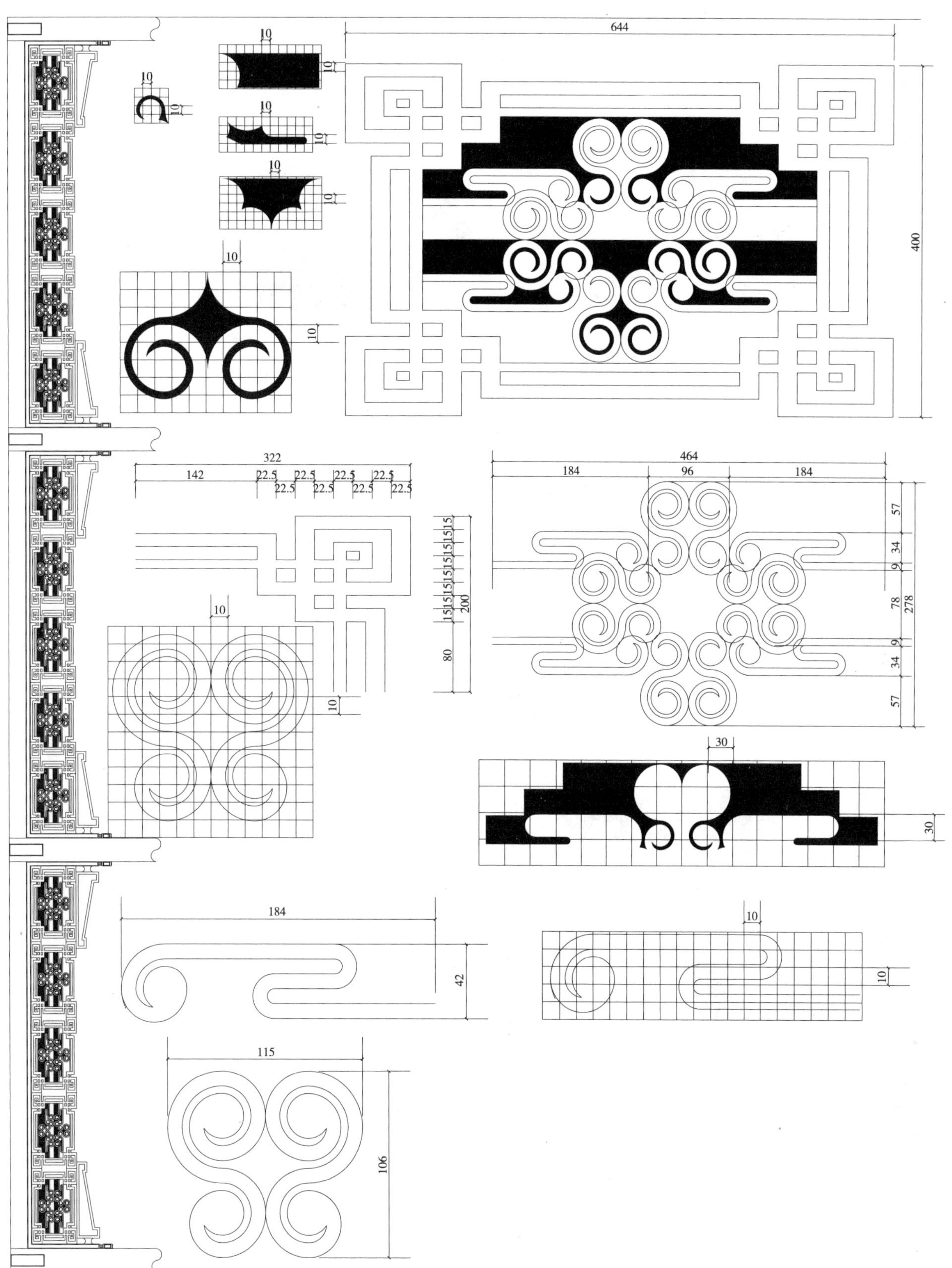
10
10
10
10
10
10
10
10
644
400
10
322
142
22.5
200
80
10
464
184
96
184
57
34
9
78
278
9
34
57
30
30
184
42
10
10
115
106

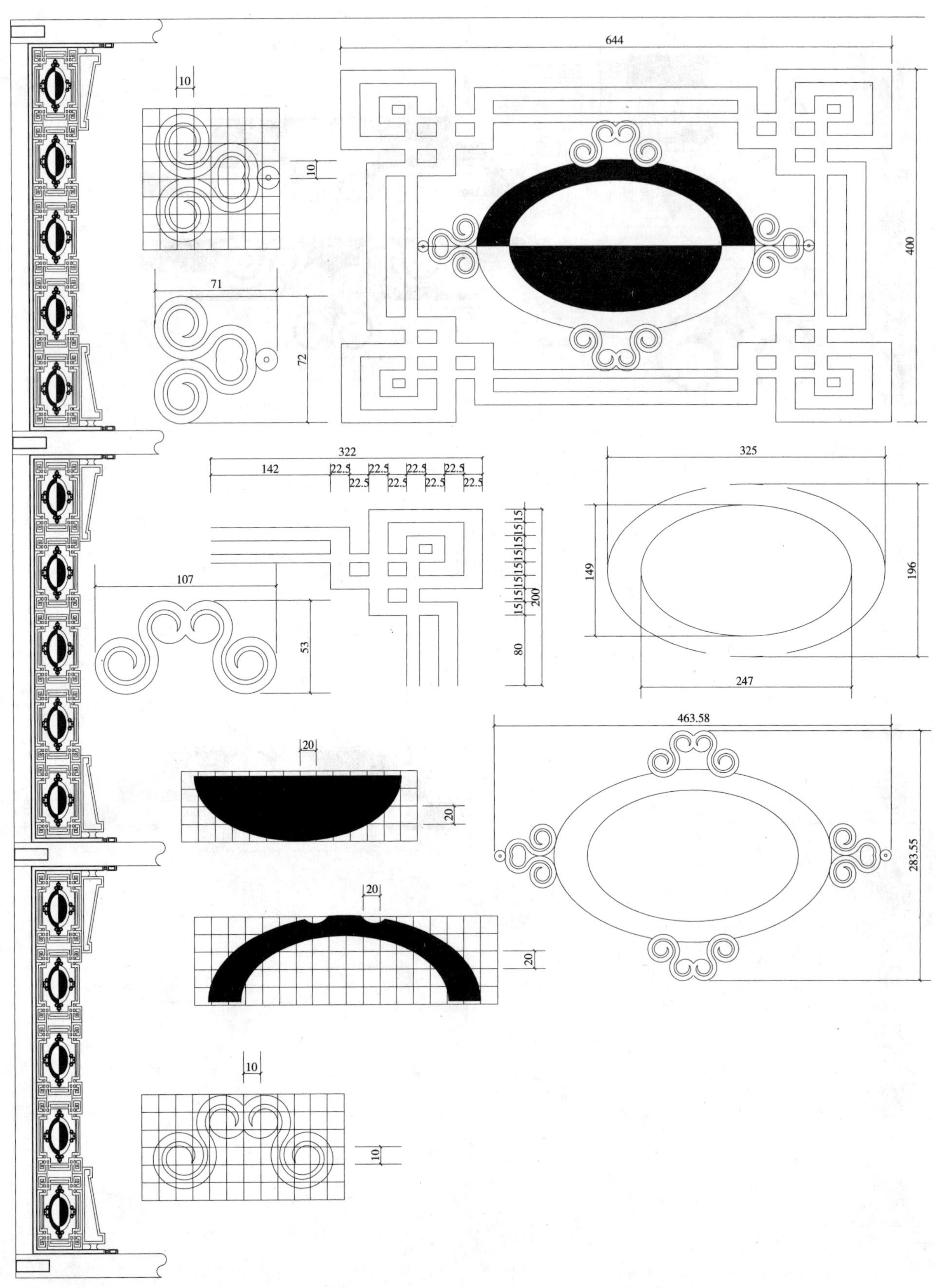
644
400
10
10
71
72
322
142
22.5
107
53
15
200
80
325
149
196
247
463.58
283.55
20
20
20
20
10
10

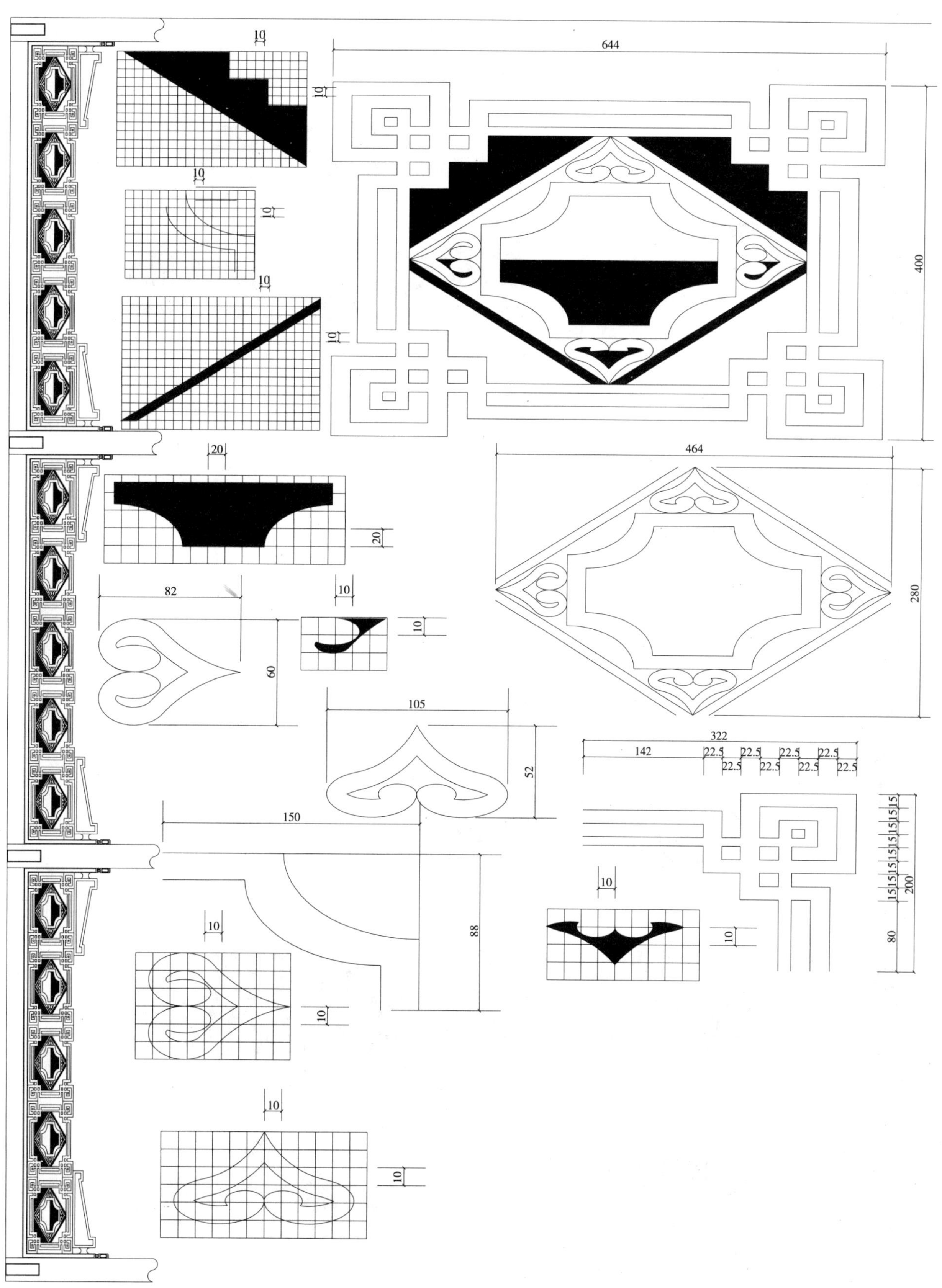
10
644
10
400
10
10
10
10
20
464
20
82
10
10
60
280
105
52
322
142
22.5
150
15
88
10
200
10
10
80
10
10

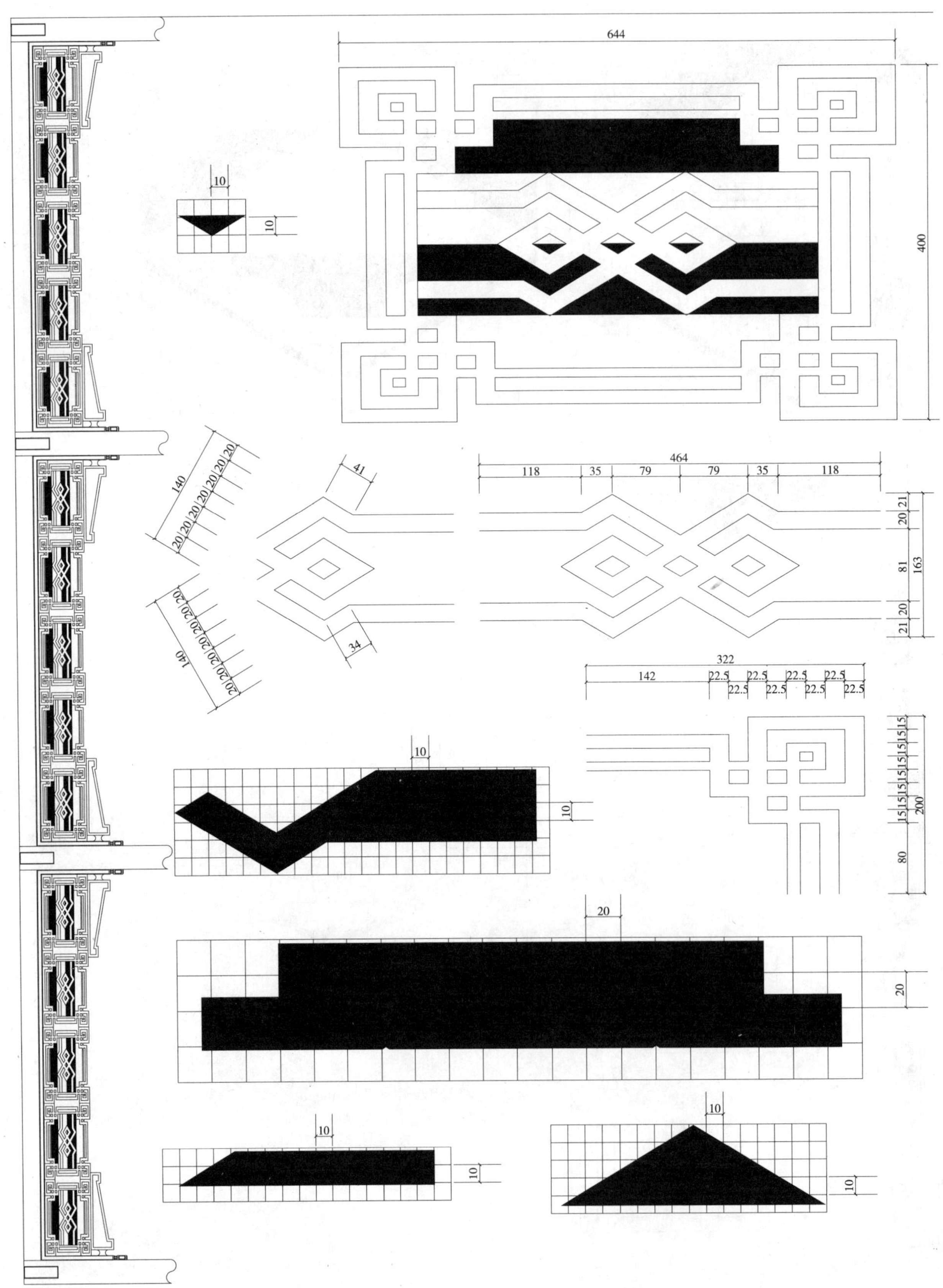
644
400
10
10
140
20
41
34
464
118
35
79
21
81
163
322
142
22.5
15
200
80

4 菱花挂落

（LH－001～LH－144）

（由于缩放原因，有些尺寸无法标注，具体见光盘）

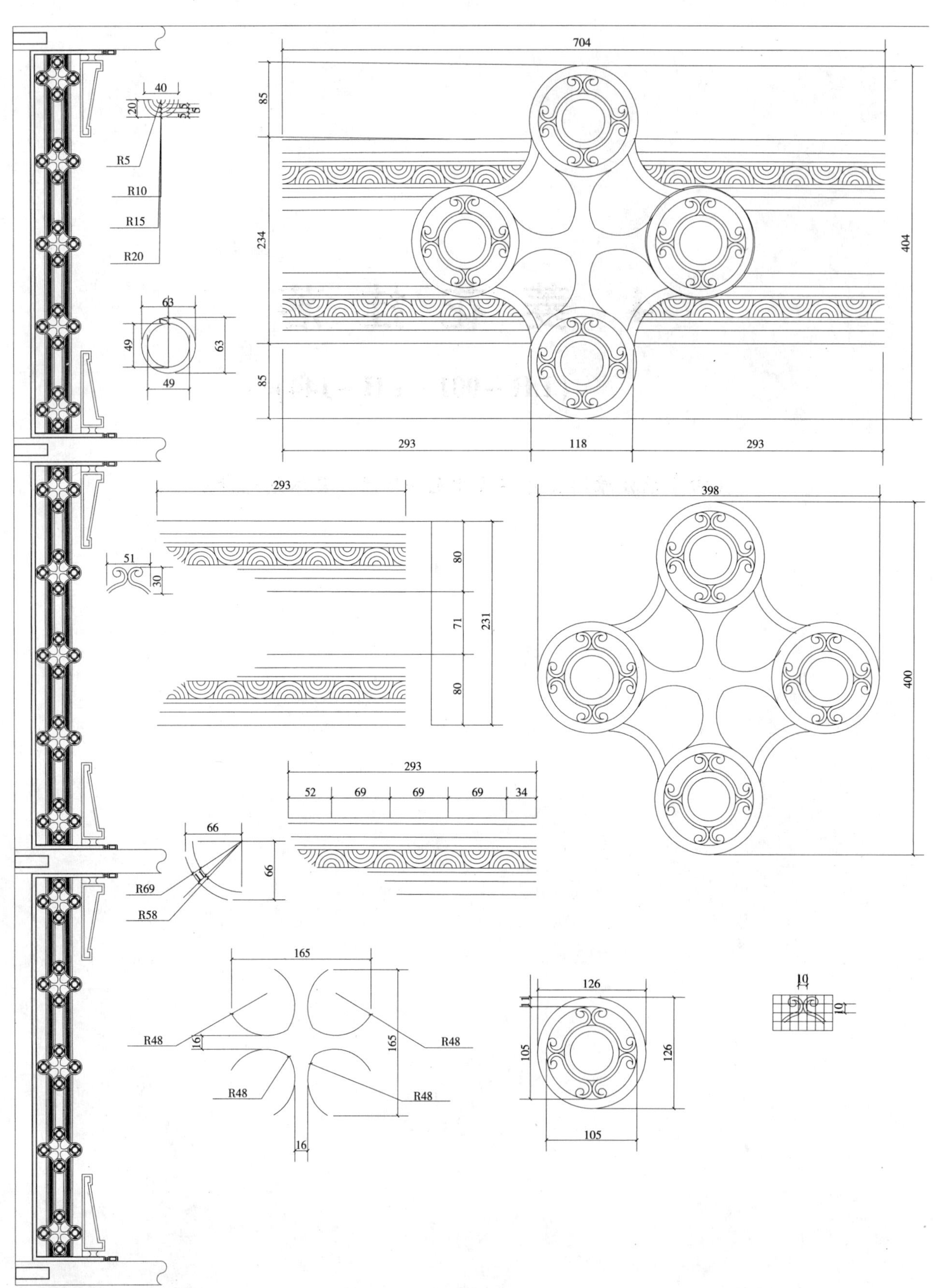
704
85
234
85
404
293
118
293
40
20
R5
R10
R15
R20
63
49
63
49
293
51
30
80
71
80
231
398
400
293
52
69
69
69
34
66
66
R69
R58
165
R48
16
165
R48
R48
R48
16
126
11
105
126
105
10
10

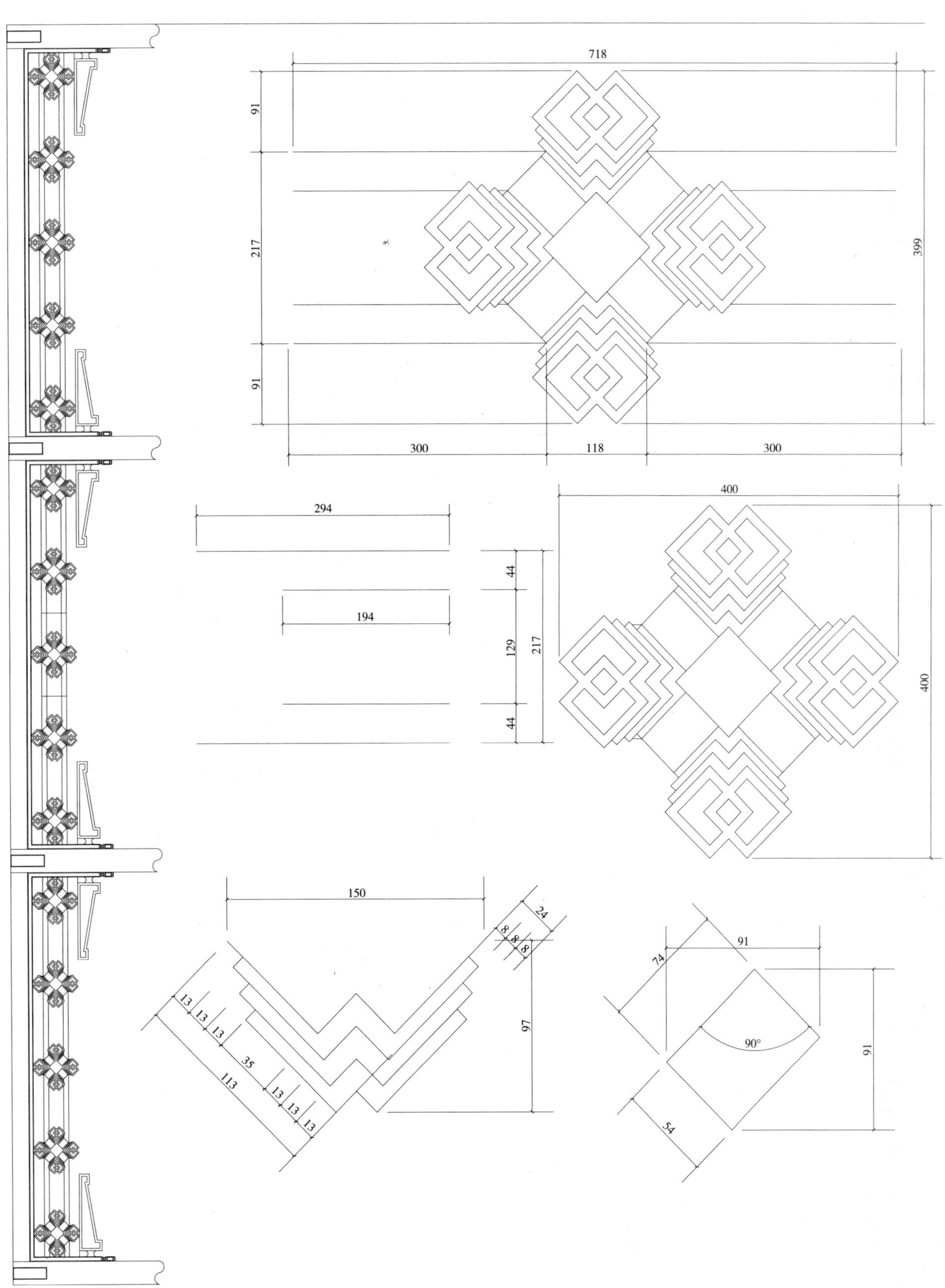
718
91
217
91
399
300
118
300
294
194
44
129
217
44
400
400
150
24
8
8
8
13
13
13
35
113
13
13
13
97
91
74
90°
91
54

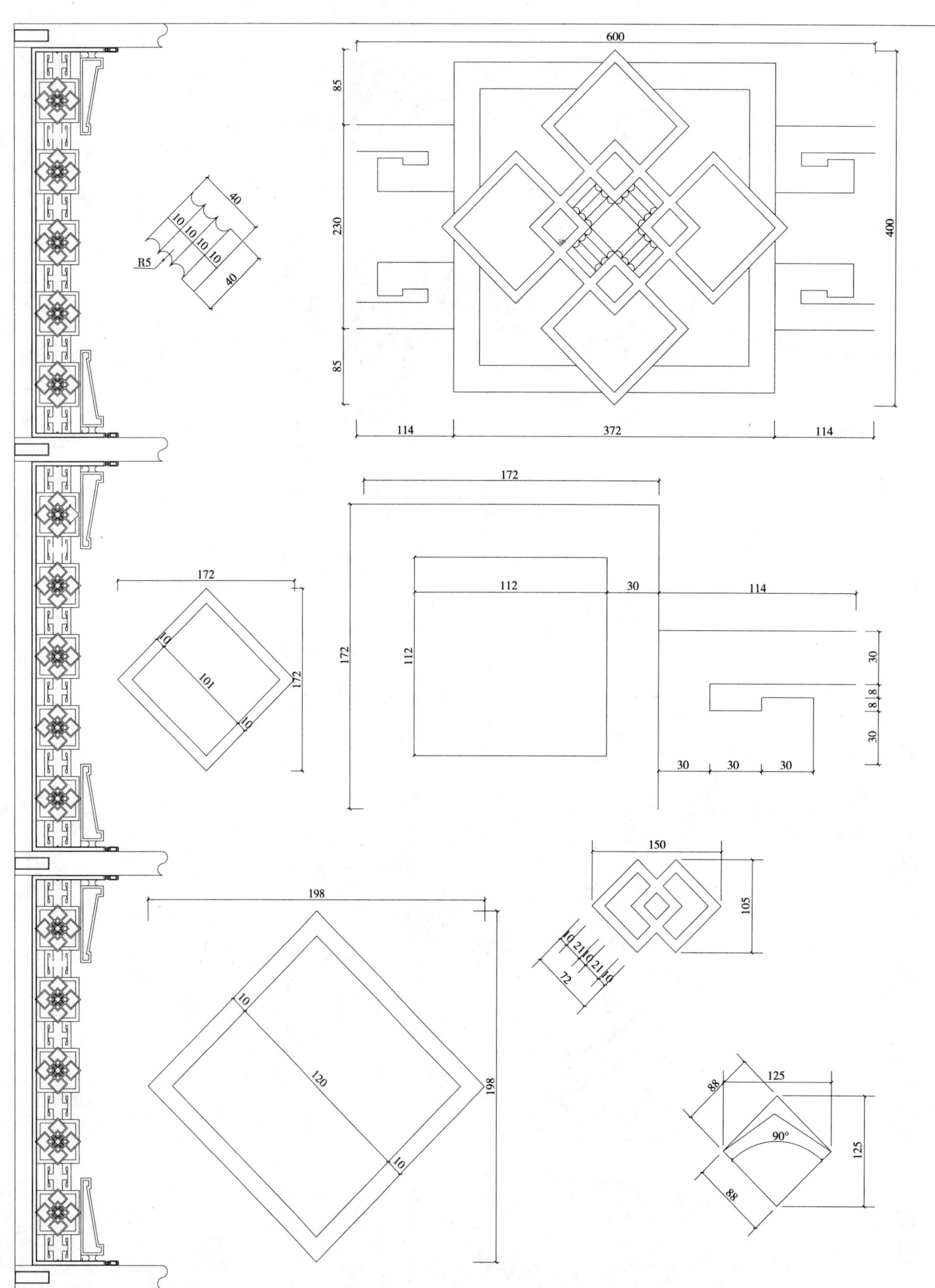
600
85
230
85
400
114
372
114
40
10
10
10
10
R5
40
172
112
30
114
172
112
30
8
8
30
30
30
30
172
10
101
10
172
150
105
10
21
10
21
10
72
198
10
120
10
198
125
88
90°
125
88

705
40
320
400
40
212
280
213
81
81
10 10 5 10 5 10 10
17
2
17
R14
30
16
400
400
10 10 5 10 5 10 10
5
40
40
5
10
13
162
162

菱花挂落 LH－005

248
248
500
136
128
136
400
64
372
64
10
10
10
10
156
10
116
90°
10
10
128
128

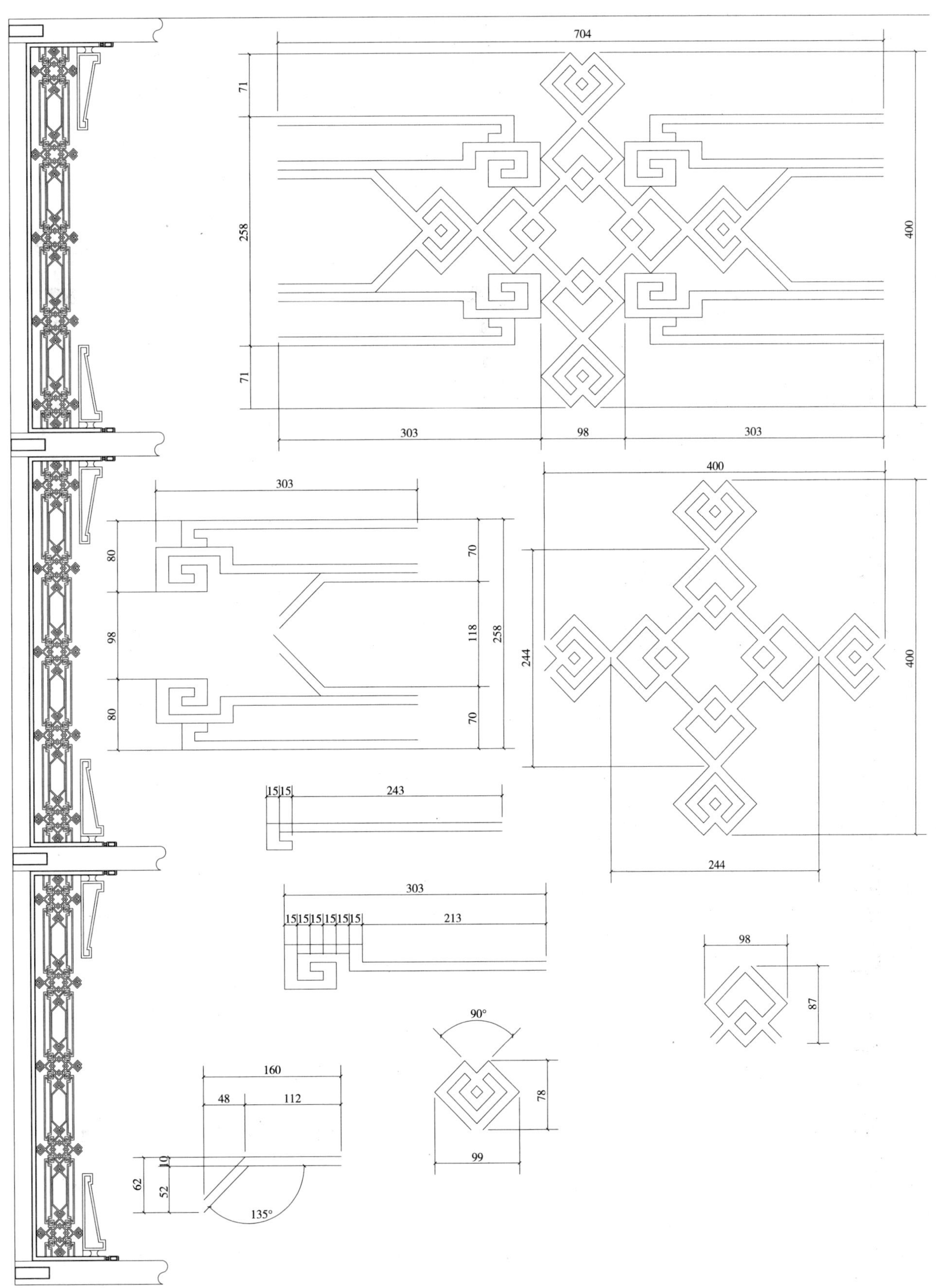
704
71
258
71
400
303
98
303
303
80
98
80
70
118
258
70
400
244
400
244
15
15
243
303
15
15
15
15
15
15
213
98
87
90°
78
99
160
48
112
10
62
52
135°

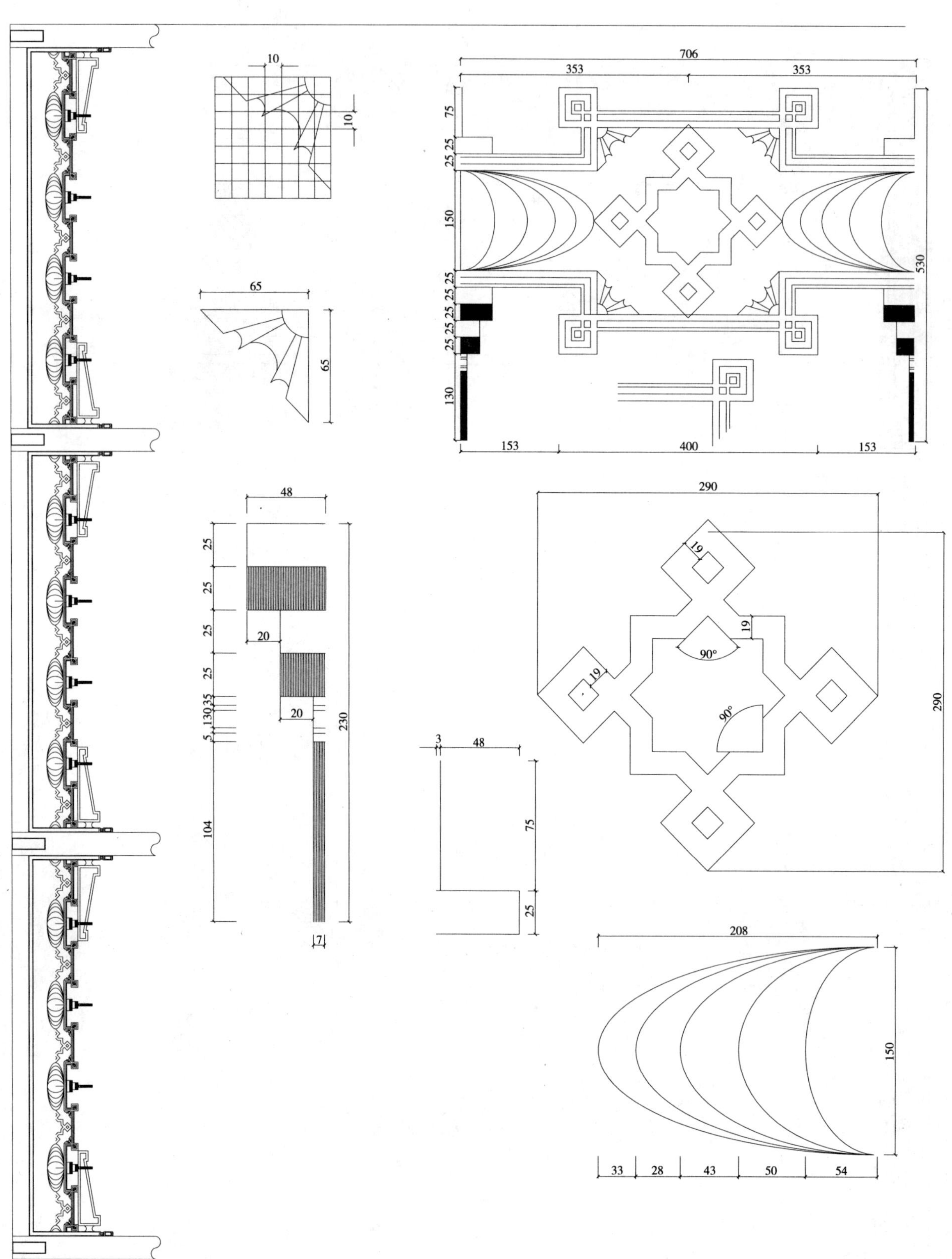
10
10
65
65
48
25
25
25
25
20
20
35
130
5
104
230
7
706
353
353
75
25
25
150
25
25
25
25
130
530
153
400
153
290
19
19
19
90°
90°
290
3
48
75
25
208
150
33
28
43
50
54

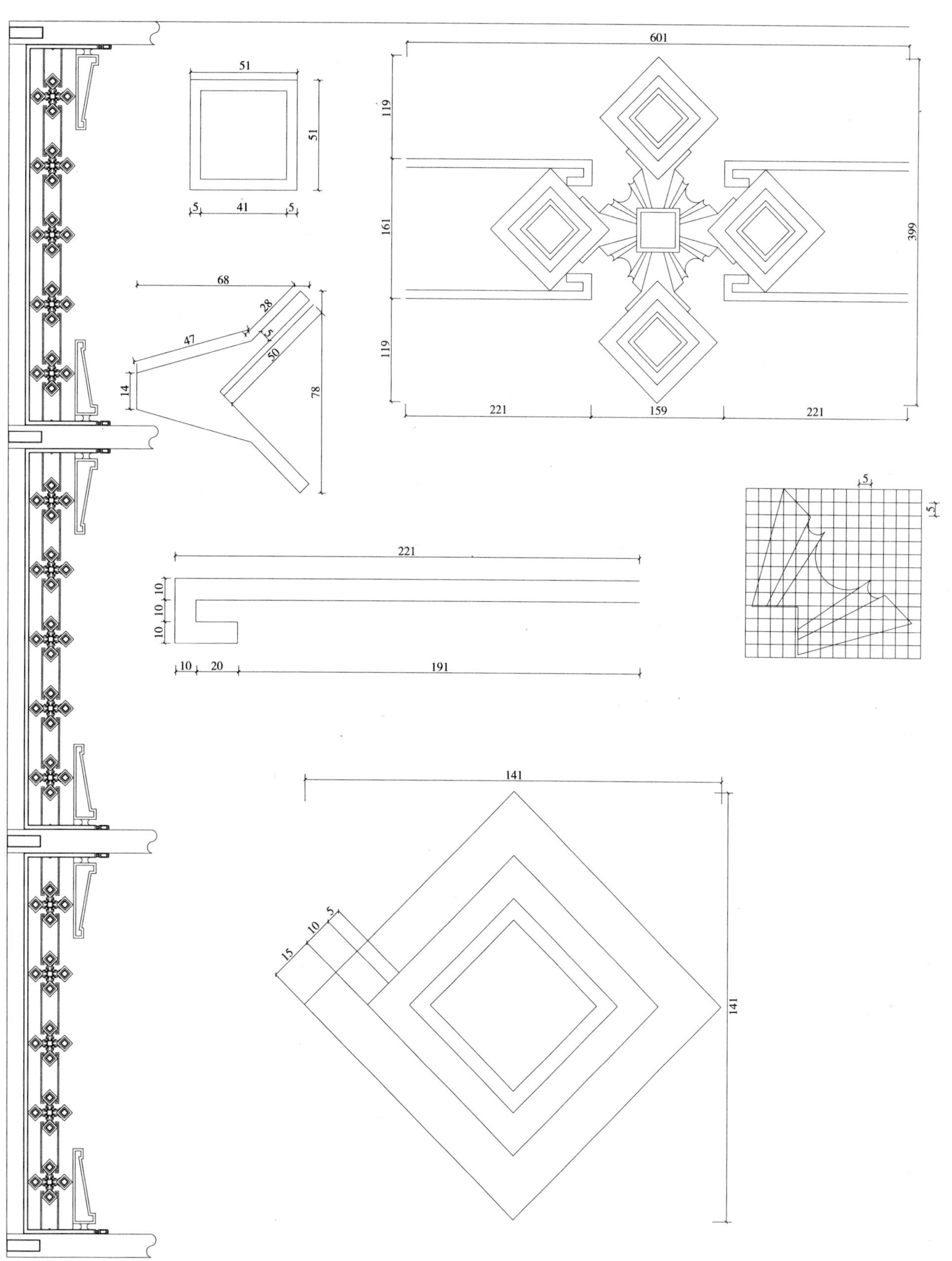
51
51
5
41
5
68
28
47
5
50
14
78
601
119
161
399
119
221
159
221
5
5
221
10
10
10
10
20
191
141
15
10
5
141

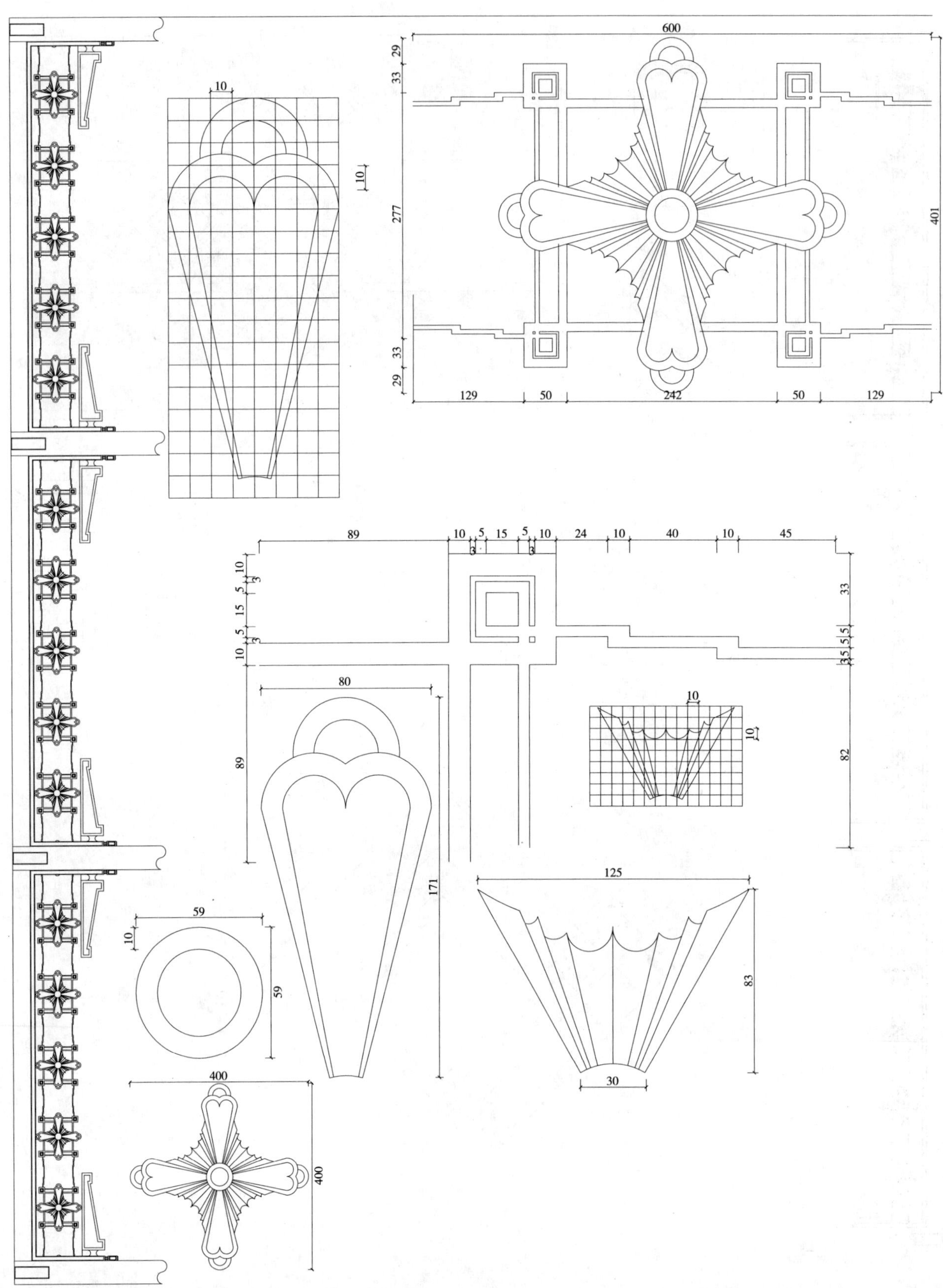
600
29
33
277
33
29
401
129
50
242
50
129
10
10
89
10
5
15
5
10
24
10
40
10
45
10
5
15
5
10
33
5
5
5
3
3
80
89
171
10
10
82
125
83
30
59
10
59
400
400

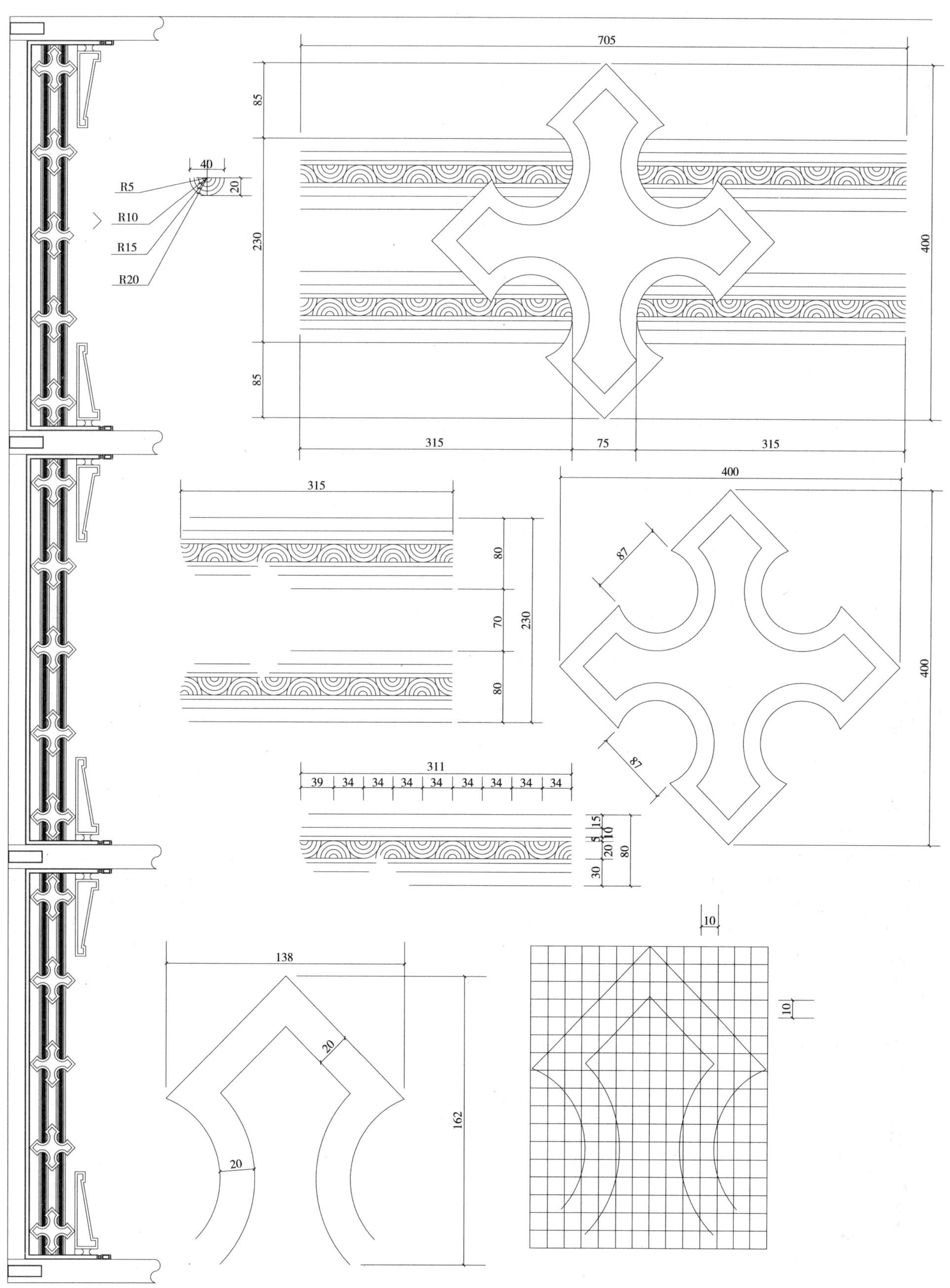
705
85
230
85
400
315
75
315
40
20
R5
R10
R15
R20
315
80
70
80
230
400
87
87
400
311
39 34 34 34 34 34 34 34 34
15
10
5
20
30
80
138
20
20
162
10
10

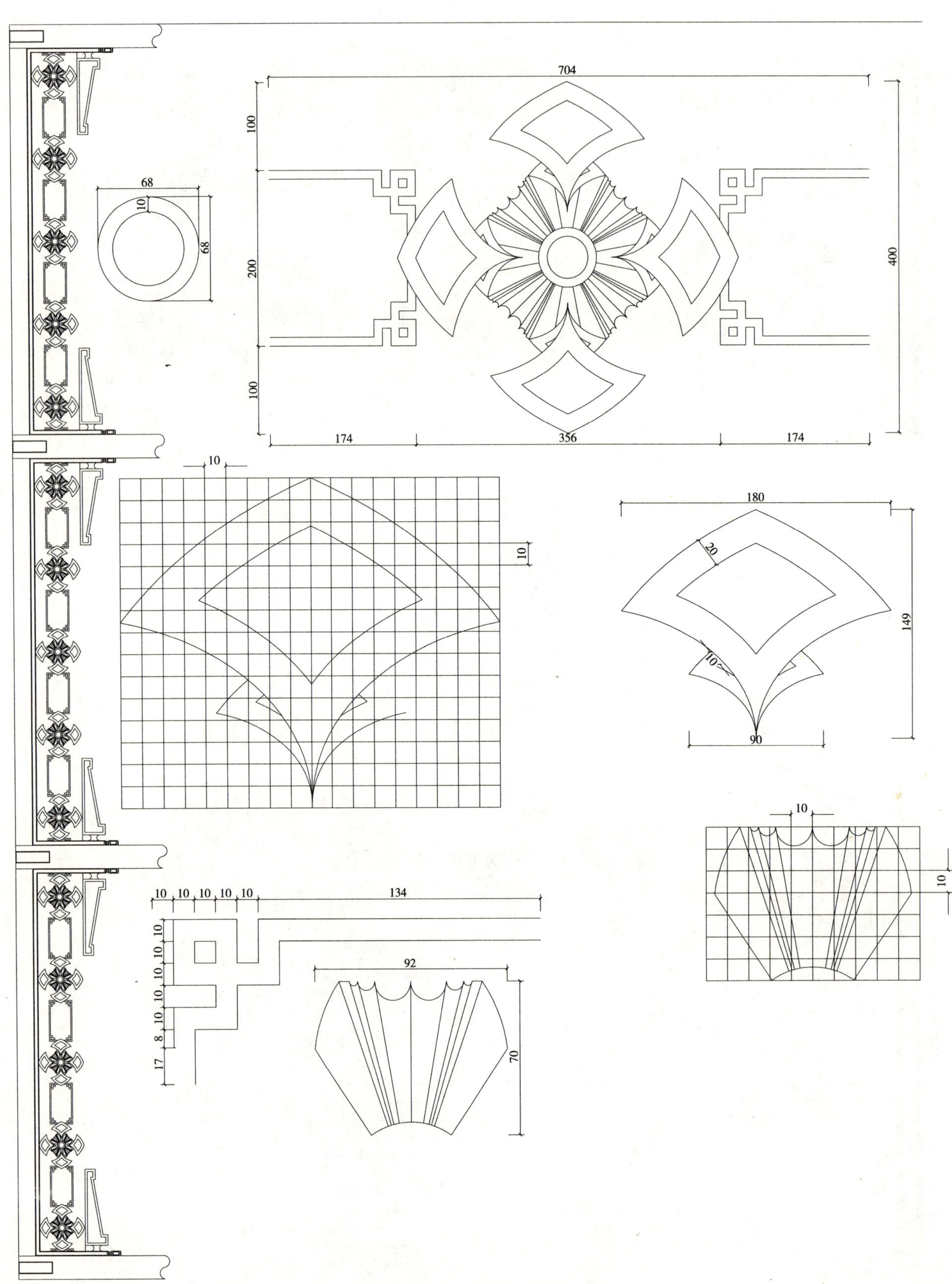
704
100
200
100
400
174
356
174
68
10
68
10
10
180
20
149
10
90
10
10
10 10 10 10 10
134
10
10
10
10
10
10
8
17
92
70

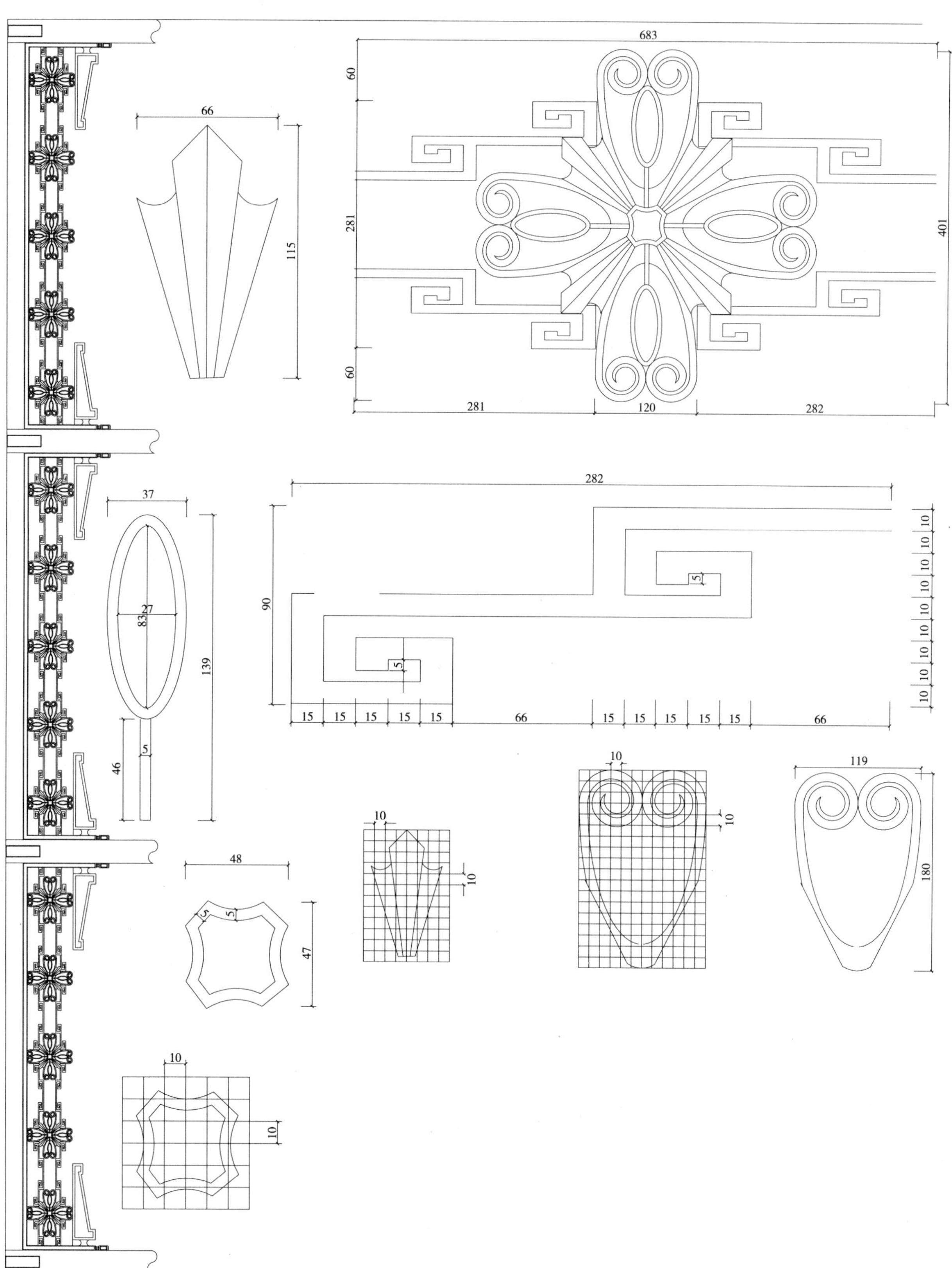
683
60
281
60
401
281
120
282
66
115
37
27
83
139
46
5
282
90
10
5
15
66
10
119
180
48
5
47

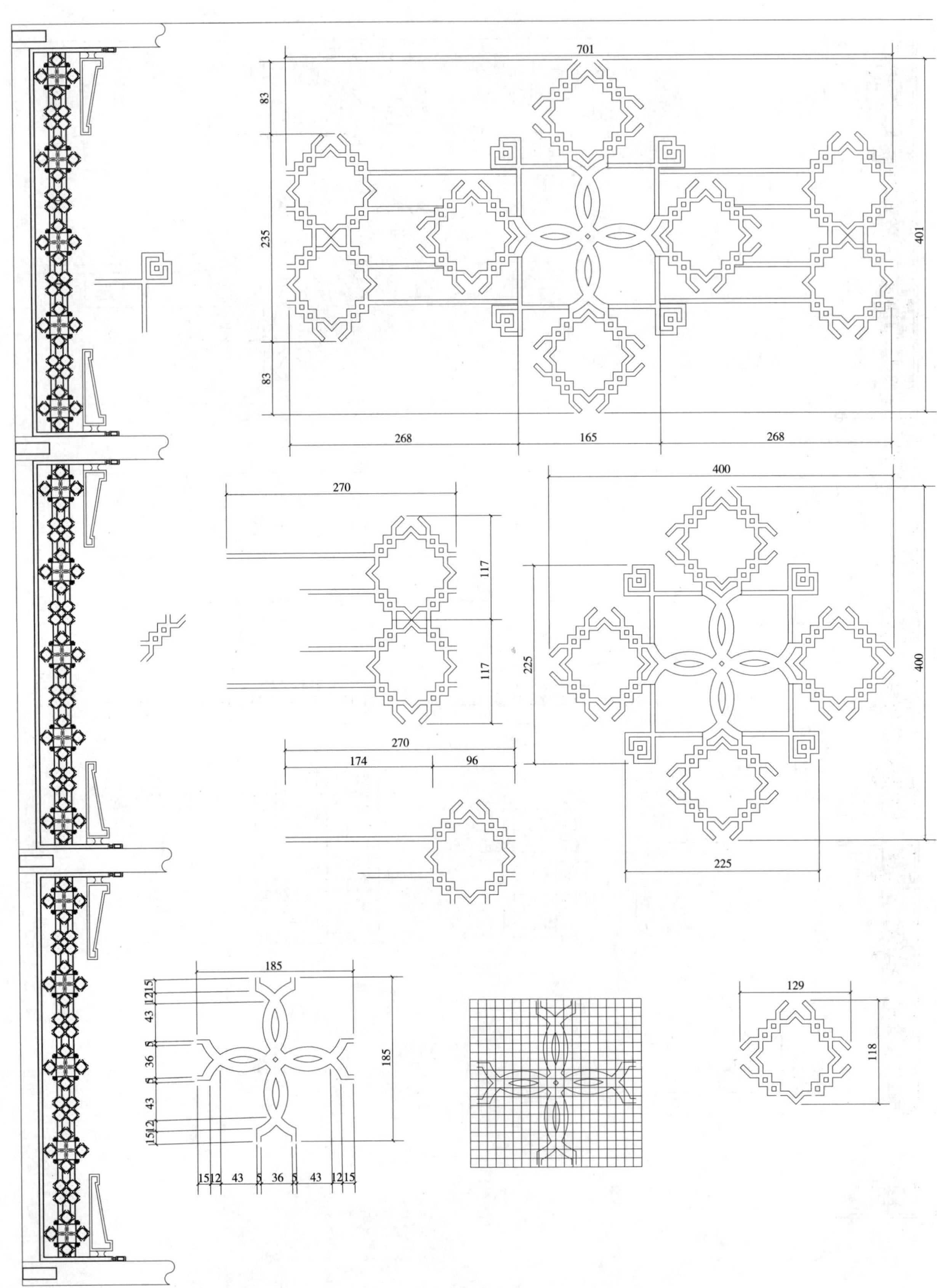
701
83
235
83
401
268
165
268
270
117
117
270
174
96
400
225
400
225
185
15 12 43 5 36 5 43 12 15
185
129
118

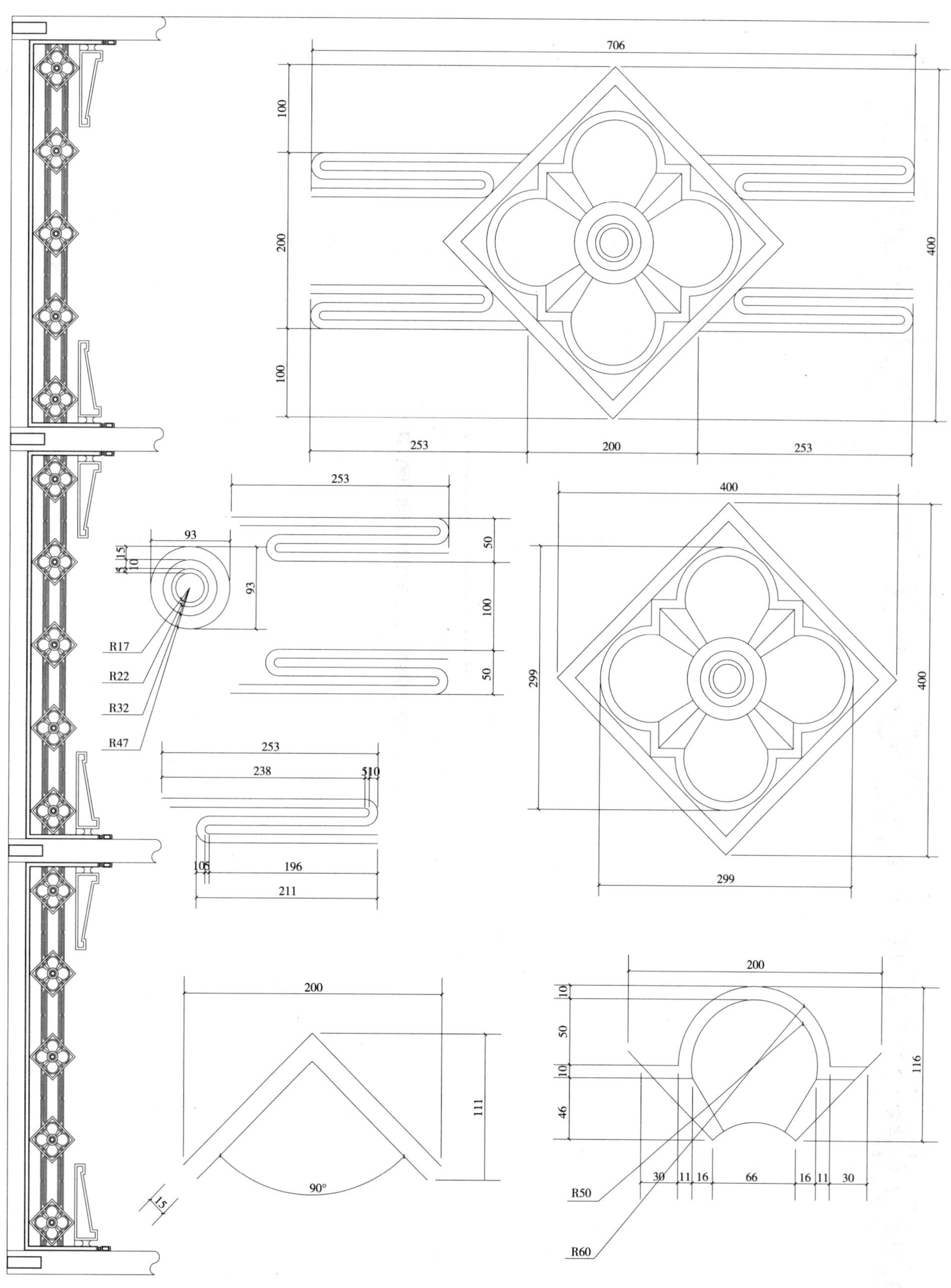
706
100
200
100
400
253
200
253
253
93
15
5
10
50
93
100
50
R17
R22
R32
R47
400
299
400
299
253
238
5
10
10
5
196
211
200
111
90°
15
200
10
50
10
46
116
30
11
16
66
16
11
30
R50
R60

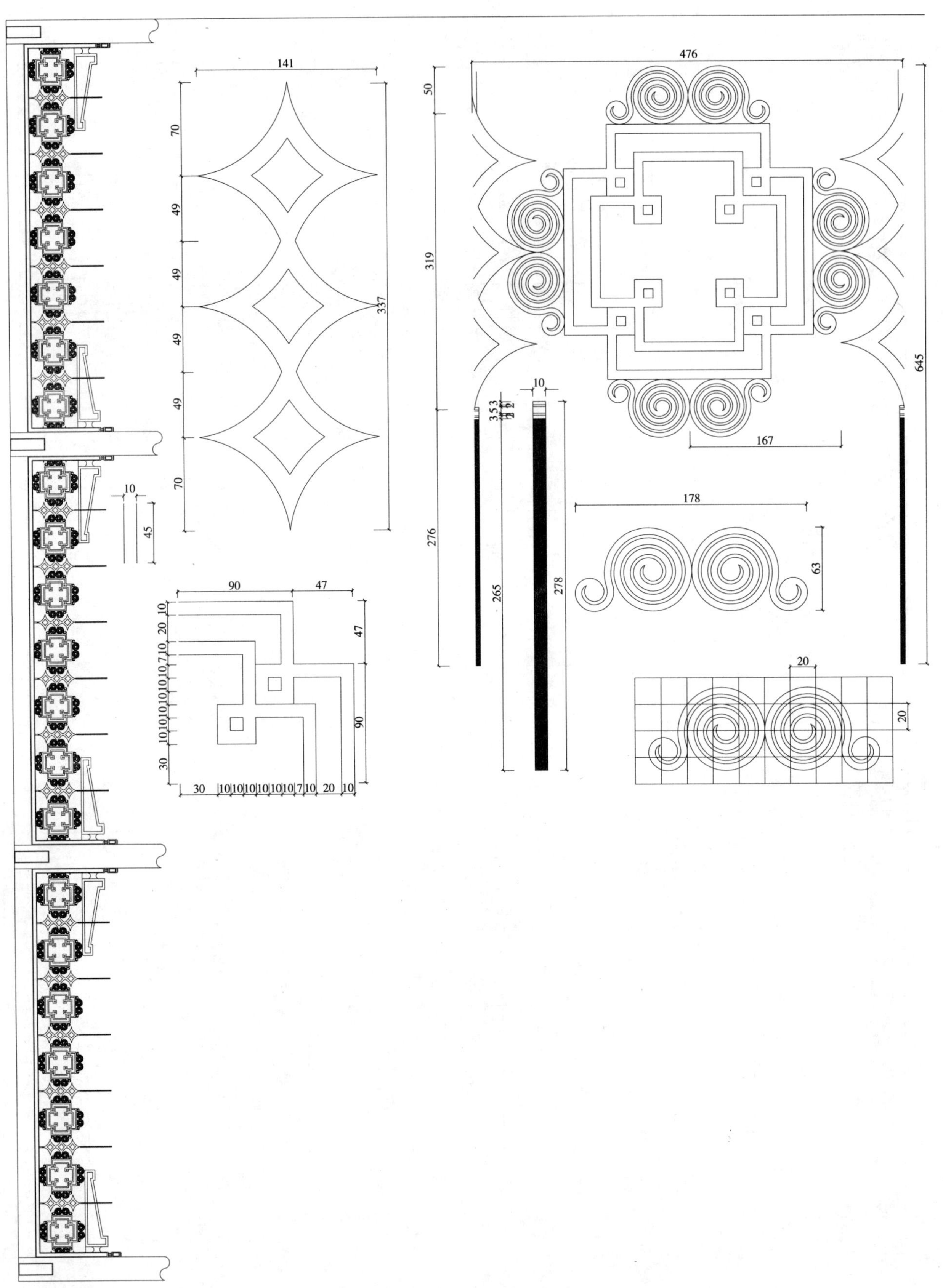
141
70
49
49
49
49
70
337
10
45
90
47
10
20
7
10
47
90
30
10
20
476
50
319
276
645
10
353
265
278
167
178
63
20
20

705
100
199
100
399
159
377
169
99
25
33
40
R8
98
41
33
25
10
10
131
92
141
141
15
R97
R82
10
30
10
10
10
10
10
79
10
30
10
10
10
10
10
10
10
10
10
10
10
10

59
5
5
5
5
135°
5
59
5
5
5
25
25
704
111
178
400
111
306
92
306
152
10
10
10
90°
10
10
114
10
10
10
32
193
15
5 10
5
193

10
10
705
108
184
108
400
191
323
191
287
287
72
10
72
191
149
184
60
36
186
114
10 20 10 10 10 10 10 30
10
10
10 10 10 10 20
30 10 10
92
18 10 13 10 13 10 18
92
92
81
110

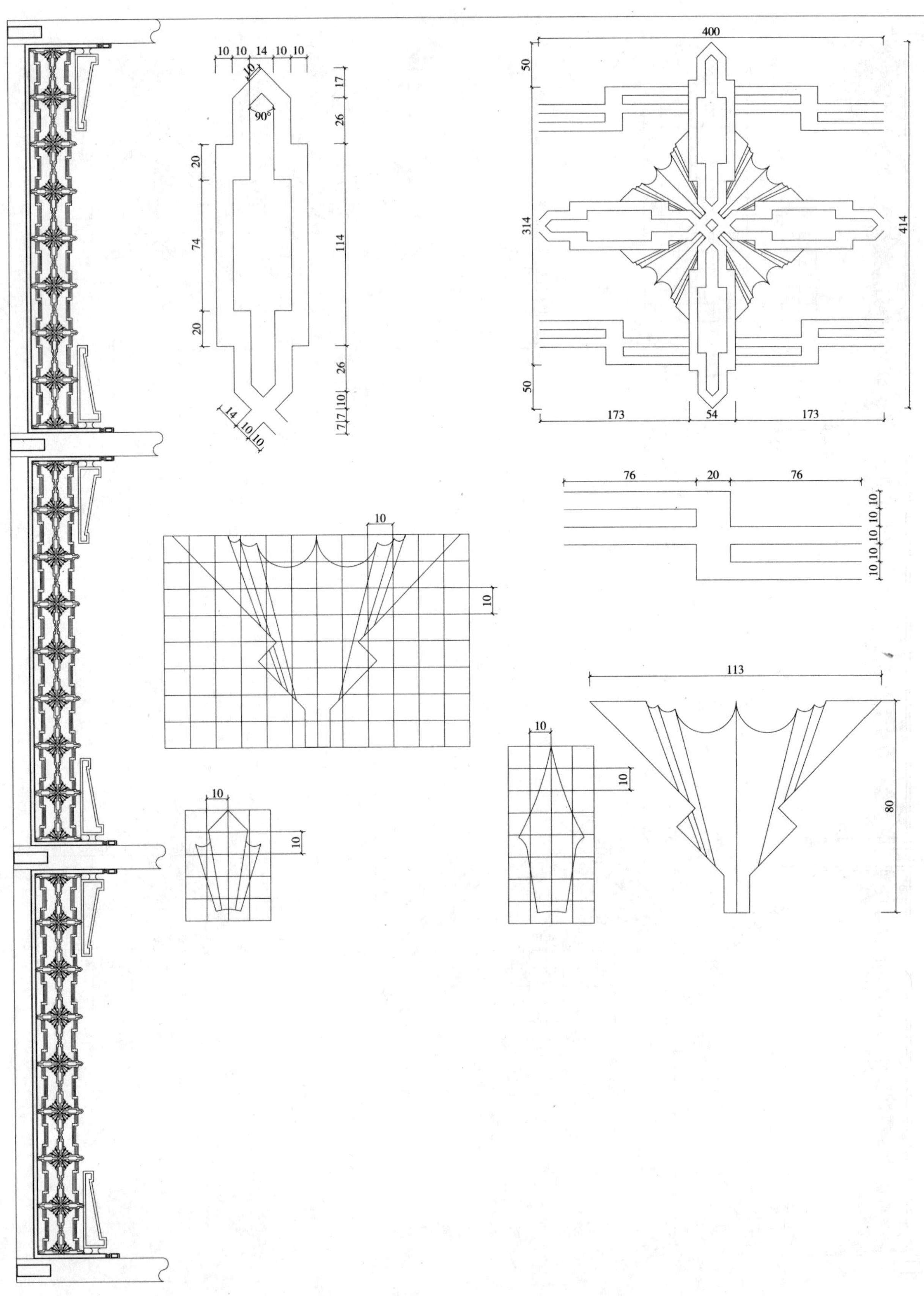
10
10
14
10
10
10
90°
17
26
20
74
114
20
26
14
10
10
7
7
10
400
50
314
414
50
173
54
173
76
20
76
10
10
10
10
10
10
10
10
10
10
113
10
10
80
10
10

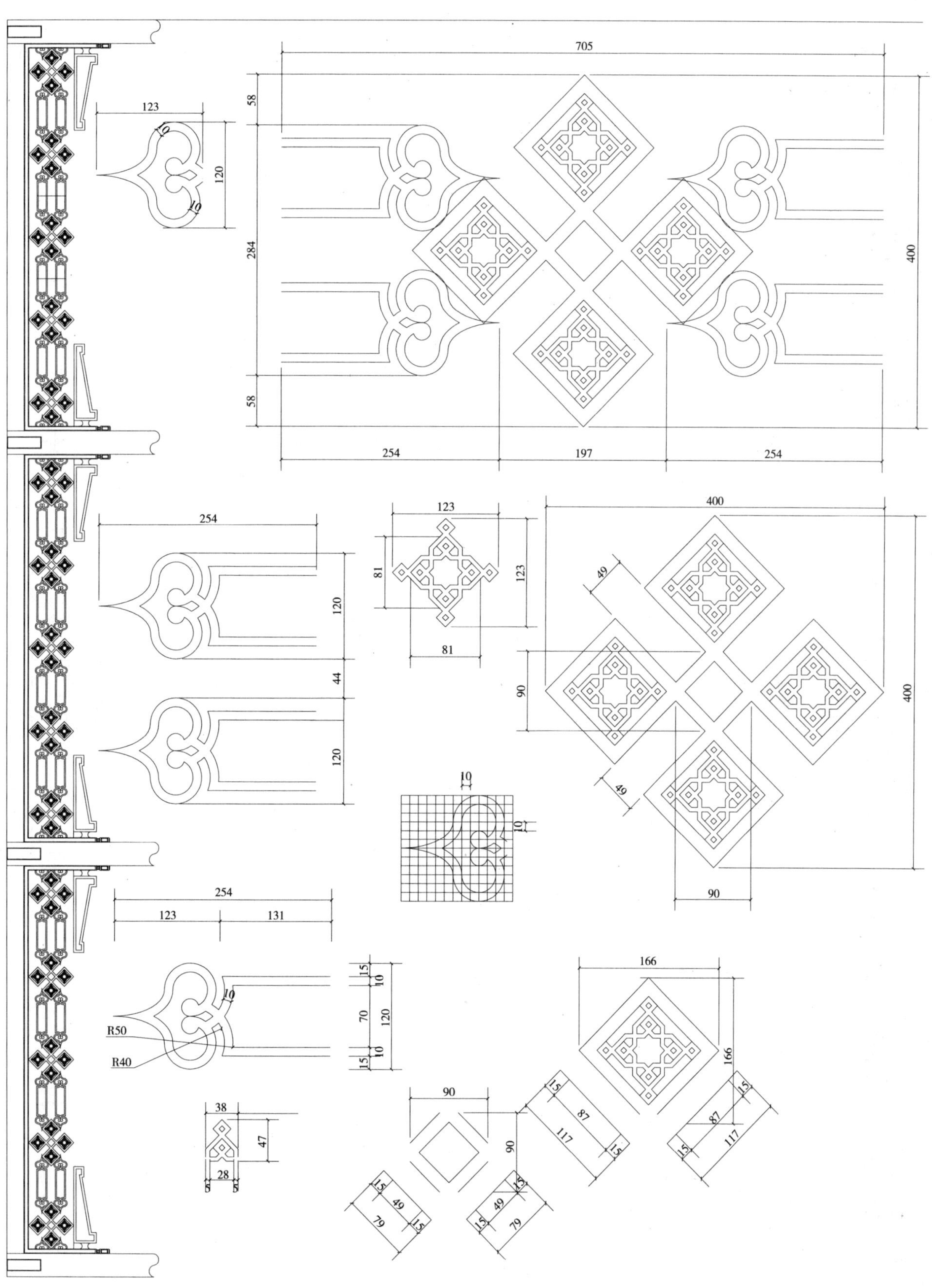
705
58
284
58
400
254
197
254
123
10
120
10
254
120
44
120
123
81
123
81
400
49
90
400
49
90
10
10
254
123
131
15
10
70
120
15
10
R50
R40
10
38
47
28
5
5
166
166
90
90
15
87
117
15
15
87
117
15
15
49
79
15
15
49
79
15

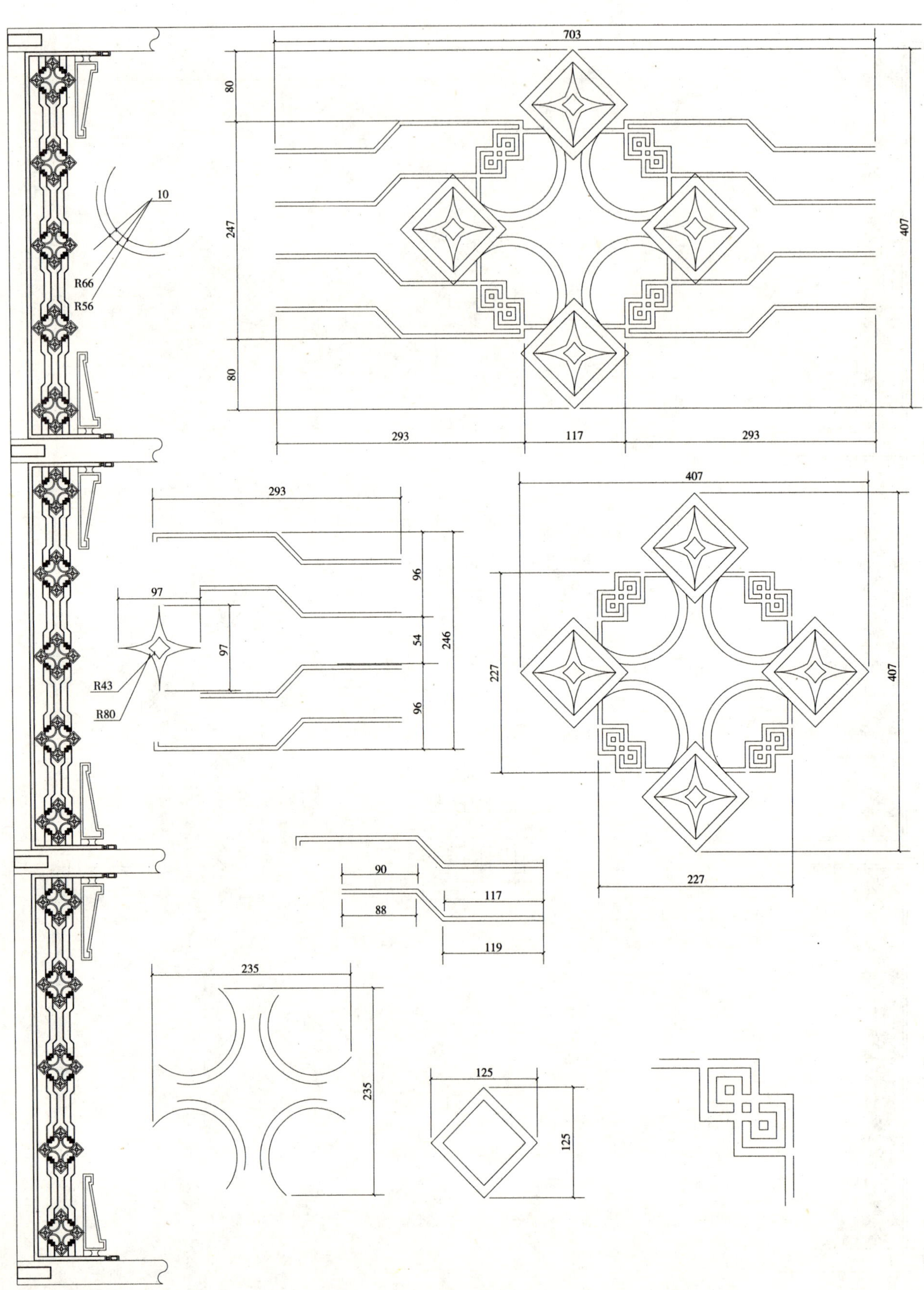
703
80
247
80
407
293
117
293
10
R66
R56
293
97
97
R43
R80
96
54
96
246
407
227
407
227
90
88
117
119
235
235
125
125

52
37
143
484
218
218
113
399
44
6
16
143
44
131
93
10
10
110
15
40
110
113
141
10
20
10
10
10
10
10
90°
113
5
5

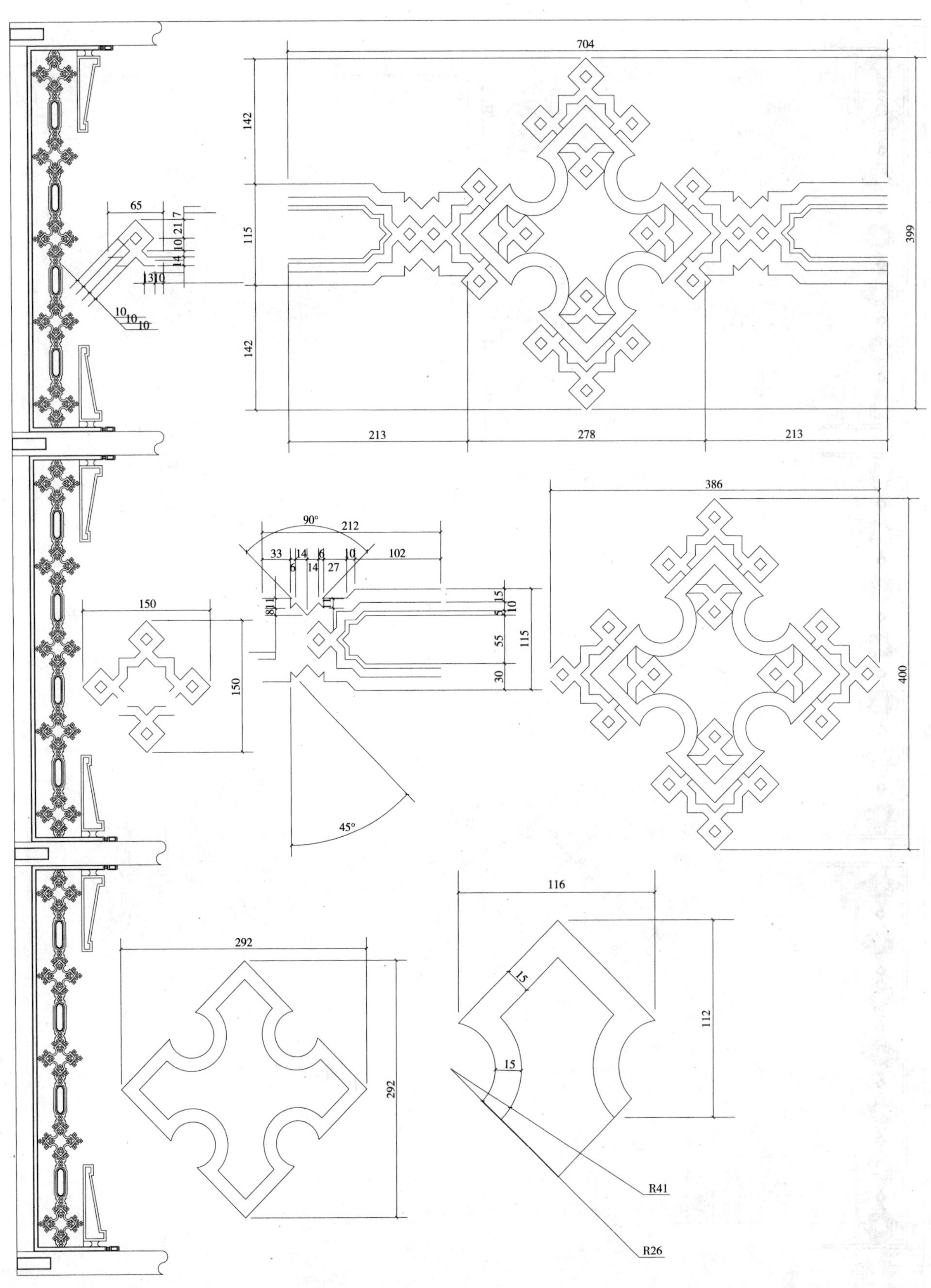
704
142
115
142
399
213
278
213
65
7
21
10
14
13
10
10
10
10
150
150
90°
212
33
14
6
10
102
6
14
27
15
10
5
55
115
30
45°
386
400
116
15
112
15
292
292
R41
R26

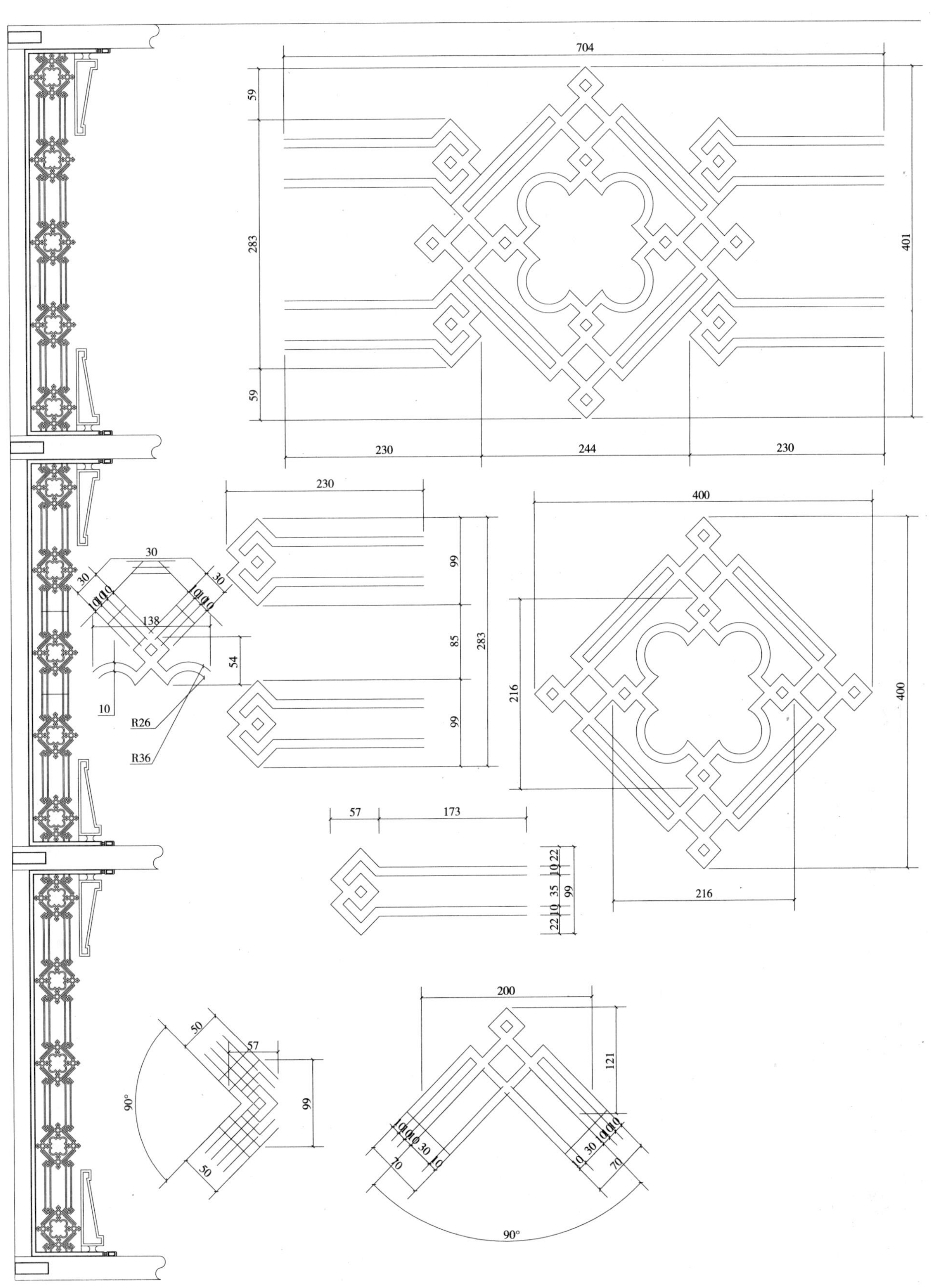
704
59
283
59
401
230
244
230
230
30
30
30
138
54
10
R26
R36
99
85
283
99
400
216
400
216
57
173
22
10
35
99
10
22
200
121
50
57
99
50
90°
70
30
10
70
90°

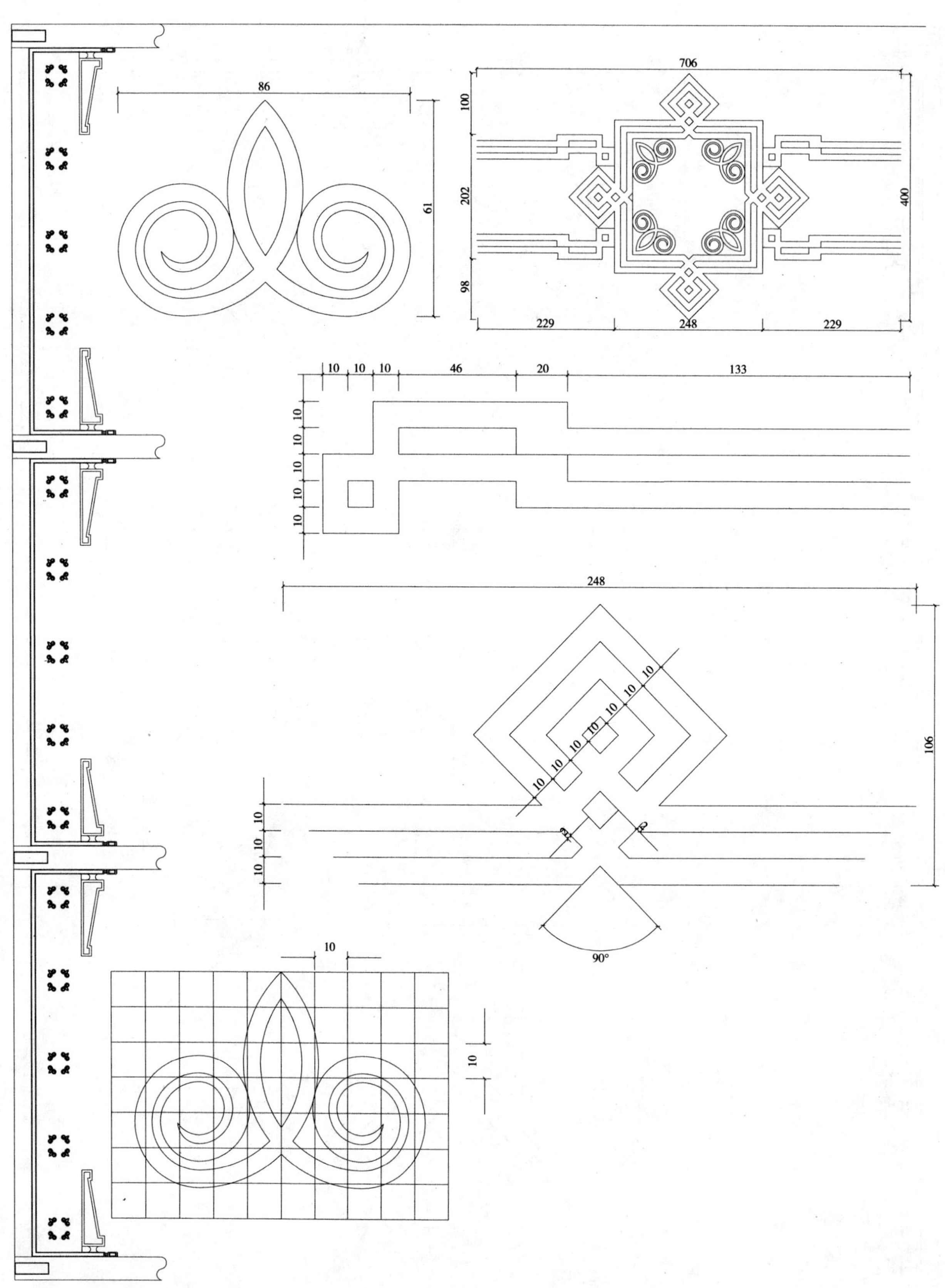
86
61
706
100
202
98
400
229
248
229
10
10
10
46
20
133
10
10
10
10
10
10
248
106
10
10
10
10
10
10
10
10
10
10
10
90°
10
10

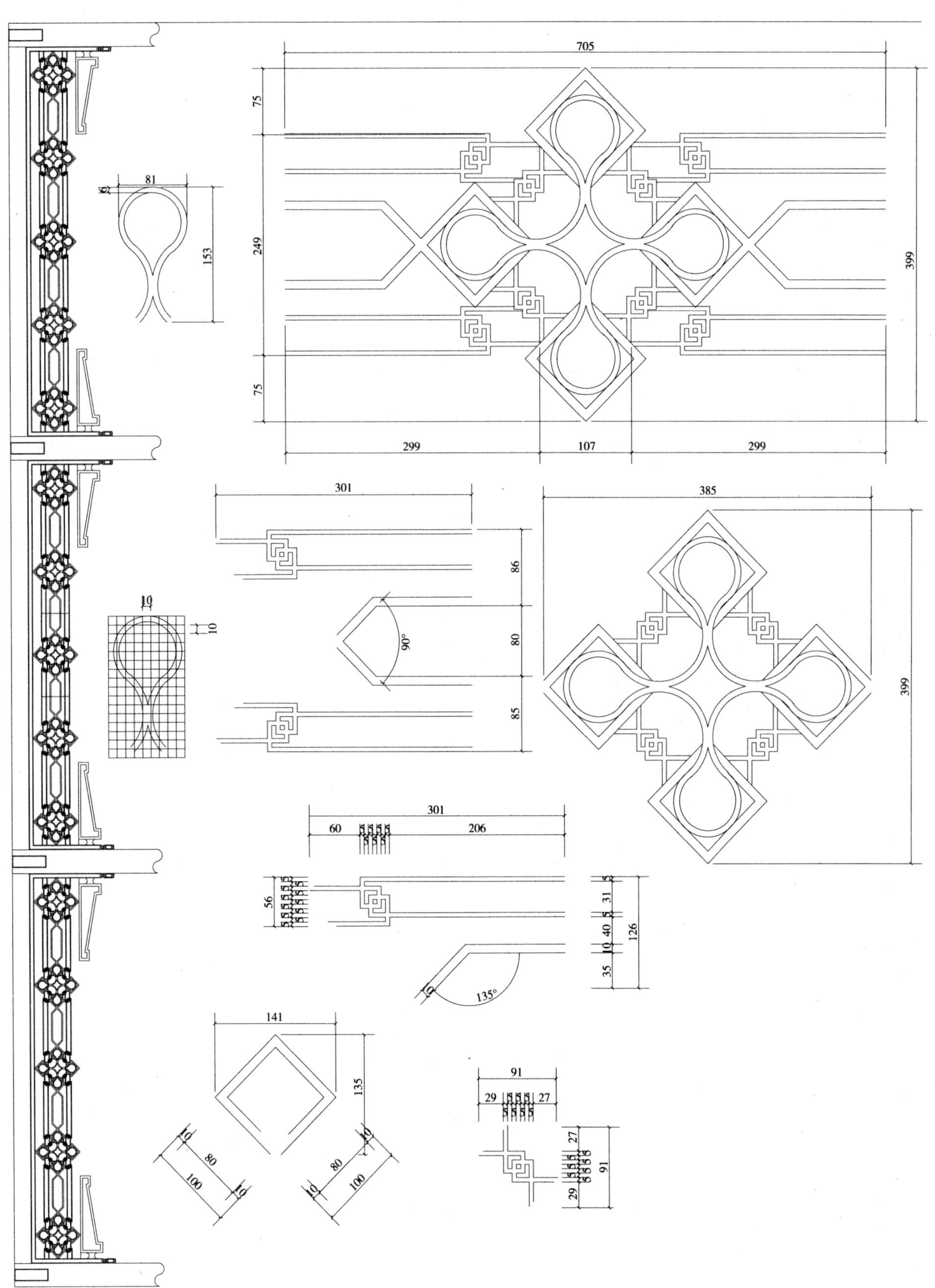
705
75
249
75
399
299
107
299
81
153
301
86
80
85
90°
10
385
399
301
60
206
56
126
135°
141
135
80
100
91
29
27

706
153
400
153
406
123
155
123
5
12
6
4 2 3 4
85
128
6
118
60
60
155
6 6
6
R6
R3
R9
155
100
72
49
28
190
142
95
47
118
155
128

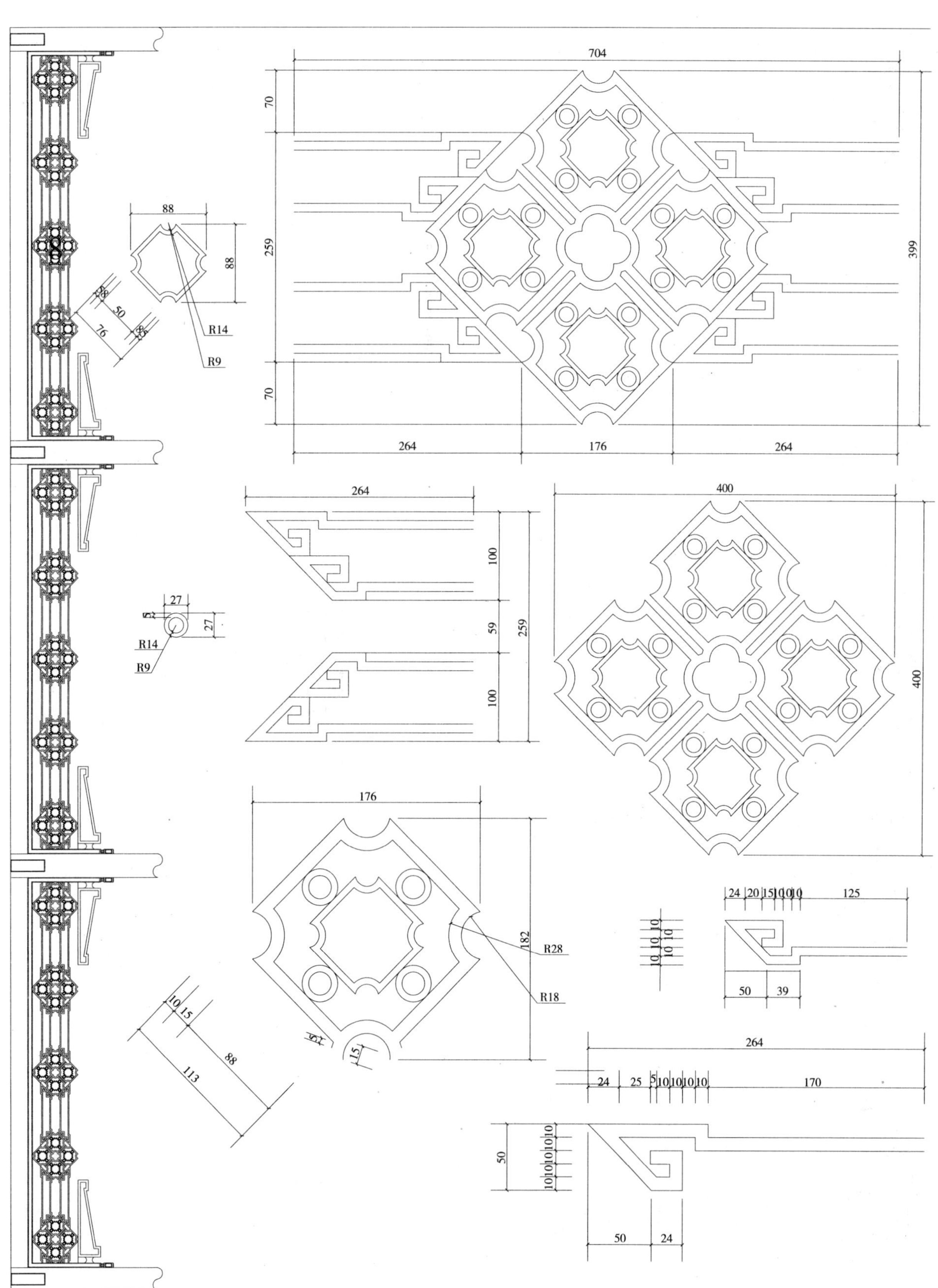
704
70
259
70
399
264
176
264
88
88
58
50
76
55
R14
R9
264
100
59
259
100
400
400
27
27
5
R14
R9
176
182
R28
R18
10
15
88
113
15
24
20
15
10
10
10
125
50
39
264
24
25
5
10
10
10
10
170
50
50
24

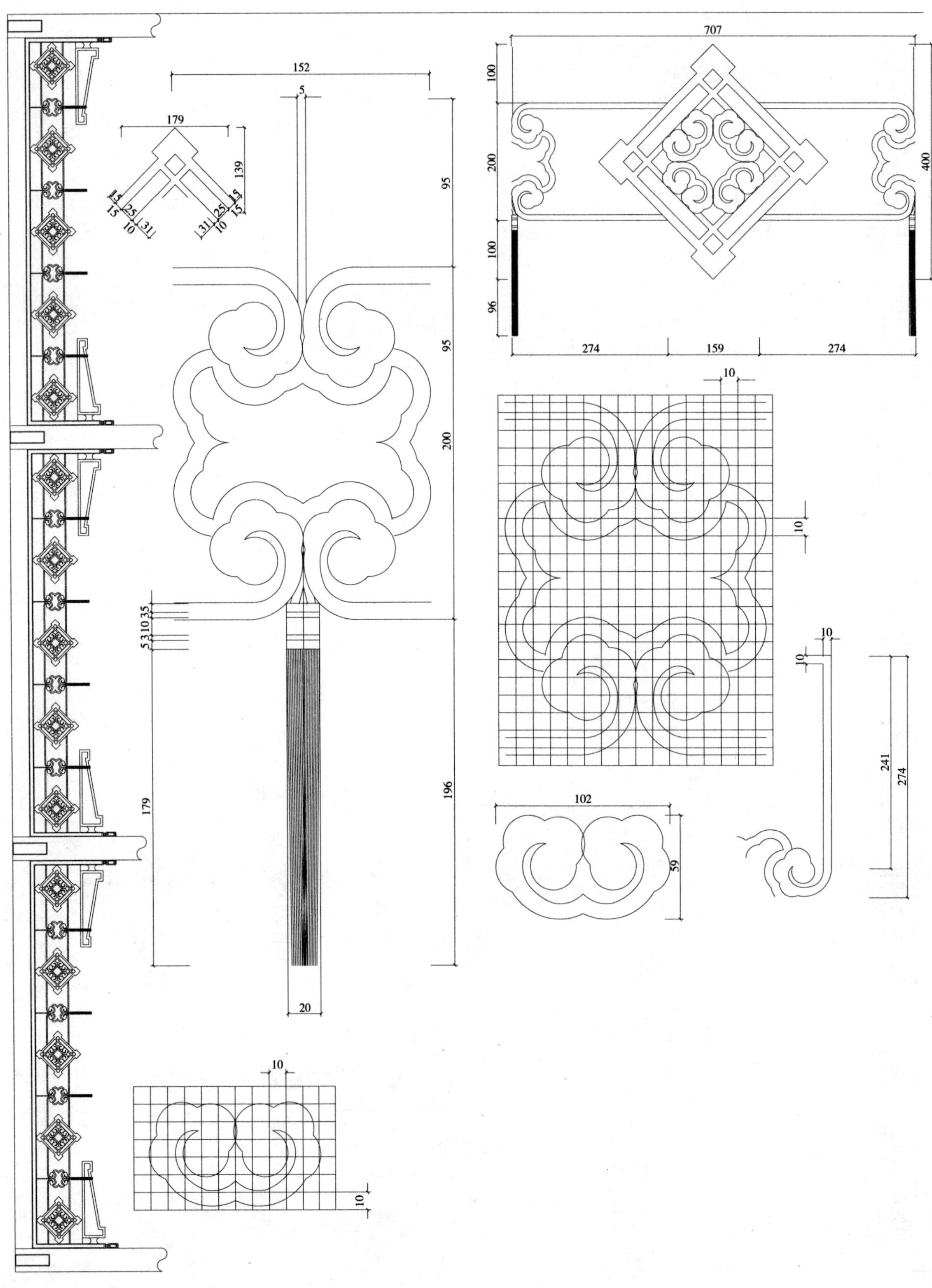

152
5
179
139
15
25
10
31
95
95
200
196
35
10
3
5
179
20
707
100
200
100
96
400
274
159
274
10
10
10
10
241
274
102
59
10
10

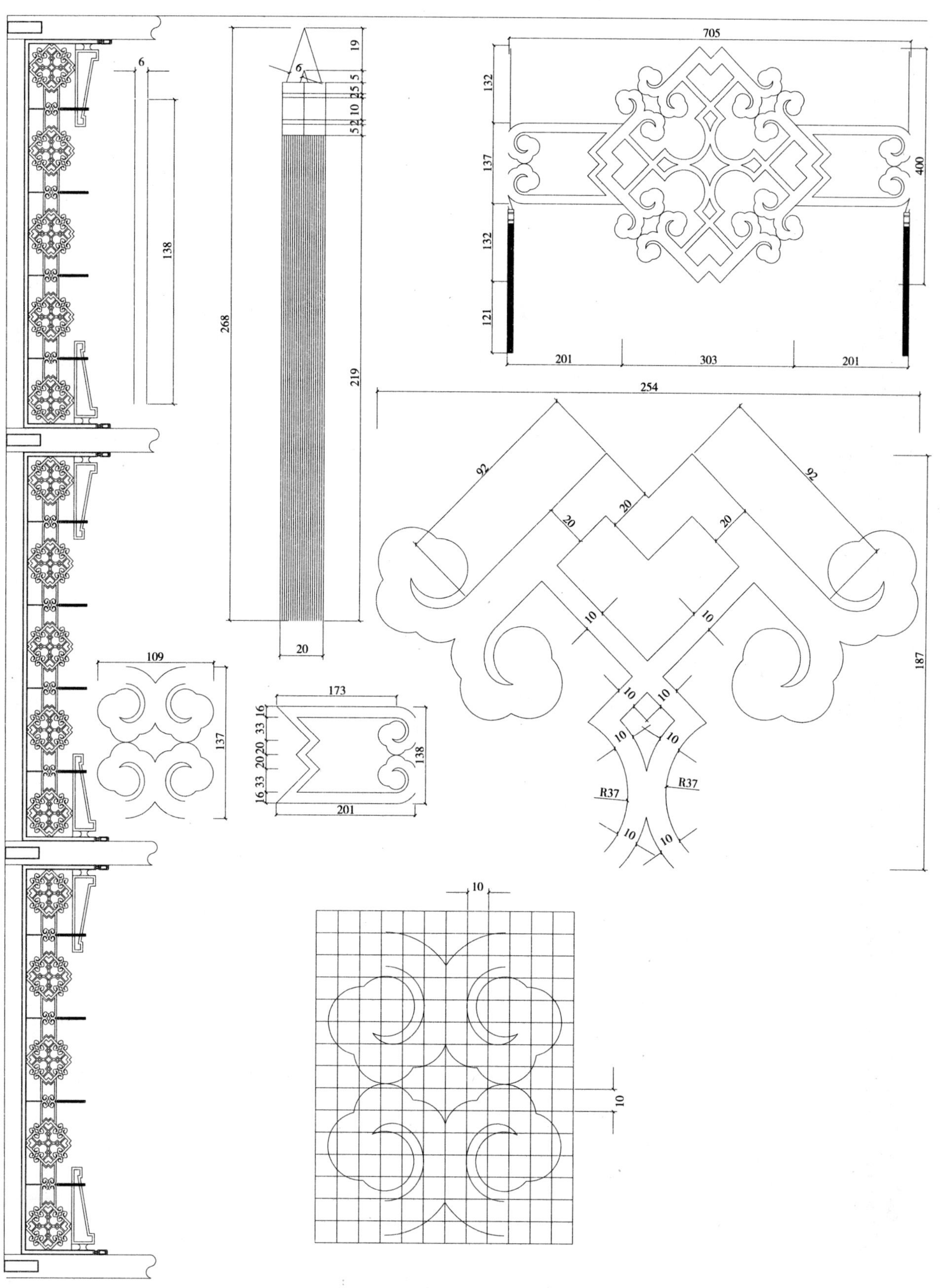
6
138
268
19
6
5
25
10
5
2
219
20
705
132
137
132
121
400
201
303
201
254
92
92
20
20
20
10
10
10
10
10
10
R37
R37
10
10
187
109
137
173
16
33
20
20
33
16
138
201
10
10

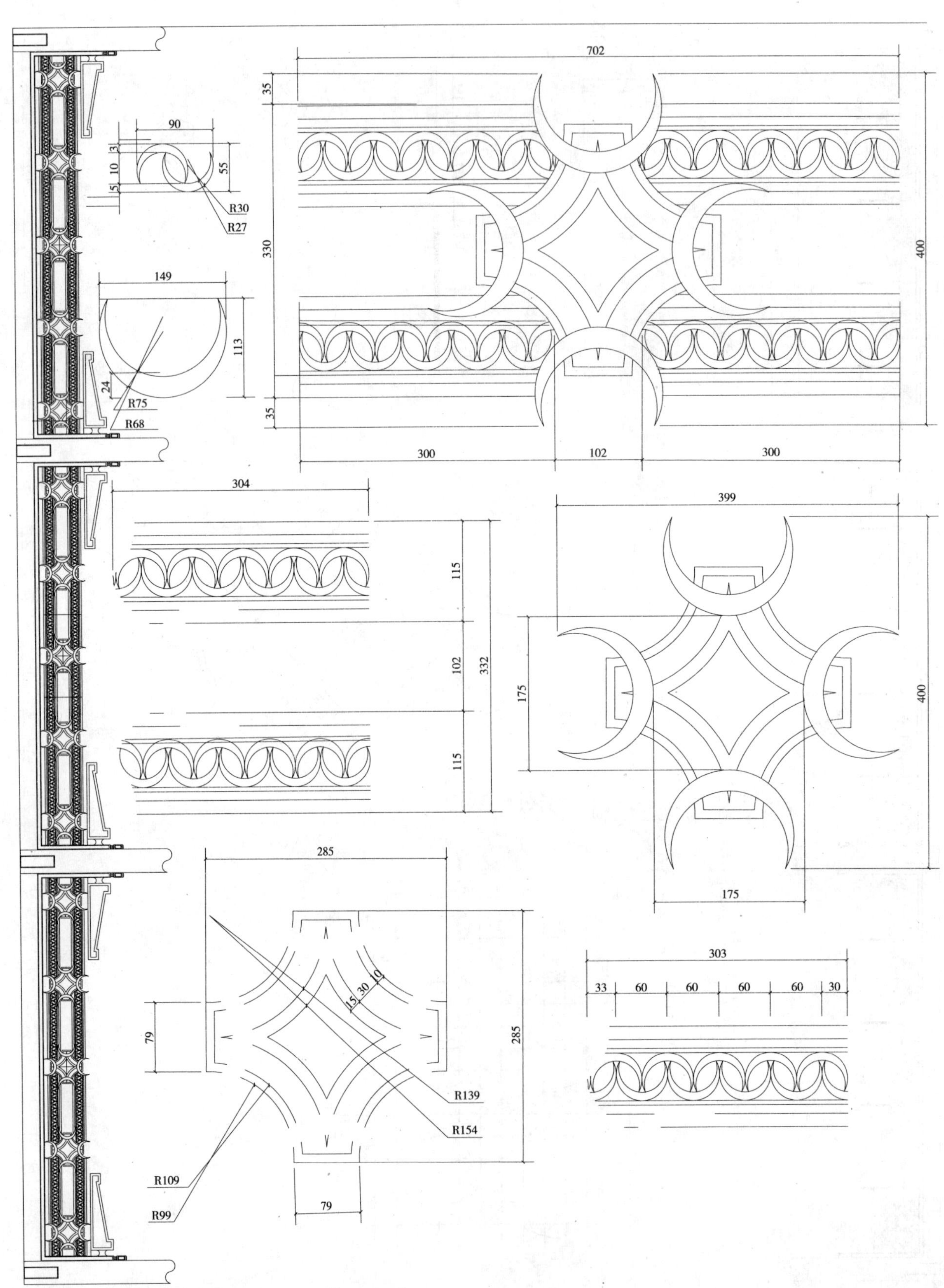
702
35
330
35
400
300
102
300
90
3
10
5
55
R30
R27
149
113
24
R75
R68
304
115
102
332
115
399
175
400
175
285
79
285
15
30
10
R139
R154
R109
R99
79
303
33
60
60
60
60
30

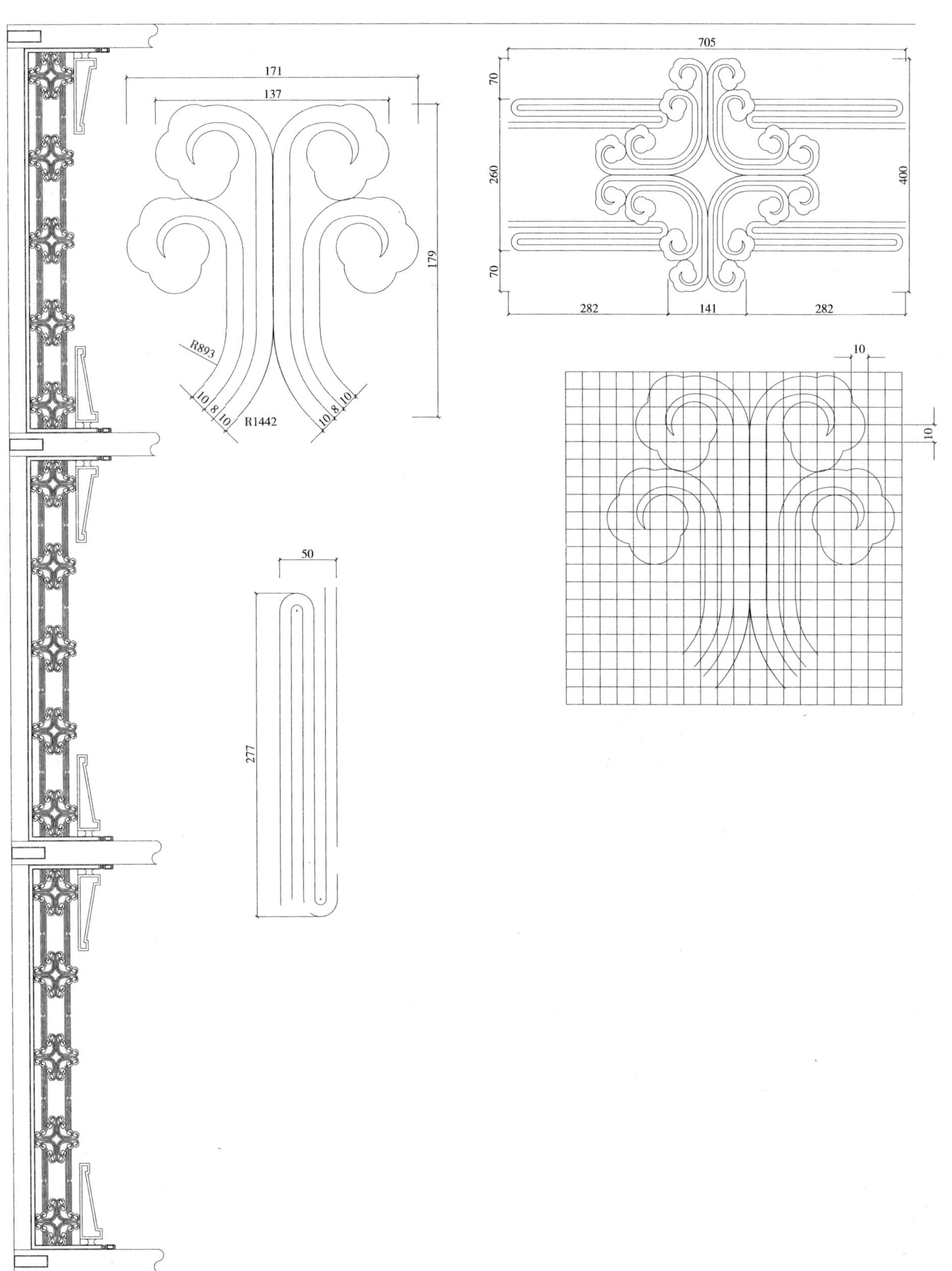
171
137
179
R893
10
8
10
R1442
10
8
10
705
70
260
70
400
282
141
282
10
10
50
277

10
10
707
107
184
398
107
93
272
163
272
20
5
216
179
85
50
98
85
74
155
43
11
177
48
142
10
10
10
10
196
193
10.5

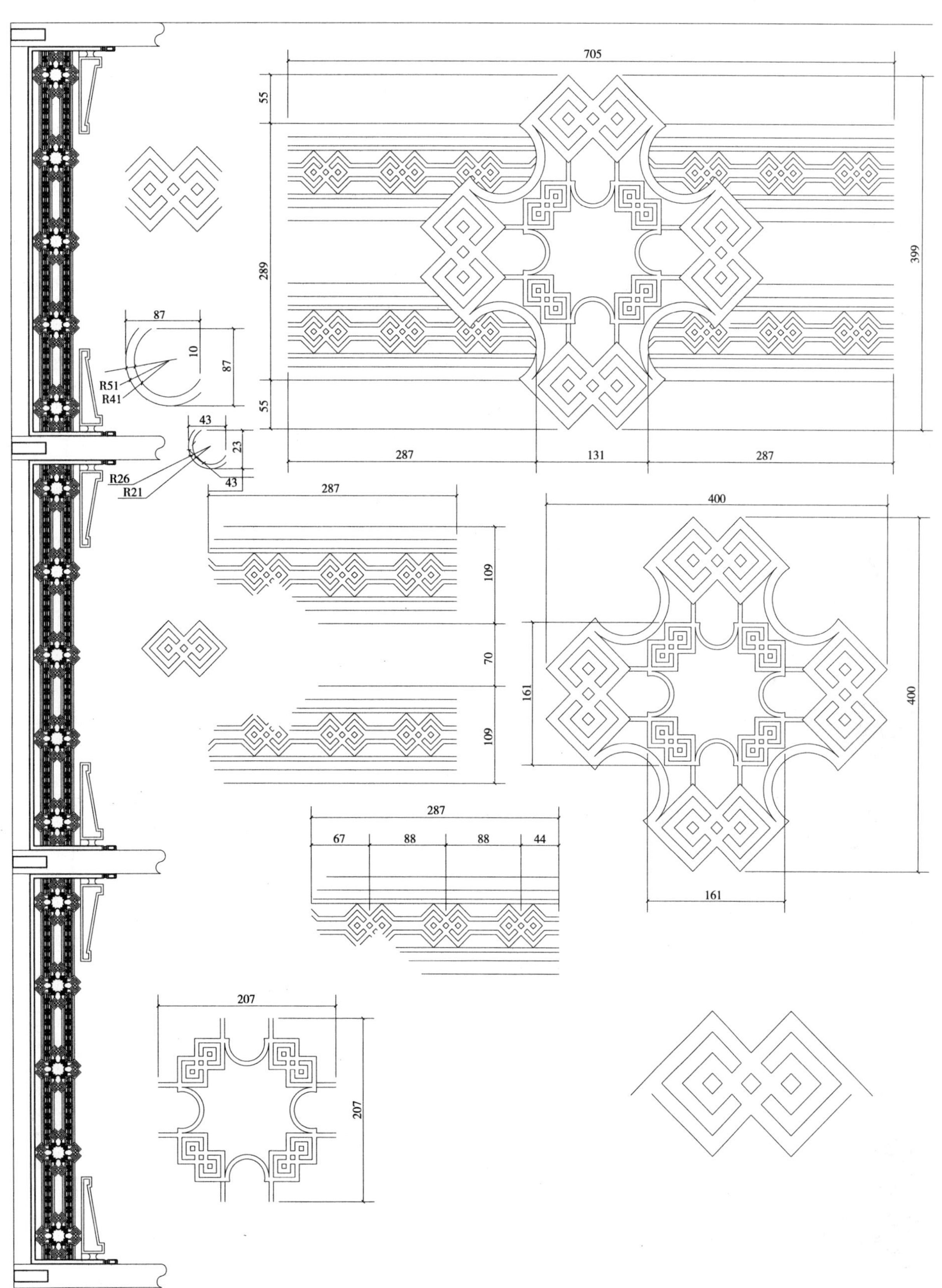
705
55
289
55
399
287
131
287
87
10
87
R51
R41
43
23
43
R26
R21
287
109
70
109
400
161
400
161
287
67
88
88
44
207
207

706
100
200
100
400
153
400
153
R15
R10
30
5
30
153
50
100
200
50
400
294
400
294
123
10
10
123
R23
R33
11
349
66
139
57
10
29
30
30
30
139
57
R44
R30
R15

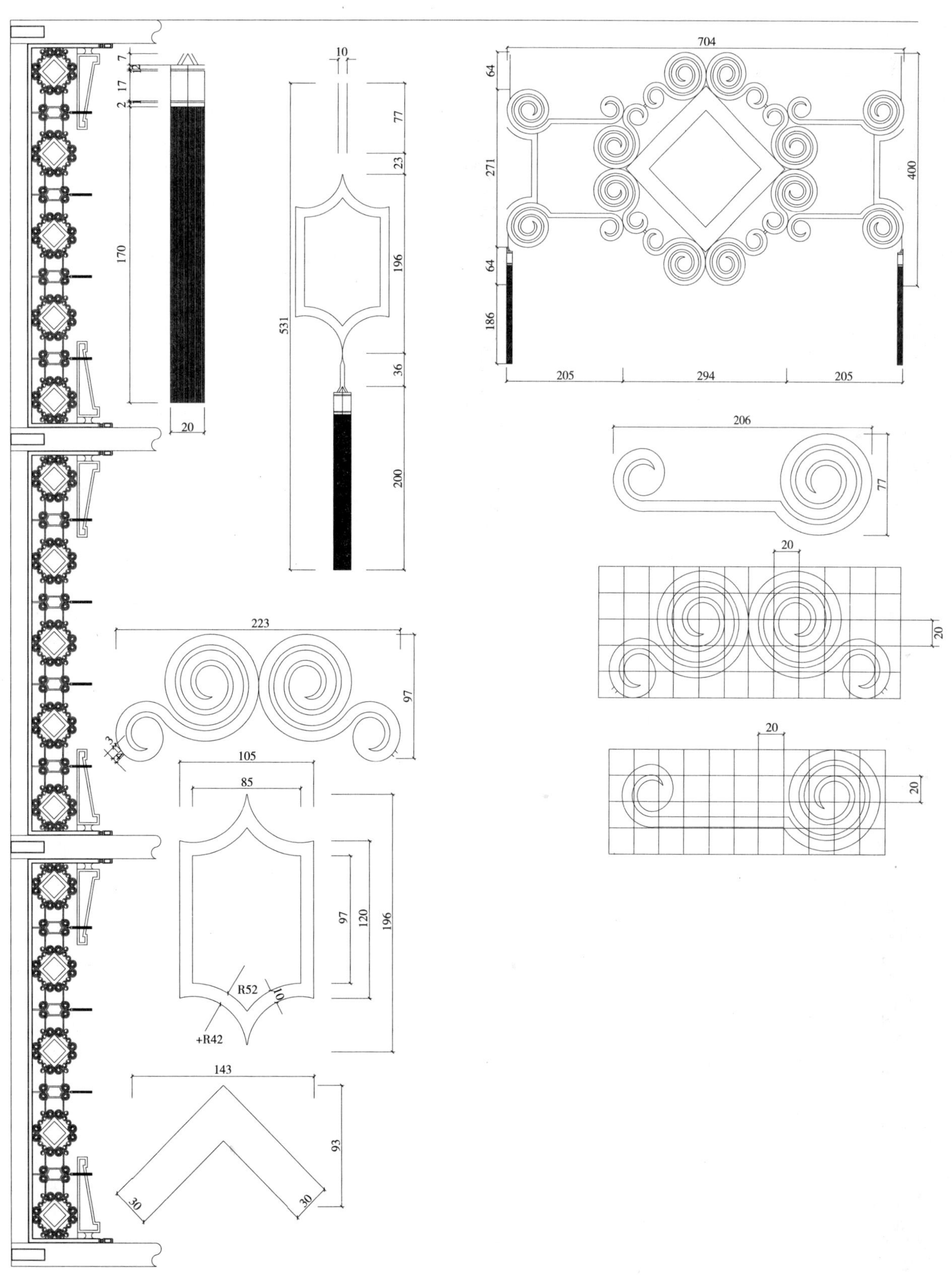
704
64
271
400
64
186
205
294
205
10
77
23
196
531
36
200
7
2 17
2
170
20
206
77
20
20
223
97
105
85
97
120
196
R52
10
+R42
20
20
143
93
30
30

470
398
3
123
141
R104
R89
2 7
2
17
2
170
20
20
20
171
83
100
100
R89
9 5 10 15

91
10 10 10 31 10 10 10
706
38
324
400
38
231 244 231
22 10 51 20
51
10
22
R30
R30
200
180
46
35
10
22
R30
113
34
20
109
68

10
103
80
10
45
704
96
208
96
400
296
112
296
296
56
120
60
60
127
92
52
104
208
52
10
127
140
56
120
10
120°
10
104
10
133
15
10
5
133

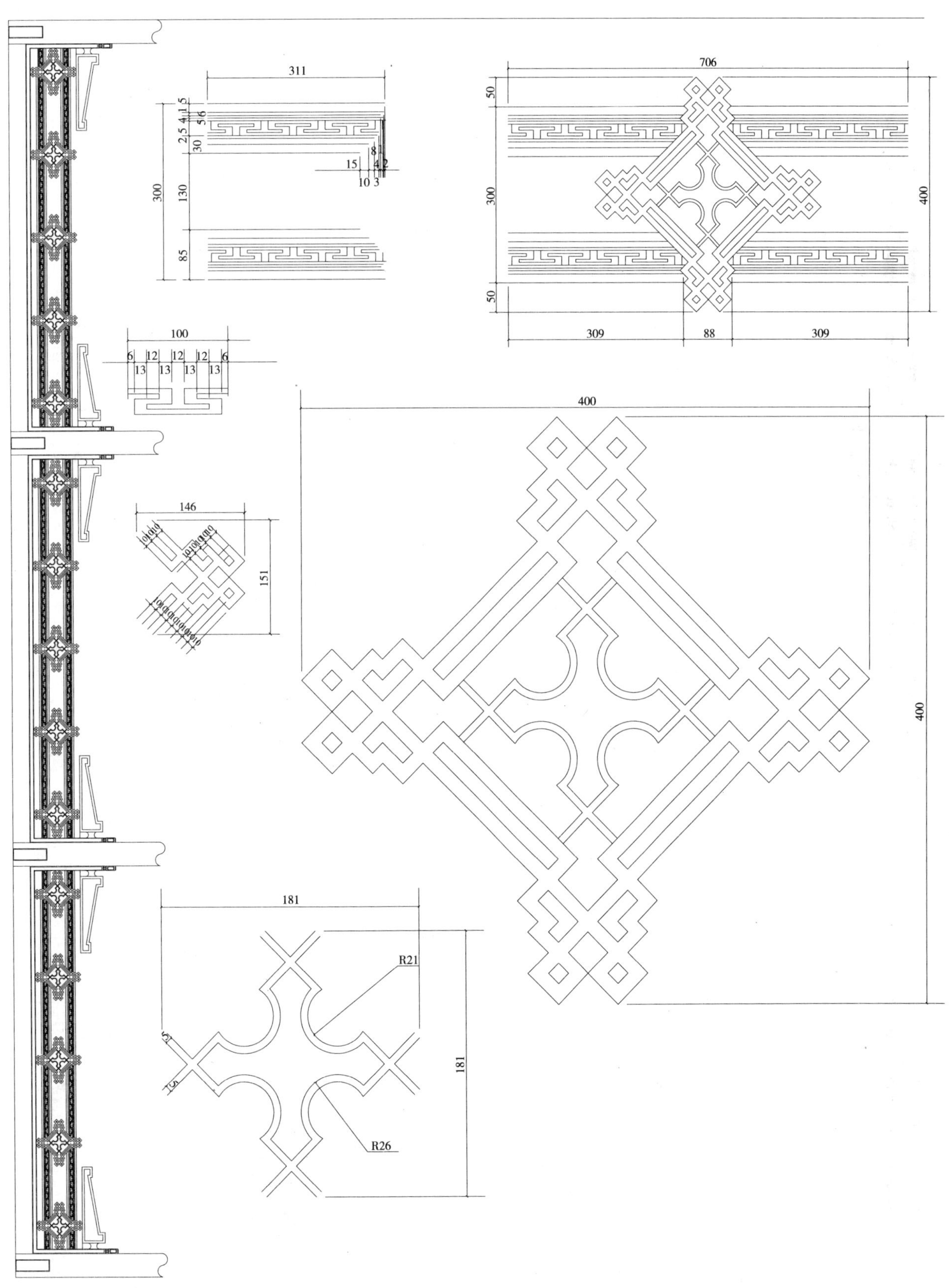
311
1.5
4
5.6
2.5
30
300
130
85
15
8
4.2
10
3
706
50
300
50
400
309
88
309
100
6
12
12
12
6
13
13
13
13
146
151
400
400
181
R21
181
R26

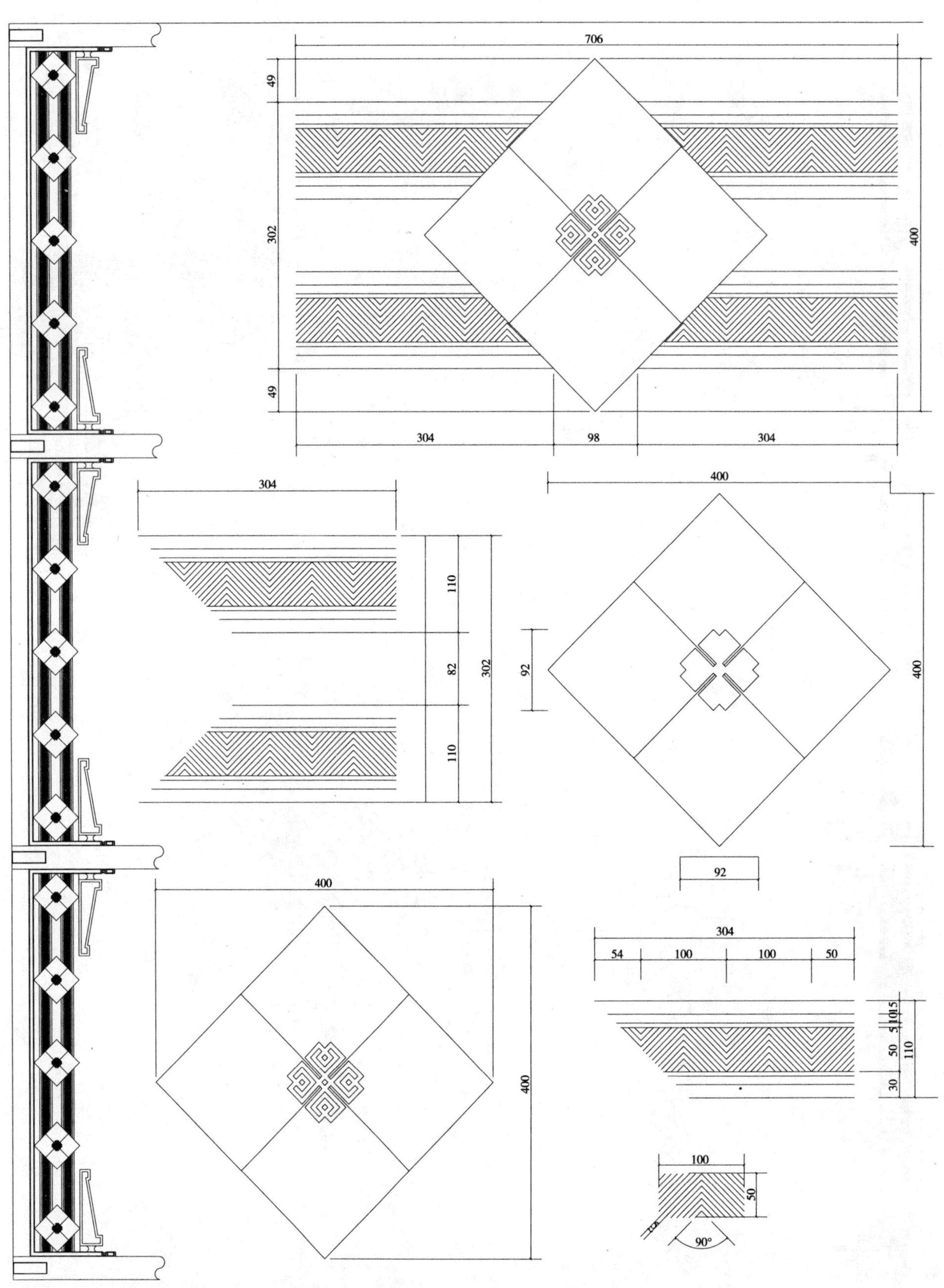
706
49
302
400
49
304
98
304
304
110
82
302
110
400
92
400
92
400
400
304
54
100
100
50
15
10
5
5
50
110
30
100
50
90°

706
58
285
58
401
274
158
274
400
400
274
120
45
120
75
75
274
19
150
30
75
15
10
5
60
30
66
10
50
R23
R33
400
132
400
132
132
132
33
23
R17
R17

702
61
59
56
285
397
56
336
30
336
336
400
120
45
285
120
400
387
81
150
75
81
120
60
30
400
166
400
166
167
167
75
60

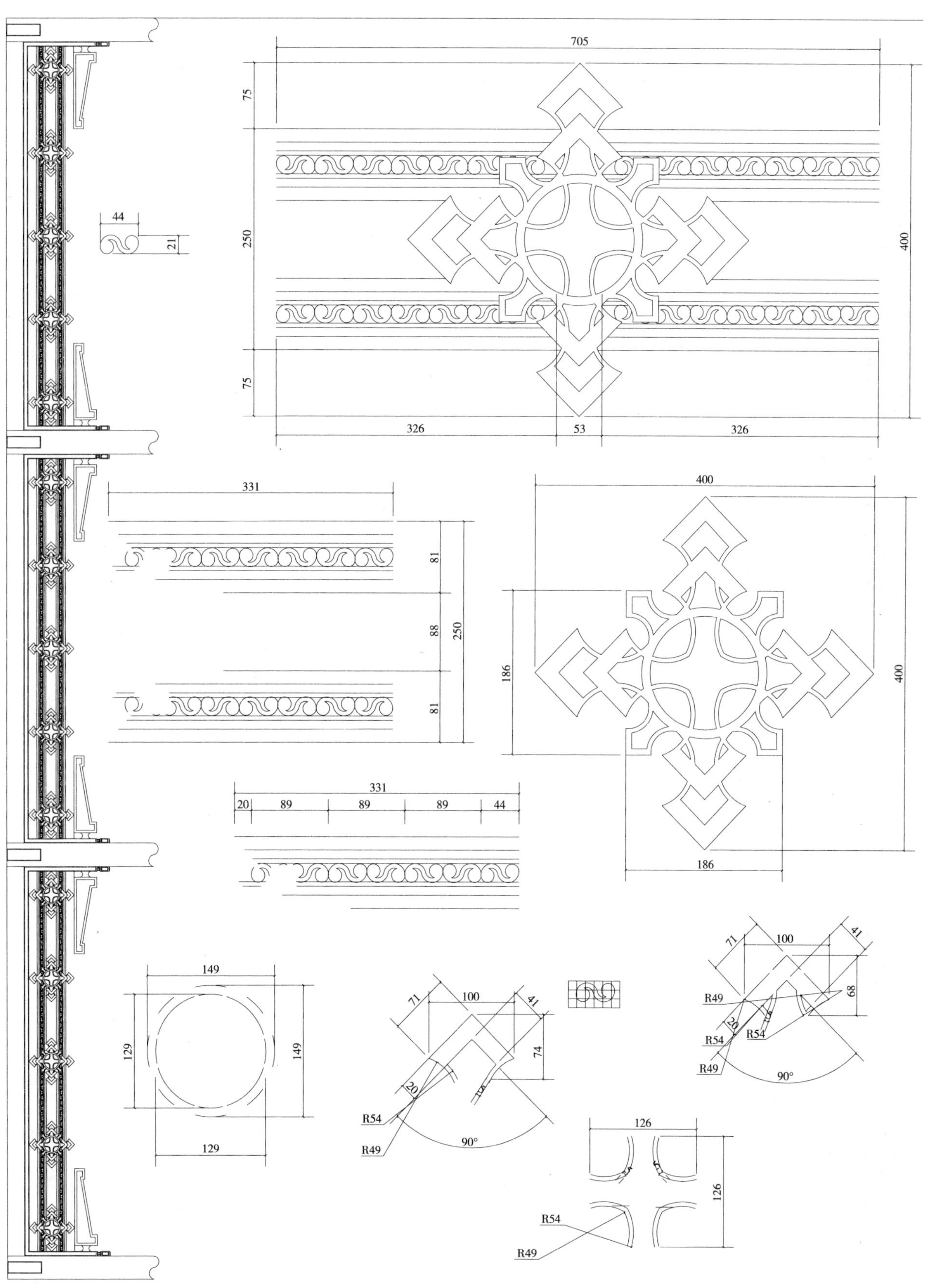
705
75
250
75
400
326
53
326
44
21
331
81
88
250
81
400
186
400
186
331
20
89
89
89
44
149
129
149
129
71
100
41
74
20
R54
R49
90°
71
100
41
68
R49
20
R54
R54
R49
90°
126
126
R54
R49

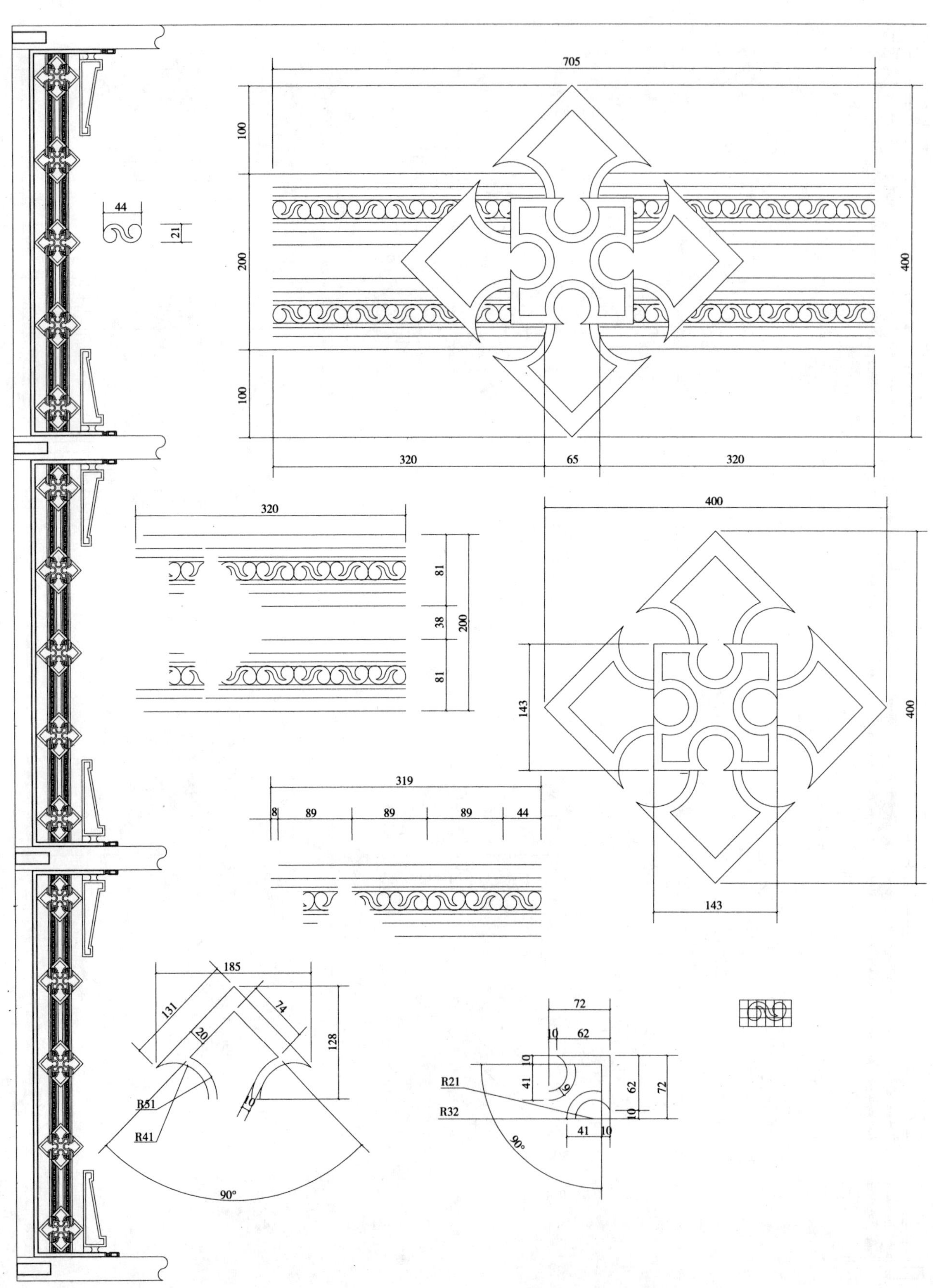
705
100
200
100
400
320
65
320
44
21
320
81
38
81
200
400
143
400
143
319
8
89
89
89
44
185
131
74
20
128
R51
R41
10
90°
72
10
62
10
41
16
62
72
10
R21
R32
41
10
90°

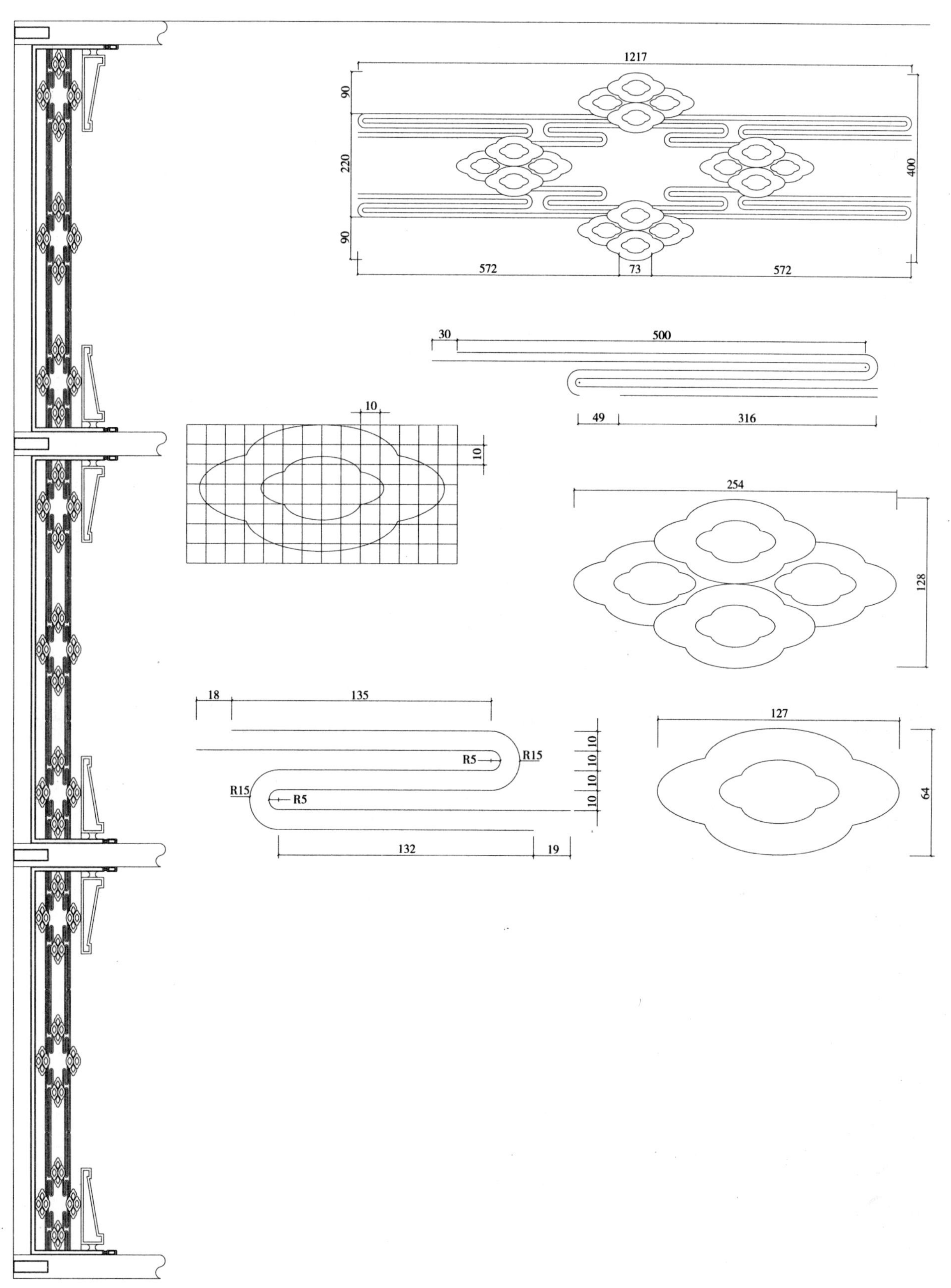
1217
90
220
90
400
572
73
572
30
500
49
316
10
10
254
128
18
135
R5
R15
R15
R5
10
10
10
10
132
19
127
64

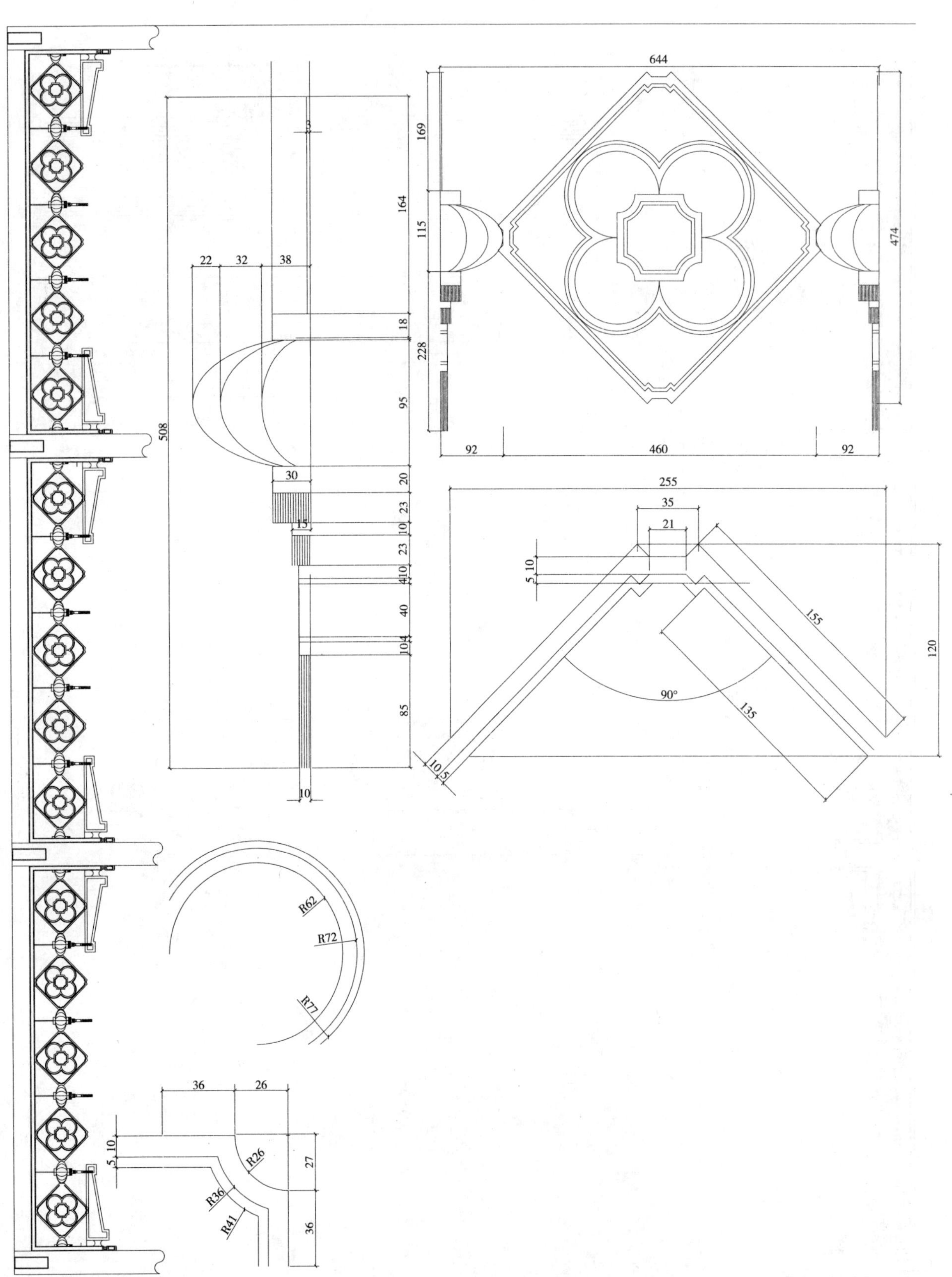
644
169
164
115
474
228
92
460
92
3
22
32
38
18
95
508
30
20
23
15
10
23
4
10
40
10
4
85
10
255
35
21
5 10
155
120
90°
135
10 5
R62
R72
R77
36
26
5 10
R26
27
R36
R41
36

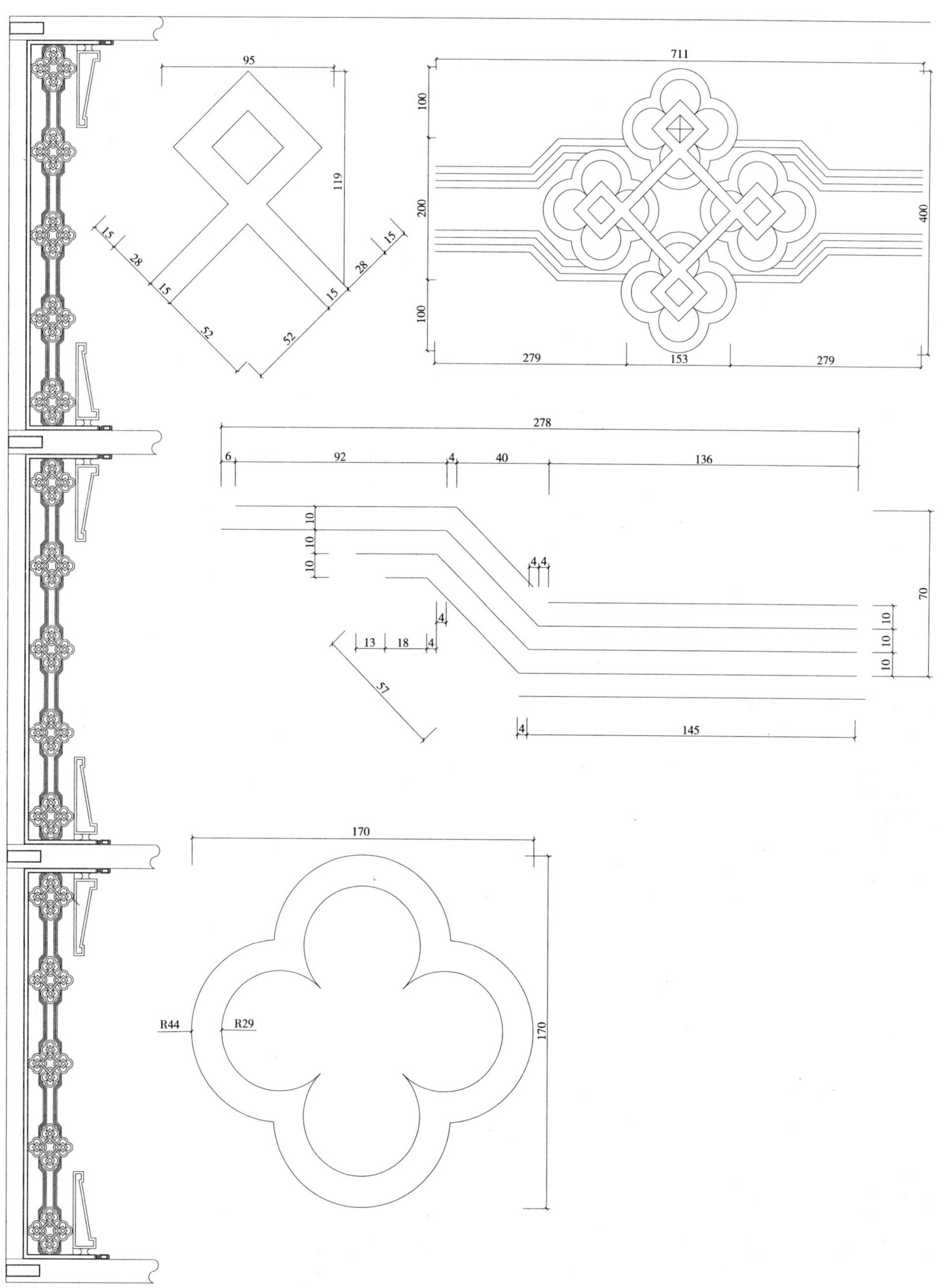
95
119
15
28
15
52
52
15
28
15
711
100
200
100
400
279
153
279
278
6
92
4
40
136
10
10
10
4 4
70
4
13
18
4
57
10
10
10
4
145
170
R44
R29
170

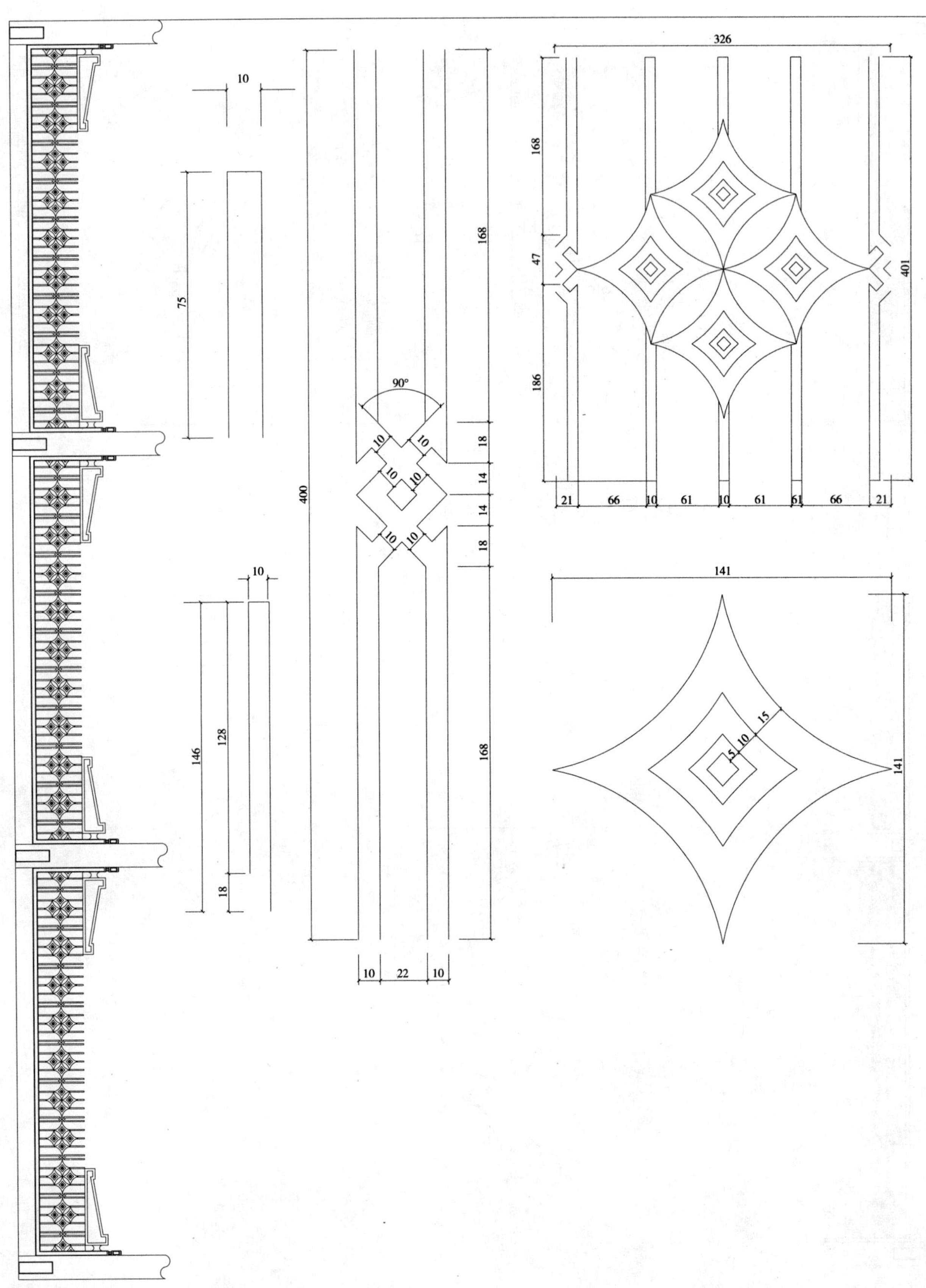

10
75
10
146
128
18
90°
400
168
18
14
14
18
168
10
22
10
326
168
47
186
401
21
66
10
61
10
61
61
66
21
141
15
10
5
141

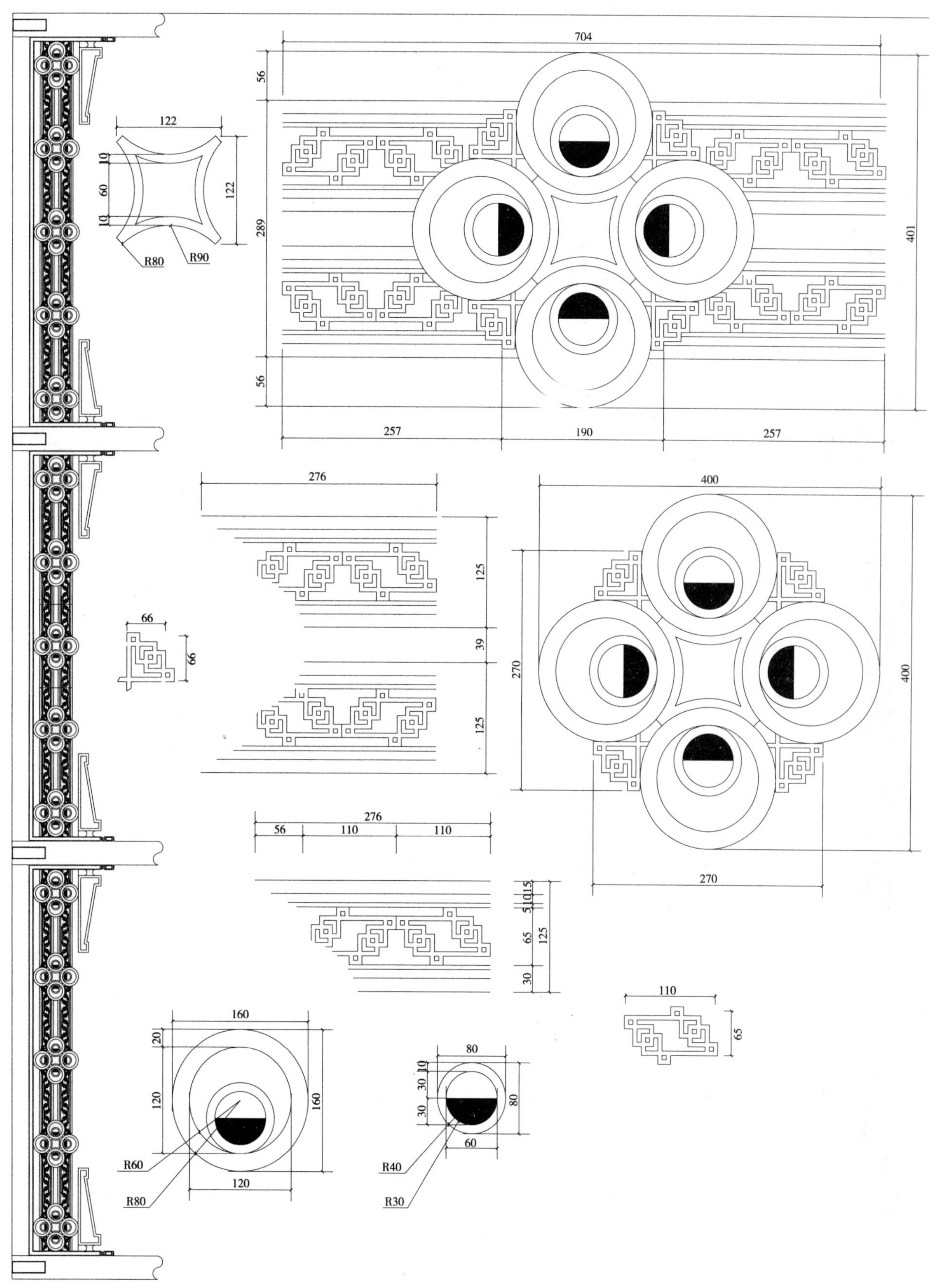
704
56
289
401
56
257
190
257
122
10
60
10
122
R80
R90
276
125
39
125
400
270
400
270
66
66
276
56
110
110
5
10
15
65
125
30
110
65
160
20
120
160
120
R60
R80
80
10
30
30
80
60
R40
R30

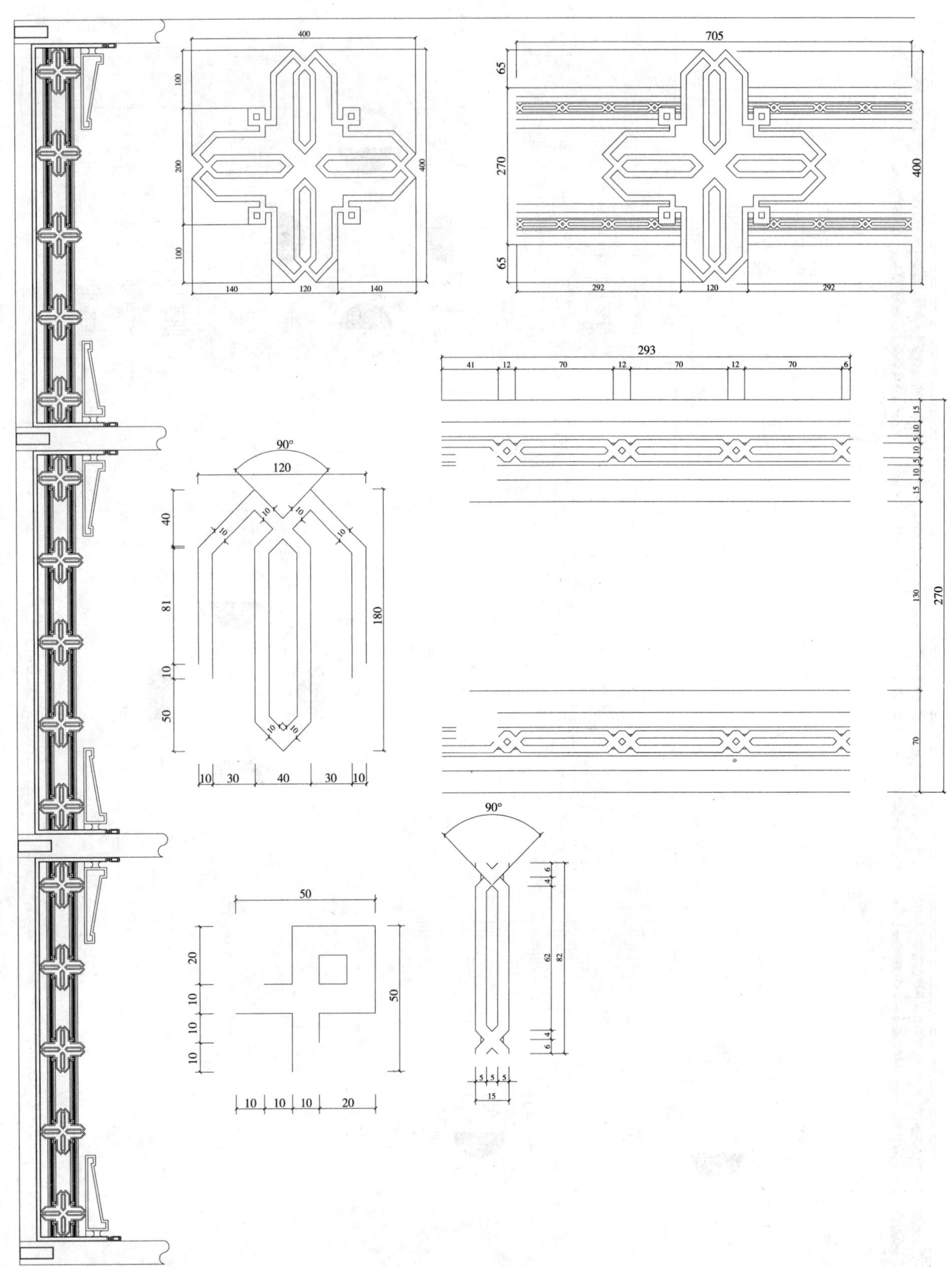
400
100
200
100
400
140
120
140
705
65
270
65
400
292
120
292
293
41
12
70
12
70
12
70
6
15
10
5
10
5
10
5
10
15
130
70
270
90°
120
40
81
10
50
180
10
10
10
10
10
30
40
30
10
90°
50
20
10
10
10
50
10
10
10
20
4
6
62
82
6
4
5
5
5
15

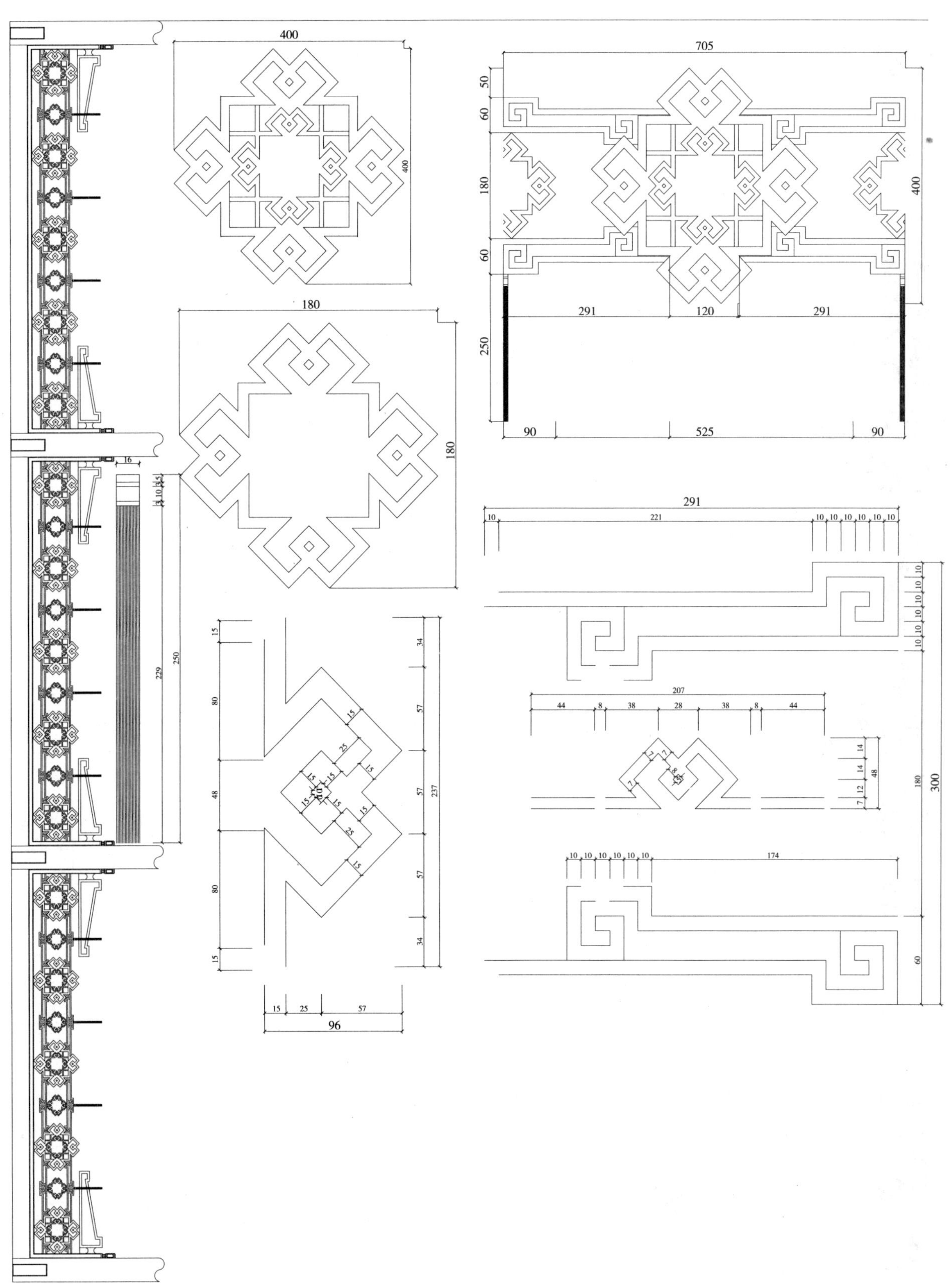

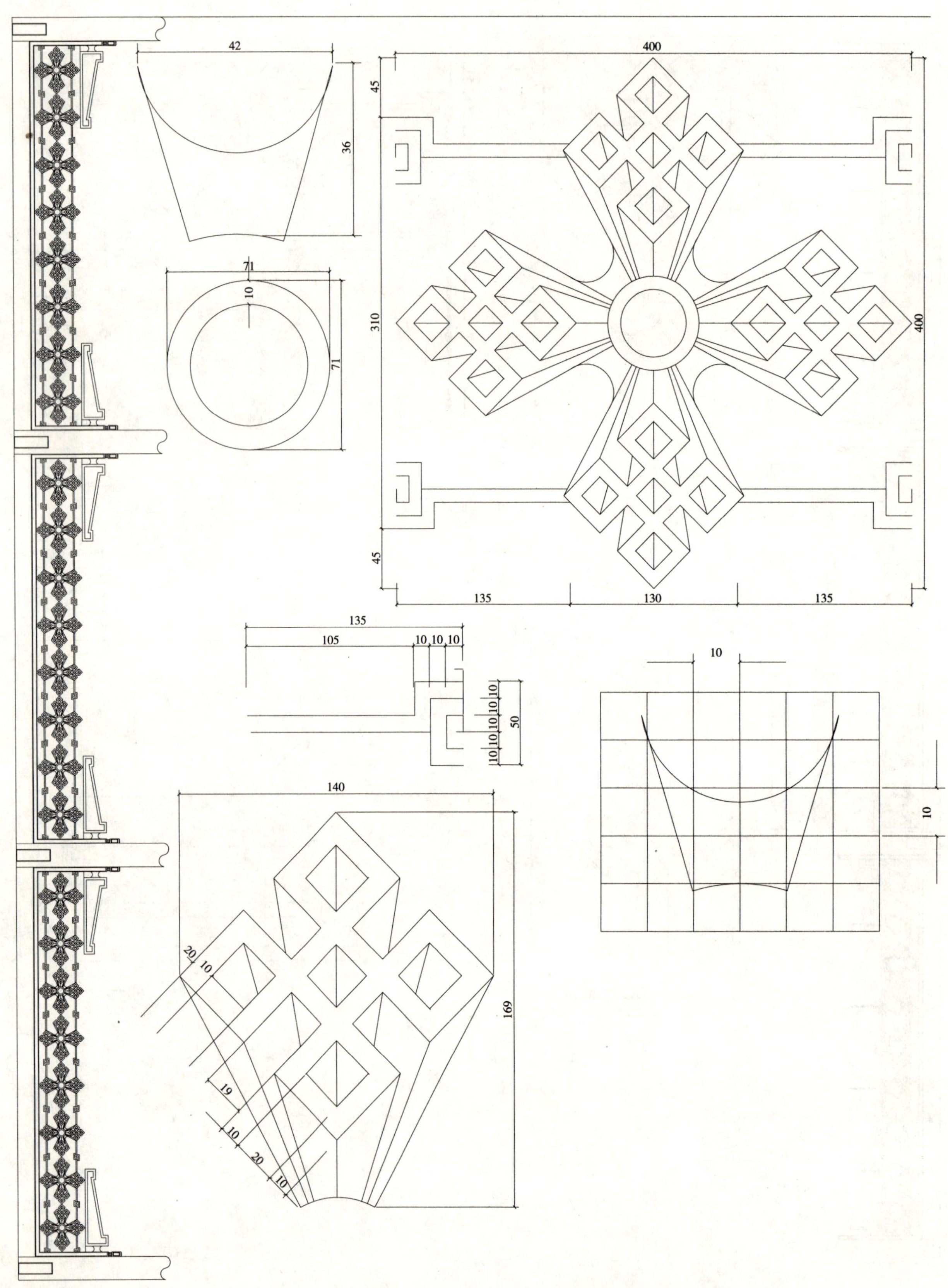
42
36
71
10
71
400
45
310
400
45
135
130
135
135
105
10 10 10
10
10
10
10
10
50
10
10
140
20
10
169
19
10
20
10

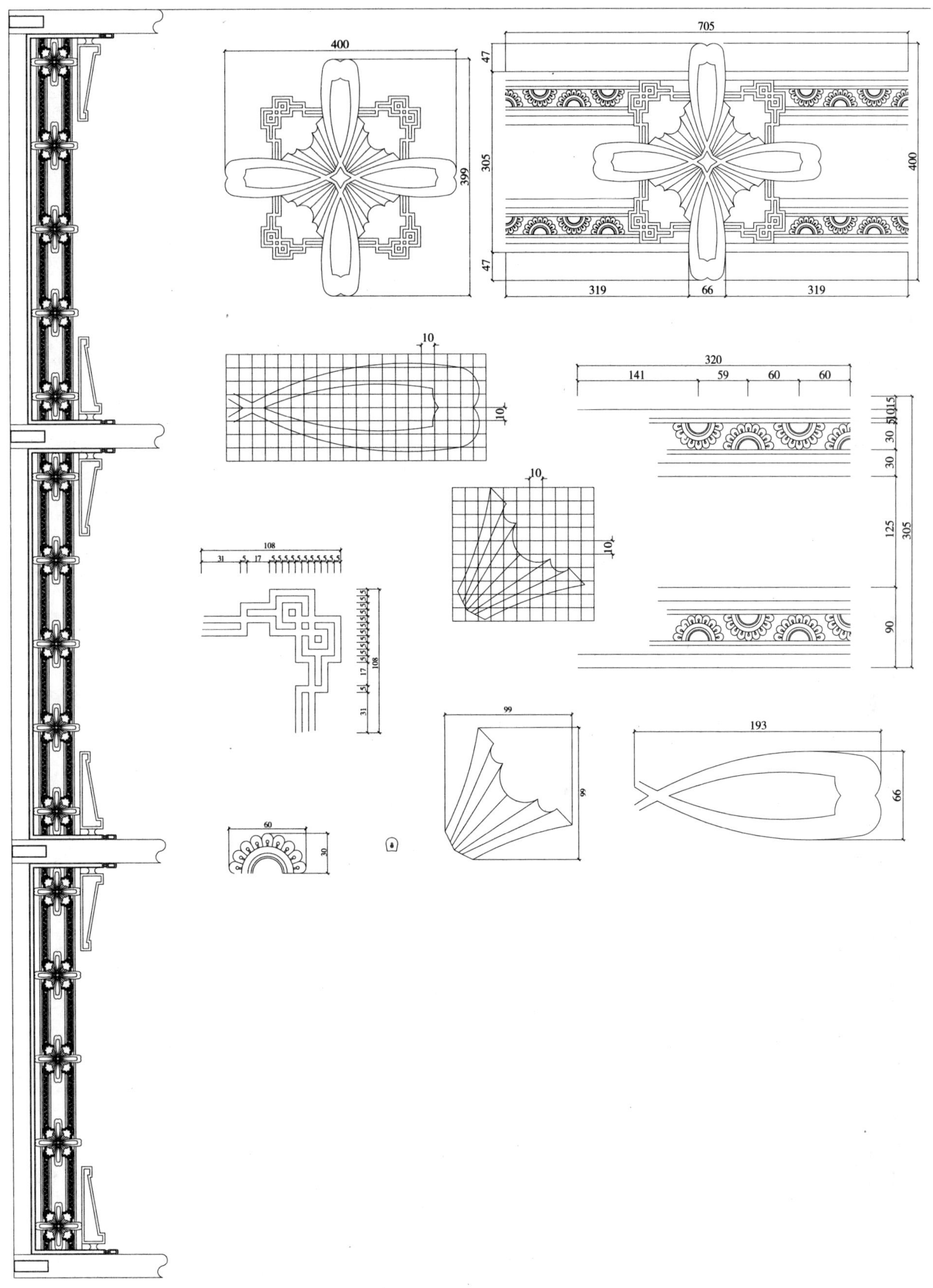
400
399
705
47
305
400
47
319
66
319
10
10
320
141
59
60
60
10
10
15
30
30
125
305
90
108
31
5
17
108
99
99
193
66
60
30

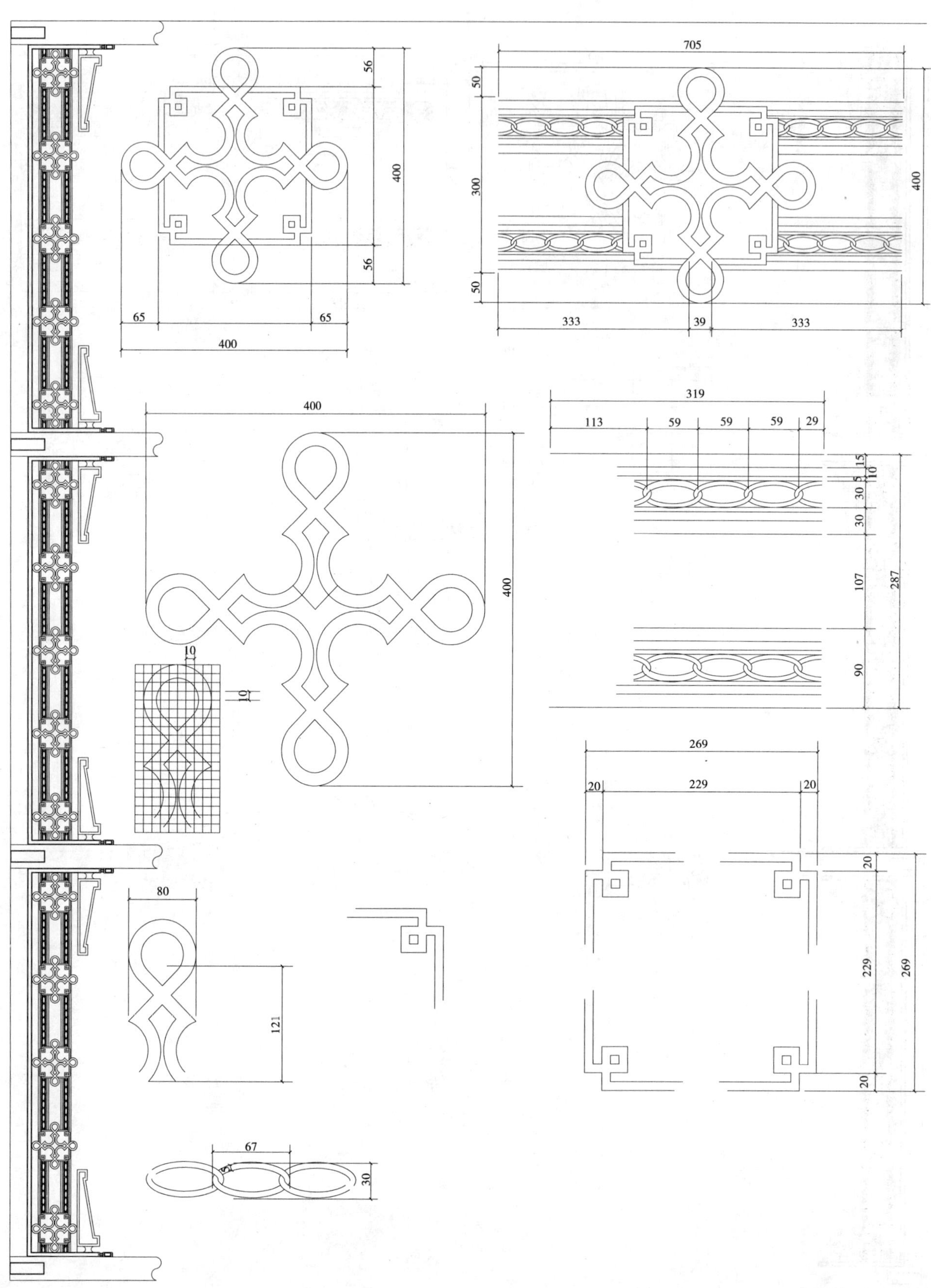
56
400
56
65
65
400
705
50
300
50
400
333
39
333
400
400
10
10
319
113
59
59
59
29
15
5
10
30
30
107
287
90
269
20
229
20
20
229
269
20
80
121
67
5
30

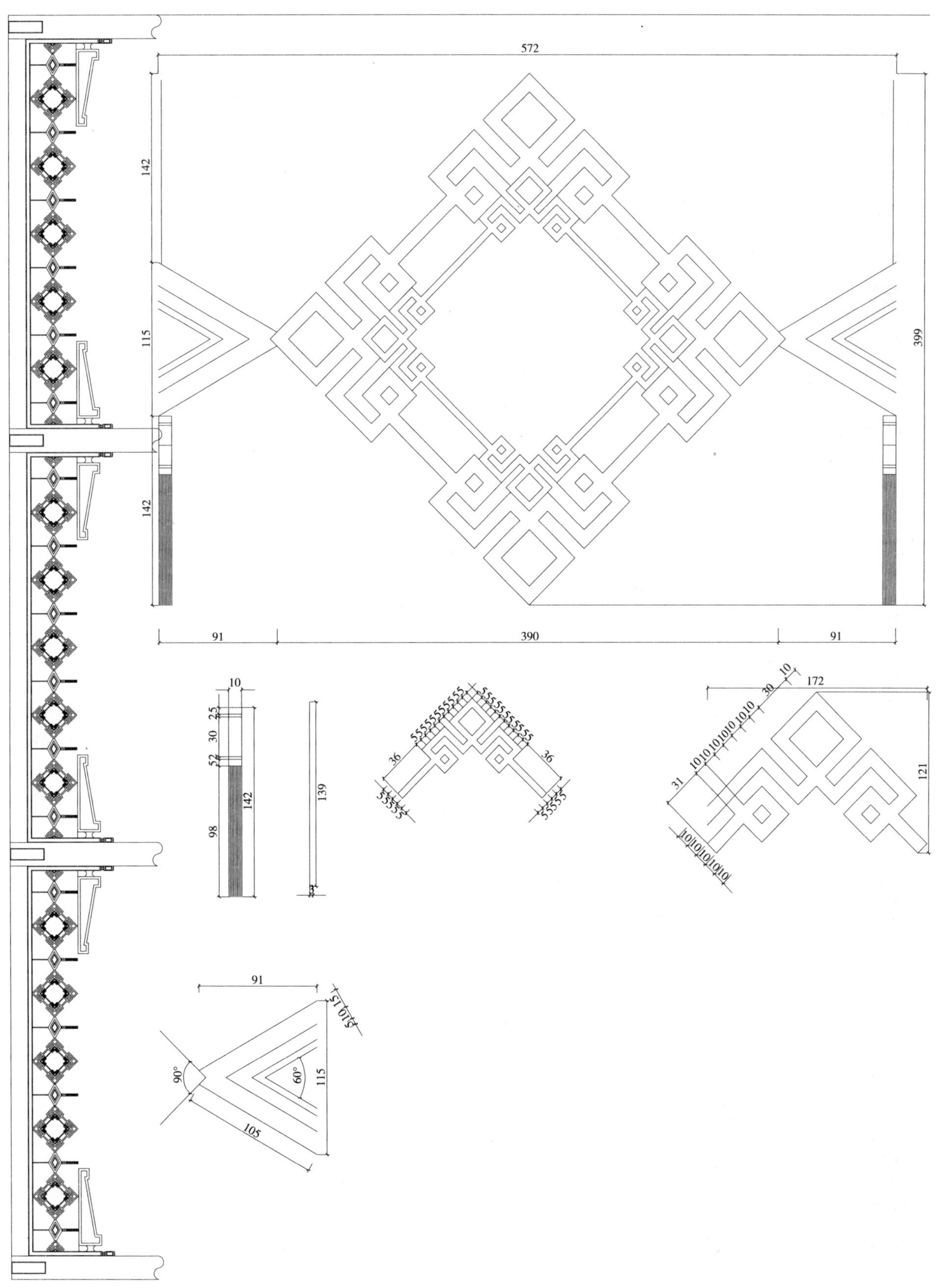
572
142
115
142
399
91
390
91
10
25
30
52
98
142
139
36
36
172
121
31
91
115
60°
90°
105

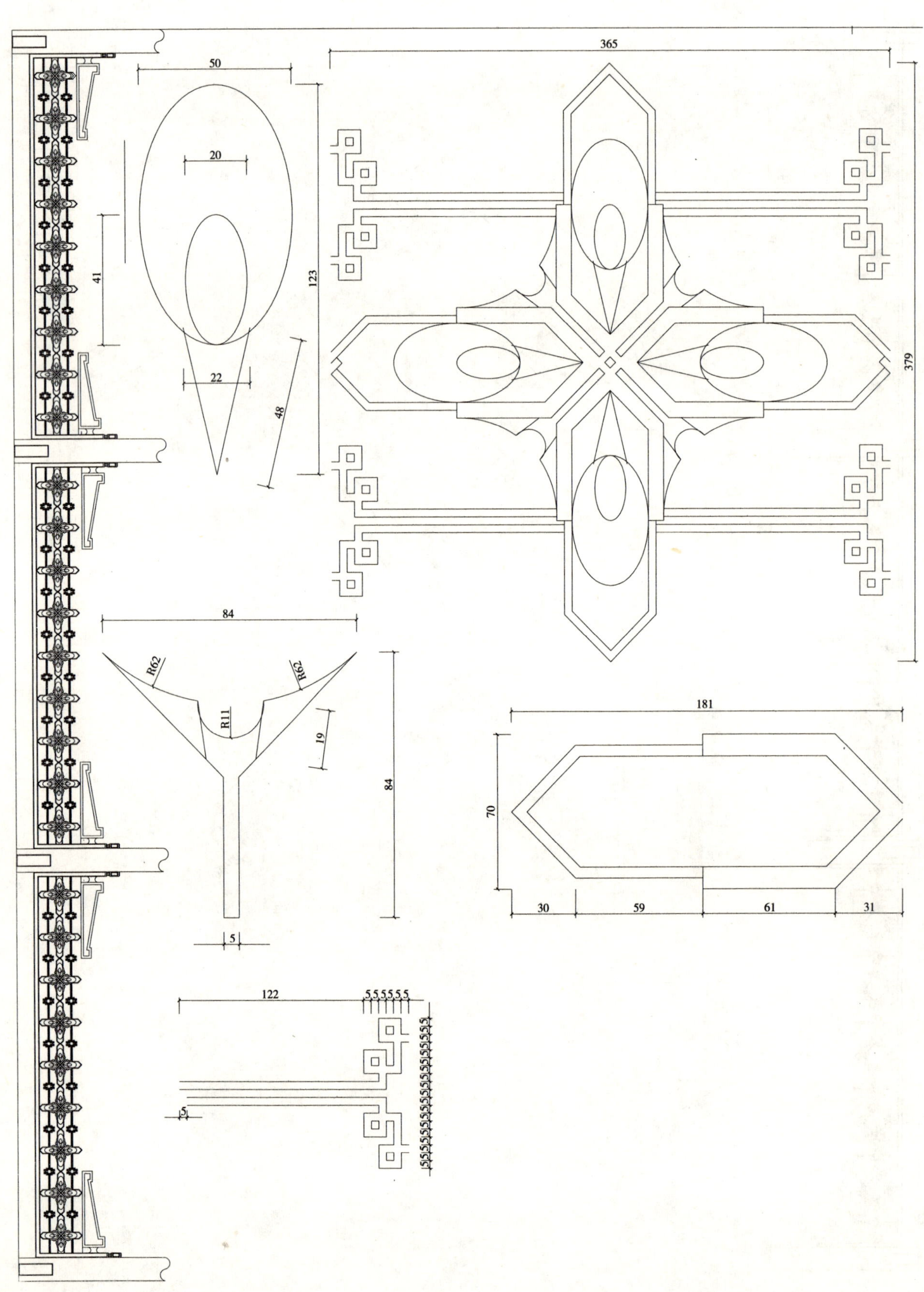
50
20
41
123
22
48
365
379
84
R62
R62
R11
19
84
5
181
70
30
59
61
31
122
5 5 5 5 5 5
5

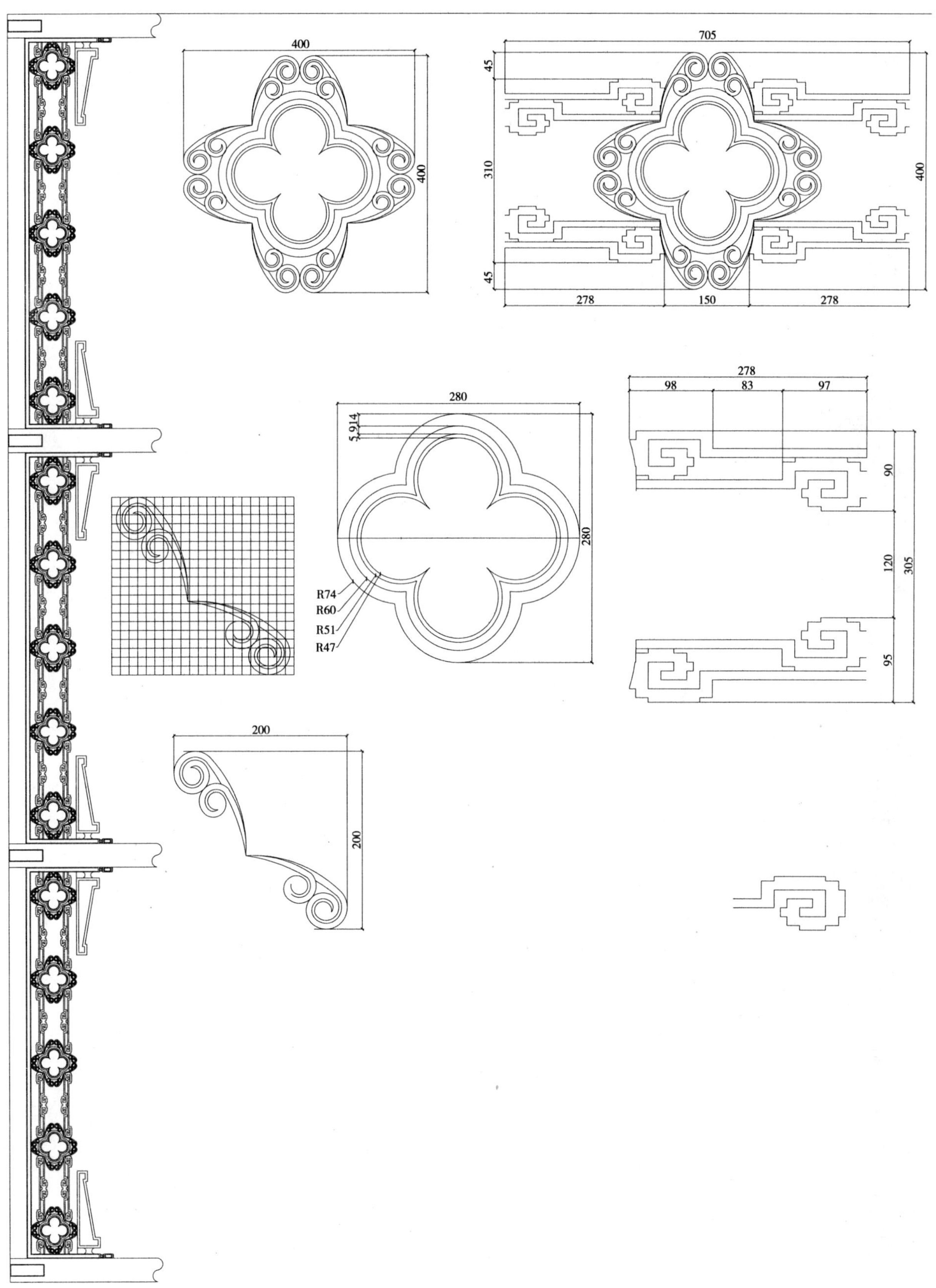
400
400
705
45
310
400
45
278
150
278
278
98
83
97
90
120
305
95
280
5.914
280
R74
R60
R51
R47
200
200

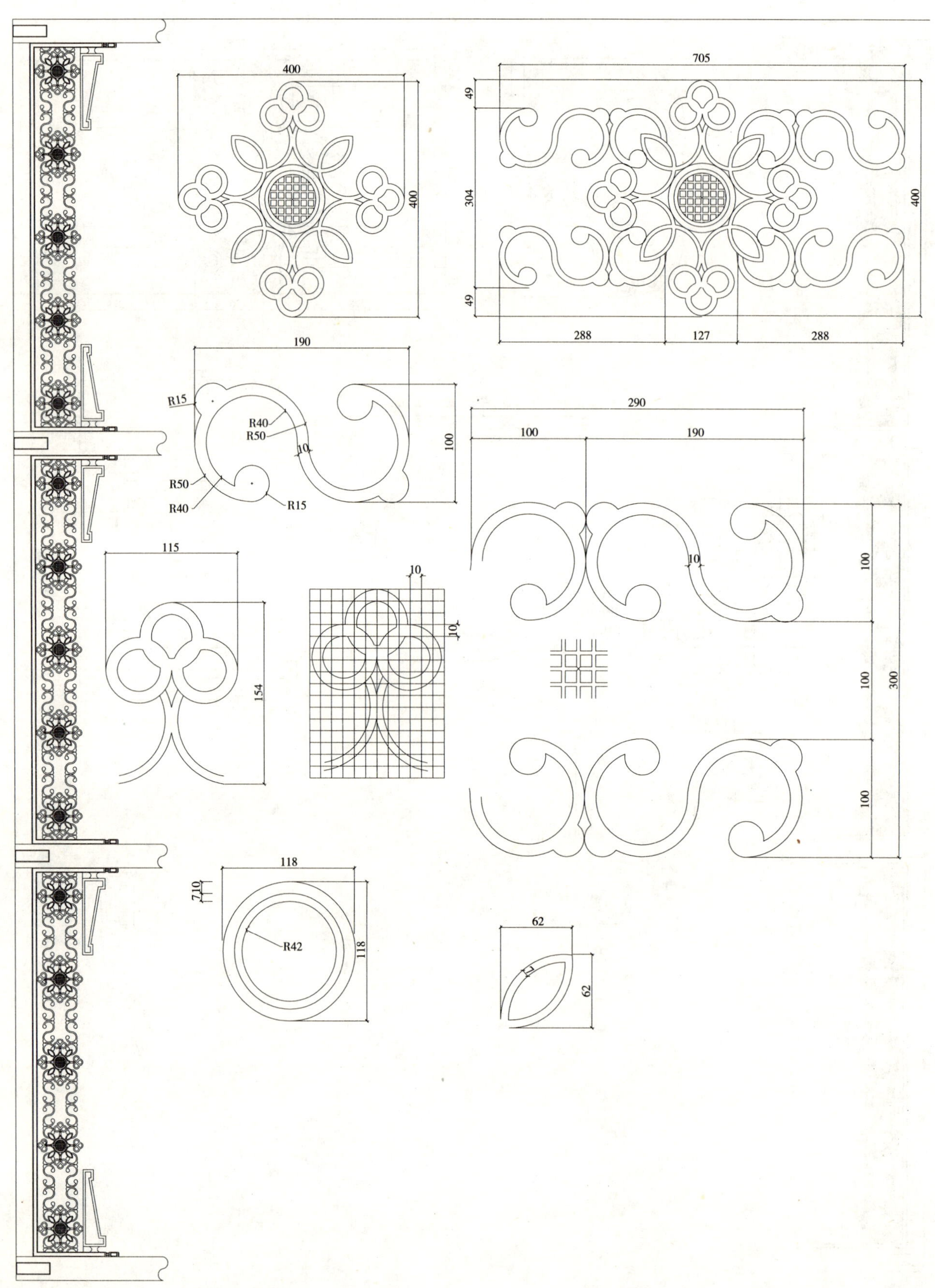
400
400
705
49
304
400
49
288
127
288
190
R15
R40
R50
10
100
R50
R40
R15
290
100
190
10
100
100
300
100
115
154
10
10
118
7 10
R42
118
62
7
62

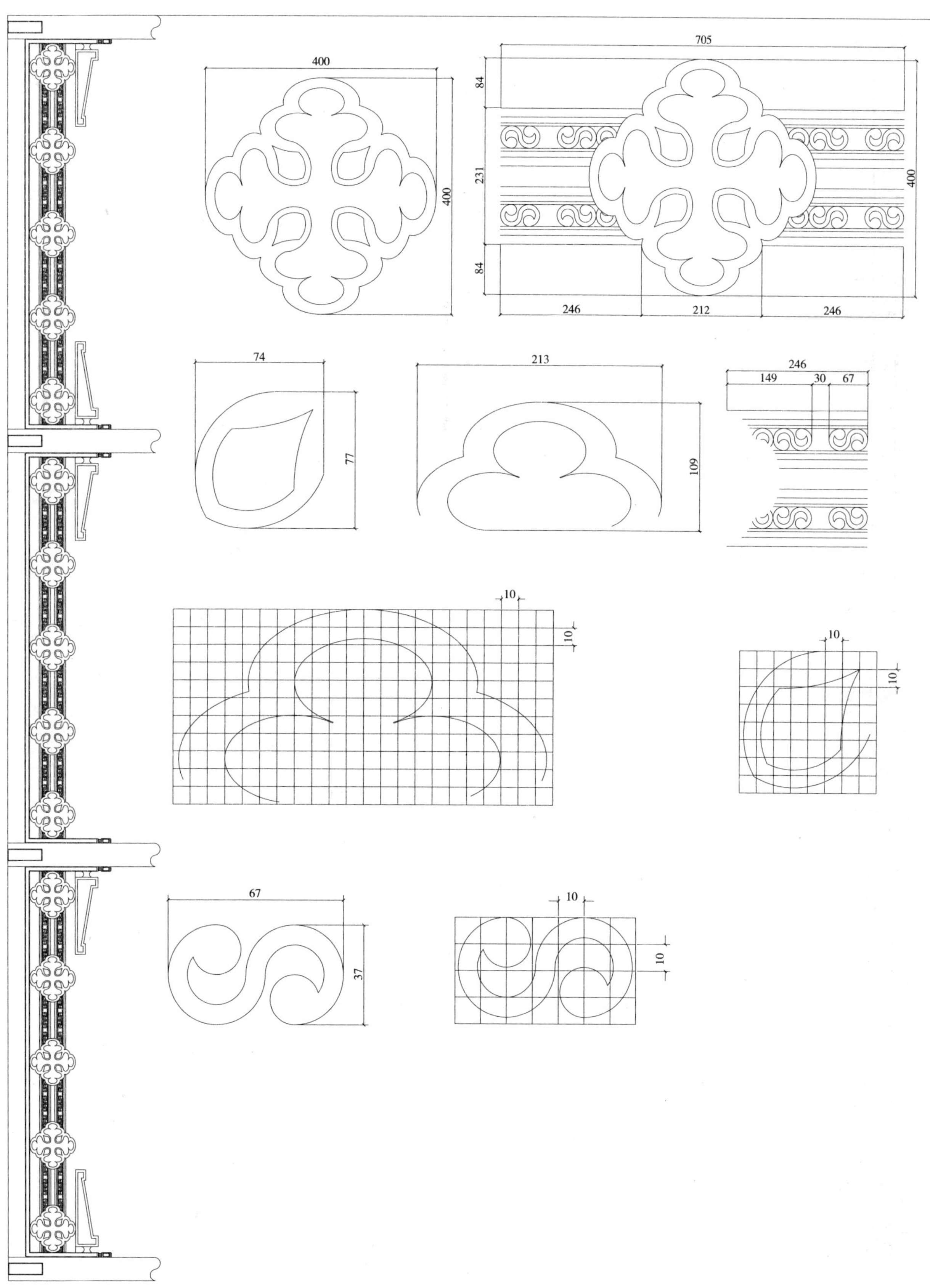
400
400
705
84
231
400
84
246
212
246
74
77
213
109
246
149
30
67
10
10
10
10
67
37
10
10

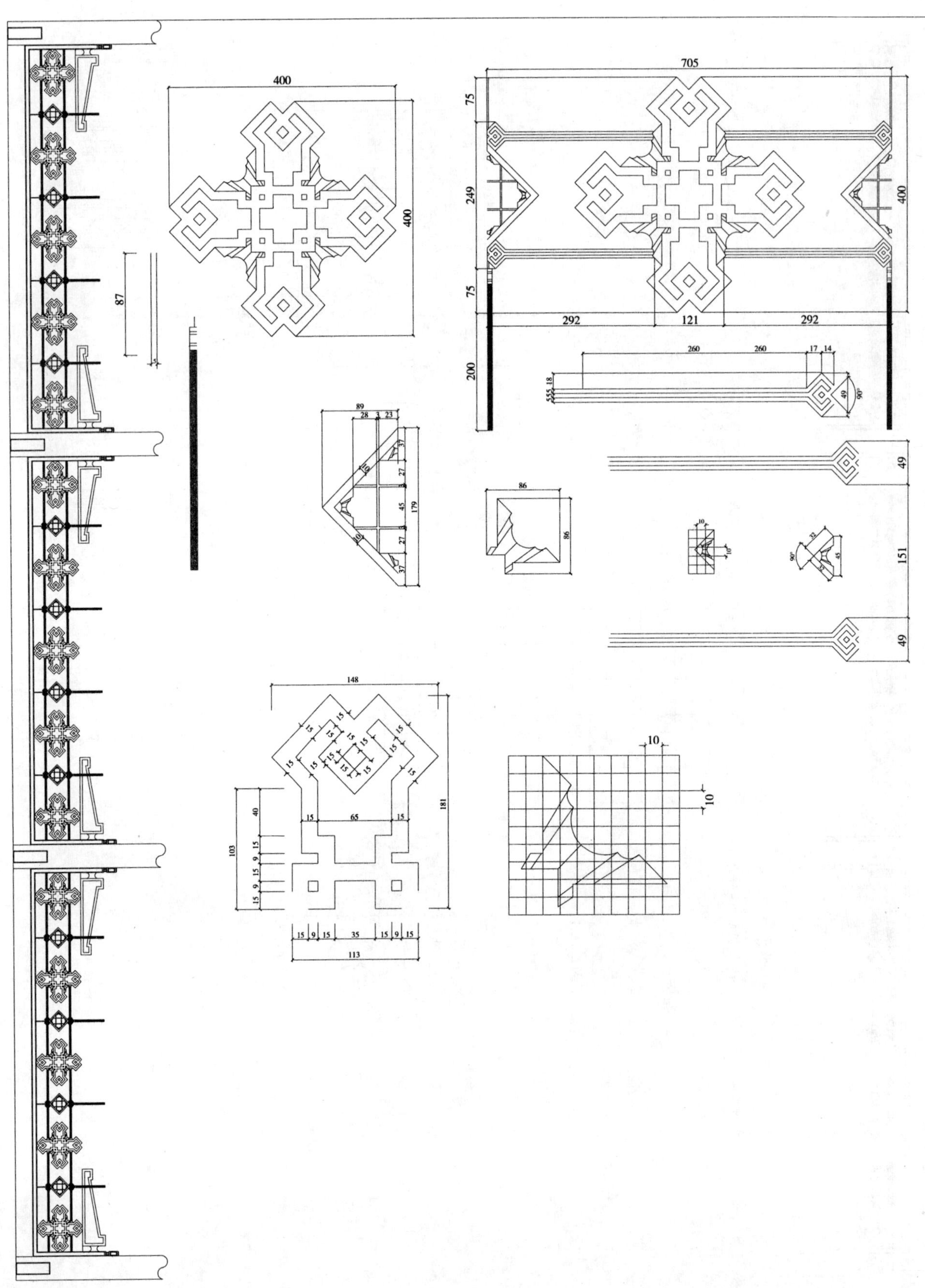
400
400
87
705
75
249
75
200
400
292
121
292
260
260
17
14
89
28
3
23
37
27
45
179
27
37
86
86
49
151
49
148
181
40
103
15
65
15
15
9
15
35
15
9
15
113
10
10

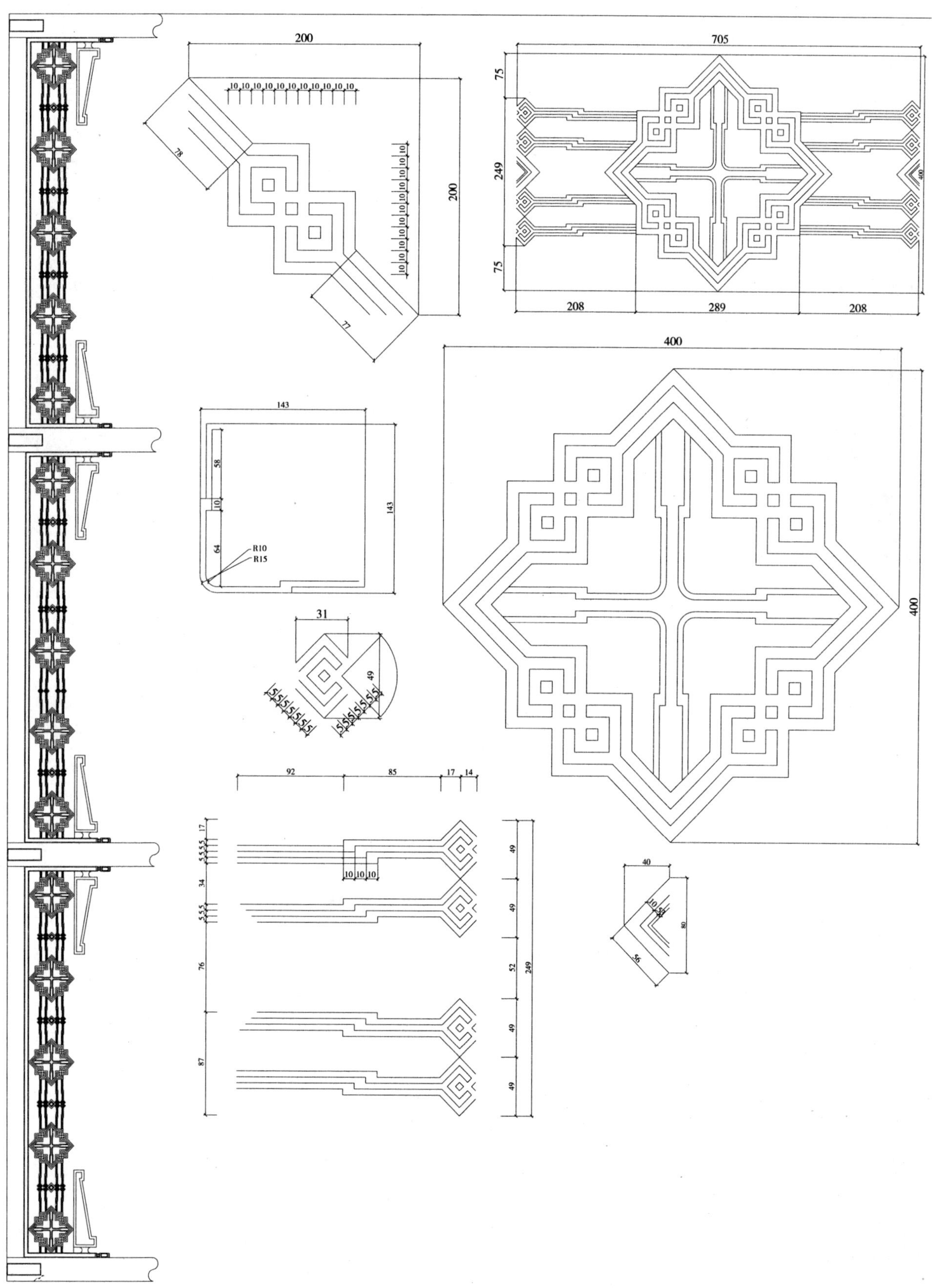
200
10 10 10 10 10 10 10 10 10 10 10
78
200
77
705
75
249
75
208
289
208
400
143
58
10
64
R10
R15
143
400
31
49
92
85
17
14
10 10 10
49
49
52
249
49
49
40
56
80

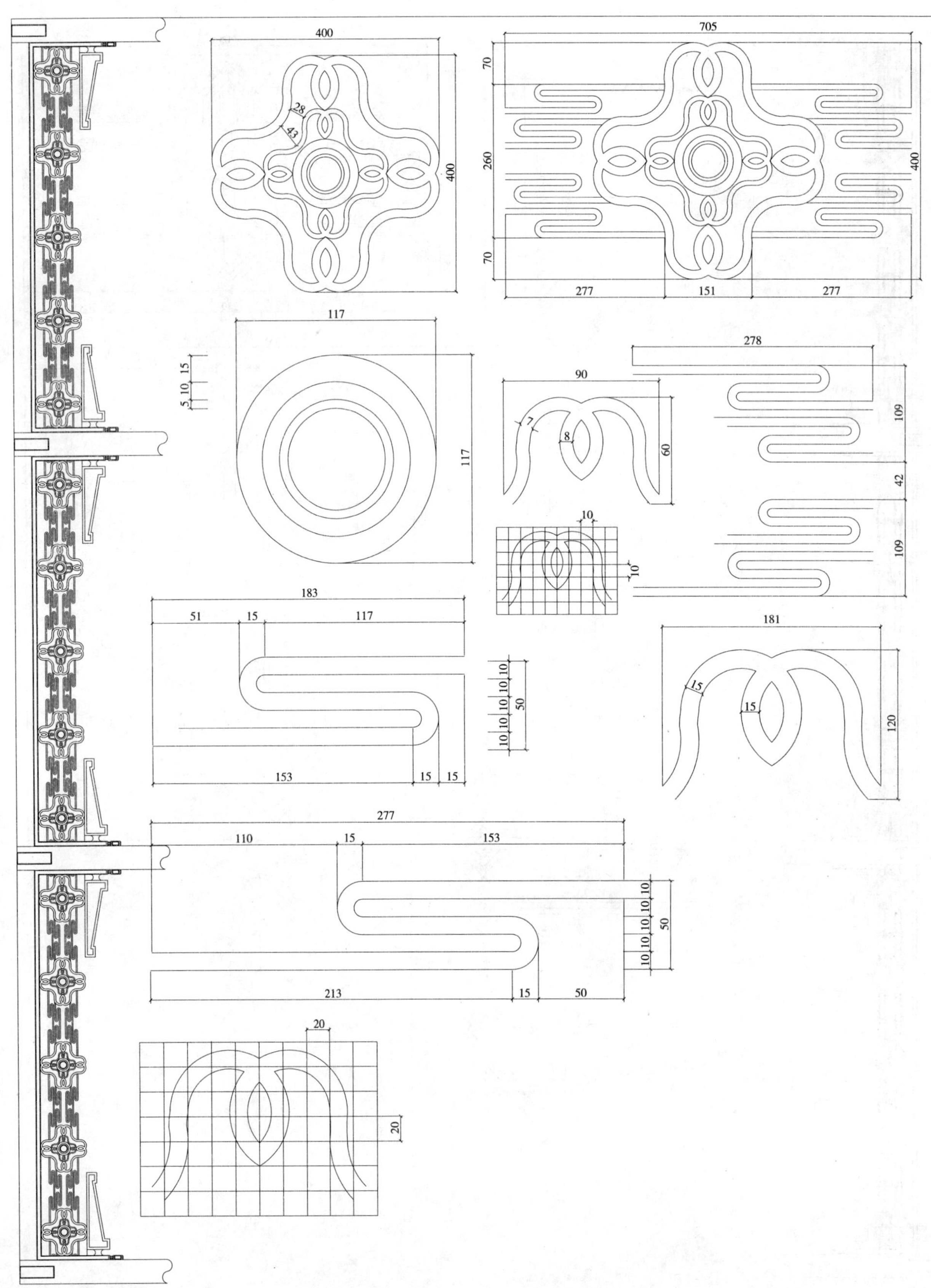
400
28
43
400
705
70
260
70
400
277
151
277
117
15
5 10
117
278
90
7
8
60
109
42
109
10
10
183
51
15
117
10 10 10 10 10
50
153
15
15
181
15
15
120
277
110
15
153
10 10 10 10 10
50
213
15
50
20
20

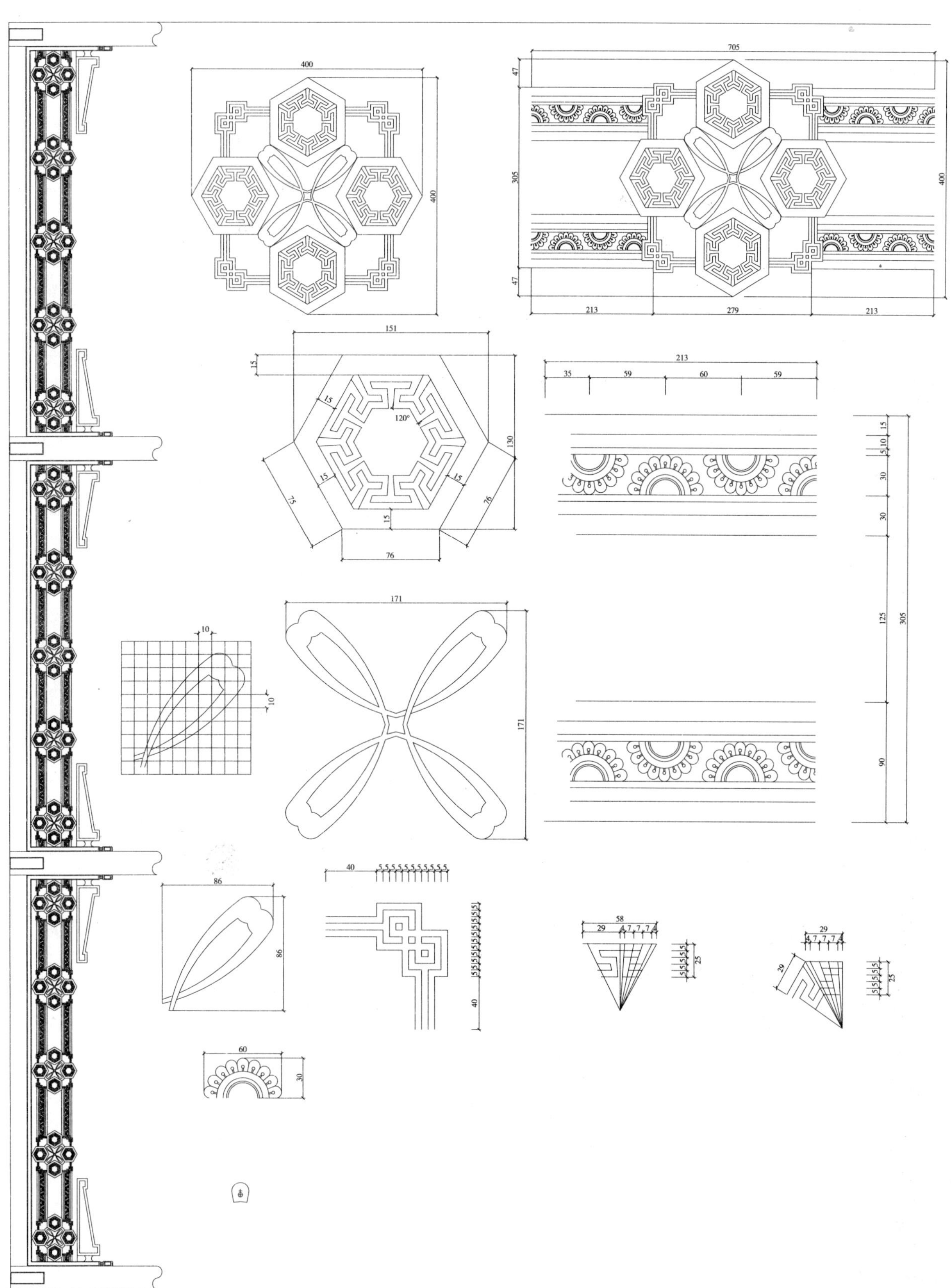

400
400
705
47
305
400
47
213
279
213
151
15
15
120°
130
15
15
75
76
15
76
213
35
59
60
59
15
5
10
30
30
125
305
90
171
10
10
171
86
86
40
5 5 5 5 5 5 5 5 5 5 5
40
58
29
4 7 7 7 4
25
29
4 7 7 7 4
29
25
60
30

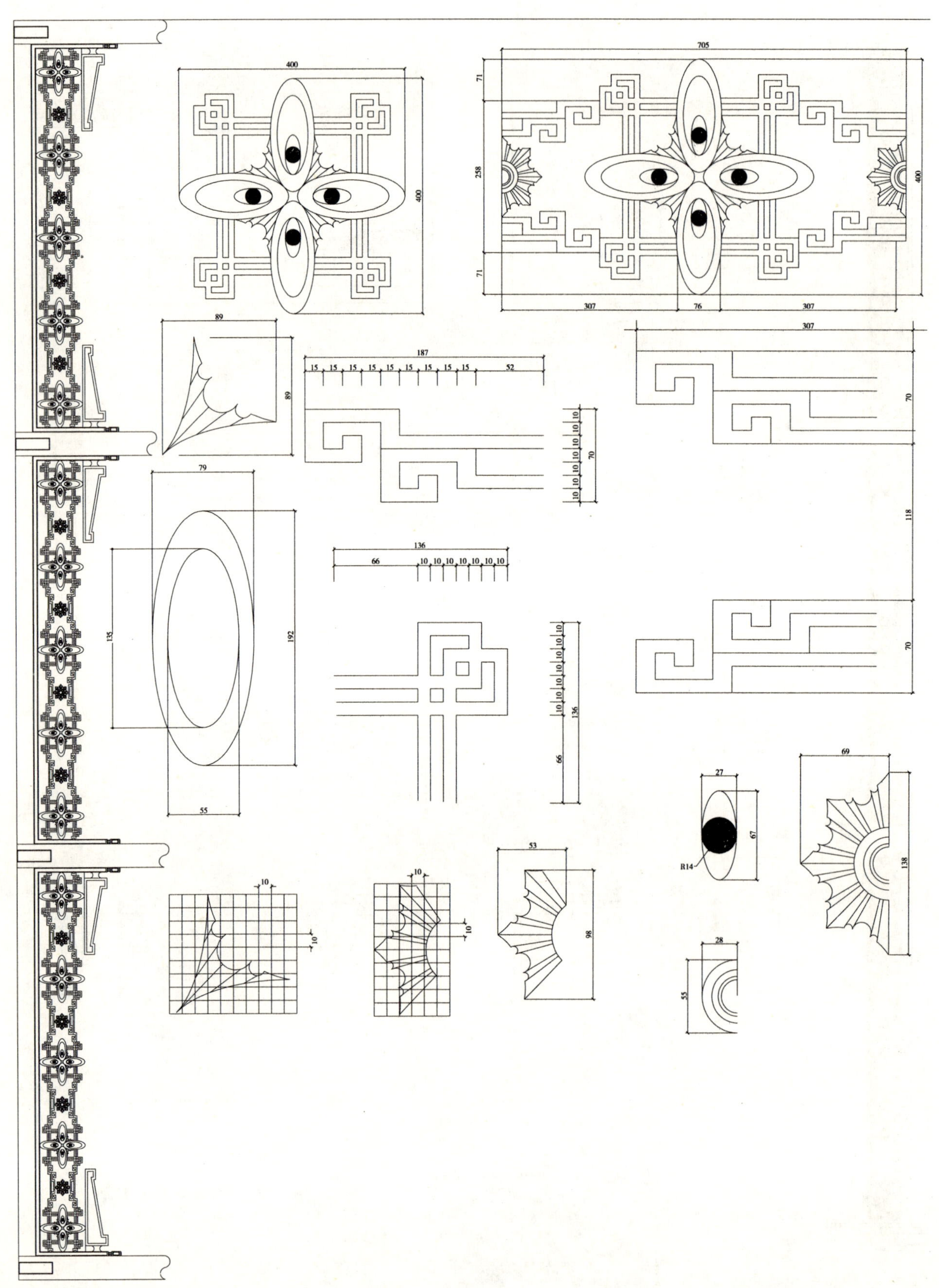

400
400
705
71
258
71
400
307
76
307
89
89
187
15 15 15 15 15 15 15 15 15 52
10 10 10 10 10 10 10
70
307
70
118
70
79
135
192
55
136
66 10 10 10 10 10 10 10
10 10 10 10 10 10 10
136
66
27
67
R14
69
138
53
98
28
55
10
10
10
10

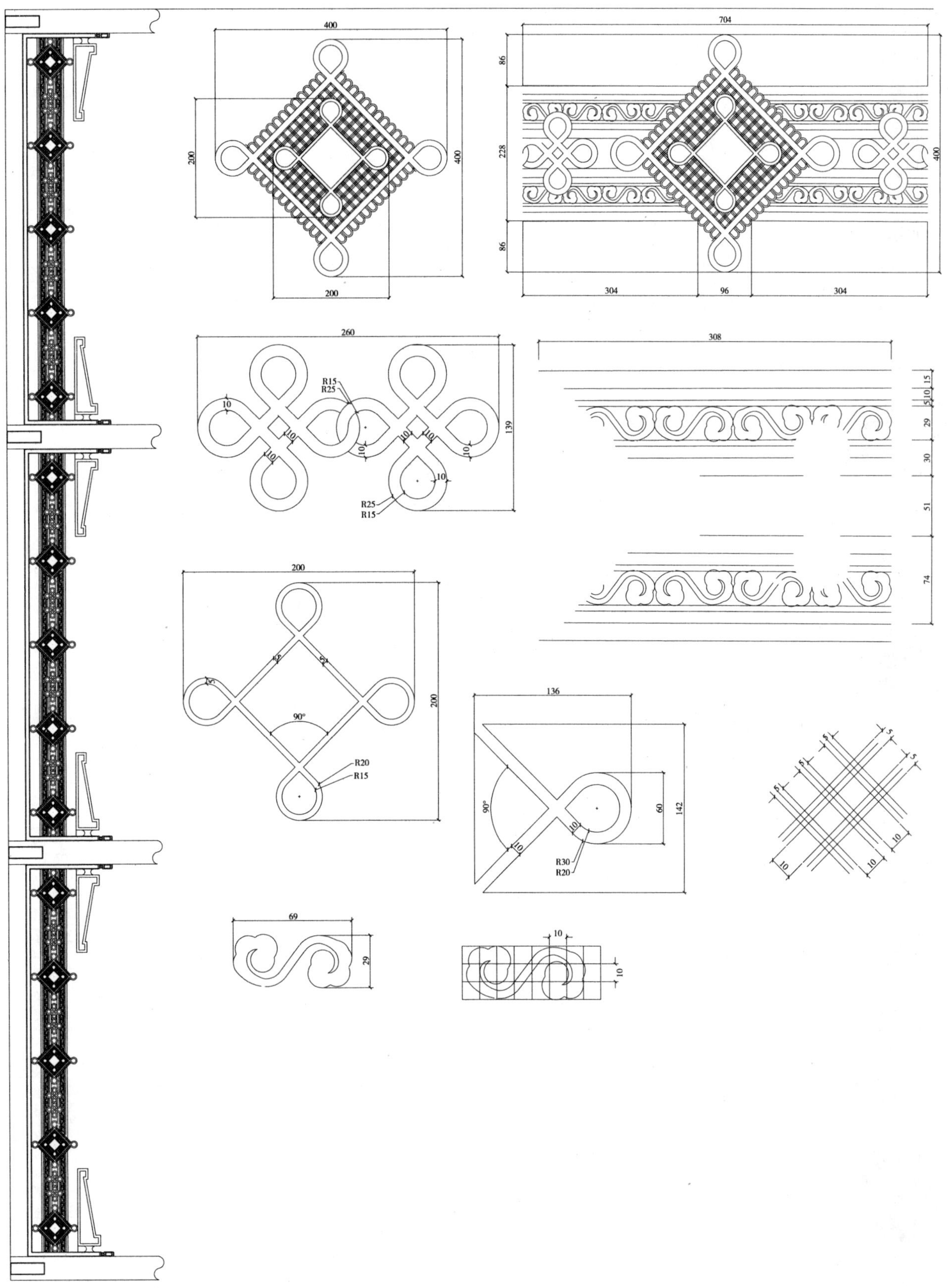
400
200
400
200
704
86
228
400
86
304
96
304
260
R15
R25
10
139
R25
R15
308
15
10
5
29
30
51
74
200
90°
200
R20
R15
136
90°
60
142
R30
R20
10
5
69
29
10

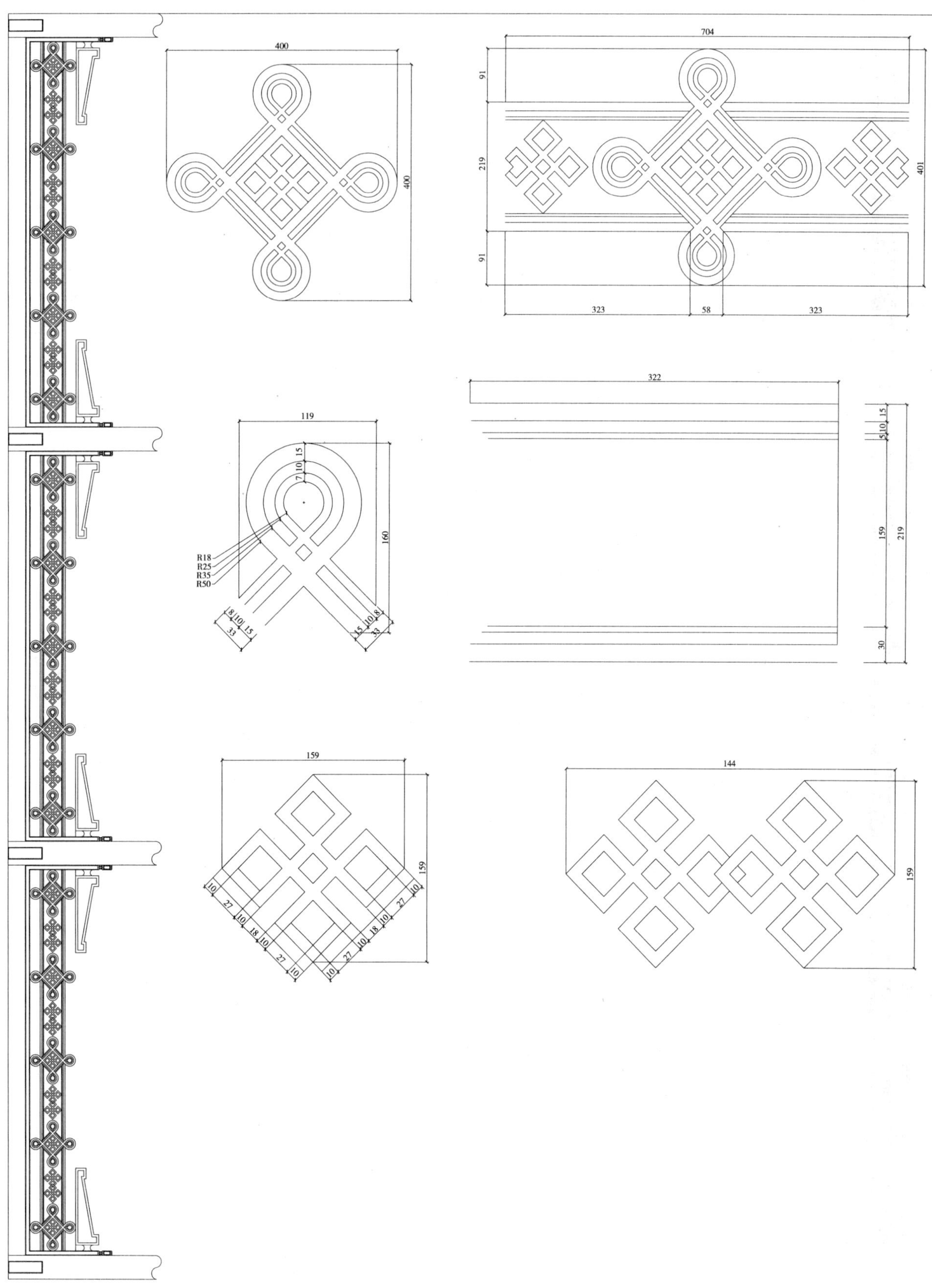
400
400
704
91
219
401
91
323
58
323
119
15
10
7
160
R18
R25
R35
R50
8 10 15
33
15 10 8
33
322
15
10
5
159
219
30
159
159
10
27
10
18
10
27
10
10
27
10
18
10
27
10
144
159

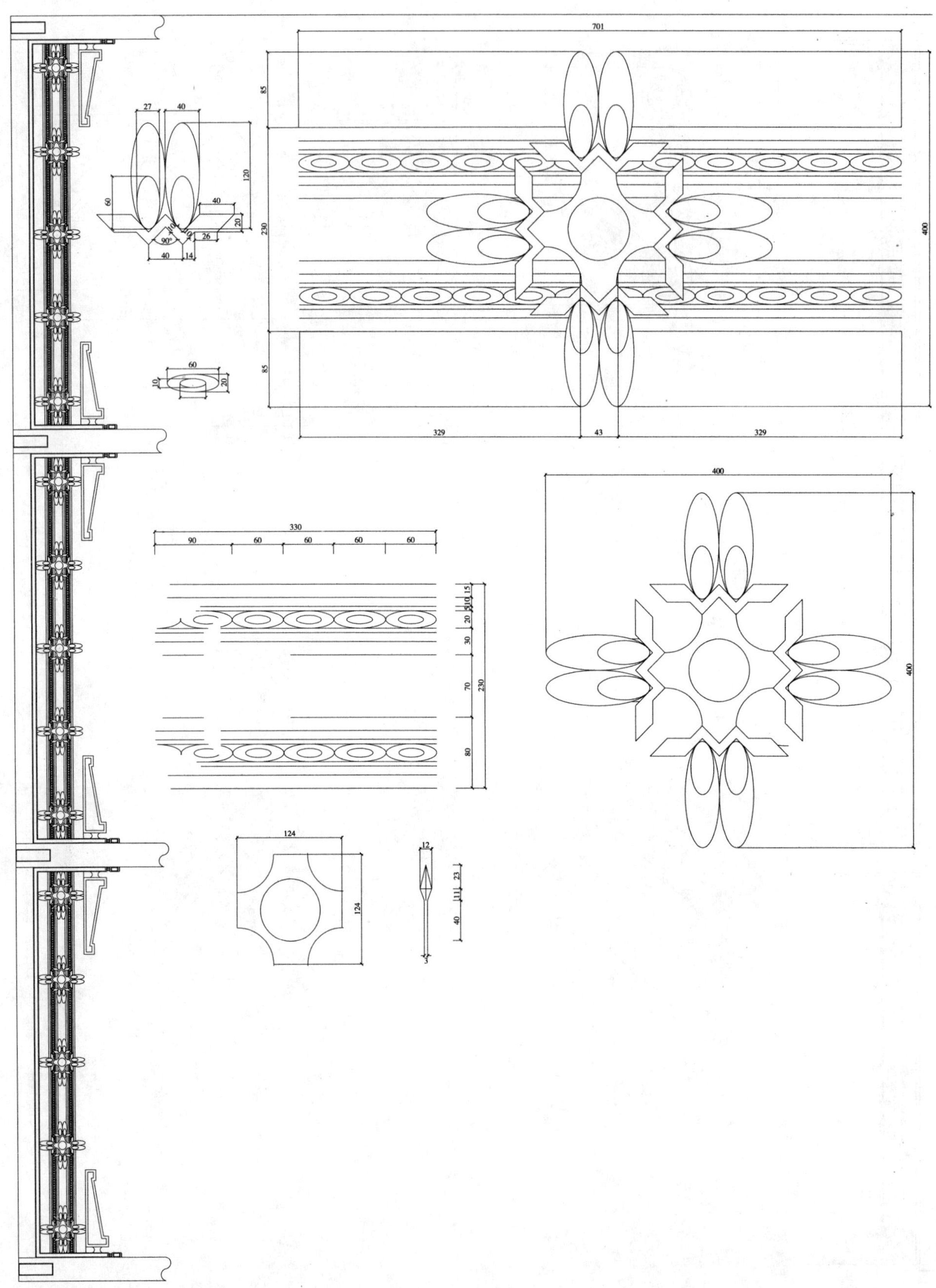
701
85
230
400
85
329
43
329
27
40
120
60
40
20
90°
10
10
26
40
14
60
10
20
400
400
330
90
60
60
60
60
15
10
5
10
20
30
70
230
80
124
124
12
23
11
40
3

705
85
231
85
400
287
130
287
149
150
288
43
70
35
35
35
35
35
230
400
400
180
148
35
20

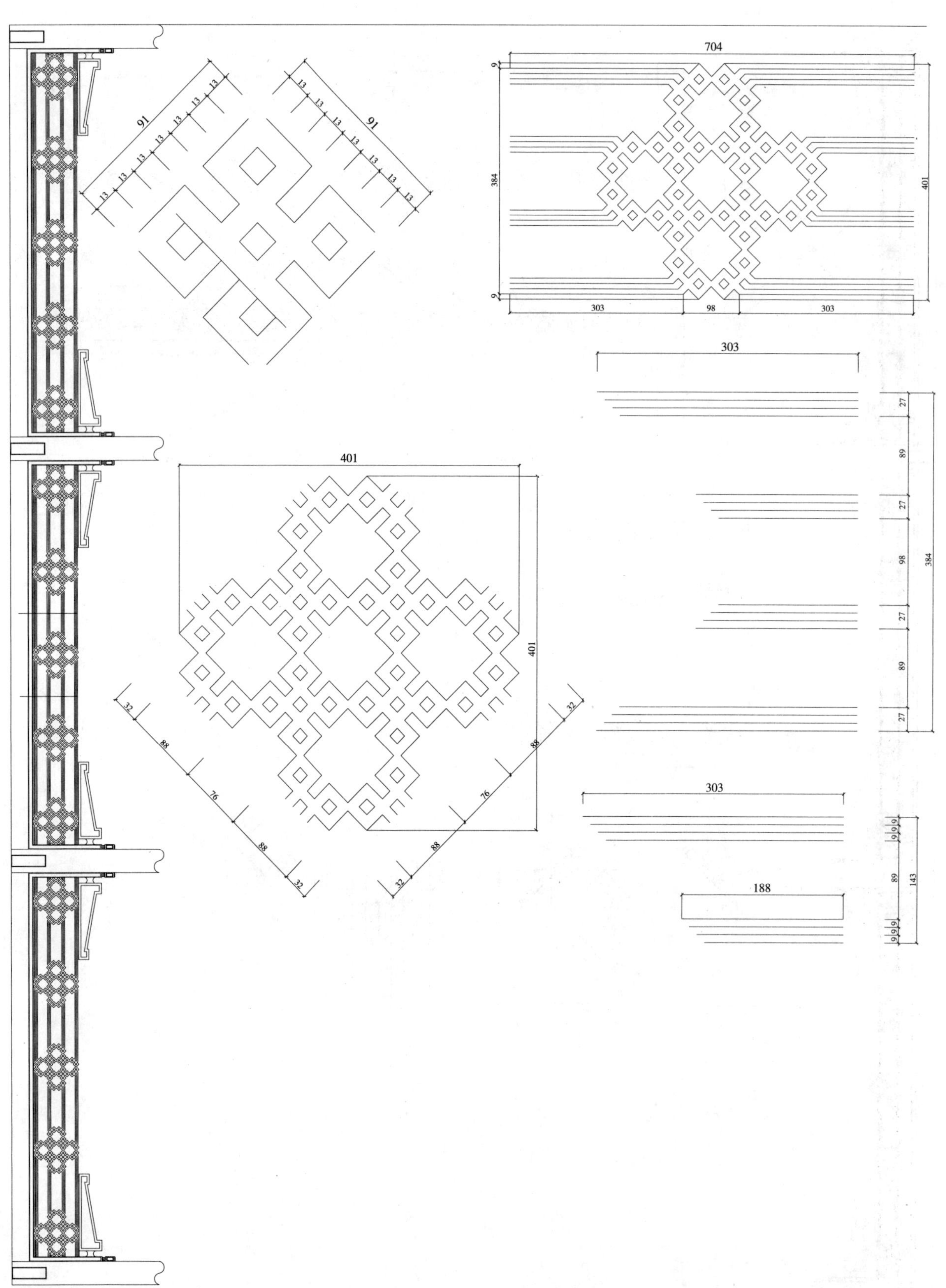
91
13
13
13
13
13
13
13
91
13
13
13
13
13
13
13
704
9
384
401
9
303
98
303
303
27
89
27
98
384
27
89
27
401
401
32
88
76
88
32
32
88
76
88
32
303
9
9
9
89
143
9
9
9
188

706
61
277
400
61
242
220
242
400
400
200
199
242
64
45
45
45
45
15
5
10
18
30
122
78
45
19
11
22
18
10
44
72
89
178

705
144
41
100
200
100
400
199
308
199
71
54
74
68
15
20
10
9
10
78
72
115
19
55
64
121
19
59
379
400
149
15
10
5
149
10
50
10
55
32
23
17
10
55
10
50
50
6
10
6
10

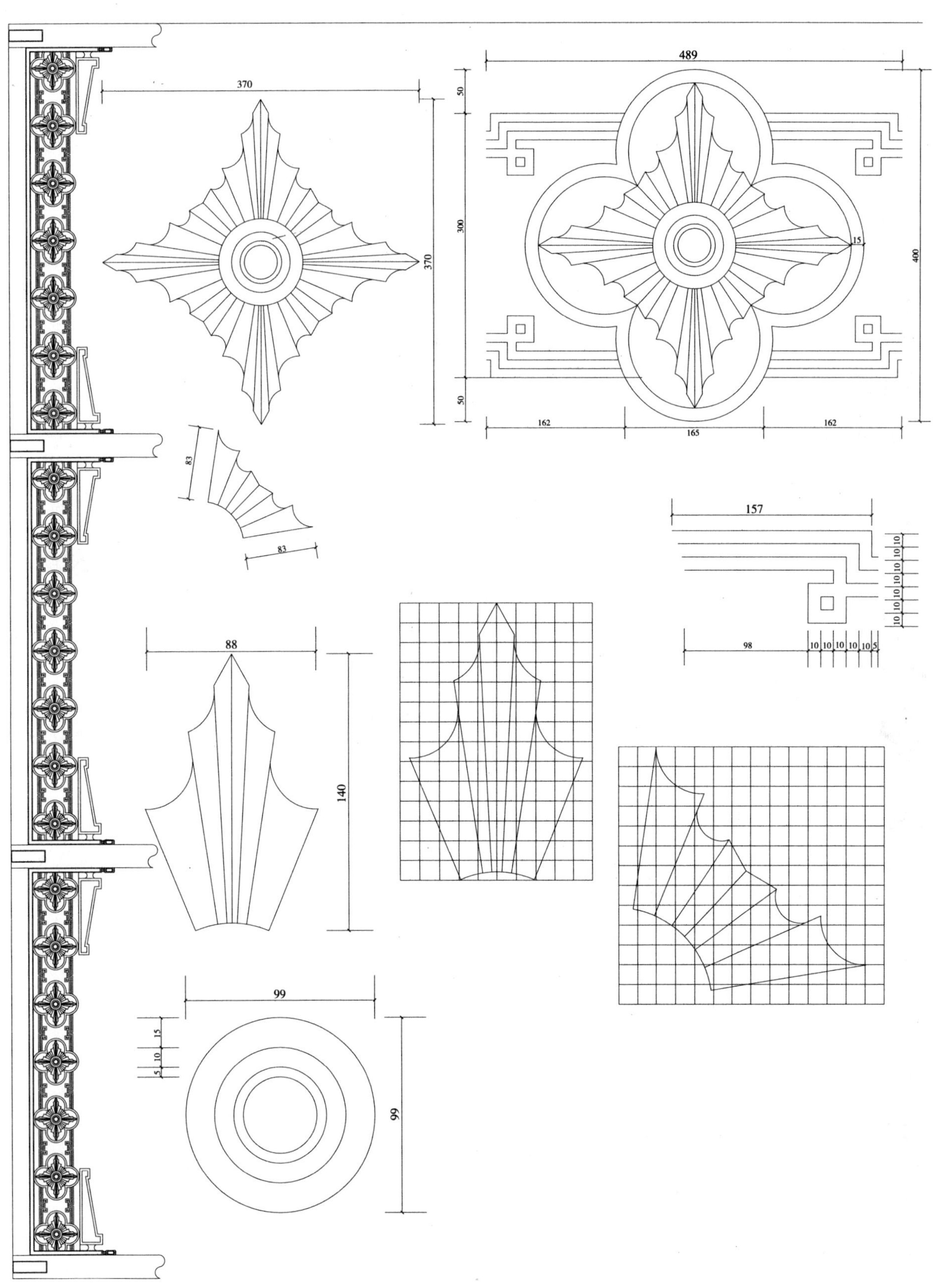
370
370
489
50
300
50
15
400
162
165
162
83
83
157
10
10
10
10
10
10
10
10
98
10 10 10 10 10 5
88
140
99
15
10
5
99

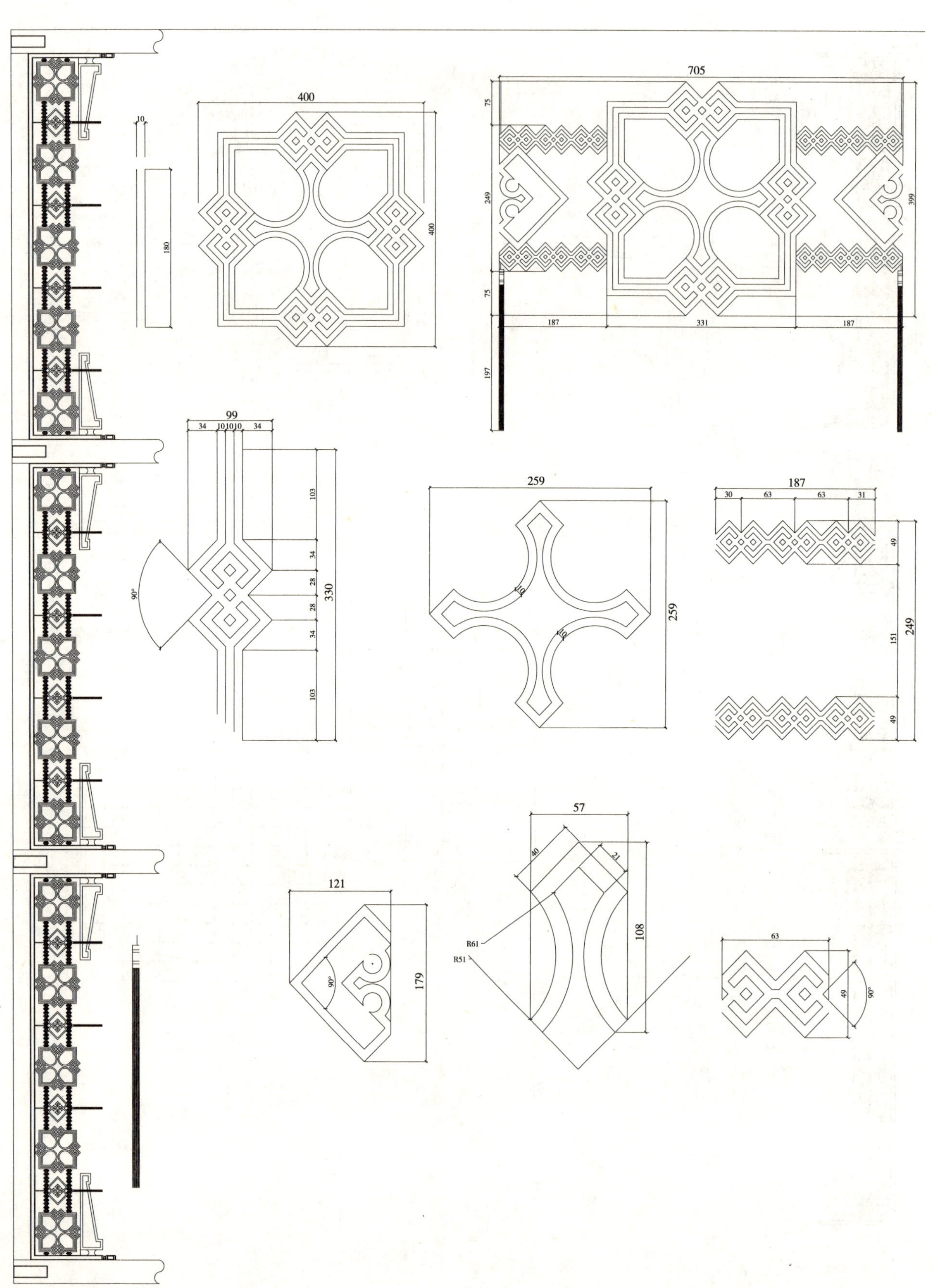

400
400
180
10
705
75
249
75
197
399
187
331
187
99
34
10
10
10
34
103
34
28
28
34
103
330
90°
259
259
10
10
187
30
63
63
31
49
151
249
49
57
40
21
108
R61
R51
121
179
90°
63
49
90°

705
90
220
90
400
228
249
228
99
99
R67
R82
R92
R97
10
15
5
20
228
16
34
6
65
6
9
6
85
15
18
10
104
58
20
55
19
7
7
52
47
345
400
124
10
10
10
10
90°
87
33
42
33
33
69
36
10
10
10
90°
90°
15
79
15
109
124
116

705
90
220
90
400
308
90
308
63
147
308
17
112
66
15
15
15
69
R37
400
220
400
123
120

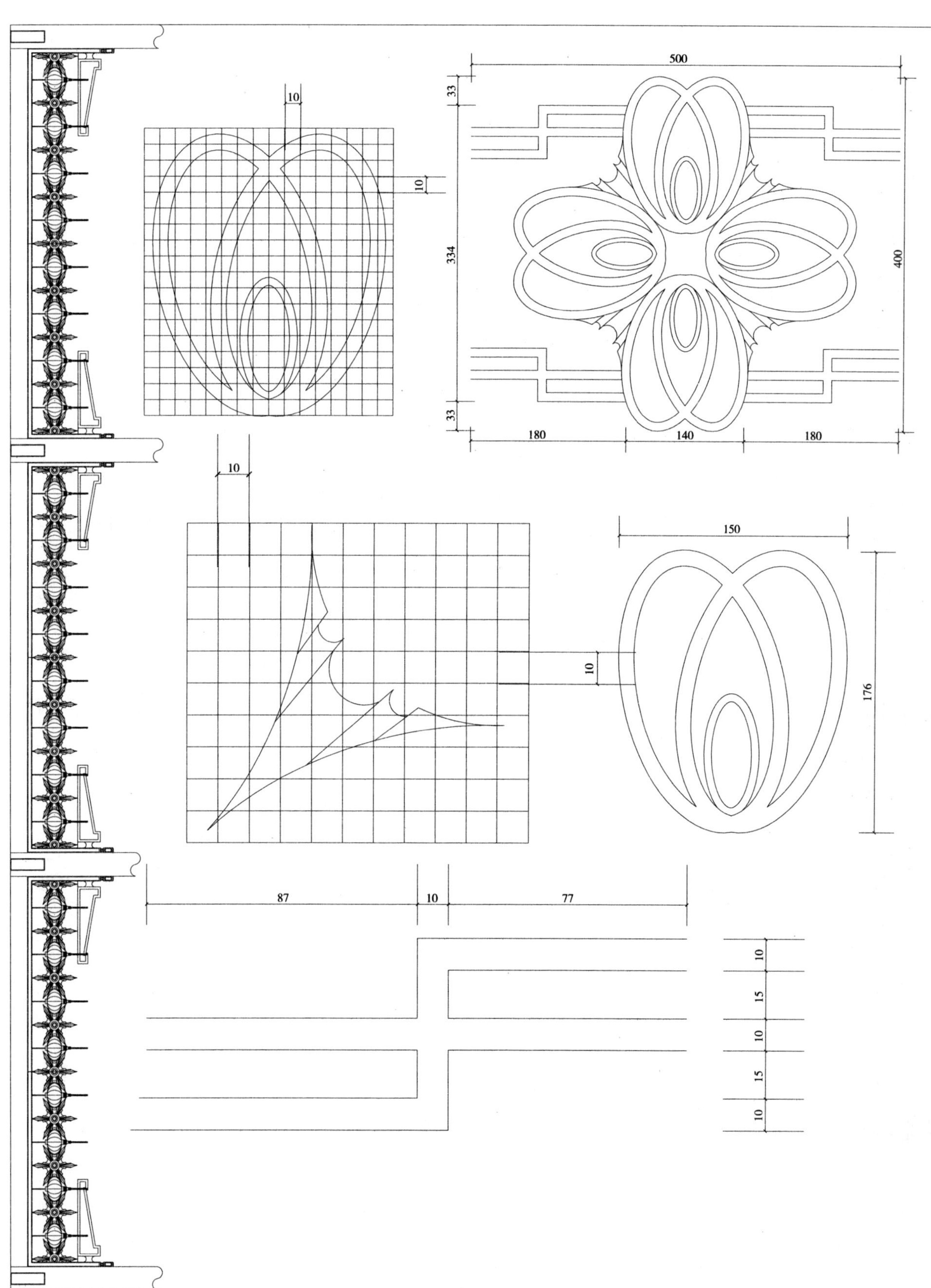
10
10
500
33
334
400
33
180
140
180
10
150
10
176
87
10
77
10
15
10
15
10

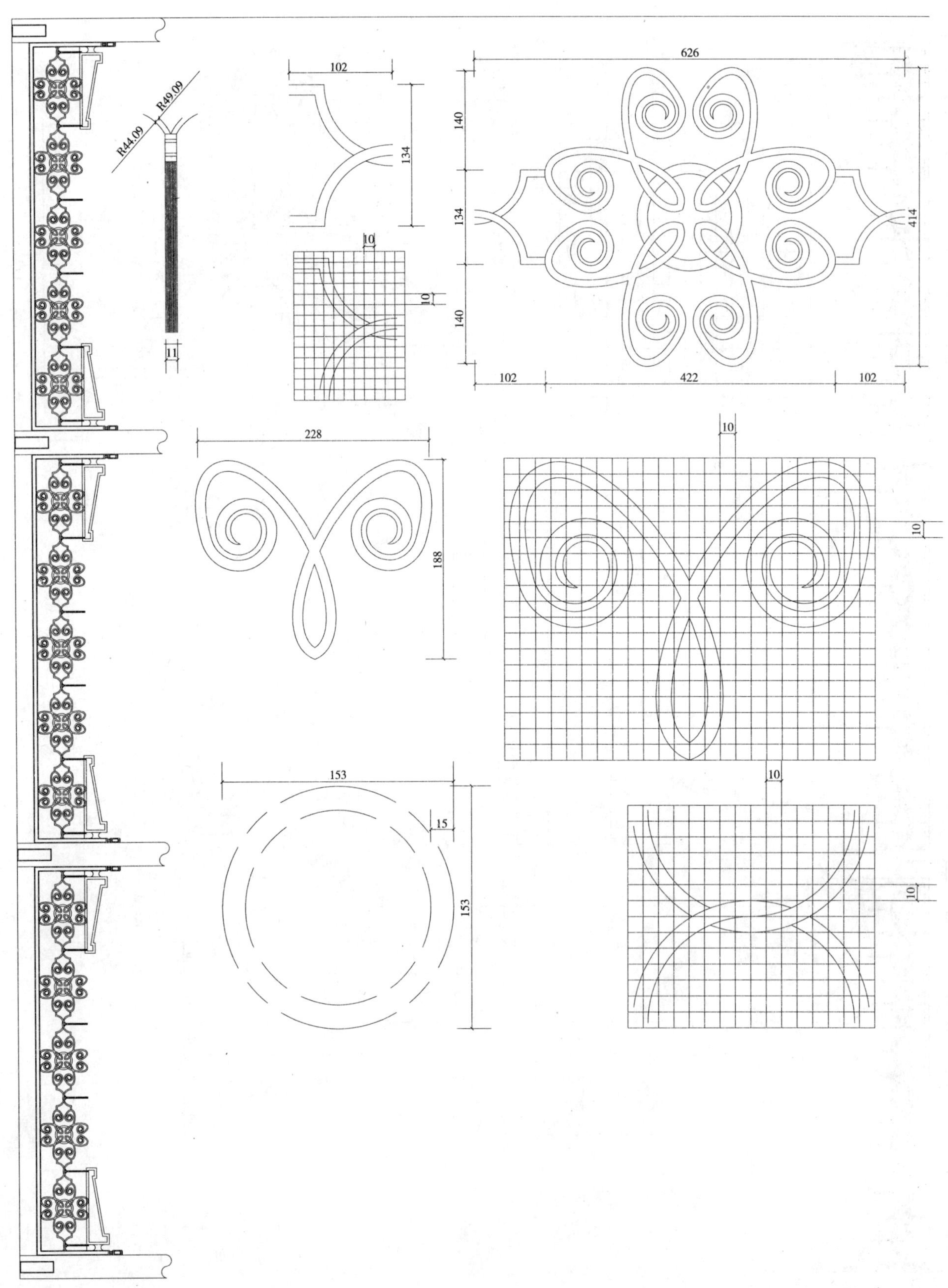
R44.09
R49.09
11
102
134
10
10
626
140
134
140
414
102
422
102
228
188
10
10
153
15
153
10
10

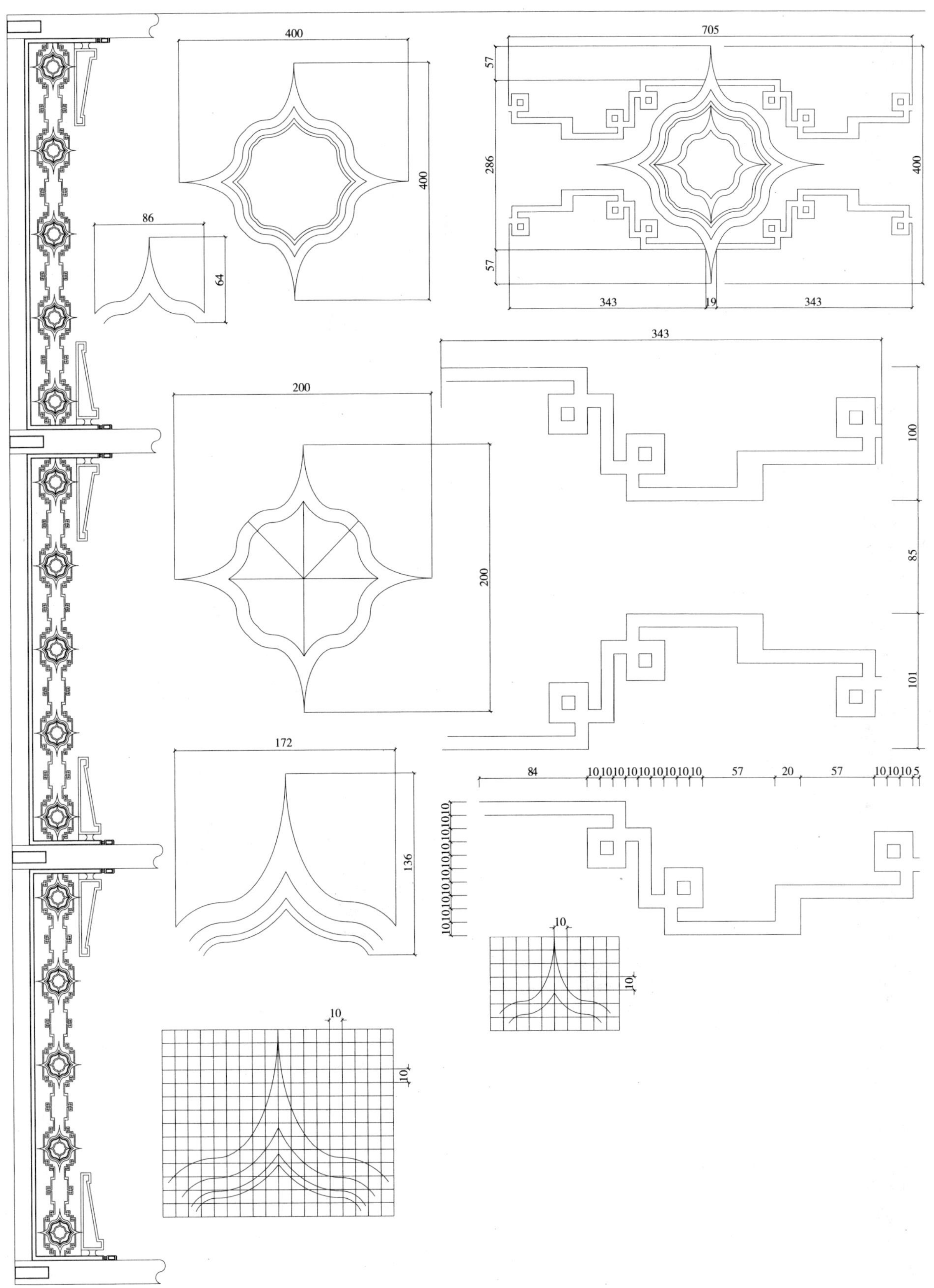
400
400
705
57
286
400
57
343
19
343
86
64
343
200
200
100
85
101
172
136
84
10 10 10 10 10 10 10 10 10
57
20
57
10 10 10 5
10 10 10 10 10 10 10 10 10 10 10 10 10 10 10 10 10
10
10
10
10

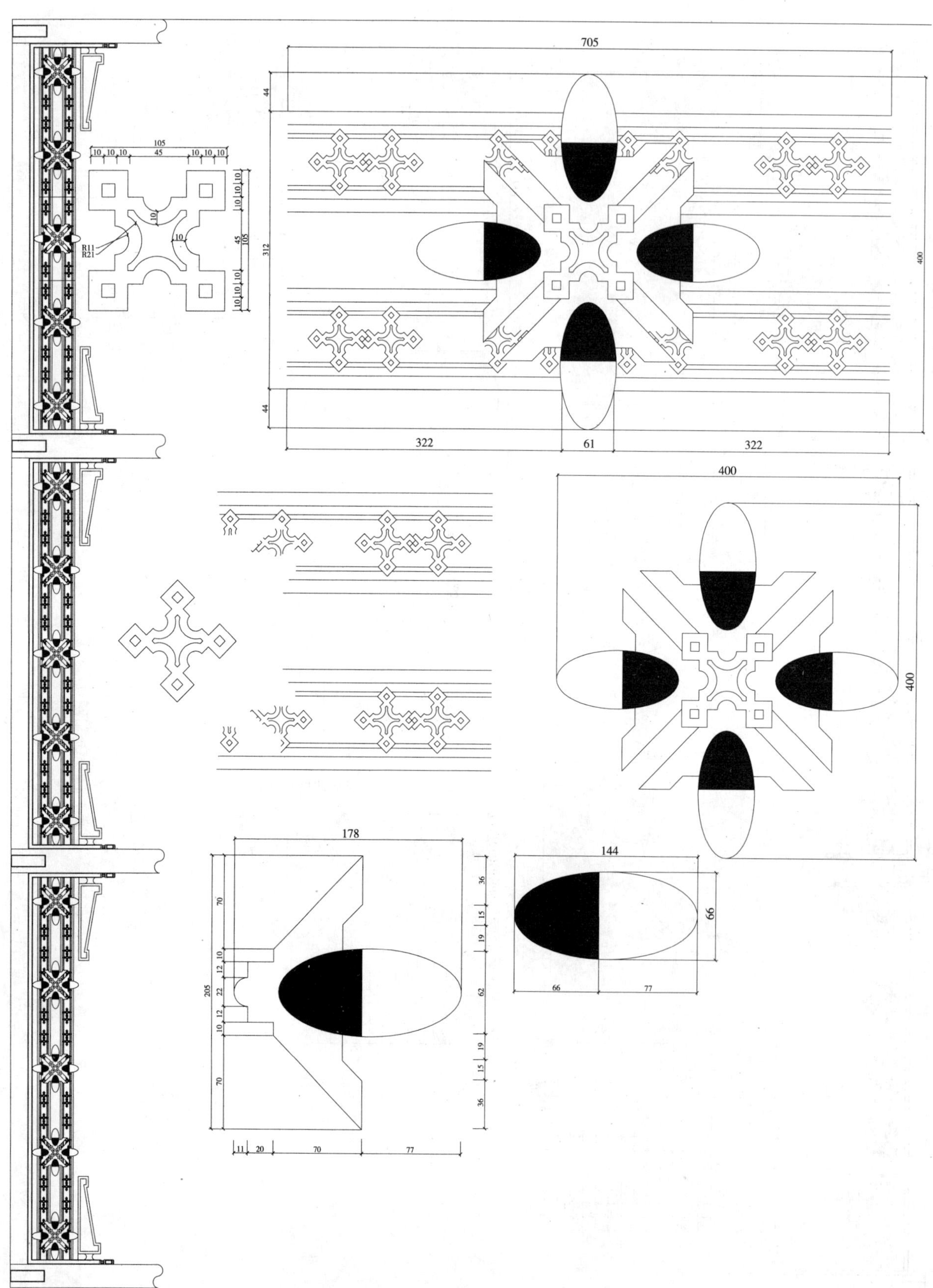
705
44
312
400
322
61
322
44
105
10 10 10 45 10 10 10
R11
R21
10
10
45
105
400
400
178
205
70
10
12
22
12
10
70
36
15
19
62
19
15
36
11 20 70 77
144
66
66 77

705
63
274
400
63
290
126
290
99
20
20
90°
99
30
50
400
21
400
21
290
95
78
78
39
15
10
5
53
30
48
274
113
78
75
90°
46
242
102
90°
241
185
45°

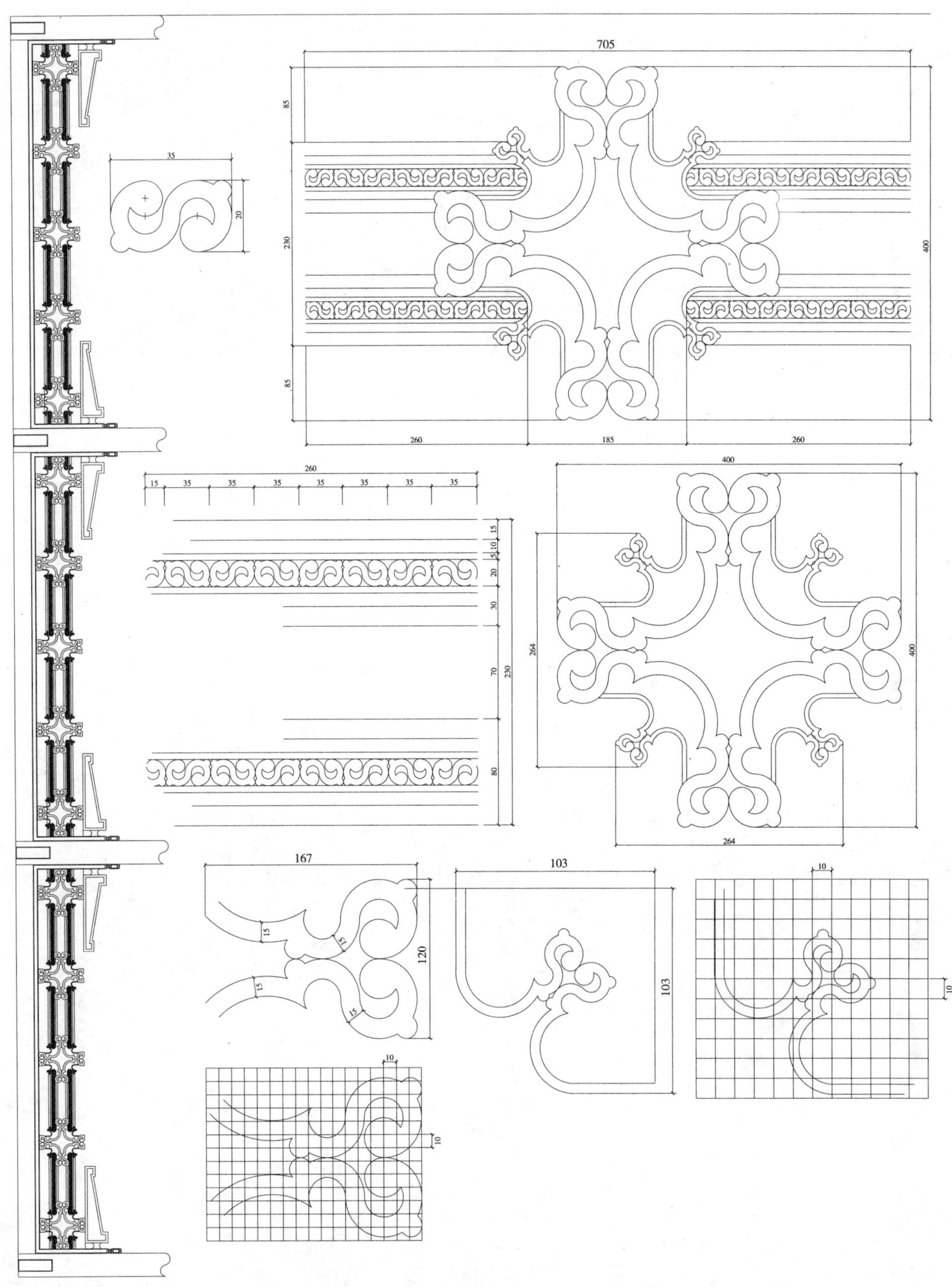
35
20
705
85
230
85
400
260
185
260
260
15 35 35 35 35 35 35 35
15
10
5
20
30
70
230
80
400
264
400
264
167
15
15
15
15
120
103
103
10
10
10
10

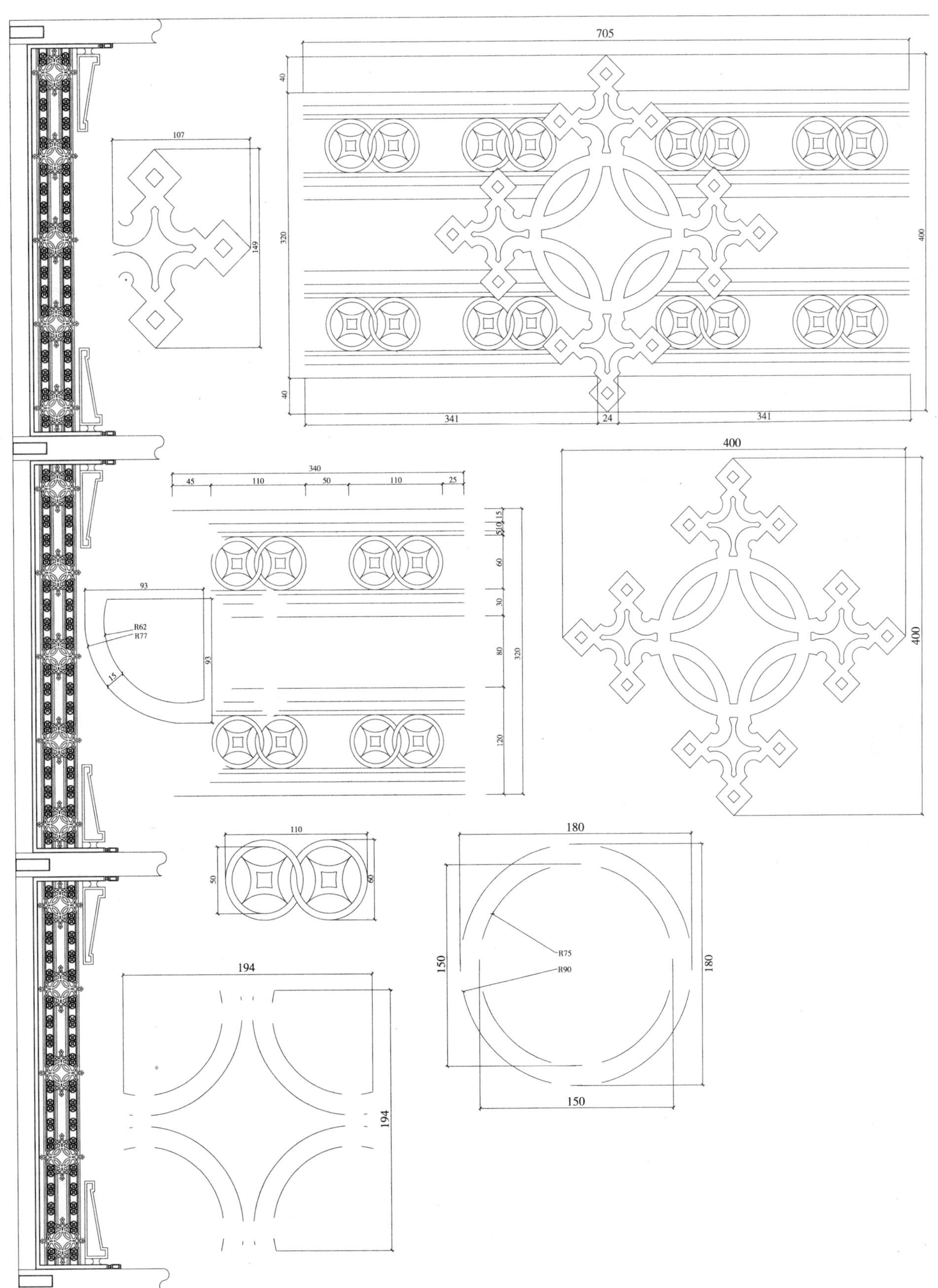
705
40
320
400
40
341
24
341
107
149
400
400
340
45
110
50
110
25
5 10 15
60
30
80
320
120
93
R62
R77
15
93
110
50
60
180
150
R75
R90
180
150
194
194

705
40
320
400
40
298
109
298
141
10
10
25 10
10 15
189
293
107
52
109
25
5 10 15
60
30
80
320
120
110
50
60
400
400
166
15
10
5
15 10 5
166

705
134
40
134
320
400
110
50
60
40
329
48
329
400
329
34
110
50
110
25
15
10
5
60
30
80
320
120
400
193
10
25
10
10
10
10
10
137
10
10

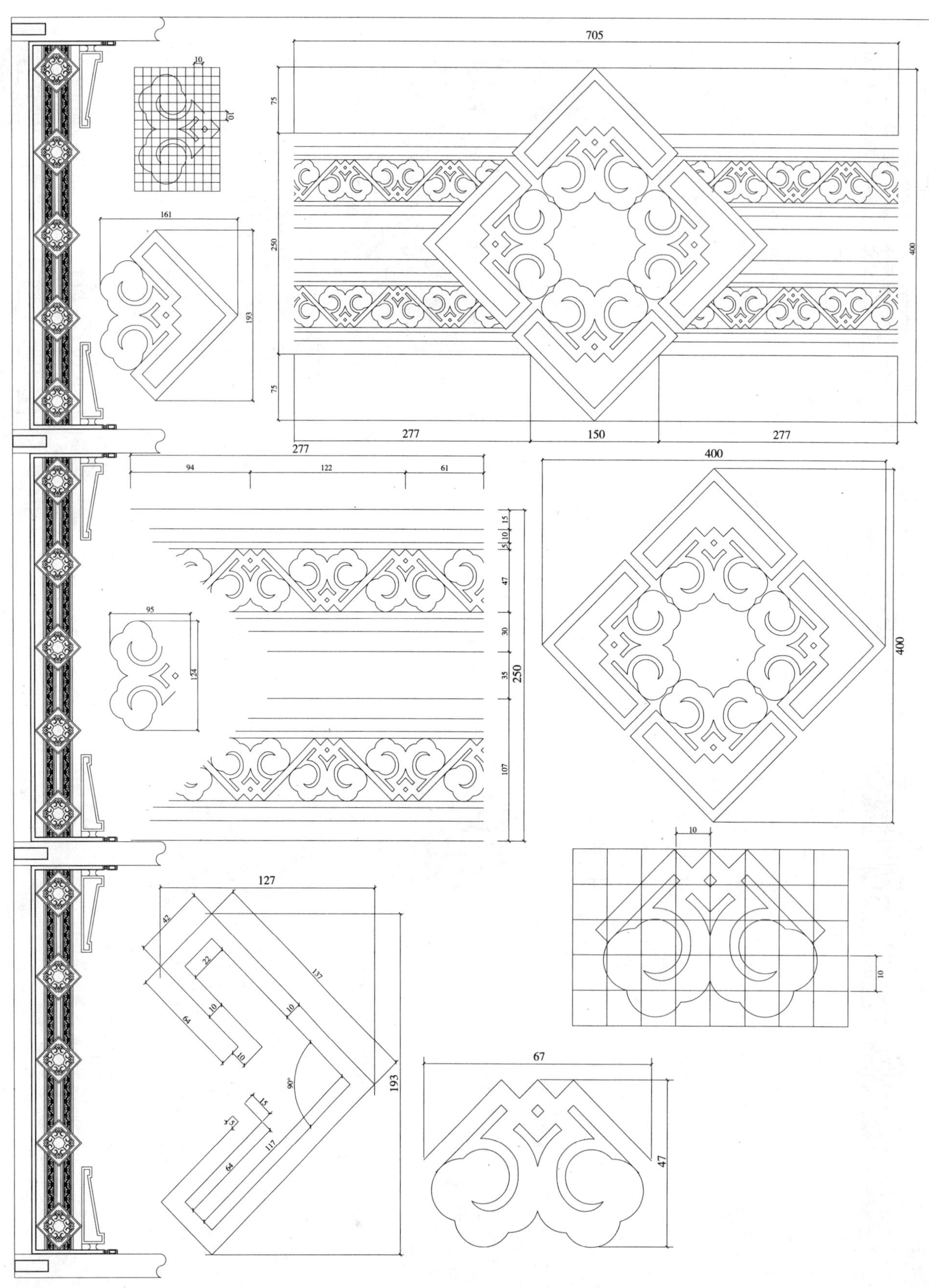
705
75
250
75
400
277
150
277
277
94
122
61
161
193
10
10
95
124
15
10
5
47
30
35
250
107
400
400
127
42
22
137
64
10
10
10
90°
193
15
5
117
64
10
10
67
47

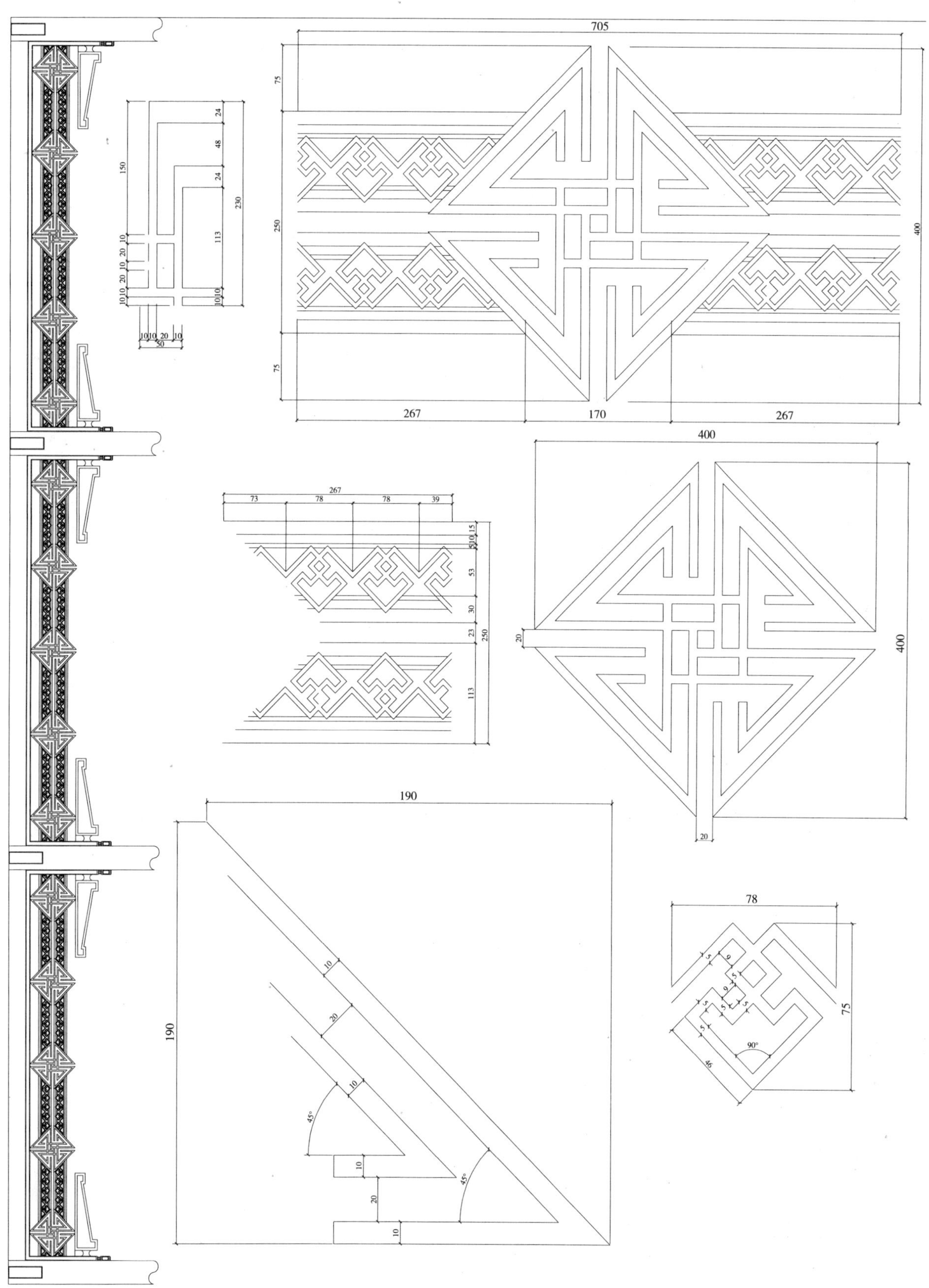
705
75
250
75
400
267
170
267
24
48
24
150
230
113
10
20
10
20
10
10
10
10
10
20
10
50
400
400
20
20
267
73
78
78
39
15
5
10
53
30
23
250
113
190
190
10
20
10
45°
10
20
10
45°
78
75
90°
46

705
75
250
401
75
305
95
305
10
10
95
124
10
10
304
121
123
61
15
10
5
47
30
35
250
107
114
114
401
400
123
15
10
R31
R36
R46
R61
15
10
5
123
95
10
10
10
10
10
124

199
10
10
200
10
10
20
20
705
92
216
92
399
189
328
189
20
400
20
399
219
R80
R85
R95
R110
15
10
5
219
190
50
95
95
114
215
50

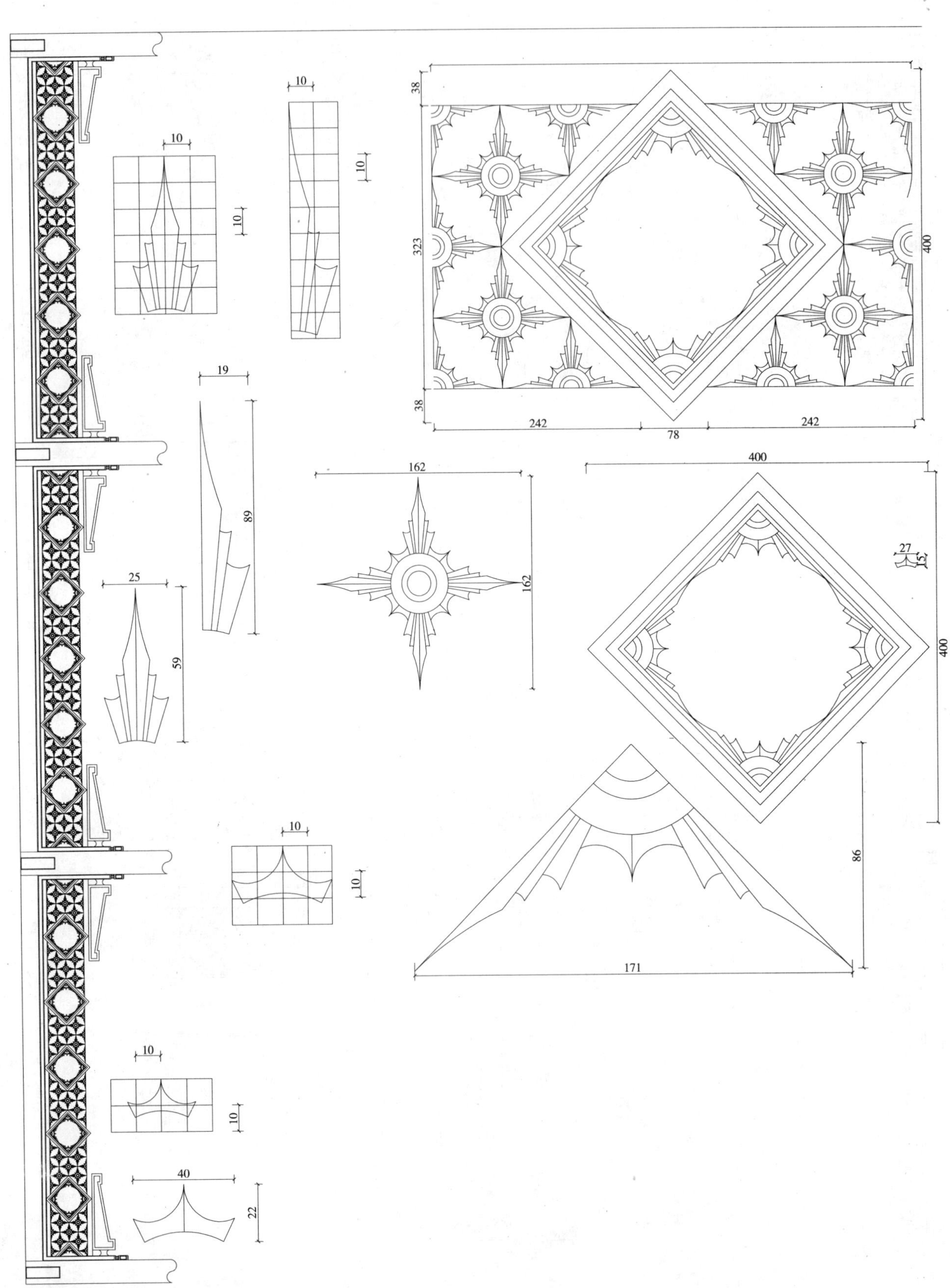
10
10
10
10
38
323
400
38
242
78
242
19
89
162
162
400
27
15
400
25
59
10
10
86
171
10
10
40
22

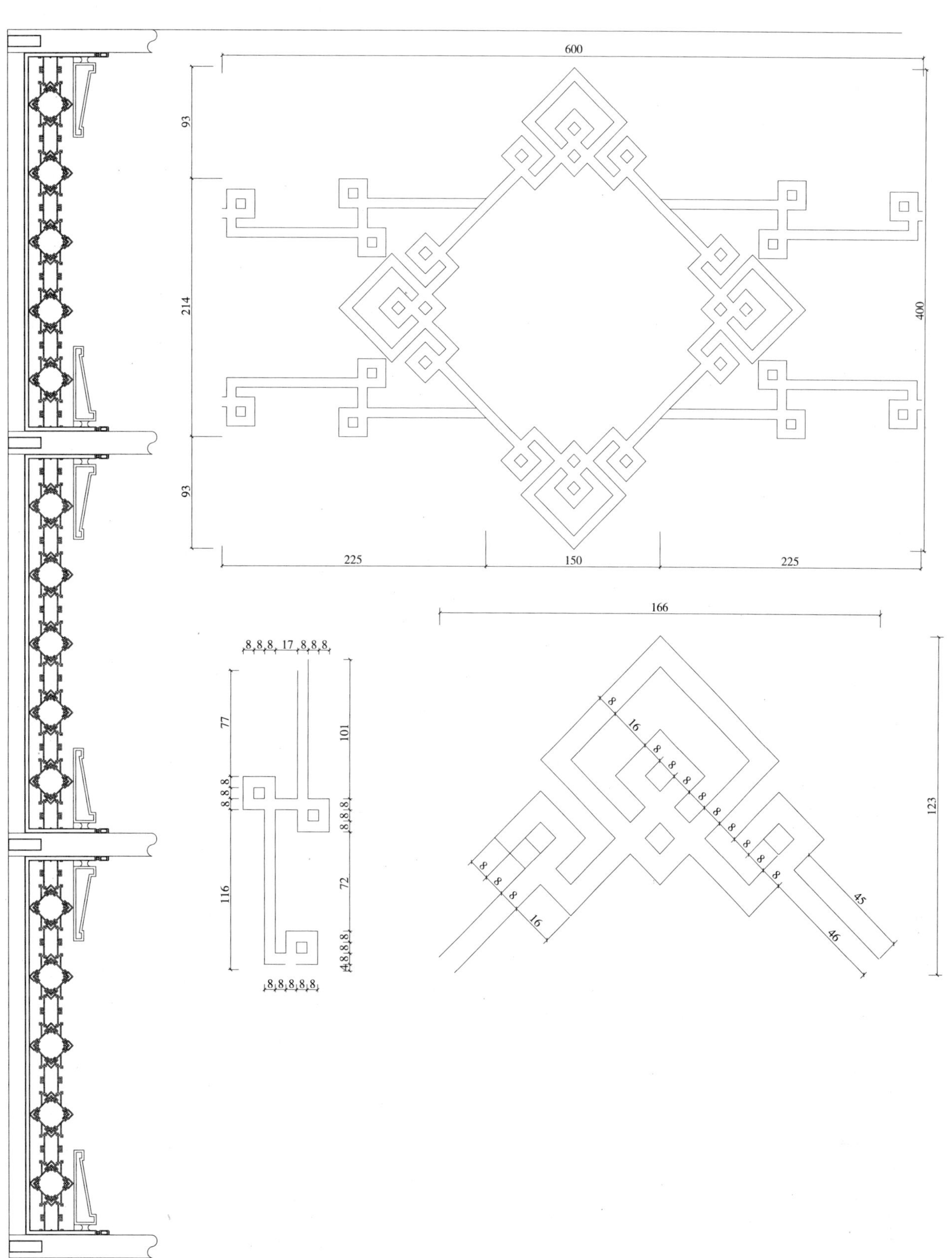
600
93
214
93
400
225
150
225
8 8 8 17 8 8 8
77
8 8 8
116
101
8 8 8
72
4 8 8 8
8 8 8 8 8
166
123
8
16
8
8
8
8
8
8
8
8
8
8
8
8
16
45
46

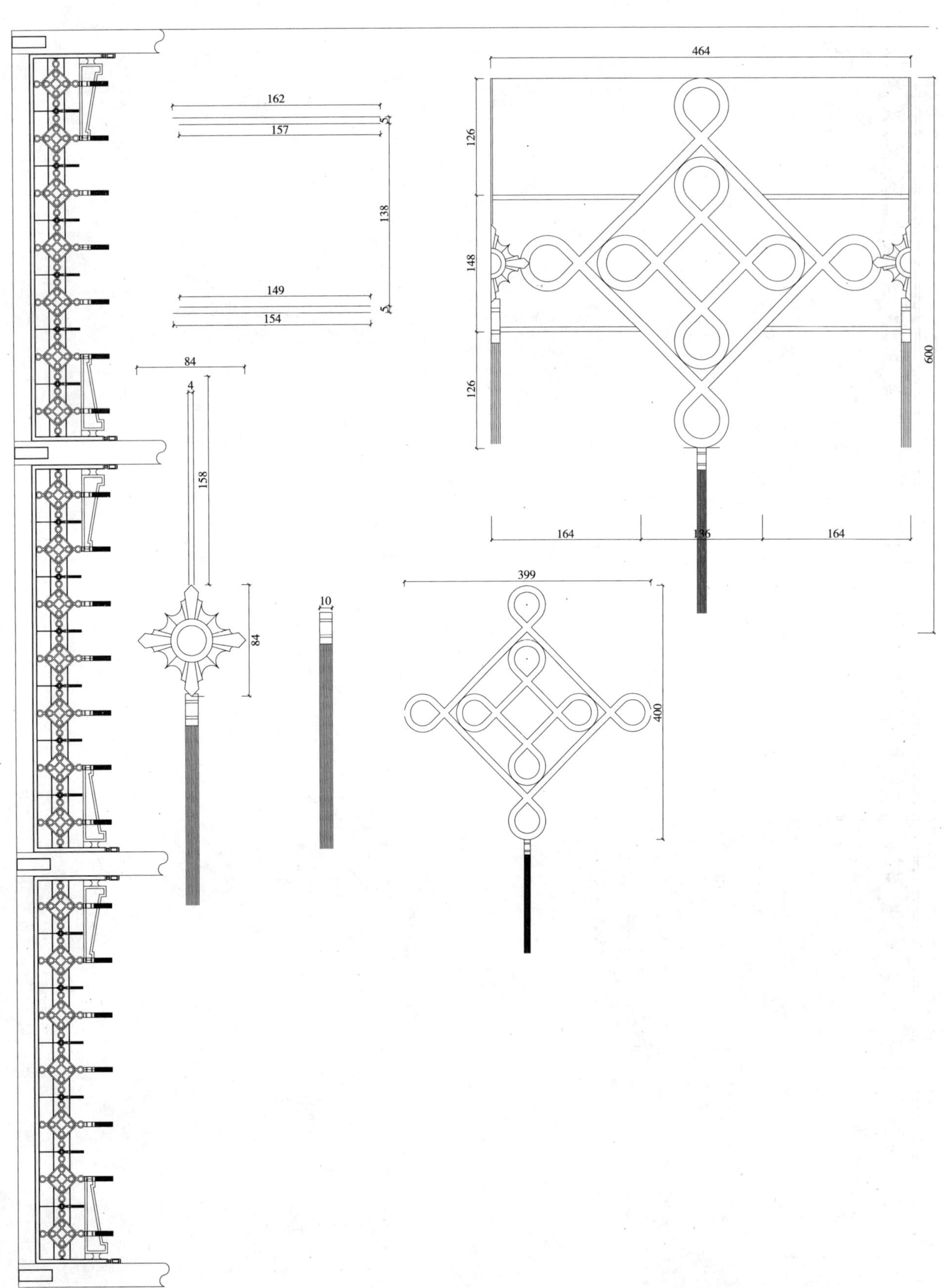
464
126
148
126
600
164
136
164
162
157
5
138
149
5
154
84
4
158
84
10
399
400

180
180
20
20
83
83
15
10
5
23
5
10
15
15
15 10 5 23 5 10 15
656
125
150
125
400
168
320
168
150
110
10 10 10 10 10 10 10 10 10 10 10
10 10 10 10 10 10 10 10 10 10 10 10 10 10 10
118
10 10 10 10 10
10 10 10 10 10

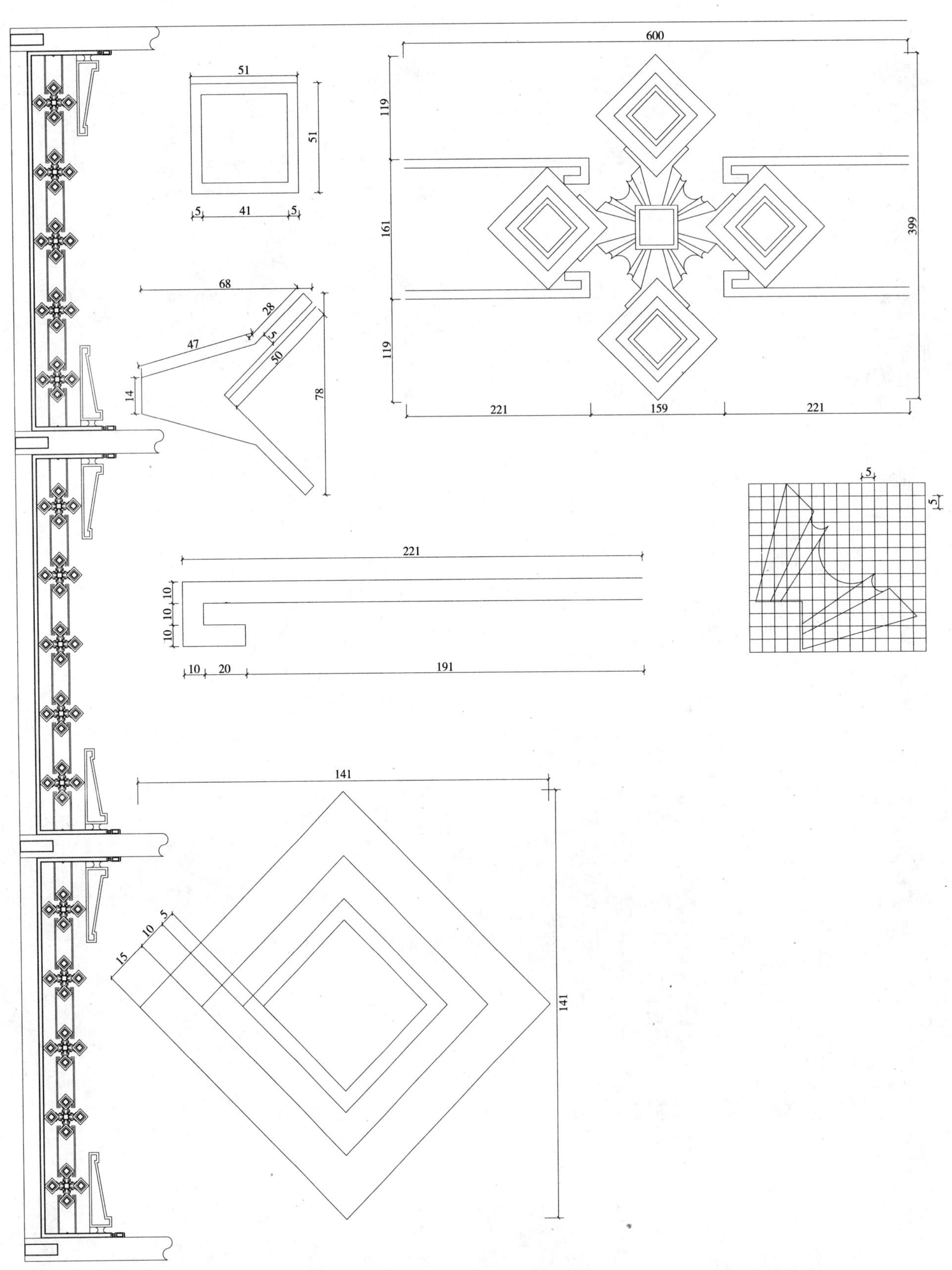
51
51
5
41
5
68
28
47
5
50
14
78
600
119
161
119
399
221
159
221
5
5
221
10
10
10
10
20
191
141
15
10
5
141

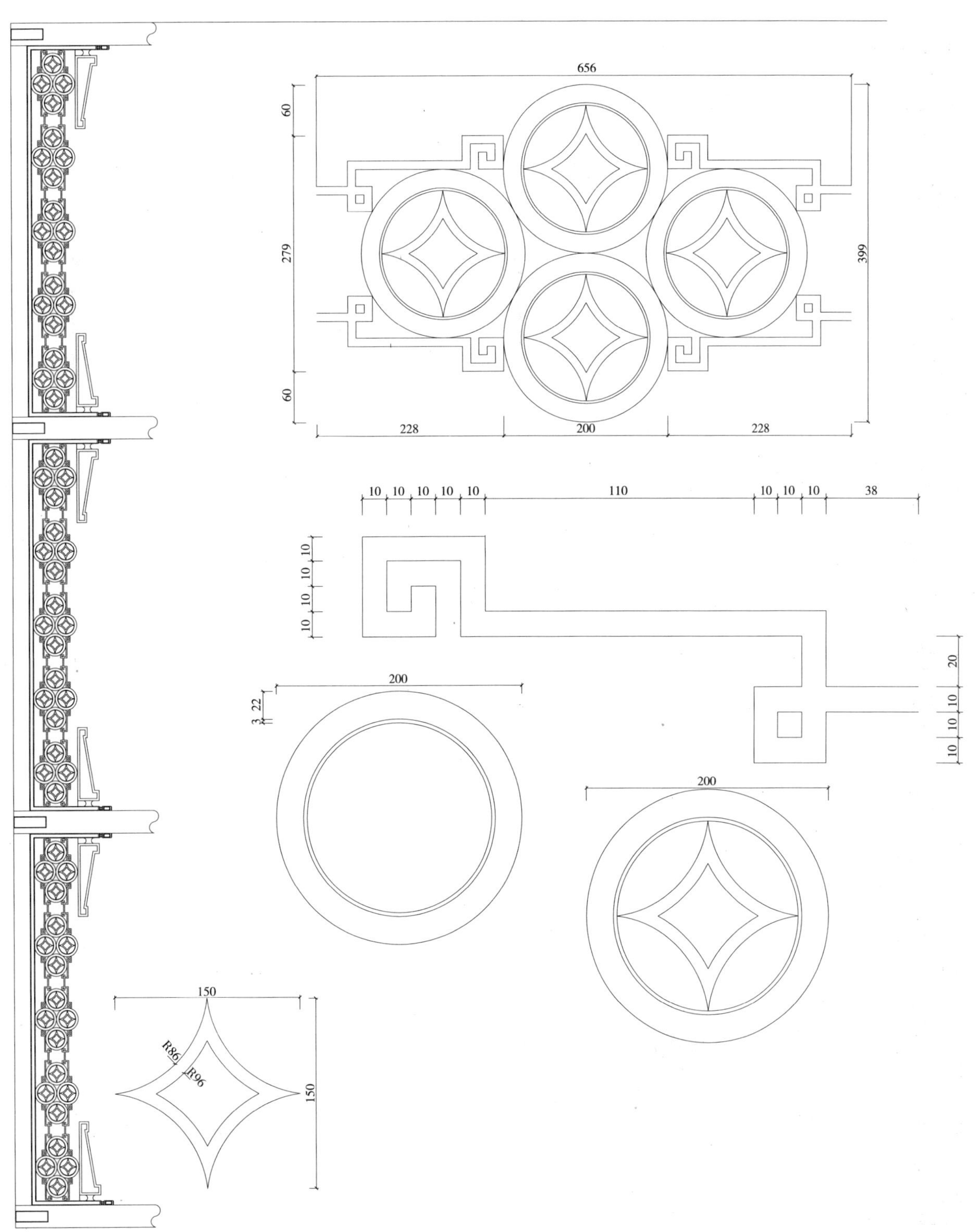
656
60
279
60
399
228
200
228
10
10
10
10
10
110
10
10
10
38
10
10
10
10
20
10
10
10
200
3
22
200
150
R86
R96
150

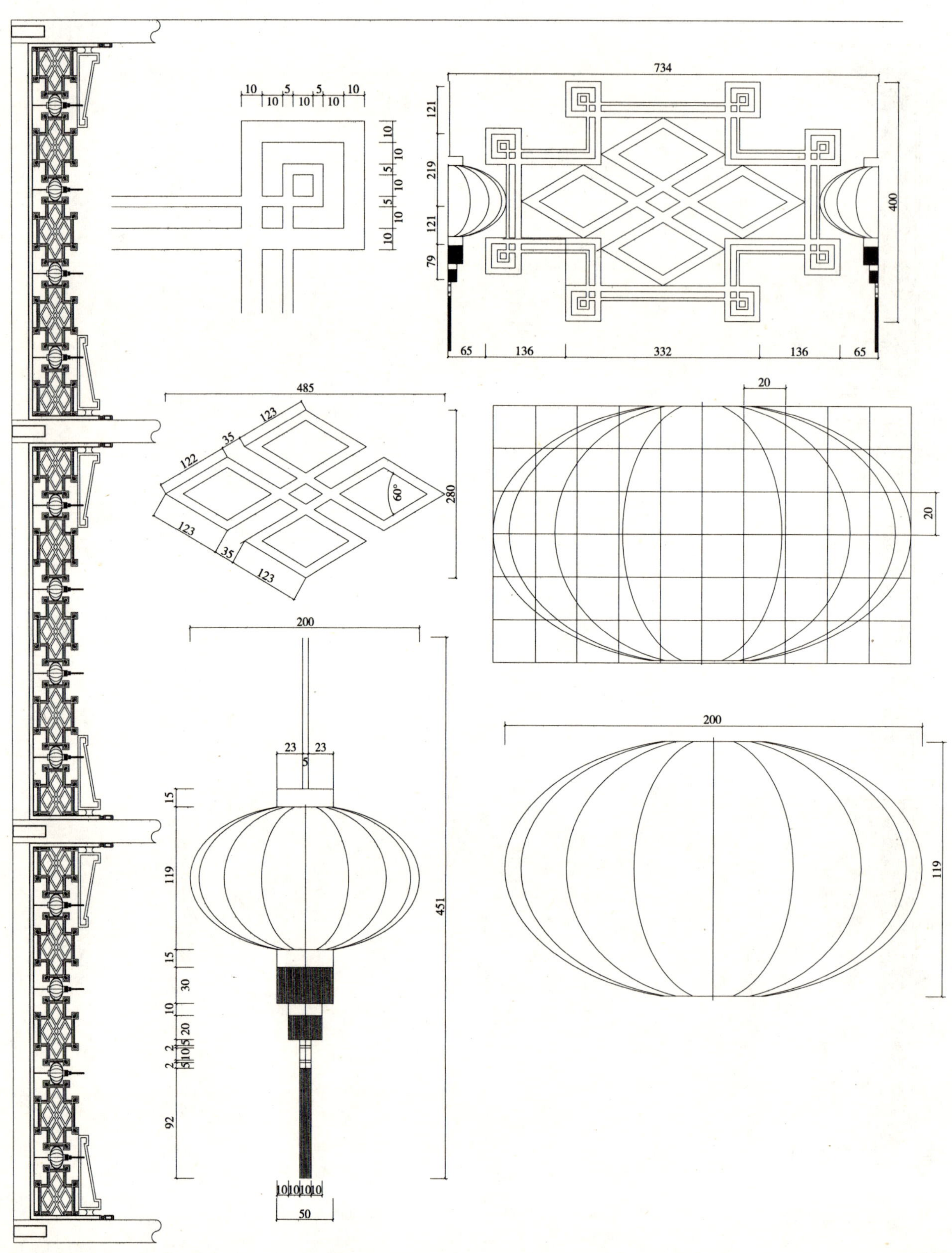
734
121
219
121
79
400
65
136
332
136
65
10
5
5
10
485
123
35
122
60°
280
123
35
123
20
20
200
23
23
5
15
119
15
30
10
20
451
92
50
200
119

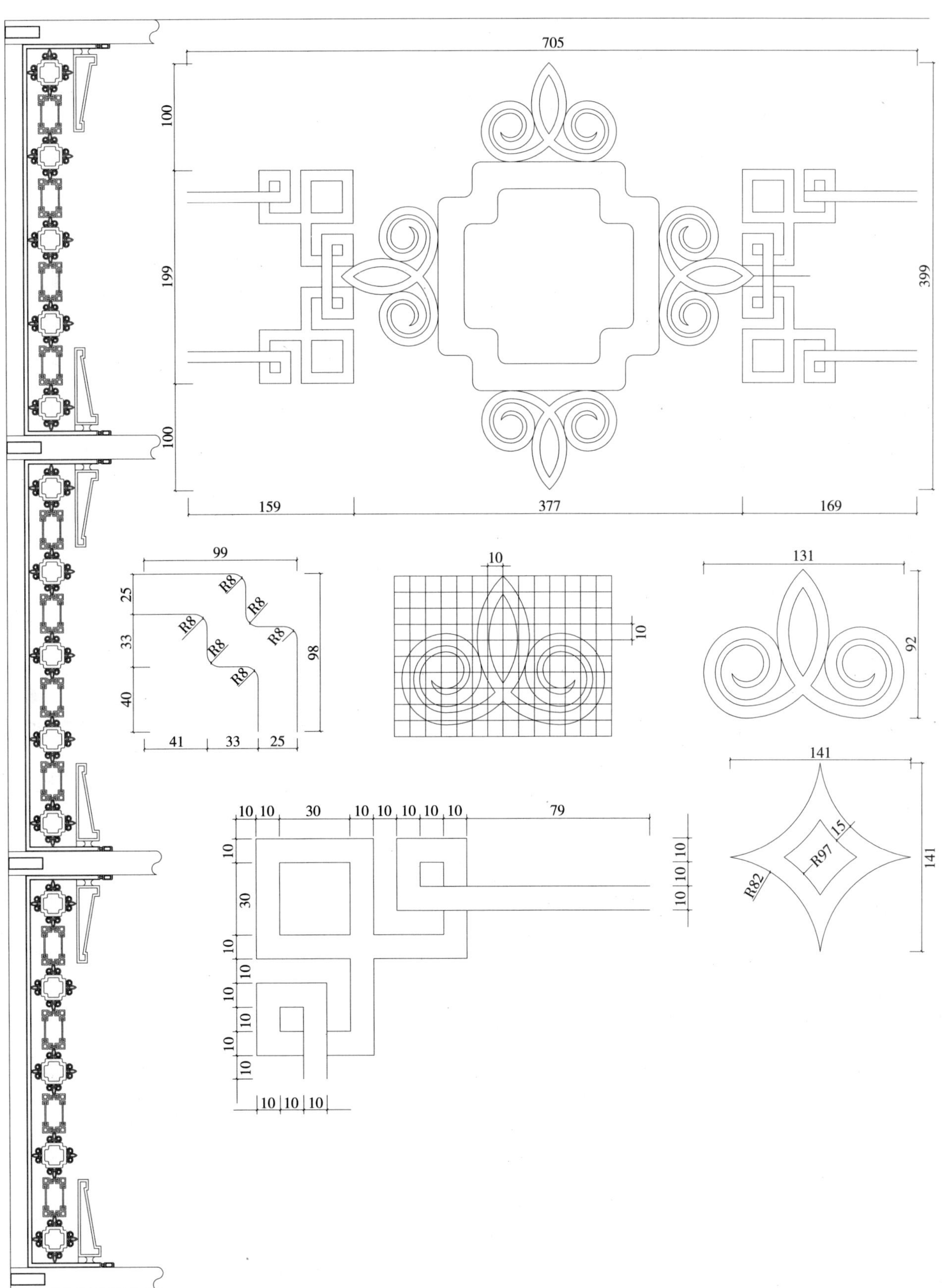
705
100
199
100
399
159
377
169
99
25
33
40
98
41
33
25
R8
10
10
131
92
141
141
15
R97
R82
10 10 30 10 10 10 10 10
79
10
30
10
10
10
10
10
10
10
10
10
10 10 10

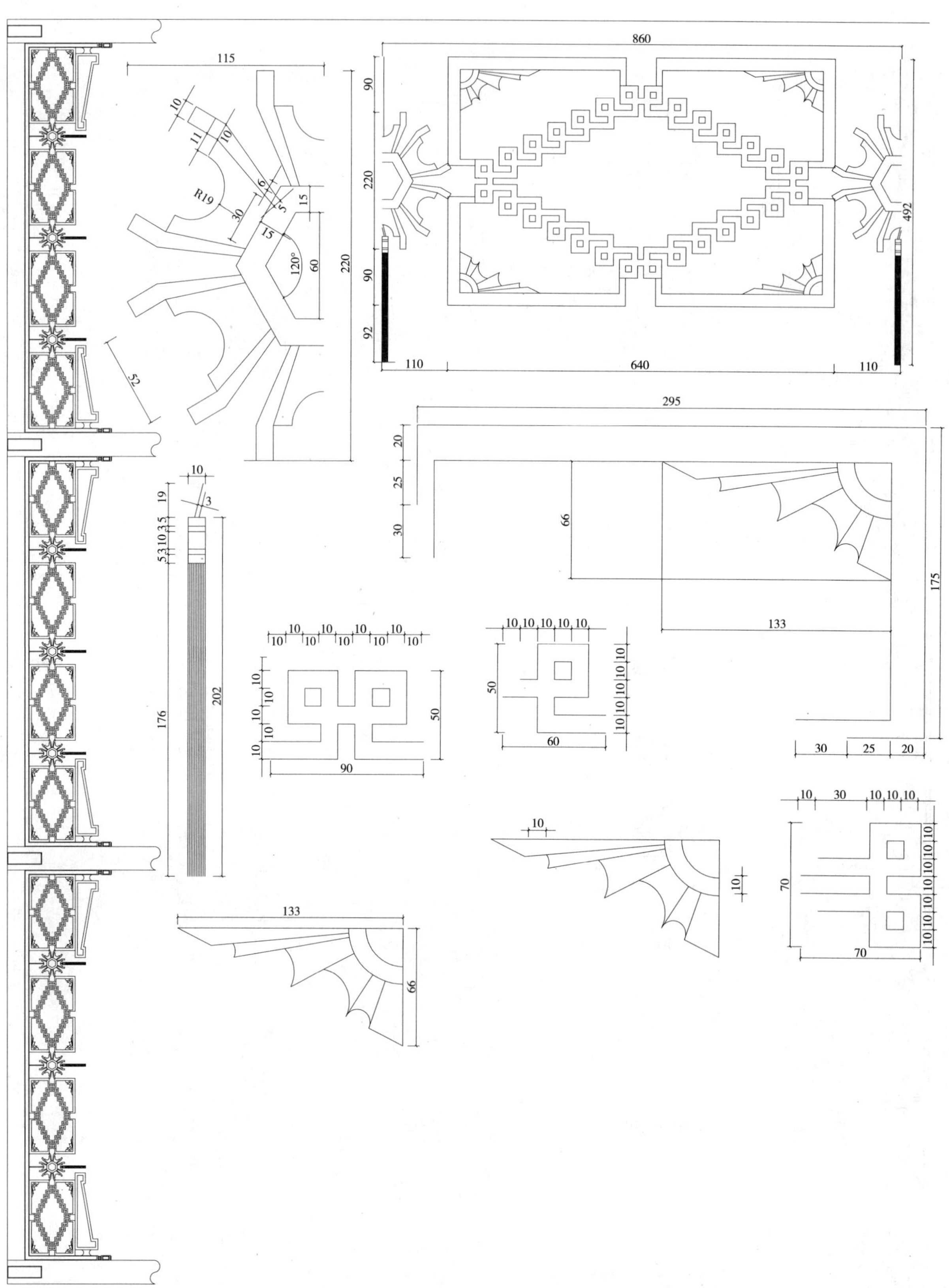

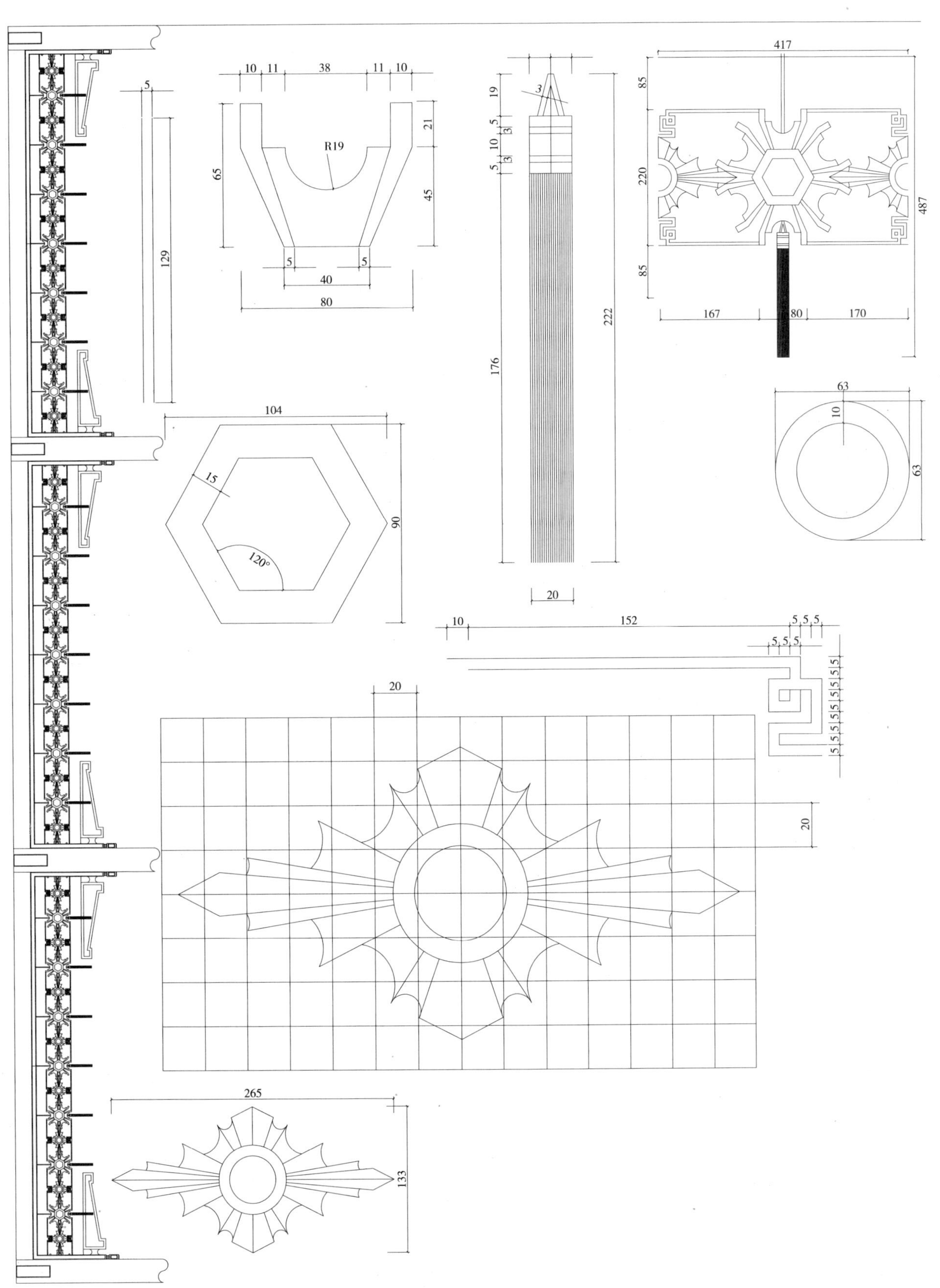
10 11 38 11 10
R19
65
21
45
5 5
40
80
5
129
104
15
120°
90
19
3
5
10
3
5
3
176
222
20
417
85
220
85
487
167 80 170
63
10
63
10 152 5 5 5
5 5 5
5 5 5 5 5 5 5 5 5 5 5 5
20
20
265
133

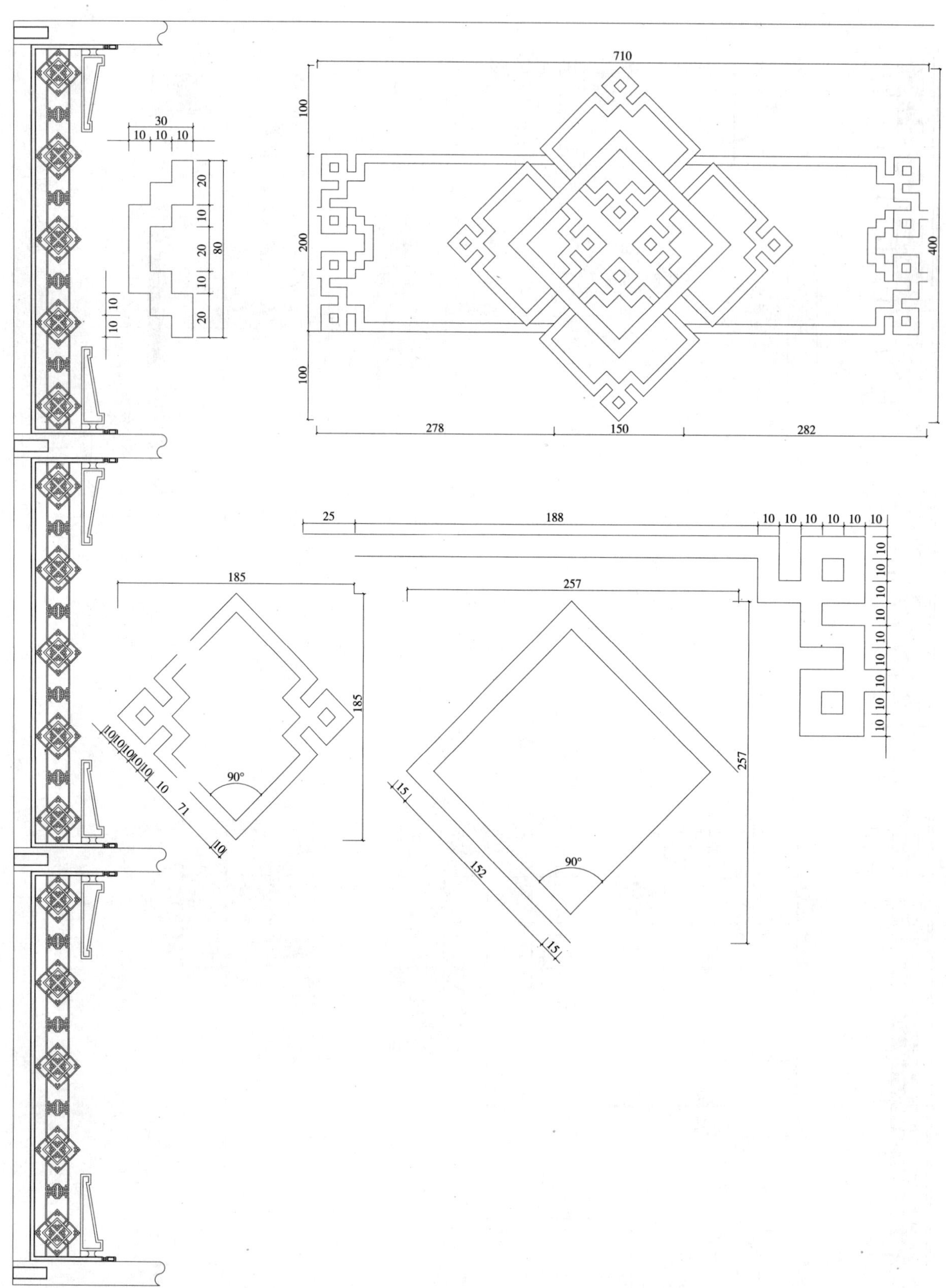
710
100
200
100
400
278
150
282
30
10 10 10
20
10
20
10
20
80
10 10
25
188
10 10 10 10 10 10
185
185
10 10 10 10 10
10
71
10
90°
257
257
15
152
15
90°

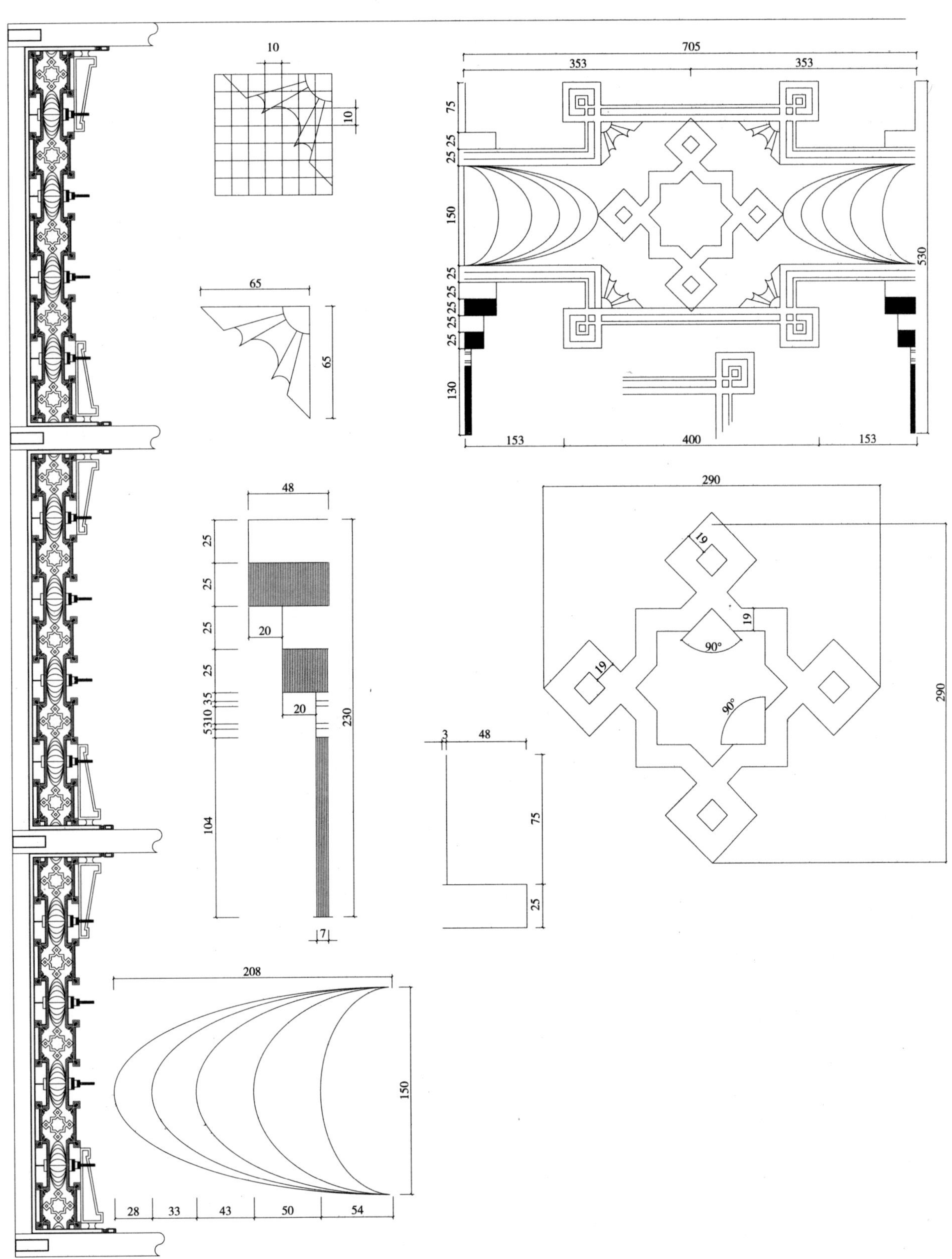
10
10
65
65
705
353
353
75
25
25
150
25
25
25
25
130
530
153
400
153
48
25
25
25
25
5310 35
104
230
20
20
7
290
290
19
19
19
90°
90°
3
48
75
25
208
150
28
33
43
50
54

20
20
600
62
277
401
107
62
214
172
214
10
10
20
20
10
10
10
15
10
90°
10
15
10
10
20
20
10
10
10
10
15
10
90°
30°
287
287
141
10
20
10
10
10
10
10
10
90°

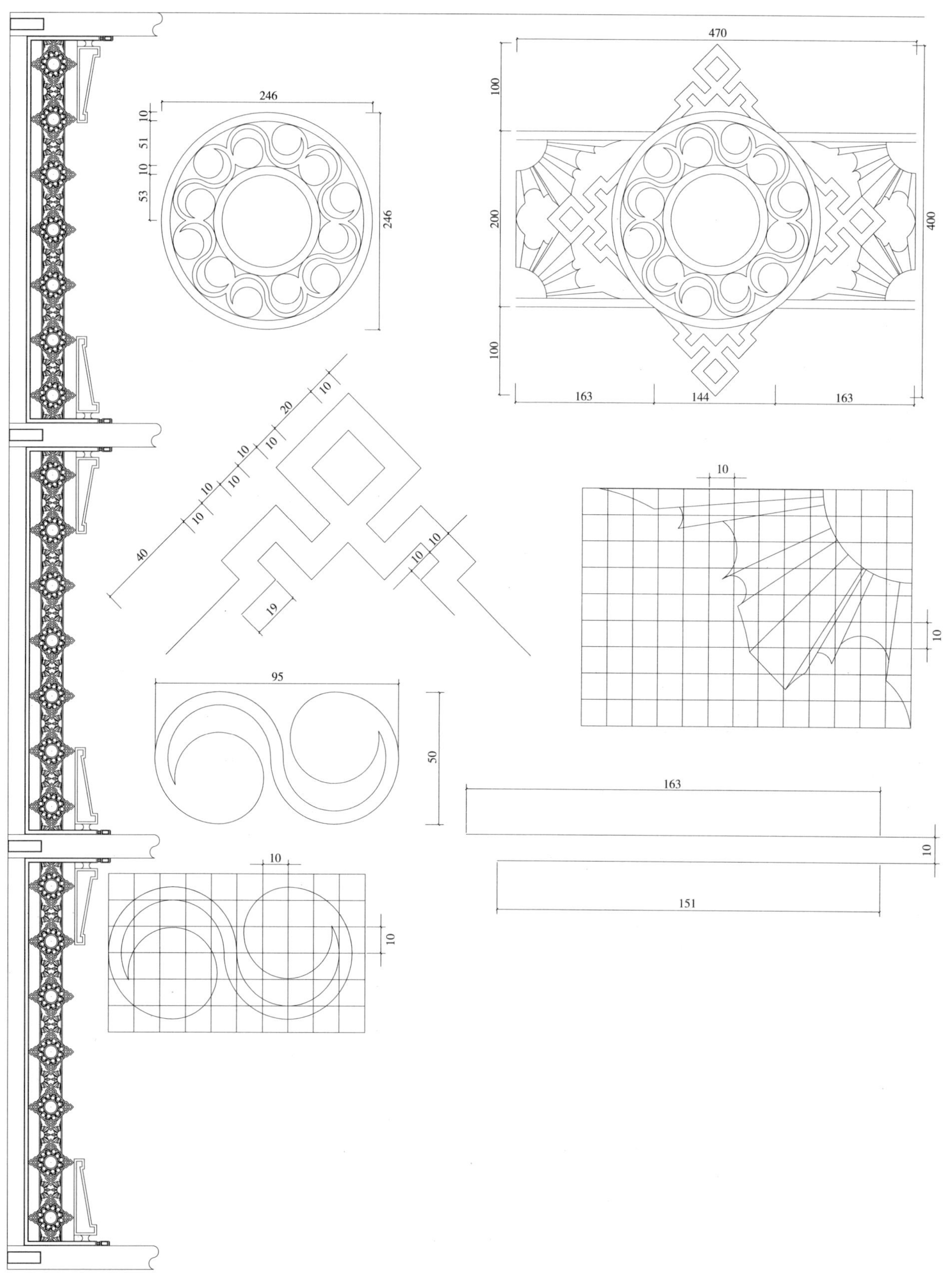
246
10
51
10
53
246
470
100
200
100
400
163
144
163
10
10
20
10
10
10
10
10
40
10
10
19
10
10
95
50
163
10
151
10
10

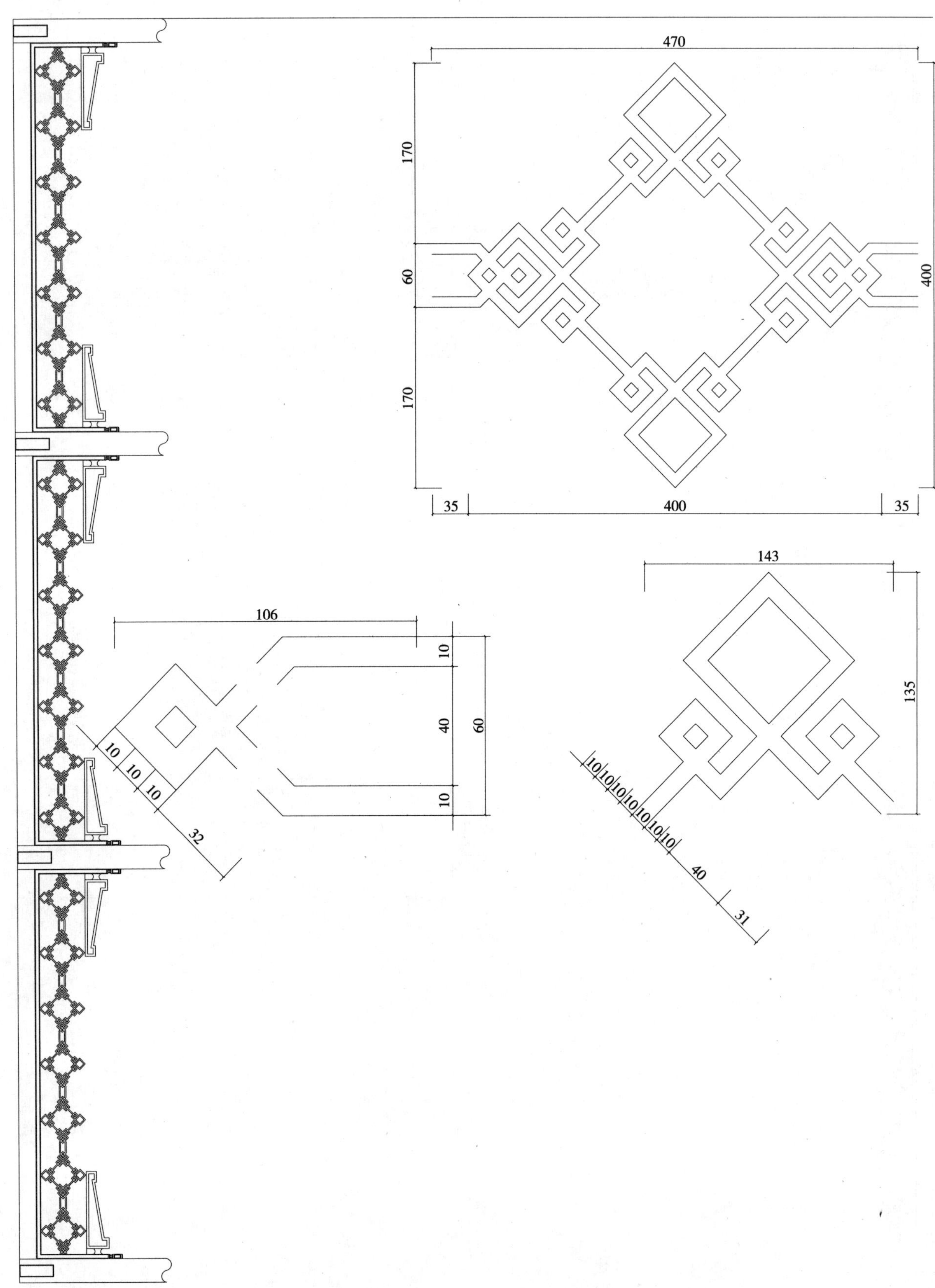
470
170
60
170
400
35
400
35
143
135
106
10
40
60
10
10
10
10
32
10
10
10
10
10
10
40
31

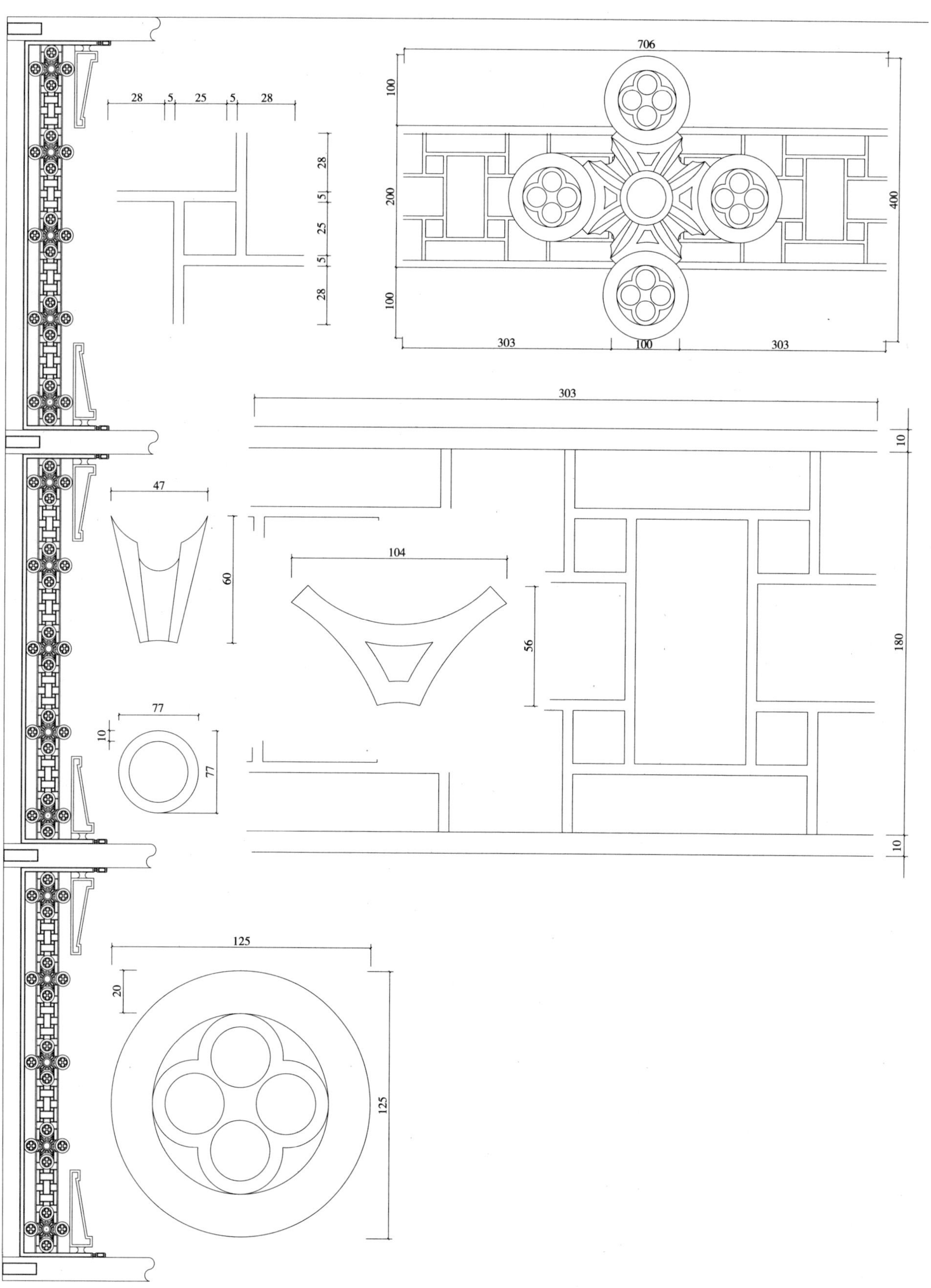
706
100
200
400
100
303
100
303
28
5
25
5
28
28
5
25
5
28
303
10
180
10
47
60
104
56
77
10
77
125
20
125

10
10
705
108
184
108
400
191
323
191
287
287
72
10
72
191
149
184
60
36
186
114
10
20
10
10
10
10
10
30
10
10
20
10
10
10
10
10
30
10
10
92
18
10
13
10
13
10
18
92
92
81
110

59
59
704
111
178
111
400
306
306
152
114
193
193

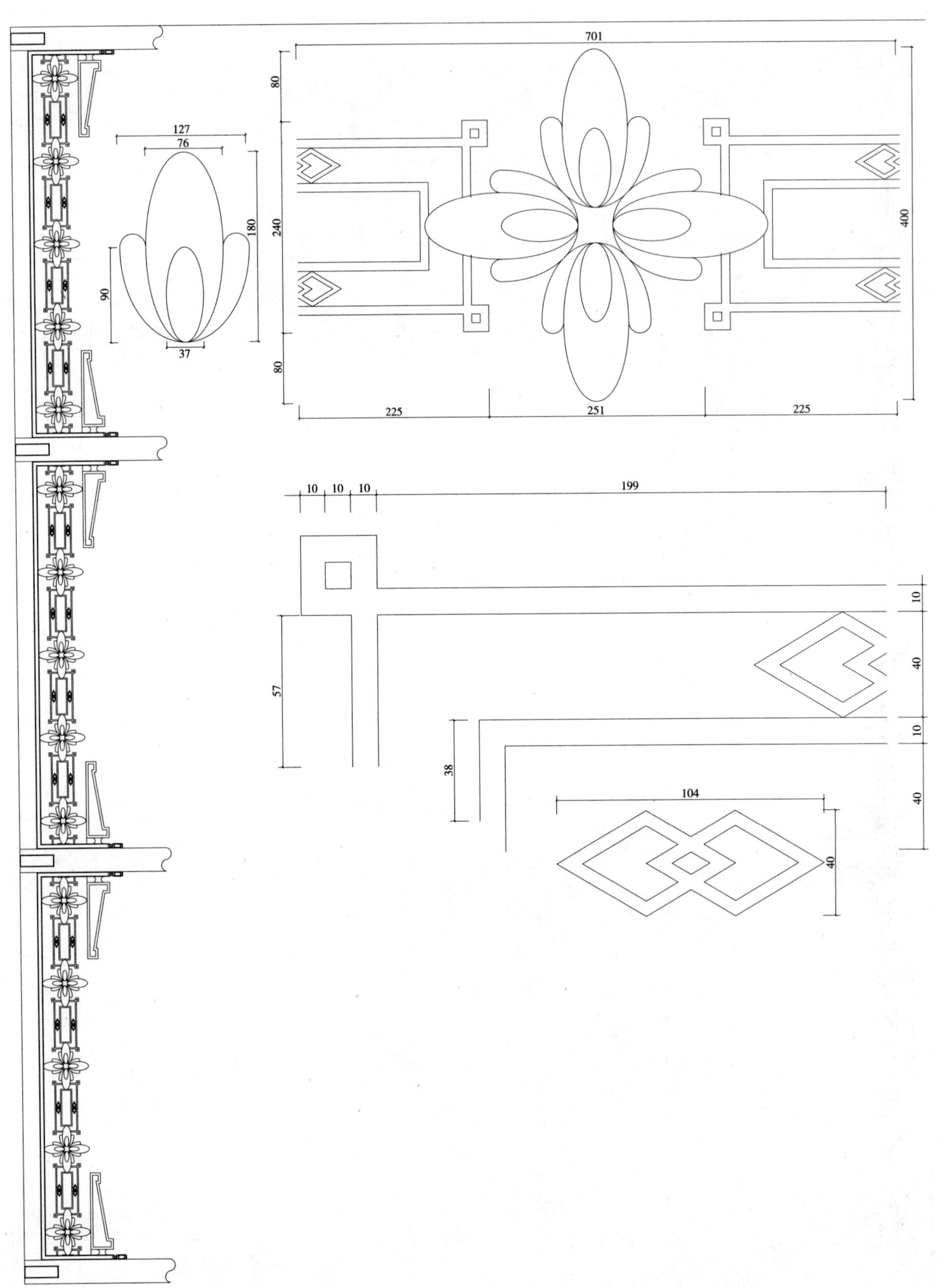
701
80
240
80
400
225
251
225
127
76
180
90
37
10
10
10
199
57
10
40
10
40
38
104
40

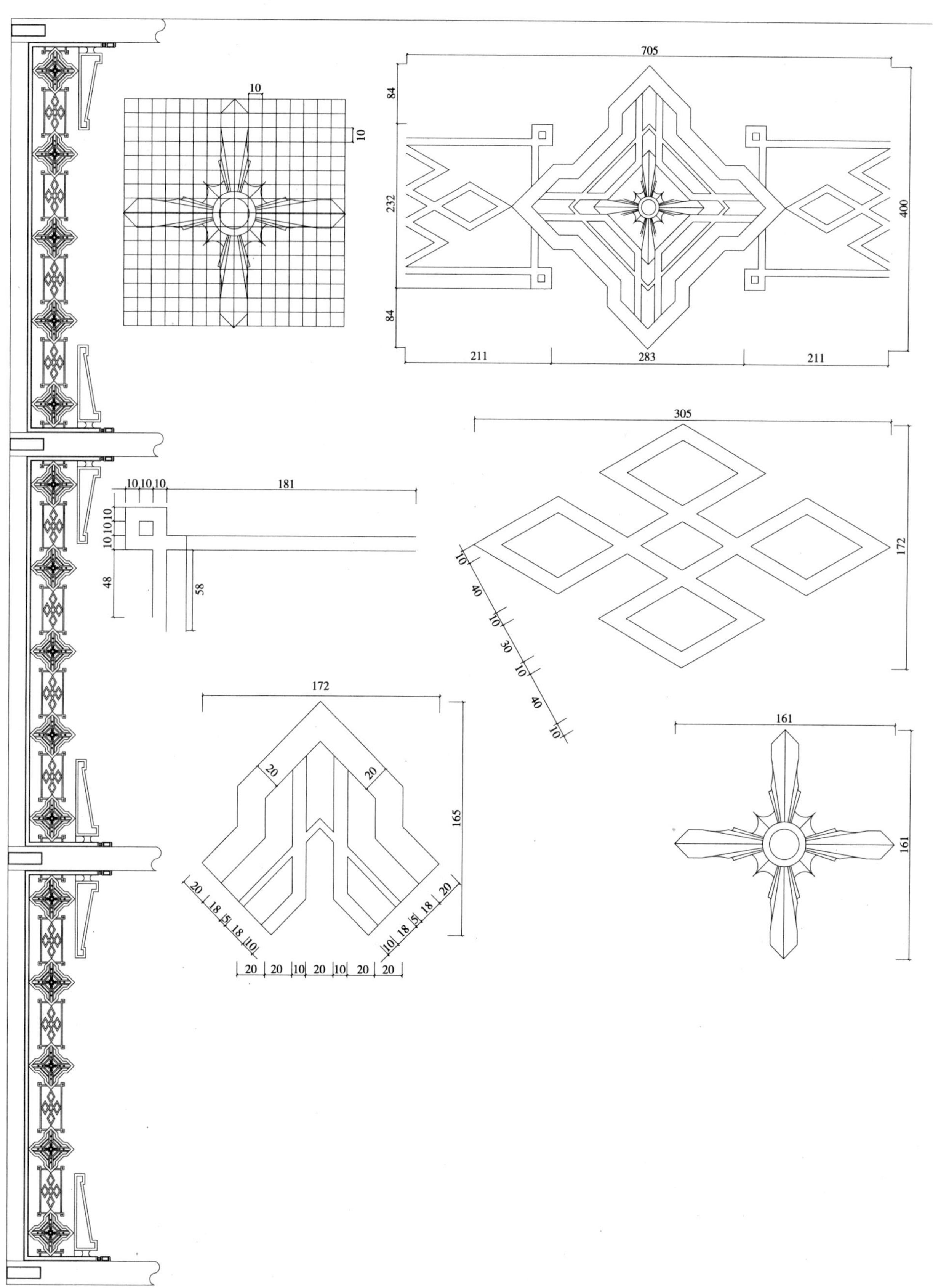
705
84
232
84
400
211
283
211
10
10
305
172
10 40 10 30 10 40 10
10 10 10
181
10 10 10
10 10
48
58
172
165
20
20
20 18 5 18 10
10 18 5 18 20
20 20 10 20 10 20 20
161
161

86
61
706
100
202
400
98
229
248
229
10
10
10
46
20
133
10
10
10
10
10
248
106
10
10
10
90°

705
80
240
80
400
302
101
302
97
10 10 10
175
10
10
10
15
10
12
67
10 10 10
195
192
192
151
142

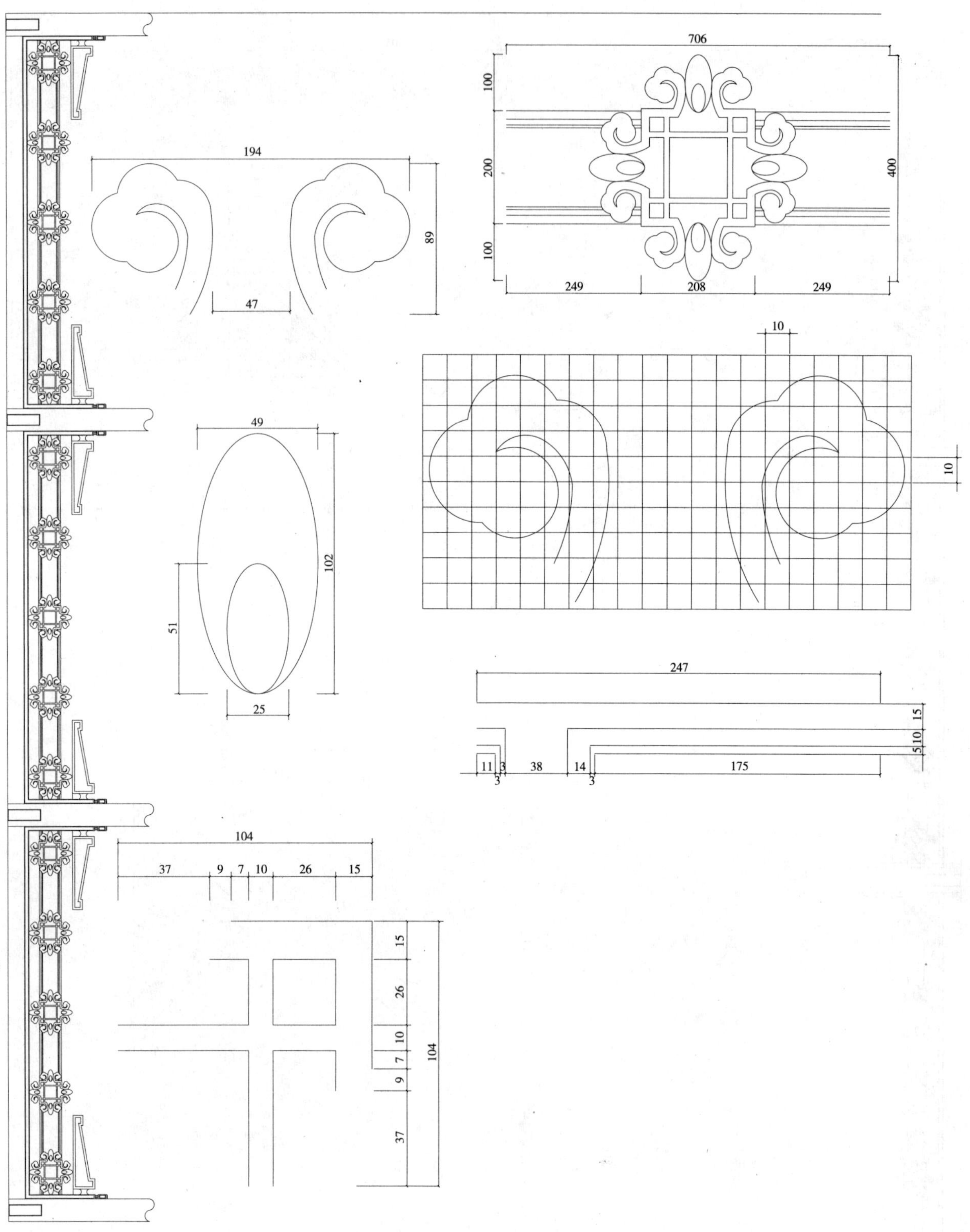
706
100
200
100
400
249
208
249
194
89
47
10
10
49
102
51
25
247
15
5
10
11
3
38
14
175
3
3
104
37
9
7
10
26
15
15
26
10
7
9
37
104

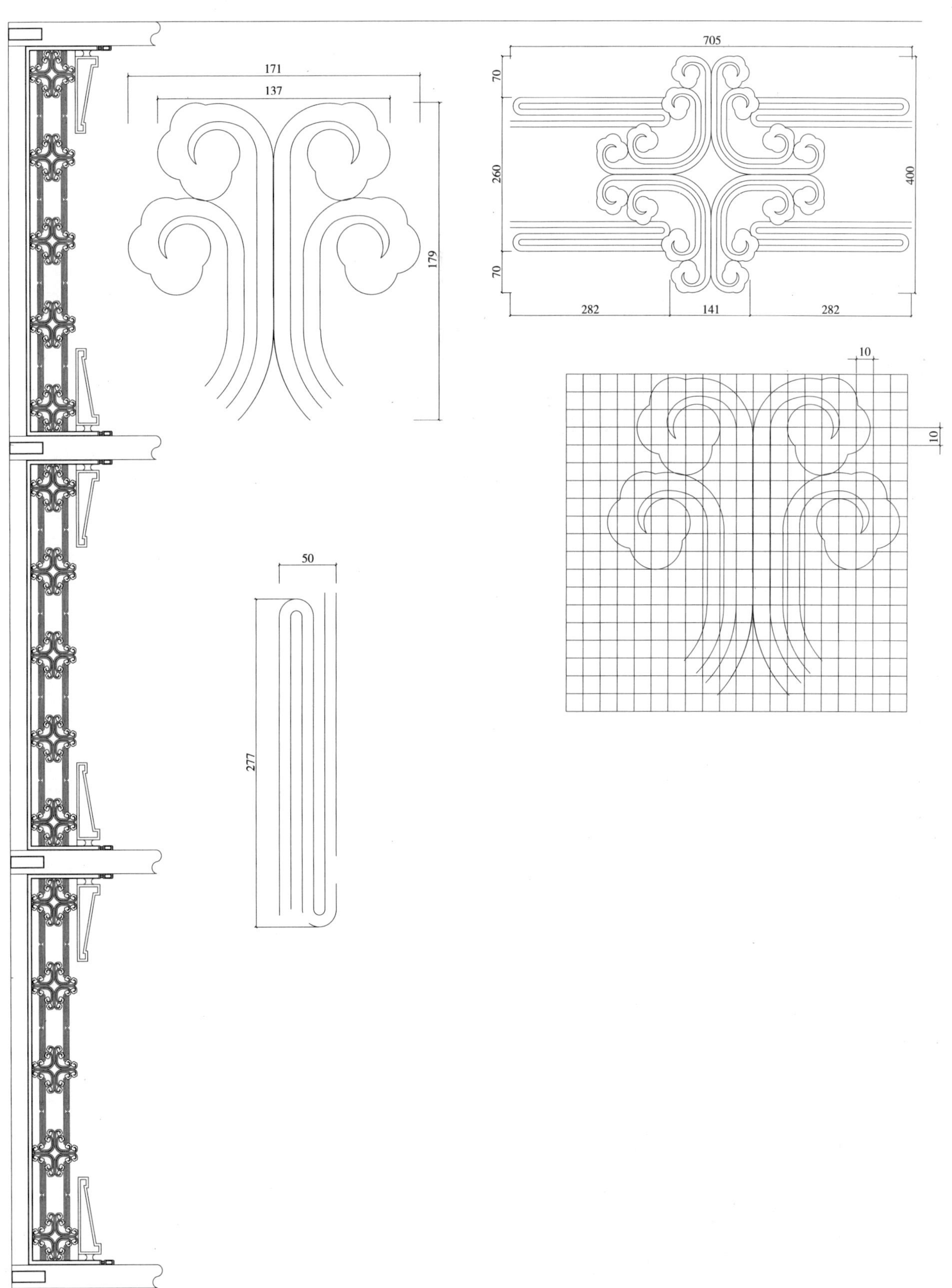
171
137
179
705
70
260
400
70
282
141
282
10
10
50
277

705
132
137
400
132
121
201
303
201
254
92
92
20
20
20
10
10
10
10
10
10
R37
R37
10
10
187
6
138
267
6
19
5
5
2
10
2
5
219
20
109
137
173
16 16
16
20 20
33
16
137
201
10
10

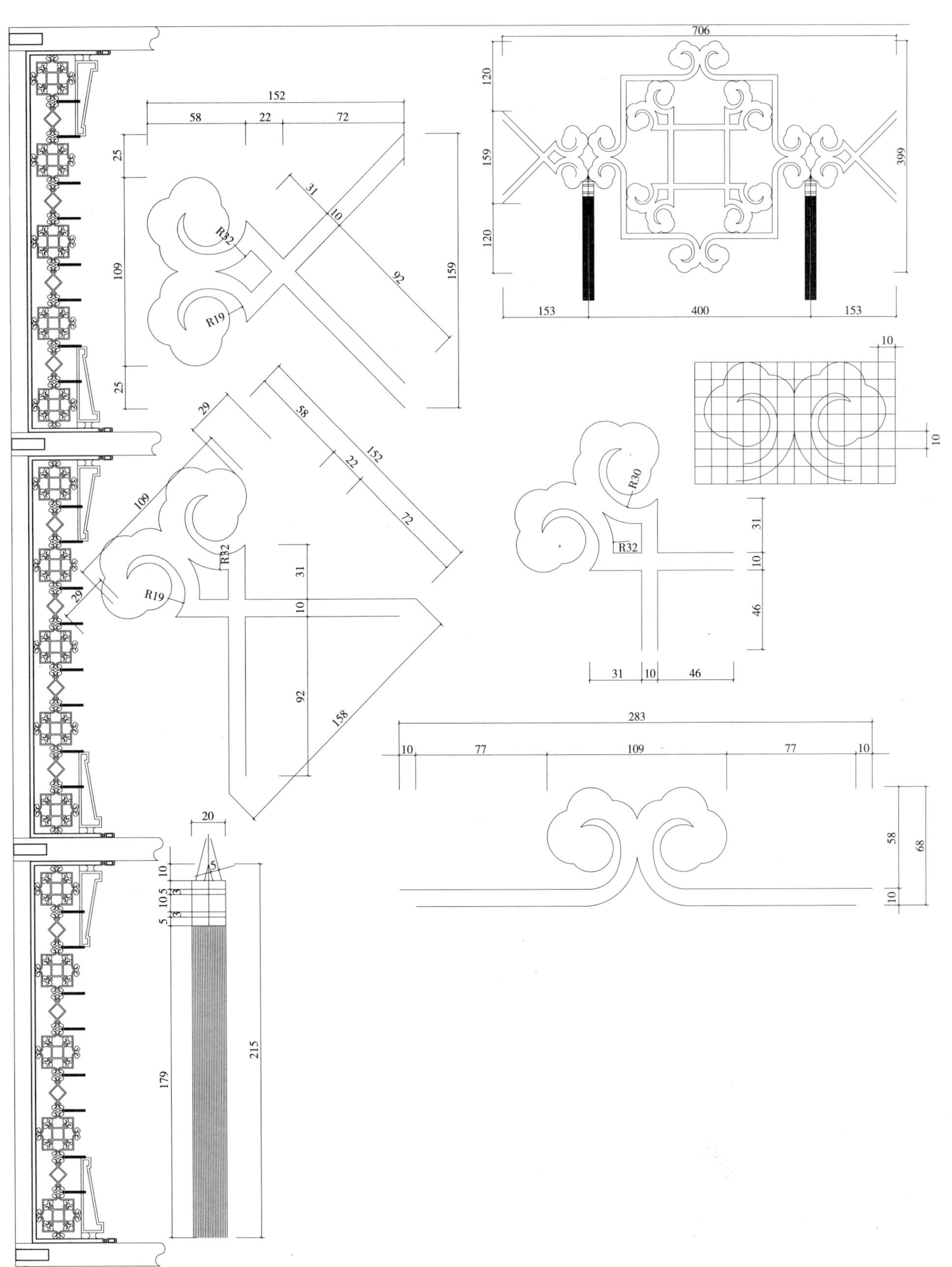
706
120
159
120
399
153
400
153
152
58
22
72
25
109
25
31
10
92
159
R32
R19
29
58
152
22
72
109
29
R32
R19
31
10
92
158
10
10
R30
R32
31
10
46
31
10
46
283
10
77
109
77
10
58
68
10
20
5
10
10.5
3
3
5
179
215

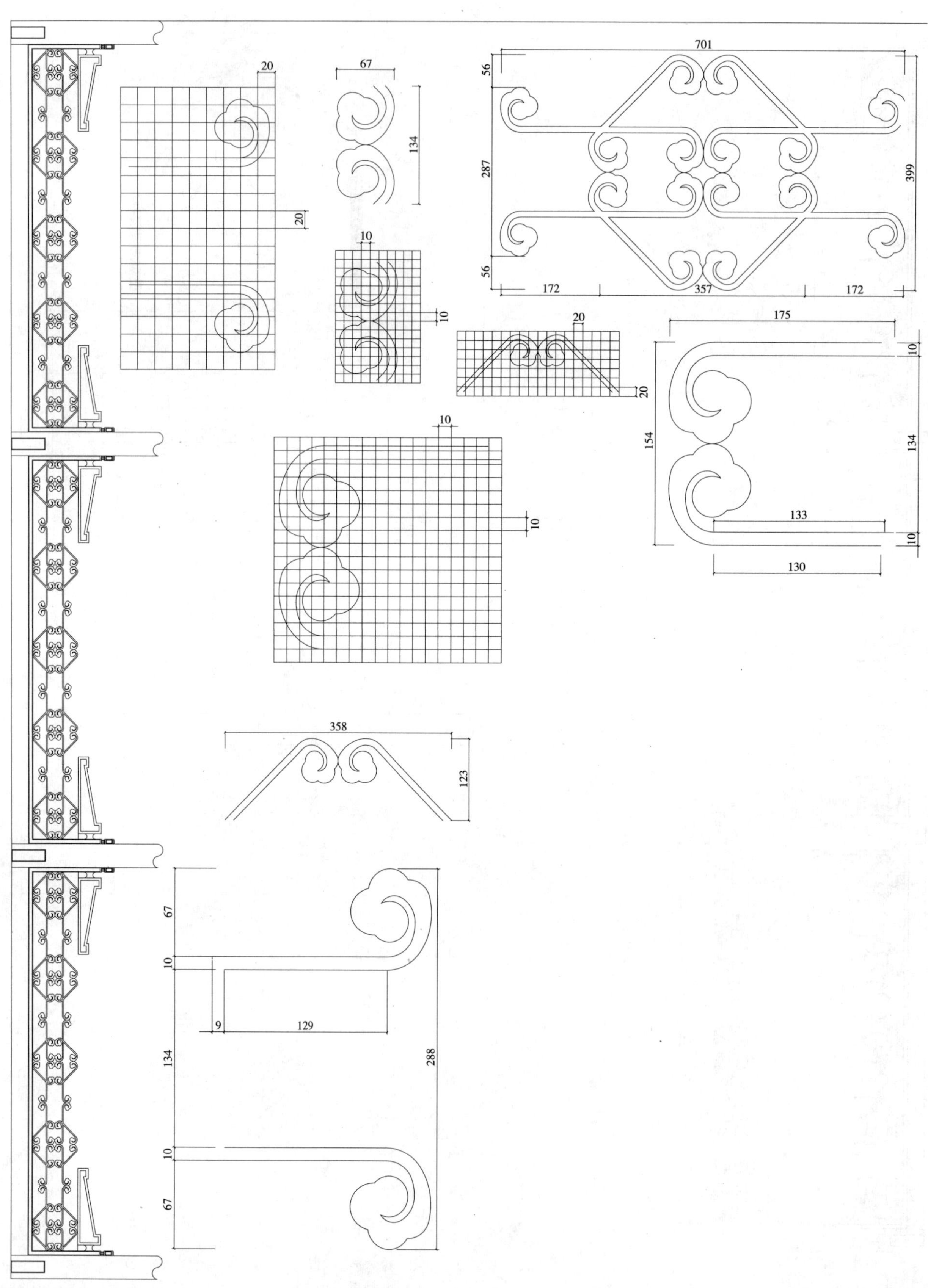
701
56
287
399
56
172
357
172
67
134
20
20
10
10
20
20
175
10
154
134
133
10
130
10
10
358
123
67
10
9
129
134
288
10
67

10
10
704
57
287
401
57
228
248
228
179
144
225
67
10
144
67
148
10
32
35

10
10
705
28
343
400
28
310
85
310
310
10
93
72
135
10
62
129
10
38
10
10
181
151
10
10
10
10
10
14
24
10
10
10
10
14
24
138
10

91
10 10 10 31 10 10 10
706
38
324
38
400
231 244 231
22 10 51 20
51
10
22
R30
R30
200
180
10
10
46
35
10
22
22
10
46
35
20
10
22
34
R30
113
R30
34
22
10
20
109
68
10
10

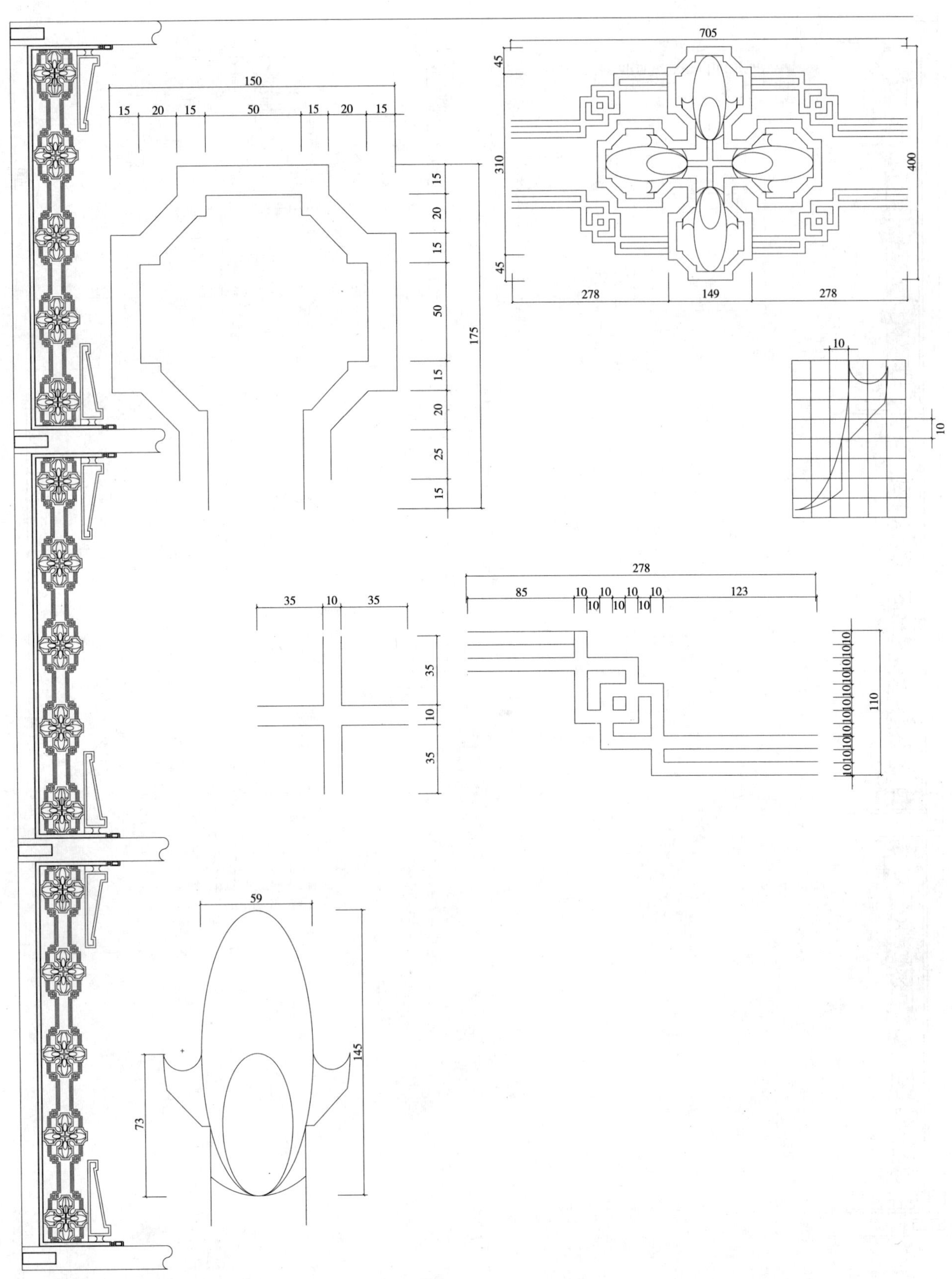

705
45
310
400
45
278
149
278
150
15
20
15
50
15
20
15
15
20
15
50
175
15
20
25
15
10
10
278
85
10
10
10
10
10
10
10
10
123
110
35
10
35
35
10
35
59
145
73

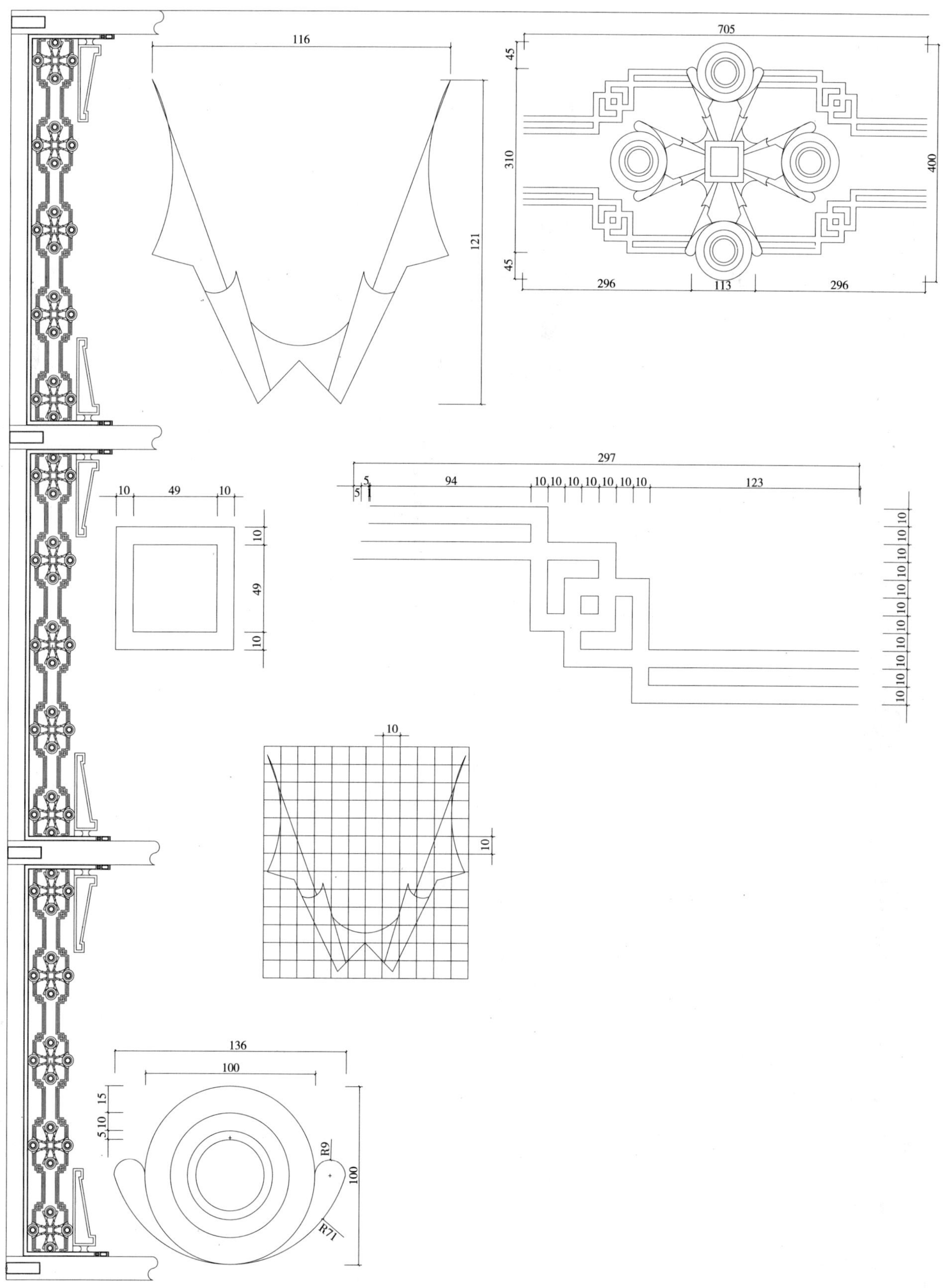
116
121
705
45
310
400
45
296
113
296
10
49
10
10
49
10
297
5
94
10,10,10,10,10,10,10
123
5
10
10
136
100
15
10
5,10
R9
100
R71

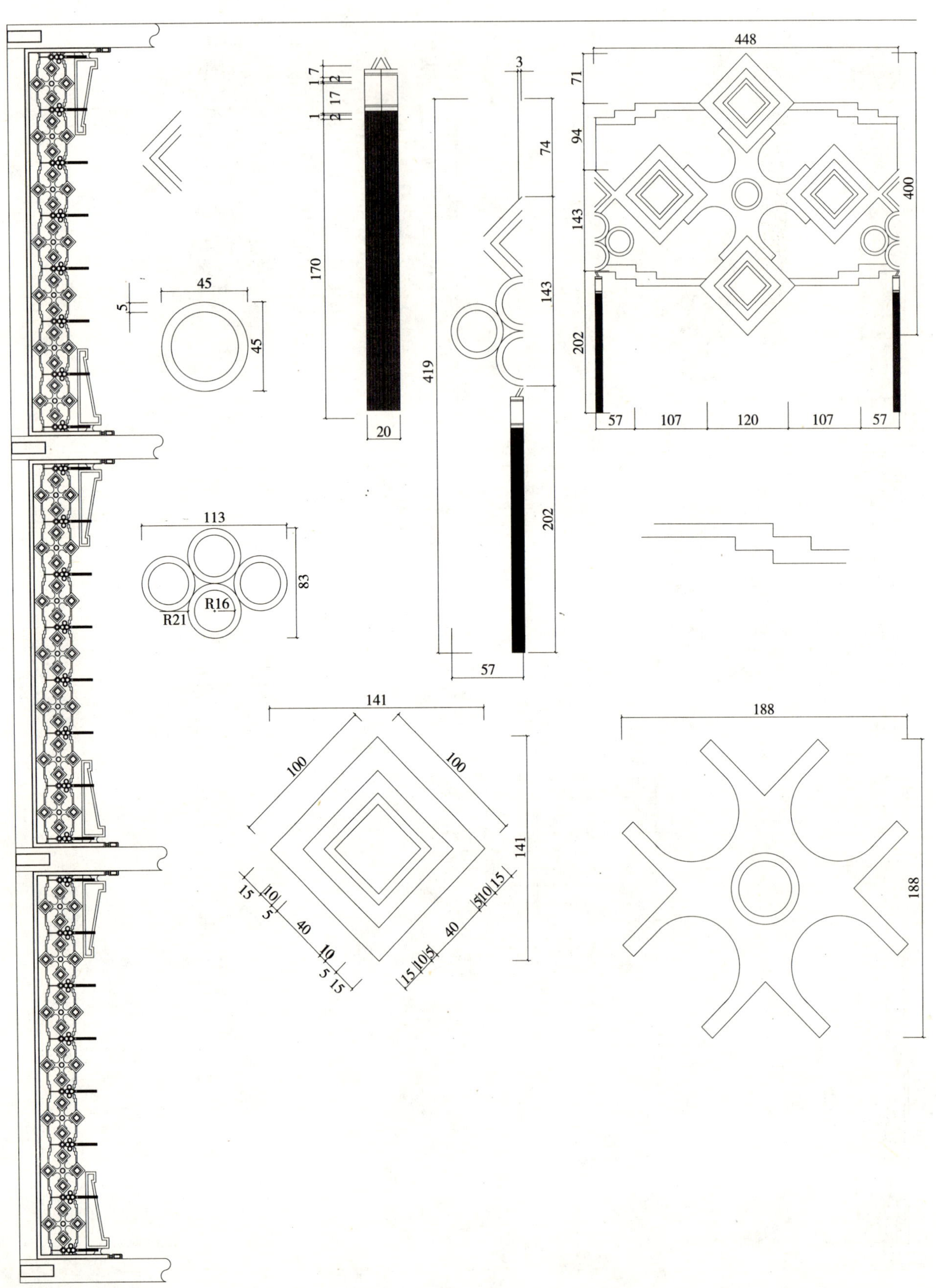
448
71
94
143
202
400
57
107
120
107
57
170
20
419
74
143
202
57
45
45
5
113
83
R16
R21
141
100
100
141
15
10
5
40
10
5
15
188
188

20
194
90°
200
106
46
10
707
113
176
113
402
168
371
168
20
20
20
20
20
169
175

3
88
554
266
200
131
692
93
267
453
93
226
145
131
430
131
2
2
17
2
170
20
266
266
15
10
5
48
5
10
15
5
10
15
48
15
10
5

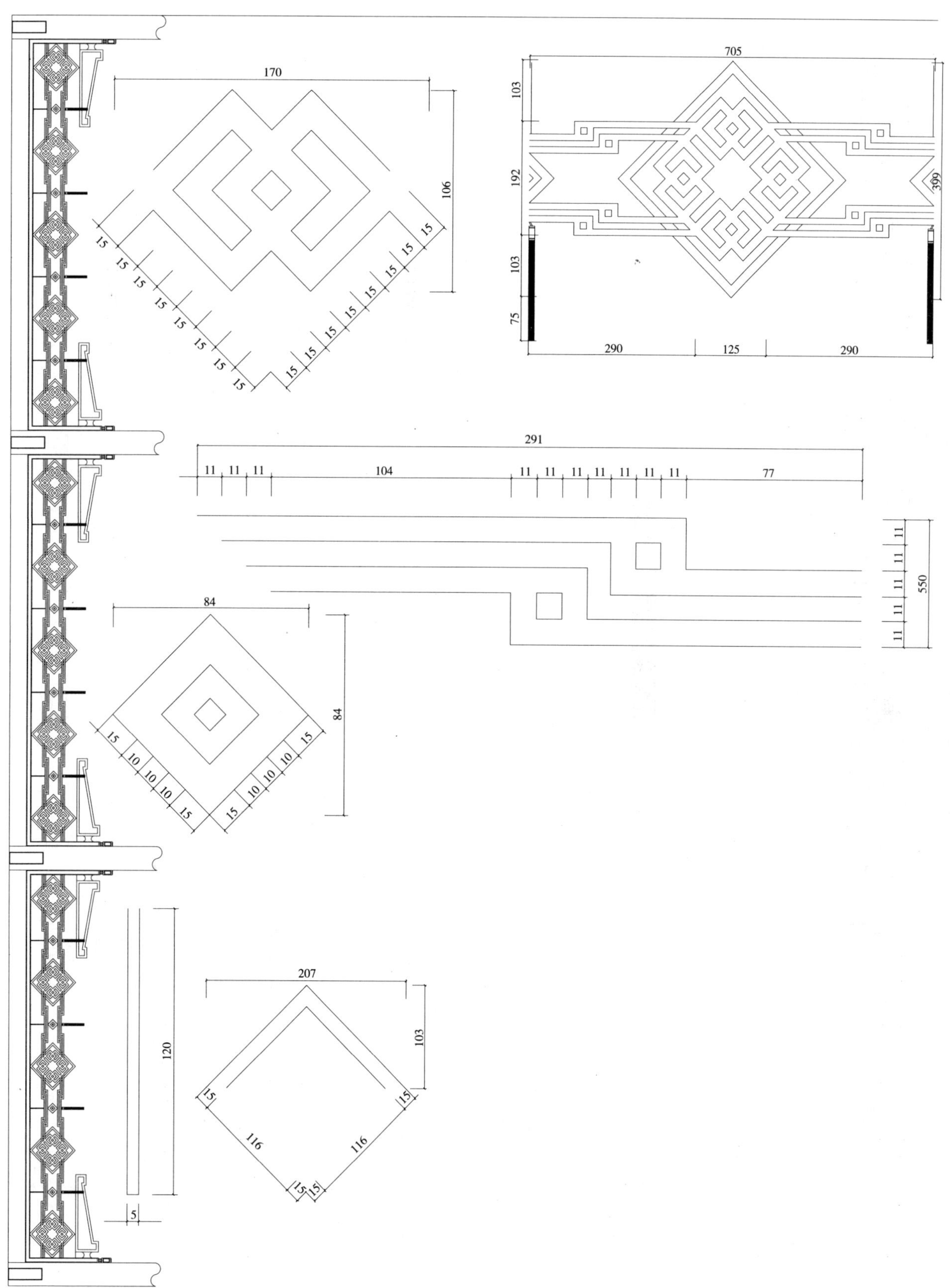
170
106
15
15
15
15
15
15
15
15
15
15
15
15
15
15
15
15
705
103
192
103
75
399
290
125
290
291
11
11
11
104
11
11
11
11
11
11
11
77
550
84
84
15
10
10
10
15
15
10
10
10
15
120
5
207
103
15
15
116
116
15
15

169
5
95
200
200
495
705
171
58
171
101
400
174
357
174
200
200
84
63
185
185

706
100
20
160
400
20
100
202
118
66
118
202
38
77
15
10
5
38
5
10
15
272
20
66
34
220
95
R14
52
R29
108
52
15
169
R20
169
R35

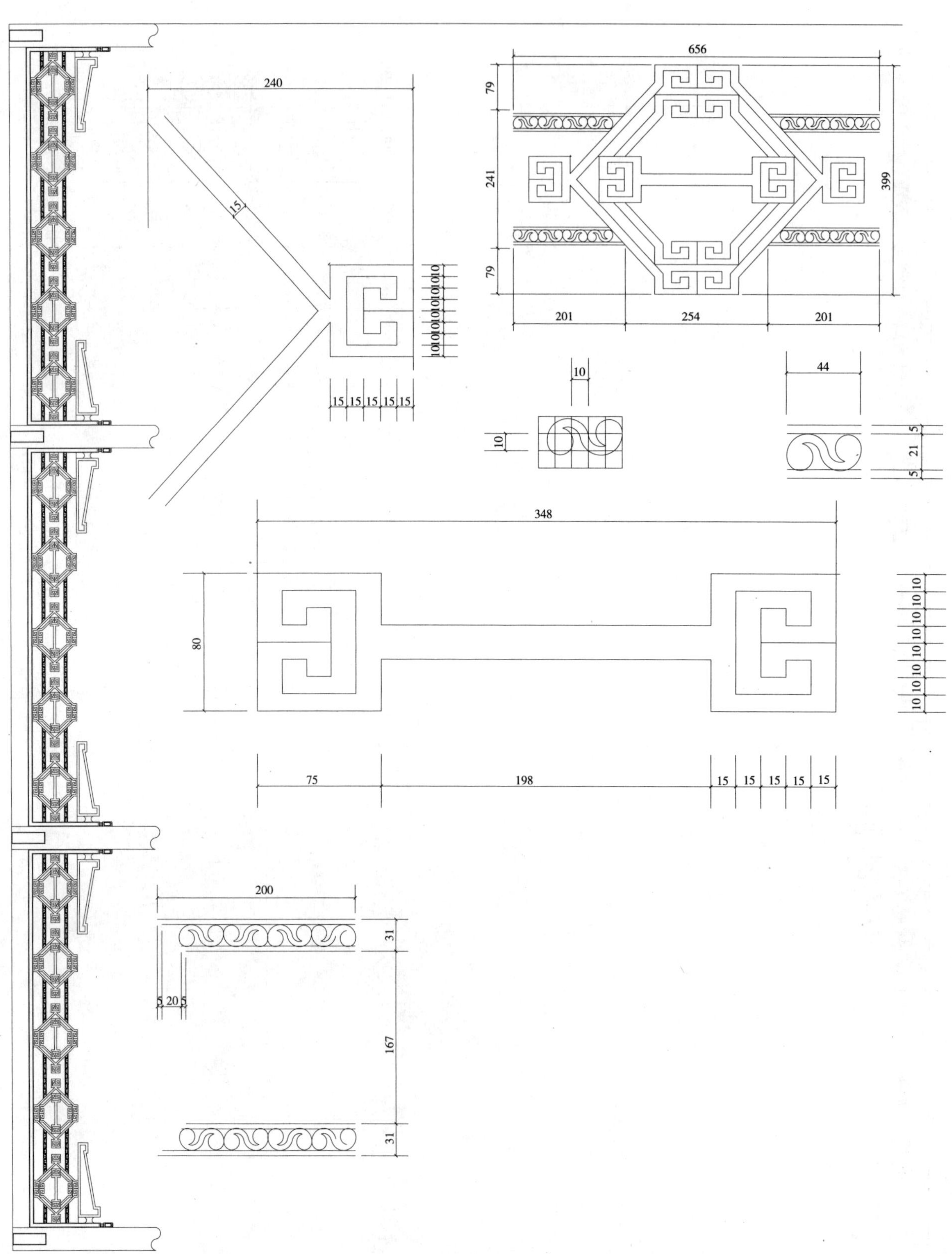
240
15
656
79
241
399
79
201
254
201
10
44
10
5
21
5
348
80
75
198
15 15 15 15 15
200
31
5 20 5
167
31

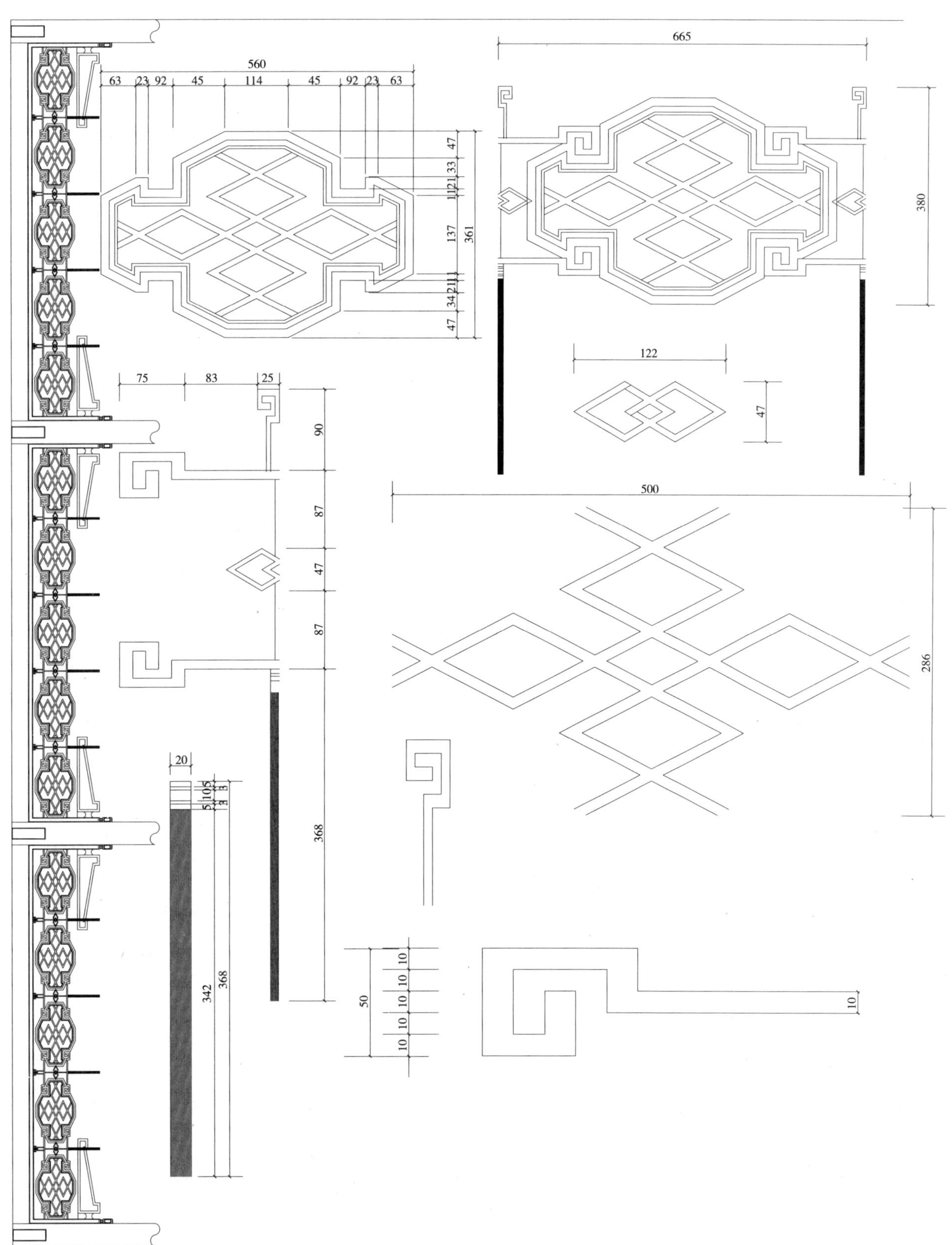
560
63
23
92
45
114
45
92
23
63
47
33
12
11
137
361
11
12
34
47
665
380
122
47
75
83
25
90
87
47
87
368
20
5
10
5
3
3
342
368
500
286
50
10
10
10
10
10
10

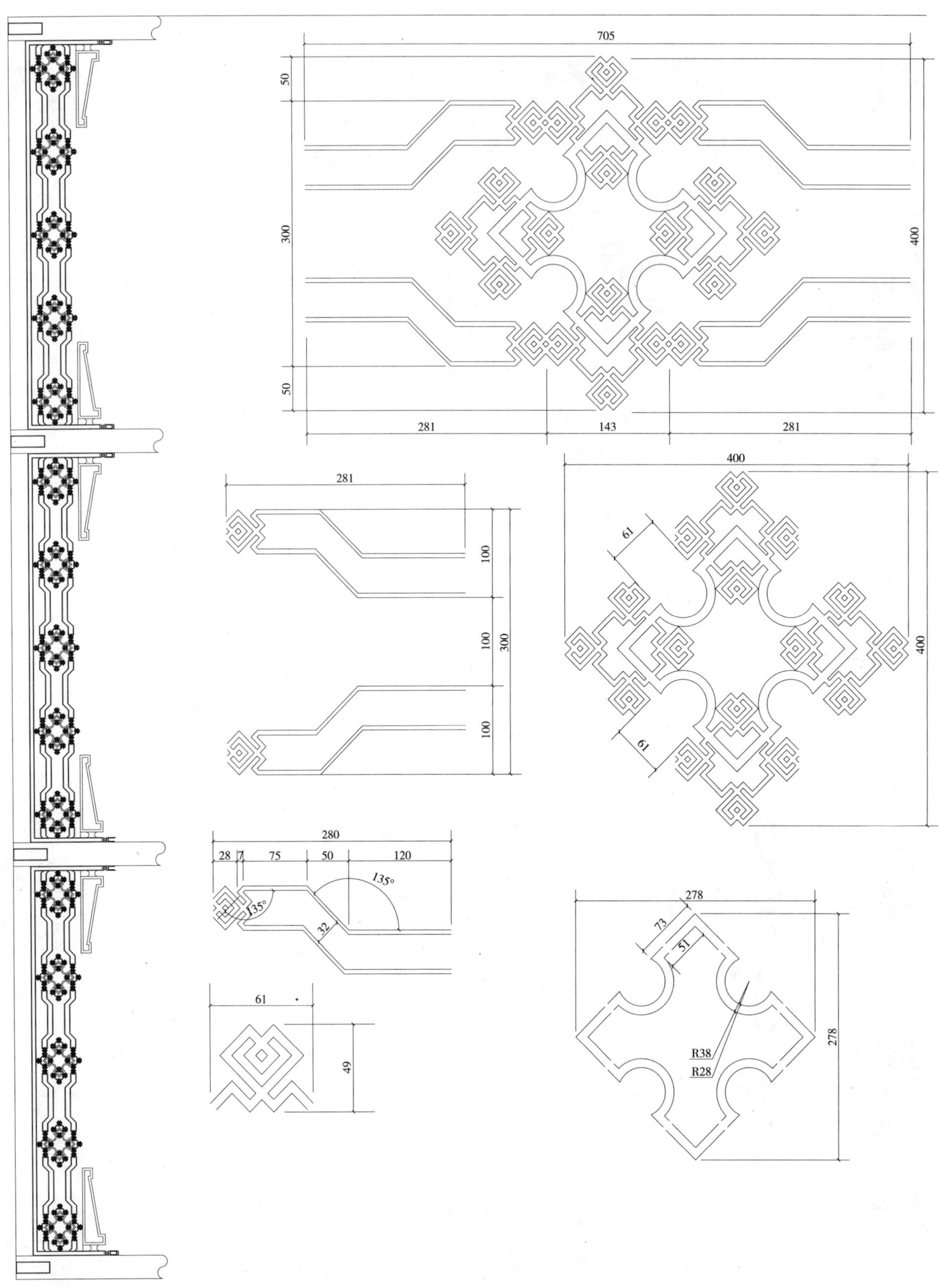
705
50
300
50
400
281
143
281
281
100
100
300
100
400
61
61
400
280
28
7
75
50
120
135°
135°
32
61
49
278
73
51
R38
R28
278

705
109
181
109
399
247
211
247
10
10
247
397
60
61
181
60
120
400
10
130
10
10
247
58
189
189
10
10
165
149
165
149
R36
R51
R66
R61

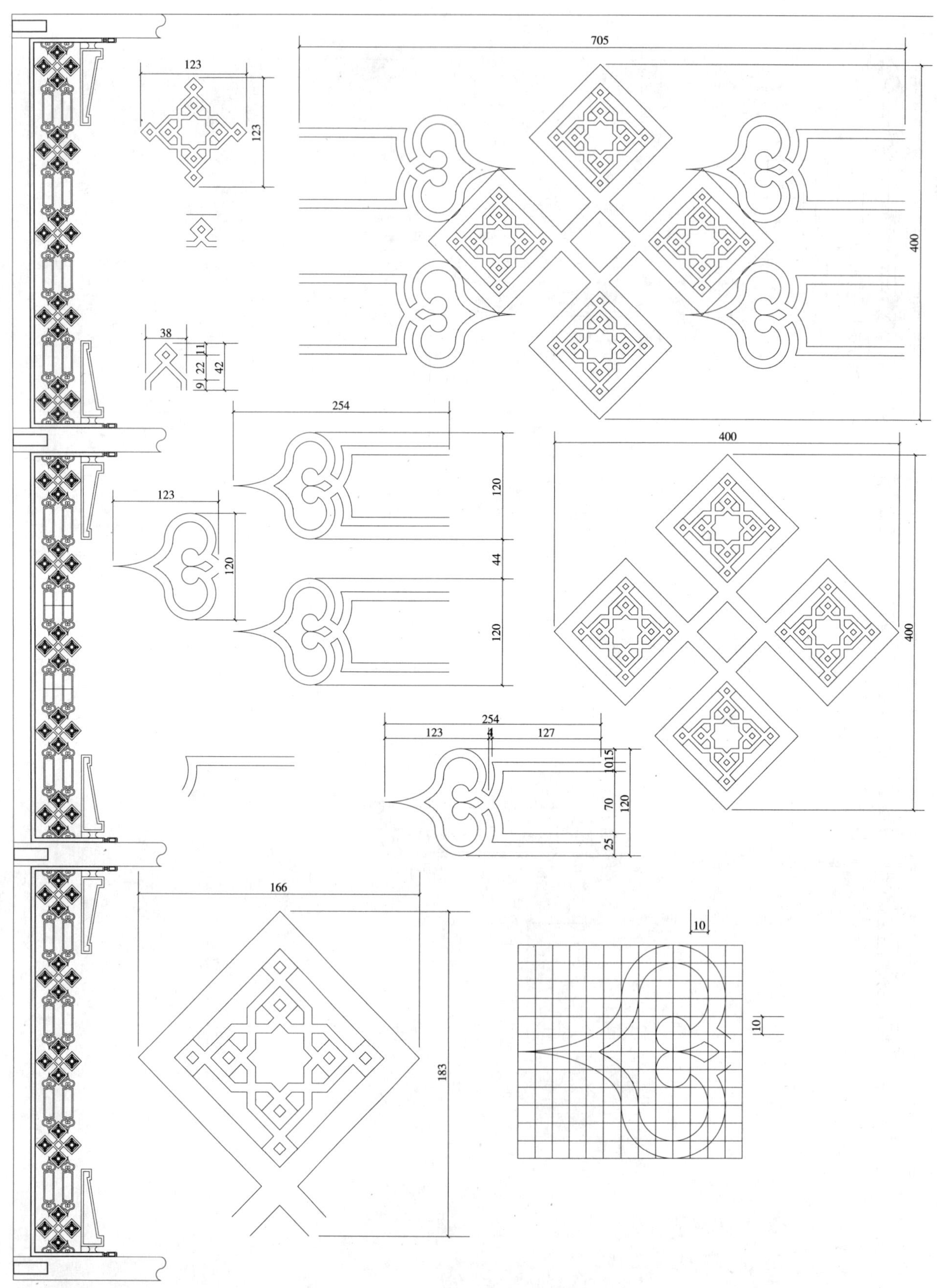
705
123
123
400
38
11
22
42
9
254
120
44
120
123
120
400
400
254
123
4
127
1015
70
120
25
166
183
10
10

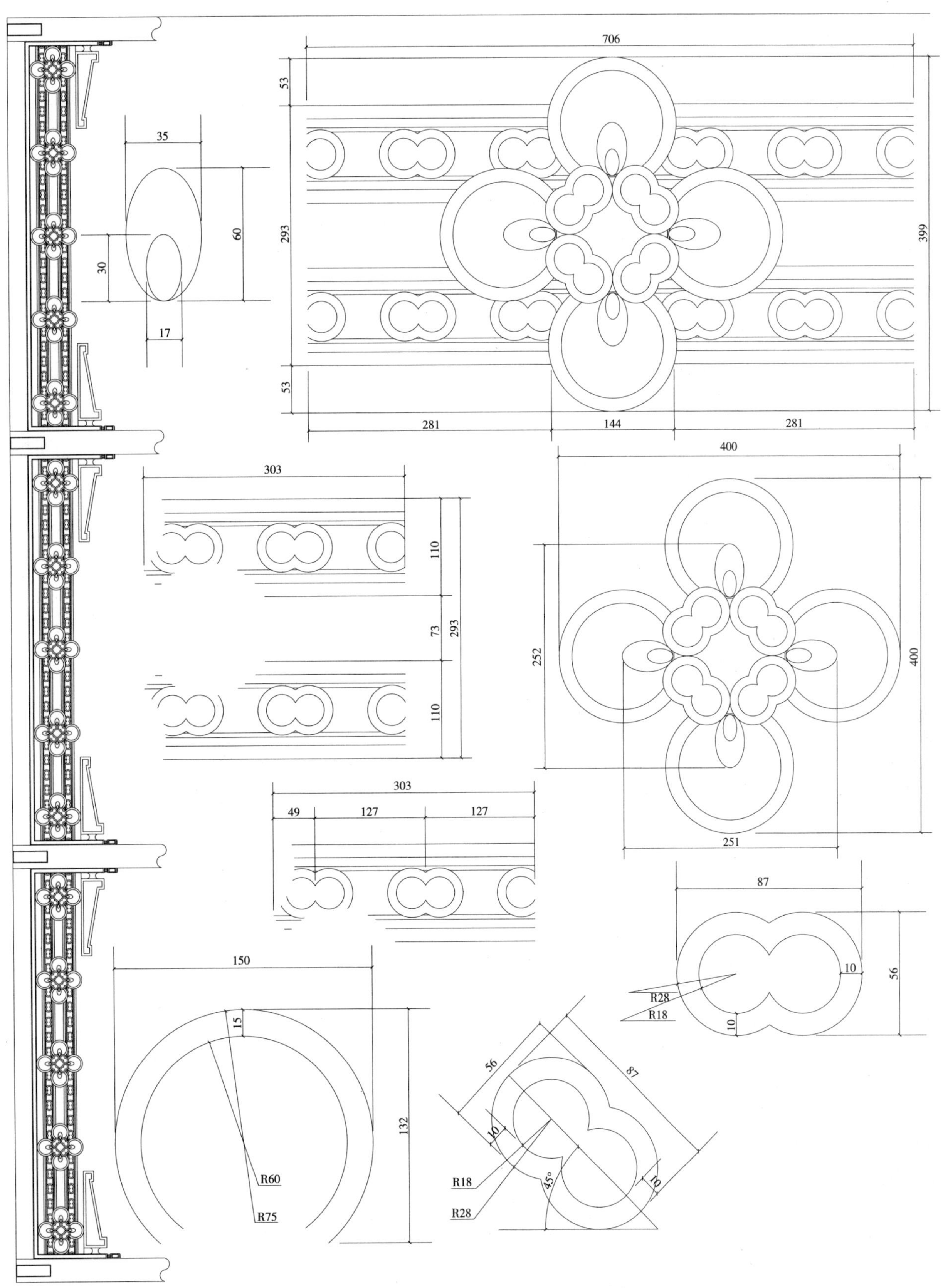
706
53
293
399
53
281
144
281
35
60
30
17
400
303
110
73
293
110
252
400
251
303
49
127
127
87
10
56
R28
R18
10
150
15
132
R60
R75
56
87
10
10
R18
45°
R28

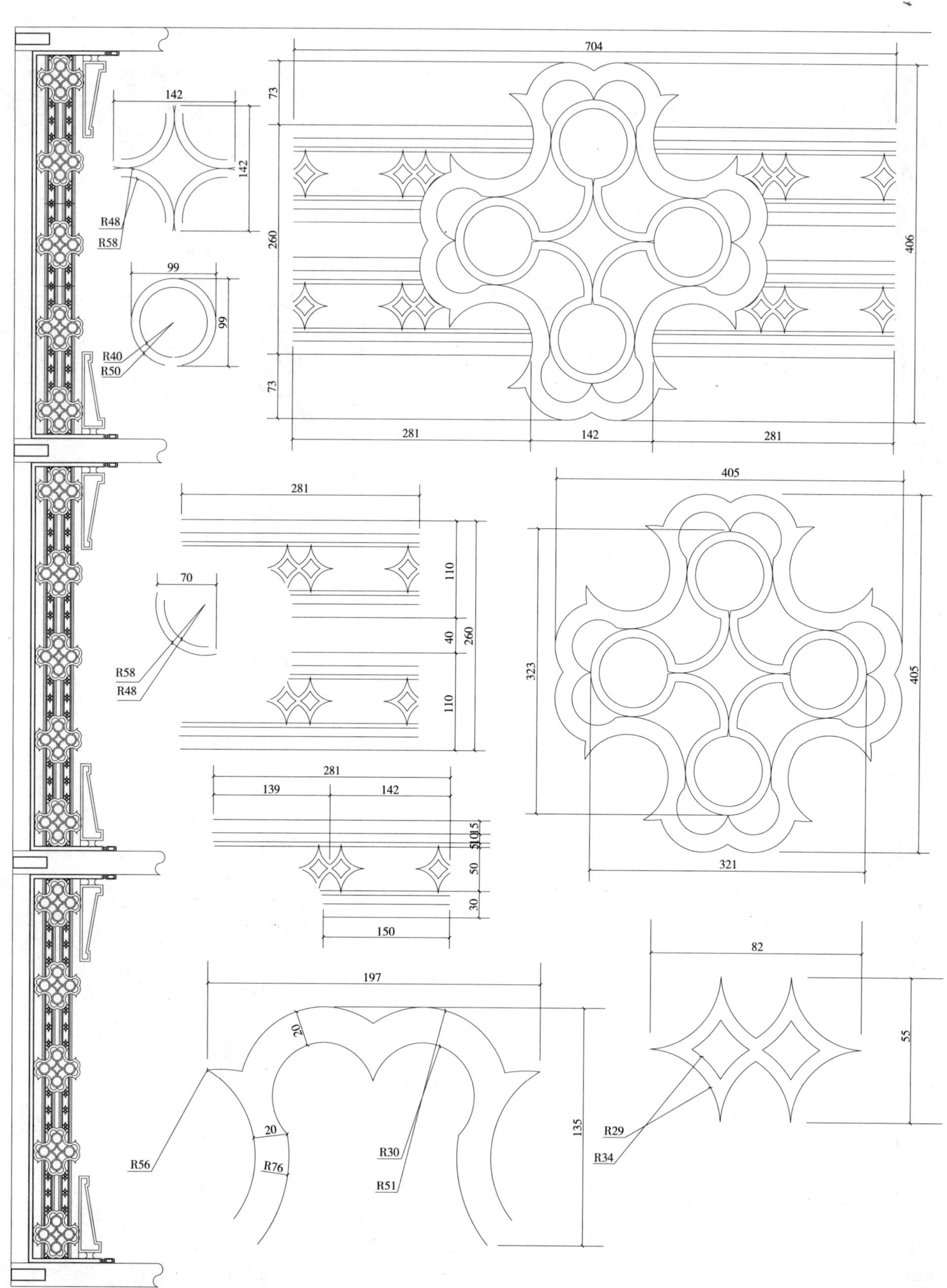
704
73
260
73
406
281
142
281
142
142
R48
R58
99
99
R40
R50
281
110
40
260
110
70
R58
R48
405
323
405
321
281
139
142
5
10
15
50
30
150
197
20
20
R56
R76
R30
R51
135
82
55
R29
R34

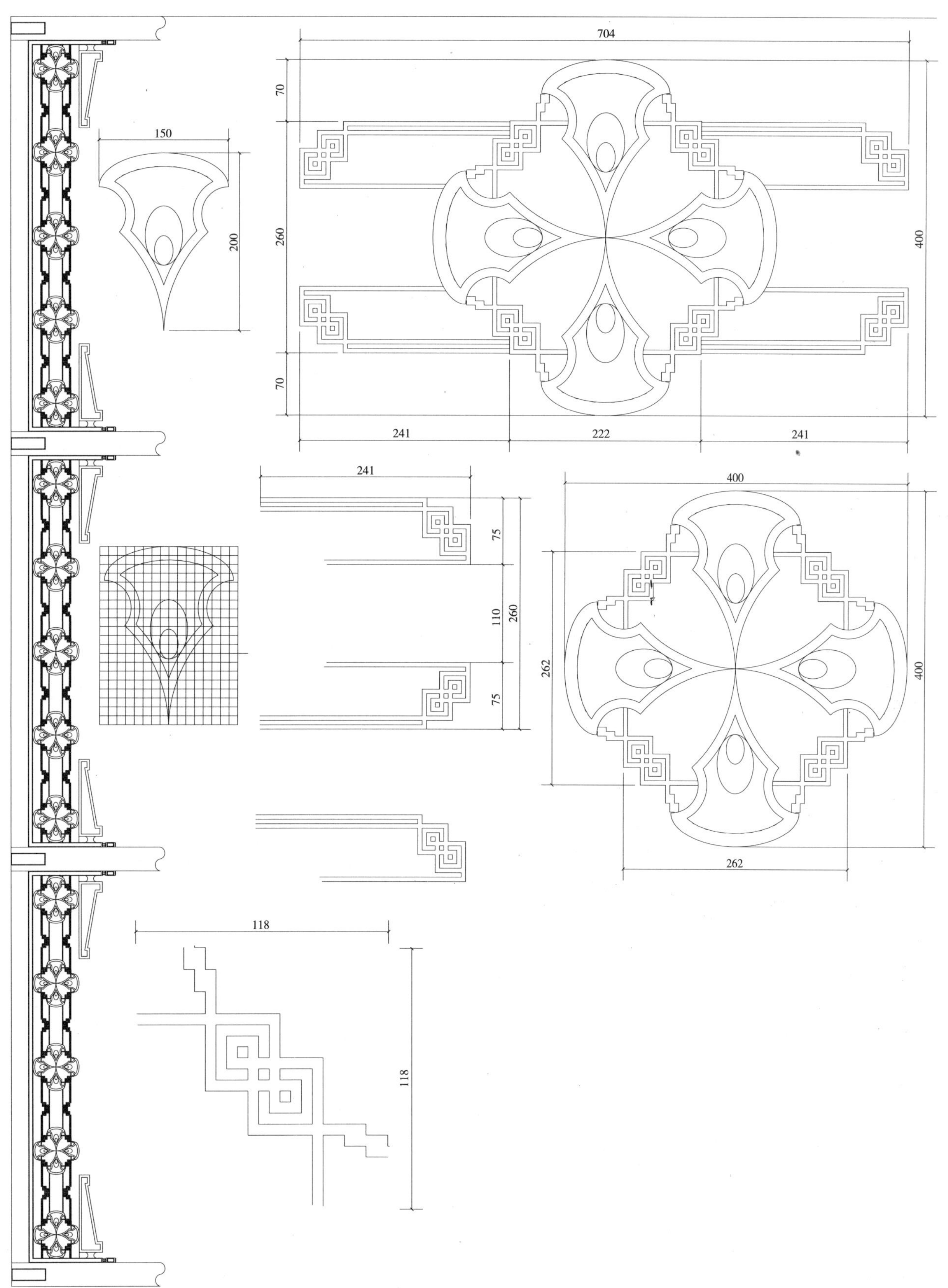
704
70
260
70
400
241
222
241
150
200
241
75
110
260
75
400
262
400
262
118
118

706
60
280
60
400
280
146
280
131
20
10
20
10
180
74
73
288
116
47
294
131
400
380
400
380
287
65
111
111
15
10
5
71
131
5
10
15
34
17
102
17
34
10
20
10
61°
140
40

715
47
265
47
359
246
223
246
255
65
135
65
359
325
359
325
245
88
157
101
31 10 10 10 10 10 10 10
10
131
20
10
10
20
167
10
10
10 10 10 10 10 10 10
31
101

704
72
255
72
399
298
108
298
69
35
R21
R26
R21
R26
298
90
75
255
90
400
400
165
165
298
34
88
88
88
5
86
R44
R49
86
5
179
177
15
10
5
R60
R65
R75
R90
115
113

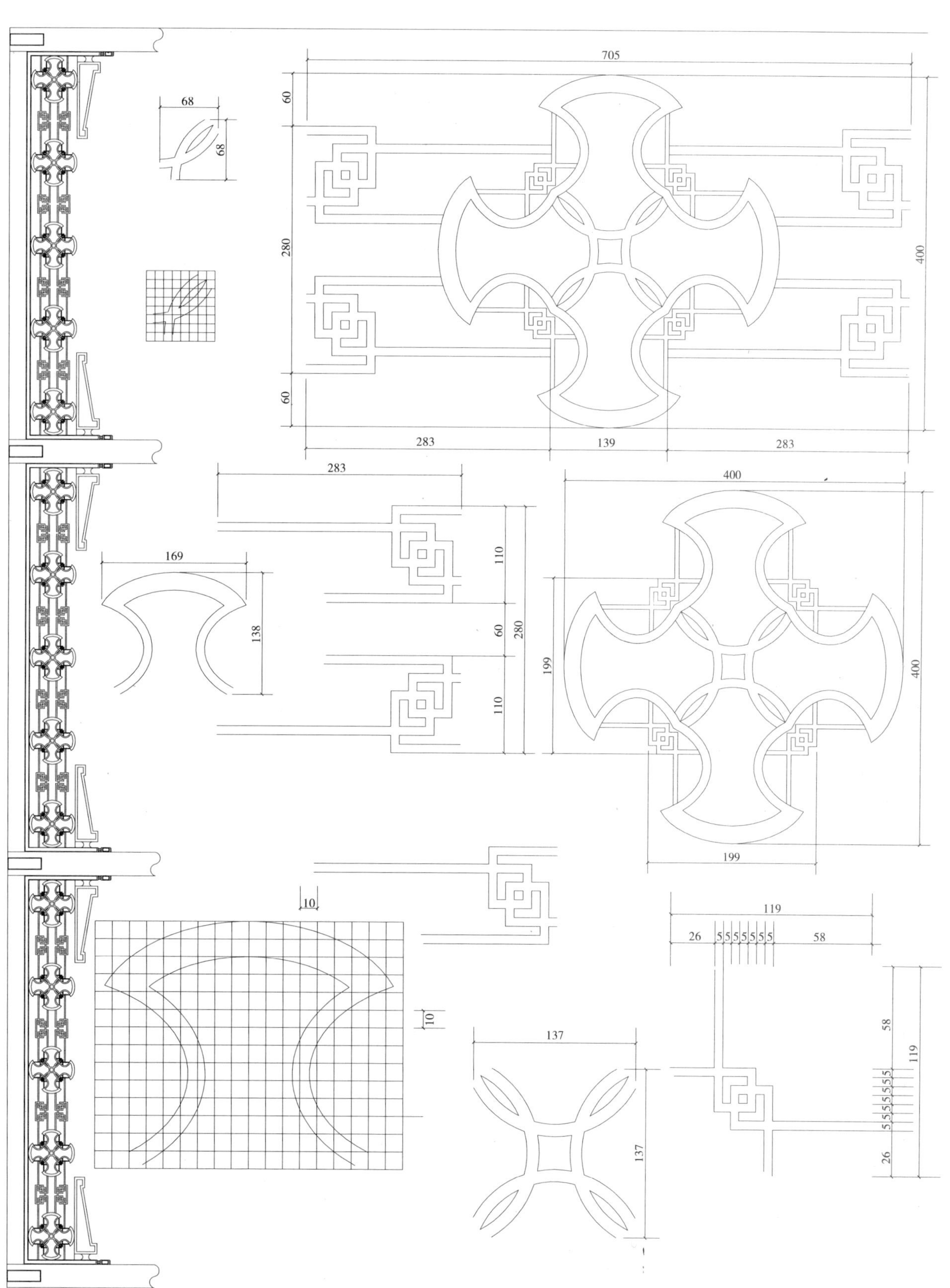
705
60
280
60
400
283
139
283
68
68
283
169
138
110
60
280
110
400
199
400
199
10
10
119
26
5 5 5 5 5 5 5
58
137
137
58
119
26

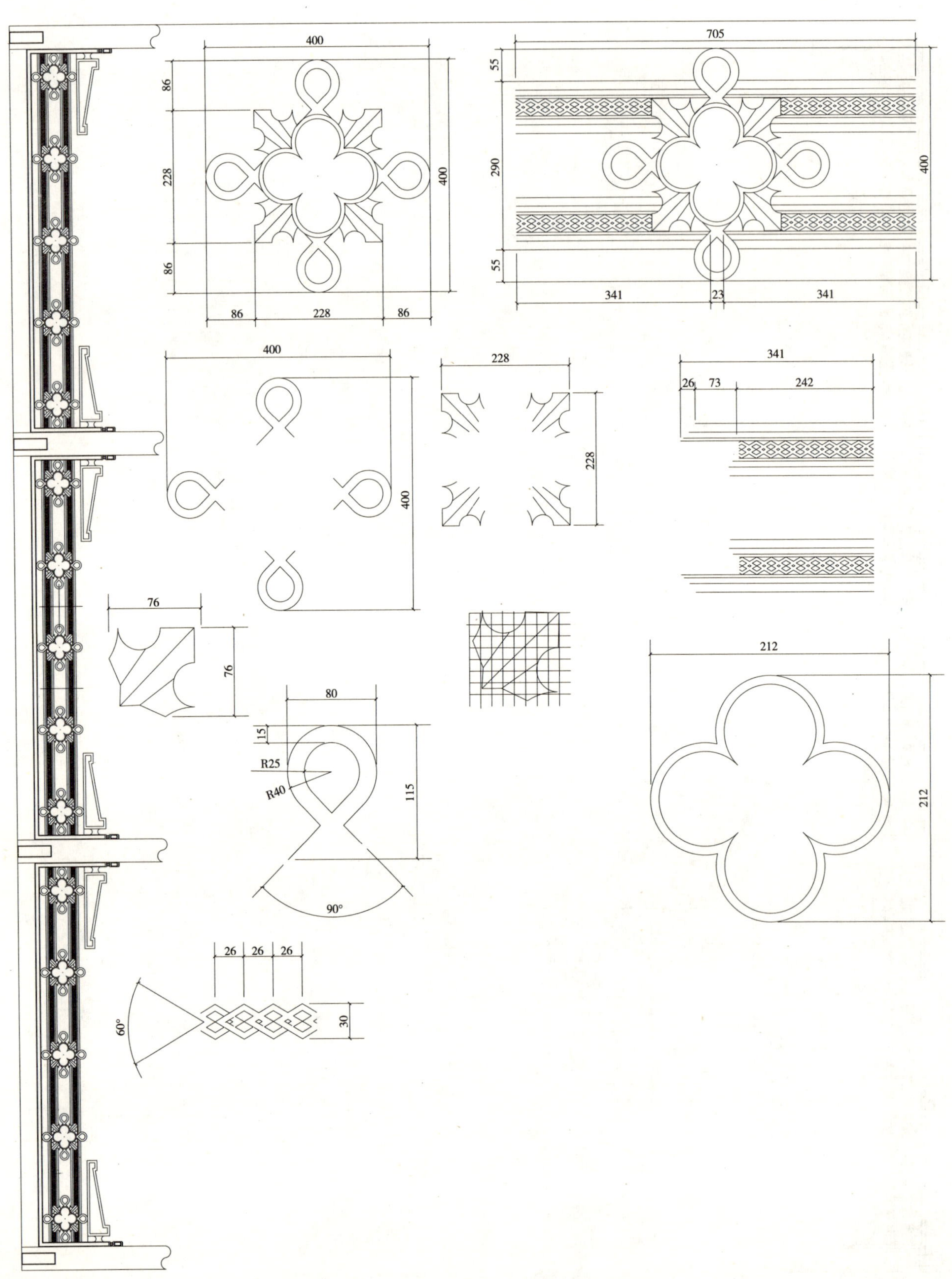
400
86
228
86
400
86
228
86
705
55
290
55
400
341
23
341
400
400
228
228
341
26
73
242
76
76
80
15
R25
R40
115
90°
212
212
26
26
26
60°
30

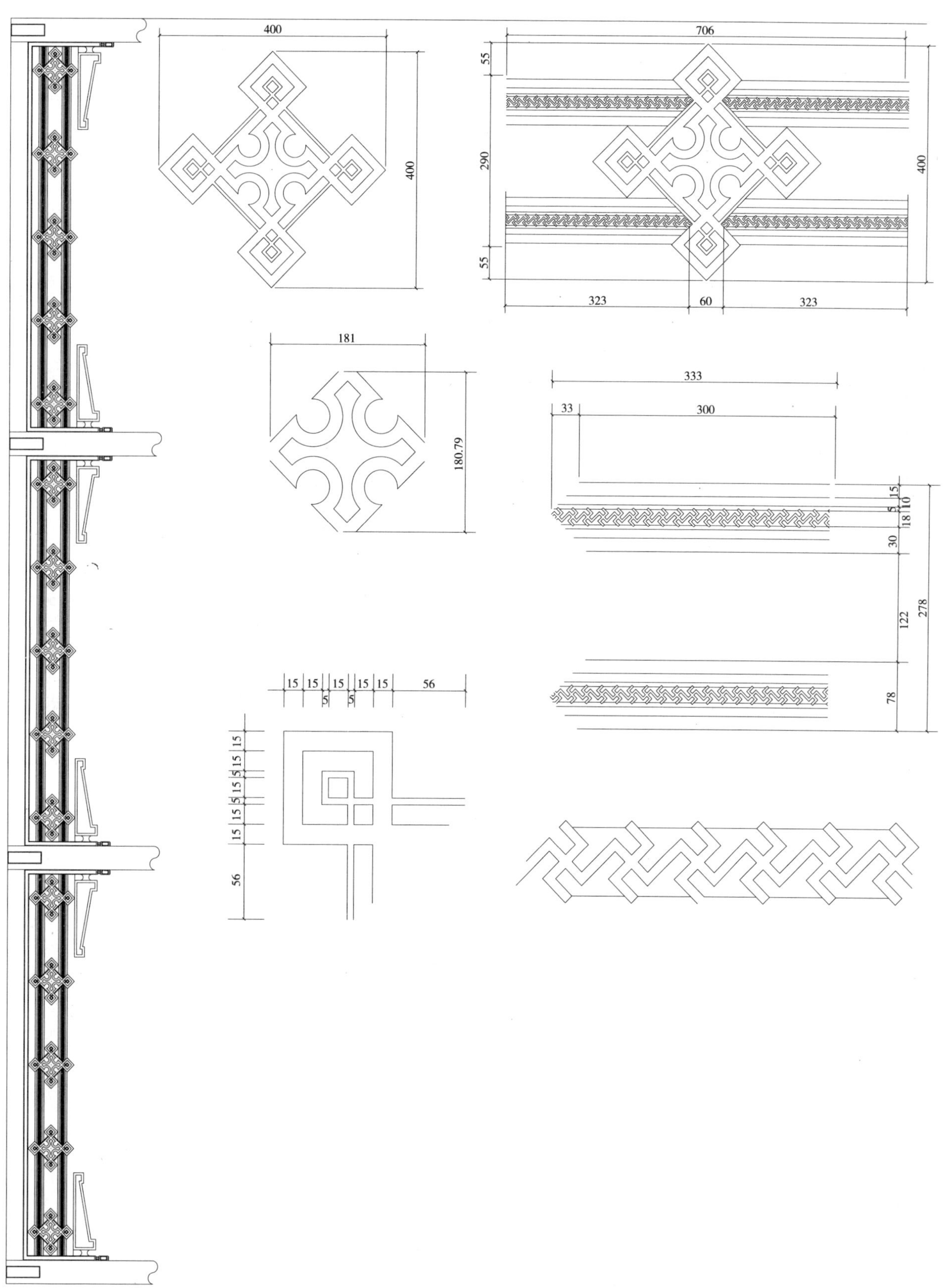

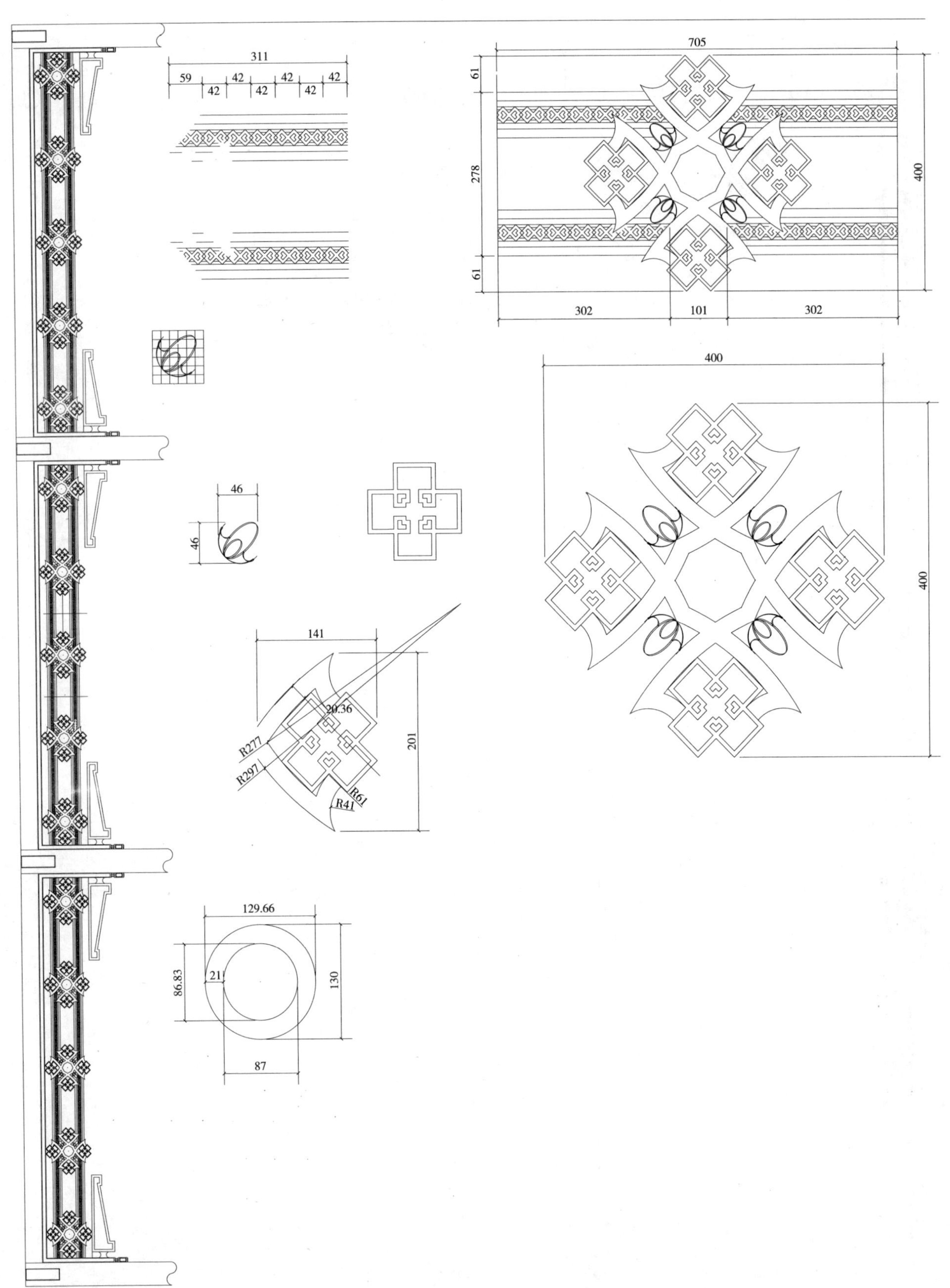
311
59
42
42
42
42
42
42
705
61
278
61
400
302
101
302
400
400
46
46
141
20.36
R277
R297
R61
R41
201
129.66
86.83
21
130
87

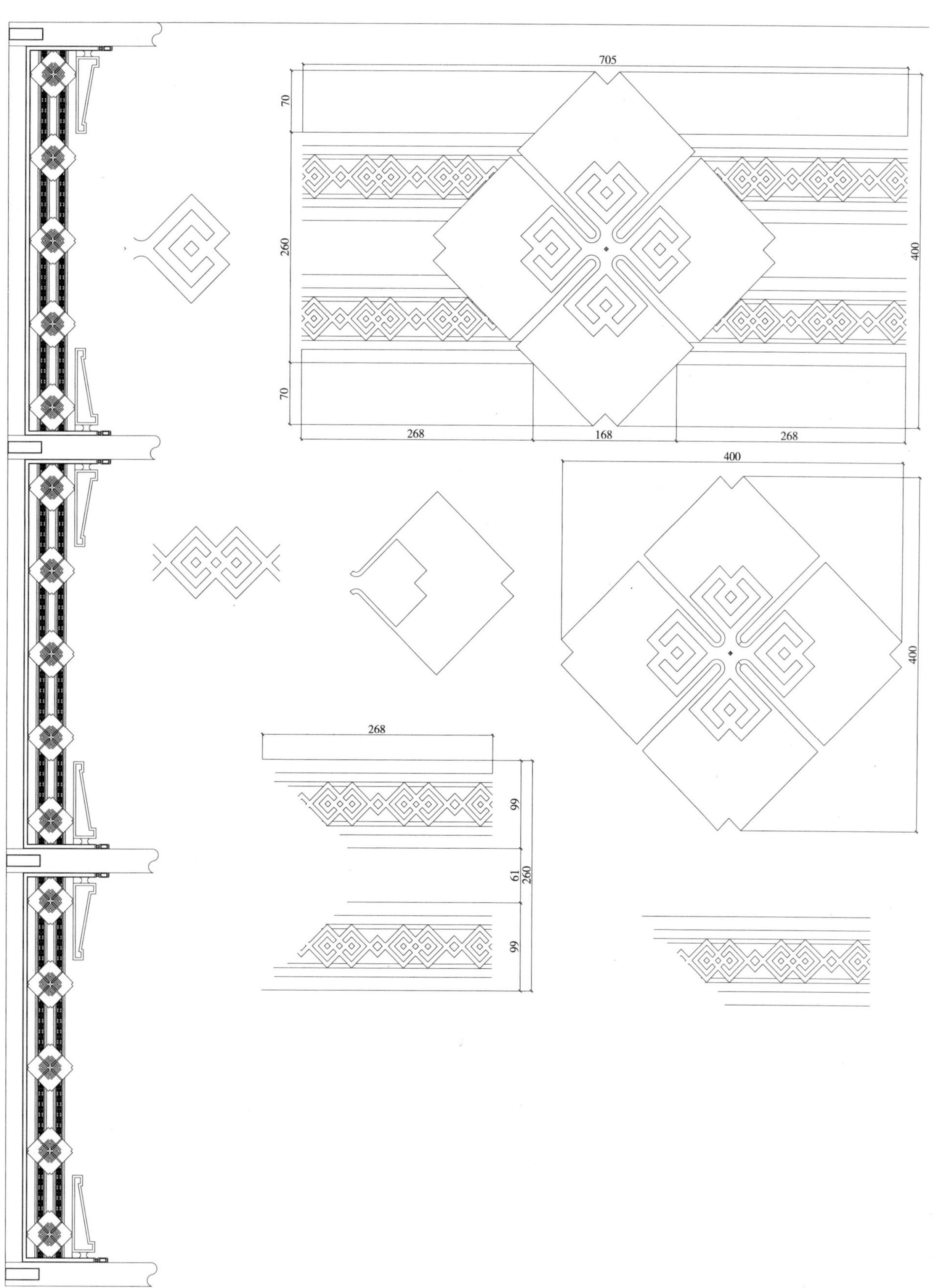
705
70
260
70
400
268
168
268
400
400
268
99
61
260
99

5 圆 花 挂 落

（YH－001～YH－098）

（由于缩放原因，有些尺寸无法标注，具体见光盘）

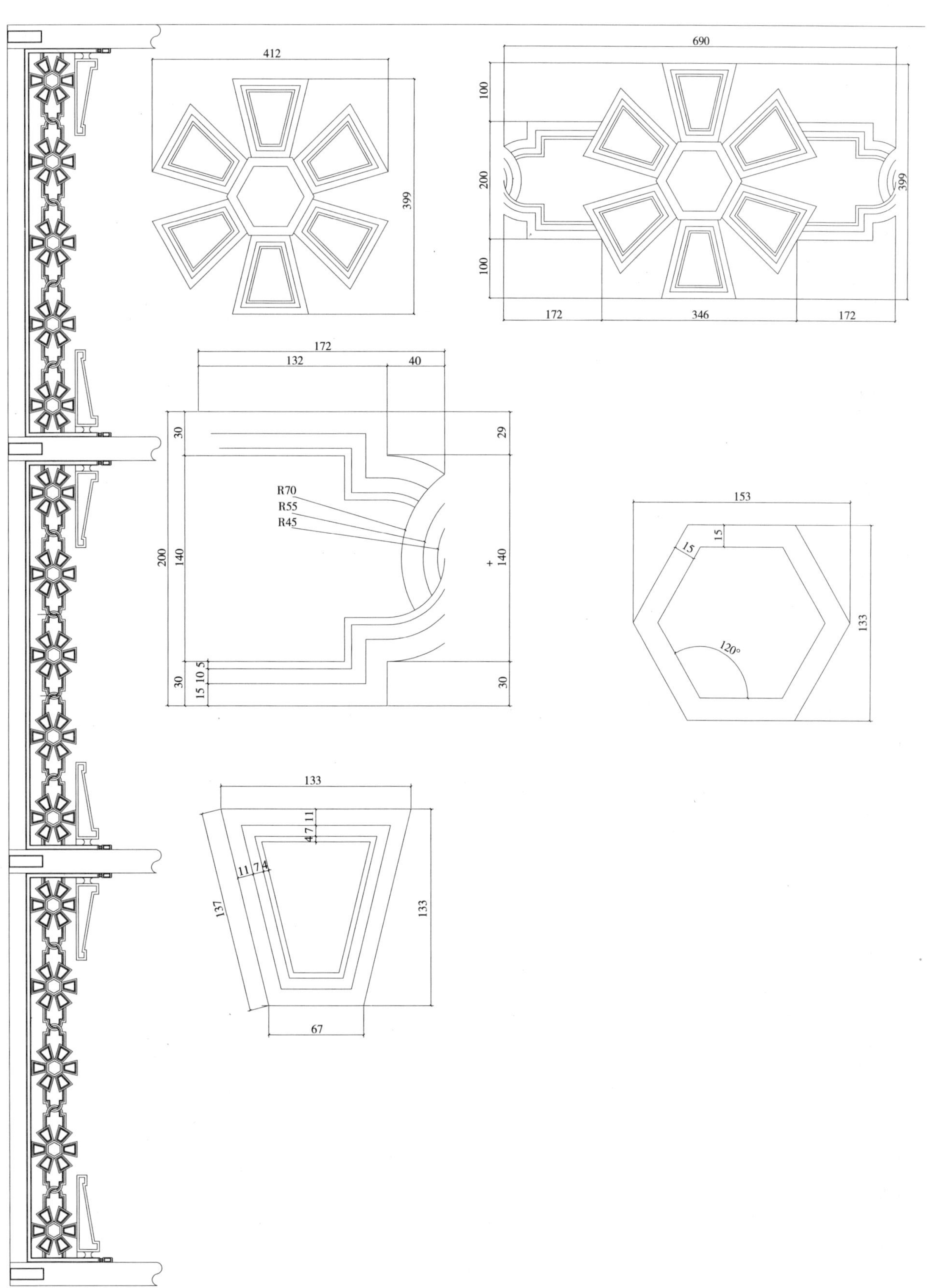
412
399
690
100
200
100
399
172
346
172
172
132
40
30
29
R70
R55
R45
200
140
140
30
15 10.5
15
30
153
15
15
133
120°
133
4 7 11
11 7 4
137
133
67

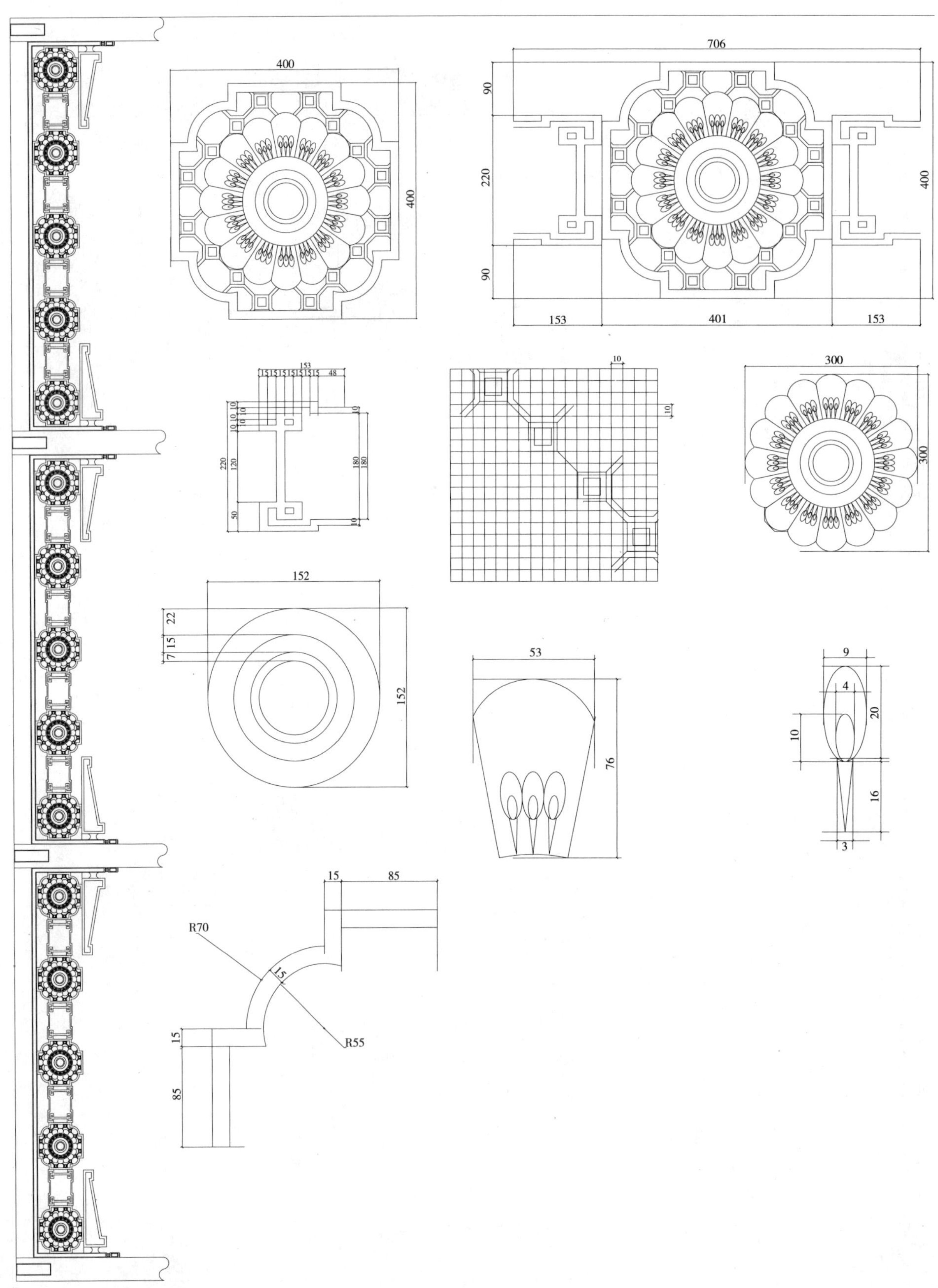
400
400
706
90
220
90
400
153
401
153
153
15 15 15 15 15 15 15
48
220
120
50
180
180
10
10
300
300
152
22
15
7
152
53
76
9
4
20
10
16
3
15
85
R70
15
R55
15
85

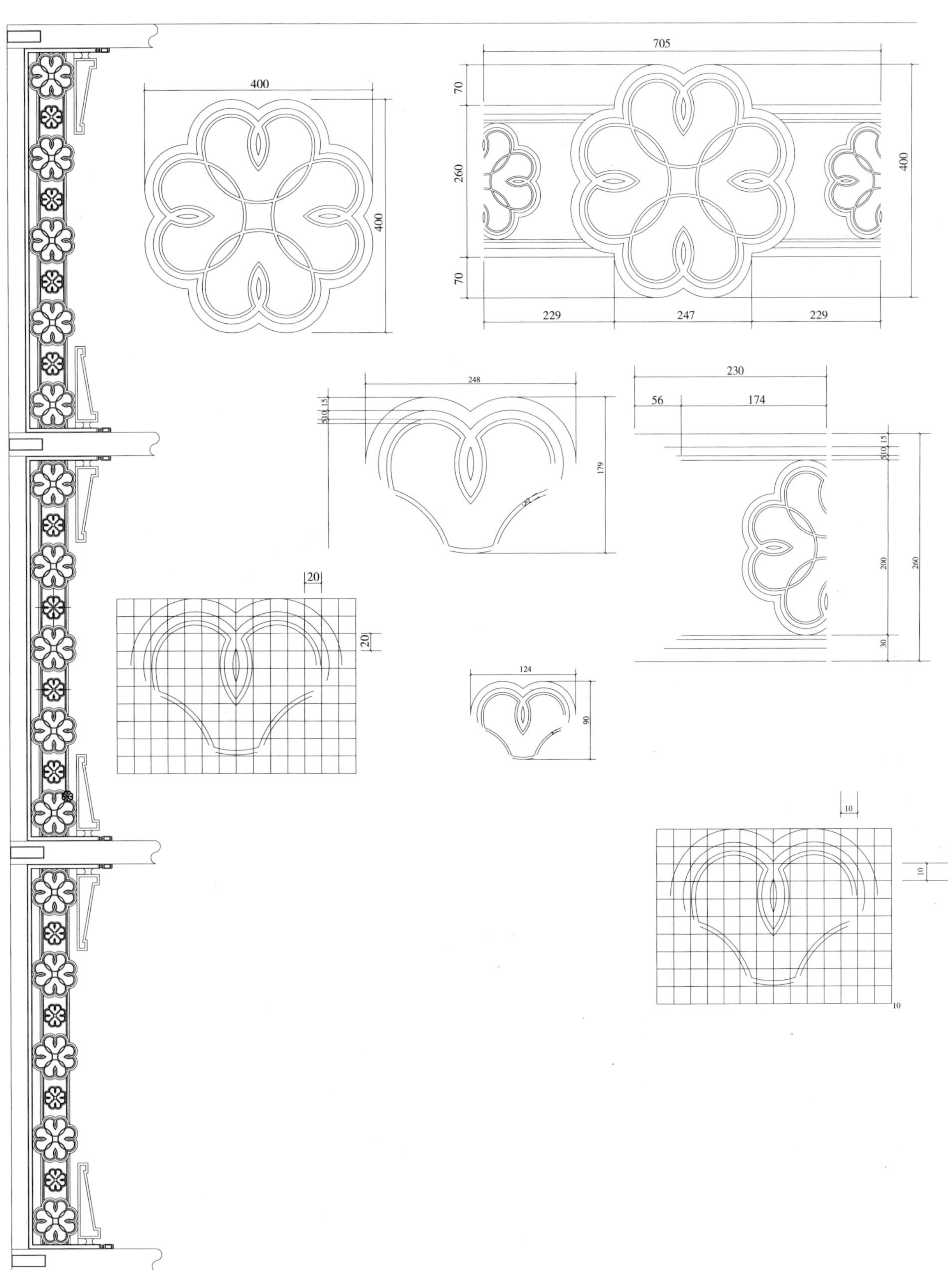
400
400
705
70
260
70
400
229
247
229
248
179
230
56
174
200
260
30
20
20
124
90
10
10
10

400
400
705
70
260
400
70
229
247
229
229
56
173
248
179
10
10
10
10
100
124
10
10
60
5
60

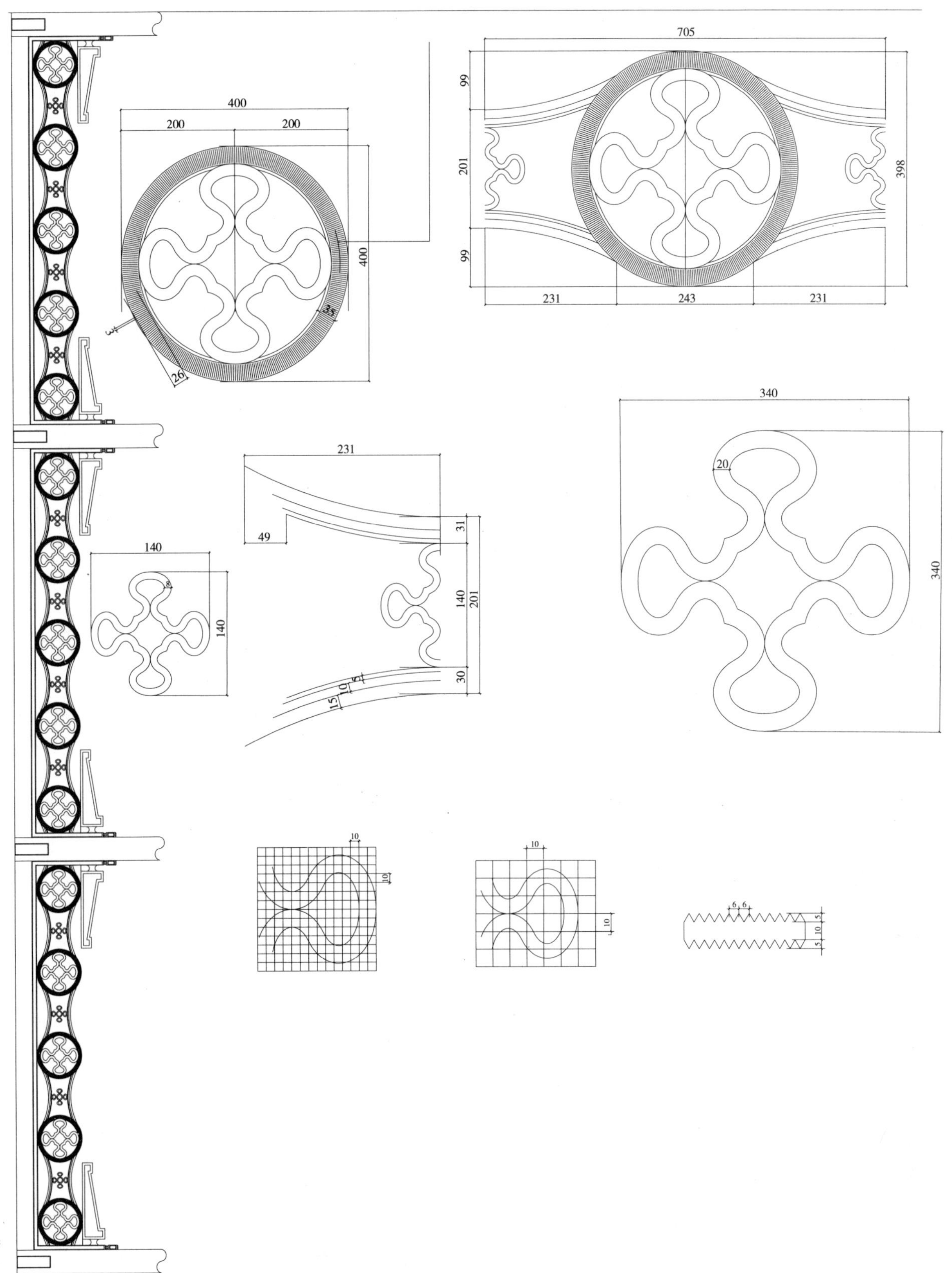
400
200
200
400
35
3
26
705
99
201
99
398
231
243
231
340
20
340
231
49
31
140
201
30
5
10
15
140
8
140
10
10
10
10
6
6
5
10
5

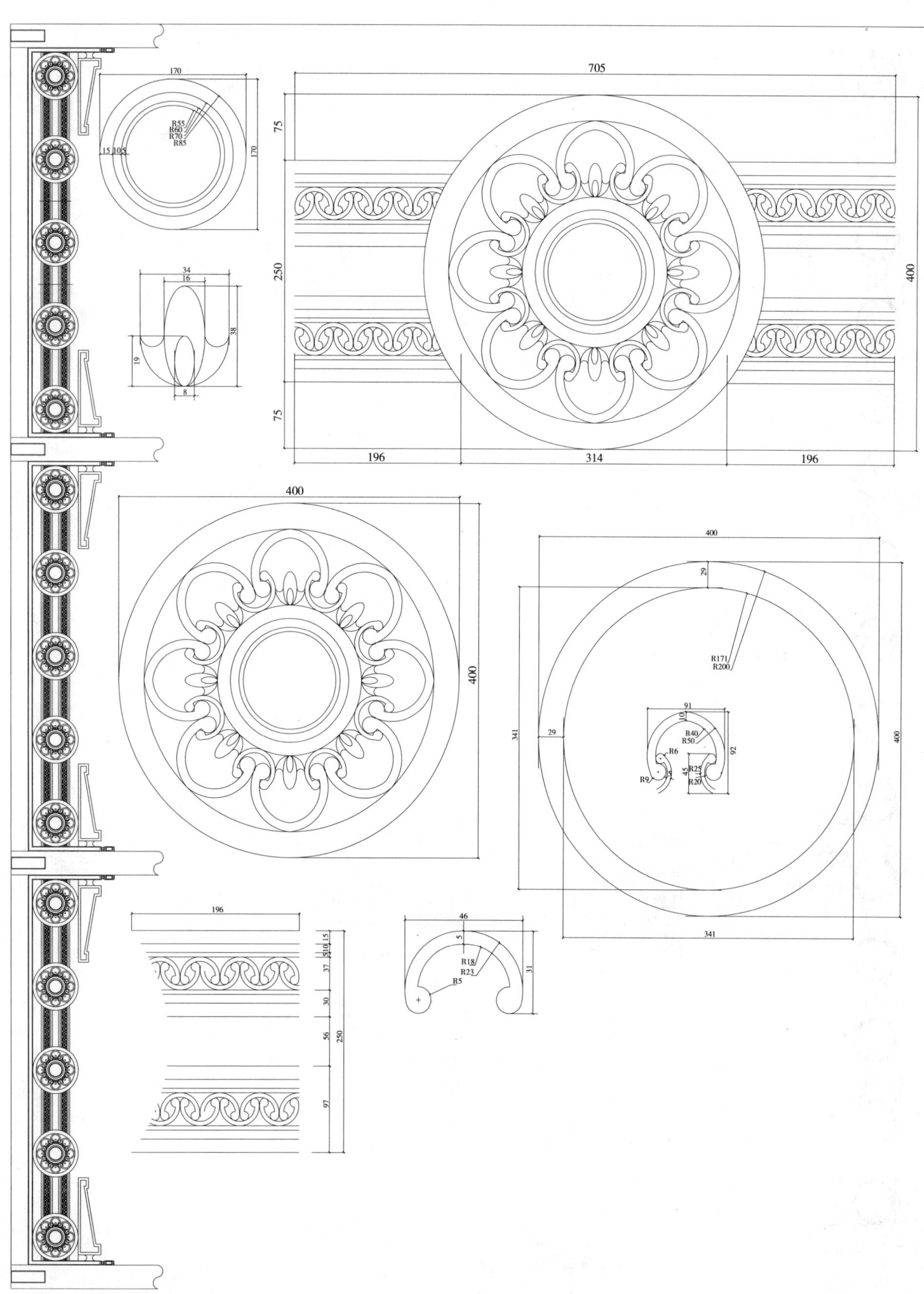

170
R55
R60
R70
R85
15 10 5
170
705
75
250
75
400
196
314
196
34
16
38
19
8
400
400
400
29
R171
R200
341
29
91
10
R40
R50
R6
92
R9
R25
R20
45
341
400
196
15
5 10
37
30
56
250
97
46
5
R18
R23
R5
31

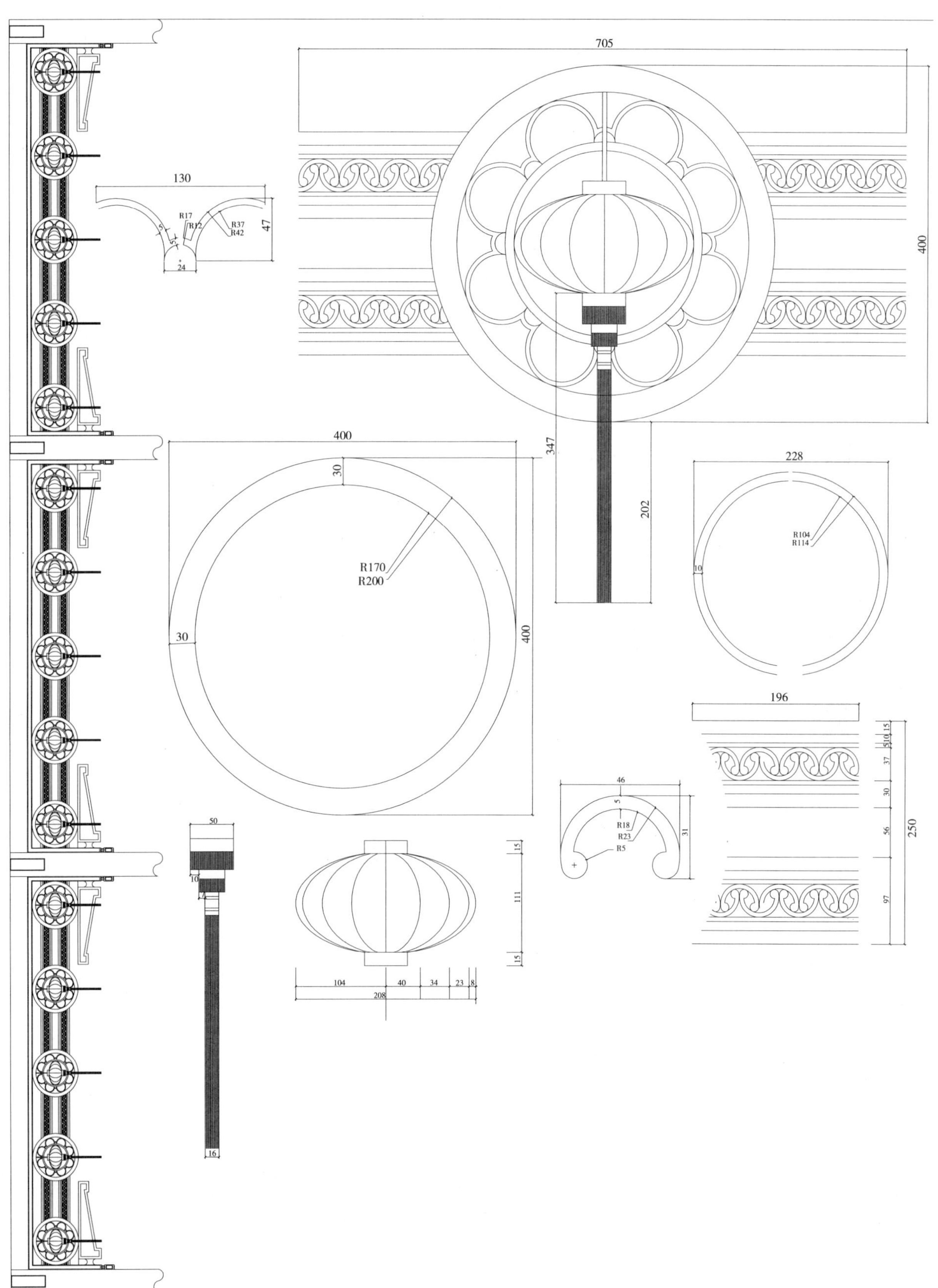
705
400
130
R17
R12
R37
R42
47
24
400
30
R170
R200
30
400
347
202
228
R104
R114
10
196
15
5
10
37
30
56
97
250
46
5
R18
R23
R5
31
50
10
16
15
111
15
104
40
34
23
8
208

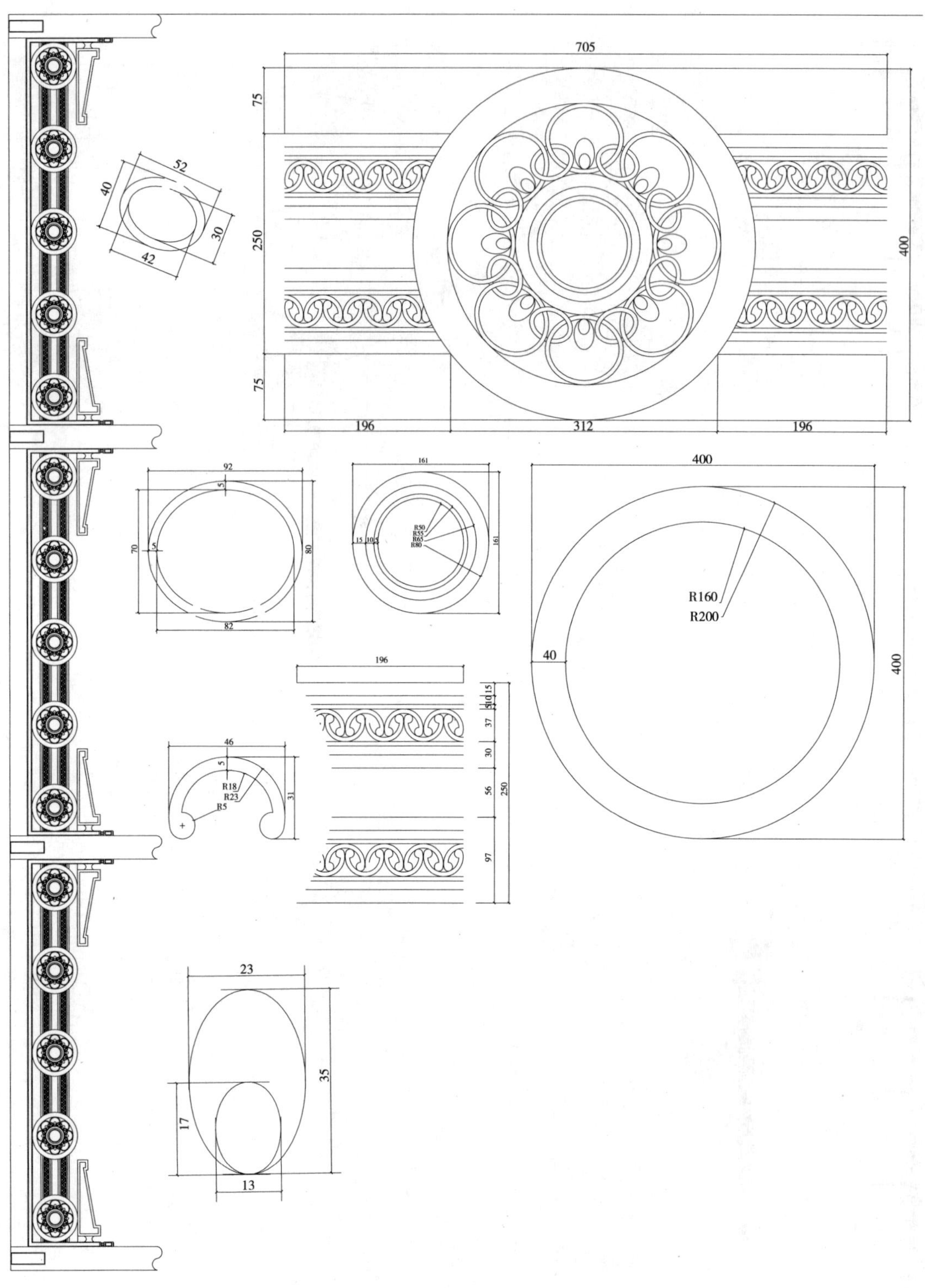
705
75
250
75
400
196
312
196
52
40
30
42
92
5
70
80
82
161
R50
R55
R65
R80
400
R160
R200
40
196
46
R18
R23
R5
31
250
23
35
17
13

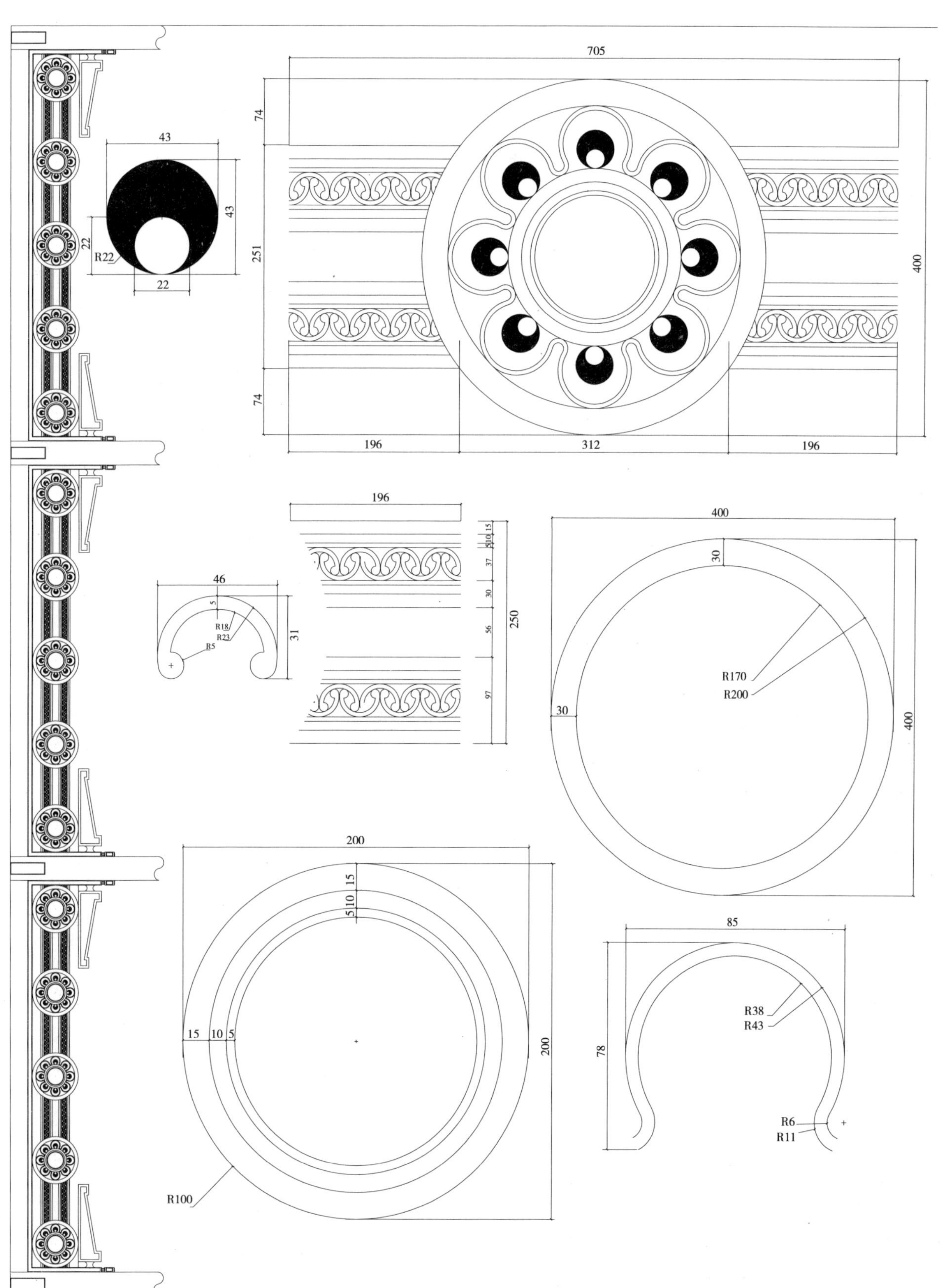
705
74
251
74
400
196
312
196
43
43
22
R22
22
196
46
5
R18
R23
R5
31
5 10 15
37
30
56
97
250
400
30
R170
R200
30
400
200
15
5 10
15
10
5
200
R100
85
R38
R43
78
R6
R11

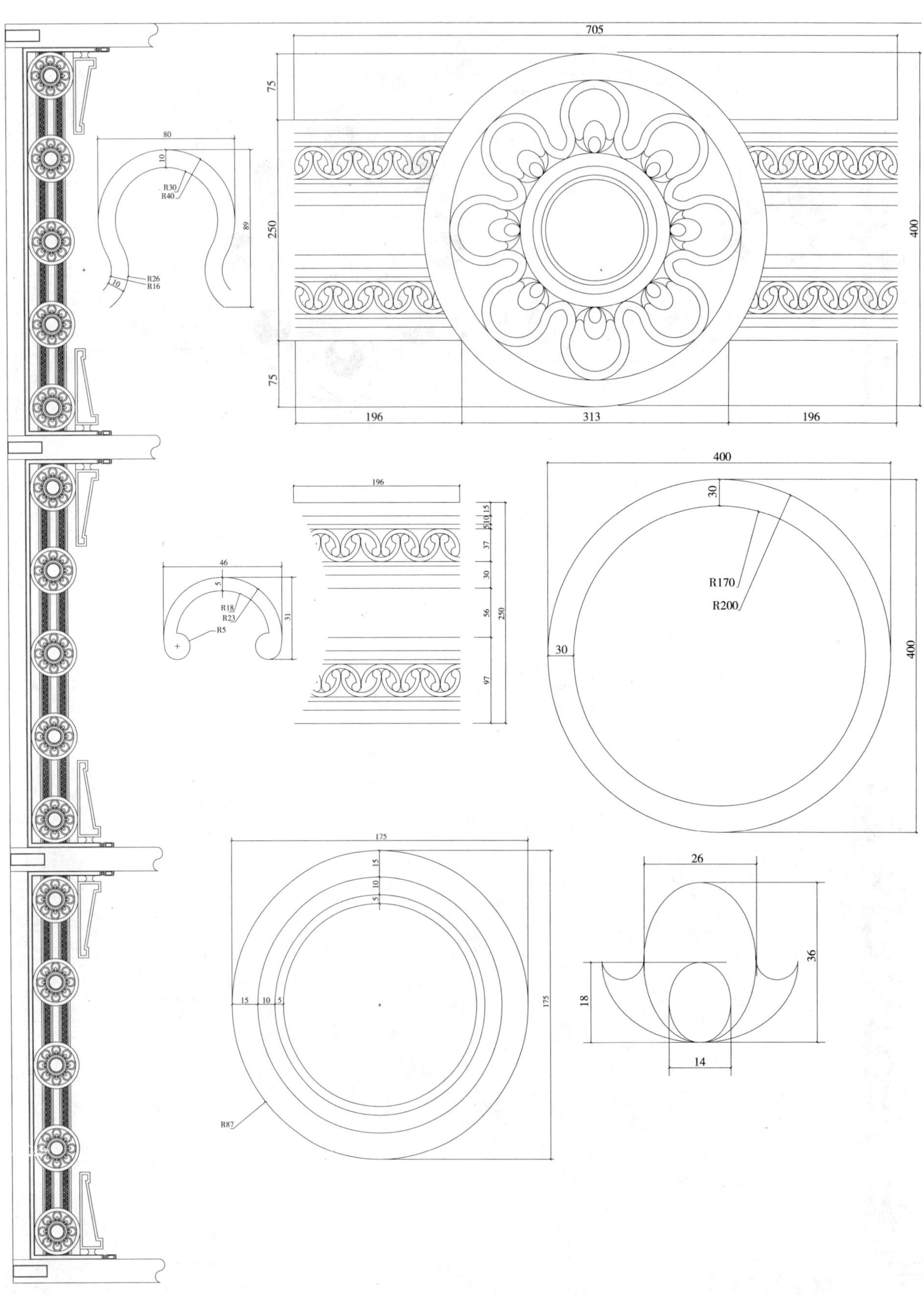
705
75
250
75
400
196
313
196
80
10
R30
R40
89
R26
R16
10
196
5
10
15
37
30
56
250
97
46
5
R18
R23
R5
31
400
30
R170
R200
30
400
175
15
10
5
15
10
5
175
R87
26
36
18
14

105
10
89
10
109
10
85
10
705
70
260
70
400
185
335
185
68
28
120°
48
58
28
28
43
68
185
6
29
15
80
10
210
15
10
5
120°
182
105
105
105

400
400
10
10
10 10 10
45°
705
70
260
70
400
204
296
204
300
300
201
30
74
51
74
30
124
124
181
19
R46
R49
R54
R62
74

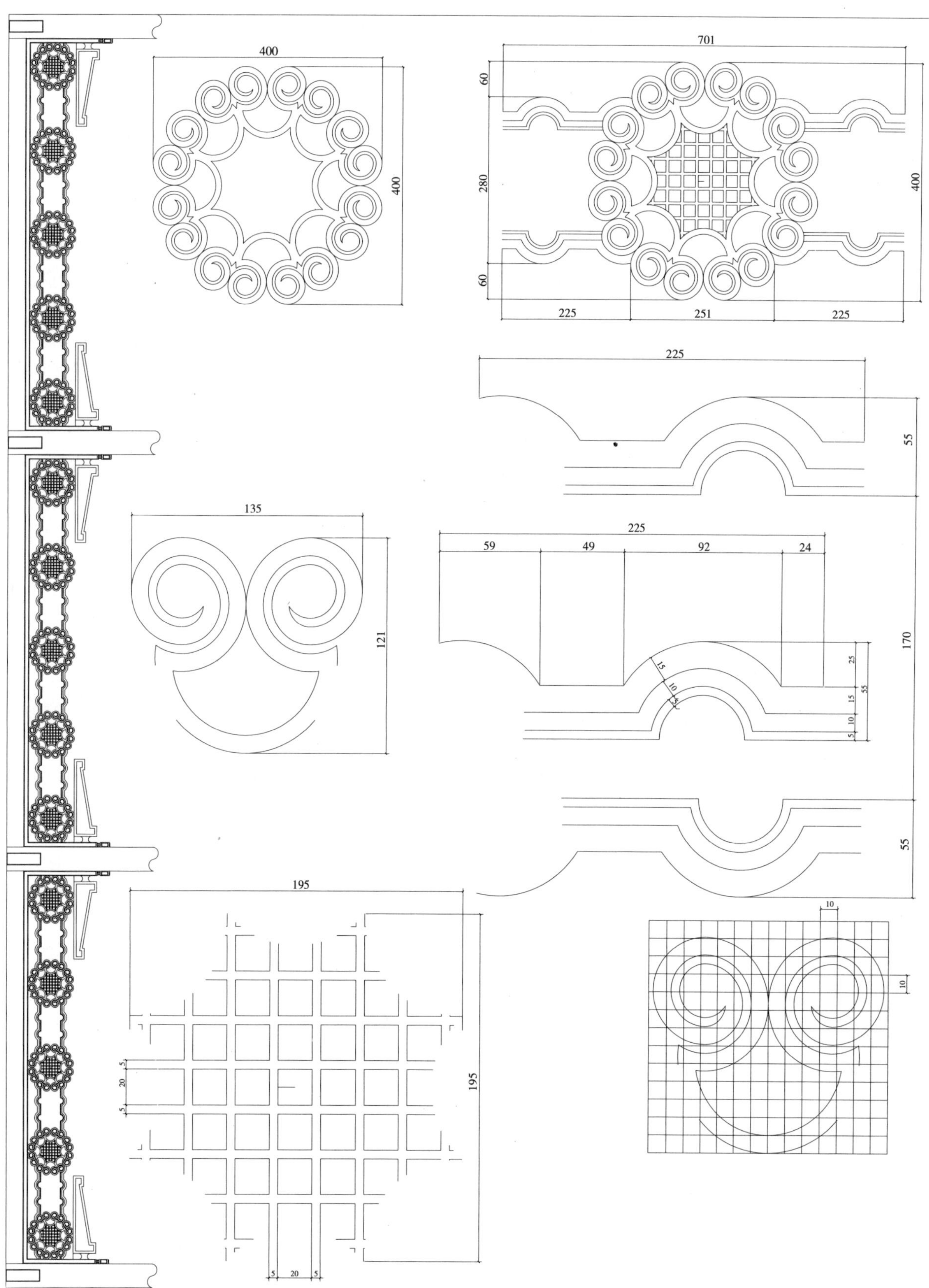
400
400
701
60
280
400
60
225
251
225
225
55
135
121
225
59
49
92
24
170
15
10
5
25
55
15
10
5
55
195
195
5
20
5
5
20
5
10
10

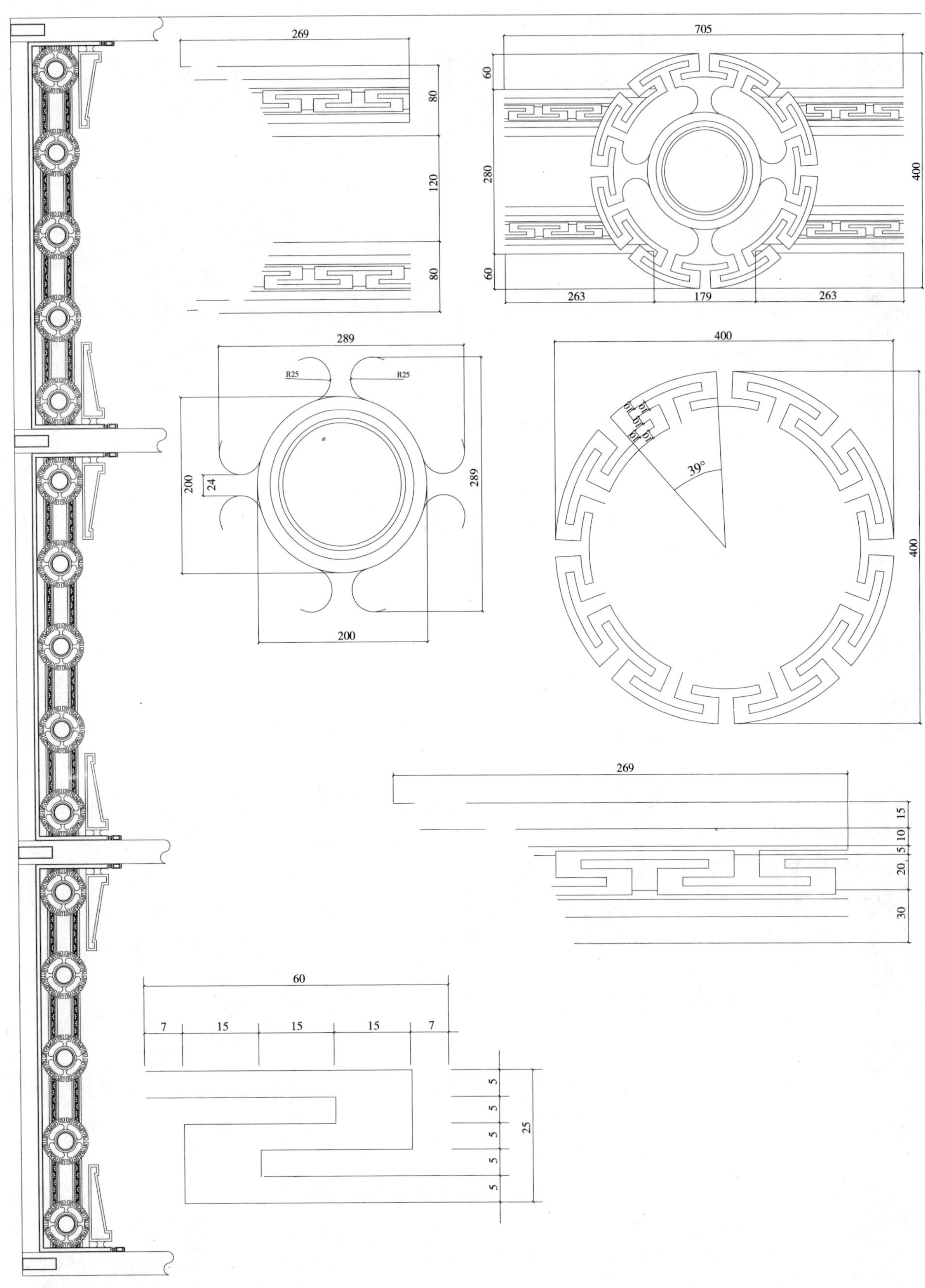
269
80
120
80
705
60
280
60
400
263
179
263
289
R25
R25
200
24
289
200
400
400
39°
269
15
10
5
20
30
60
7
15
15
15
7
5
5
5
5
5
25

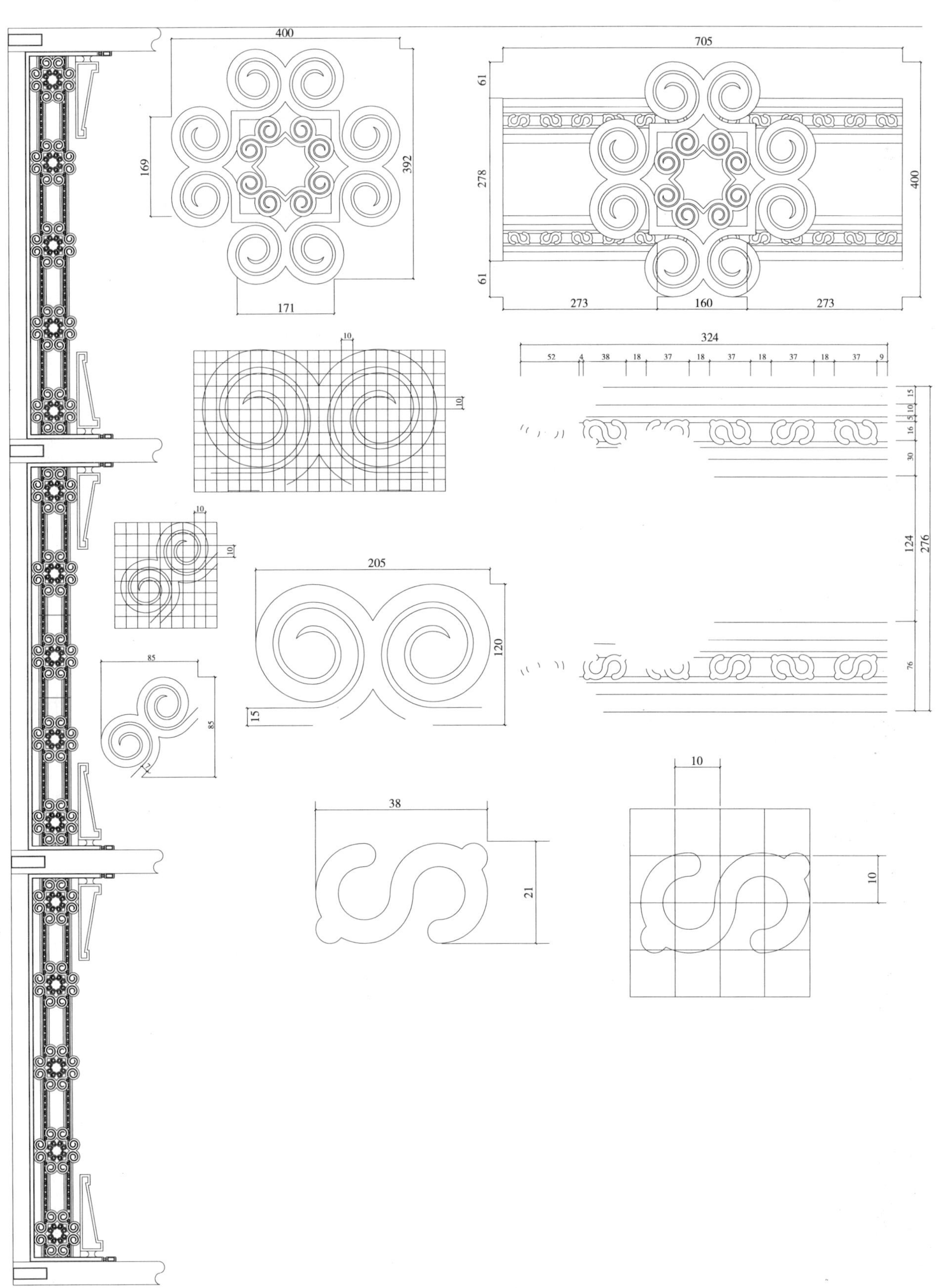
400
392
169
171
705
61
278
61
400
273
160
273
10
10
324
52
4
38
18
37
18
37
18
37
18
37
9
15
10
5
16
30
124
276
76
10
10
205
120
15
85
85
38
21
10
10

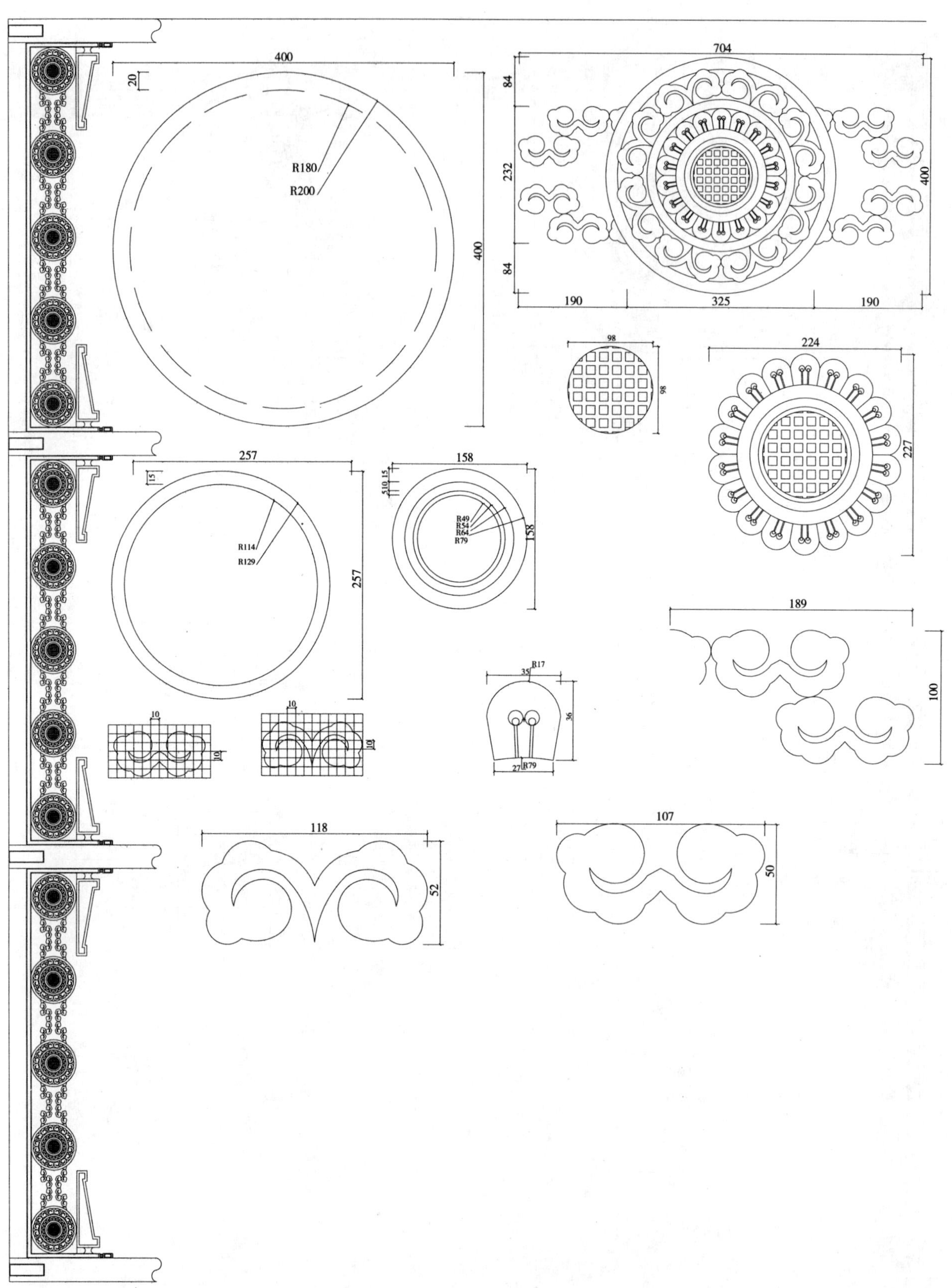

400
20
R180
R200
400
704
84
232
84
400
190
325
190
98
98
224
227
257
15
R114
R129
257
158
5 10 15
R49
R54
R64
R79
158
189
100
R17
35
36
27 R79
10
10
10
10
118
52
107
50

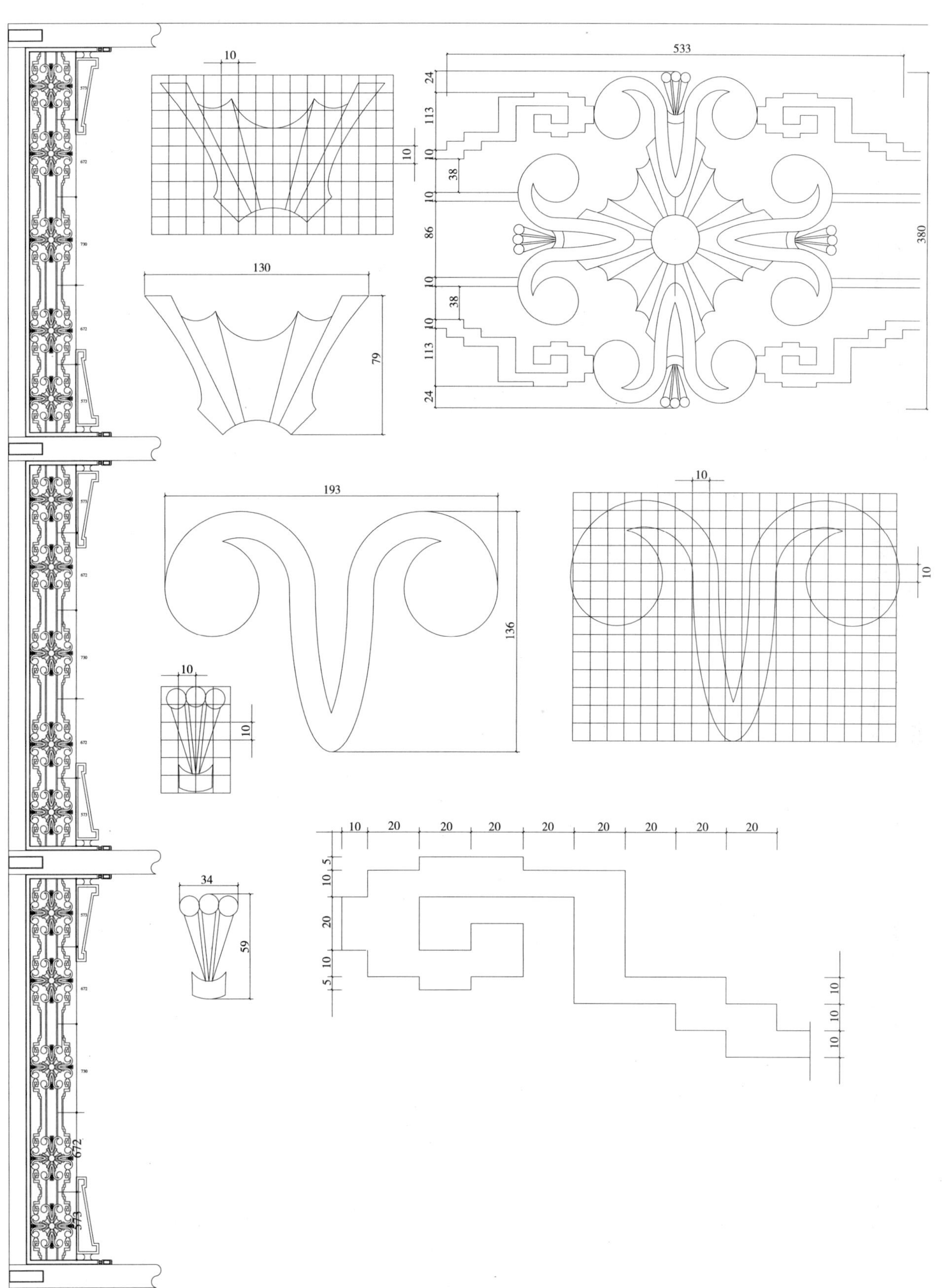
10
533
24
113
10
38
10
86
10
38
10
113
24
380
130
79
193
136
10
10
10
10
34
59
10 20 20 20 20 20 20 20 20
5
10
20
10
5
10
10
10

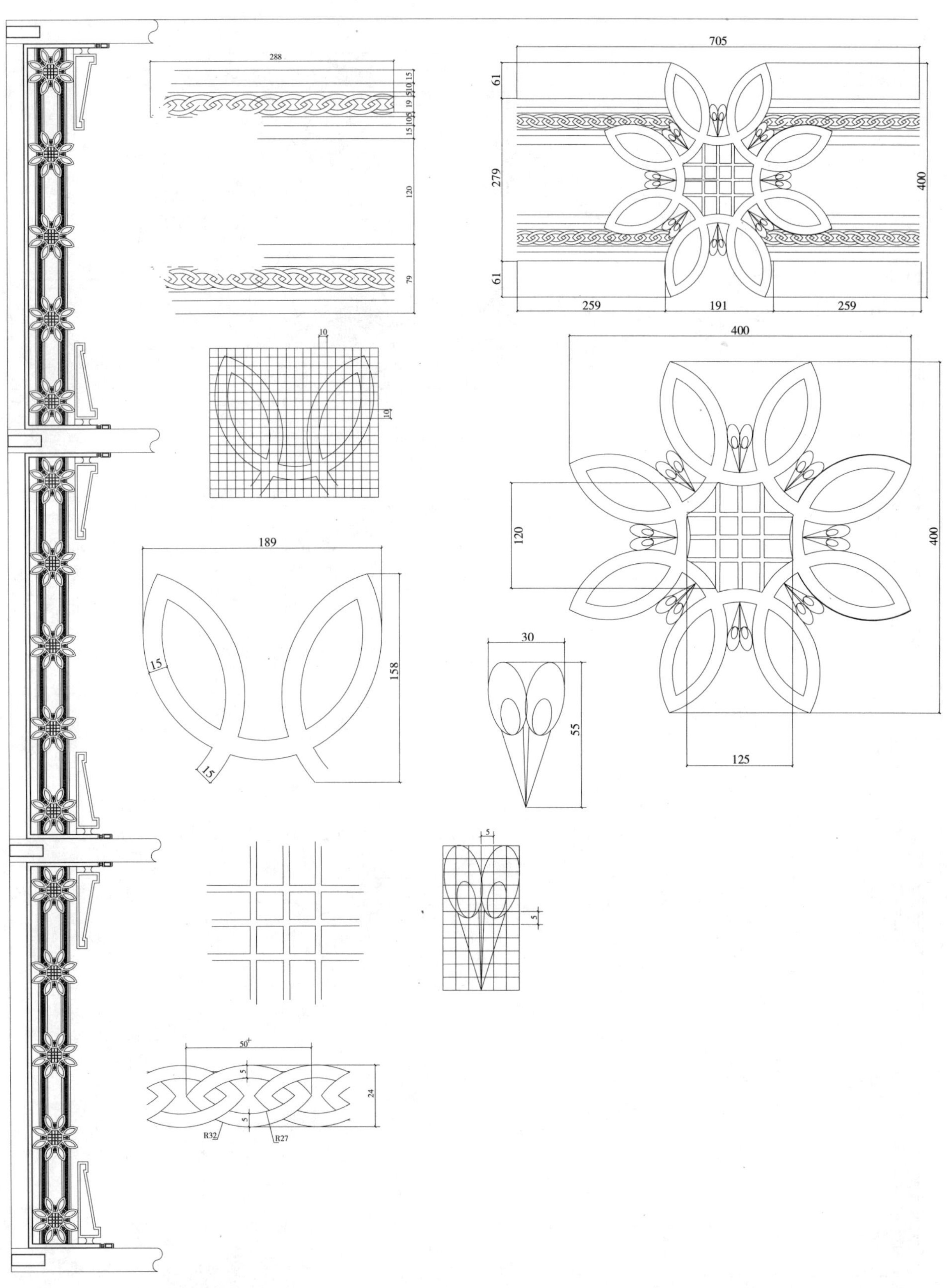
288
15
10 5
19
5
15
10 5
120
79
705
61
279
400
61
259
191
259
10
10
400
120
400
189
15
158
15
30
55
125
5
5
50+
5
24
5
R32
R27

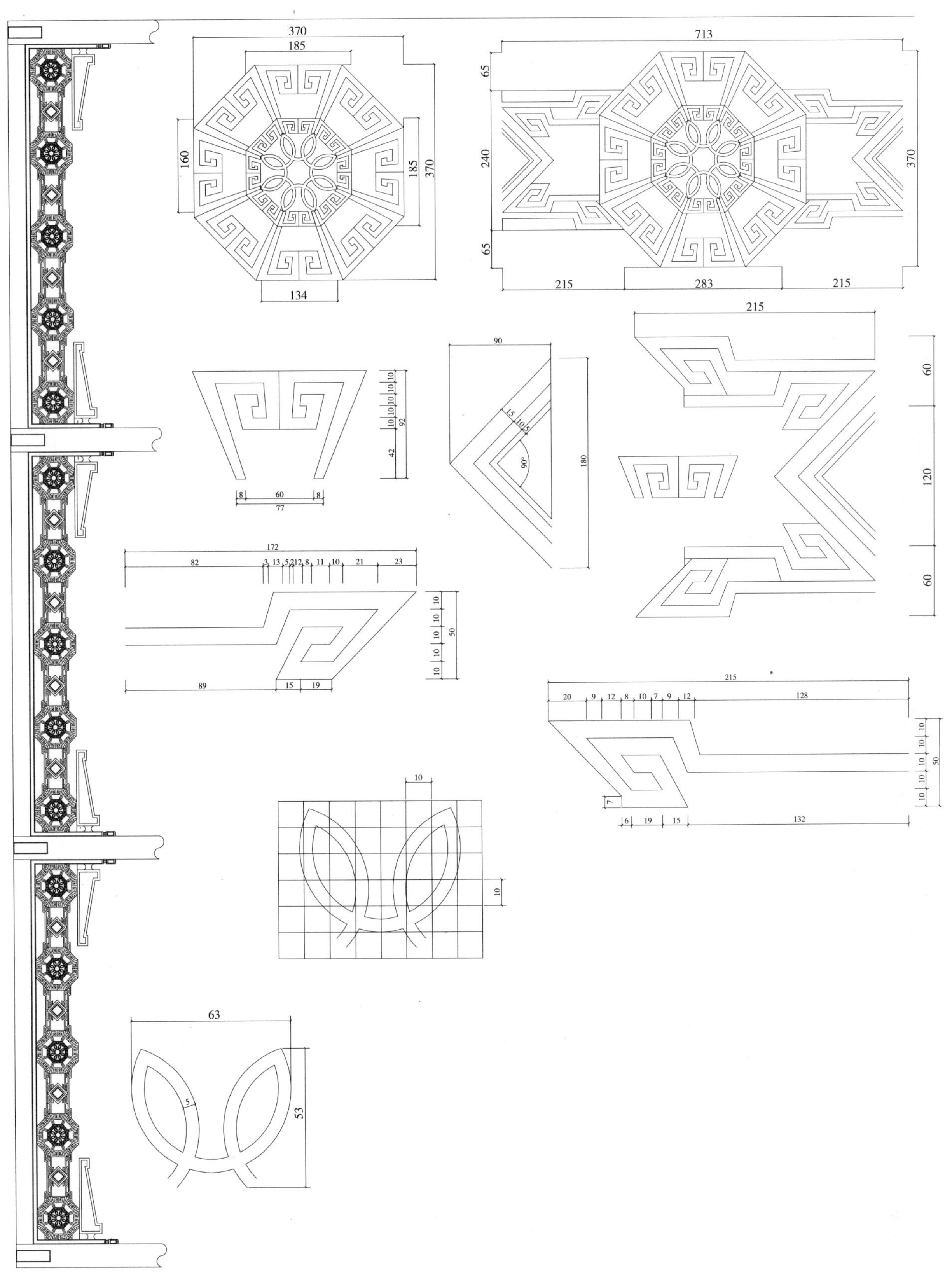
370
185
160
185
370
134
713
65
240
370
65
215
283
215
90
180
90°
60
8
77
92
42
172
82
89
15
19
50
60
120
60
128
132
7
6
53
63

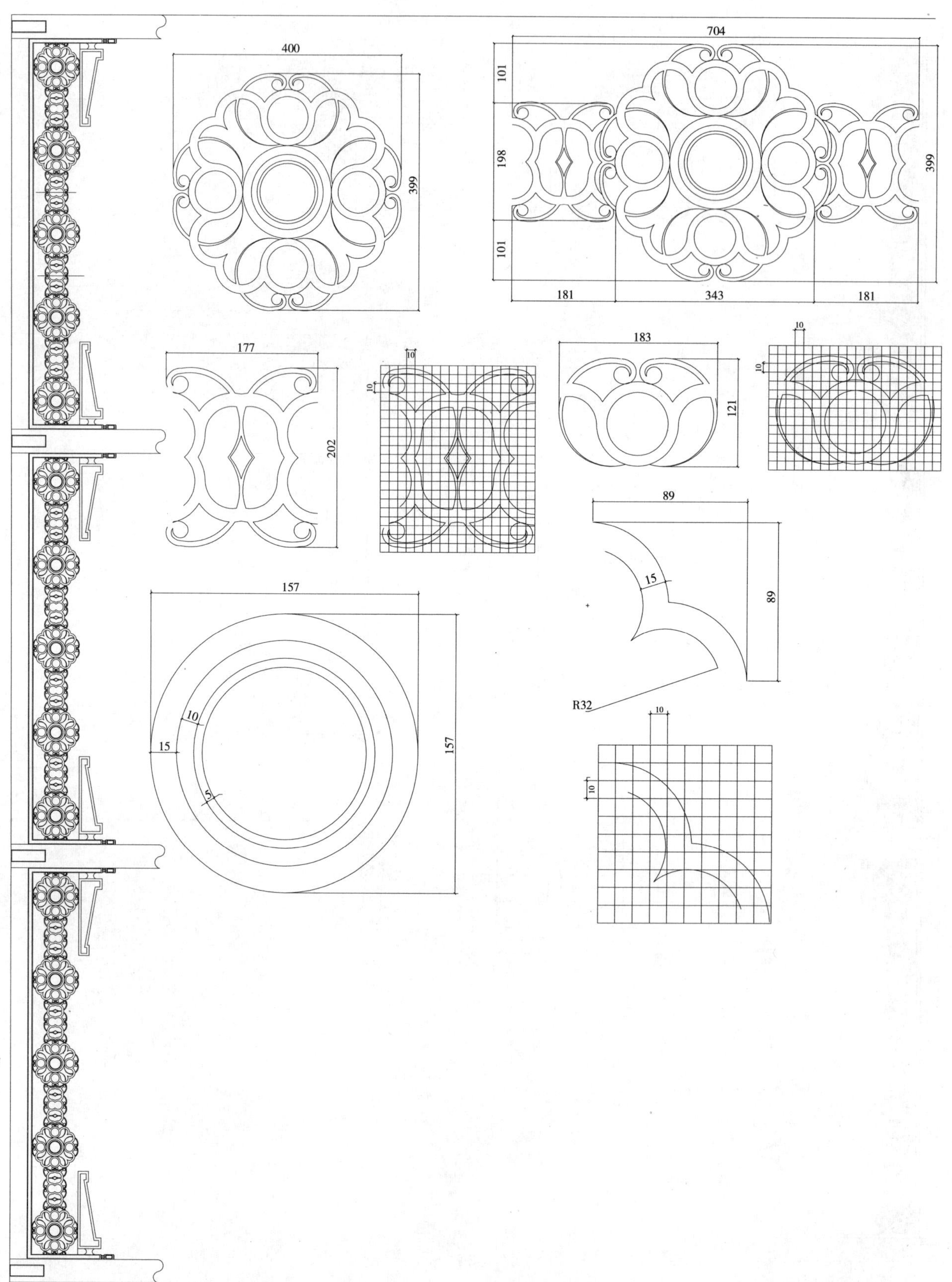
400
399
704
101
198
101
399
181
343
181
177
202
10
10
183
121
10
10
89
89
15
R32
10
10
157
157
10
15
5

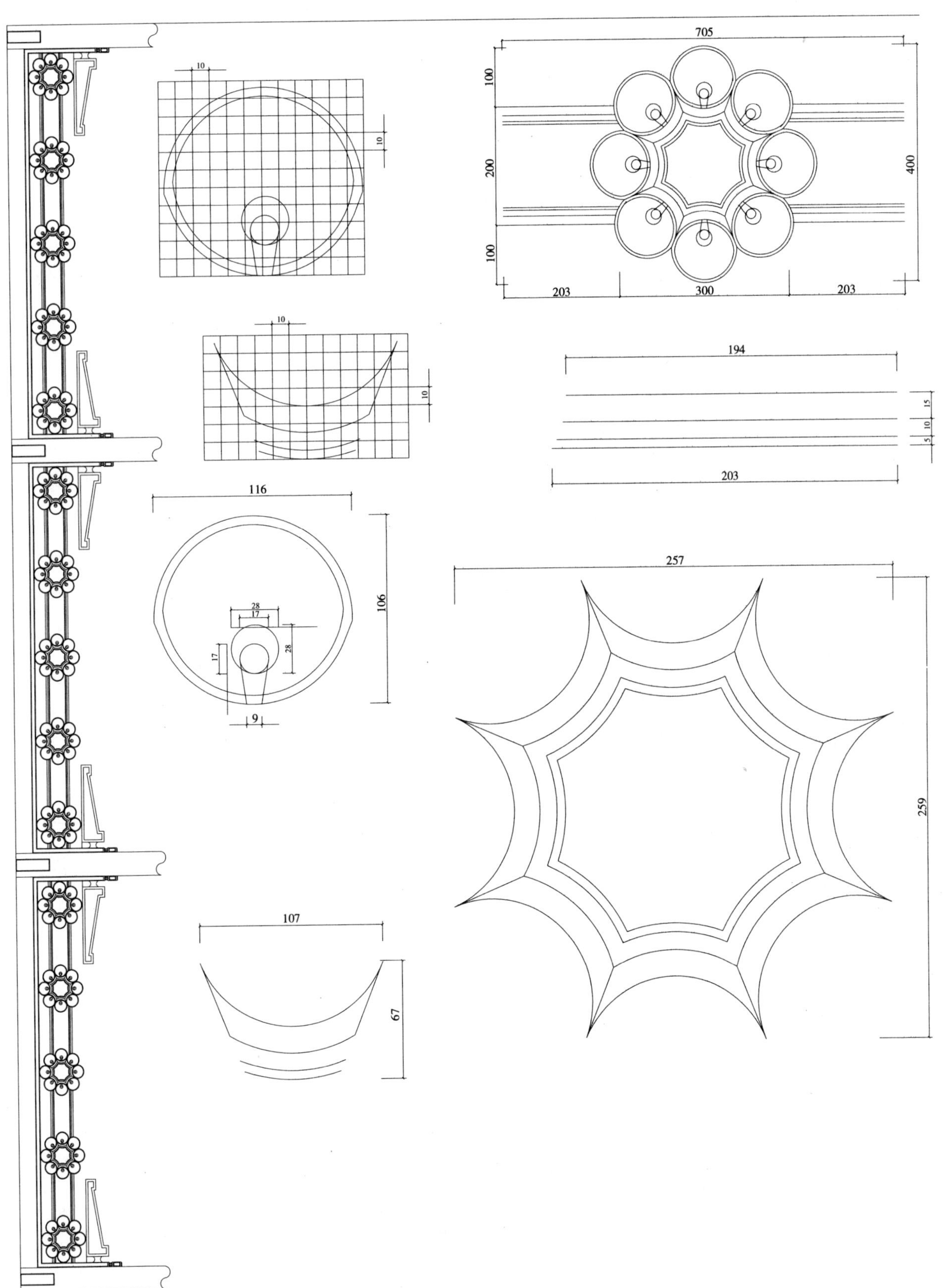
10
10
705
100
200
400
100
203
300
203
10
10
194
15
10
5
203
116
106
28
17
28
17
9
257
259
107
67

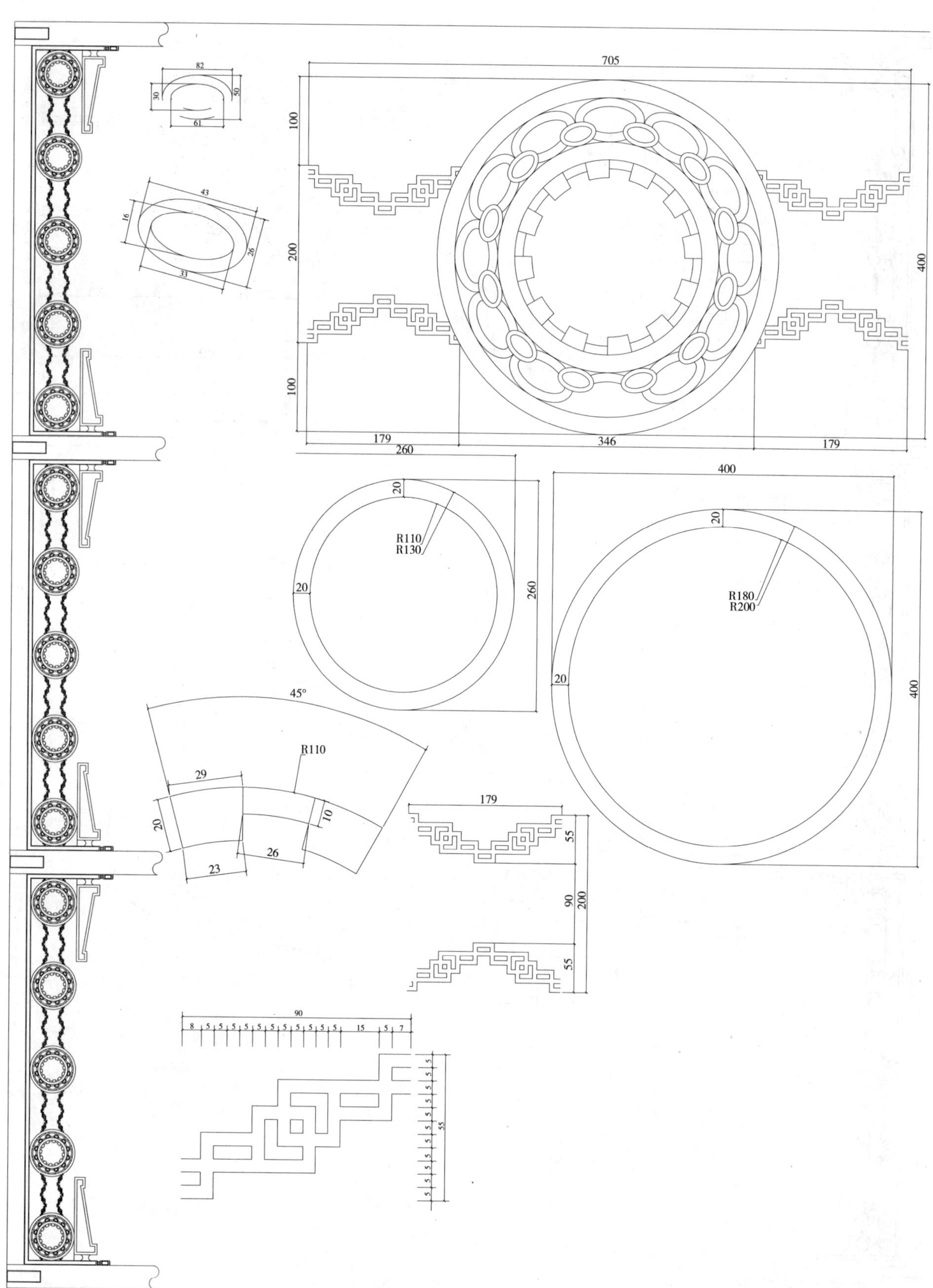

705
100
200
100
400
179
346
179
82
30
50
61
43
16
26
33
260
20
R110
R130
20
260
400
20
R180
R200
20
400
45°
R110
29
20
10
23
26
179
55
90
200
55
90
8 5 5 5 5 5 5 5 5 5 15 5 7
55

705
75
250
75
400
177
349
177
99
71
71
90°
5
10
5
165
R88
R83
R78
R68
177
99
52
250
99
400
20
R180
R200
20
400
177
29
64
85
5
10
10
49
99
25
90°
20
20

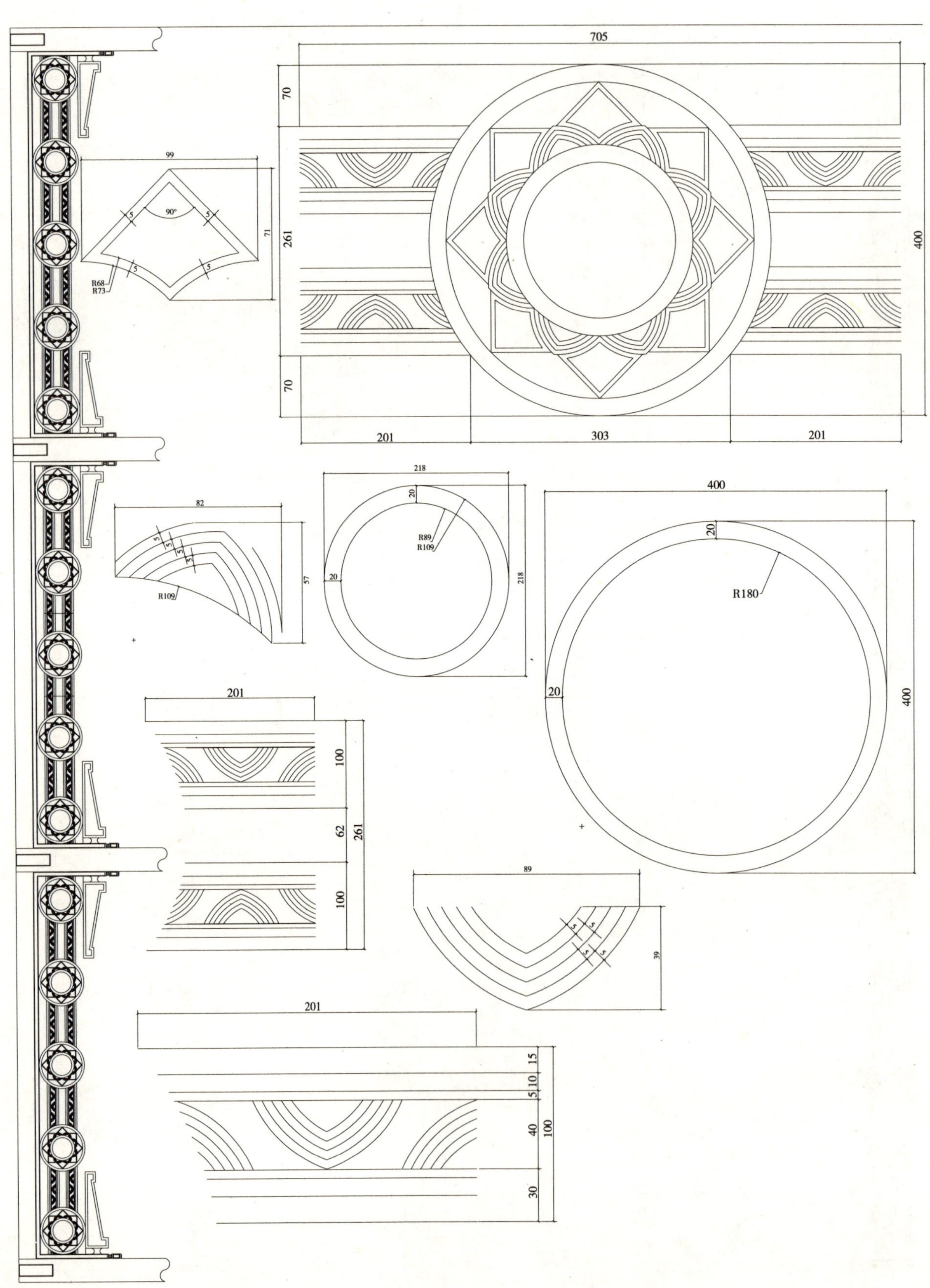
705
70
261
400
70
201
303
201
99
90°
5
71
R68
R73
82
57
R109
218
20
R89
R109
400
R180
201
100
62
261
89
39
15
10
5
40
100
30

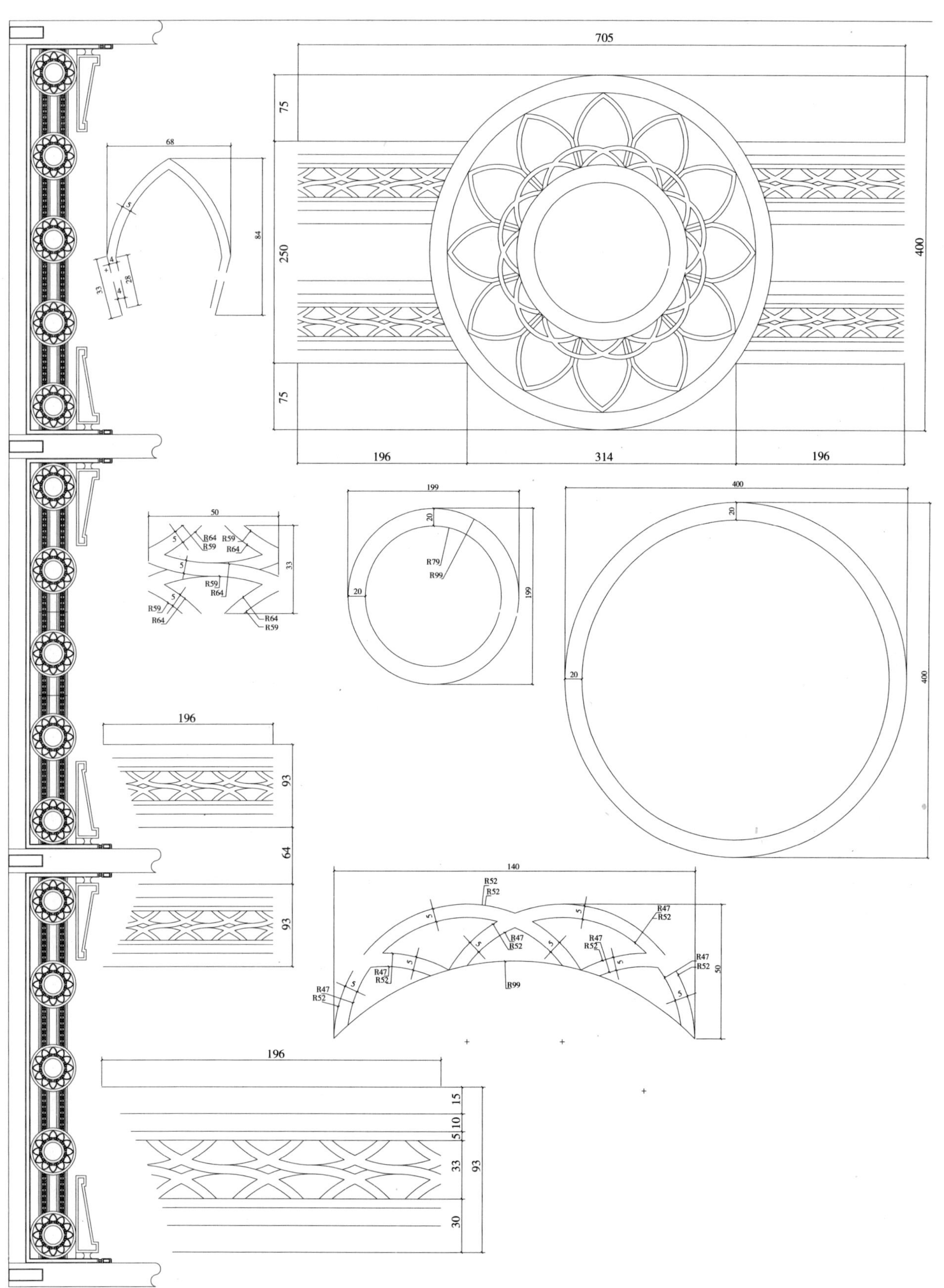
705
75
250
75
400
196
314
196
68
84
5
4
33
28
4
50
R64
R59
R59
R64
33
R59
R64
R59
R64
R64
R59
199
20
R79
R99
20
199
400
20
20
400
196
93
64
93
140
R52
R52
R47
R52
R47
R52
R47
R52
R47
R52
R47
R52
R47
R52
R99
50
196
15
10
5
33
93
30

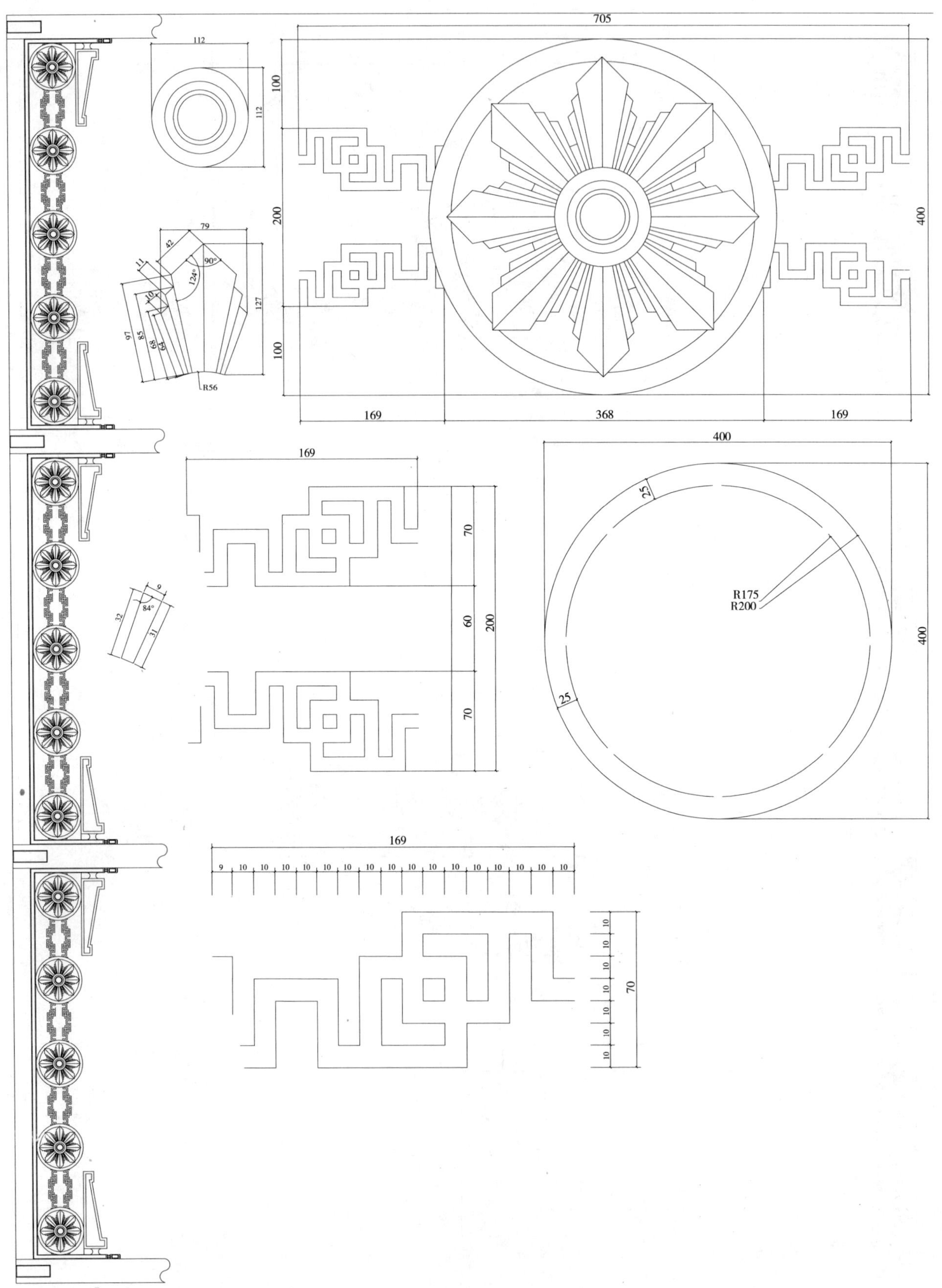
705
112
112
100
200
100
400
169
368
169
79
42
90°
124°
11
10
97
85
68
64
127
R56
169
70
60
200
70
400
25
R175
R200
25
400
9
84°
32
31
169
9 10 10 10 10 10 10 10 10 10 10 10 10 10 10 10 10
10 10 10 10 10 10 10
70

704
70
260
400
70
201
303
201
26
26
74
5
5
R13
R8
85
8
42
400
20
R180
R200
20
400
200
102
56
260
102
120
10
R50
R60
10
120
200
15
10
5
42
102
30

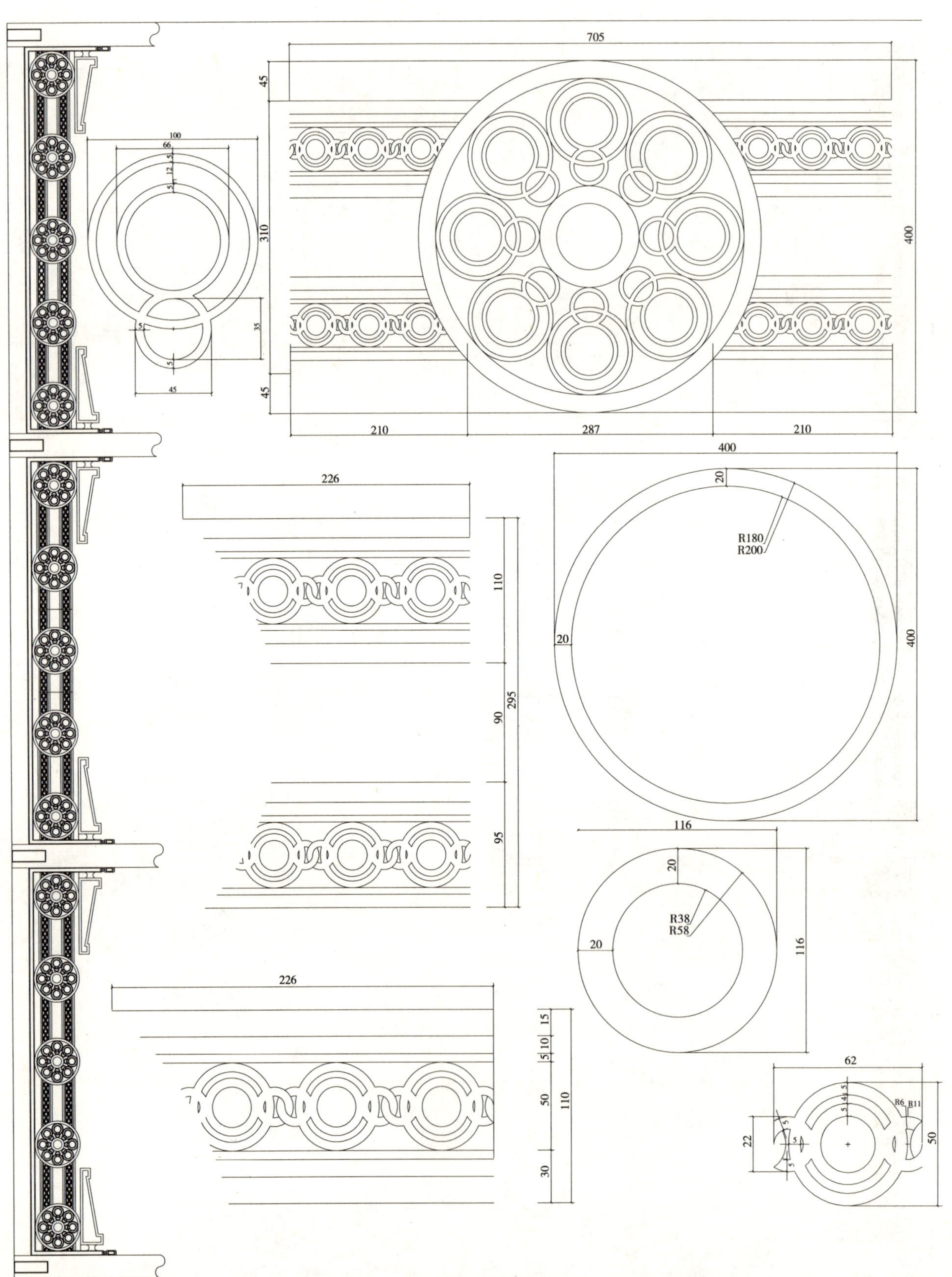
705
45
310
400
45
210
287
210
100
66
12
5
35
45
226
110
90
295
95
400
20
R180
R200
20
400
116
20
R38
R58
20
116
226
15
5
10
50
110
30
62
R6
R11
22
50

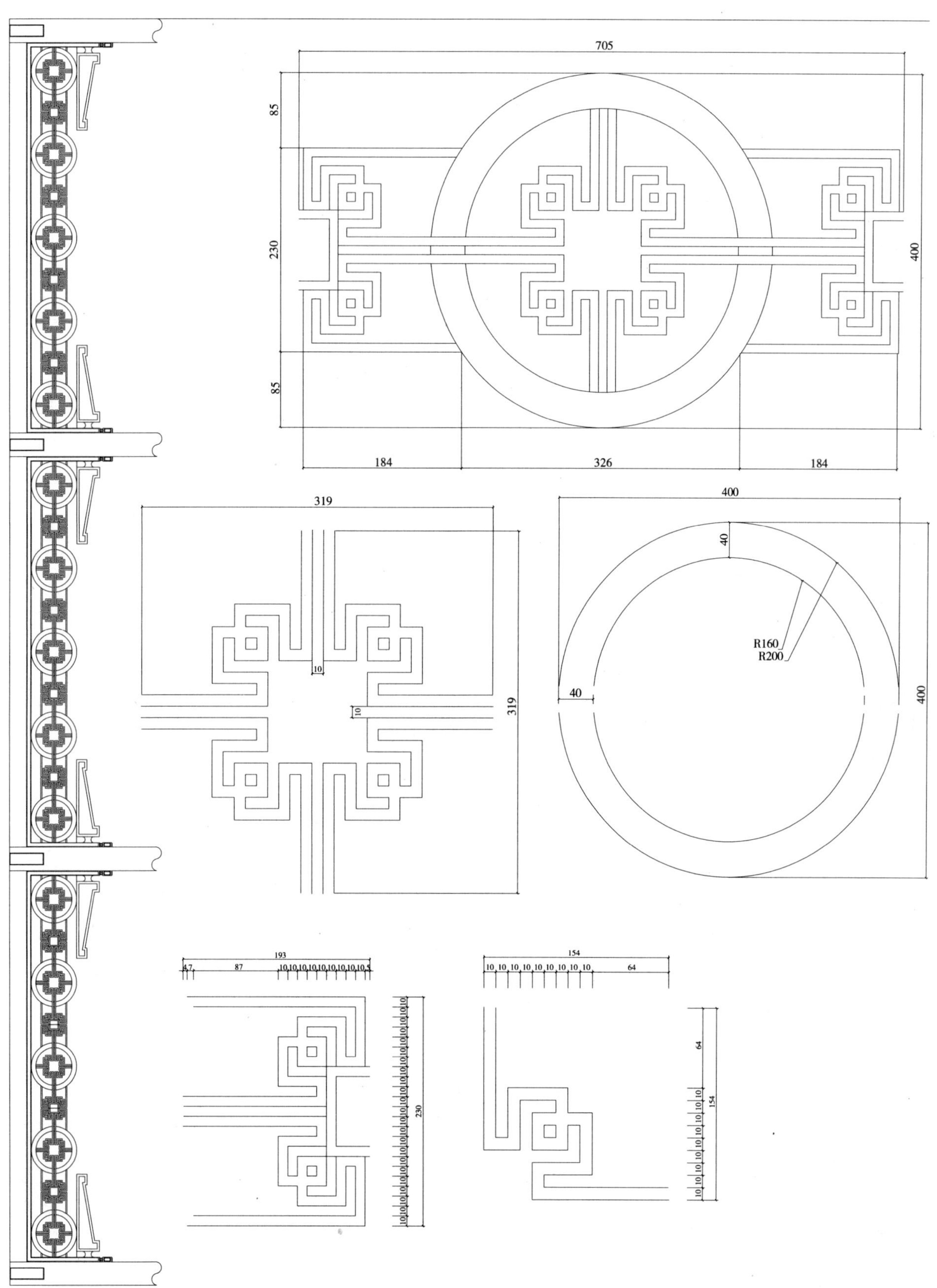
705
85
230
85
400
184
326
184
319
319
10
10
400
40
R160
R200
40
400
193
4.7
87
154
64
230

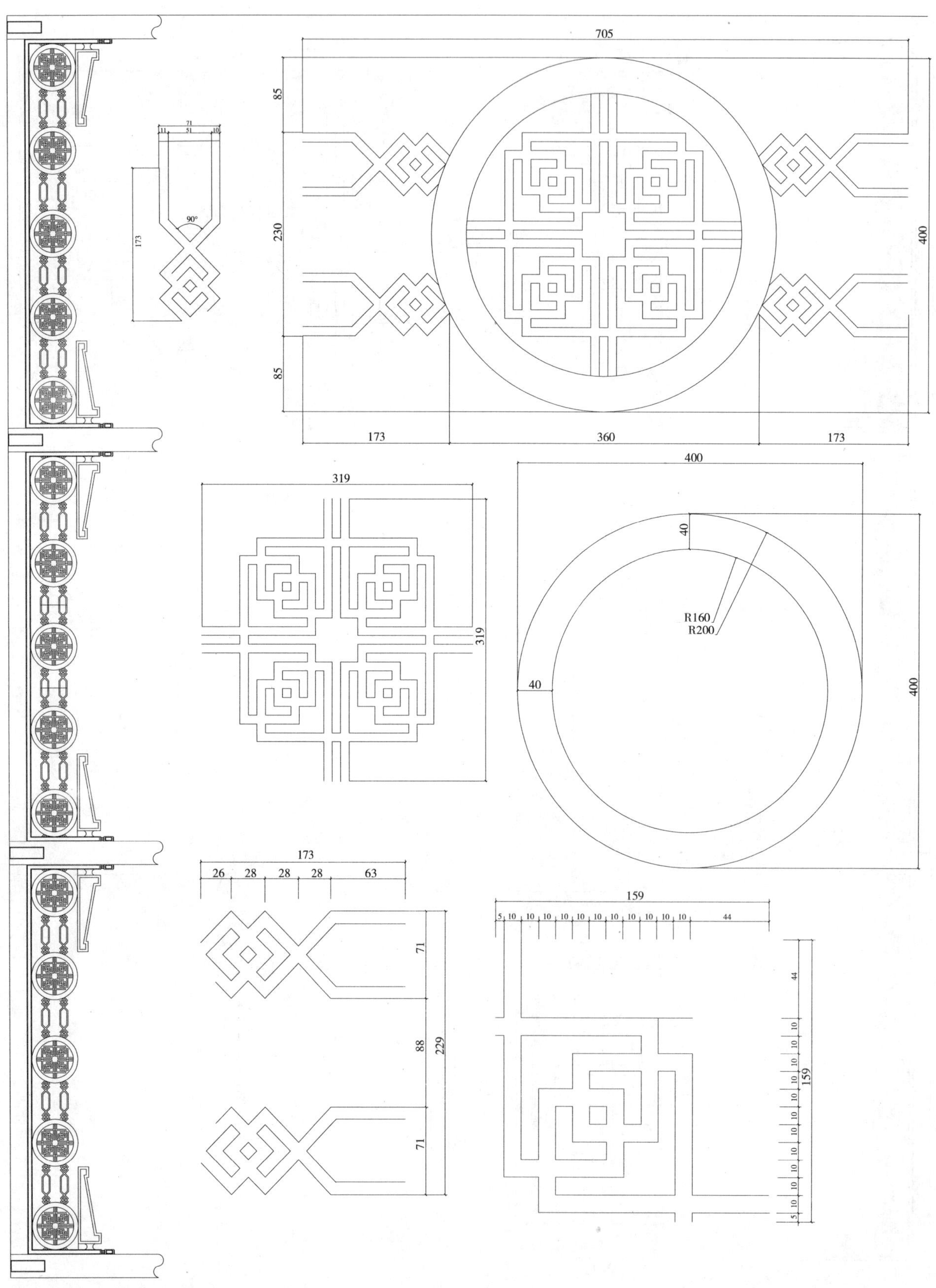
705
85
230
85
400
173
360
173
71
11
51
10
90°
173
319
319
400
40
R160
R200
40
400
173
26
28
28
28
63
71
88
229
71
159
5
10
44
159

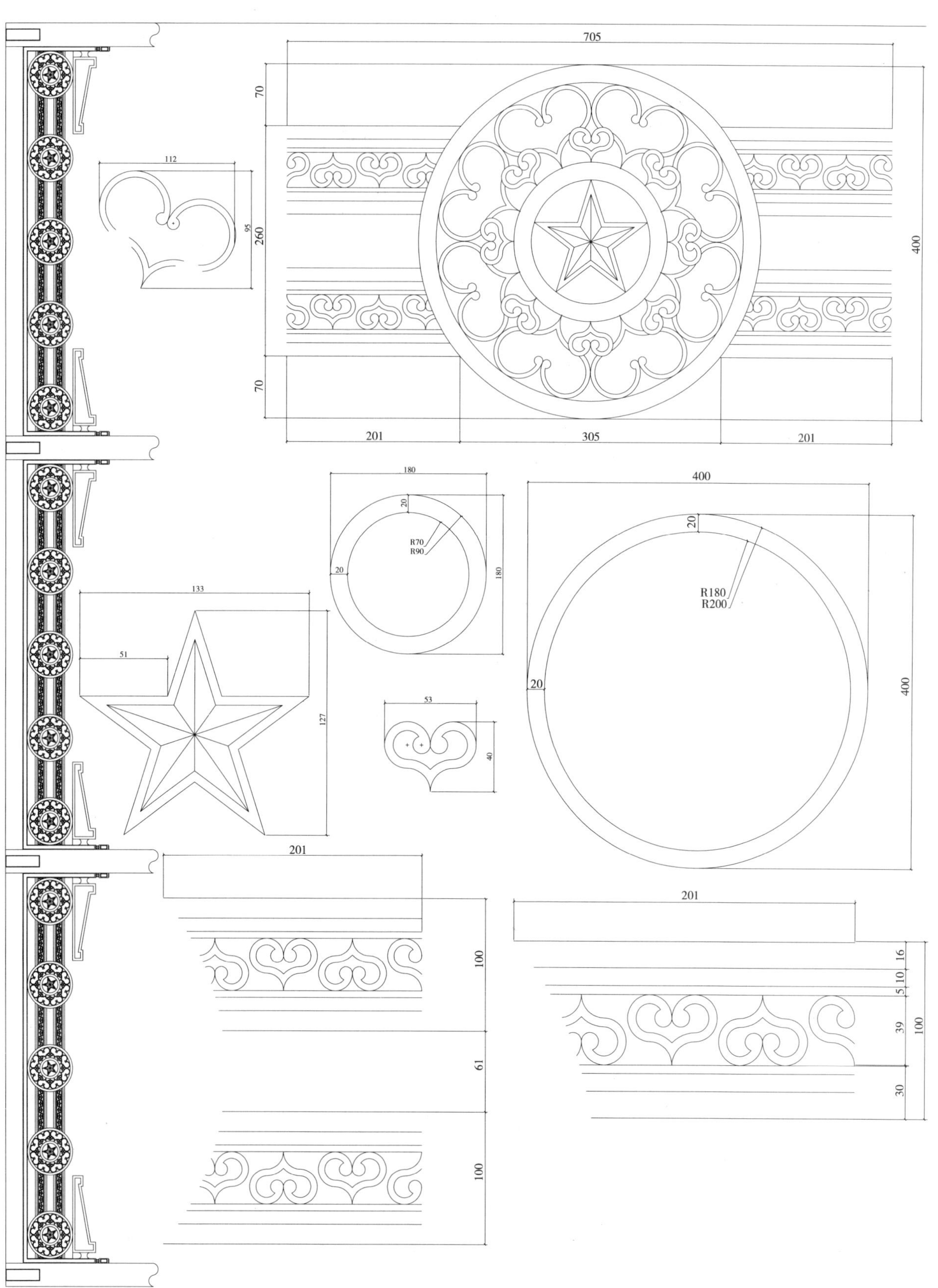
705
70
260
70
400
201
305
201
112
95
180
20
R70
R90
20
180
400
20
R180
R200
20
400
133
51
127
201
53
40
201
100
61
100
201
16
10
5
39
100
30

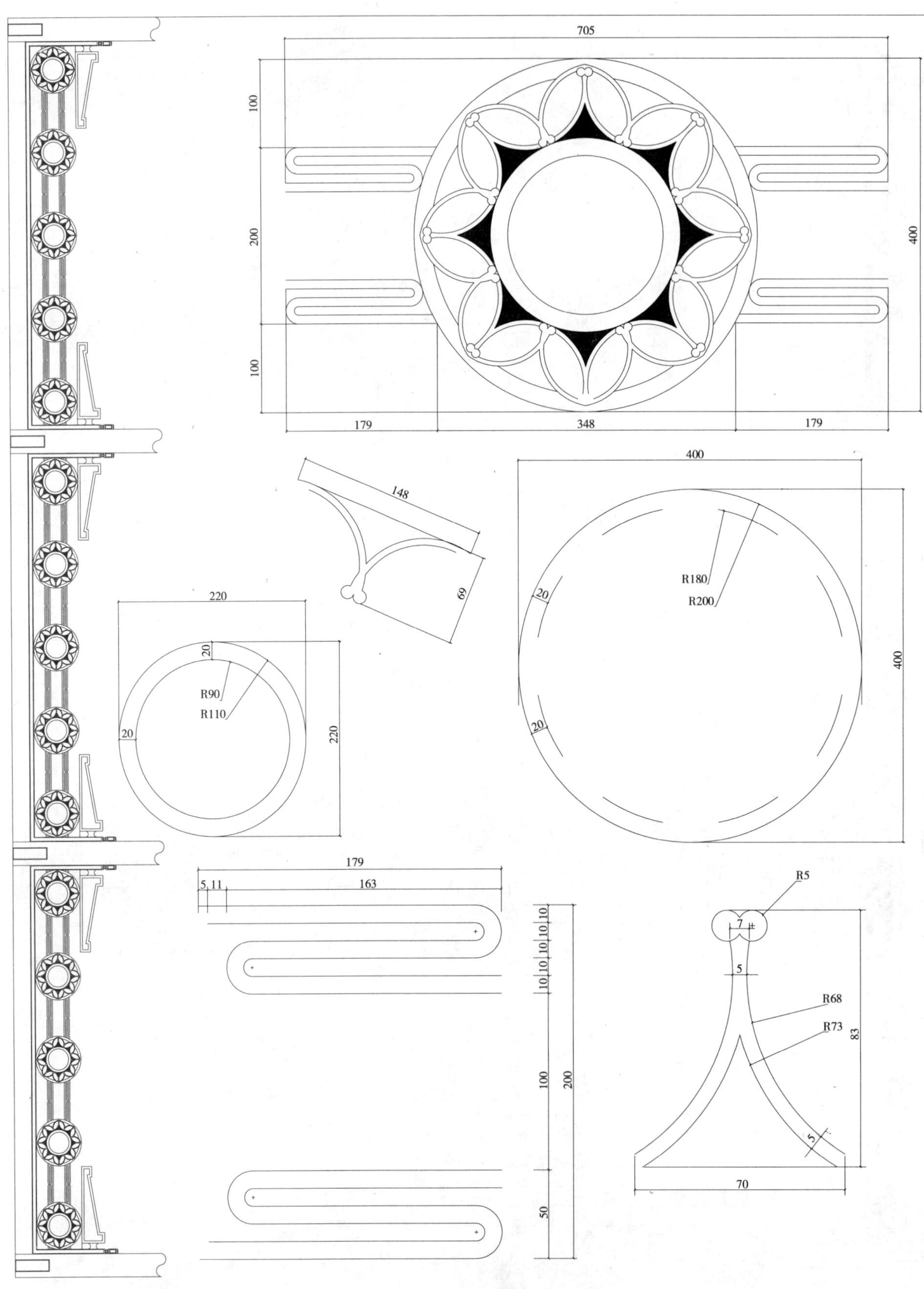
705
100
200
100
400
179
348
179
148
69
400
R180
R200
20
20
400
220
20
R90
R110
20
220
179
5
11
163
10
10
10
10
10
10
100
200
50
R5
7
5
R68
R73
83
5
70

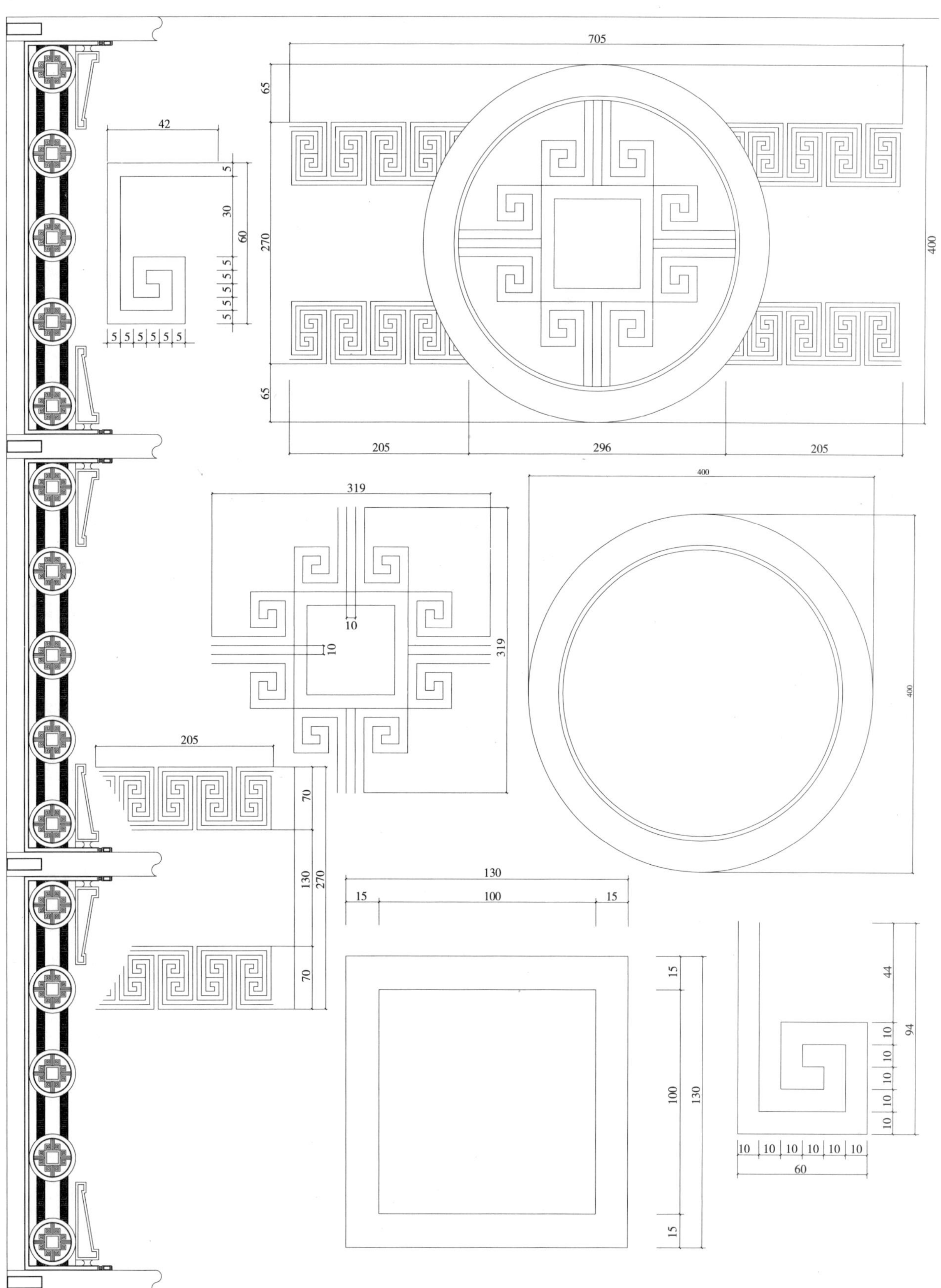
705
65
270
65
400
205
296
205
42
5
30
60
5 5 5 5
5 5 5 5 5 5
319
10
10
319
400
400
205
70
130
270
70
130
15 100 15
15
100
130
15
44
94
10 10 10 10 10 10
10 10 10 10 10 10
60

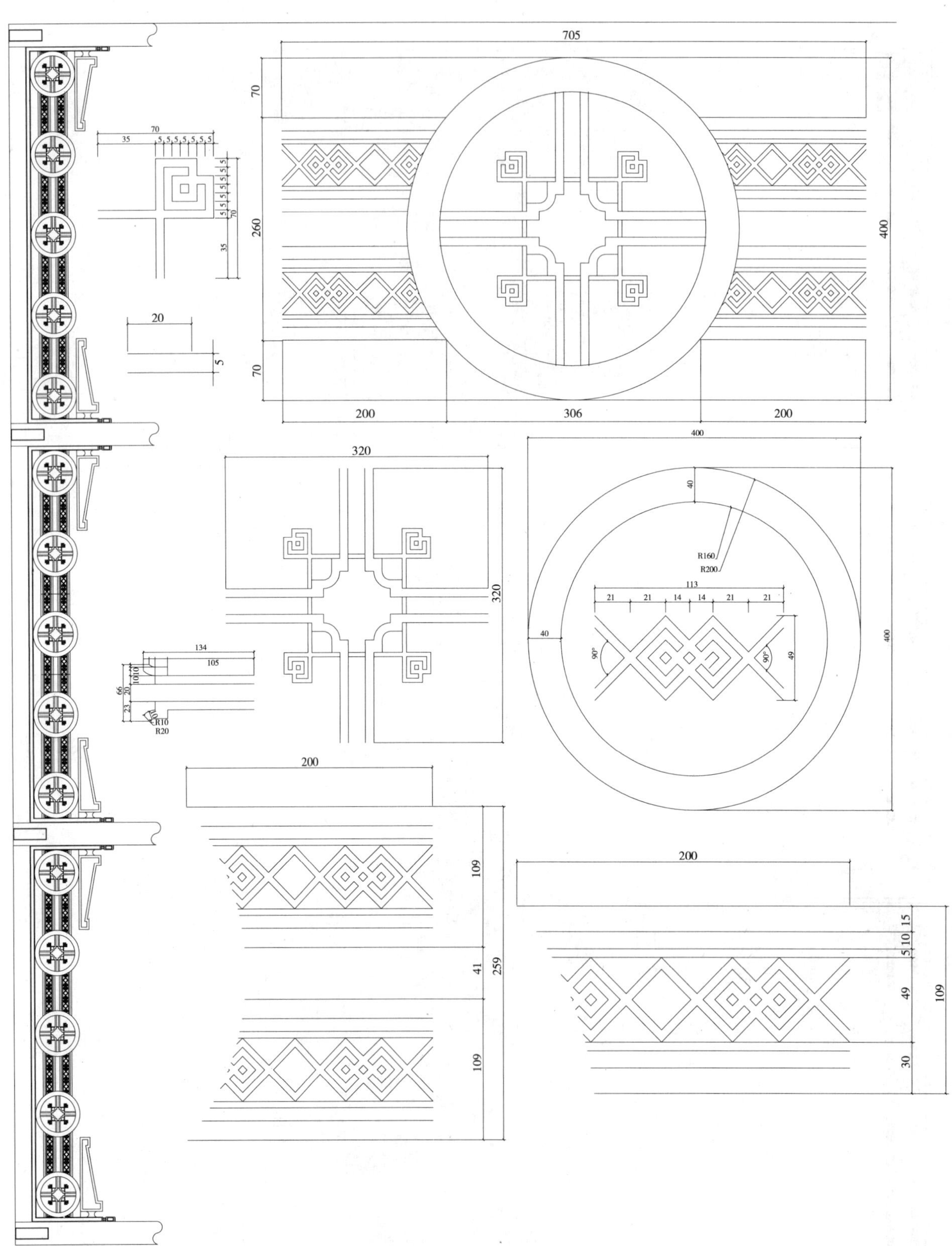
705
70
260
70
400
200
306
200
70
35
20
5
320
320
400
40
R160
R200
113
21
14
40
90°
49
134
105
R10
R20
200
109
41
259
109
200
15
10
5
49
30
109

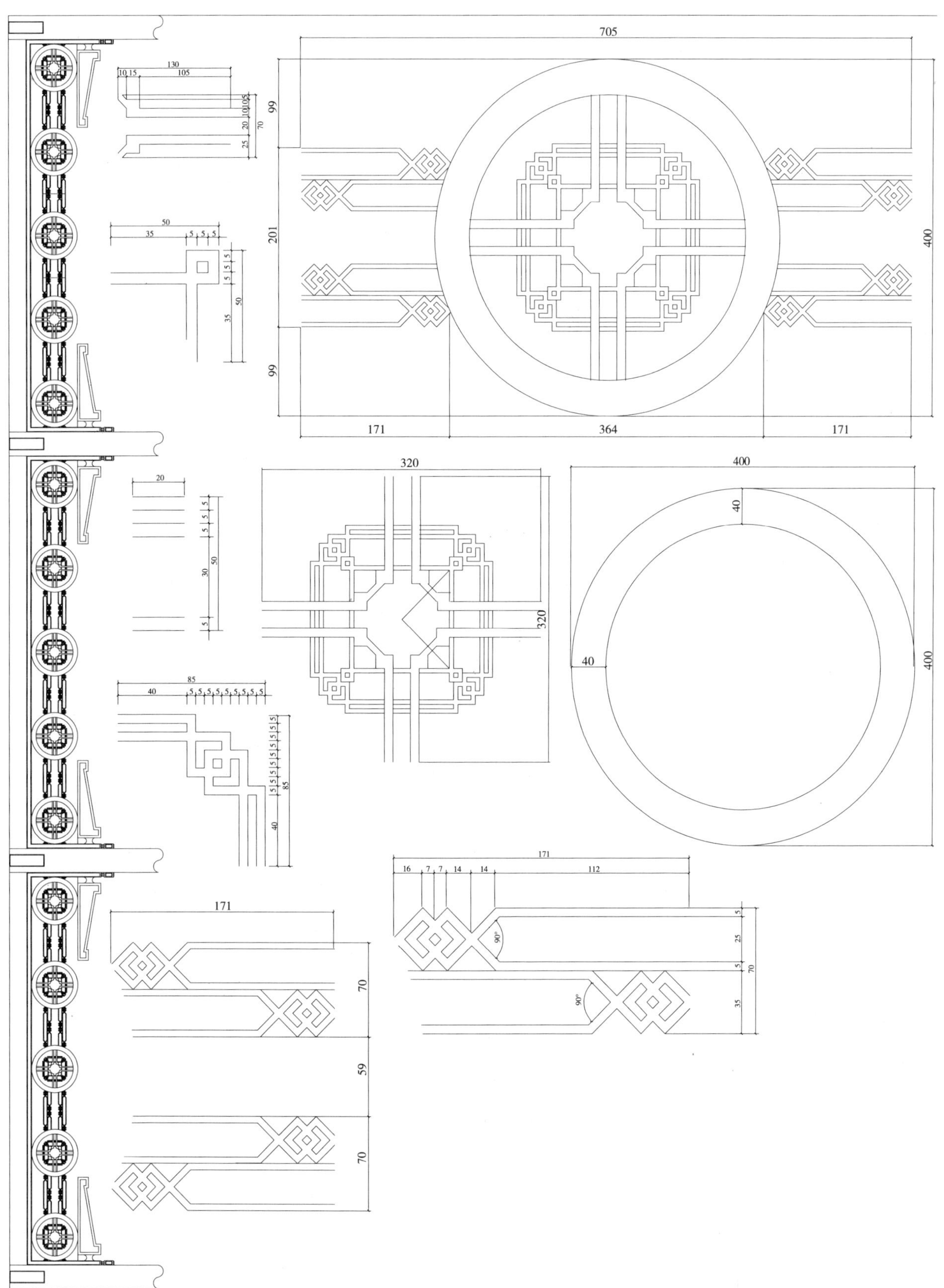
705
130
10 15
105
10 10 5
20
70
25
99
201
400
99
50
35
5 5 5
5
5
5
50
35
171
364
171
320
20
5
5
5
50
30
5
320
400
40
40
400
85
40
5 5 5 5 5 5 5 5 5
5
5
5
5
5
5
5
5
5
85
40
171
16 7 7 14 14 112
90°
5
25
5
70
90°
35
171
70
59
70

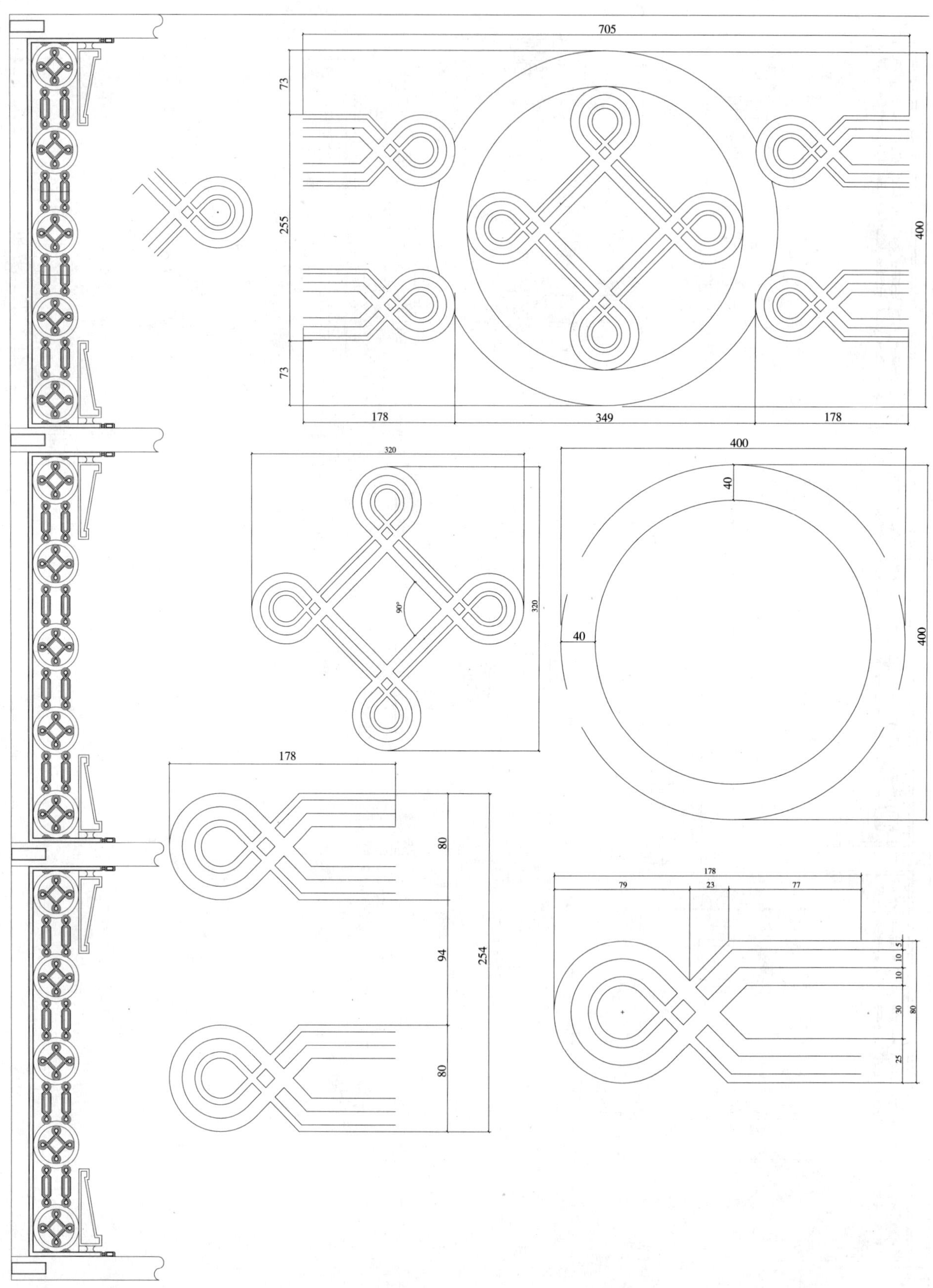
705
73
255
73
400
178
349
178
320
320
90°
400
40
40
400
178
80
94
254
80
178
79
23
77
5
10
10
30
25
80

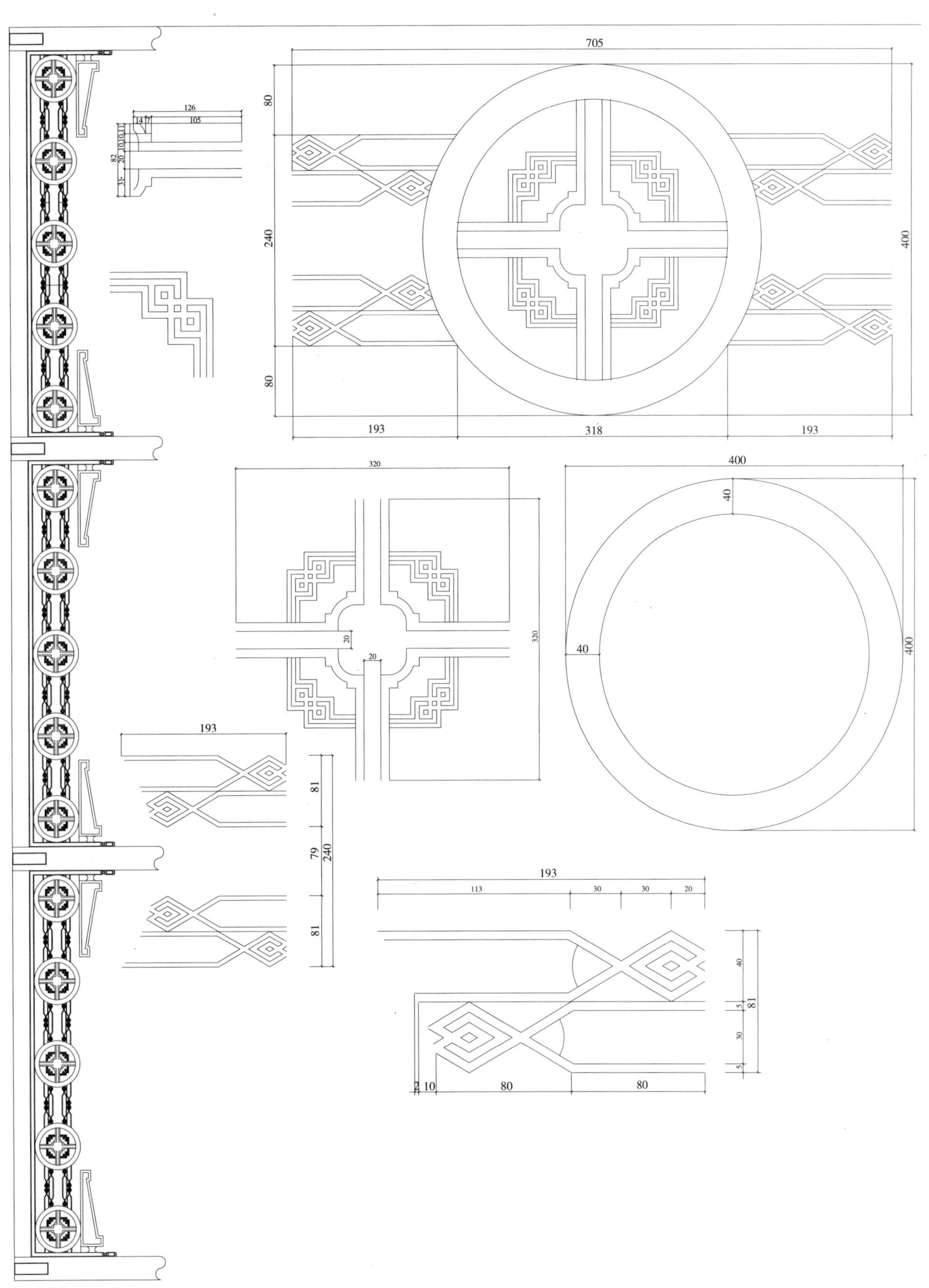
705
80
240
80
400
193
318
193
126
105
320
320
20
20
400
40
40
400
193
81
79
240
81
193
113
30
30
20
40
5
81
30
5
2
10
80
80

105
R47
R52
R27
R32
14
R27
R32
R27
R32
57
50
85
705
171
363
171
171
70
59
70
171
16
7
7
14
14
112
5
25
5
70
35
261
98
163
14
14
7
7
14

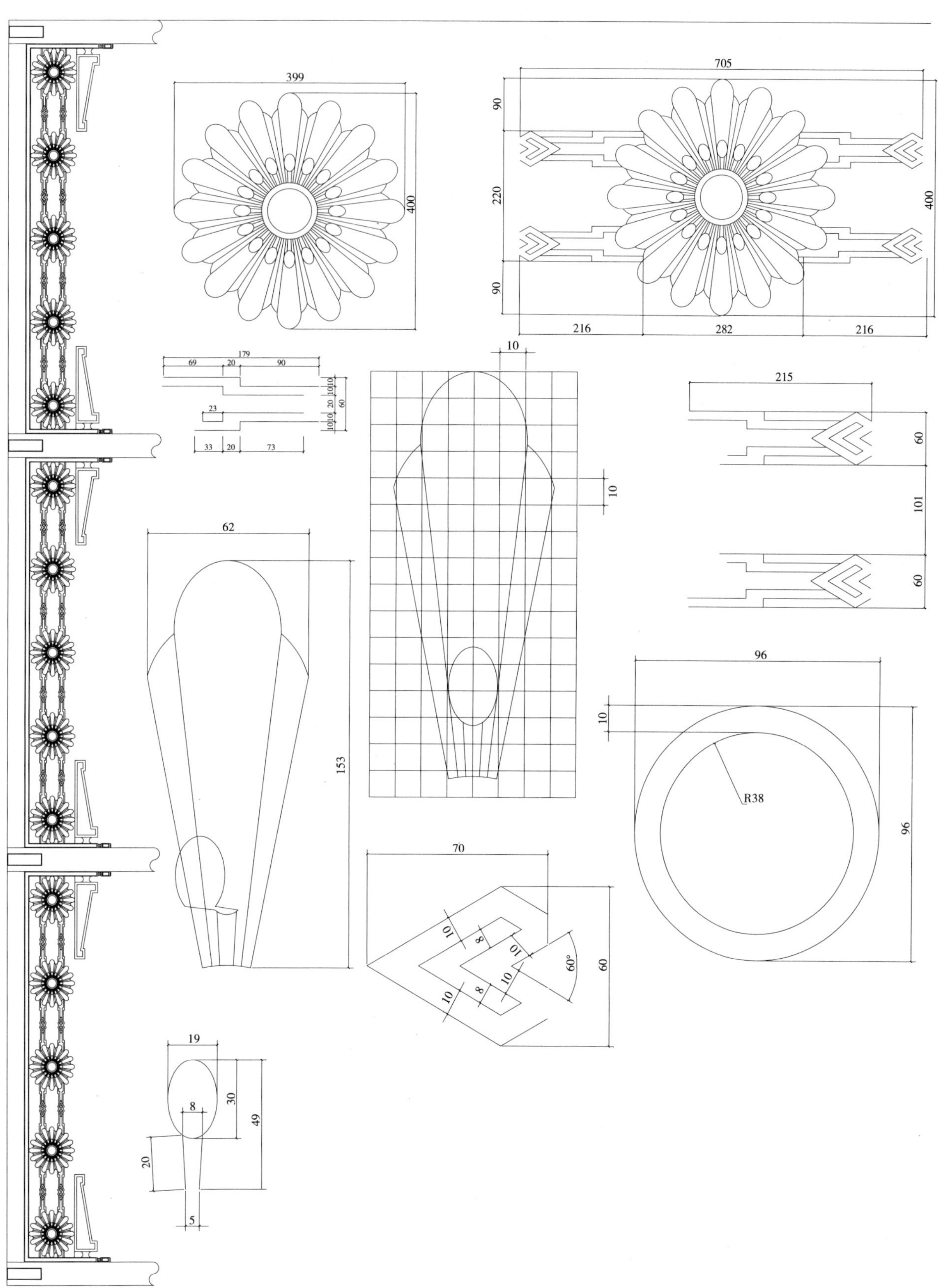
399
400
705
90
220
90
216
282
216
179
69
20
90
10
10
20
60
23
33
20
73
10
215
60
101
60
62
153
10
96
10
R38
96
70
10
8
10
10
8
10
60°
60
19
8
30
49
20
5

705
100
90
15
10
5
200
400
100
193
320
193
193
35
35
60
200
35
35
346
320
400
320
109
10
115
45
40°
193
10
5
66
46
100
40
35
70

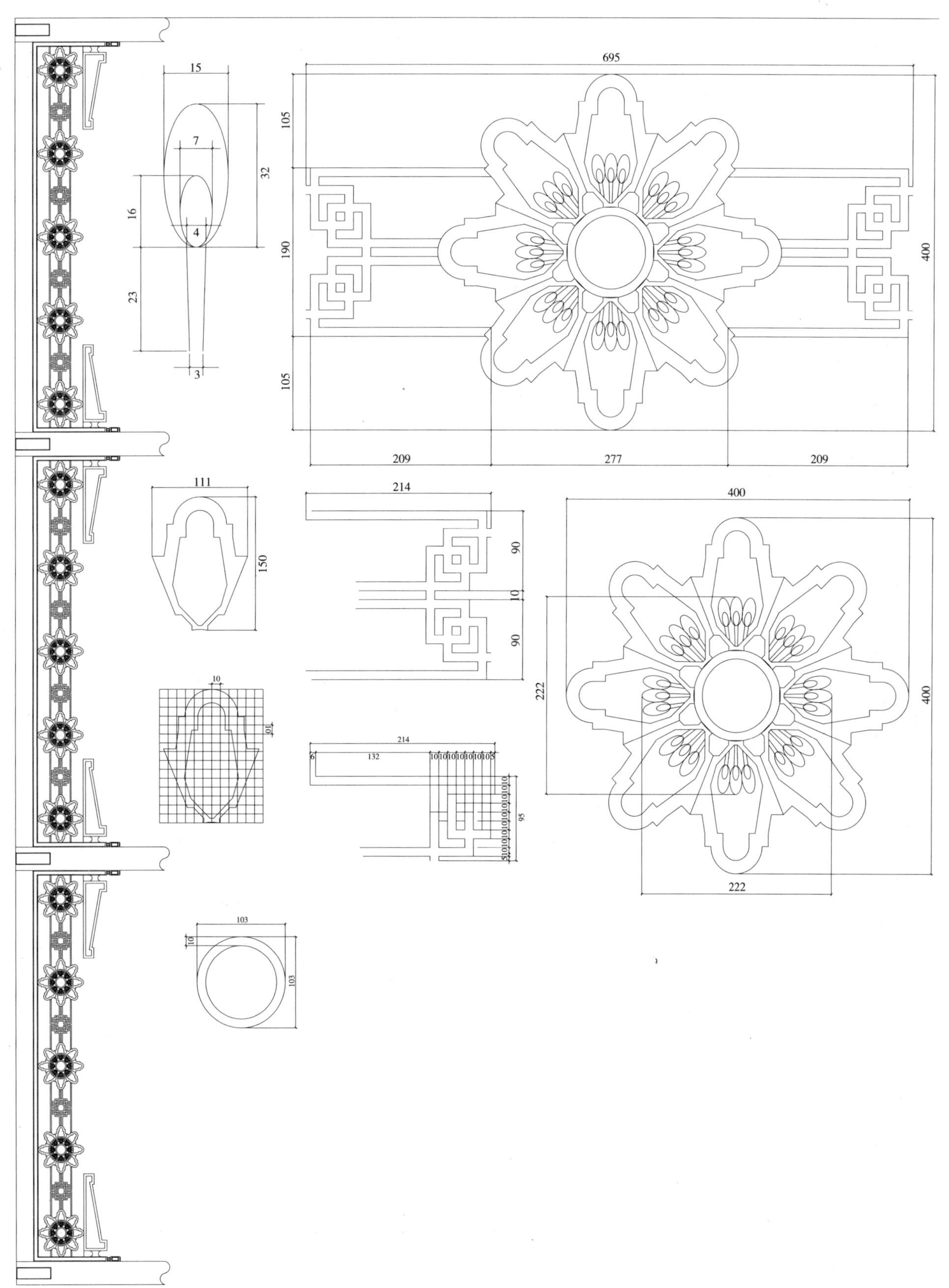
15
7
32
16
4
23
3
695
105
190
105
400
209
277
209
111
150
214
90
10
90
400
222
400
222
10
10
214
132
95
103
10
103

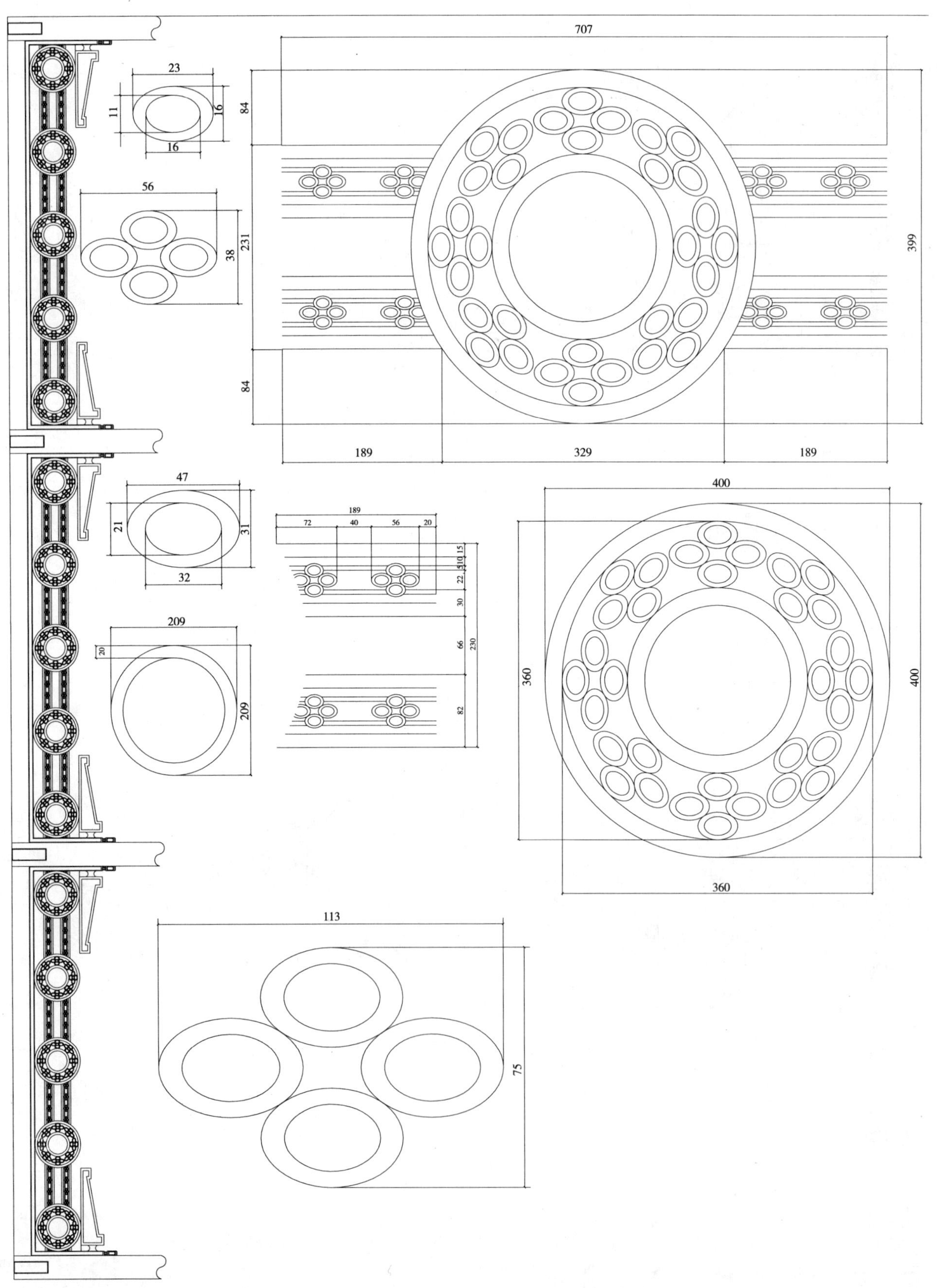

707
23
11
16
16
84
56
231
38
399
84
189
329
189
47
21
31
32
189
72
40
56
20
15
5
10
22
30
66
230
82
400
209
20
209
360
400
360
113
75

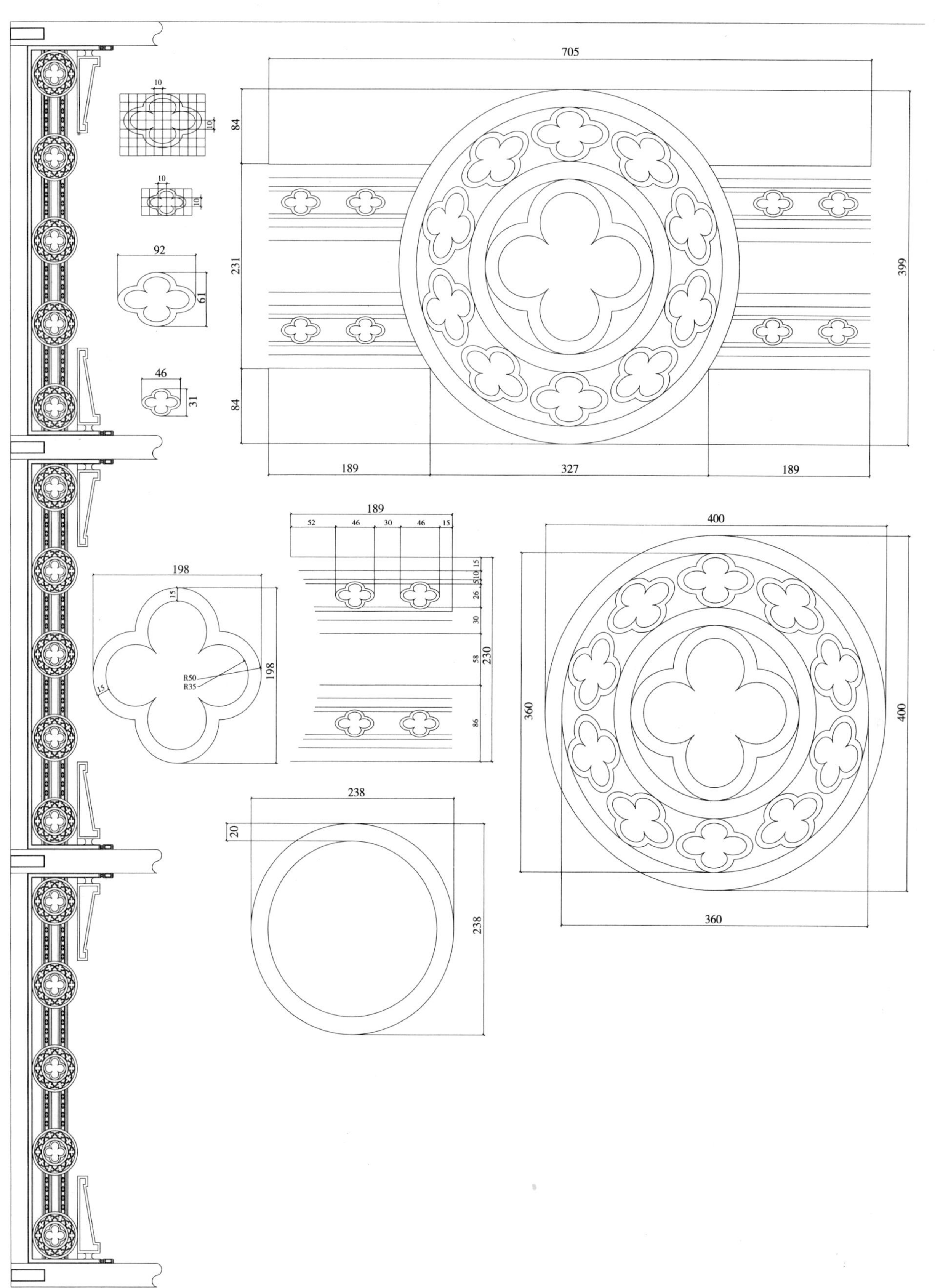
705
84
231
84
399
189
327
189
10
10
10
10
92
61
46
31
198
198
15
15
R50
R35
189
52
46
30
46
15
15
5
10
26
30
58
86
230
400
400
360
360
238
20
238

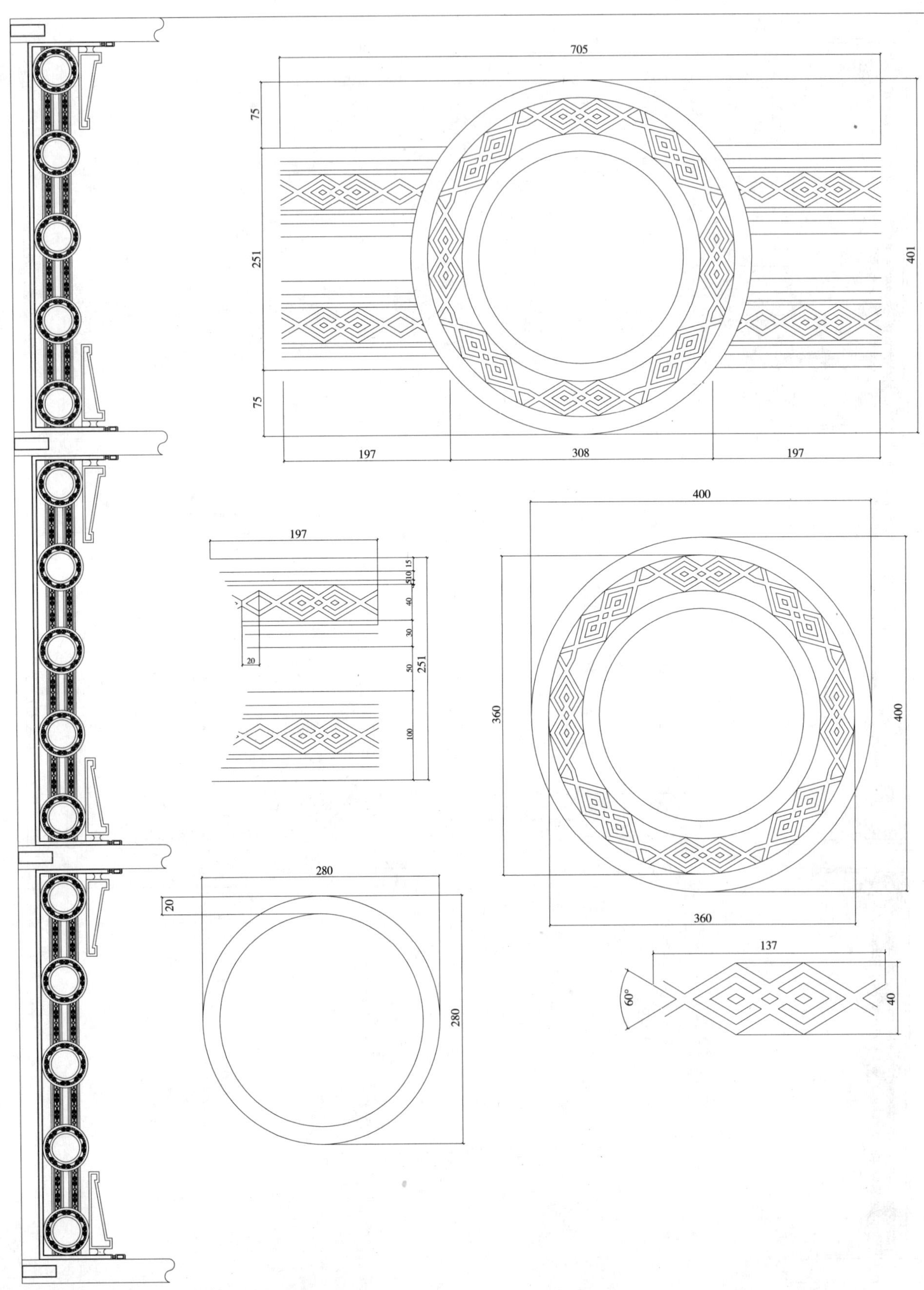
705
75
251
75
401
197
308
197
400
197
15
5 10
40
30
20
50
251
100
360
400
360
280
20
280
137
60°
40

705
75
250
75
400
196
311
196
40
25
44
25
80
50
105
15
5
10
32
30
67
250
92
320
400
400
320
206
206
136
10
53
10
136
10
53
10

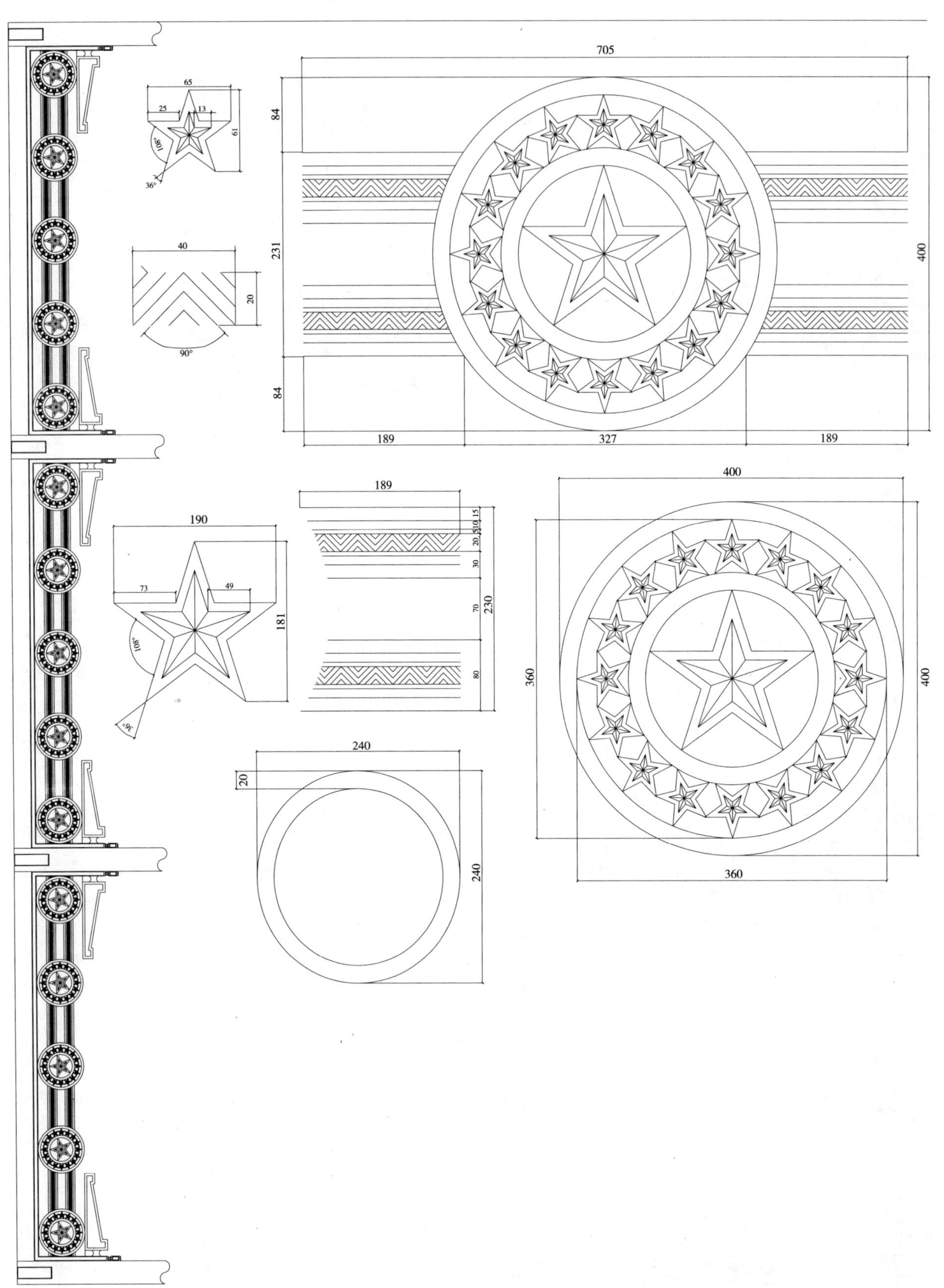
705
84
231
84
400
189
327
189
65
25
13
61
108°
36°
40
20
90°
189
15
5
10
20
30
70
230
80
190
73
49
181
108°
36°
400
360
400
360
240
20
240

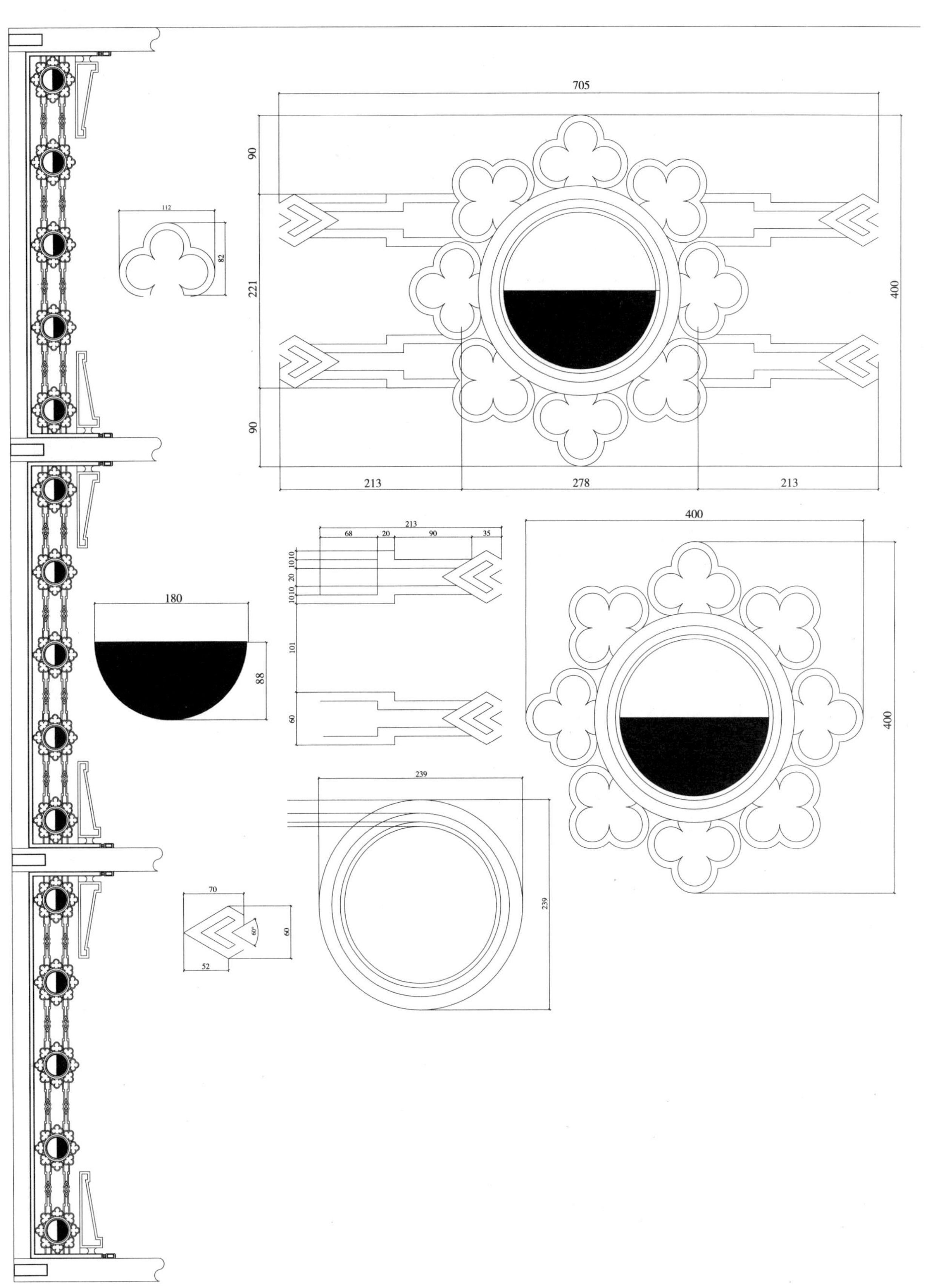
705
90
221
90
400
213
278
213
112
82
180
88
213
68
20
90
35
10
10
20
10
10
101
60
400
400
239
239
70
60°
60
52

705
87
225
87
400
167
370
167
56
10
56
55
55
10
10
10
10
10 10 10 10 10
R5
R15
42
137
121
15
10
R5
R15
260
20
260
67
173
67
223
400
360
400
360
167
52
10
10
220
220

705
75
250
75
400
196
311
196
138
52
138
59
50
36
10
10
197
15
5
10
45
30
39
250
105
14
7
27
13
18
5
400
320
400
320
101
10
91
10
10

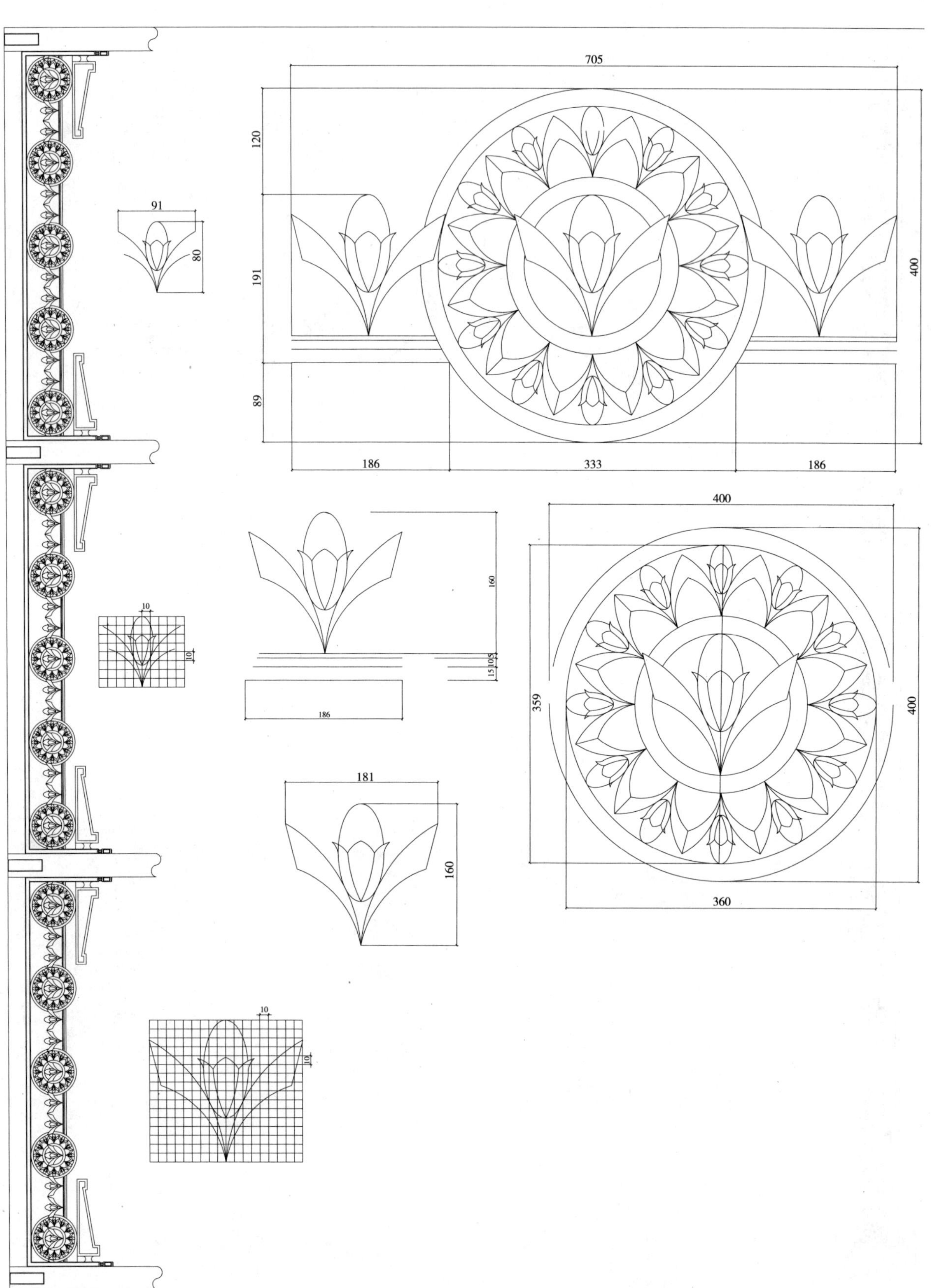
705
120
191
89
400
186
333
186
91
80
10
10
160
15
10
5
186
400
359
400
360
181
160
10
10

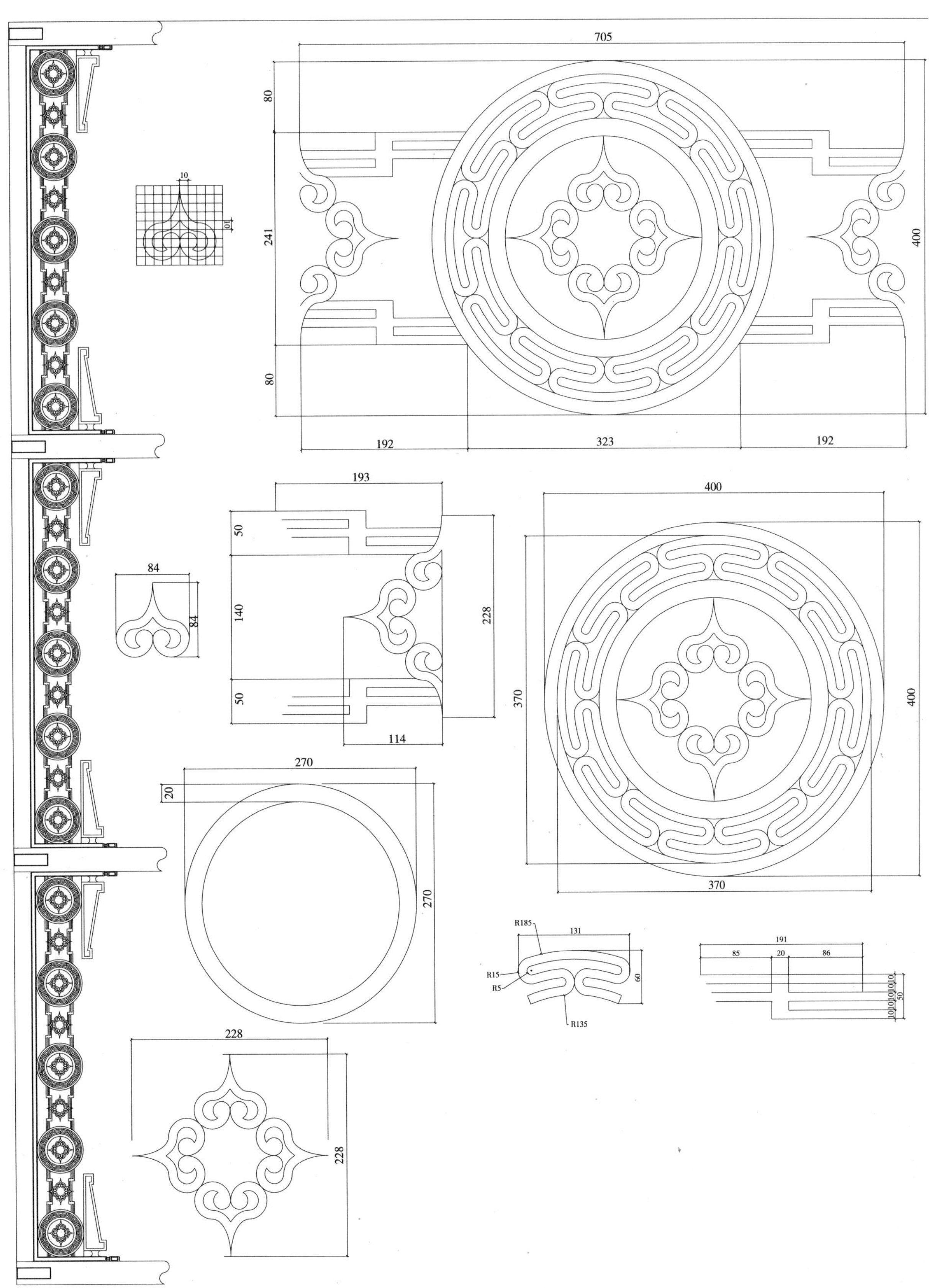
705
80
241
80
400
192
323
192
10
10
193
50
140
50
228
114
84
84
400
370
400
370
270
20
270
228
228
R185
131
R15
R5
60
R135
191
85
20
86
10
10
10
10
10
50

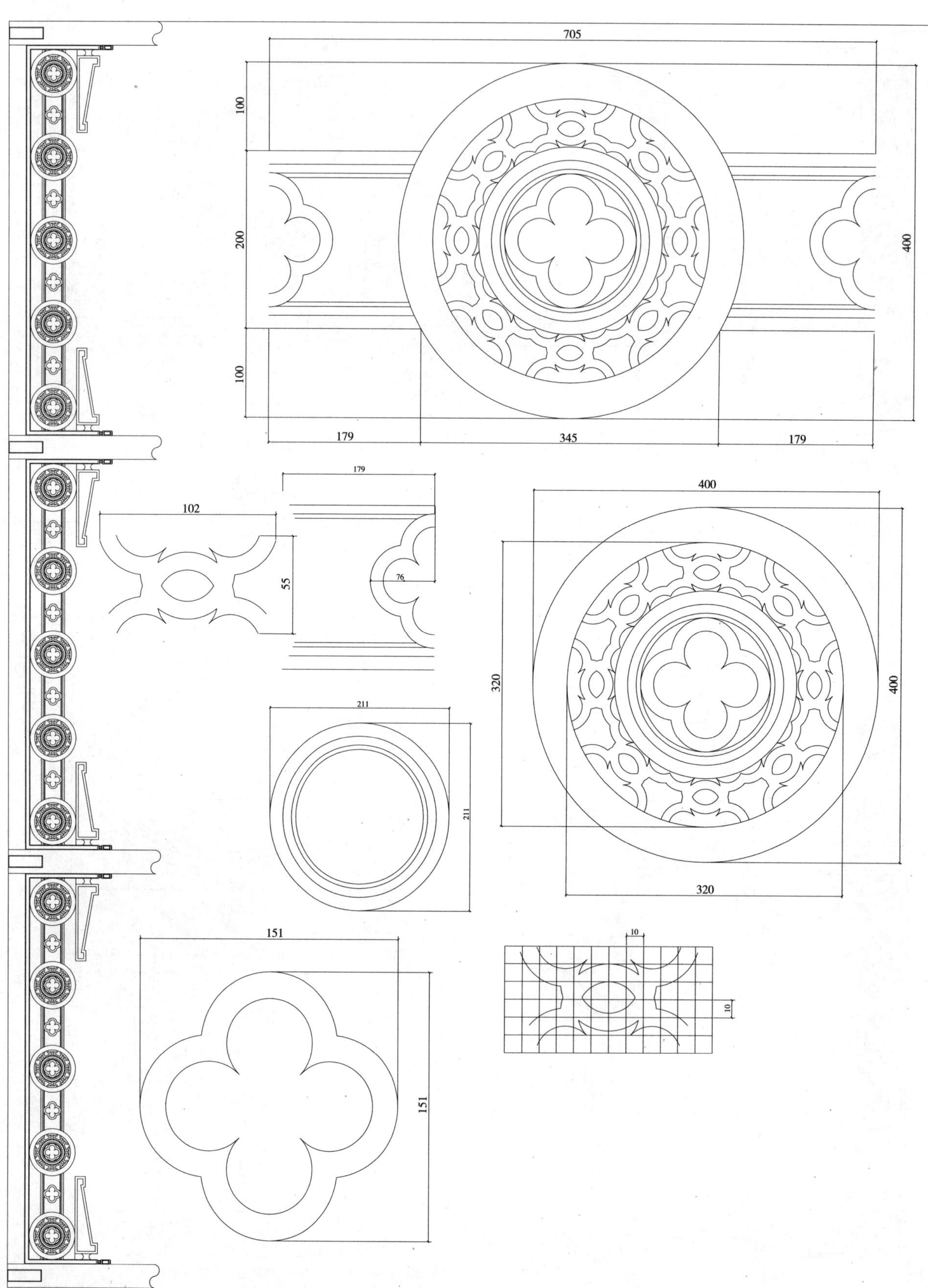
705
100
200
100
400
179
345
179
179
102
55
76
400
320
400
320
211
211
151
151
10
10

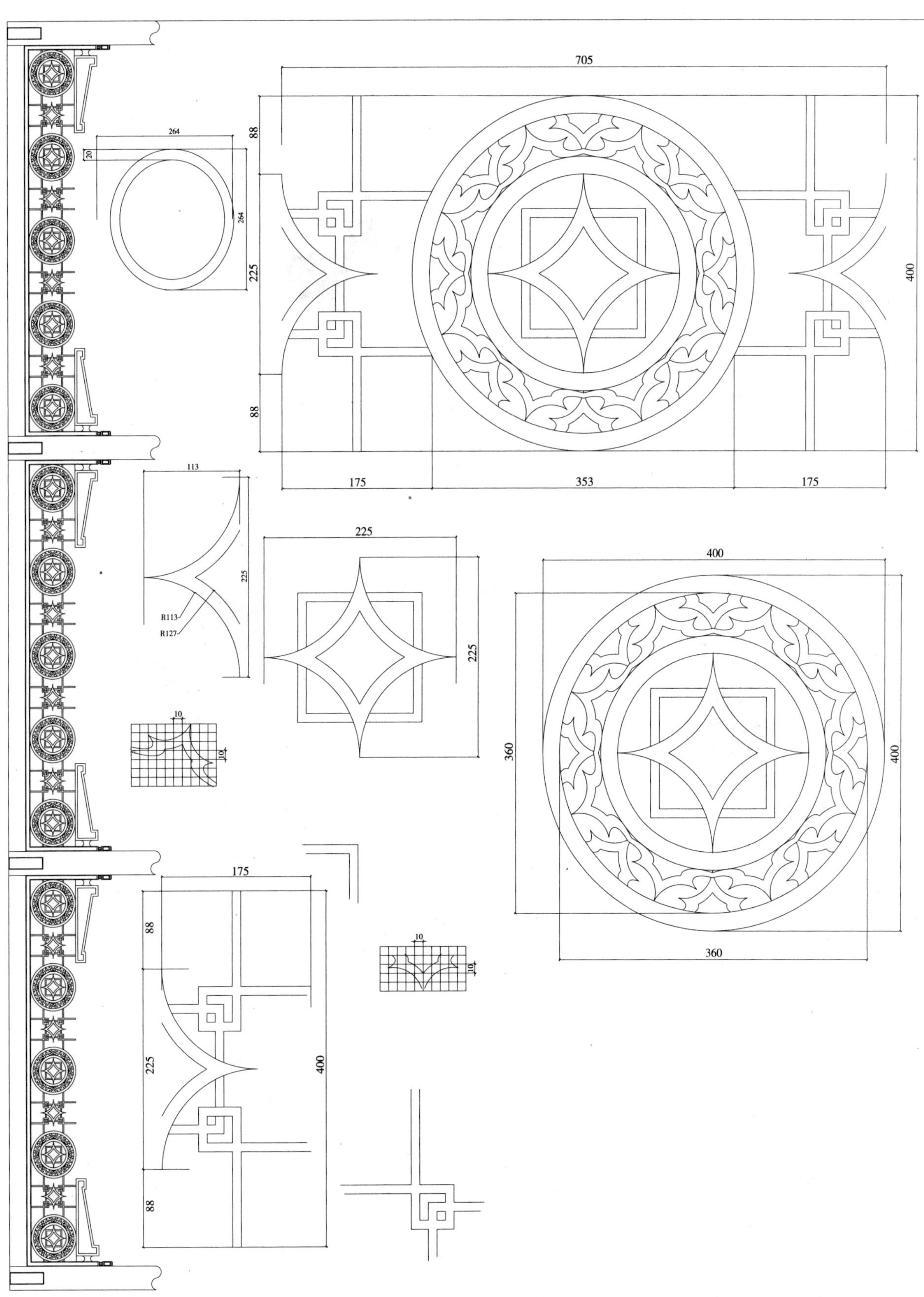
705
88
225
88
175
353
175
400
264
20
264
113
225
R113
R127
225
225
10
10
400
360
400
360
175
88
225
400
88
10
10

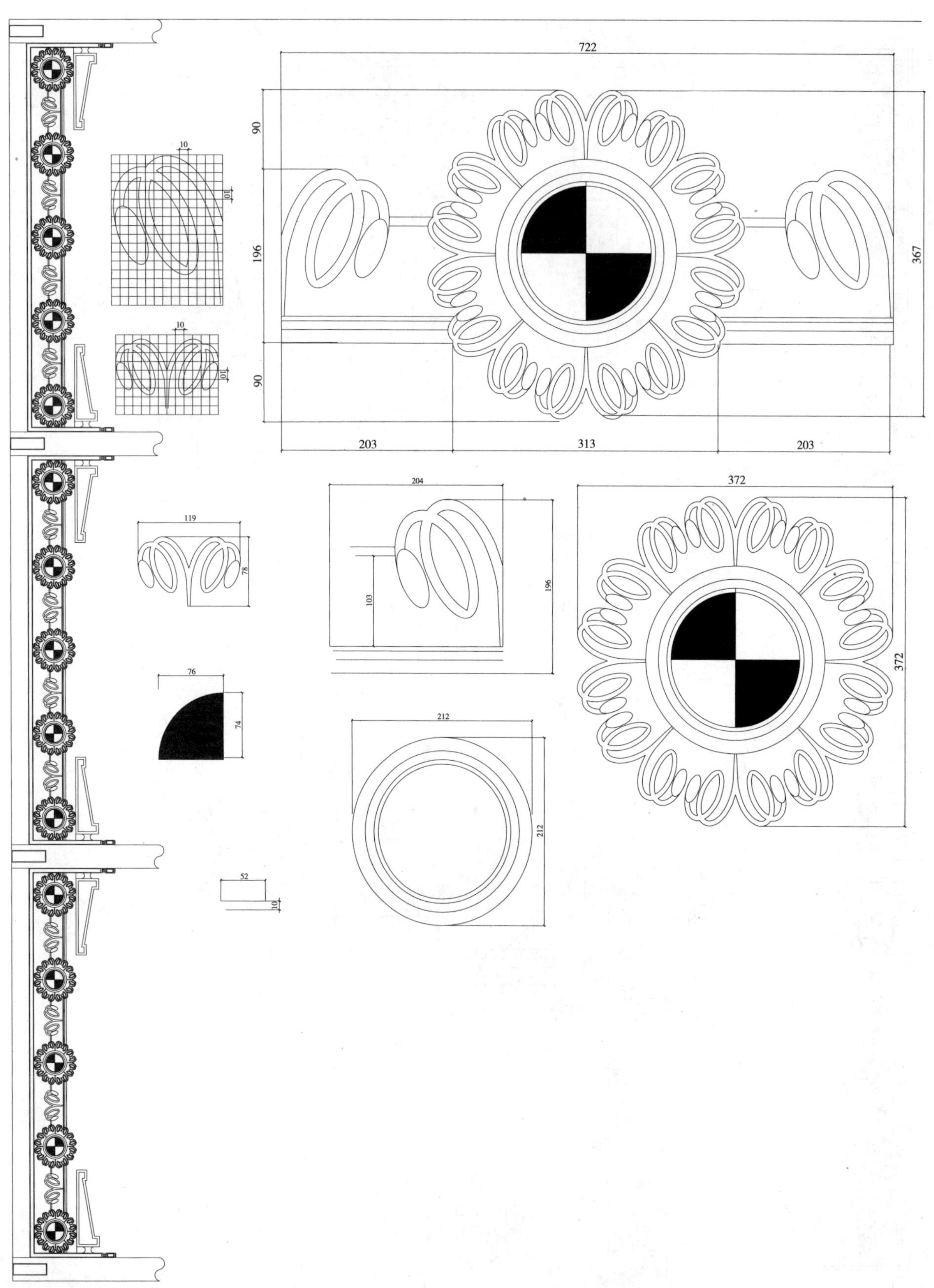
722
90
196
90
367
203
313
203
10
10
10
10
204
103
196
372
372
119
78
76
74
212
212
52
10

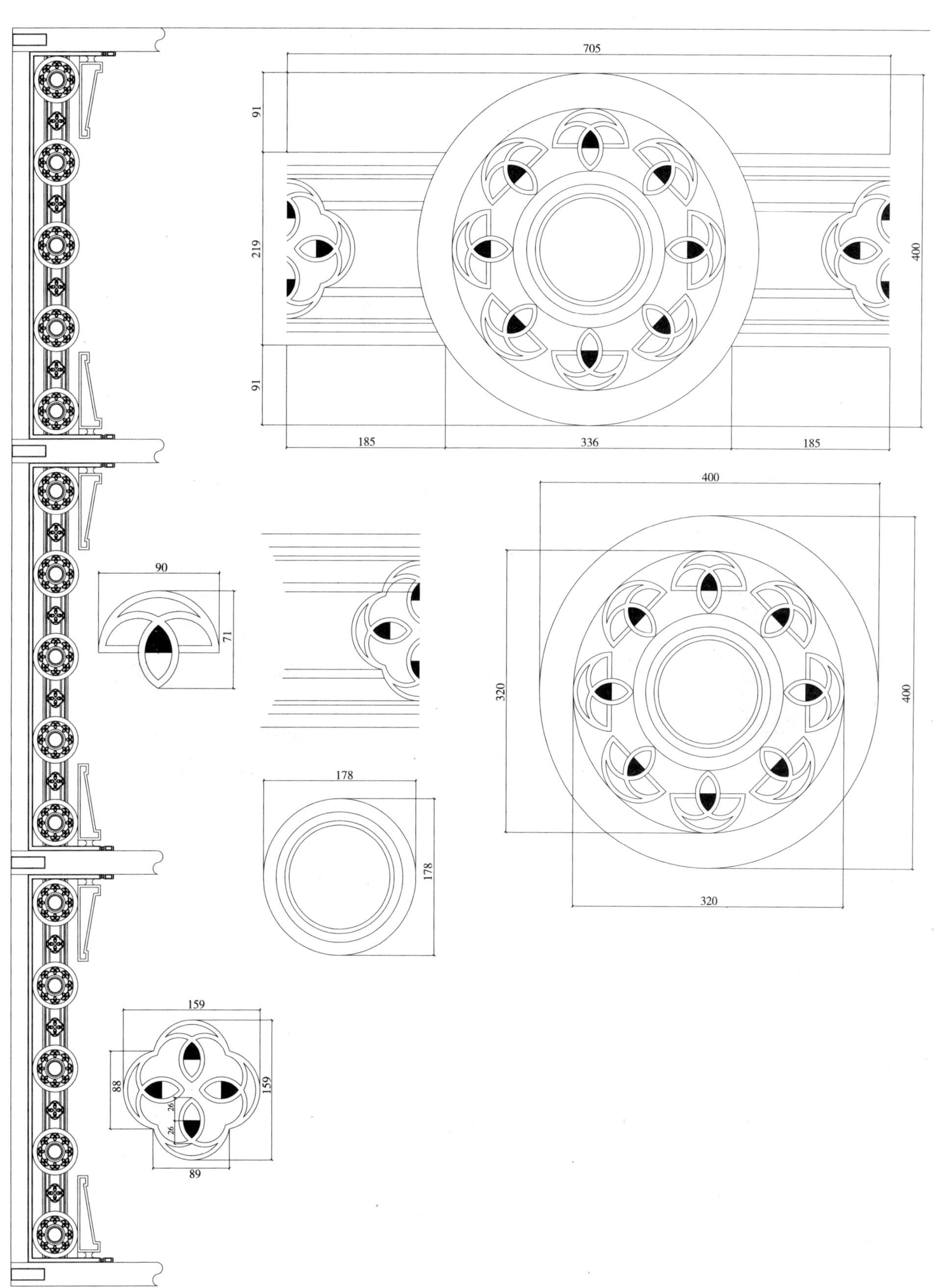
705
91
219
91
400
185
336
185
400
320
400
320
90
71
178
178
159
88
159
26
26
89

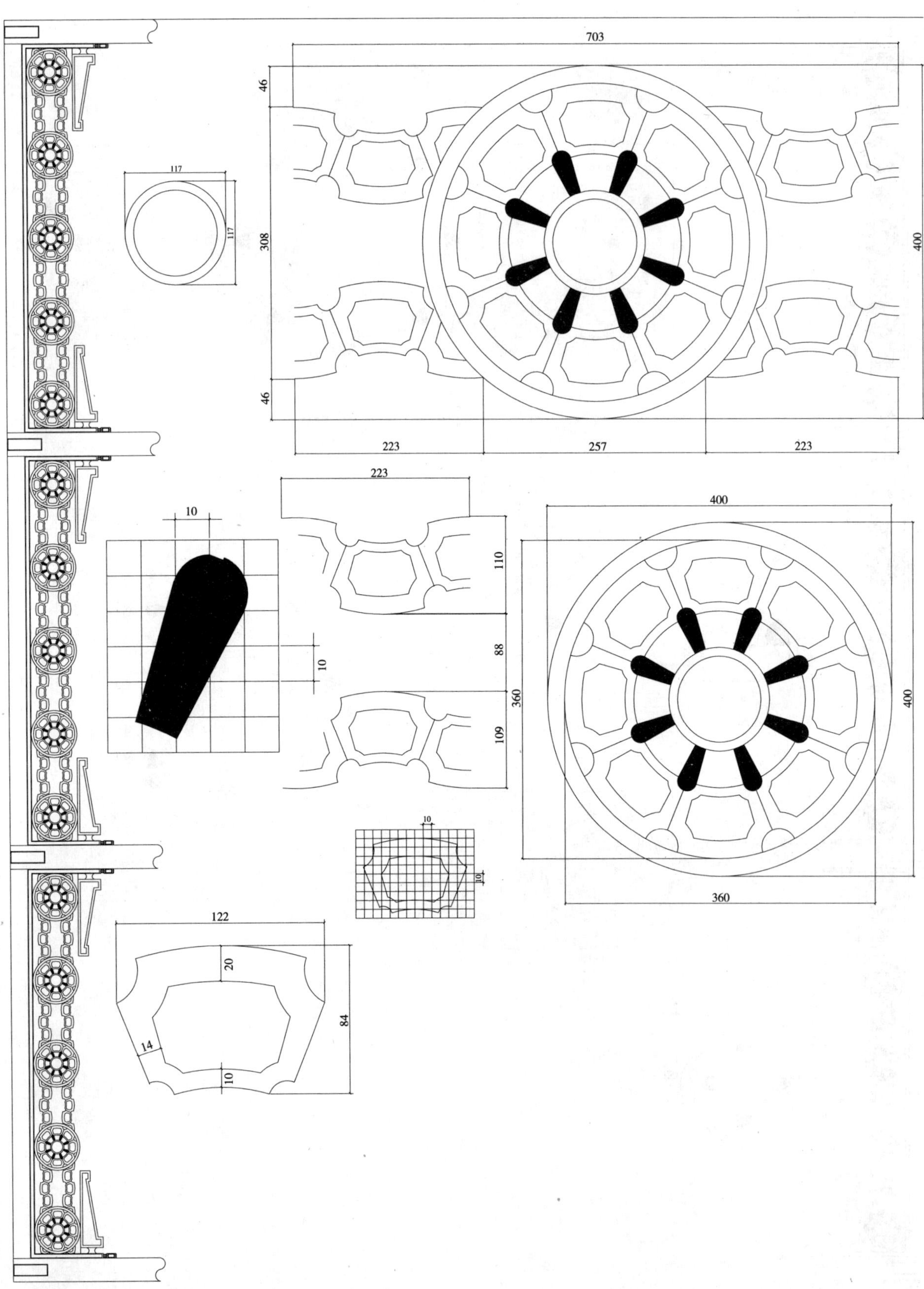
703
46
308
46
400
223
257
223
117
117
223
110
88
109
360
10
10
400
400
360
10
10
122
20
84
14
10

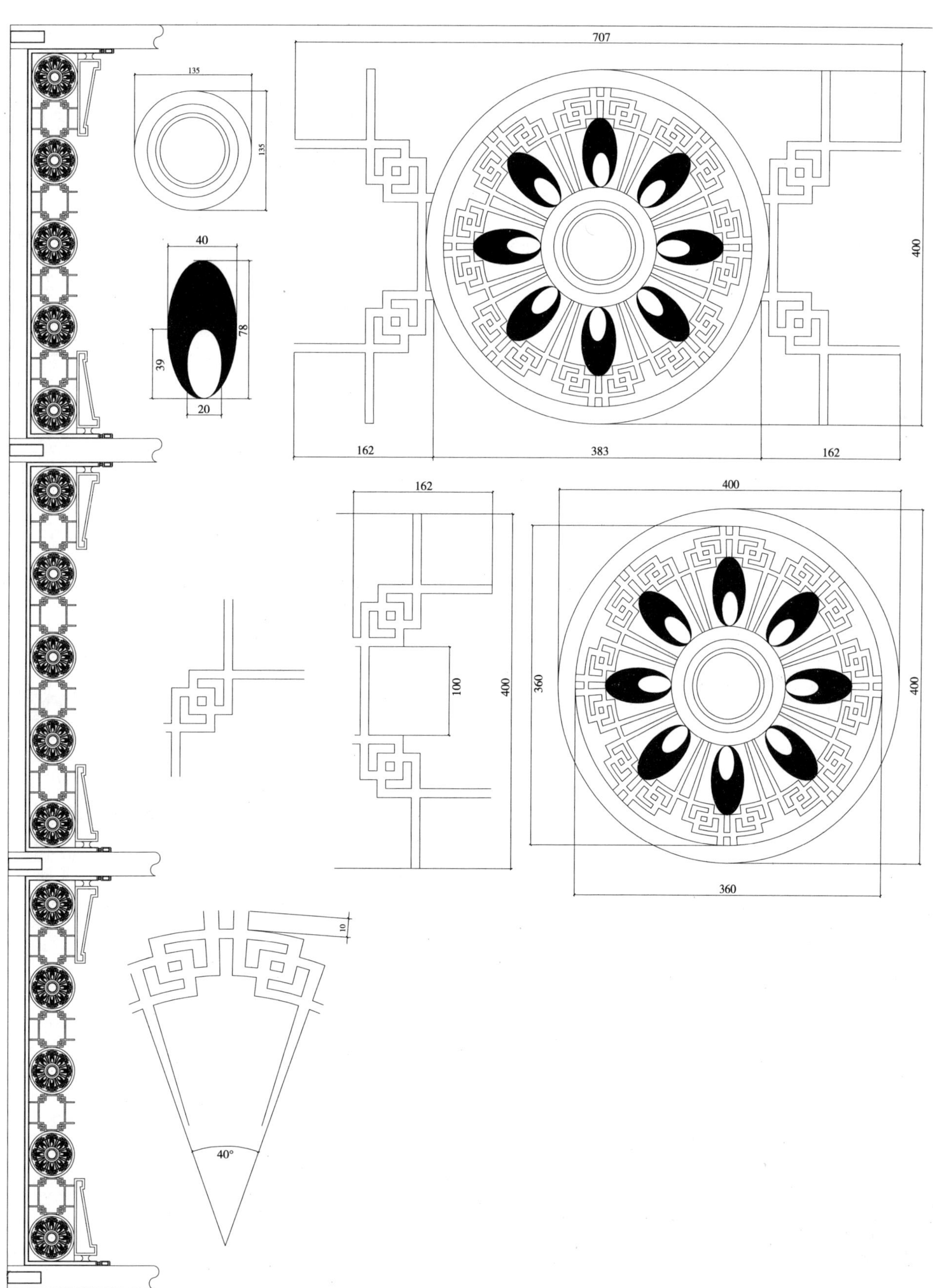
135
135
40
78
39
20
707
400
162
383
162
162
400
100
400
360
400
360
10
40°

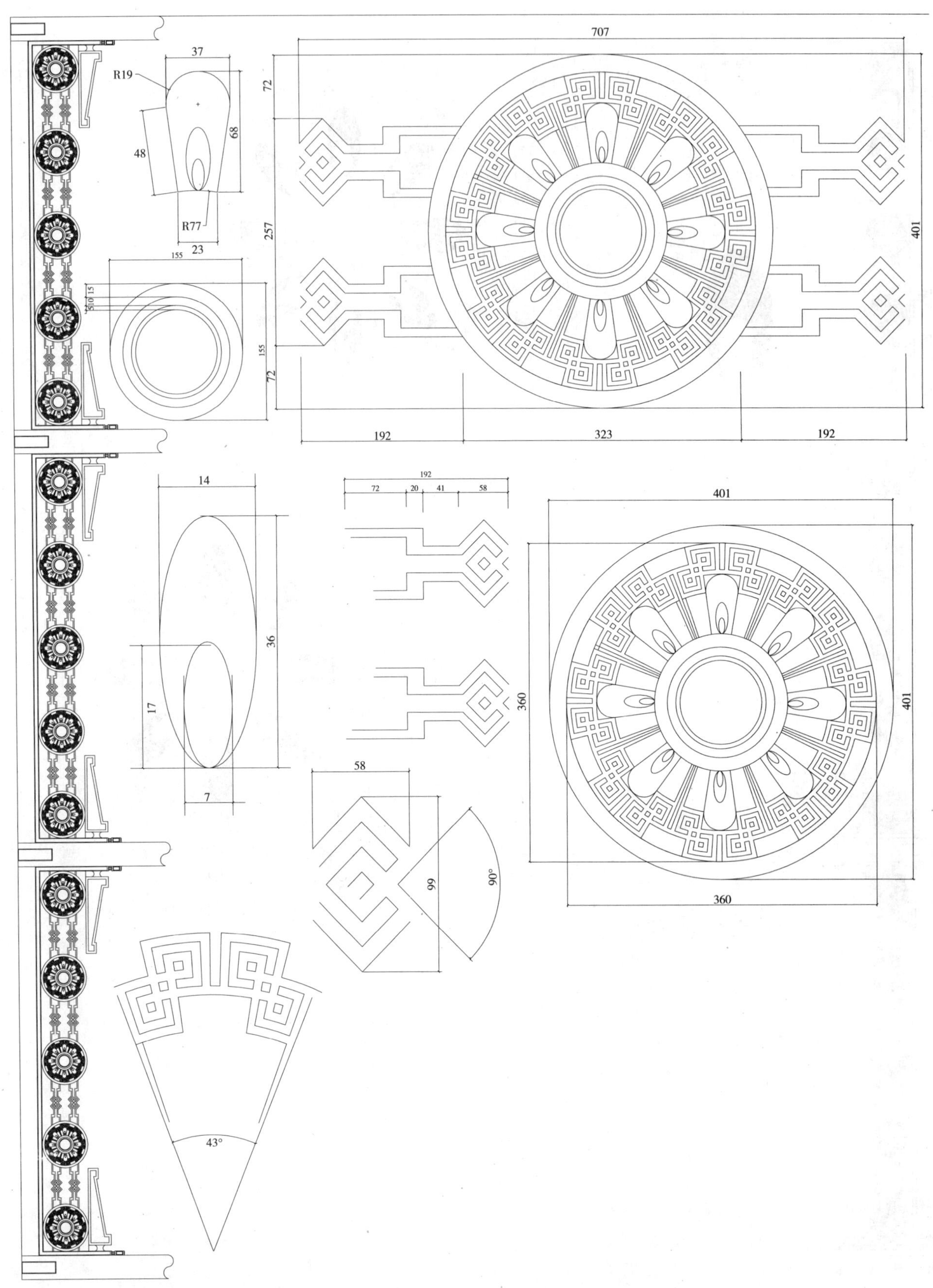
707
37
R19
72
48
68
R77
23
257
401
155
5 10 15
155
72
192
323
192
14
192
72
20
41
58
401
36
17
360
401
7
58
99
90°
360
43°

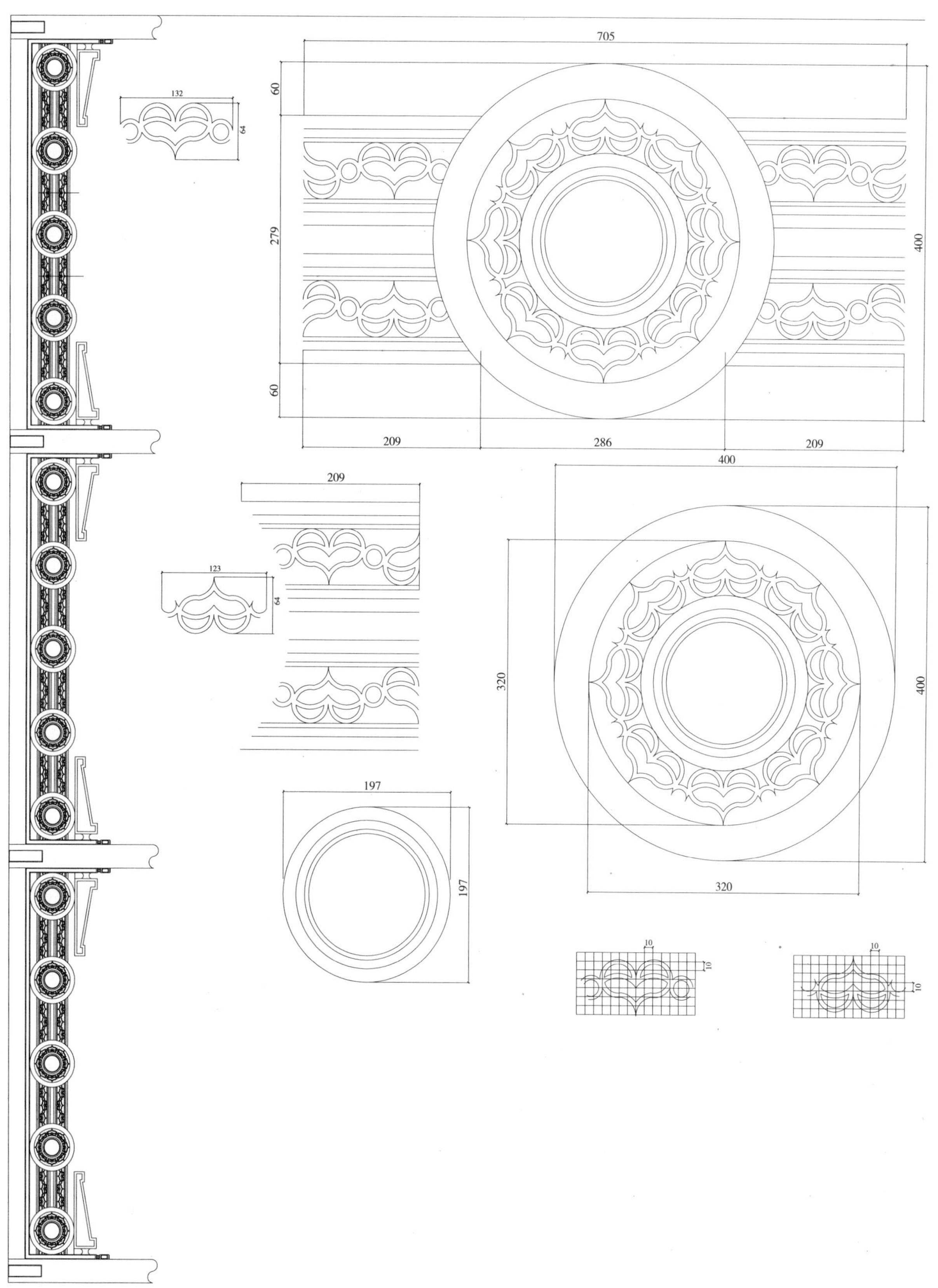
705
60
279
400
60
209
286
209
132
64
209
123
64
400
320
400
320
197
197
10
10
10
10

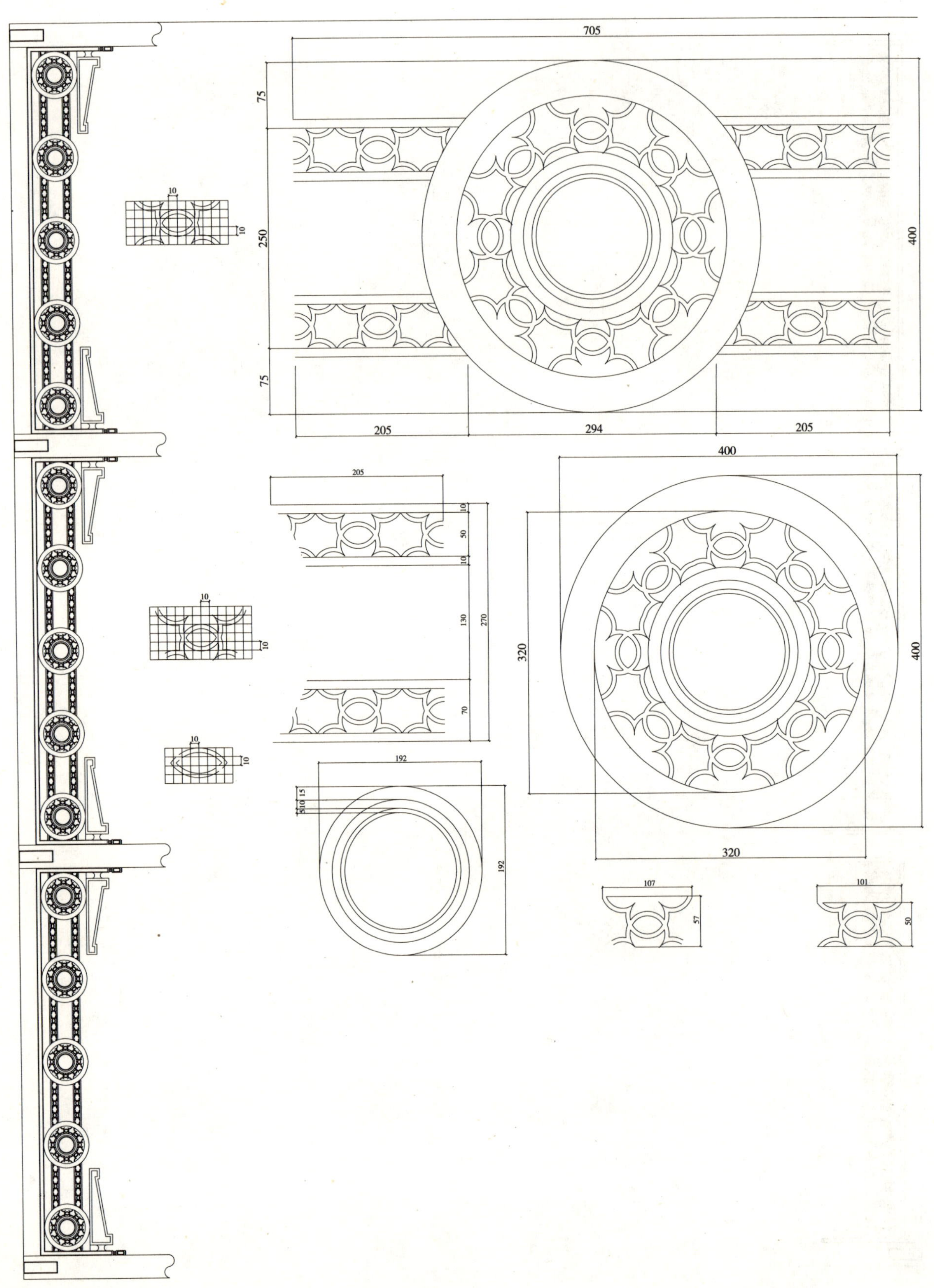
705
75
250
75
400
205
294
205
10
10
205
10
50
10
130
270
70
400
320
400
320
192
192
15
10
5
107
57
101
50

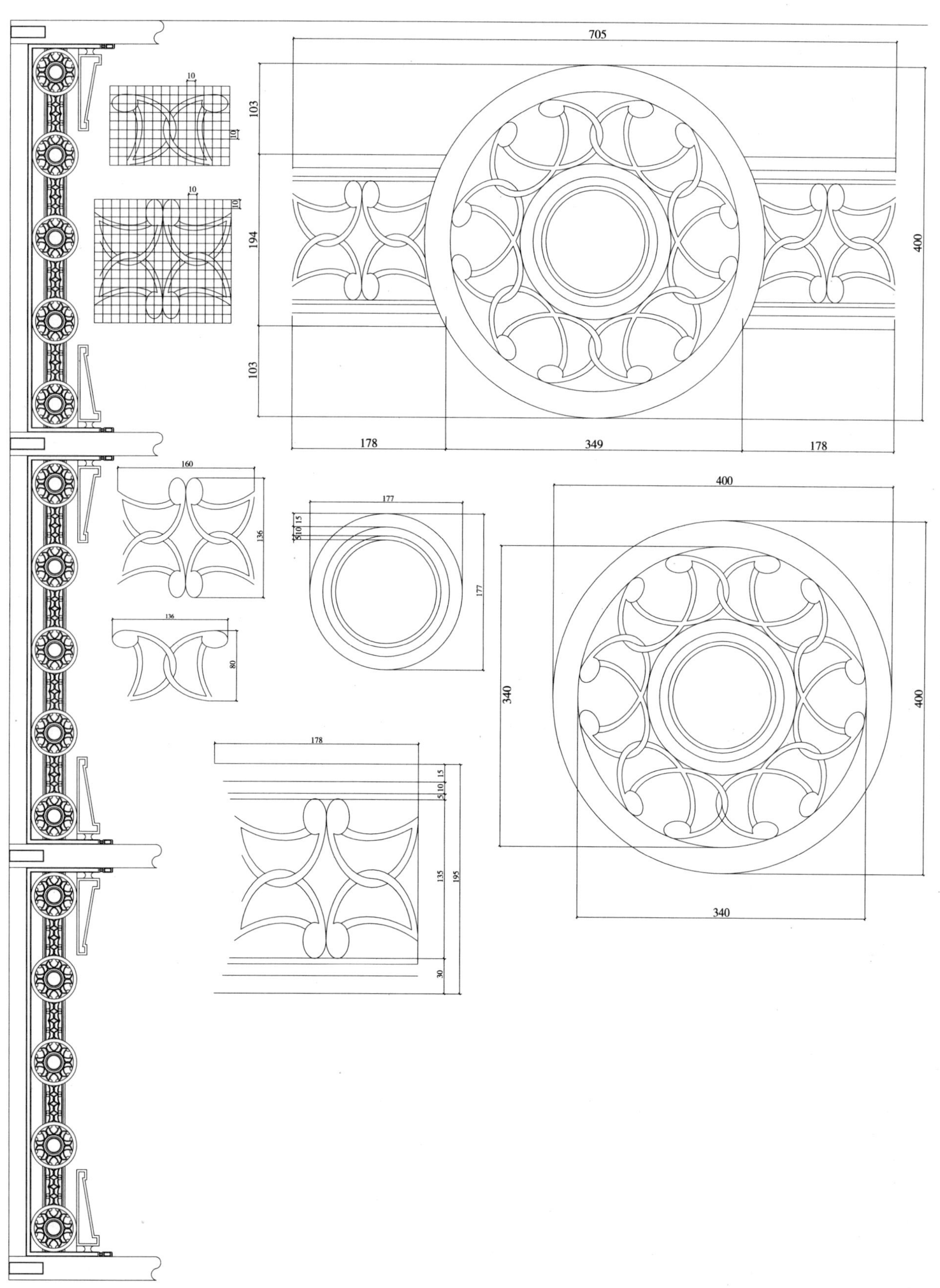
705
103
194
103
400
10
10
10
10
178
349
178
160
136
136
80
177
15
10
5
177
400
340
400
340
178
15
10
5
135
195
30

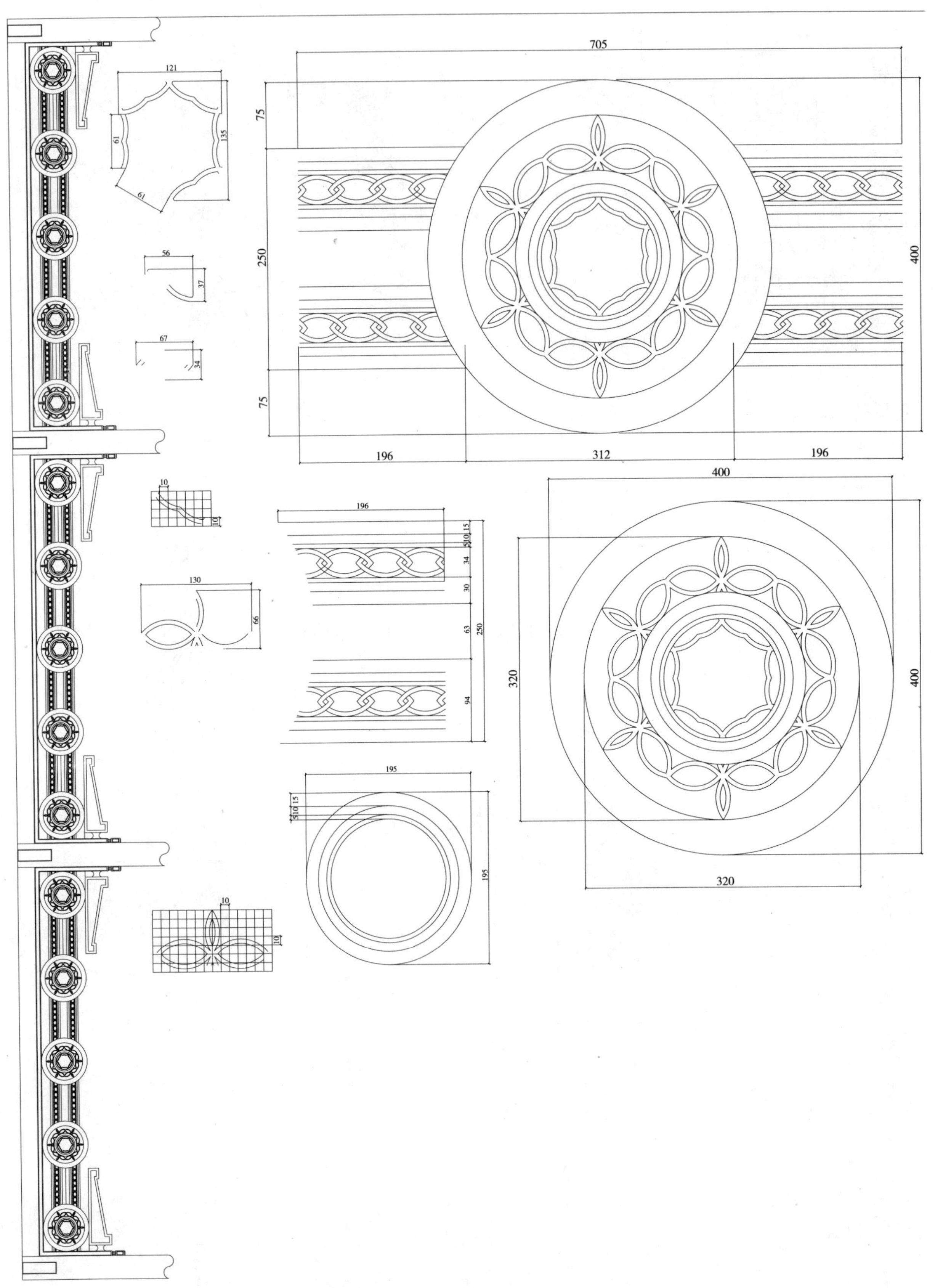
705
75
250
75
400
196
312
196
121
61
135
61
56
37
67
34
10
10
196
15
5|10
34
30
63
250
94
130
66
400
320
400
320
195
15
5|10
195
10
10

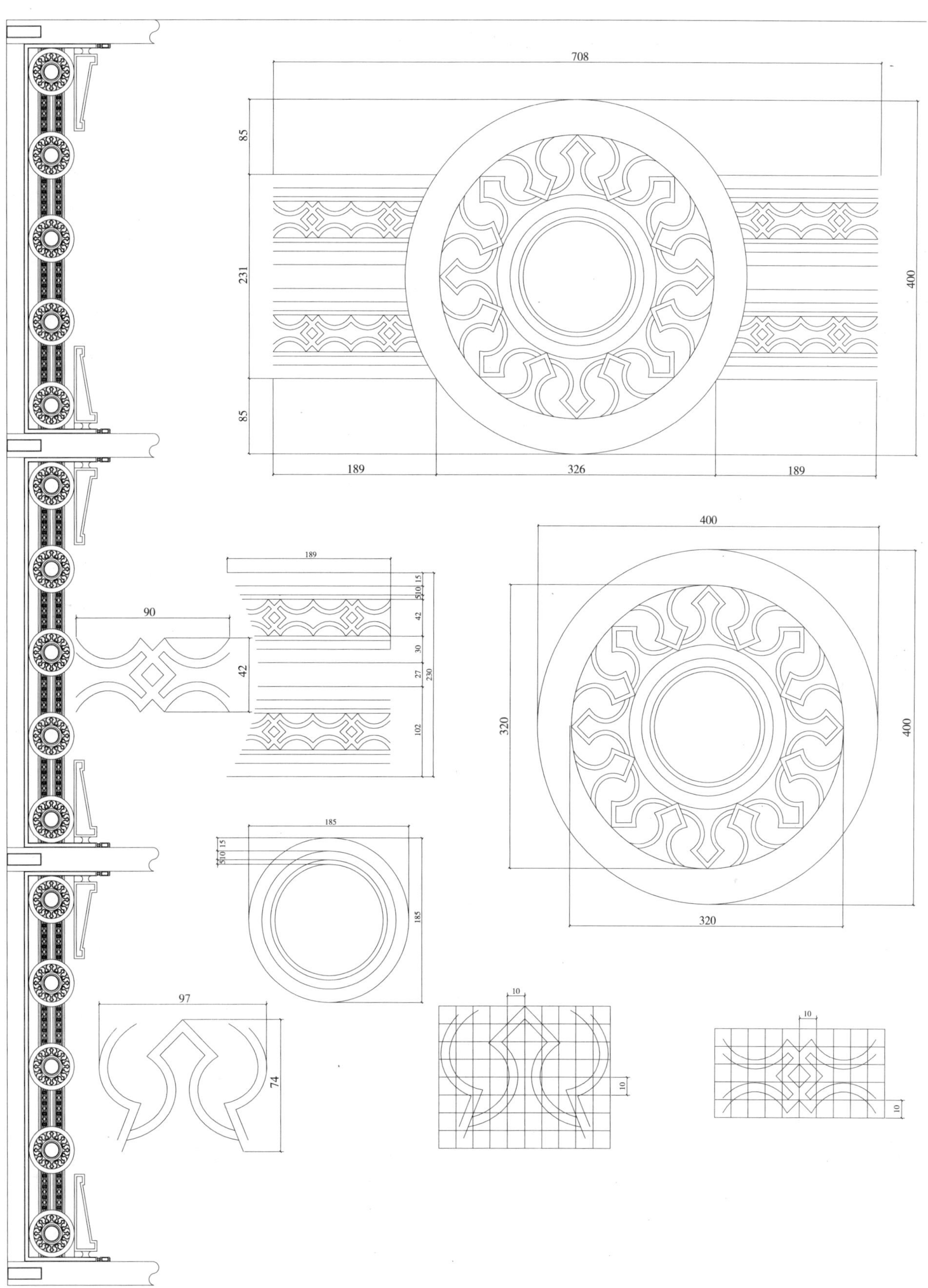
708
85
231
85
400
189
326
189
400
320
400
320
189
15
10
5
42
30
27
230
102
90
42
185
15
10
5
185
97
74
10
10
10
10

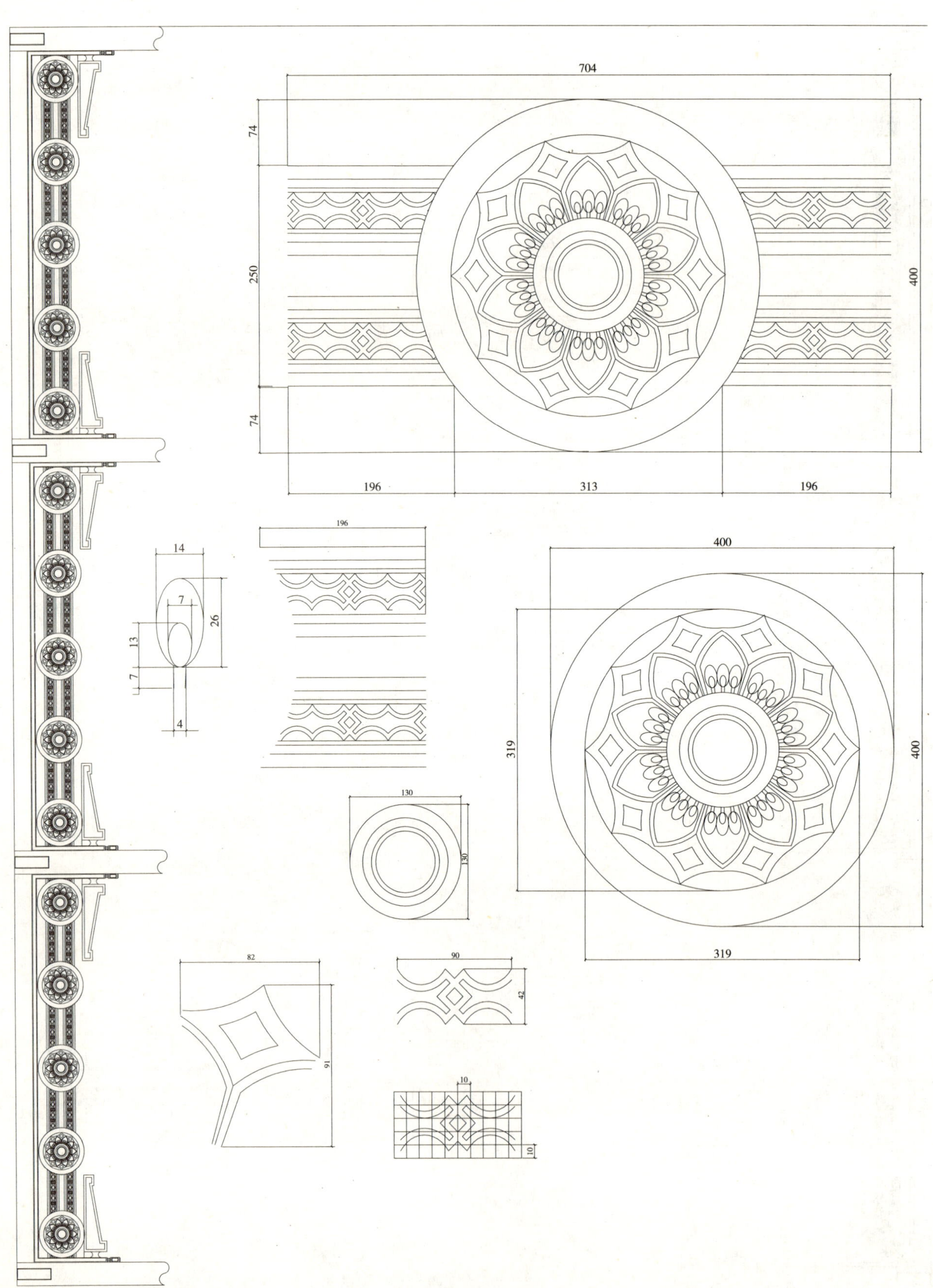
704
74
250
74
400
196
313
196
14
7
26
13
7
4
196
400
319
400
319
130
130
82
91
90
42
10
10

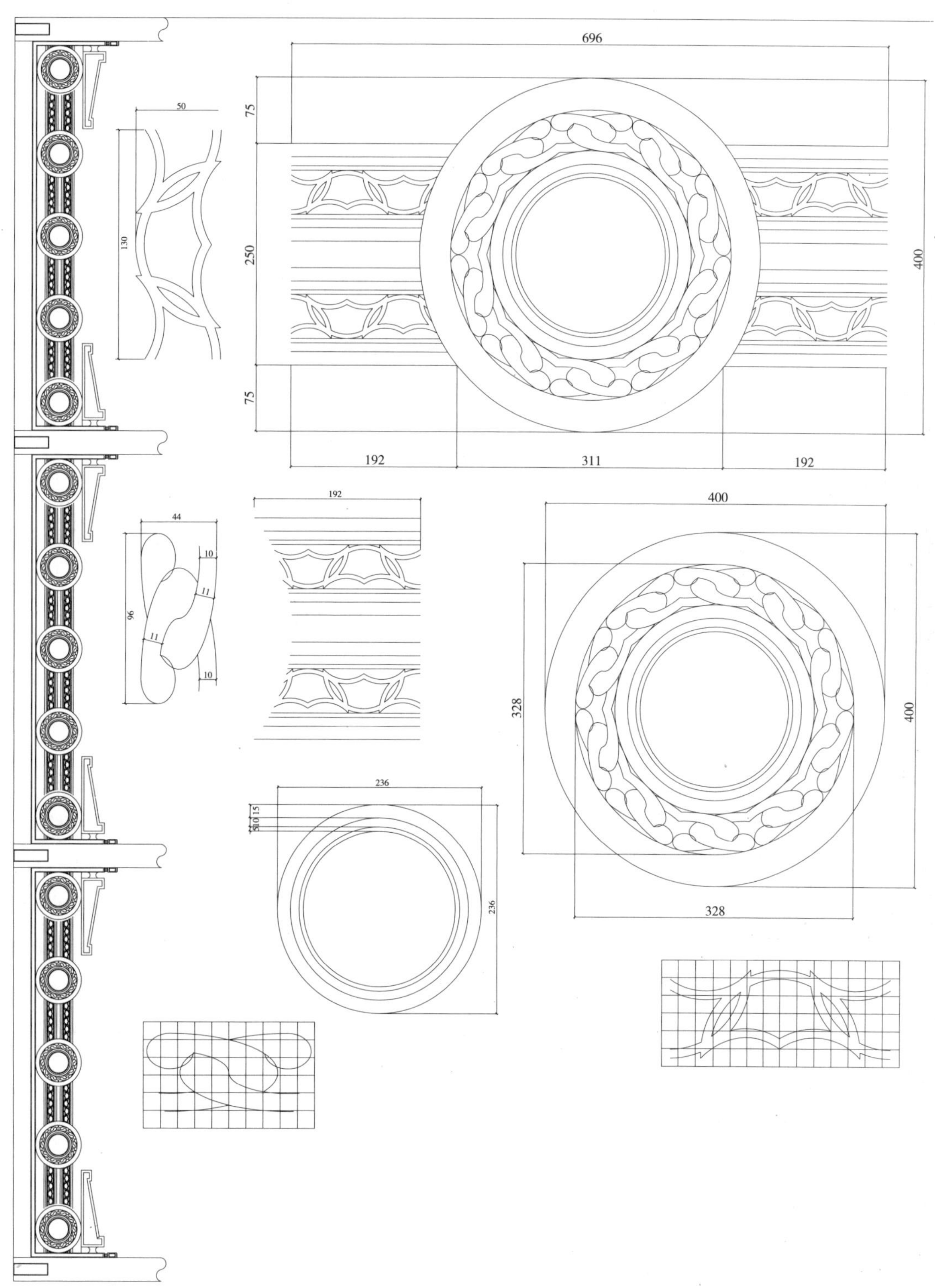
696
75
250
75
400
192
311
192
50
130
44
96
10
11
11
10
192
400
328
400
328
236
5
10
15
236

705
84
231
84
400
189
327
189
55
30
10
10
69
57
189
15
5
10
30
30
50
90
72
59
10
208
15
10
5
208
10
400
322
400
322

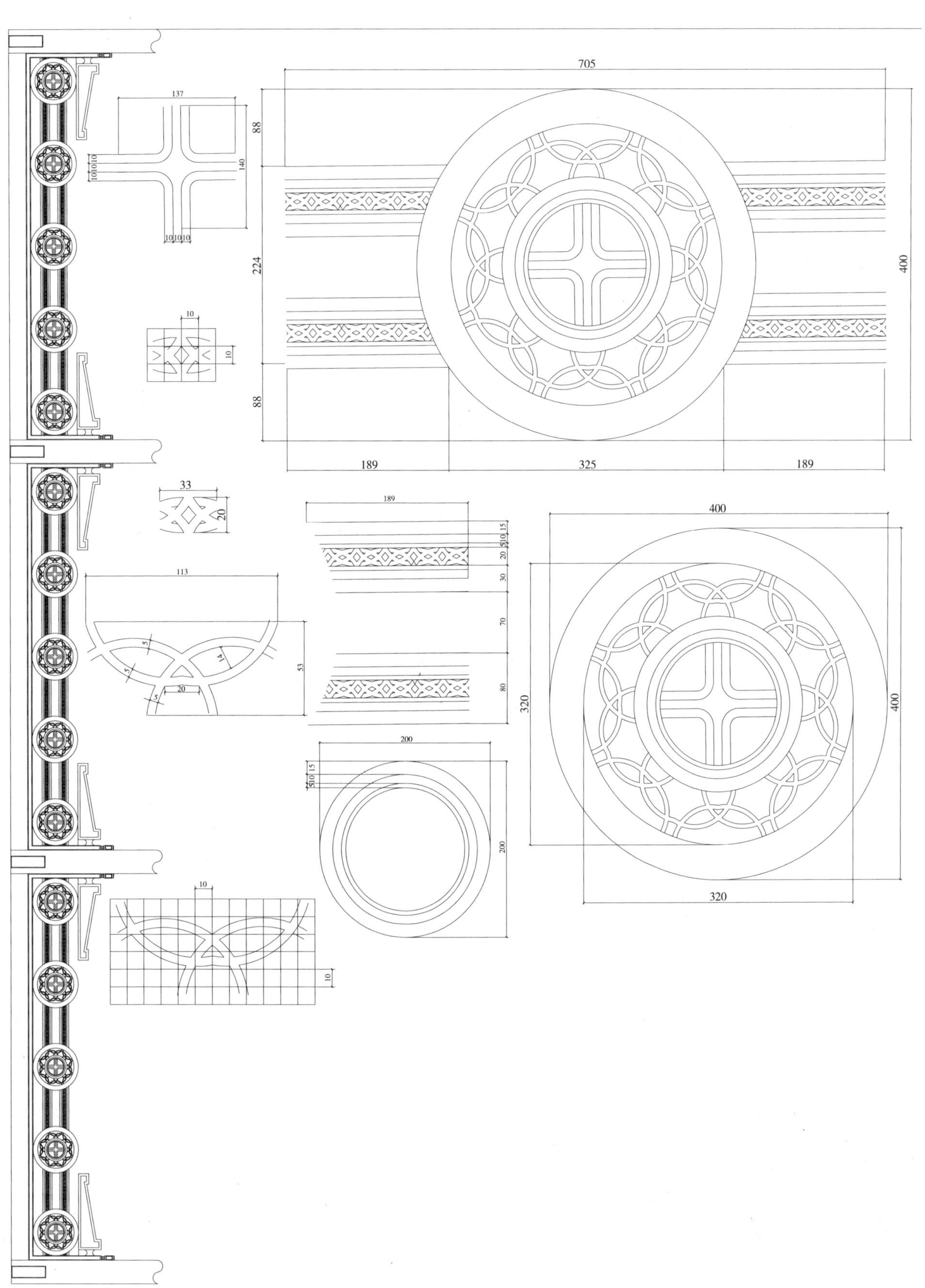
705
137
88
224
88
400
140
10 10 10
10
10
189
325
189
33
20
113
5
14
53
20
189
15
5 10
20
30
70
80
400
320
400
320
200
200
10
10

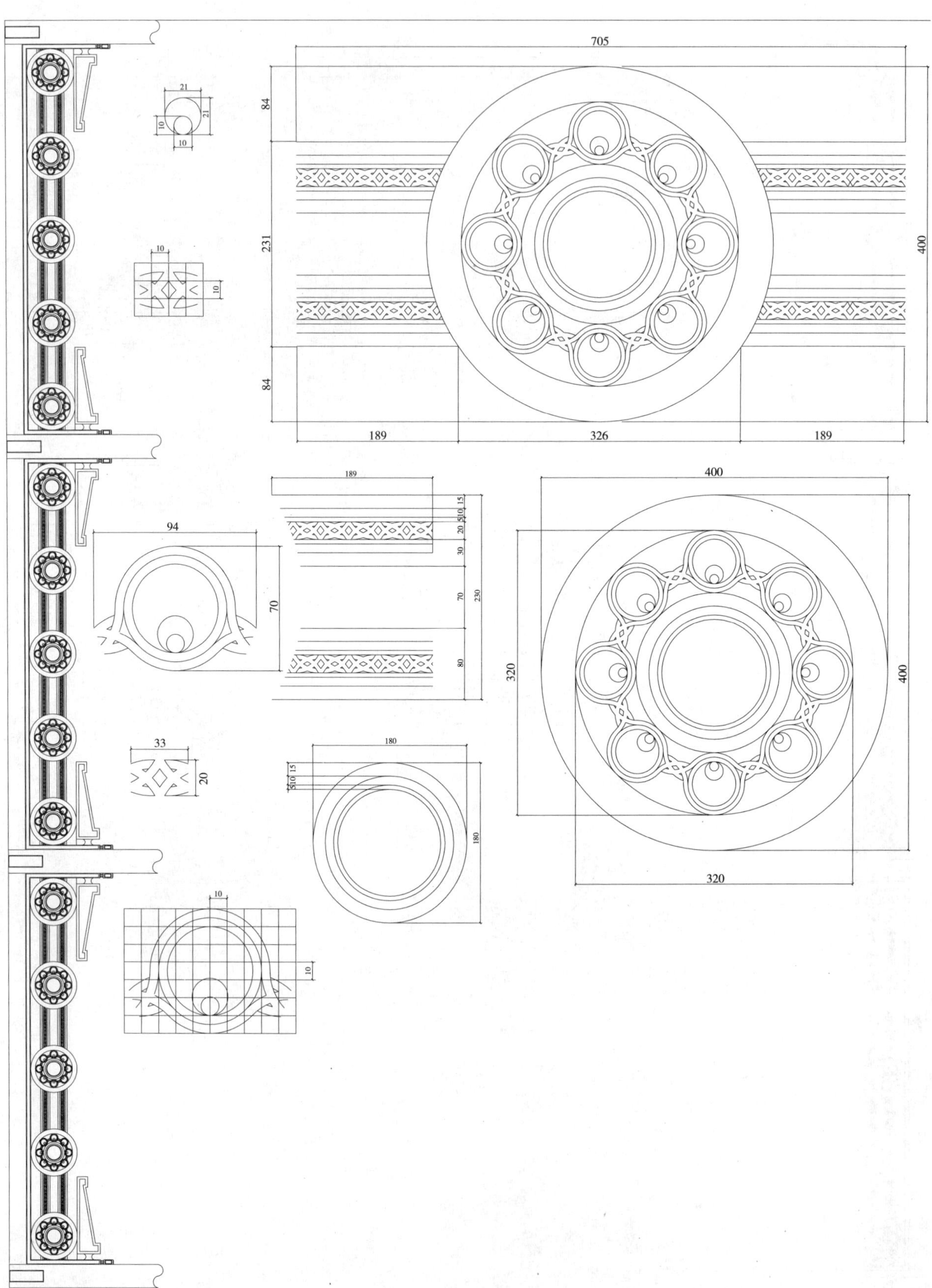
705
84
231
84
400
189
326
189
21
21
10
10
10
10
94
70
189
5 10 15
20 5
30
70
230
80
400
320
400
320
33
20
180
5 10 15
180
10
10

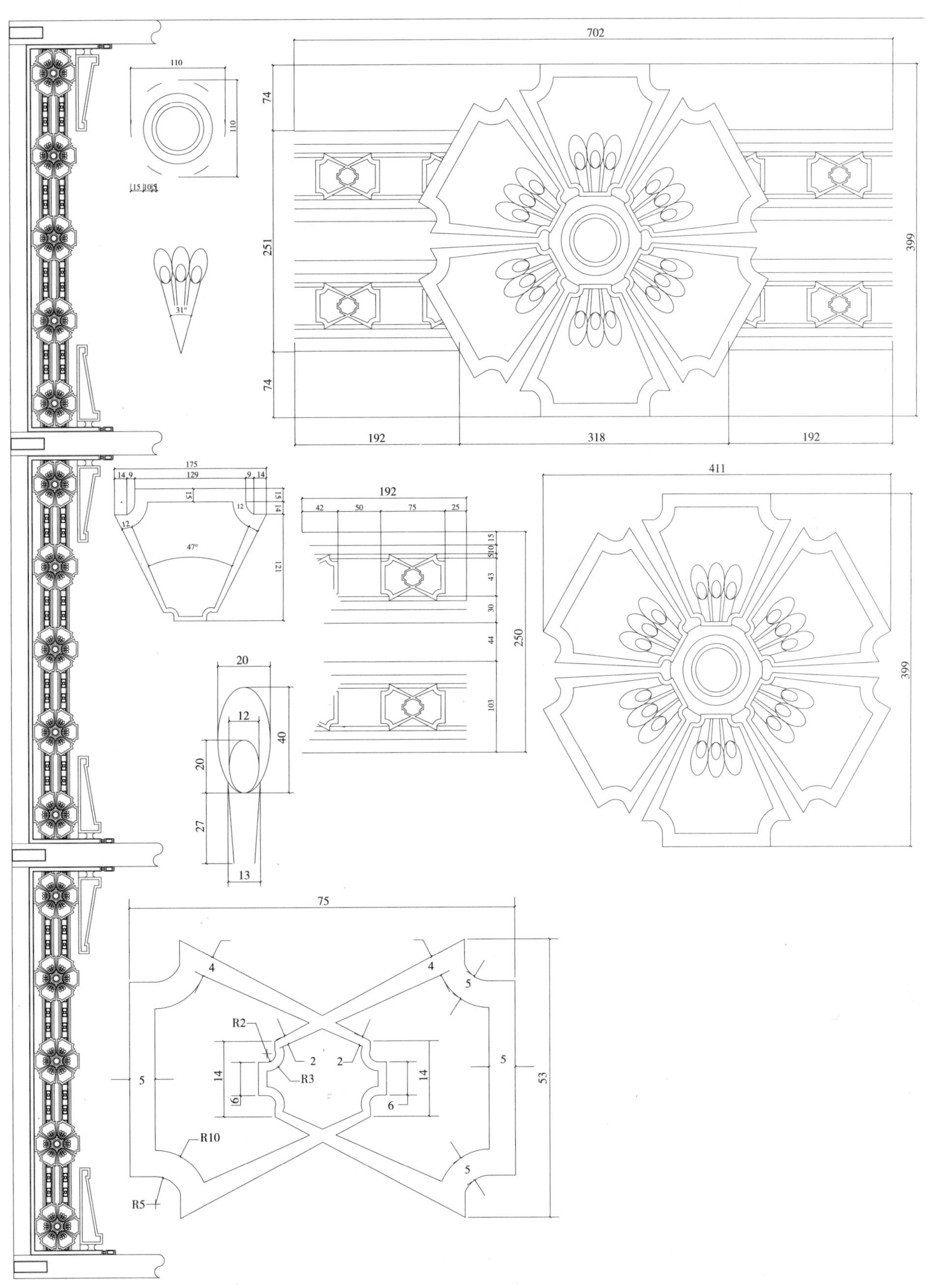
702
74
251
74
399
192
318
192
110
110
15 10 5
31°
175
14 9
129
9 14
15
12
12
15 14
47°
121
192
42
50
75
25
15
5 10
43
30
44
250
103
411
399
20
12
40
20
27
13
75
4
4
5
R2
2
2
R3
14
14
6
6
5
5
53
R10
5
R5

705
124
5 10 15
124
112
176
400
112
88°
26
5
26
229
247
229
400
229
84
145
10 15
134°
115
175
30
400
50
48
10
10
112
108
10
10

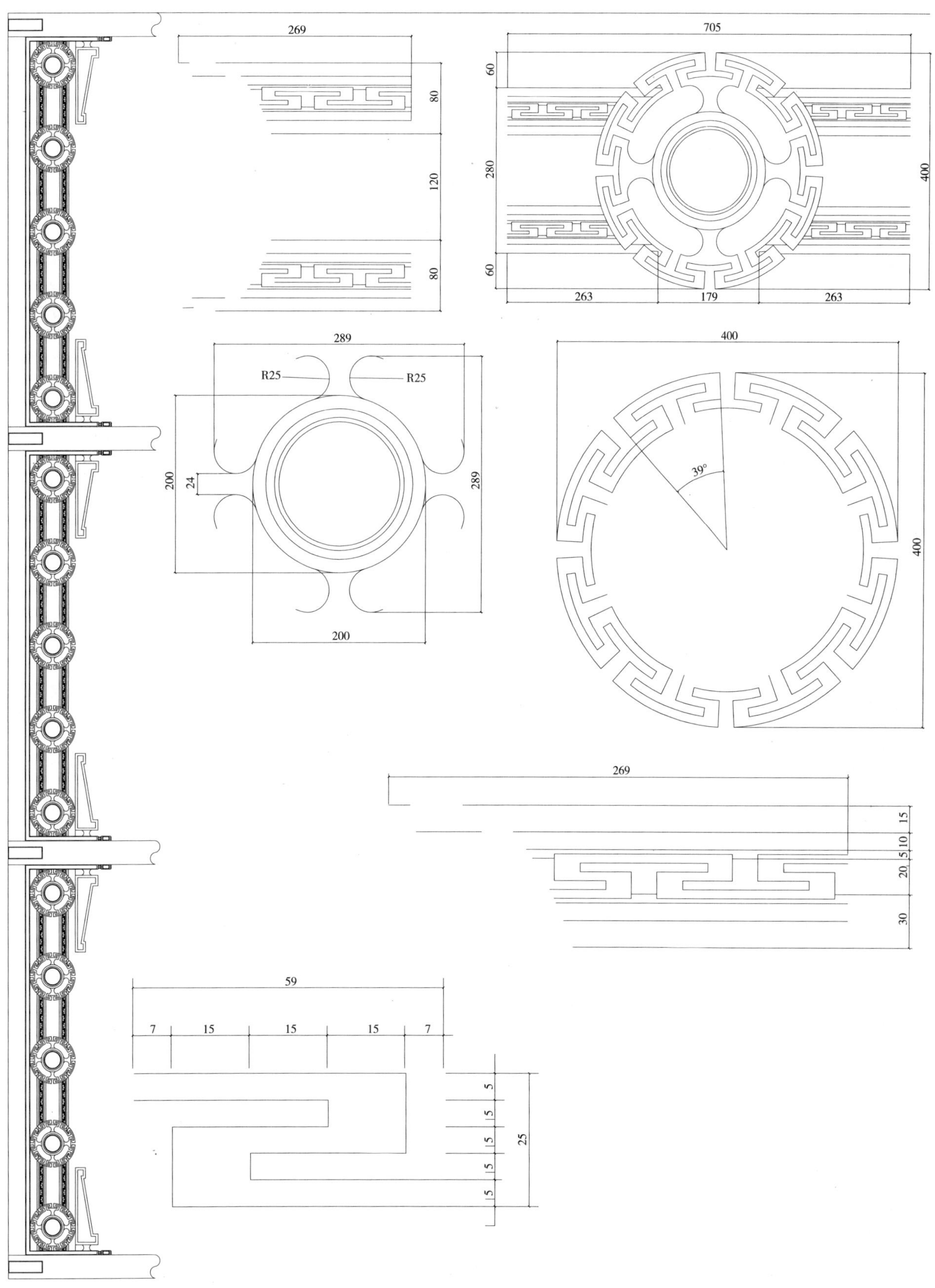
269
80
120
80
705
60
280
400
60
263
179
263
289
R25
R25
200
24
289
200
400
39°
400
269
15
10
5
20
30
59
7
15
15
15
7
5
5
5
5
5
25

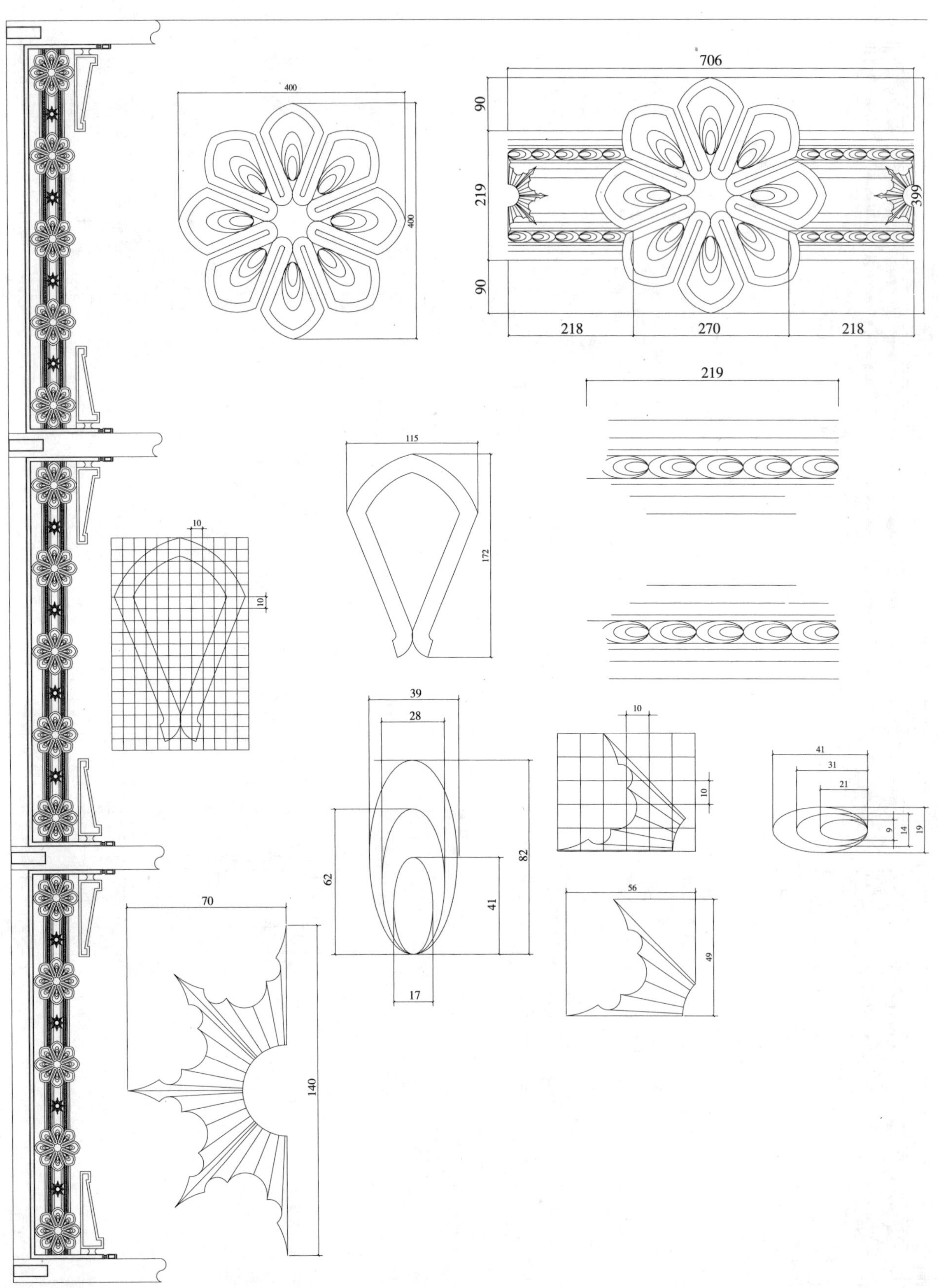
400
400
706
90
219
399
90
218
270
218
219
115
172
10
10
39
28
82
62
41
17
10
10
41
31
21
9
14
19
70
140
56
49

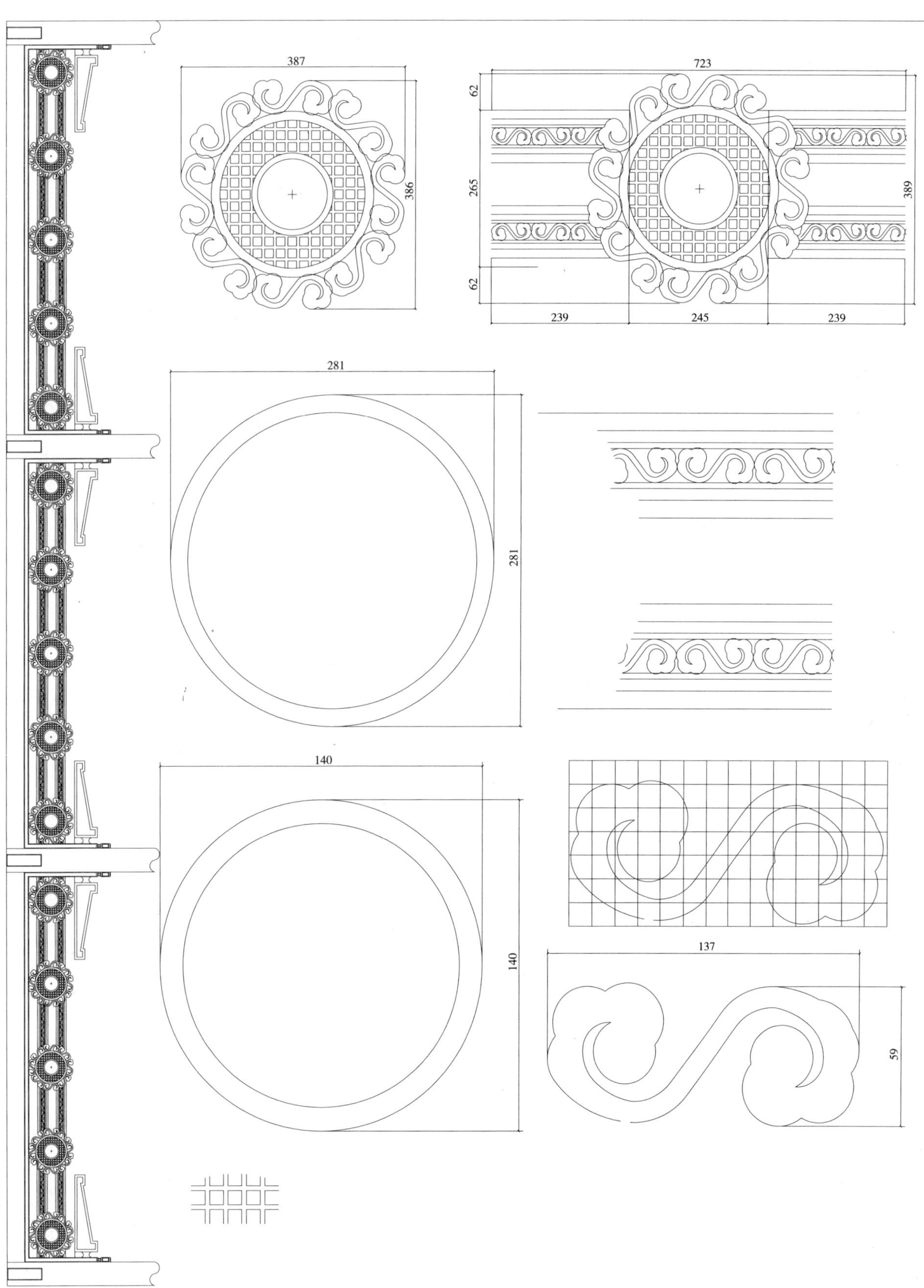
387
386
723
62
265
389
62
239
245
239
281
281
140
140
137
59

400
400
704
70
260
400
70
222
260
222
178
151
222
60
140
260
60
70
140
10
10
98
98
90°

450
400
689
58
286
402
58
196
297
196
188
188
141
180
35
120°
25
58
60°
120°
50
120°

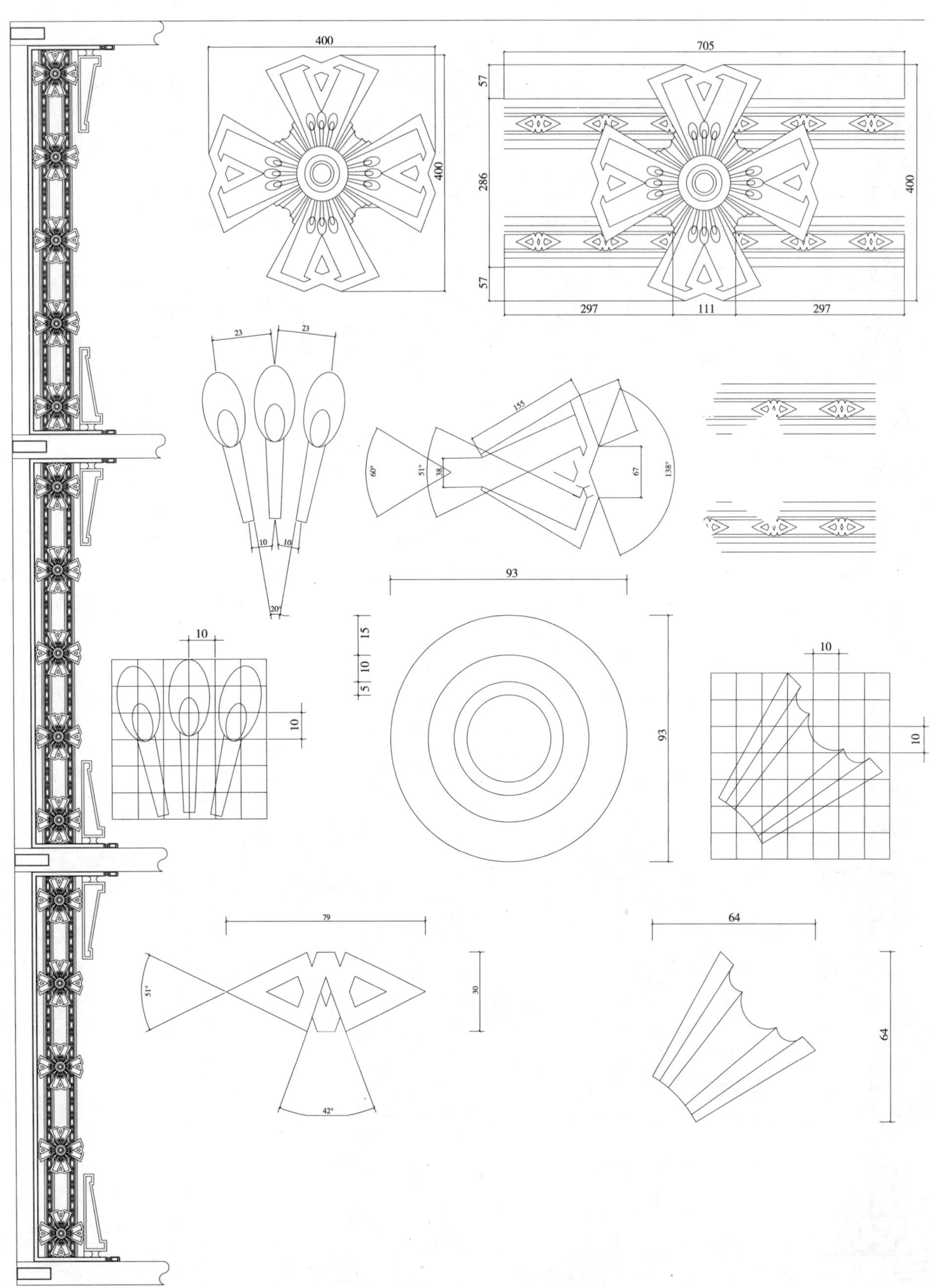
400
400
705
57
286
57
400
297
111
297
23
23
10
10
20°
155
60°
51°
38
67
138°
93
15
10
5
10
10
93
10
10
79
51°
30
42°
64
64

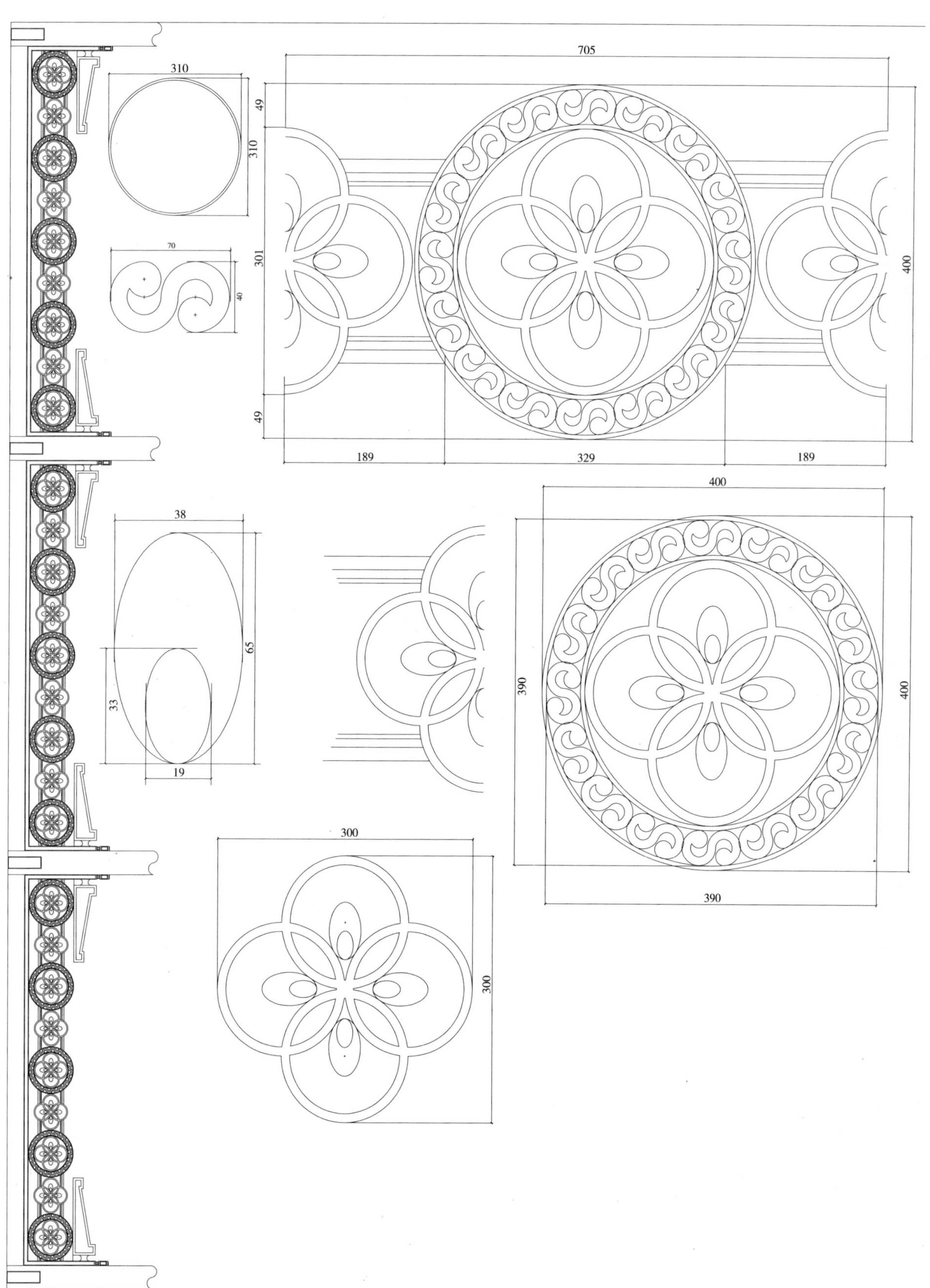
310
310
70
40
705
49
301
49
400
189
329
189
400
38
65
33
19
390
400
390
300
300

709
61
273
394
61
207
295
207
10
10
150
130
126
139
148
59
15
5
10
100
14
100
30
224
137
385
400
10
10

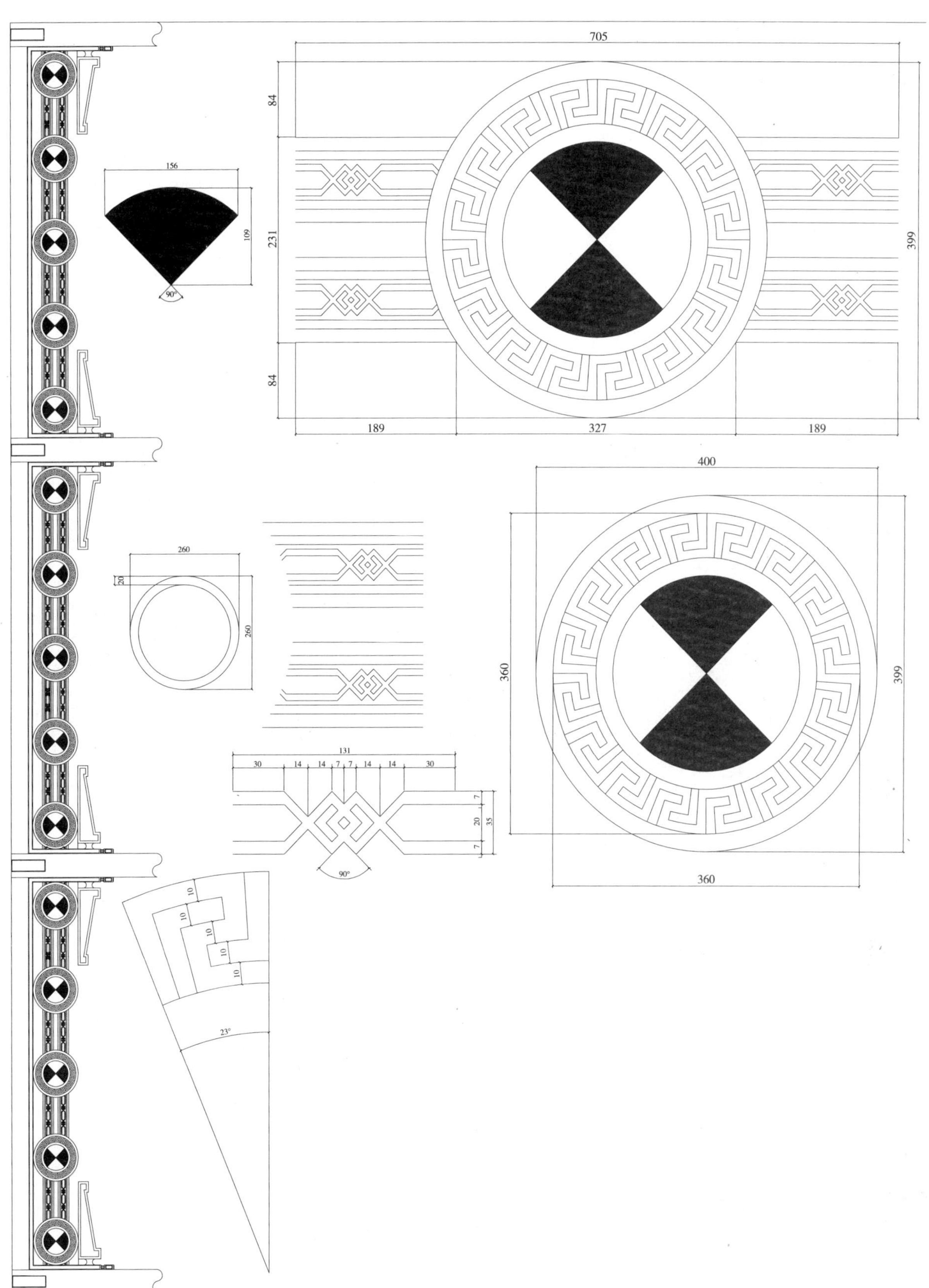
705
84
231
84
399
189
327
189
156
109
90°
400
360
399
360
260
20
260
131
30
14
14
7
7
14
14
30
7
20
35
7
90°
10
10
10
10
10
23°

705
84
231
84
400
236
233
236
20
10
39
19
19
5
40
20
90°
260
149
129
398
400
10
10

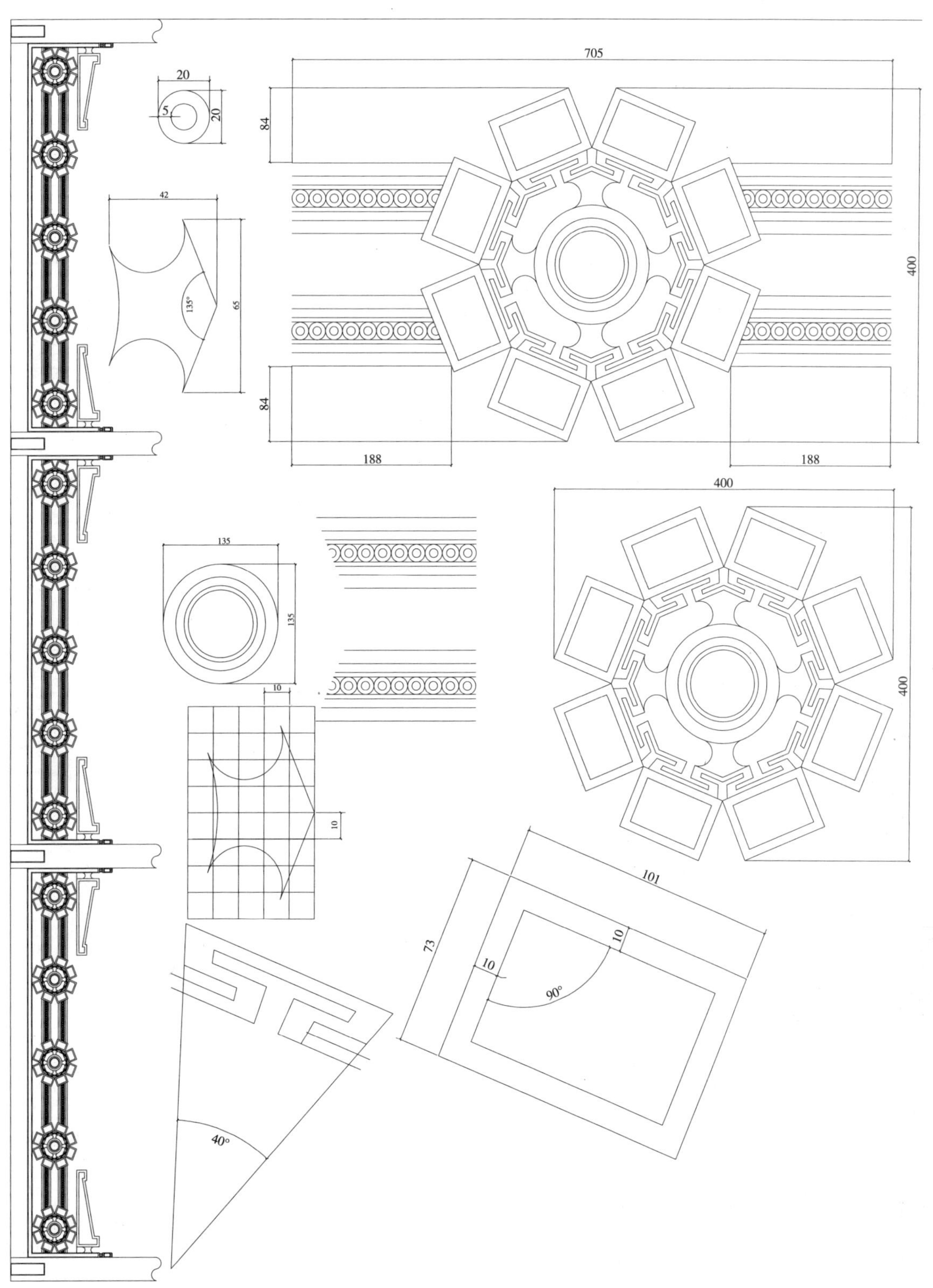
705
20
5
20
84
42
135°
65
400
84
188
188
400
135
135
10
10
400
101
73
10
10
90°
40°

705
82
231
82
395
189
327
189
35
105
125
189
15
5 10
20
30
70
230
80
195
5 10 15
195
395
400
395
400
10
10

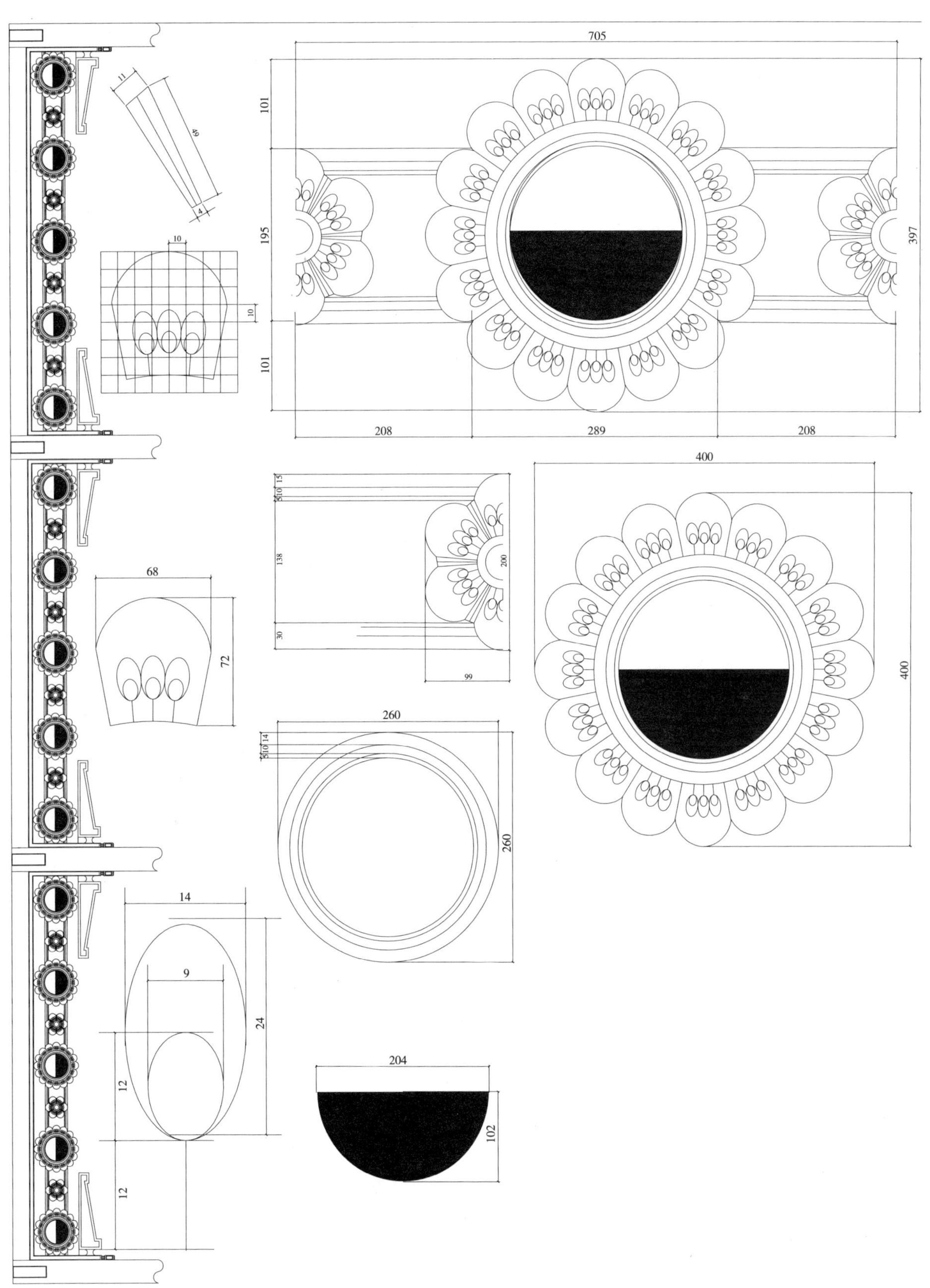
705
101
195
101
397
208
289
208
11
4
10
10
68
72
400
400
15
5
10
138
30
200
99
260
260
14
5
10
14
9
24
12
12
204
102

703
97
231
72
400
225
253
225
411
400
53
20
26
13
48
24
19
8
10
10

705
102
196
102
400
178
349
178
45°
178
25 7 51 10 20 10 51 6
10
10
10
10
48
10
20
88
196
400
360
400
360
260
20
260
219
10
20
10
220

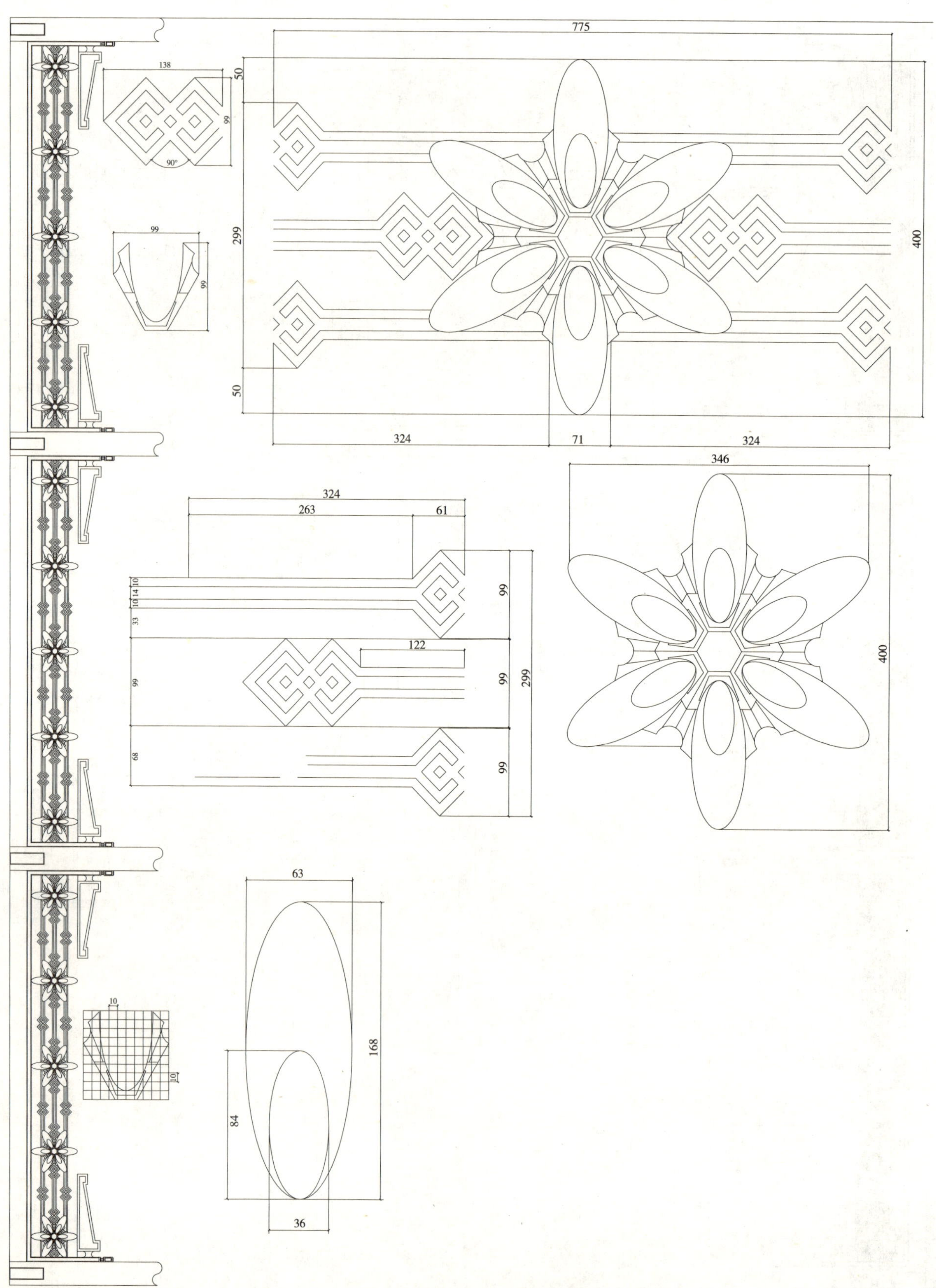
775
50
299
50
400
324
71
324
138
99
90°
99
99
346
400
324
263
61
122
99
99
99
299
63
168
84
36
10

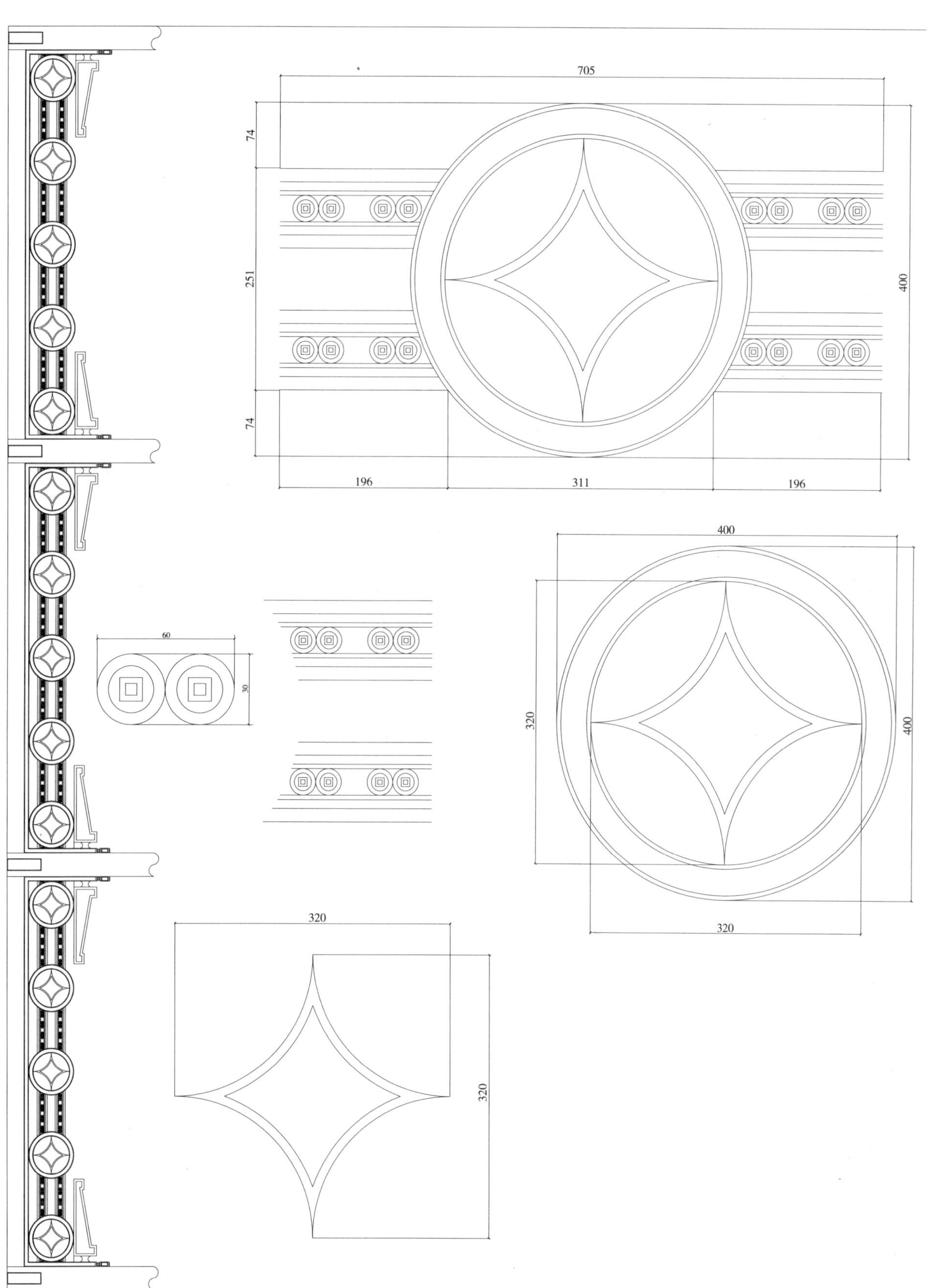
705
74
251
74
400
196
311
196
60
30
400
320
400
320
320
320

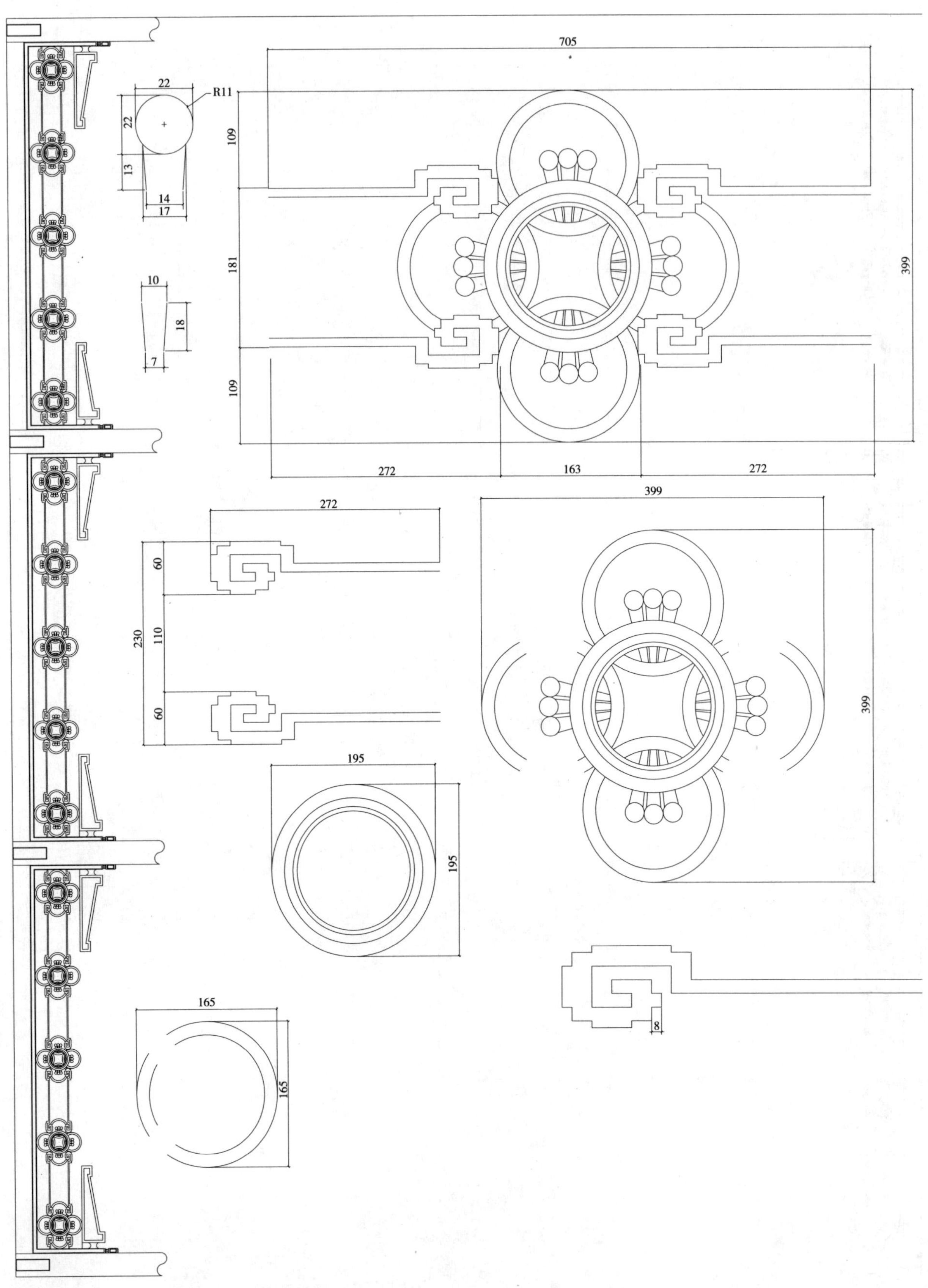

705
R11
22
22
13
14
17
109
181
109
399
10
18
7
272
163
272
399
272
60
230
110
60
399
195
195
8
165
165

705
84
231
84
400
227
252
227
113
85
233
20
233
400
400
90°
10
10

705
45
310
45
400
204
297
204
168
168
70
35
117
34
10
10
90°
68
10
203
169
34
34
21
64
70
119
308
154
154
164
400
400
16
10
33
16
10
5
49
35
130
70
21
10
10
10
10
10
10
10
170
85
10
75
10
11
21

709
95
195
95
385
194
322
194
385
189
219
195
185
185
385
121
135°
121
20
130
130

705
90
220
90
400
246
213
246
75
72
258
20
258
10
10
400
400
218
218

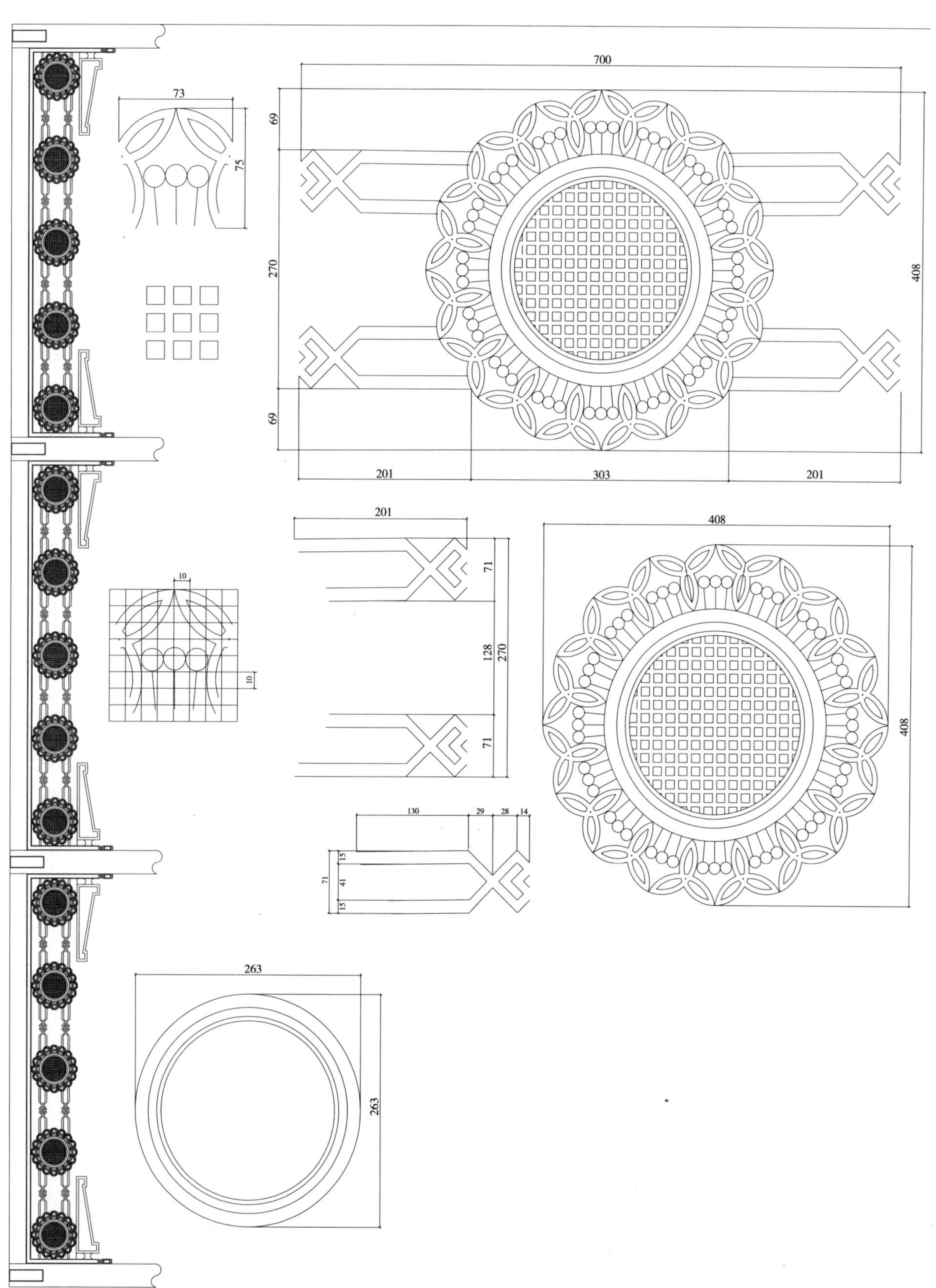

700
73
69
75
270
408
69
201
303
201
201
408
10
71
128
270
10
71
408
130
29
28
14
15
71
41
15
263
263

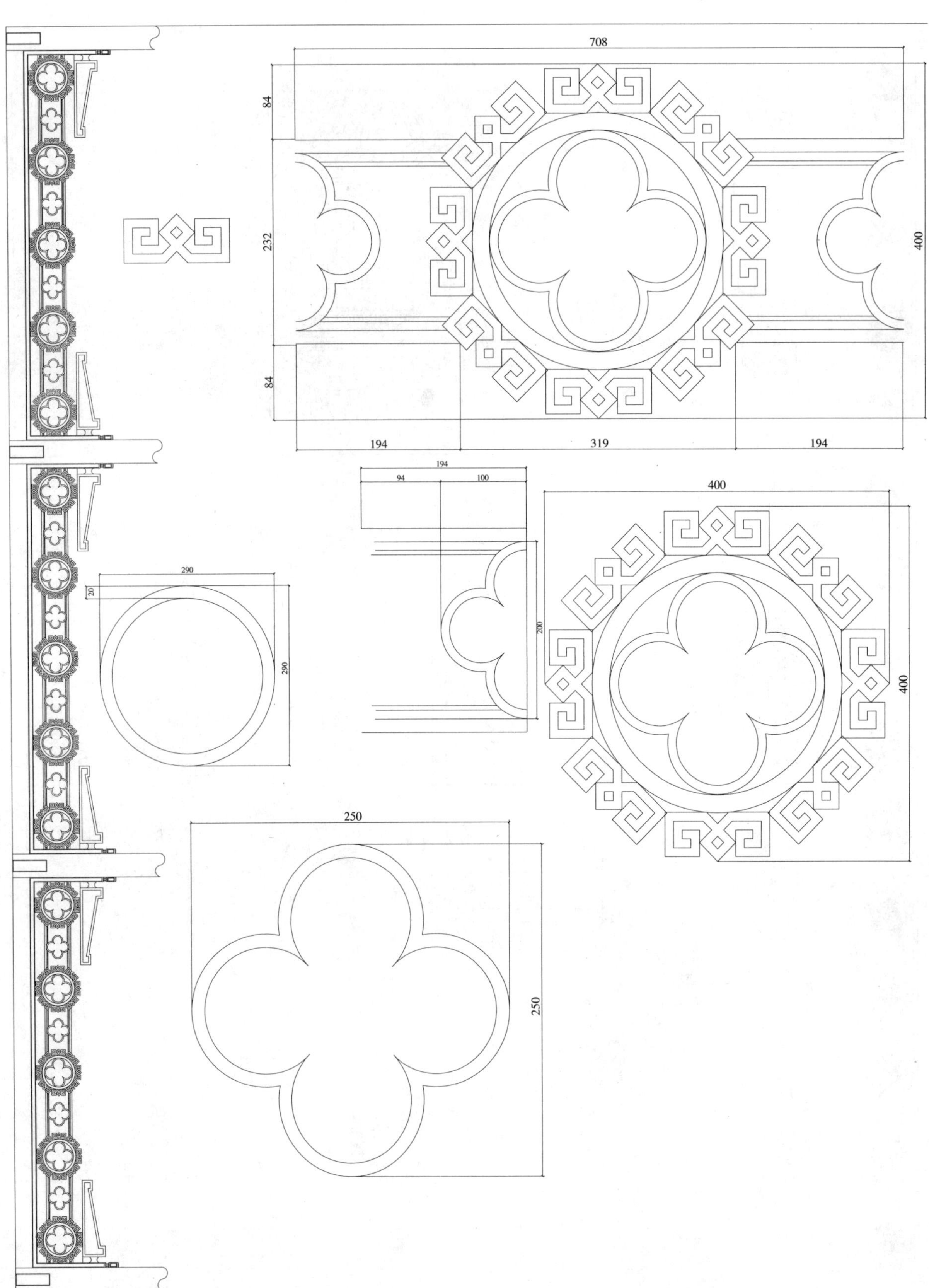
708
84
232
400
84
194
319
194
194
94
100
400
290
20
290
200
400
250
250

705
73
253
73
400
241
222
241
236
106
40
106
400
400
251
R126
R63
R21
R8
188
R63
291
20
291
251
R63
R21
R8
R63
188
R126

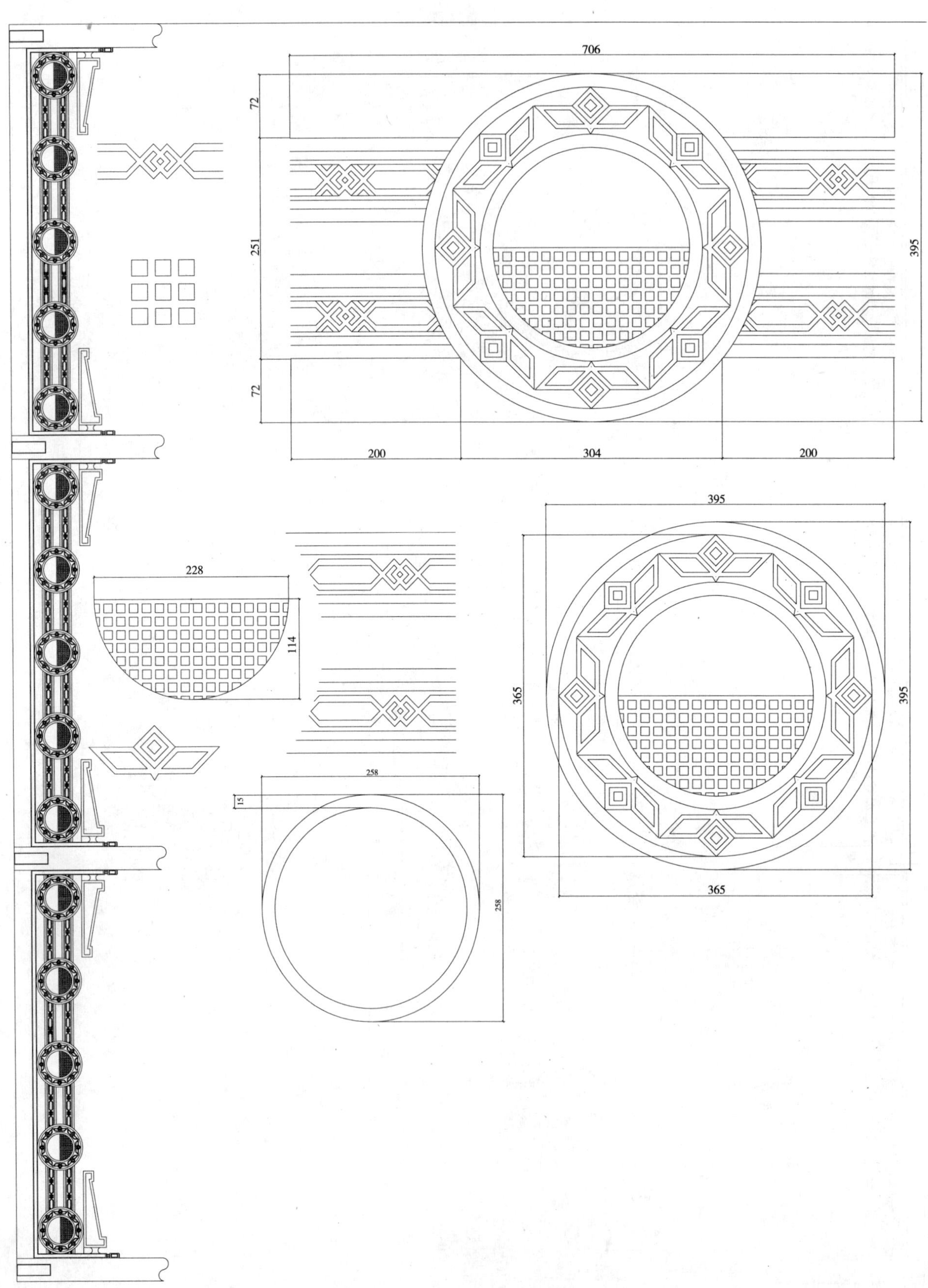
706
72
251
72
395
200
304
200
395
365
395
365
228
114
258
15
258

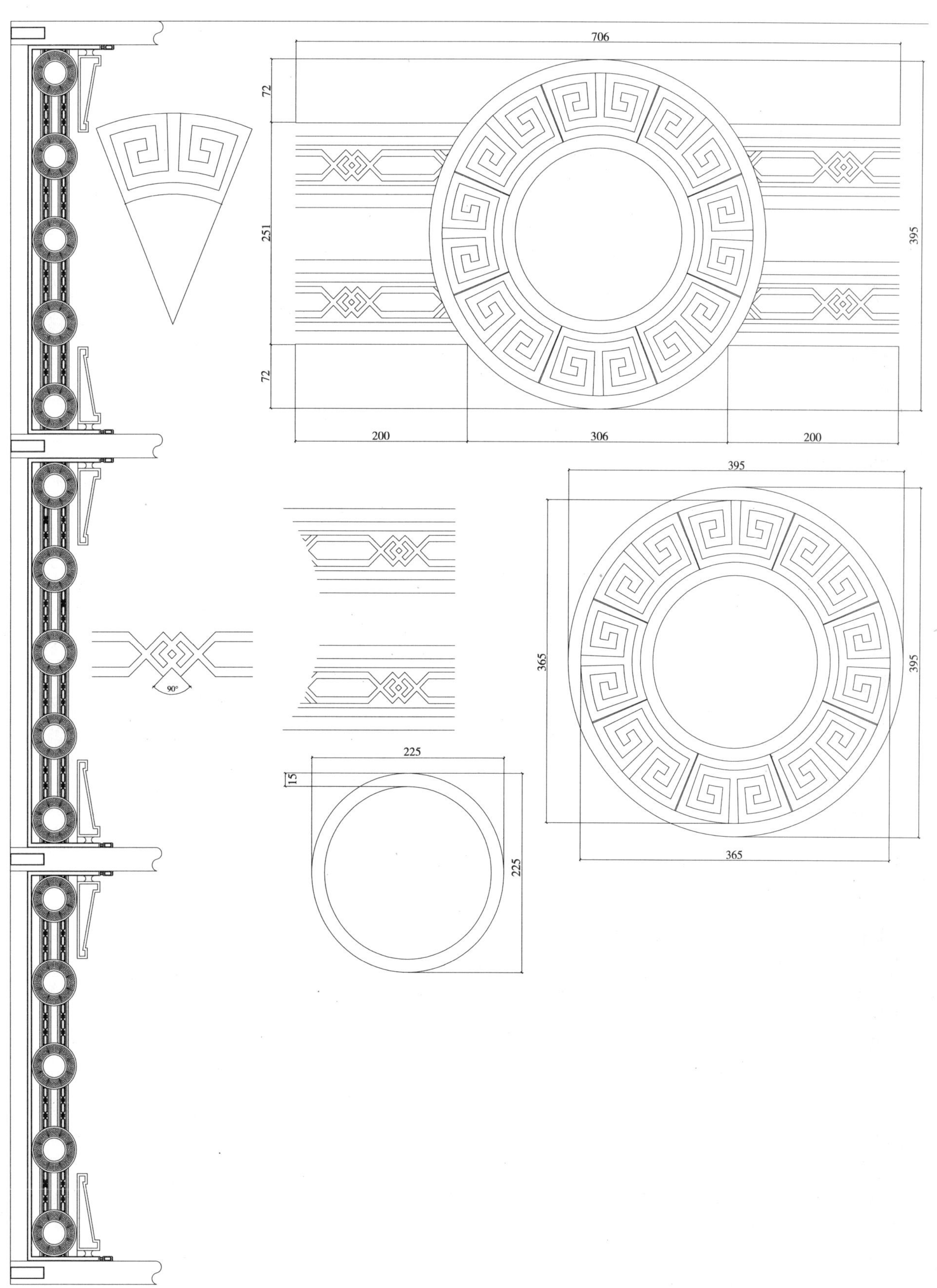
706
72
251
72
395
200
306
200
90°
395
365
395
365
225
15
225

718
83
231
83
397
201
315
201
67
10
135
36
33
10
10
73
65
20
20
400
400
270
20
270

6 组 合 挂 落

（ZH－001～ZH－100）

（由于缩放原因，有些尺寸无法标注，具体见光盘）

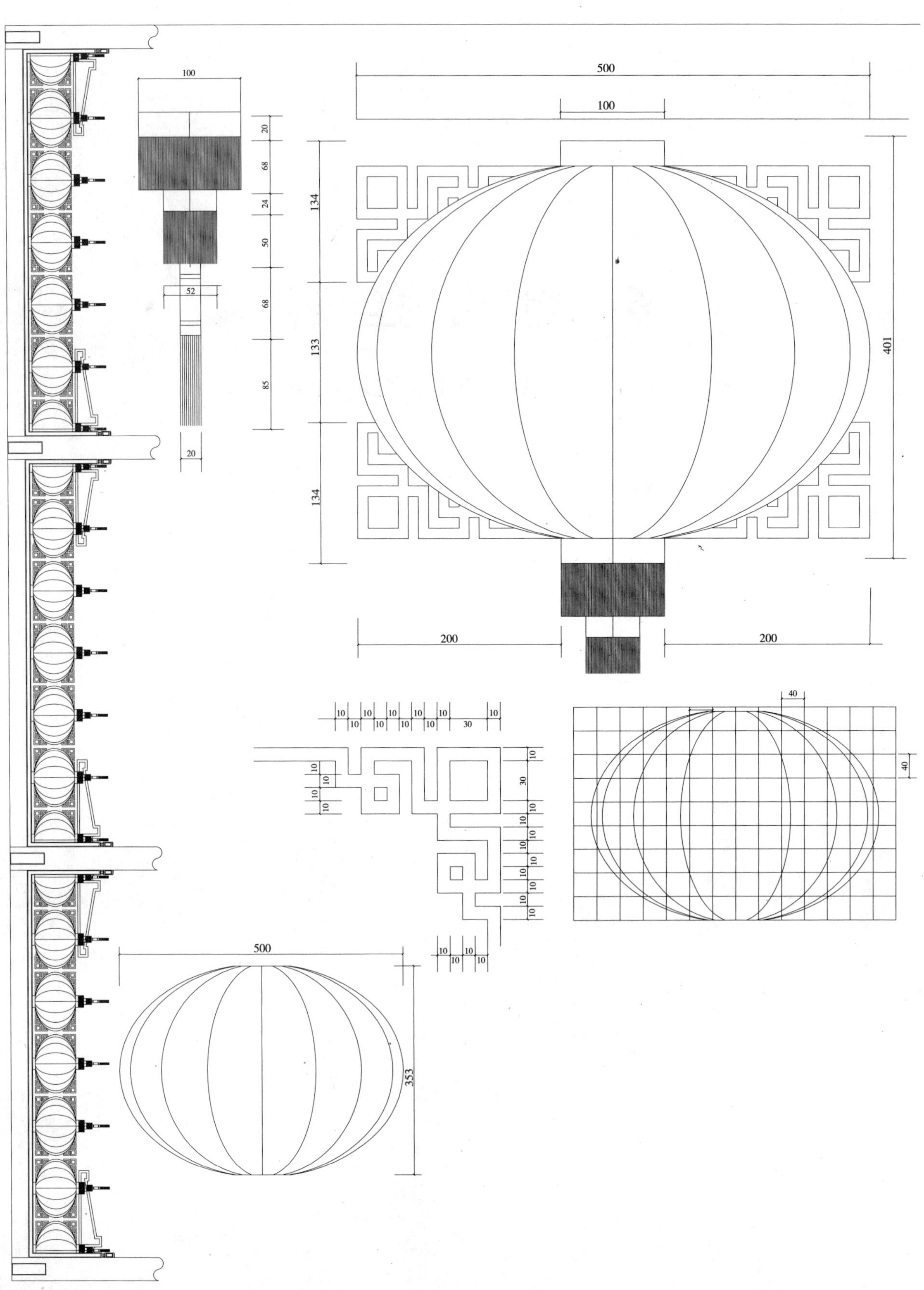
100
20
68
24
50
52
68
85
20
500
100
134
133
134
401
200
200
10
30
40
500
353

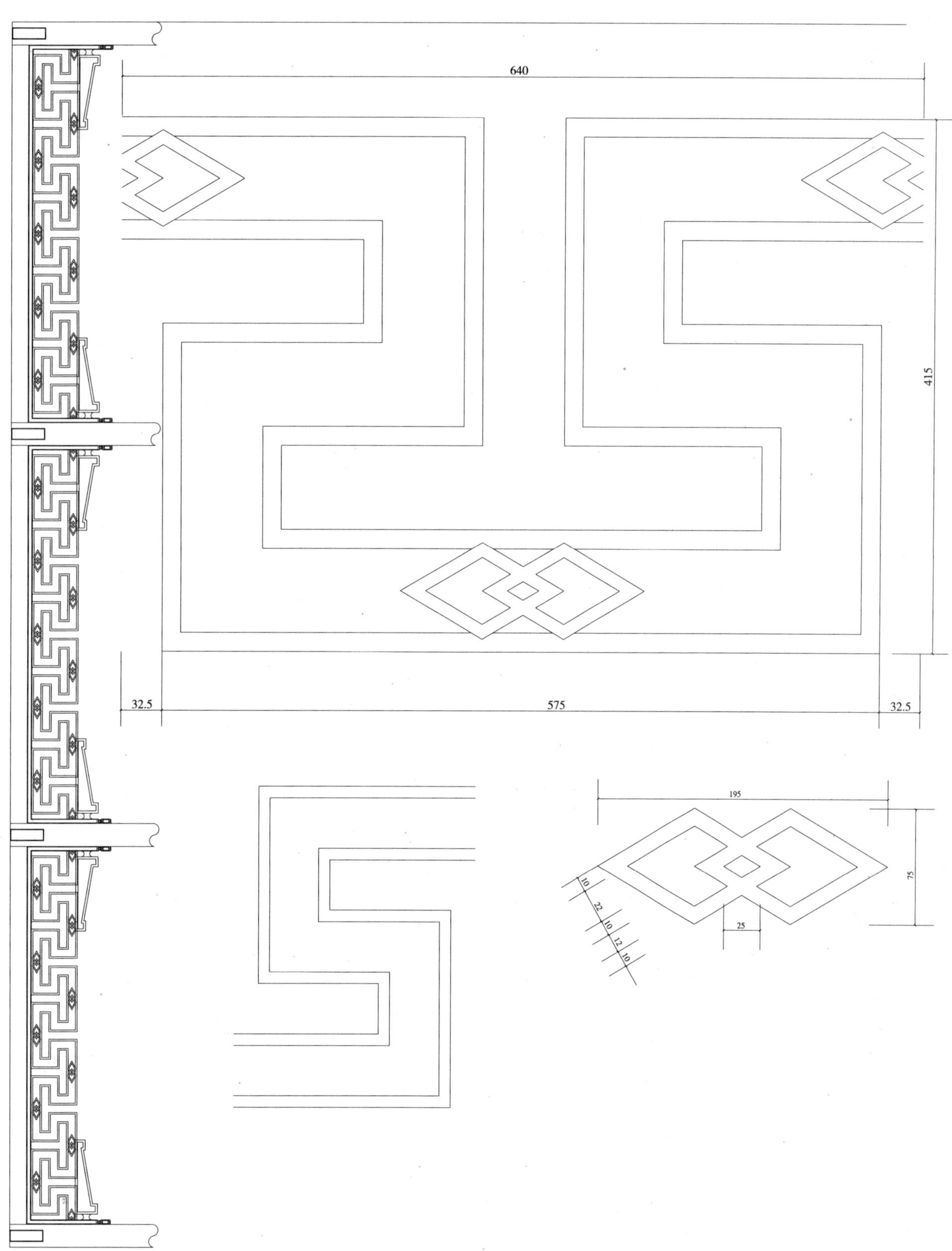
640
415
32.5
575
32.5
195
75
25
10
22
10
12
10

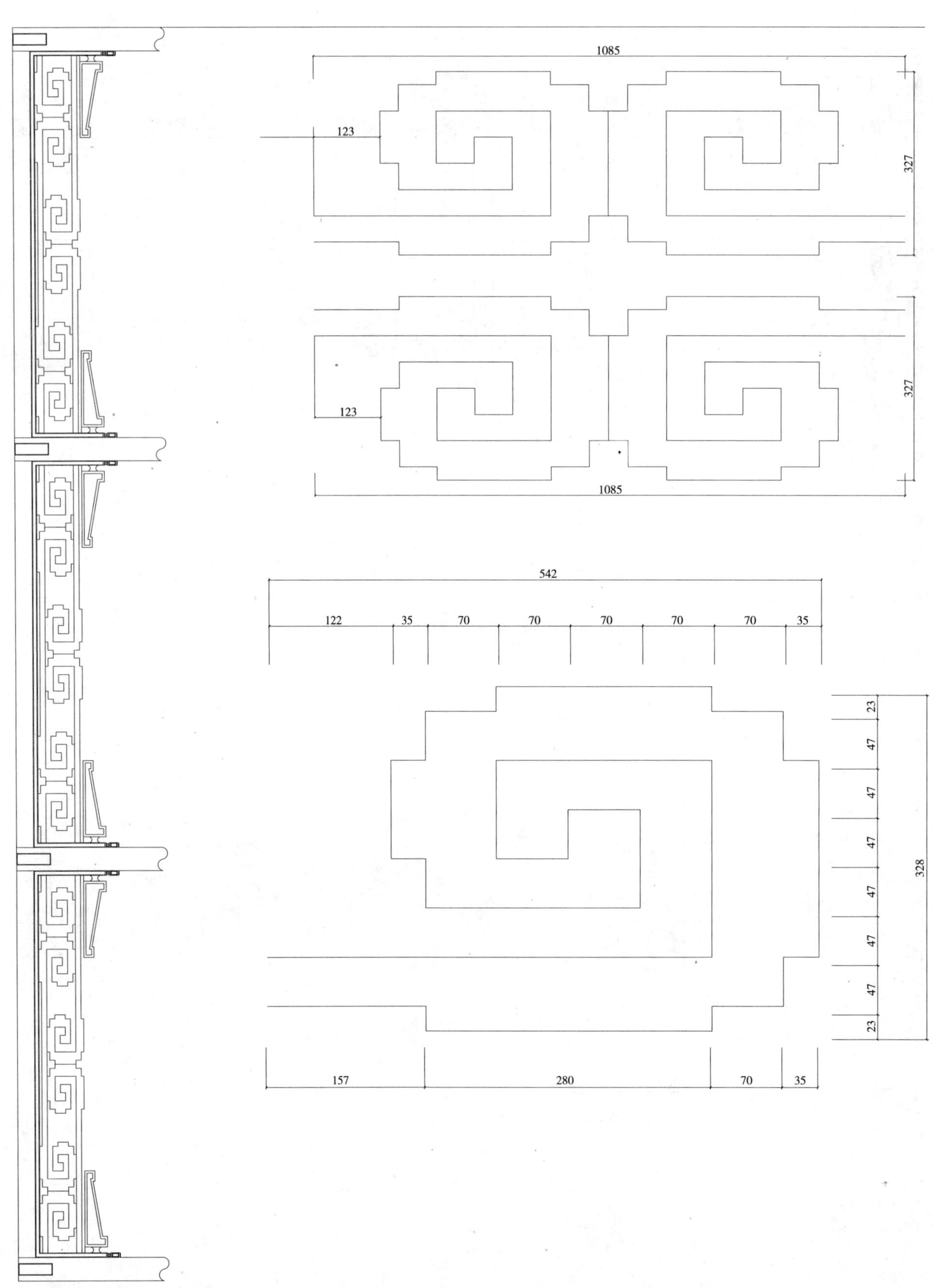
1085
123
327
327
123
1085
542
122
35
70
70
70
70
70
35
23
47
47
47
47
47
47
23
328
157
280
70
35

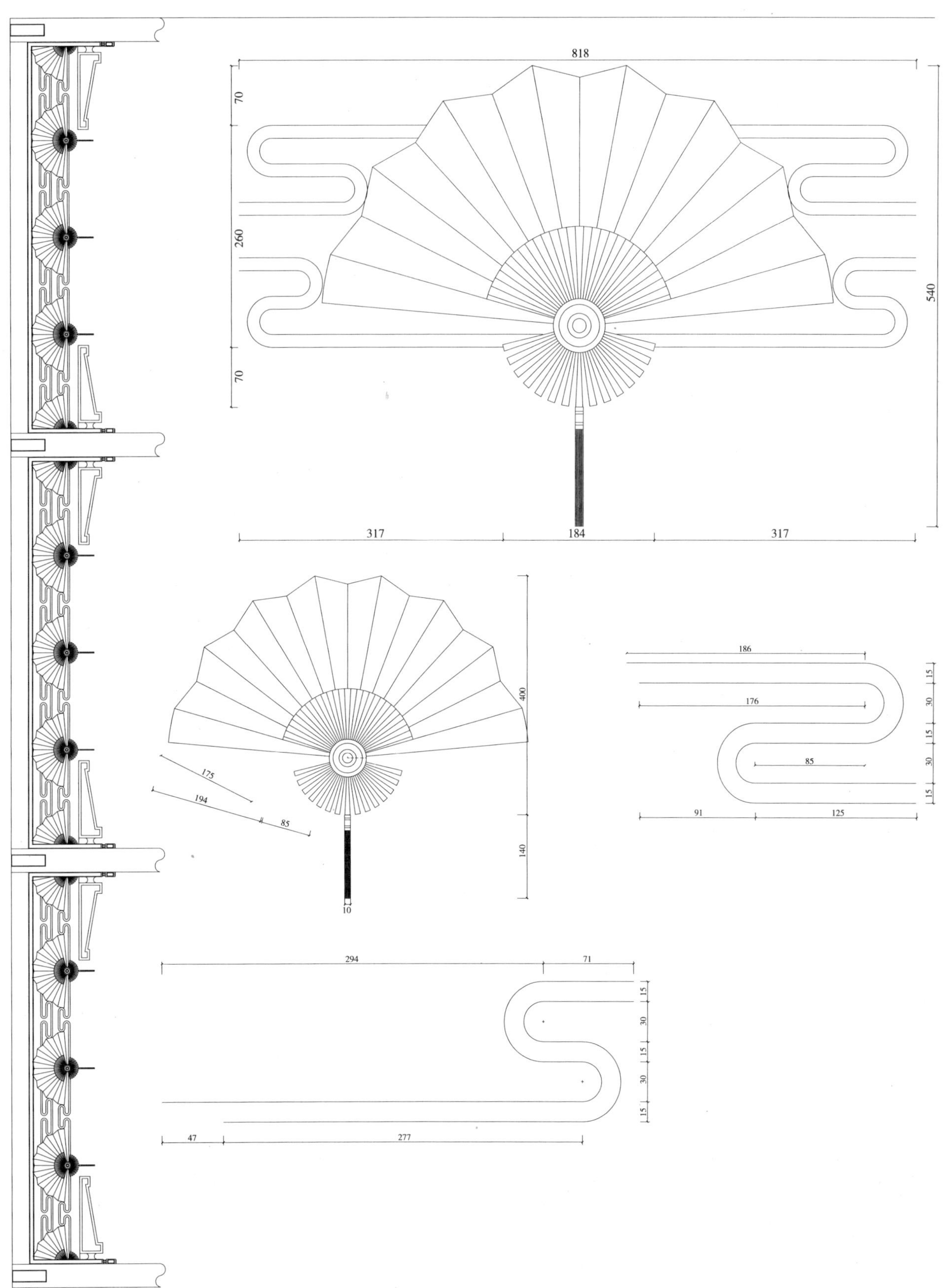
818
70
260
70
540
317
184
317
400
175
194
85
140
10
186
176
85
91
125
15
30
15
30
15
294
71
15
30
15
30
15
47
277

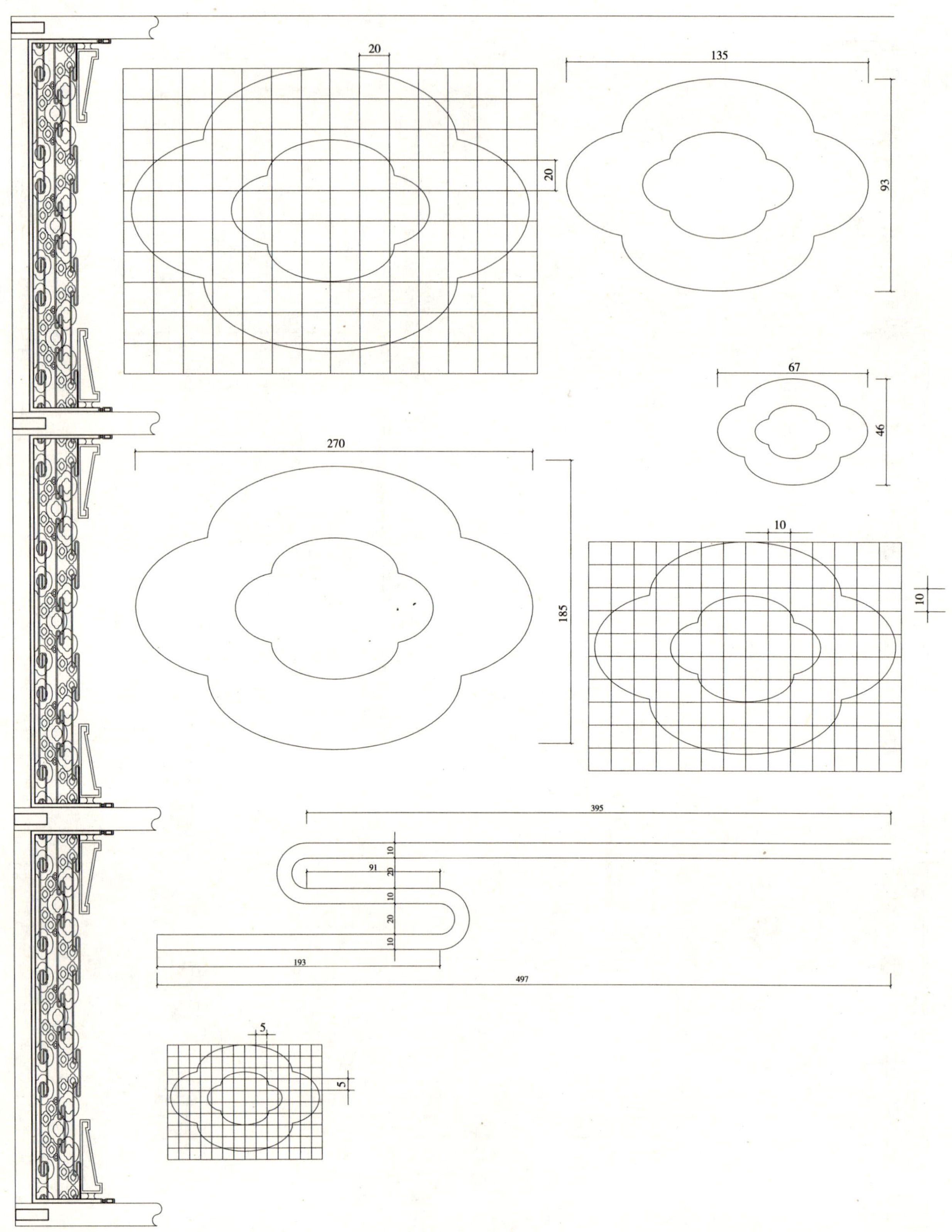
20
20
135
93
67
46
270
185
10
10
395
10
91
20
10
20
10
193
497
5
5

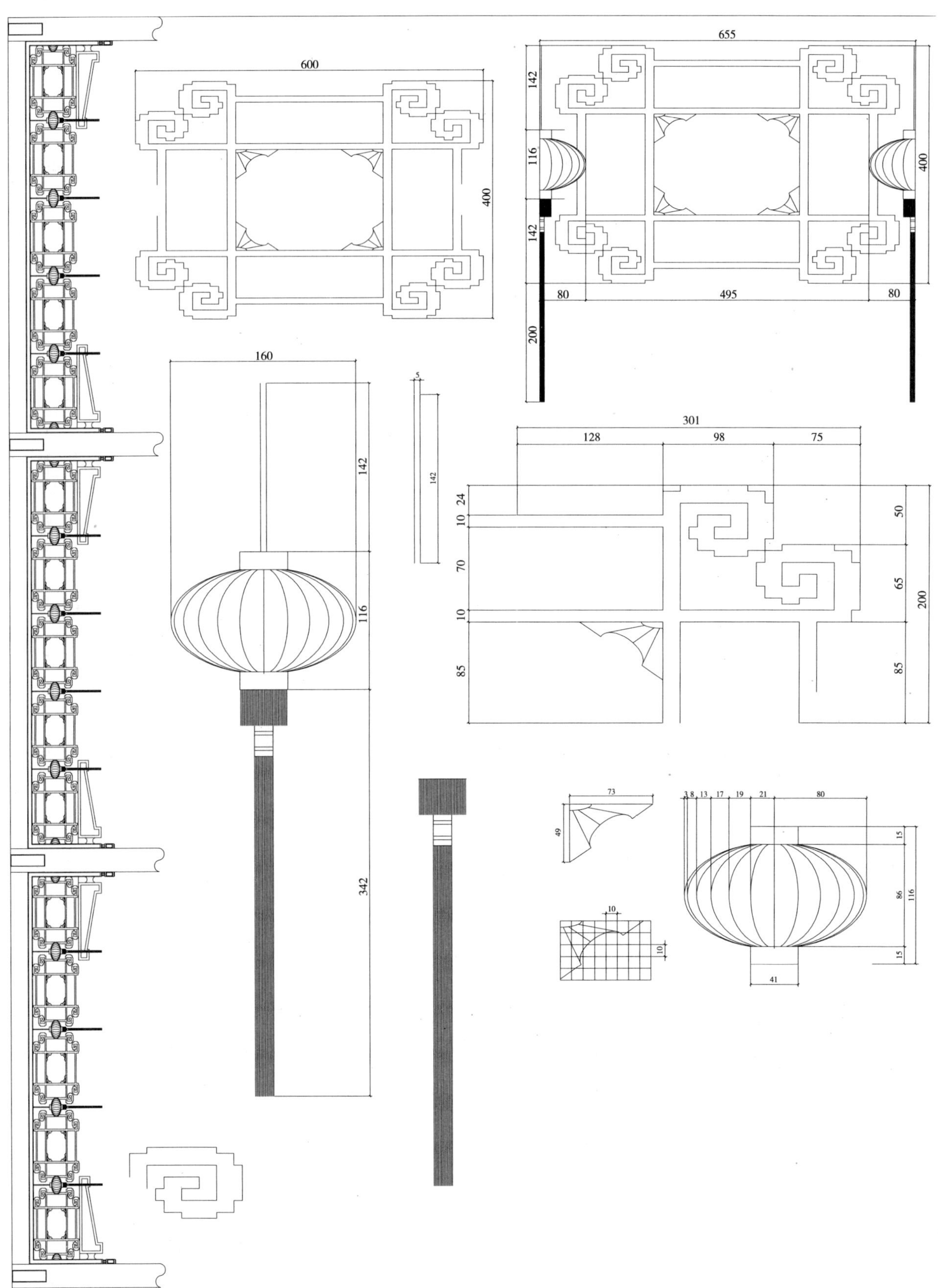
600
400
655
142
116
142
400
80
495
80
200
160
142
116
342
5
142
301
128
98
75
24
10
70
10
85
50
65
200
85
73
49
10
10
3 8 13 17 19 21
80
15
86
116
15
41

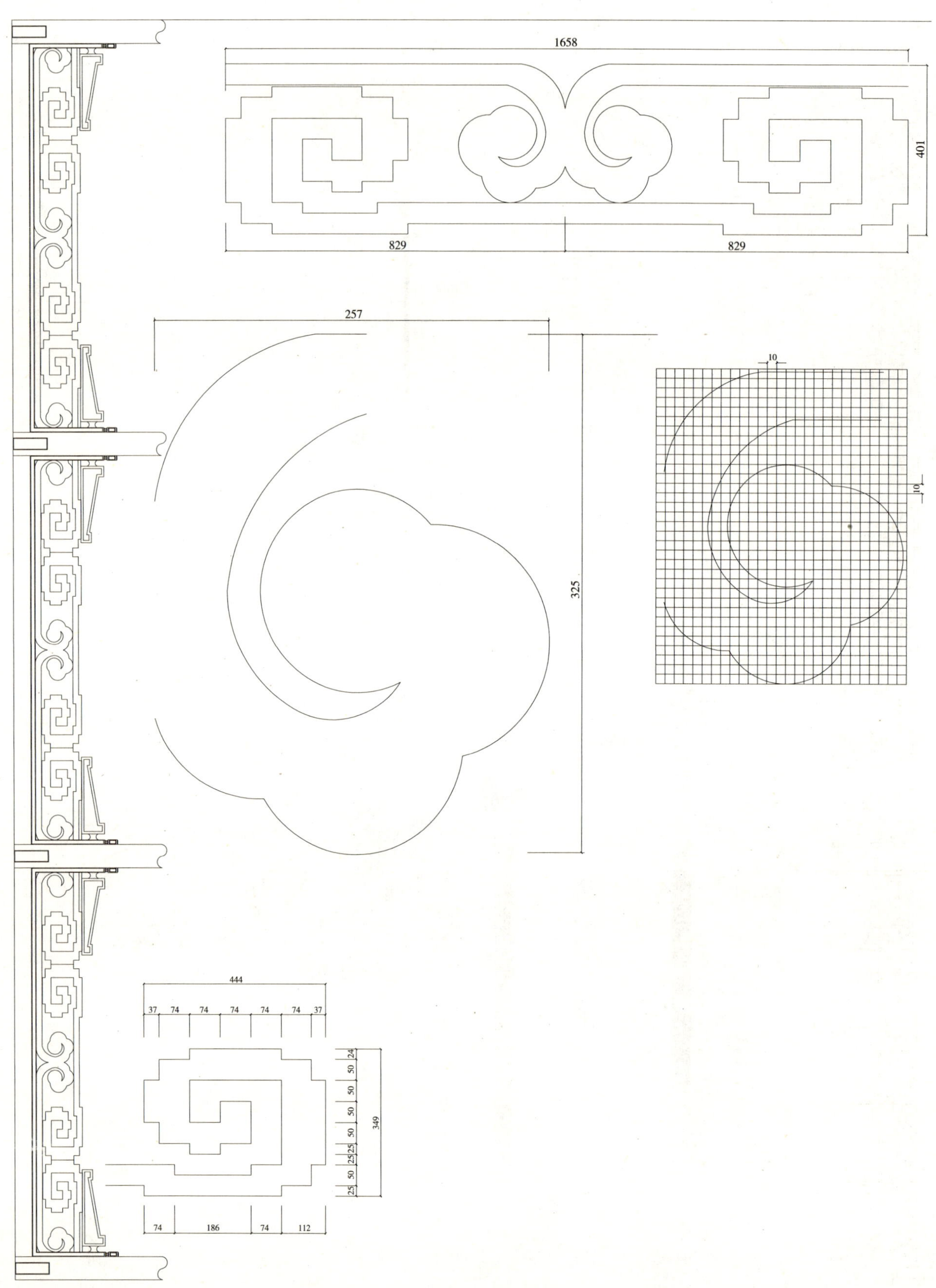
1658
401
829
829
257
325
10
10
444
37
74
74
74
74
74
37
24
50
50
50
50
25
25
25
50
25
349
74
186
74
112

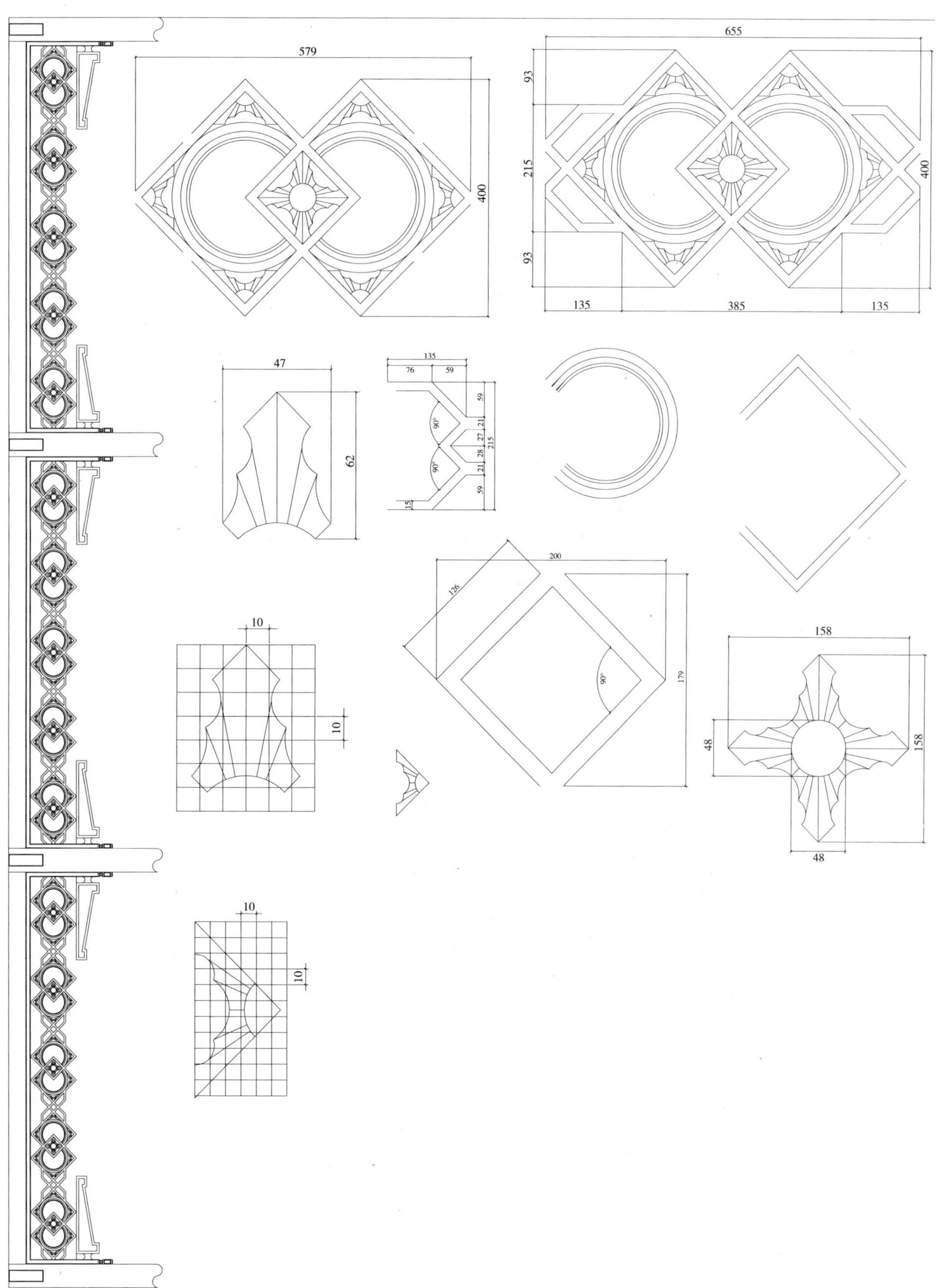
579
400
655
93
215
93
400
135
385
135
47
62
135
76
59
59
21
27
28
21
59
215
15
90°
90°
200
126
179
90°
10
10
158
48
158
48
10
10

781
46
307
399
46
391
390
781
47
20
20
391
353
200
307

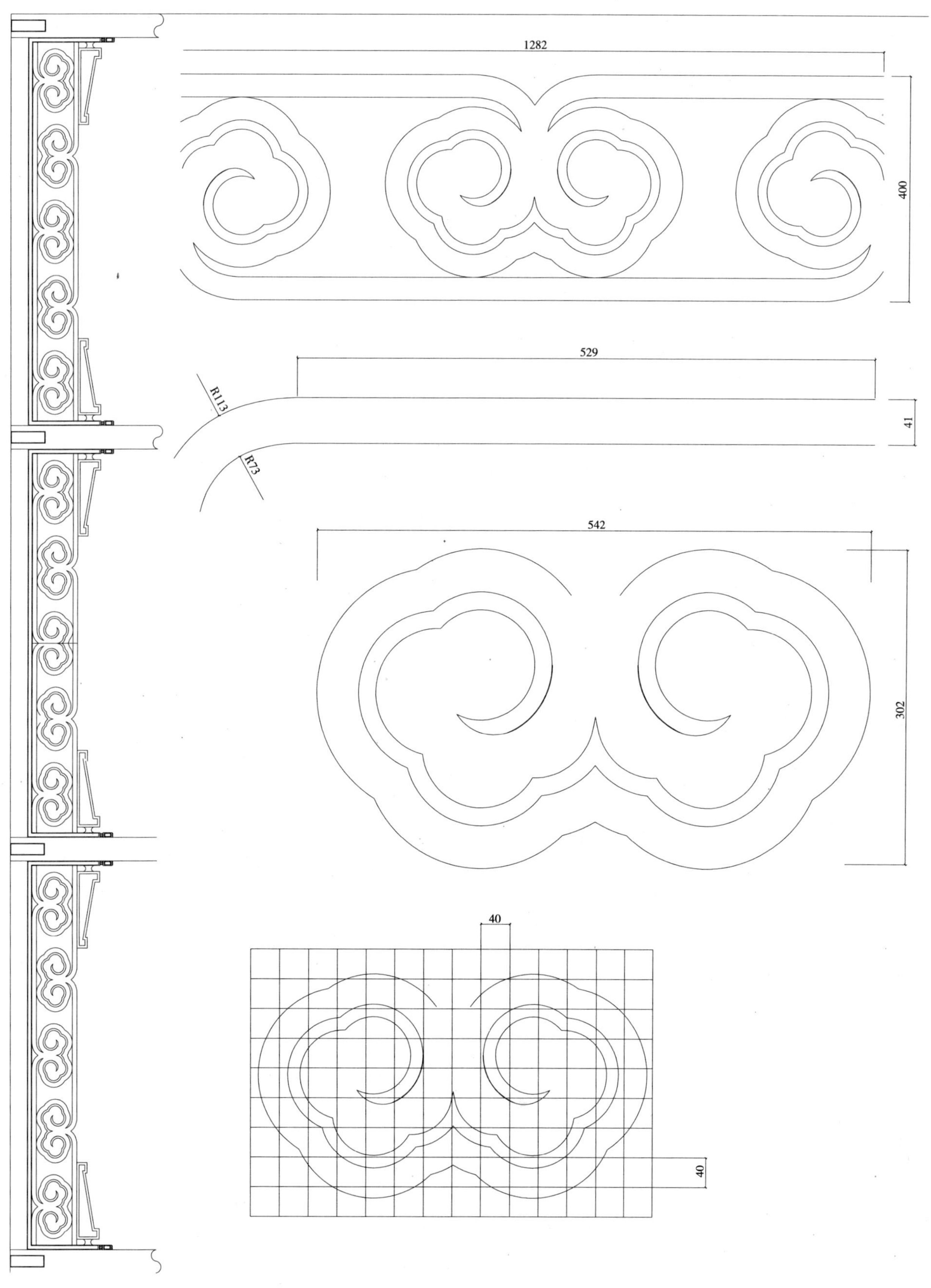

1282
400
529
R113
R73
41
542
302
40
40

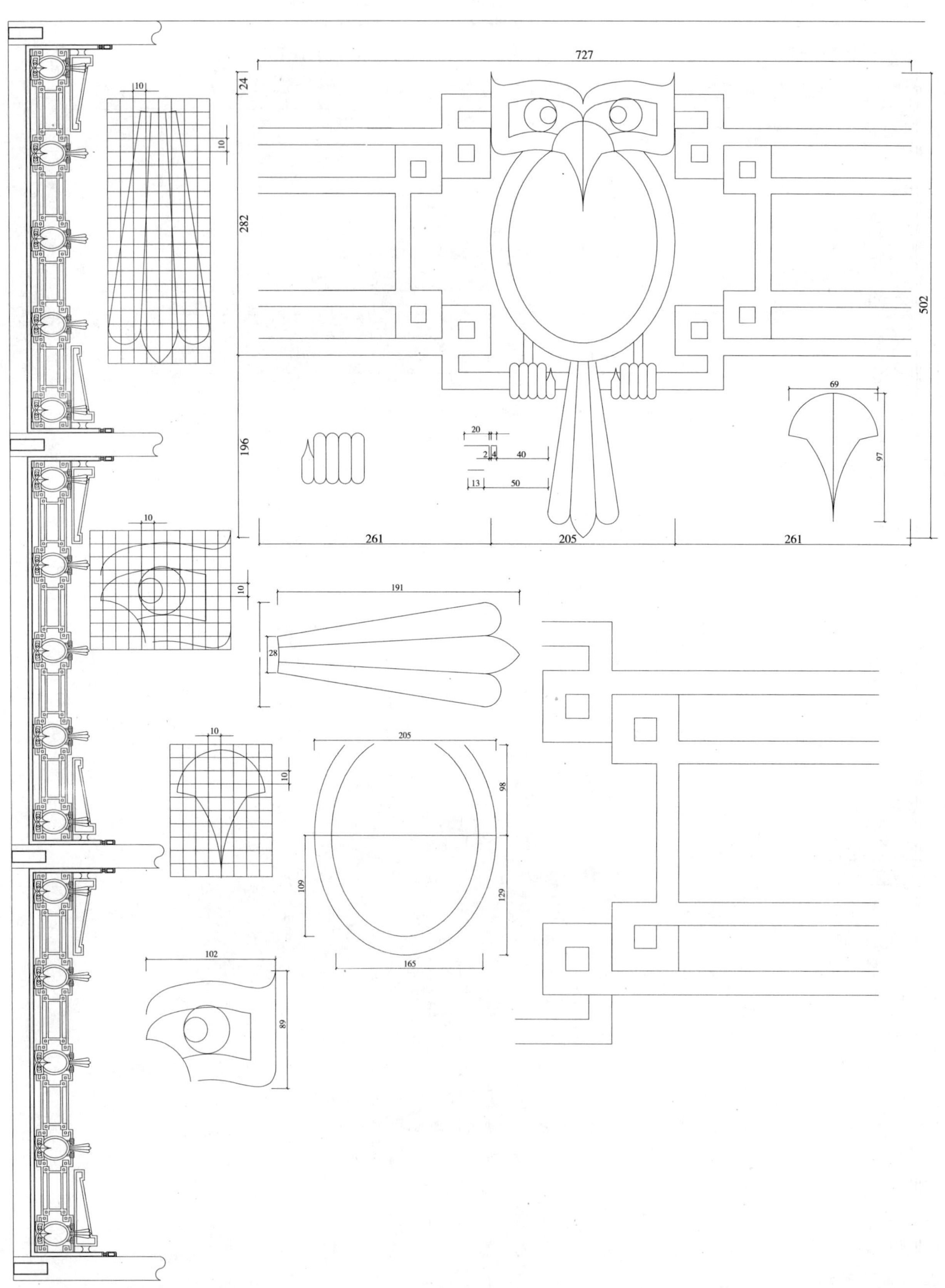
727
24
10
10
282
502
196
20
2 4 40
13 50
69
97
261
205
261
10
10
191
28
10
10
205
98
109
129
165
102
89

552
182
182
403
276
276
553
35
376
368
20
20

206
206
400
78
113
333
142
96
209
96
249
90°
206
36
47
57
18
90°
90°
93
93
36
54
57

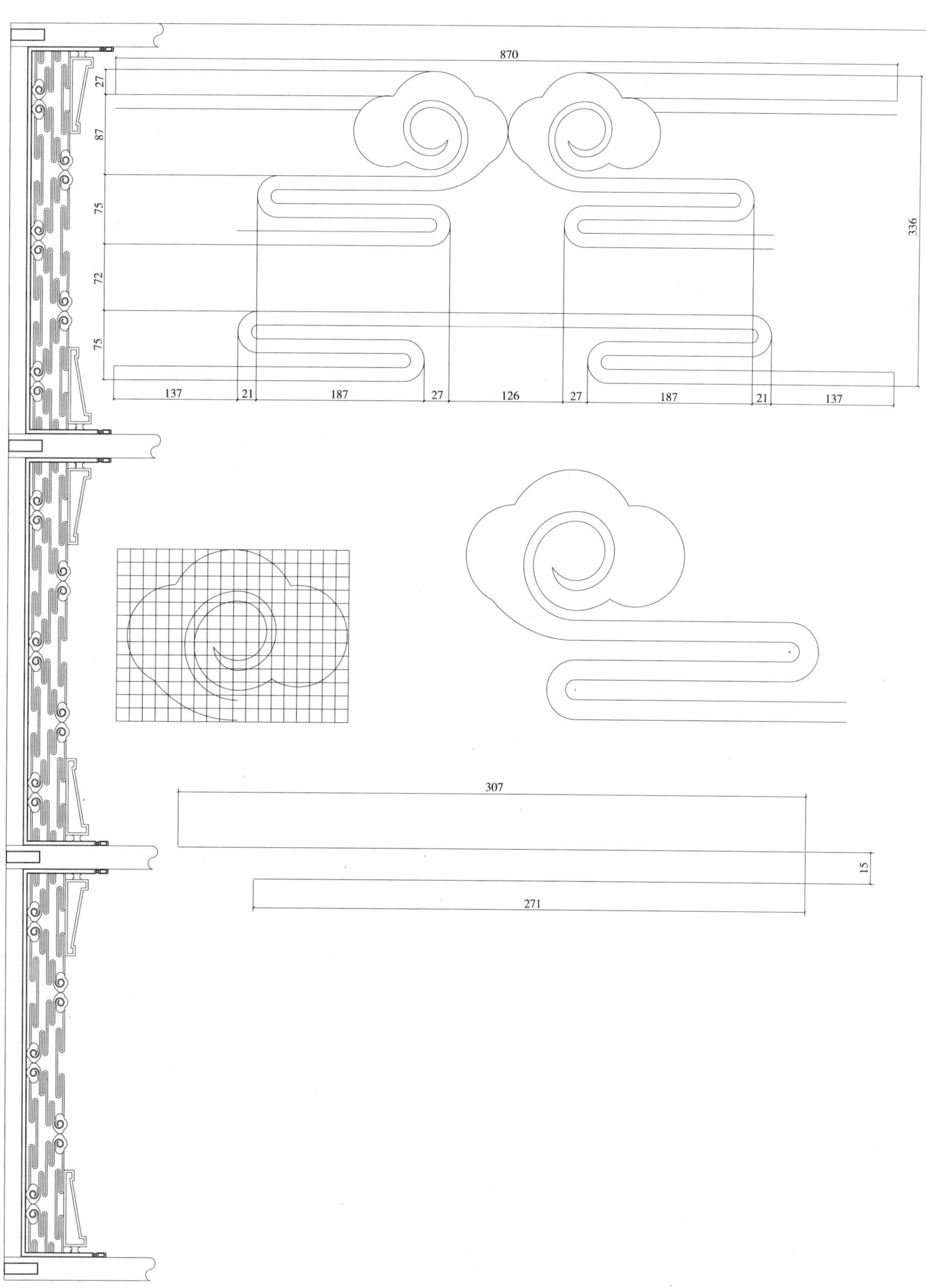
870
27
87
75
72
75
336
137
21
187
27
126
27
187
21
137
307
15
271

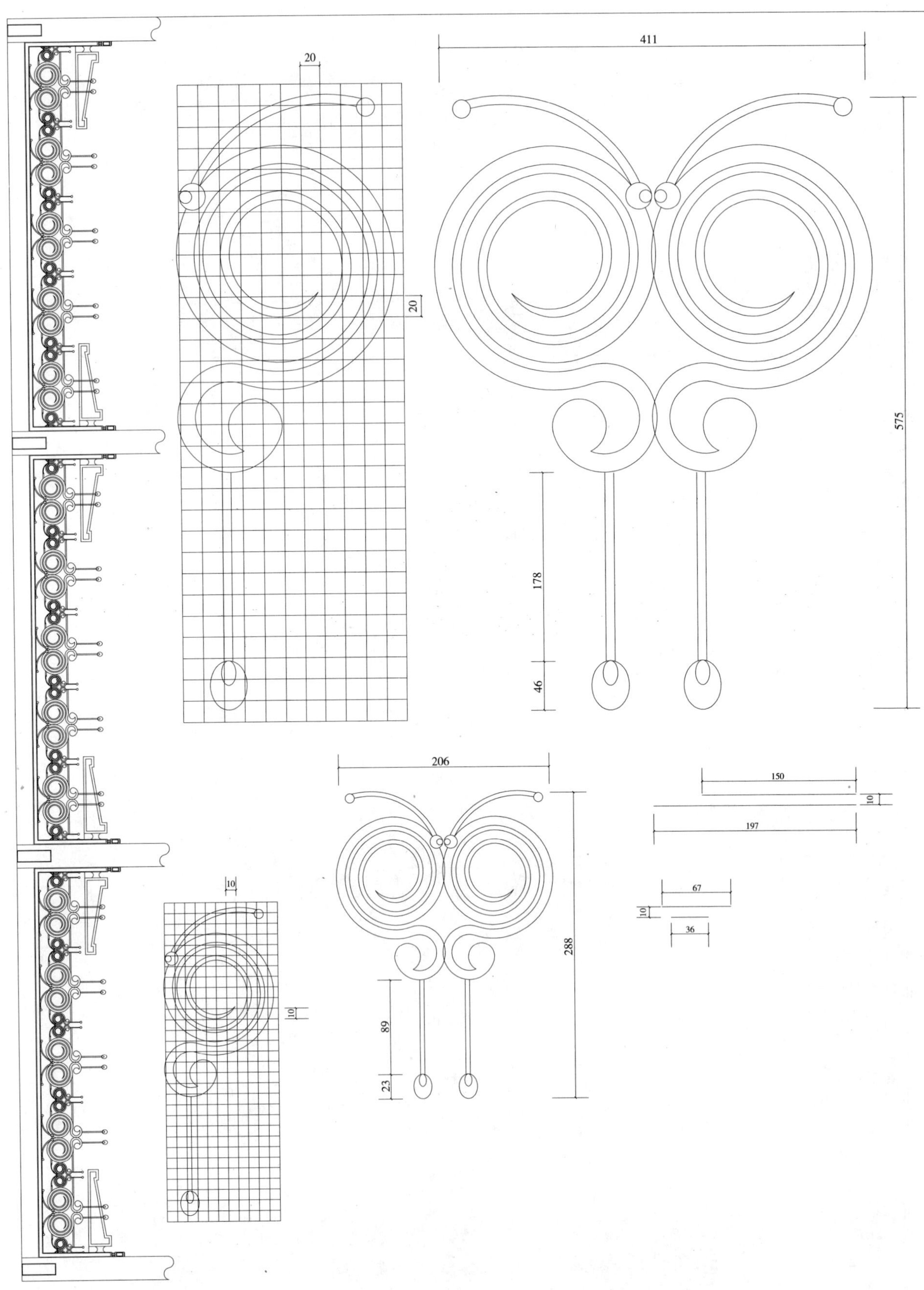
20
20
411
575
178
46
206
288
89
23
10
10
150
10
197
67
10
36

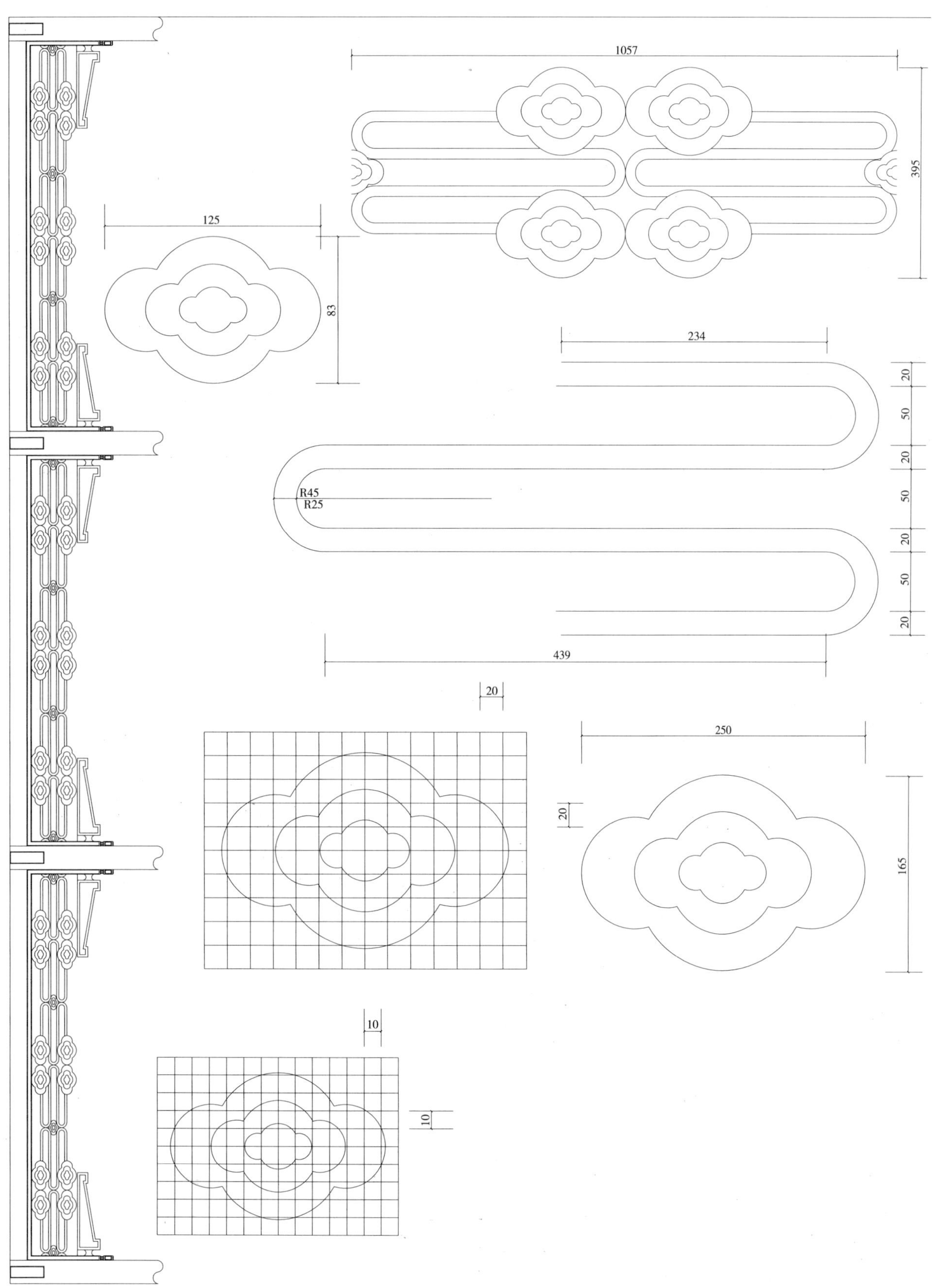
1057
395
125
83
234
20
50
20
R45
R25
50
20
50
20
439
20
250
20
165
10
10

401
380
380
439
234
30
10
20
20
439
30
400
194
273
10
10

31
5
10
5
100
5
10
5
31
202
29
5
10
5
95
29
18
9
400
10
10
100
100

212
25
25
10
5
106
708
100
189
100
389
177
354
177
58
33
54
108
46
86
10
10
458
3
136
107
177
215
10

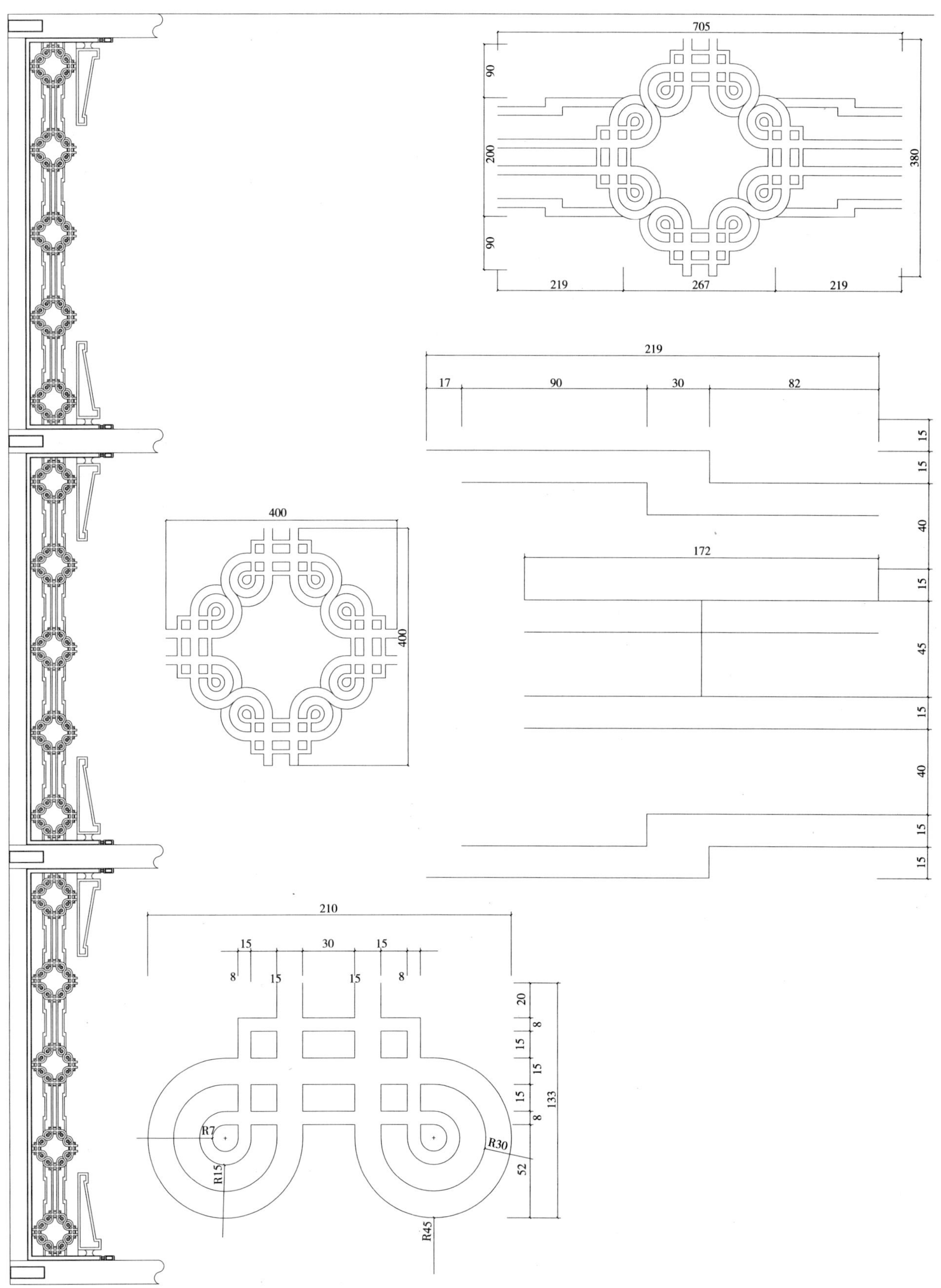

705
90
200
380
90
219
267
219
219
17
90
30
82
15
15
40
172
15
45
15
40
15
15
400
400
210
15
30
15
8
15
15
8
20
8
15
15
15
8
133
R7
R15
R30
52
R45

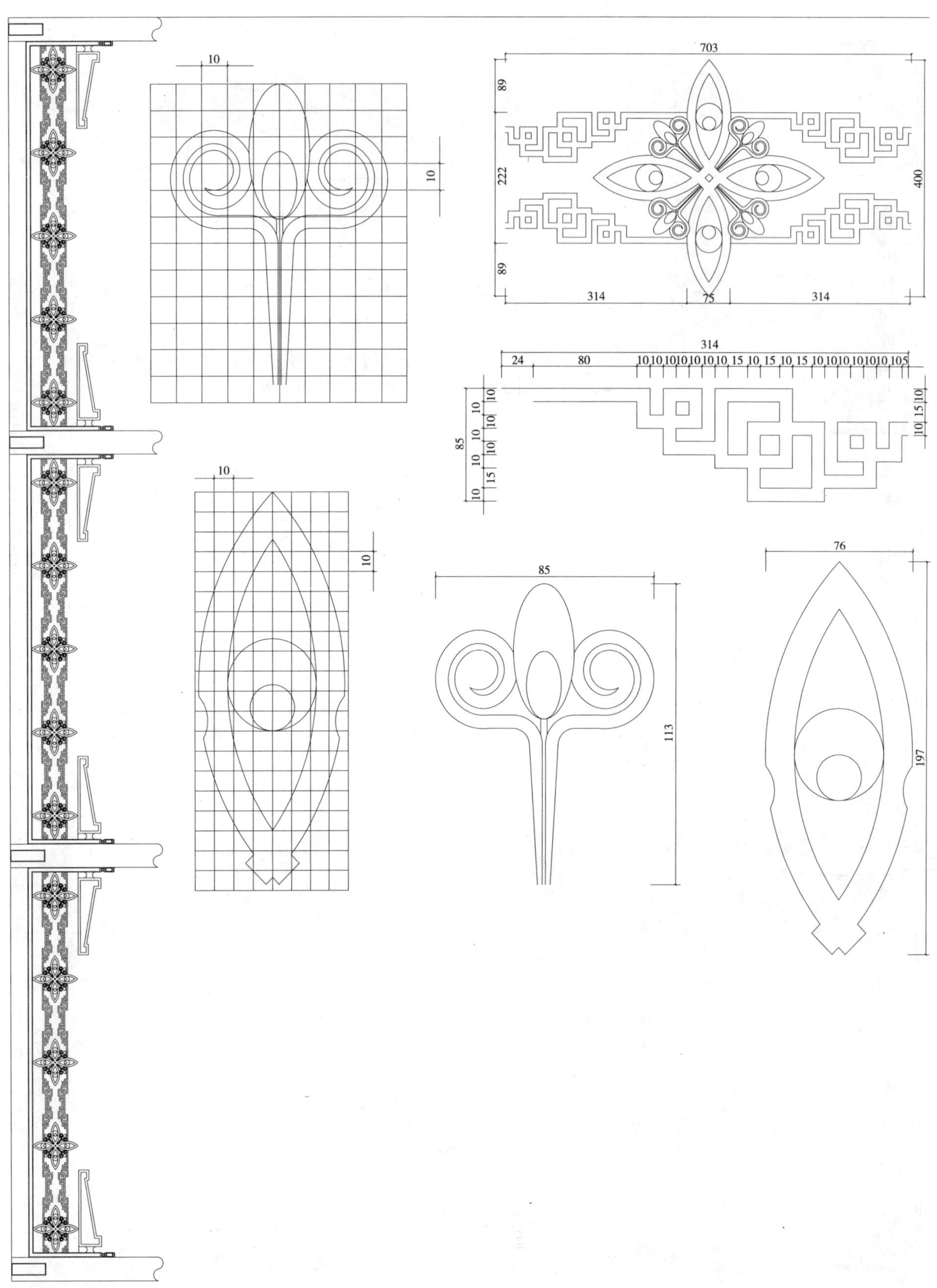

10
10
703
89
222
89
400
314
75
314
314
24
80
10 10 10 10 10 10 10 10 15 10 15 10 15 10 10 10 10 10 10 10 5
85
10
15
10
85
76
113
197

706
100
200
100
400
267
172
267
83
10
314
80
24
85
156
110
181
36
41
R36
R46
40
15
20

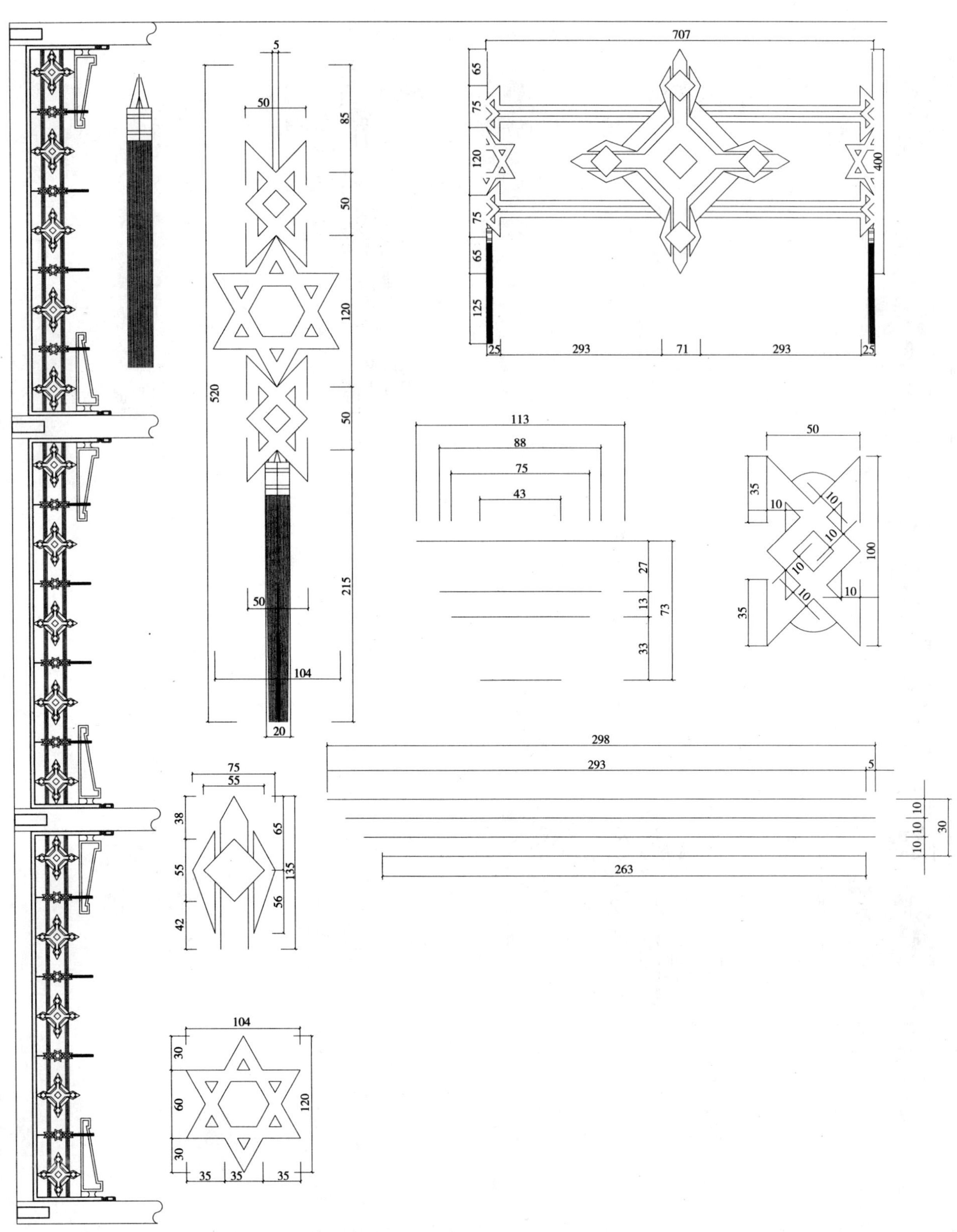
5
50
85
50
120
520
50
215
50
104
20
707
65
75
120
75
65
125
400
25
293
71
293
25
113
88
75
43
27
13
73
33
50
35
10
10
10
100
10
10
10
35
298
293
5
263
10
10
10
30
75
55
38
65
55
135
56
42
104
30
60
120
30
35
35
35

15
10
5
127
127
704
104
192
104
400
297
110
297
297
10
10
10
10
10
10
126
31
192
10
10
10
10
10
10
10
10
10
10
31
10
10
10
274
168
61
10
10
10
10
10
10
10
61
46
110
145
192

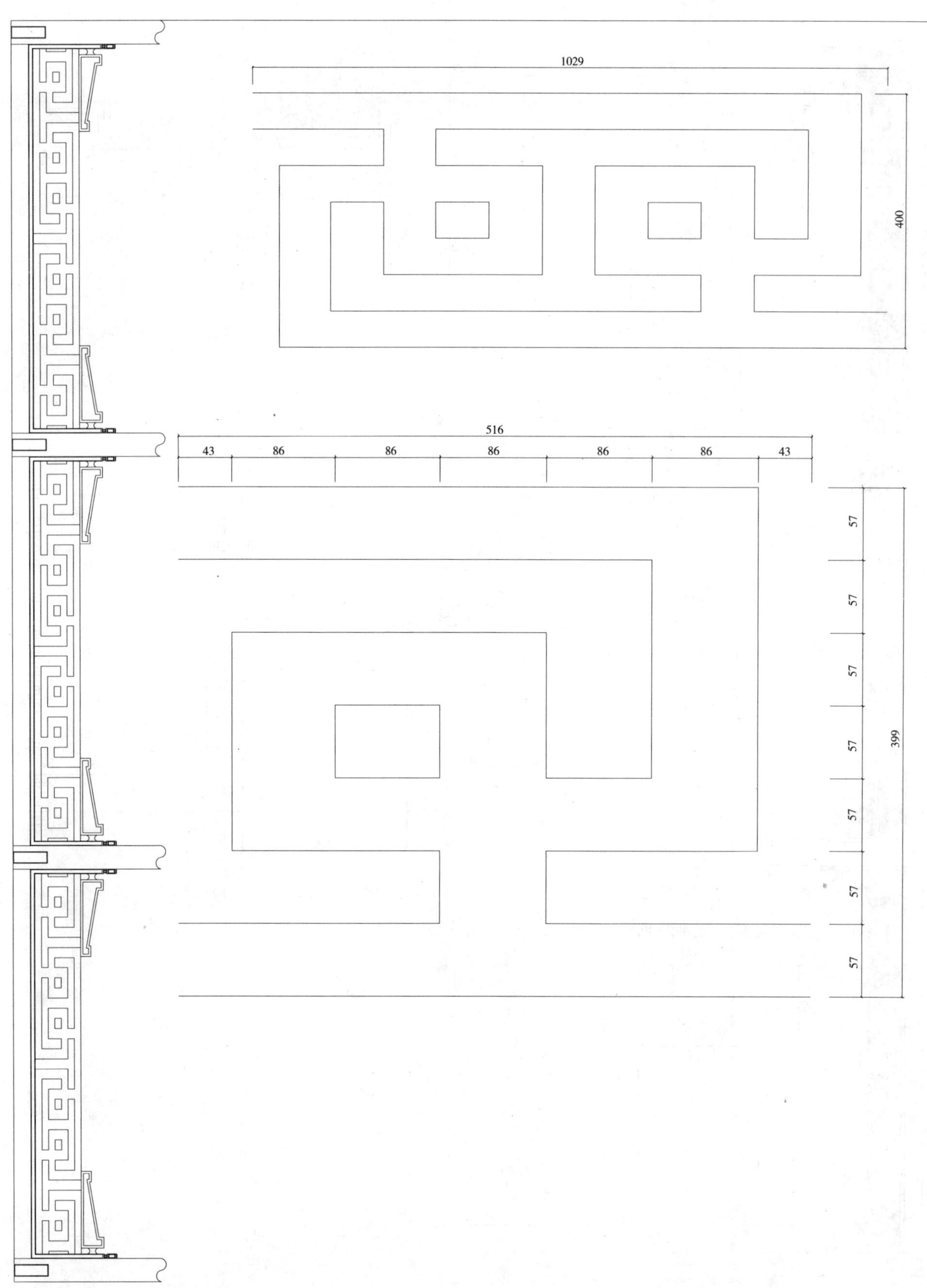
1029
400
516
43
86
86
86
86
86
43
57
57
57
57
57
57
57
399

610
49
302
400
49
305
305
333
10
312
10
28
220
104
198
27
27
27
13
27
27
27
139
10
10

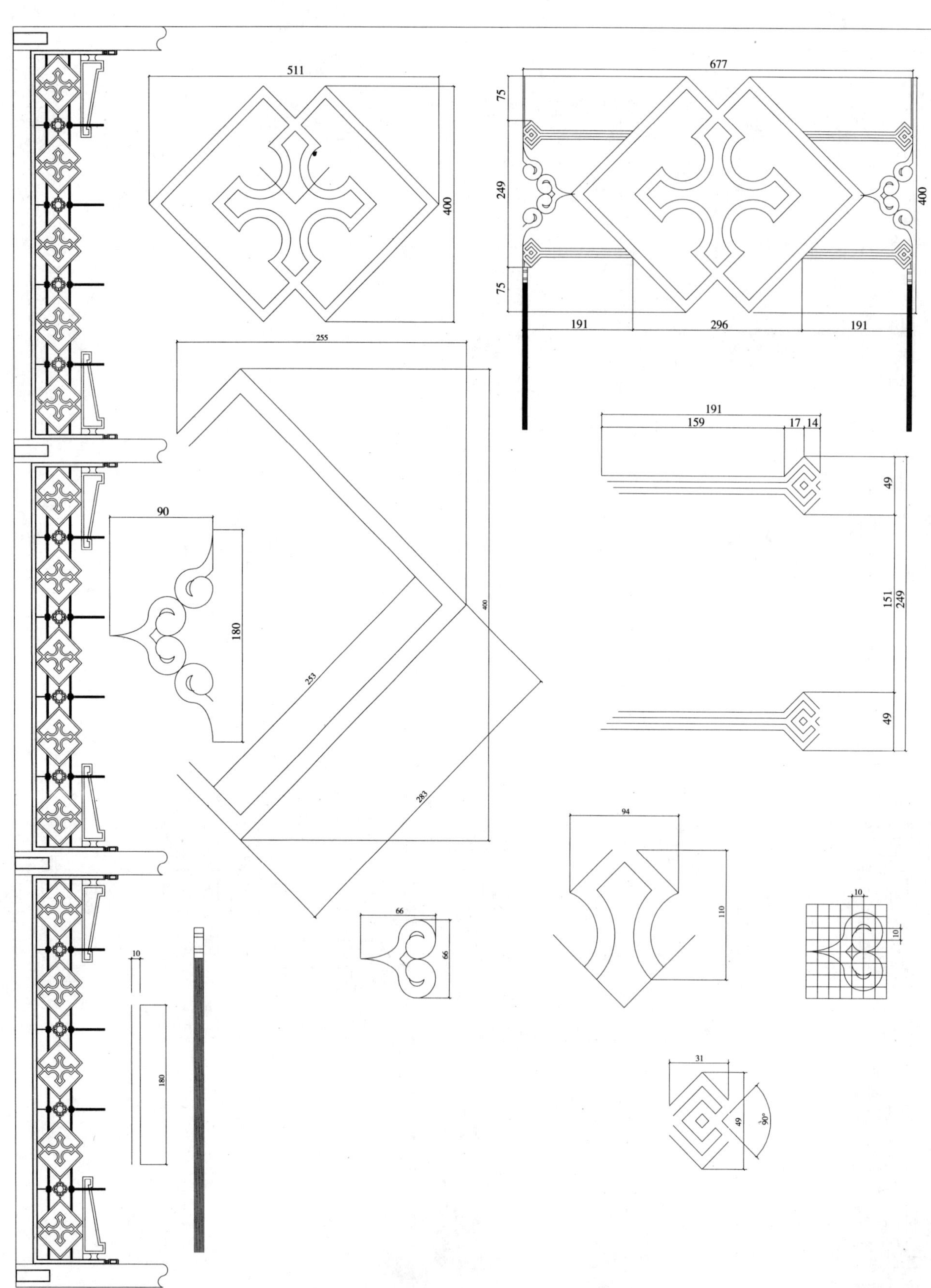
511
400
677
75
249
75
400
191
296
191
255
400
253
283
90
180
191
159
17
14
49
151
249
49
94
110
66
66
10
10
10
180
31
49
90°

705
10
10
401
10
10
117
11
106
106
117
11
191
R24
R26
10
65
168
117

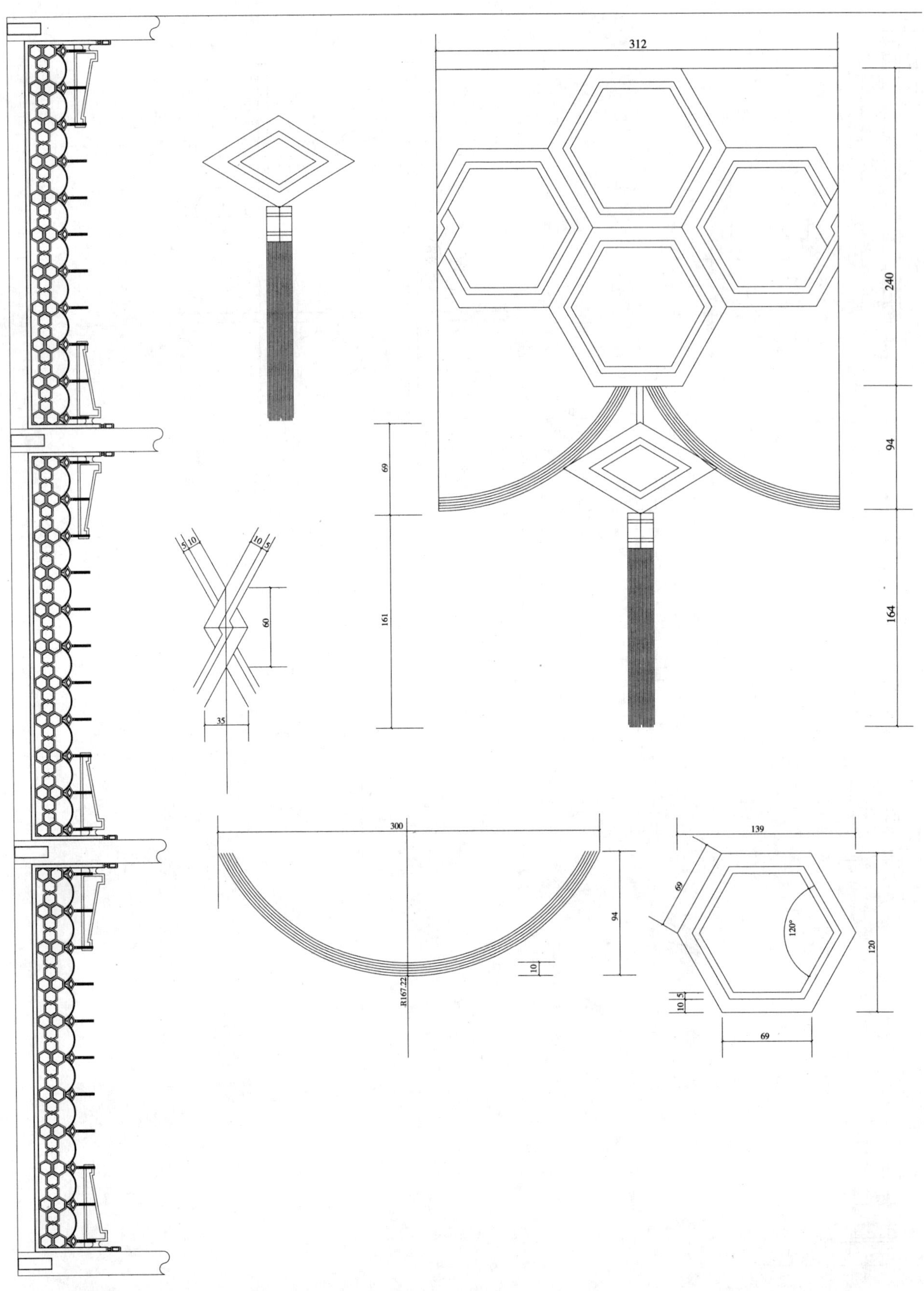
312
240
94
164
69
161
5 10
10 5
60
35
300
94
10
R167.22
139
69
120°
120
10 5
69

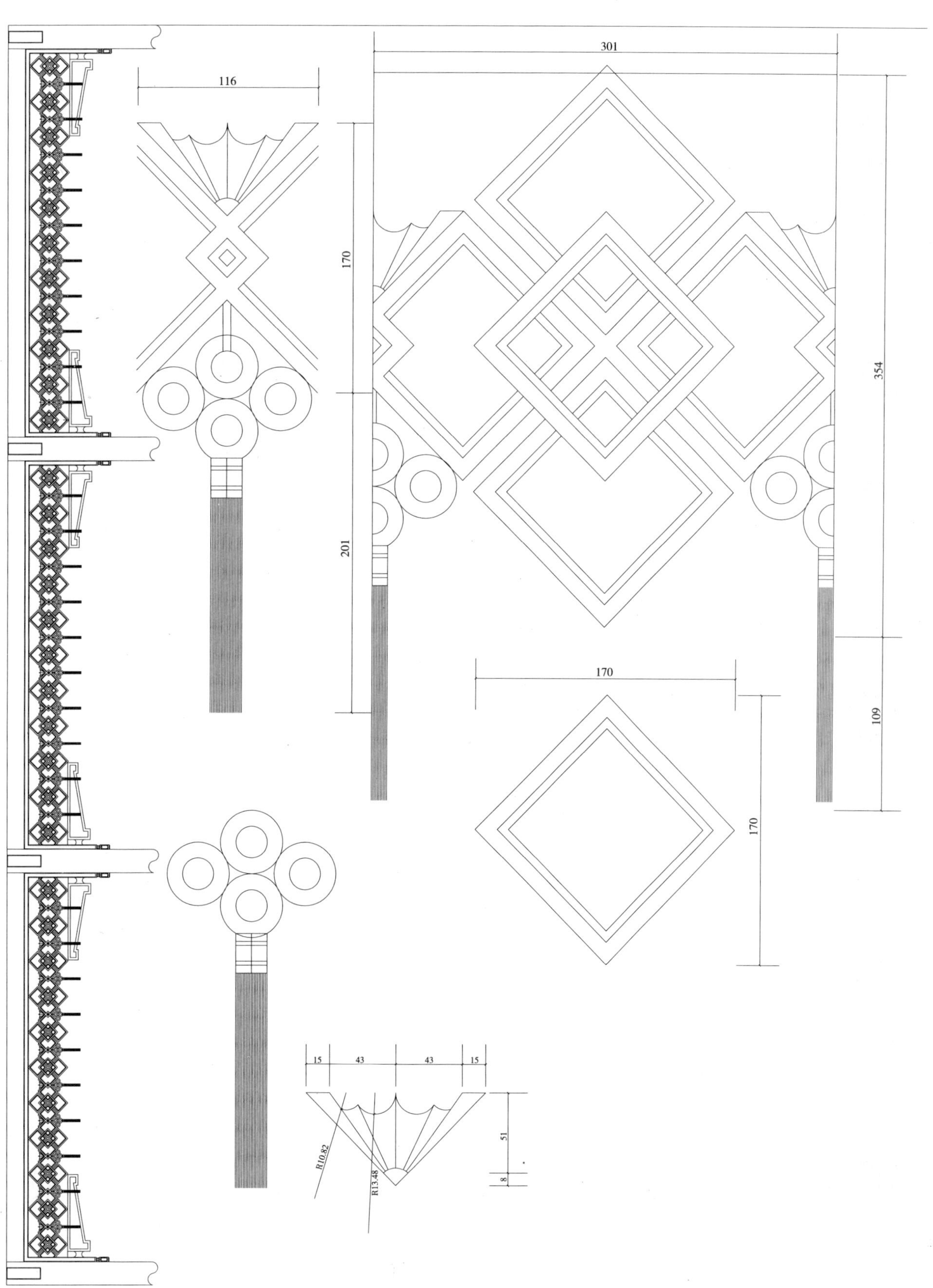
116
301
170
201
354
109
170
170
15
43
43
15
51
8
R10.82
R13.48

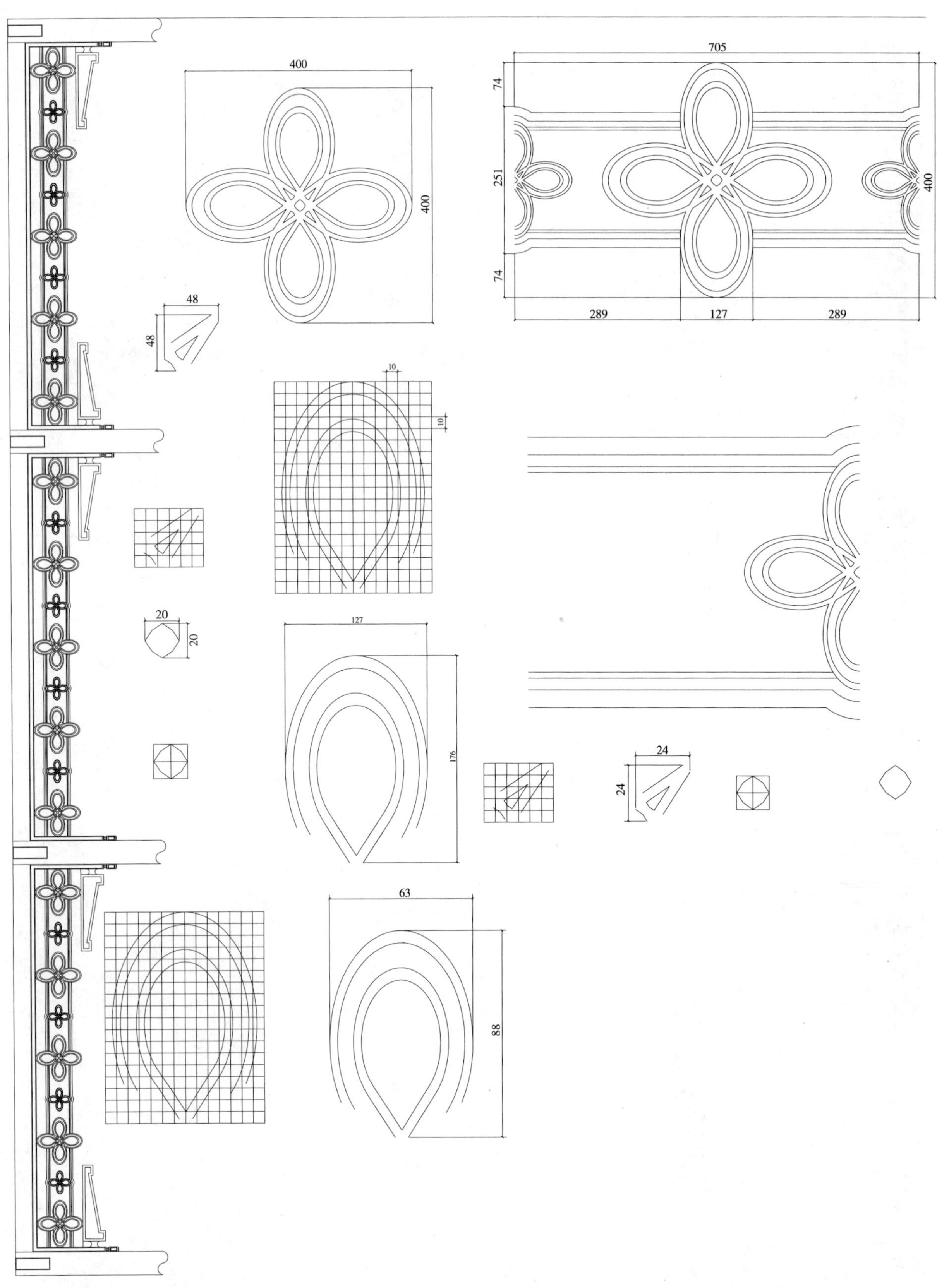
400
400
705
74
251
400
74
289
127
289
48
48
10
10
20
20
127
176
24
24
63
88

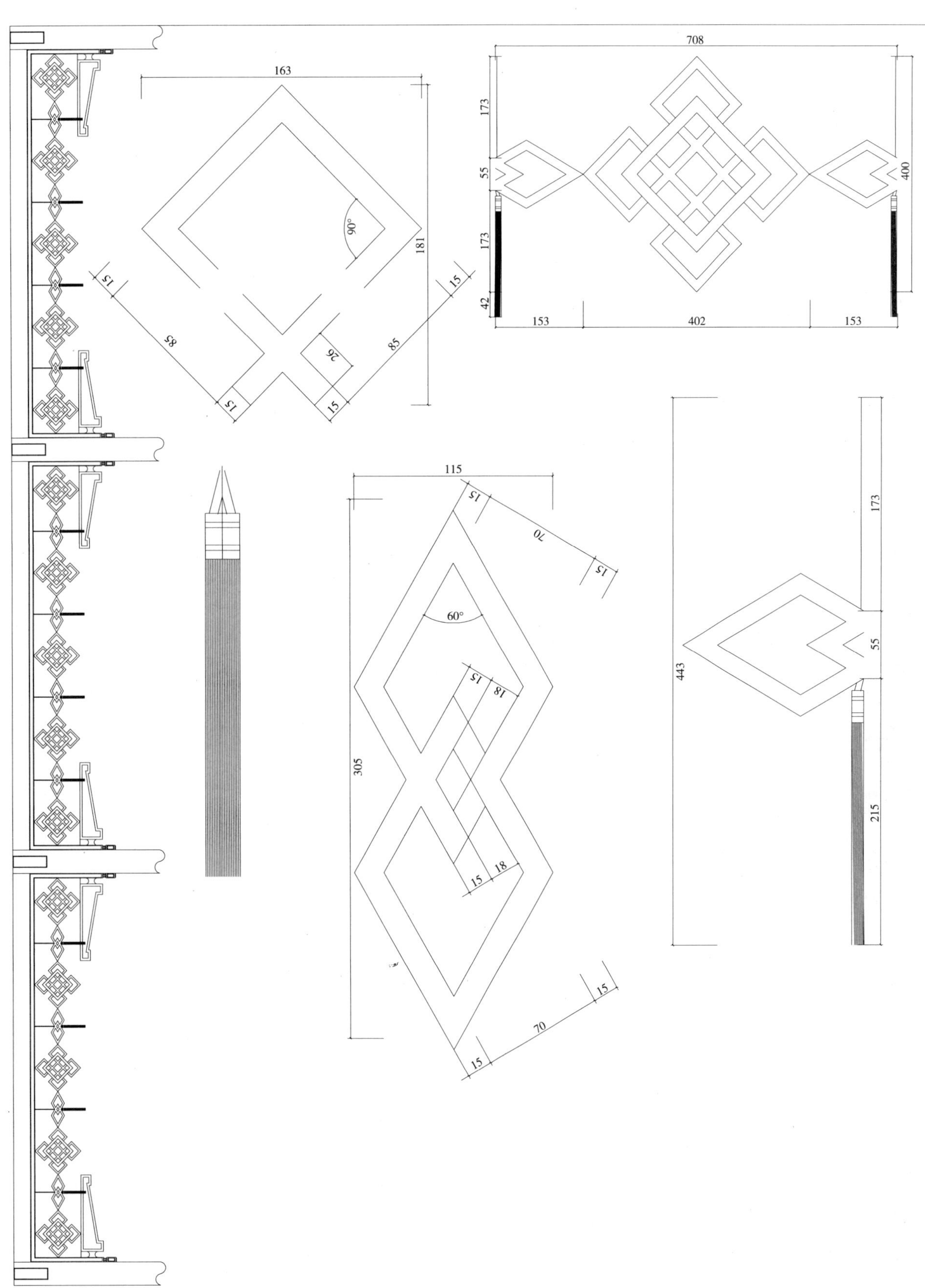
163
181
90°
15
85
85
15
26
15
15
708
173
55
173
42
400
153
402
153
115
15
70
15
60°
15
18
305
15
18
70
15
15
443
173
55
215

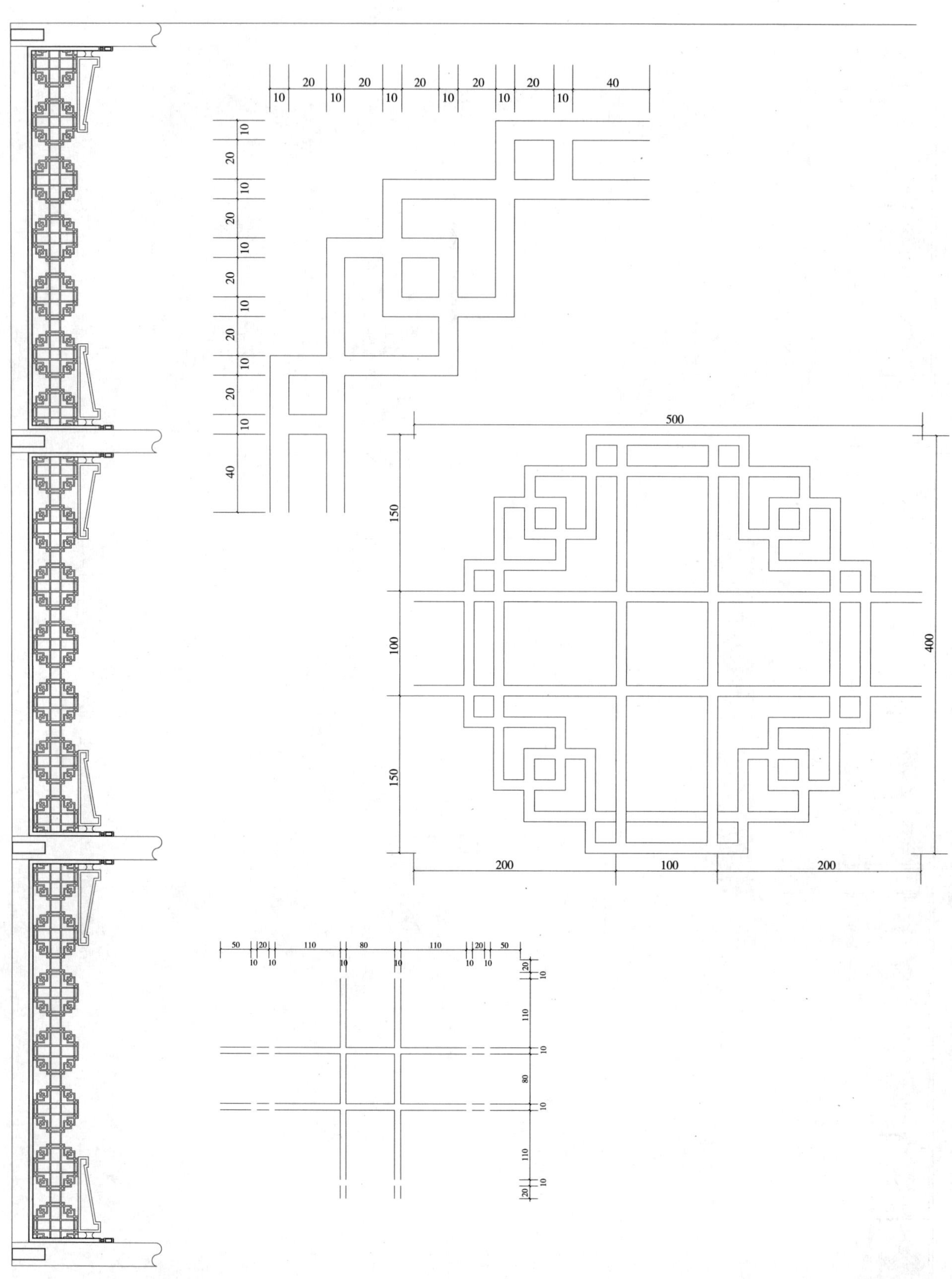

20
20
20
20
20
40
10
10
10
10
10
10
500
150
100
150
400
200
100
200
50
20
110
80
110
20
50

279
280
400
705
118
136
118
28
400
213
279
213
110
15
10
5
110
R55
10
10
276
276
195
99
91
46
128
15
10
90°
128
15
10
213
87°
134
72
28
8
10
10
10
10

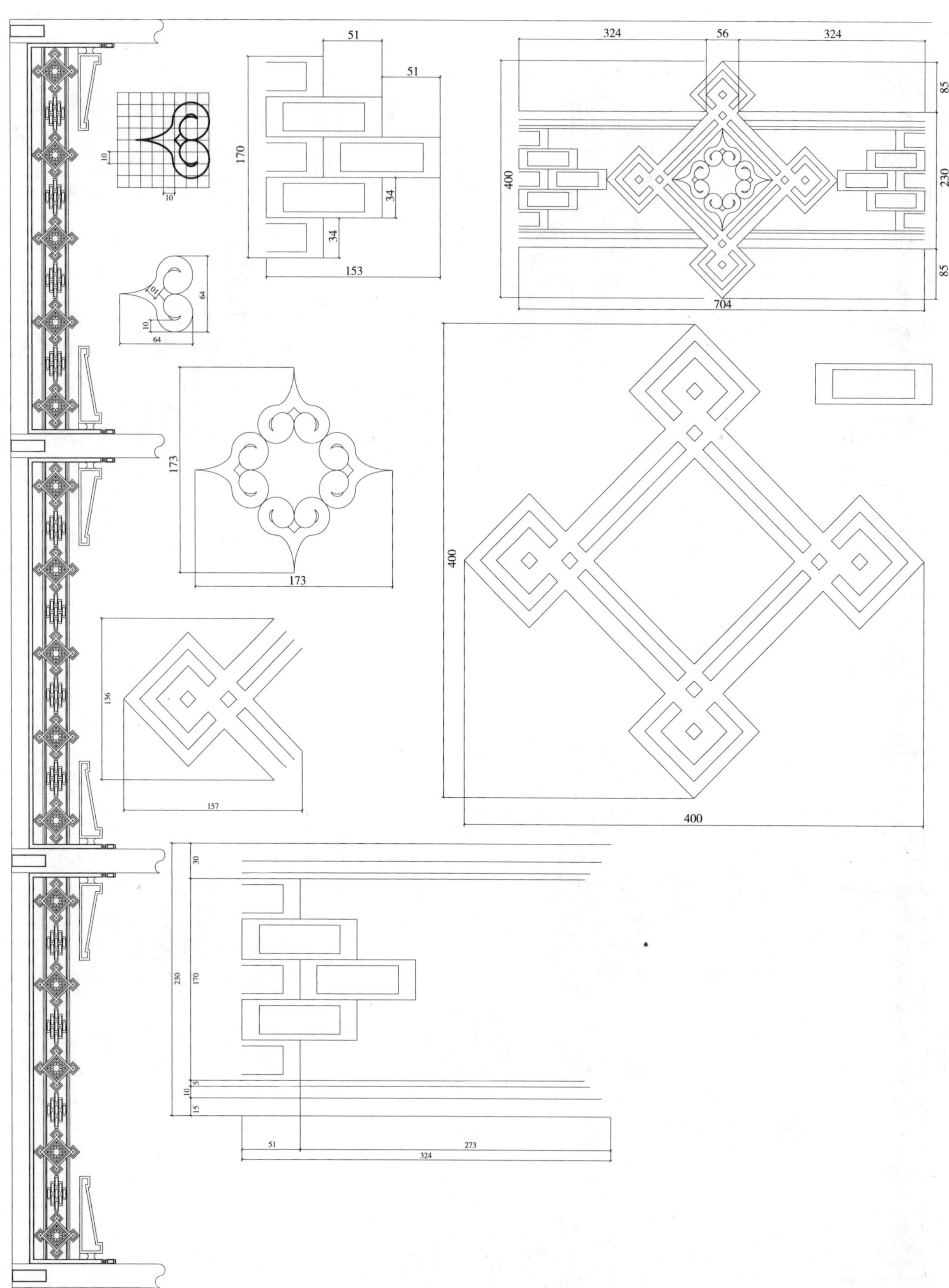
51
51
170
34
34
153
324
56
324
85
400
230
85
704
10
10
64
10
10
64
173
173
400
400
136
157
30
230
170
5
10
15
51
273
324

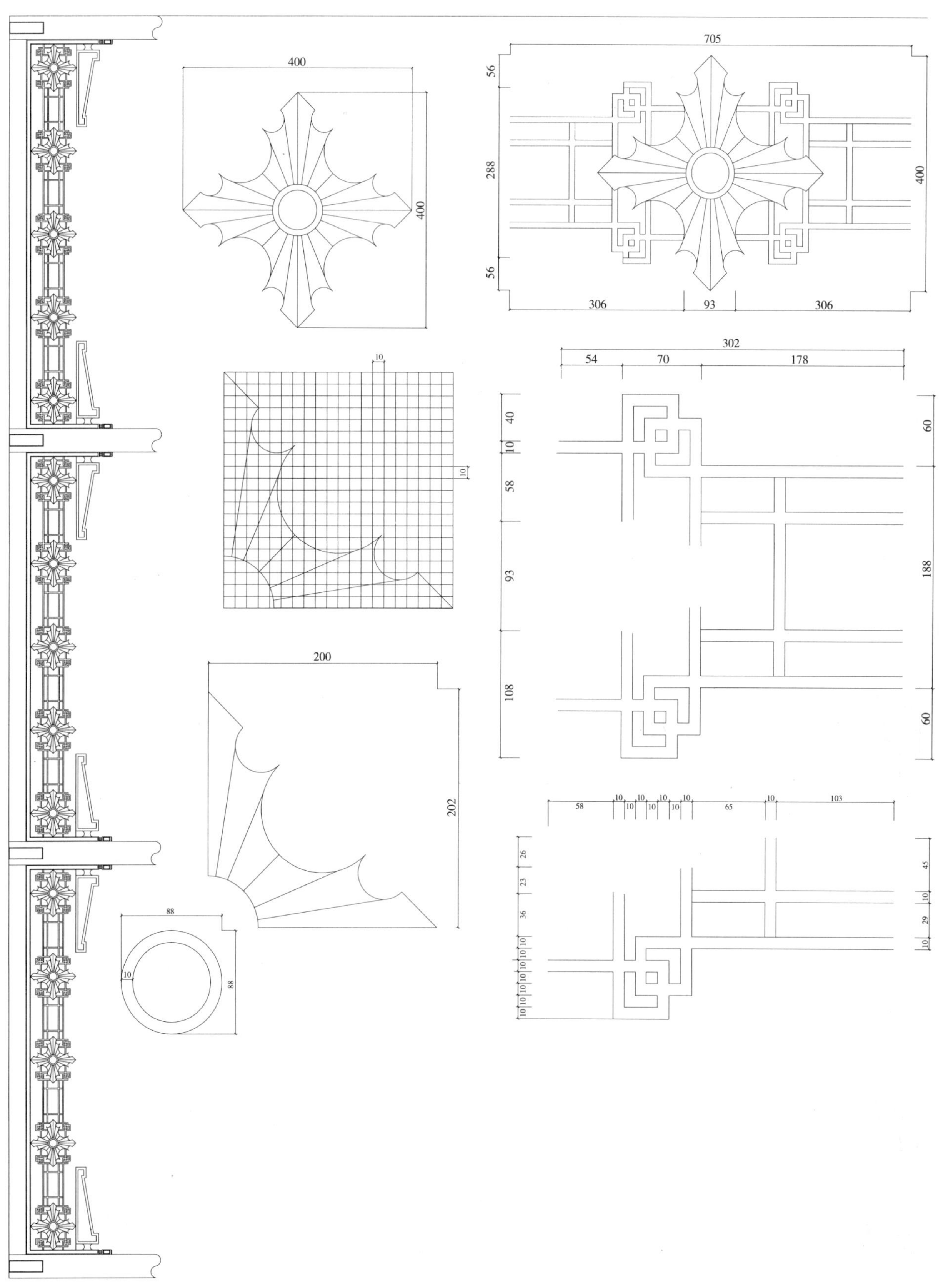
400
400
705
56
288
56
400
306
93
306
10
10
302
54
70
178
40
10
58
93
108
60
188
60
200
202
88
10
88
58
10
10
10
10
10
10
10
10
65
10
103
26
23
36
10
10
10
10
10
10
10
45
10
29
10

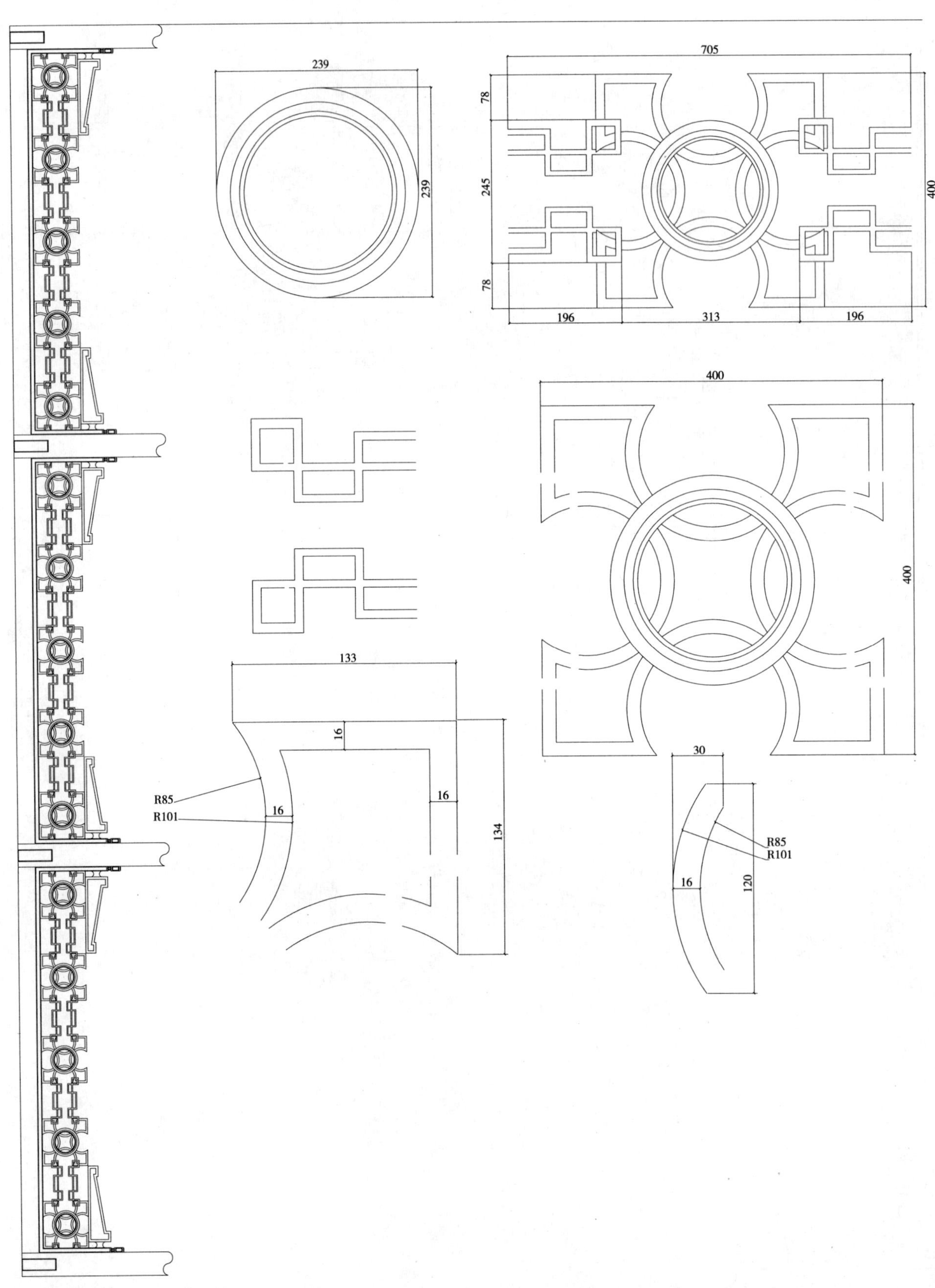

239
239
705
78
245
78
400
196
313
196
400
400
133
16
16
R85
R101
16
134
30
R85
R101
16
120

705
81
463
400
166
373
166
20
10
160
110
10
5
20
5
10
10
10
R15
15
R5
10
10
2
2
10
10
177
78
50
25
226
27
26
42
10
5
20
5
10
81
5
3
13
36
53
63
76
24
191
24
50
166

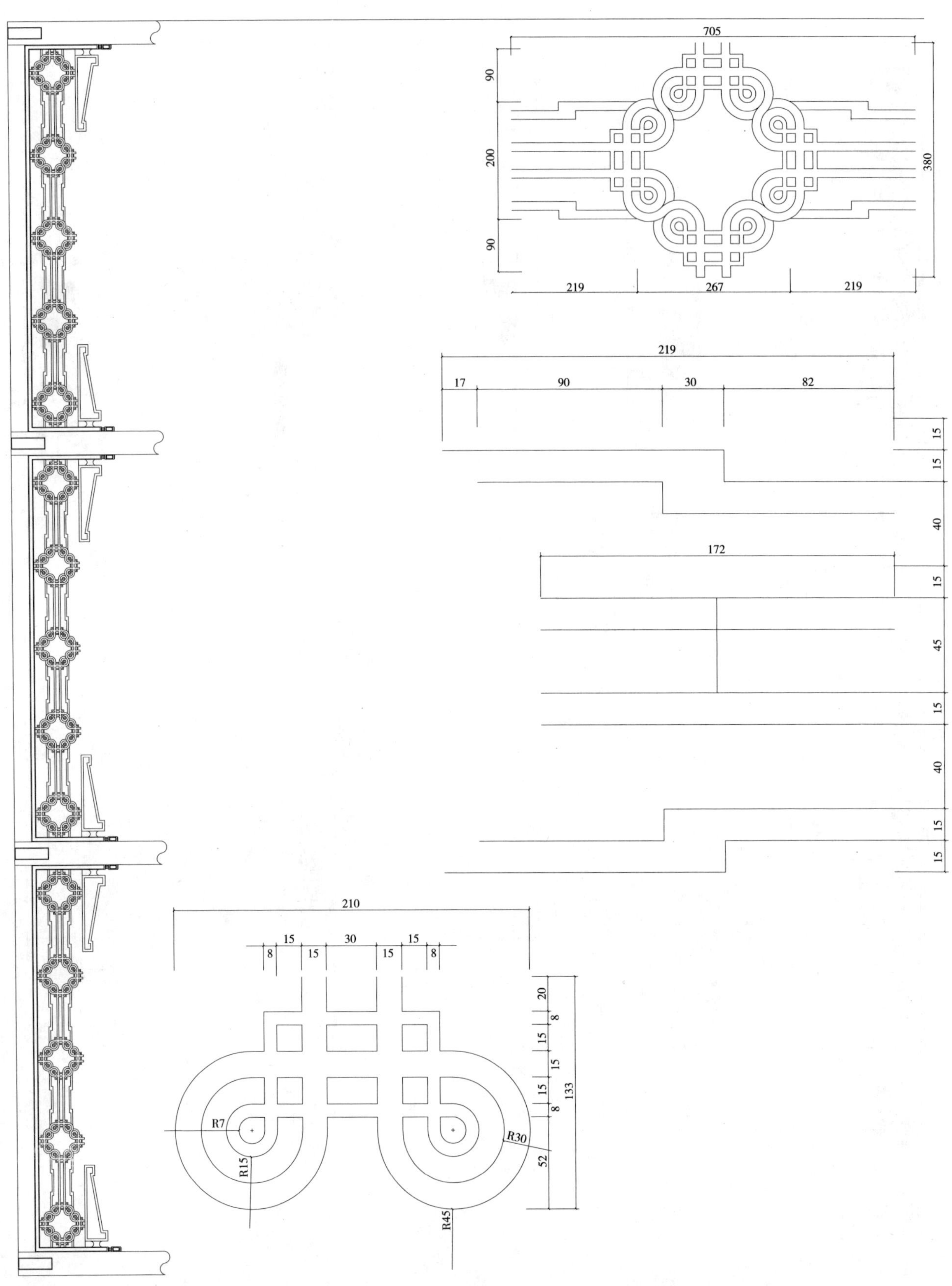

705
90
200
90
380
219
267
219
219
17
90
30
82
15
15
40
172
15
45
15
40
15
15
210
15
30
15
8
15
15
8
20
8
15
15
15
8
133
52
R7
R15
R30
R45

504
50
291
50
391
76
340
88
89
152
233
10
10
10
10
10
50
15
8
154
167
15
26
30

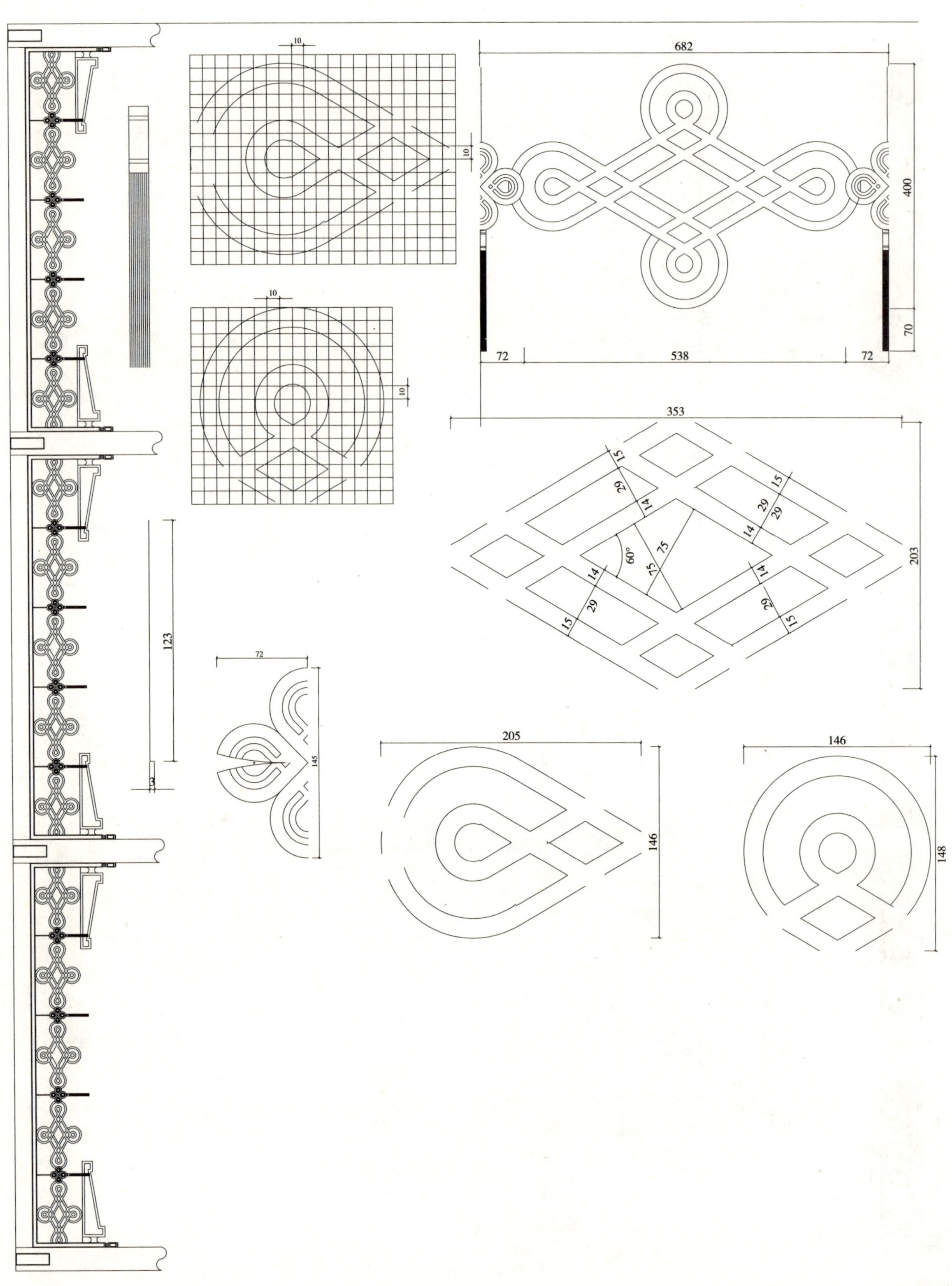
10
10
682
10
400
70
72
538
72
10
353
15
29
14
15
29
29
14
60°
75
75
14
14
29
15
29
15
203
123
3
72
145
205
146
146
148

732
52
295
52
399
206
320
206
200
200
150

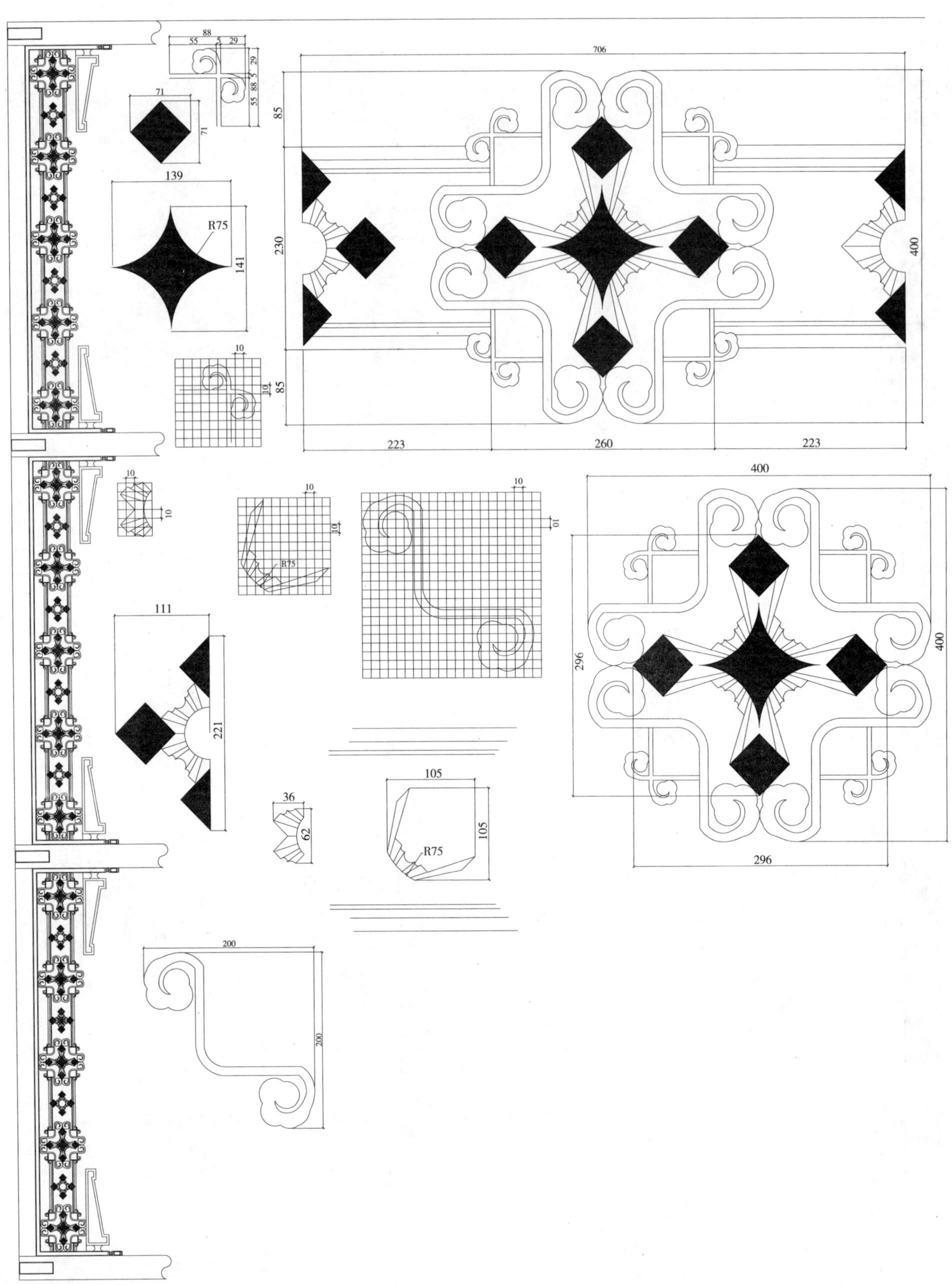
88
55
5
29
71
71
139
R75
141
10
10
706
85
230
85
400
223
260
223
10
10
10
10
10
R75
10
10
400
111
221
296
400
296
36
62
105
105
R75
200
200

705
121
158
121
400
267
171
267
224
15
224
177
158
10
17
10
30
10
10
312
158
R80
R70
60
64

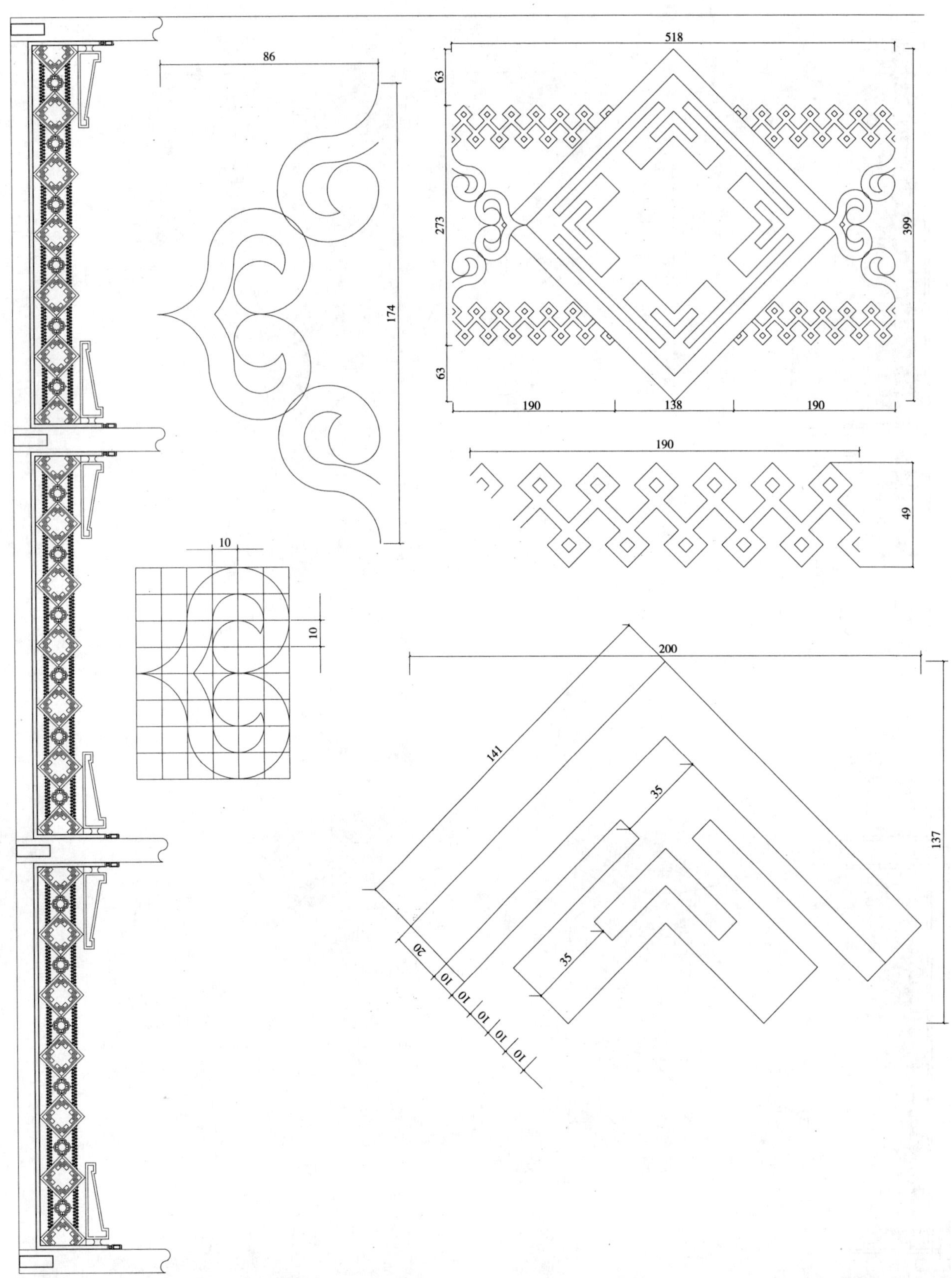

86
174
10
10
518
63
273
399
63
190
138
190
190
49
200
141
35
35
137
20
10
10
10
10
10

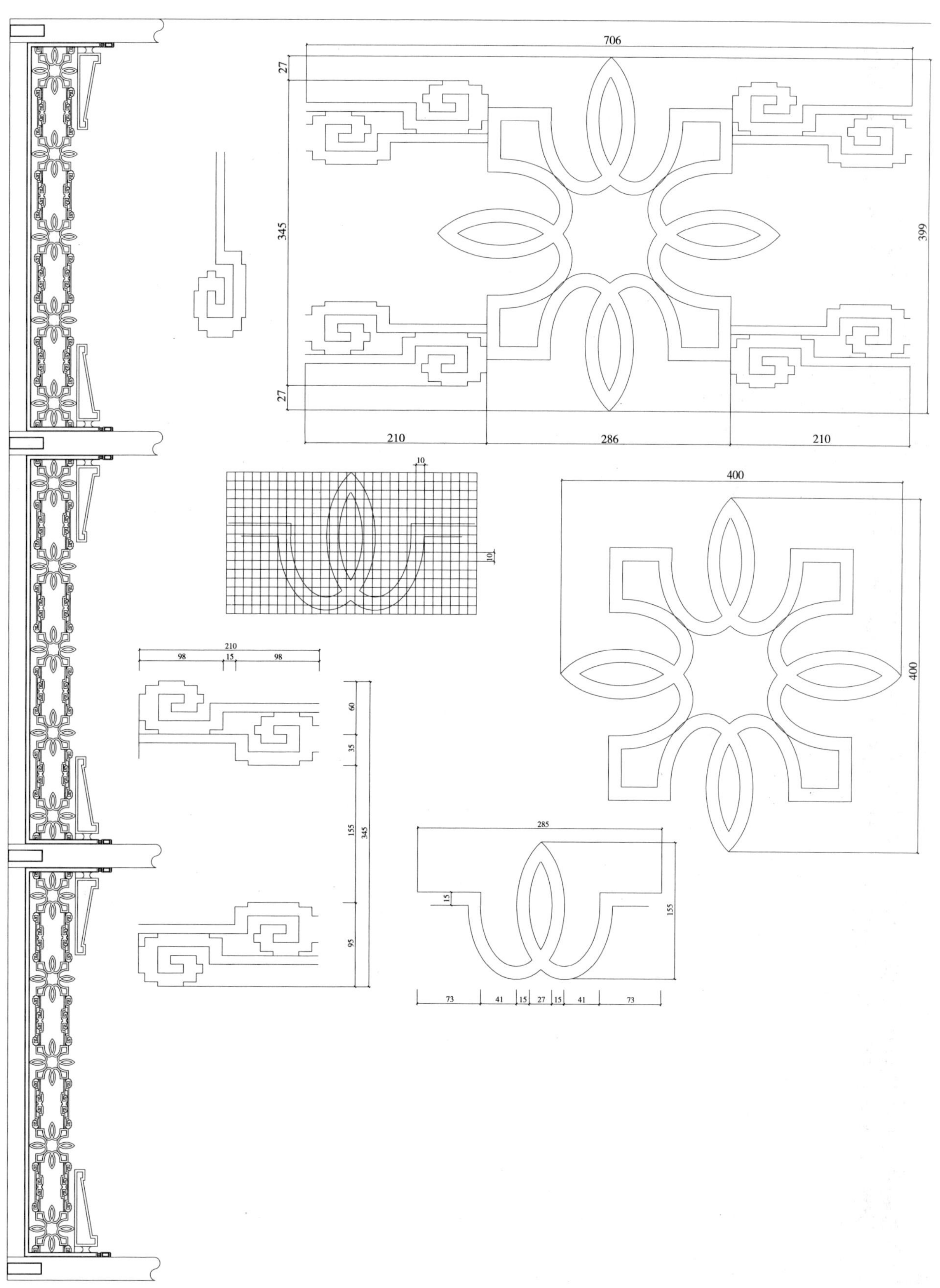
706
27
345
27
399
210
286
210
10
10
400
400
210
98
15
98
60
35
155
345
95
285
15
155
73
41
15
27
15
41
73

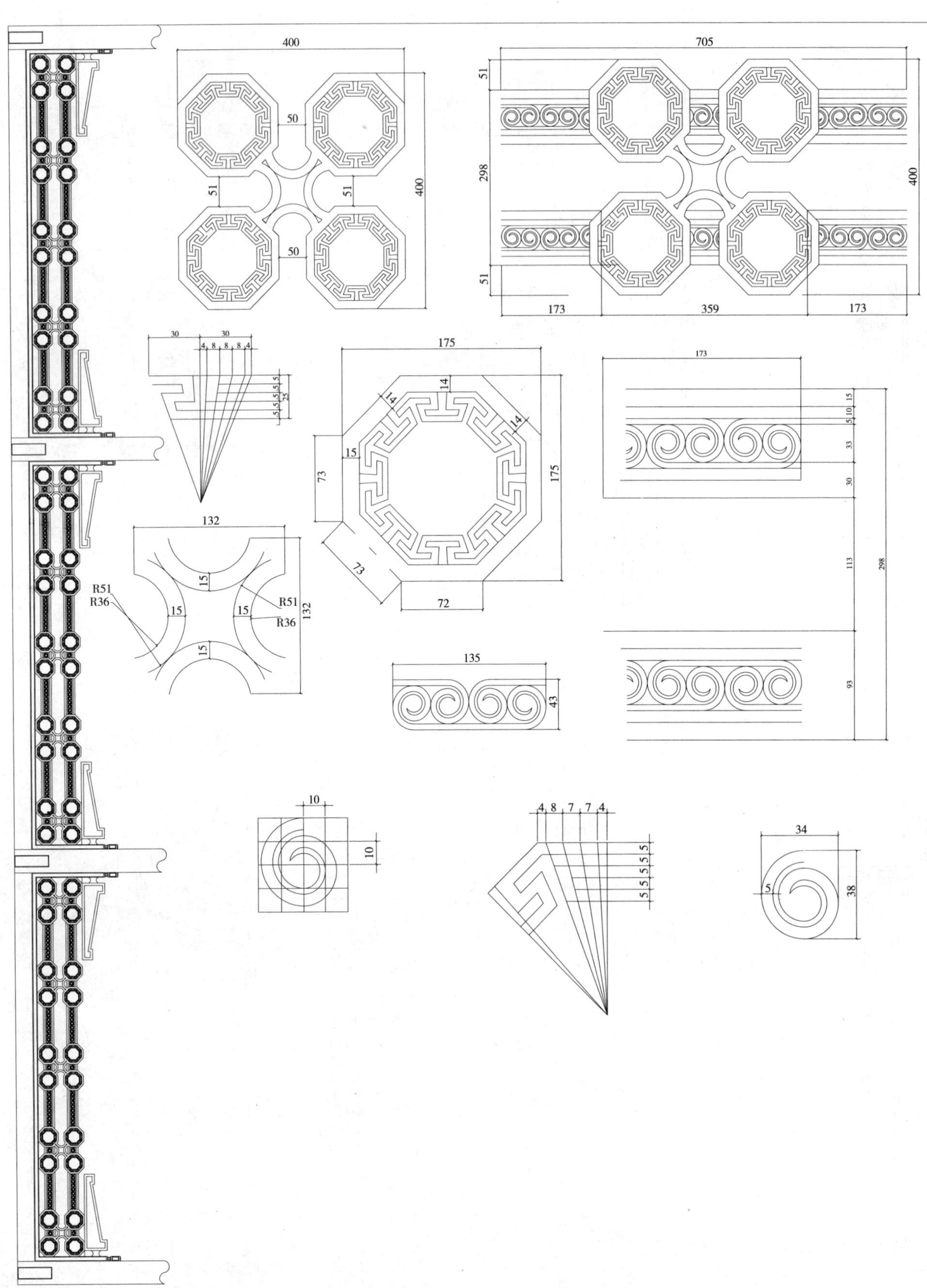
400
50
51
51
400
50
705
51
298
400
51
173
359
173
30
30
4 8 8 8 4
175
14
14
14
15
73
175
73
72
173
15
5 10
33
30
113
298
93
132
R51
R36
15
15
15
15
R51
R36
132
135
43
10
10
4 8 7 7 4
5 5 5 5 5
34
5
38

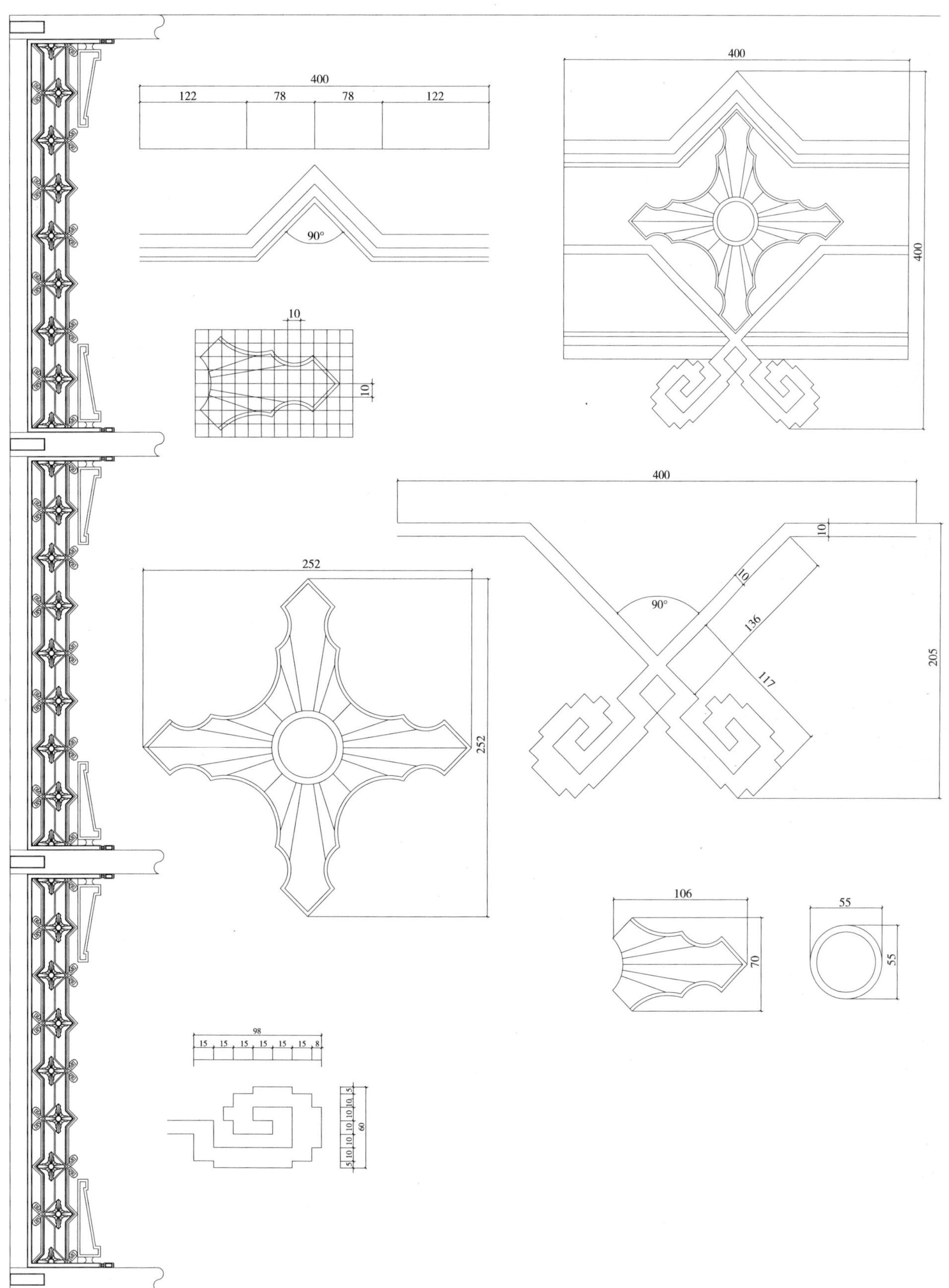
400
122
78
78
122
90°
10
10
400
400
400
10
10
90°
136
117
205
252
252
106
70
55
55
98
15
15
15
15
15
15
8
60

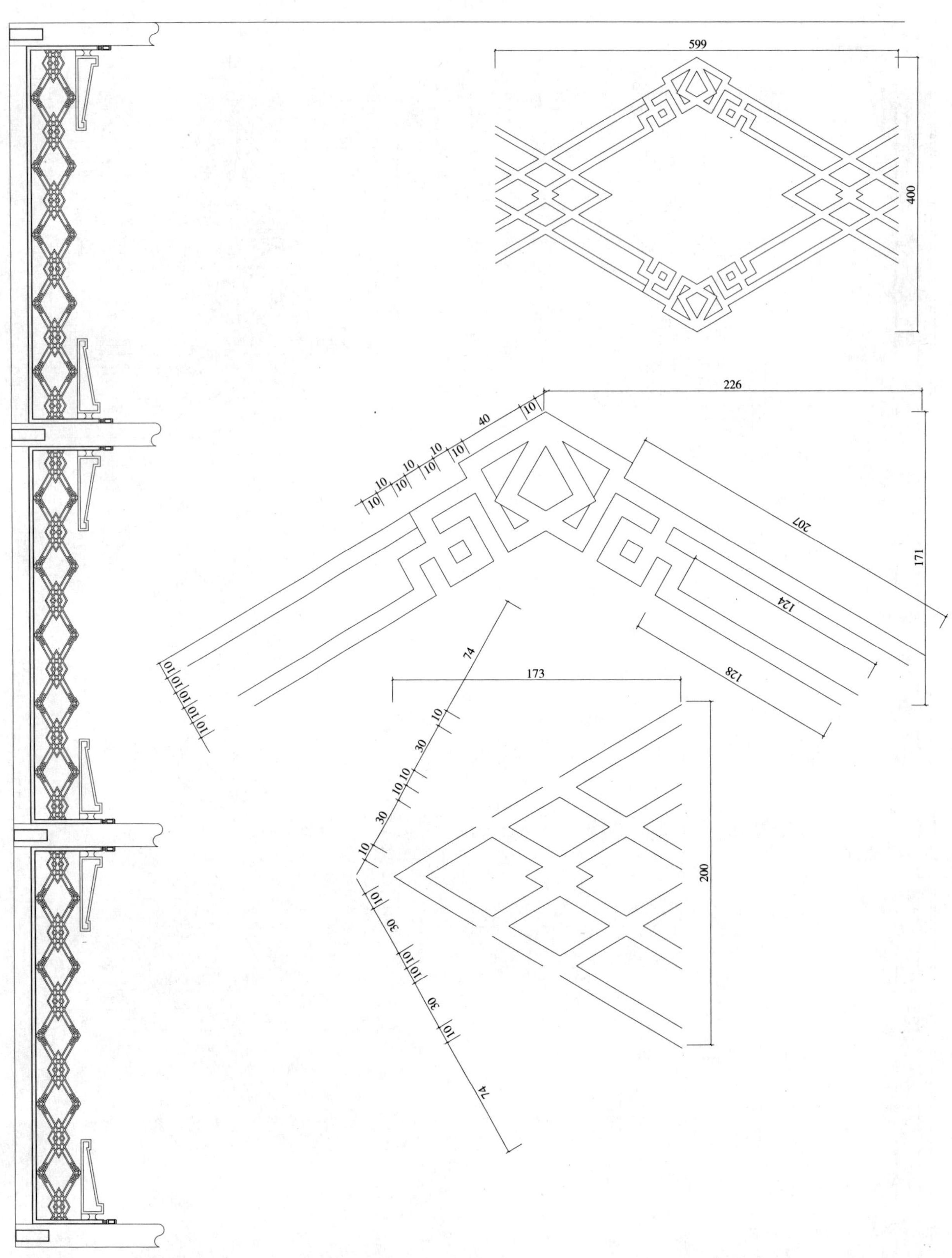

599
400
226
40
10
10
10
10
10
10
10
10
10
207
171
124
128
10
10
10
10
10
74
173
10
30
10
10
30
10
200
10
30
10
10
30
10
74

294
142
294
137
455
400
20
20
455
100
10
10
227
15
98
142
142
52
52
10
10

230
258
458
400
457
258
10
10

75
435
716
34
75
74
28
73
75
395
716
28
399
218
22 16 15 8 158
15
15
15
15
75
15
357
28
400
20
20

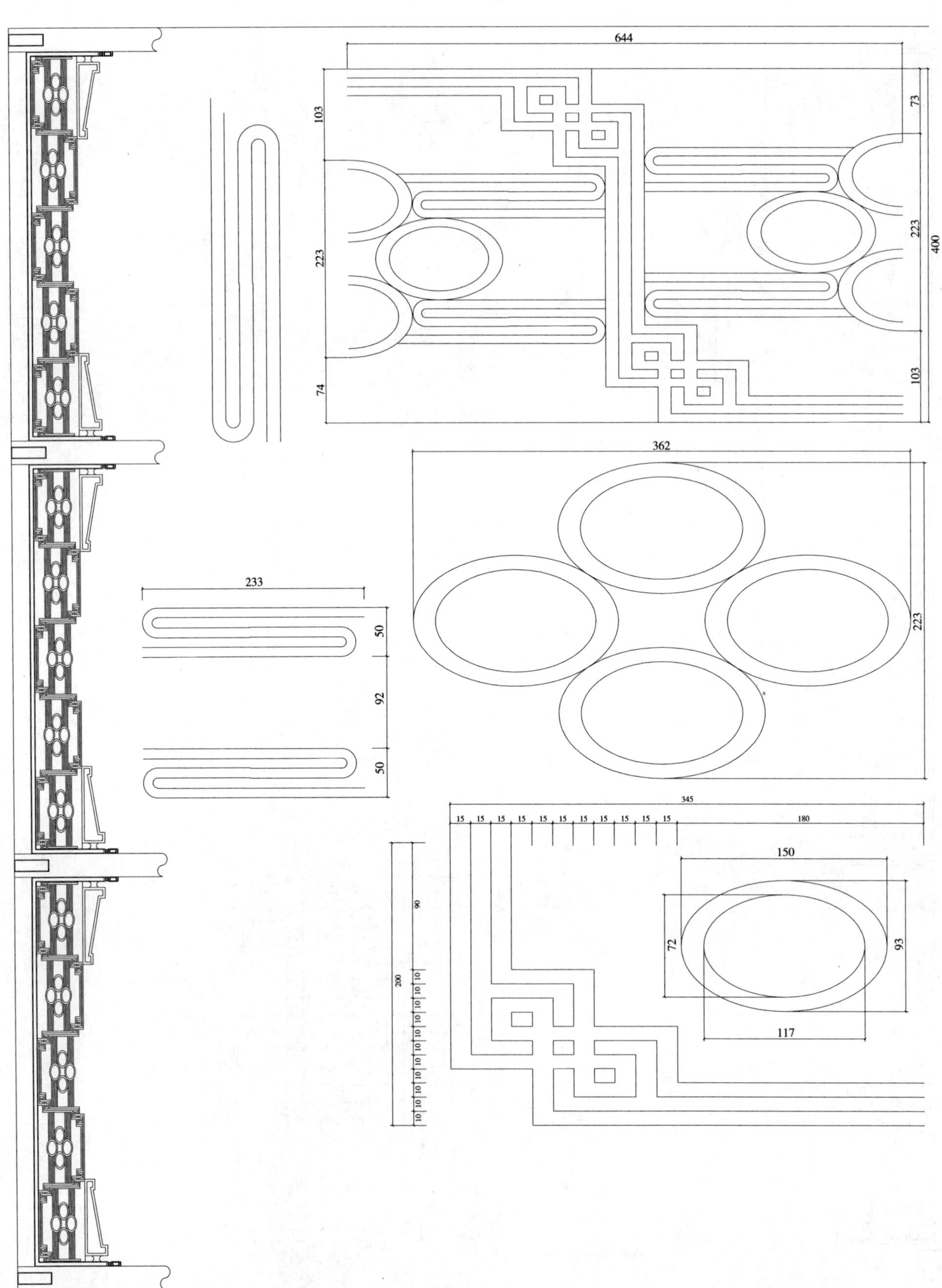
644
103
223
74
73
223
400
103
362
223
233
50
92
50
345
15
180
150
72
93
117
90
200
10

644
137
187
186
28
186
401
60
10 10 5 10 5 10 10
136 49 136 136 49 136
642
274
90°
186
28
401
20
20
321
28
401

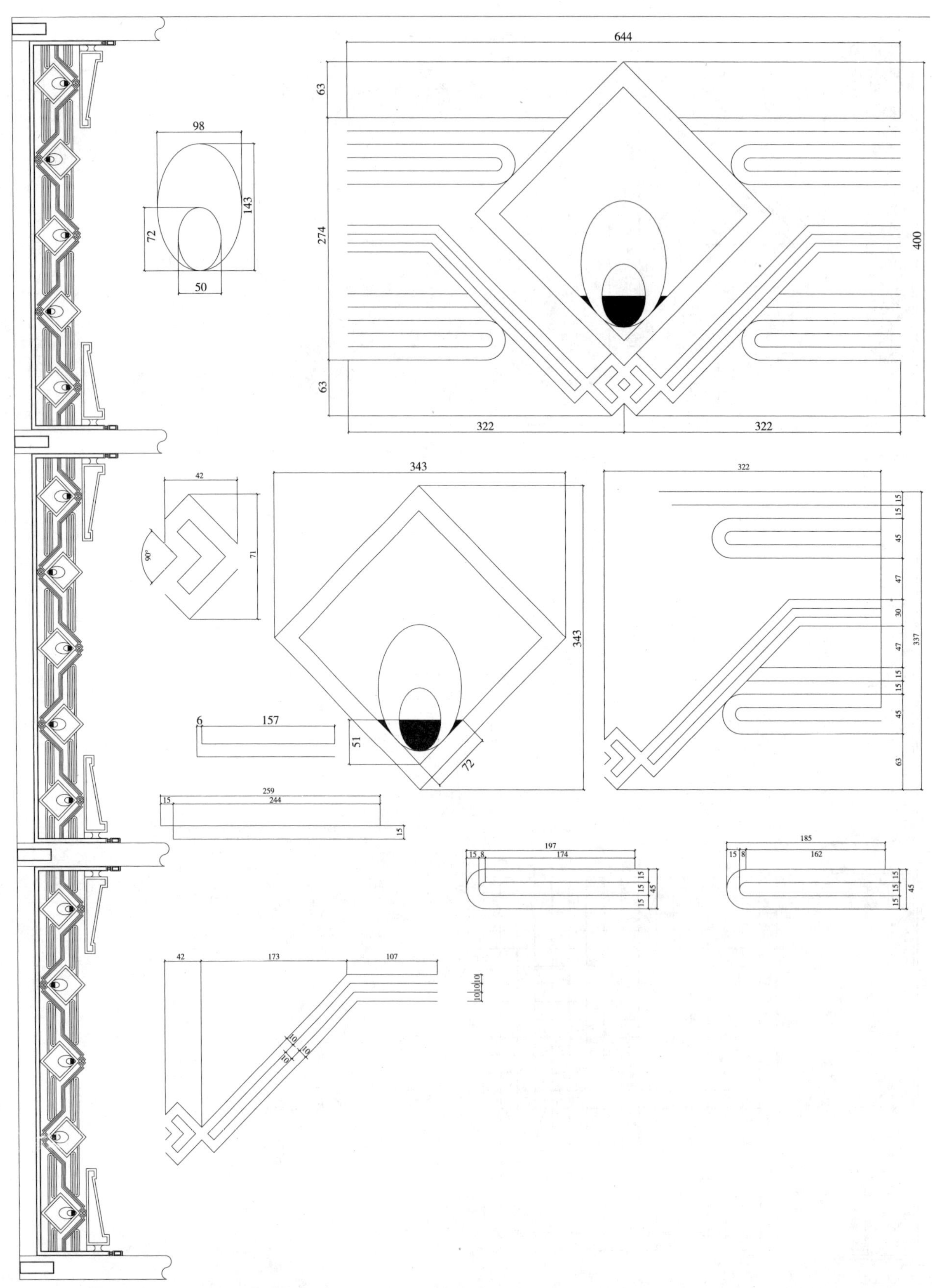

644
63
274
400
63
322
322
98
143
72
50
42
71
90°
343
343
6
157
51
72
322
15
15
45
47
30
47
15
15
45
63
337
259
15
244
15
197
15 8
174
15
15
45
185
15 8
162
15
15
45
42
173
107
10
10
10
10
10
10

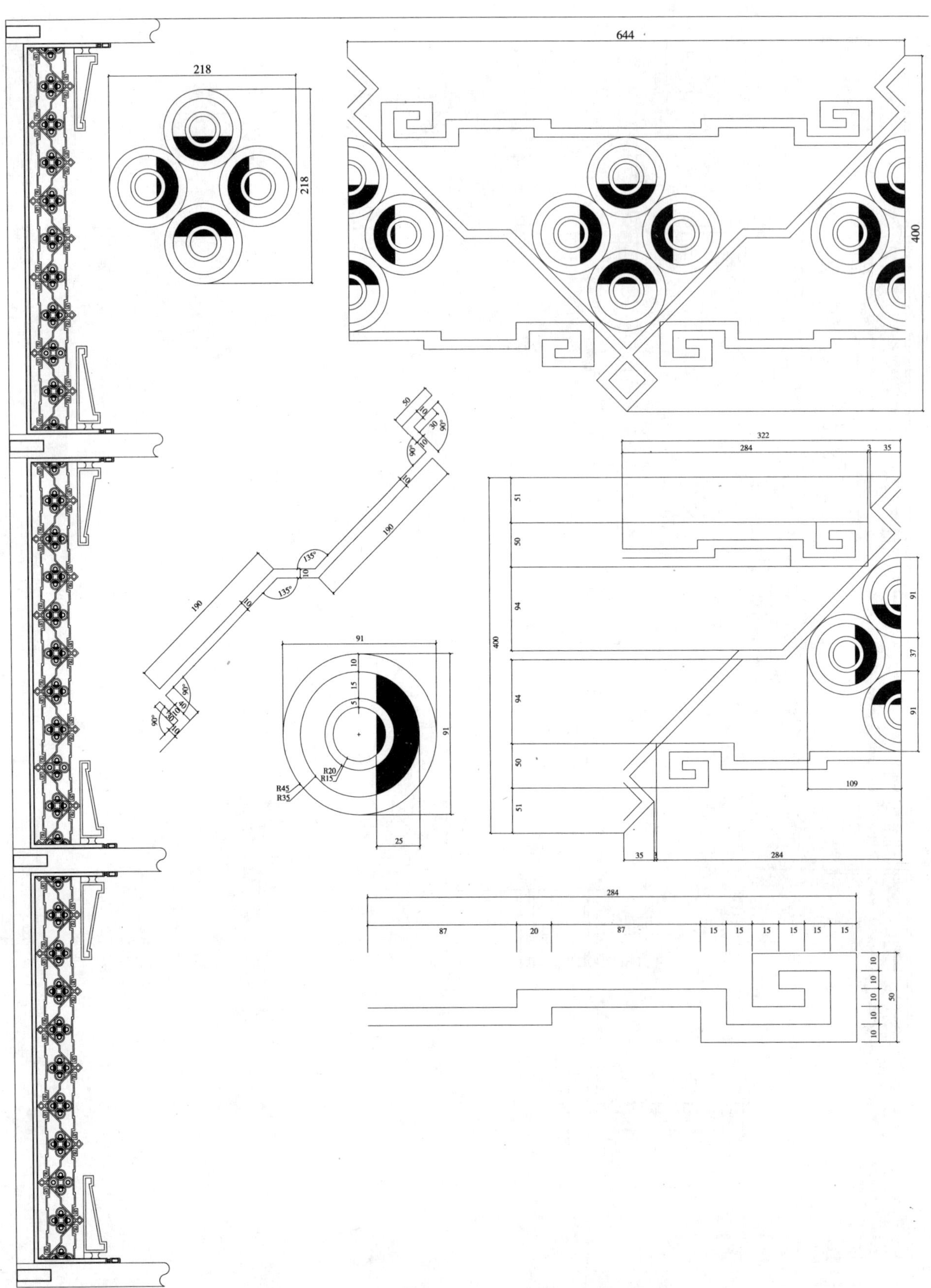

218
218
644
400
50
10
30
90°
10
90°
10
190
135°
10
135°
10
190
90°
45
10
10
90°
10
91
10
15
5
91
R20
R15
R45
R35
25
322
284
3
35
51
50
94
400
94
50
51
91
37
91
109
35
284
284
87
20
87
15
15
15
15
15
15
10
10
10
10
10
50

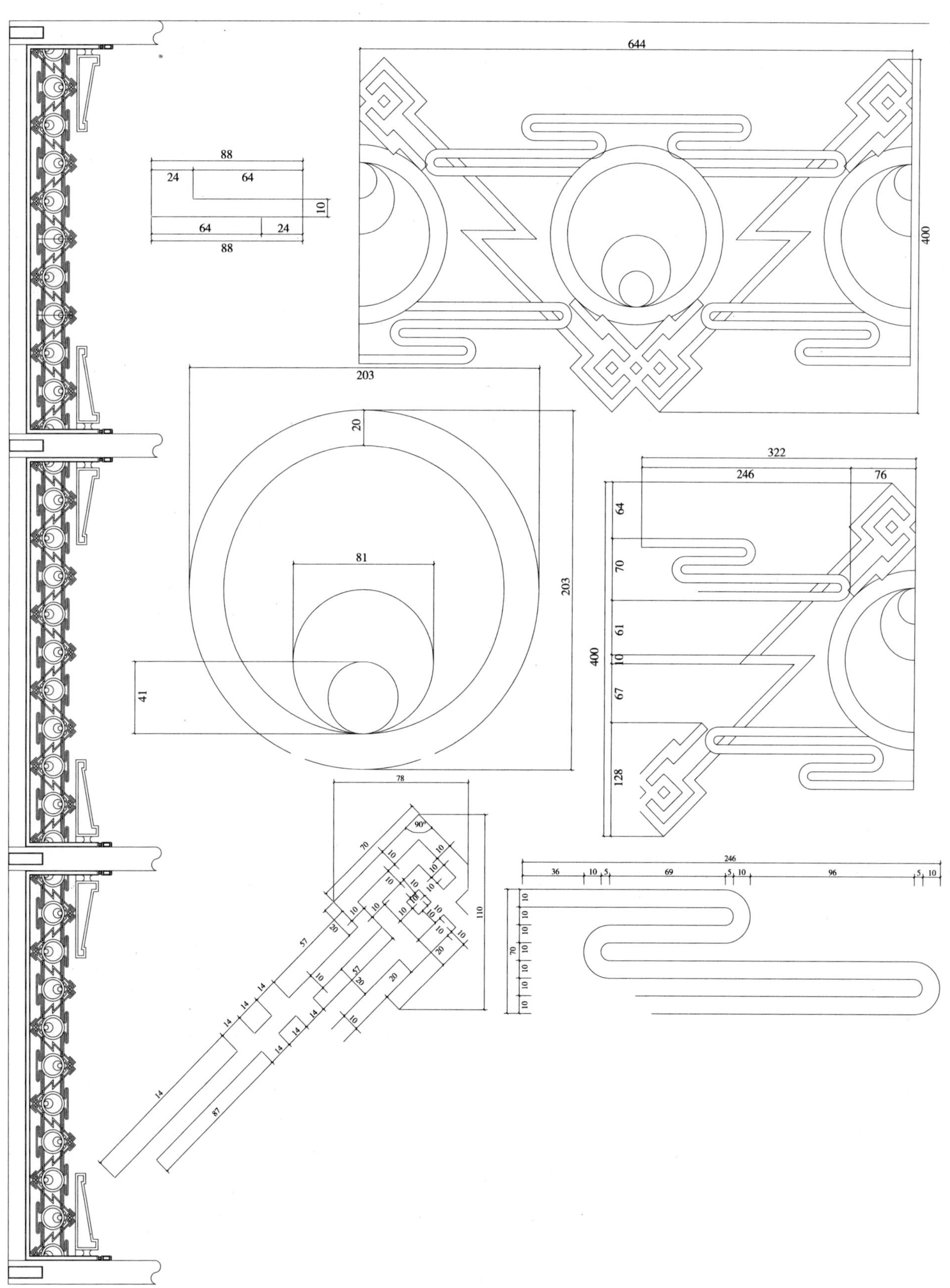
644
400
88
24
64
10
64
24
88
203
20
81
203
41
322
246
76
64
70
61
10
67
128
400
78
90°
70
10
110
57
20
14
87
246
36
10
5
69
96

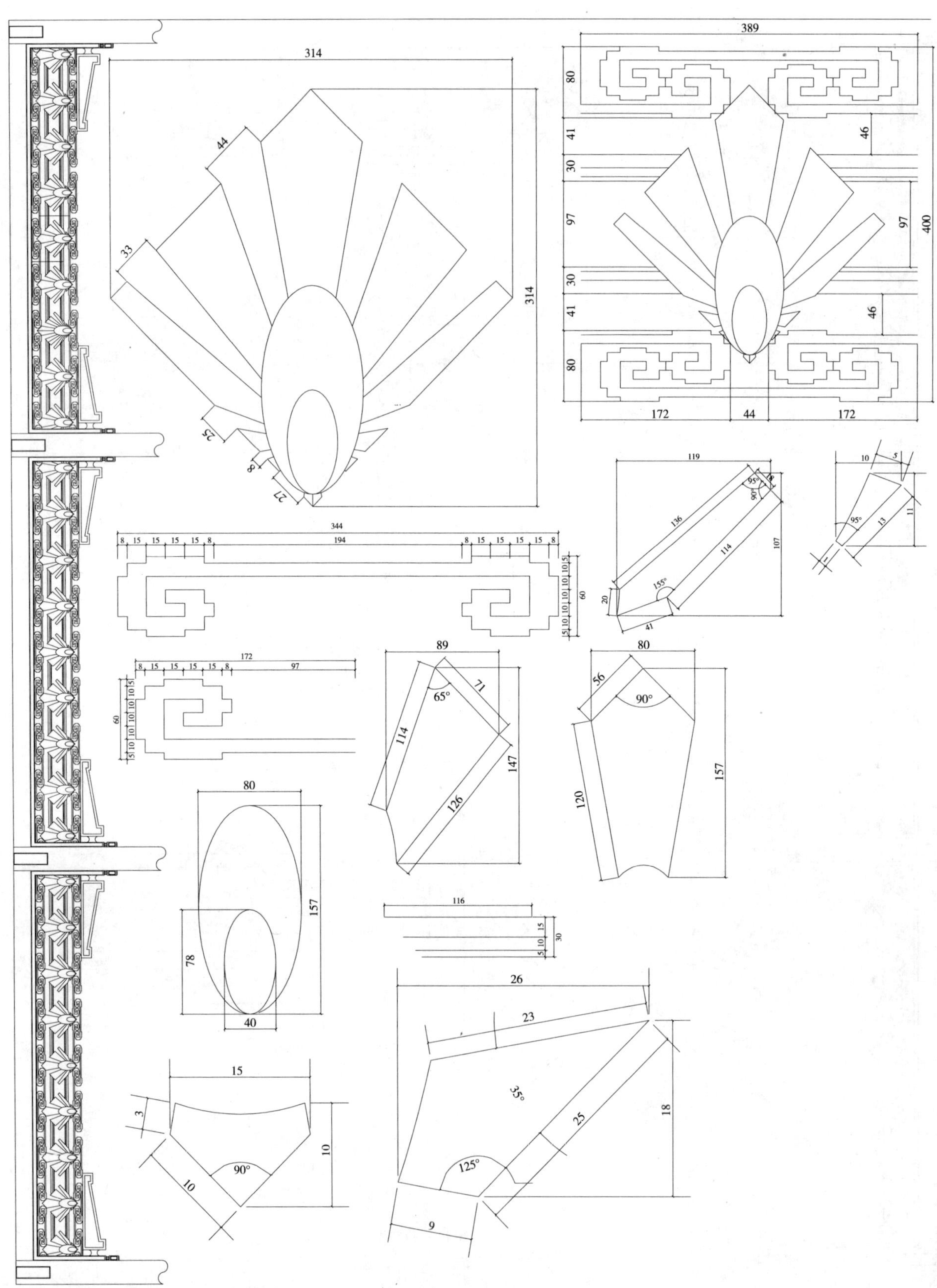
314
44
33
314
25
8
27
389
80
41
30
97
30
41
80
46
97
400
46
172
44
172
344
8 15 15 15 15 8
194
8 15 15 15 15 8
60
119
136
114
107
155°
95°
90°
20
41
10
5
95°
13
11
172
8 15 15 15 15 8
97
60
89
65°
71
114
147
126
80
56
90°
120
157
80
157
78
40
116
30
15
10
5
26
23
35°
25
18
125°
9
15
3
90°
10
10

660
45
310
45
400
295
71
295
125
77
43
96
58
19
295
77
124
10
10
400
644
322
64
15
15
15
34
215
194
21
26
17
194
215
15
34
15
15
62
61
125
175
18
400
149
75
150
74

644
124
90°
88
10
10
400
71
107
177
89
54
644
20
37
98
98
152
10
156
10
400
90°
10
10
105
166
229
224
10
10

210
420
114
130
140
114
130
400
130
10
10
75
210
35
70
5
35
100
90°
100
35
36
43
90°
50

1680
400
30
30
840
400

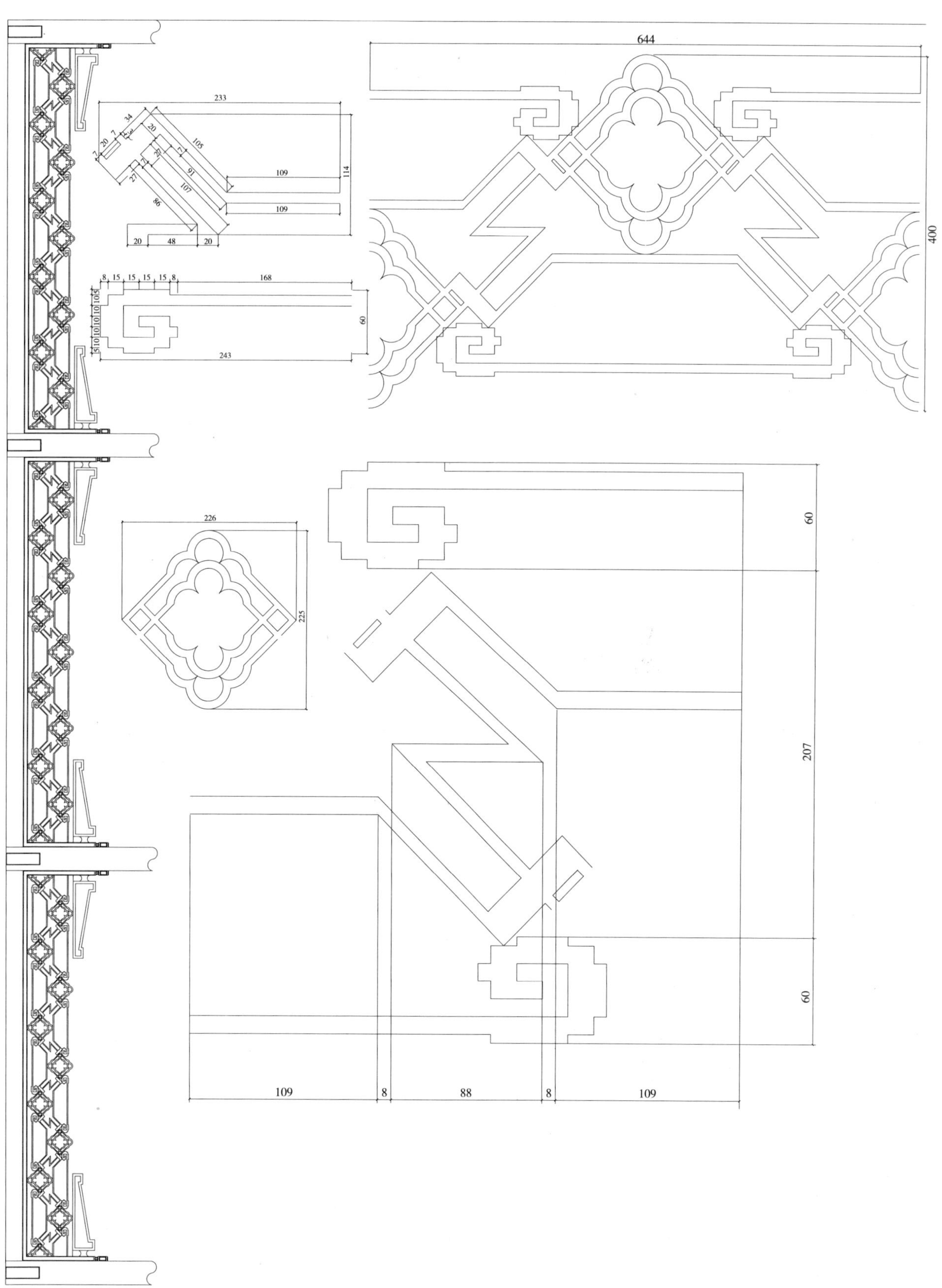
644
400
233
114
109
109
105
91
107
86
20
48
20
168
243
60
226
225
60
207
60
109
8
88
8
109

790
108
123
399
108
395
399
395
399
246
246
133
170
65
80
15
27
14
125
5

752
401
313
124
314
311
16
14
200
314
400
10
10
140
7
9
90
60
R33
37
R16
6
28
20
20
199
275
33

1611
400
806
400
403
108
50
86
50
108
400
50
50
50
50
50
50
50
50
50
50
50
50
50
50

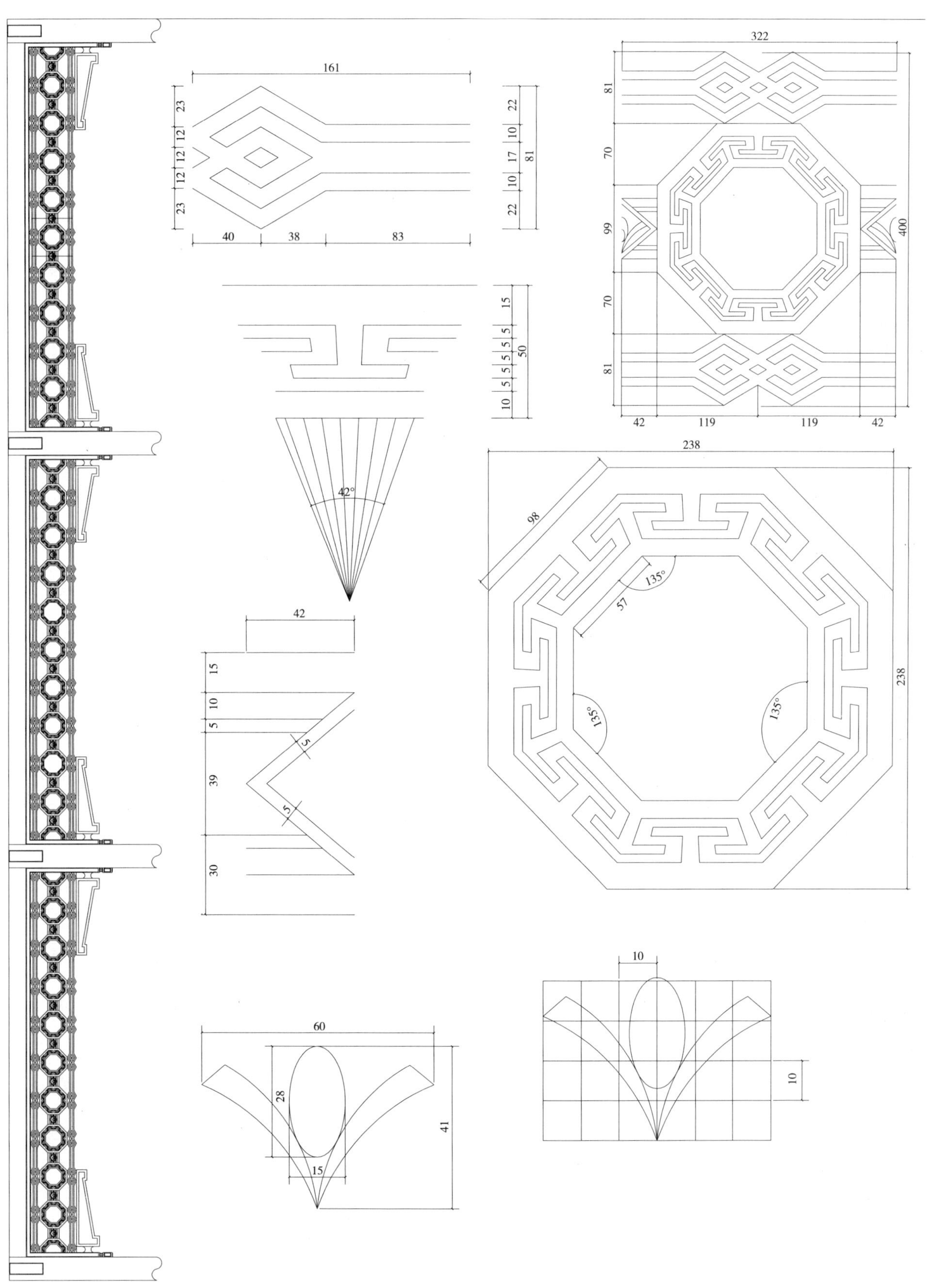
161
23
12
12
12
23
40
38
83
22
10
17
10
22
81
15
5
5
5
5
5
10
50
42°
42
15
10
5
5
39
5
30
60
28
15
41
322
81
70
99
70
81
400
42
119
119
42
238
98
135°
57
135°
135°
238
10
10

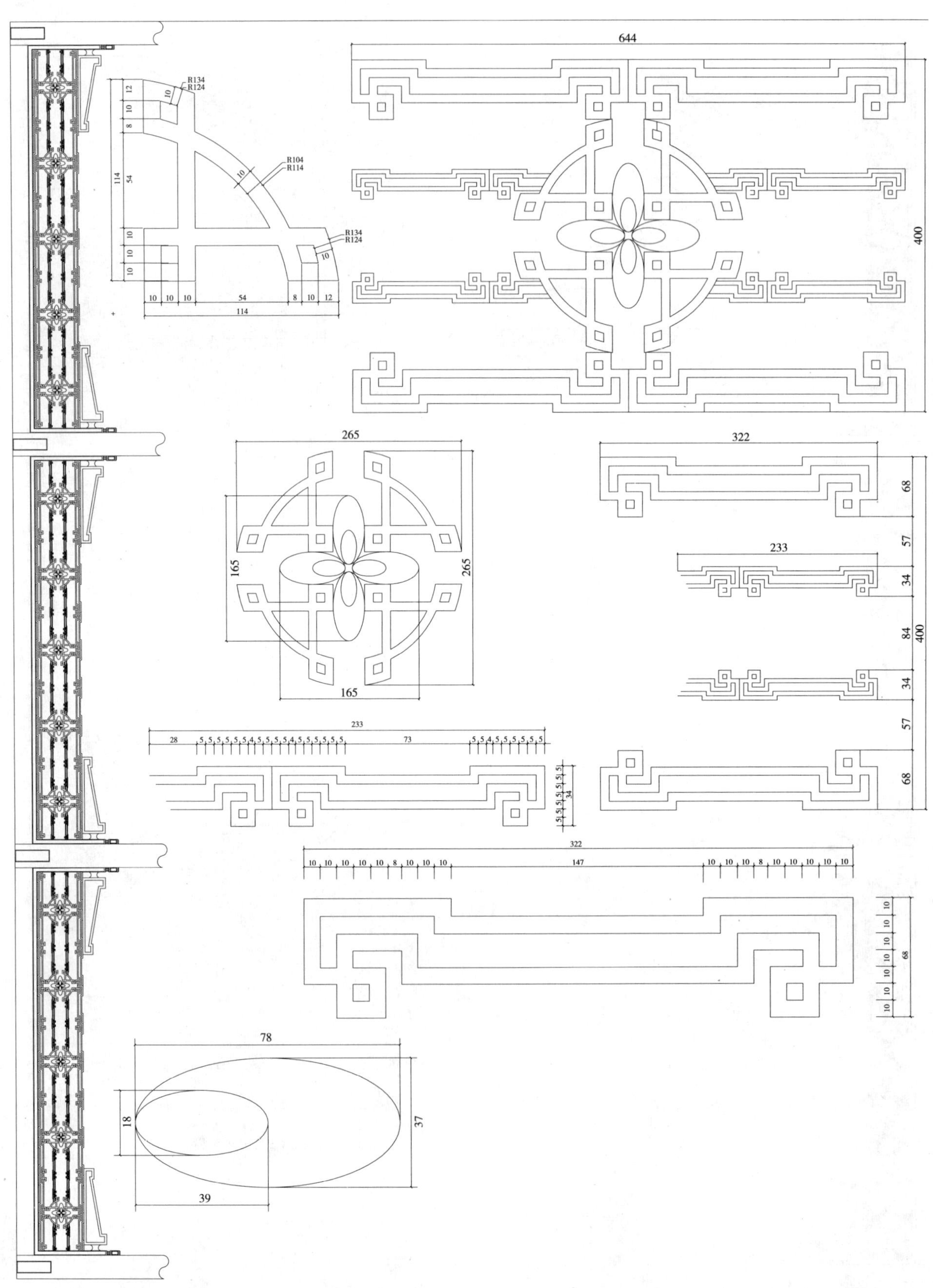
644
400
R134
R124
R104
R114
114
54
265
165
322
233
68
57
34
84
147
78
18
37
39

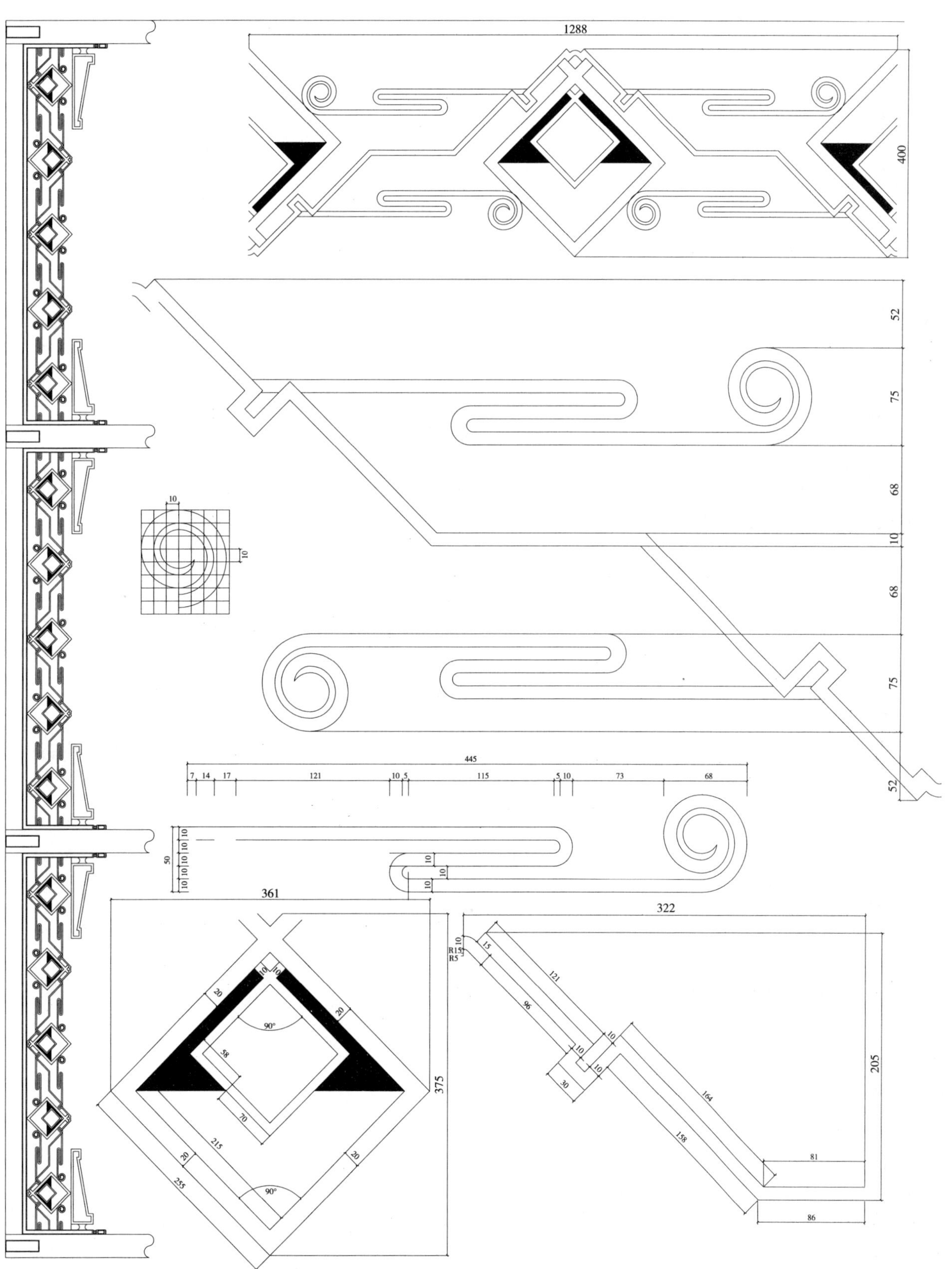
1288
400
52
75
68
10
68
75
52
445
7 14 17 121 10 5 115 5 10 73 68
50
361
375
322
205
81
86
255
215
90°

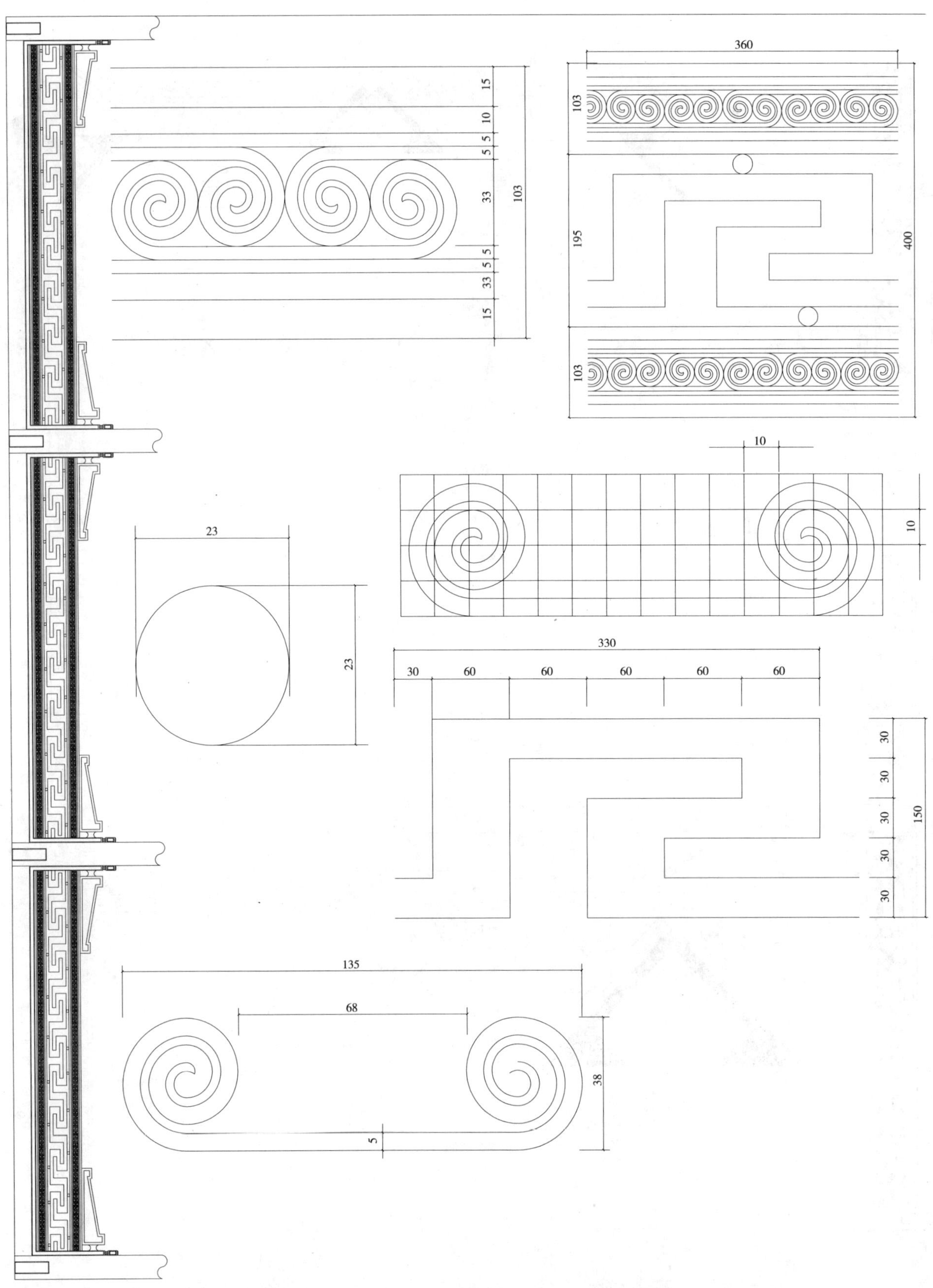
15
10
5 5
33
103
5 5
5 5
33
15
360
103
195
400
103
10
10
23
23
330
30
60
60
60
60
60
30
30
30
30
30
150
135
68
38
5

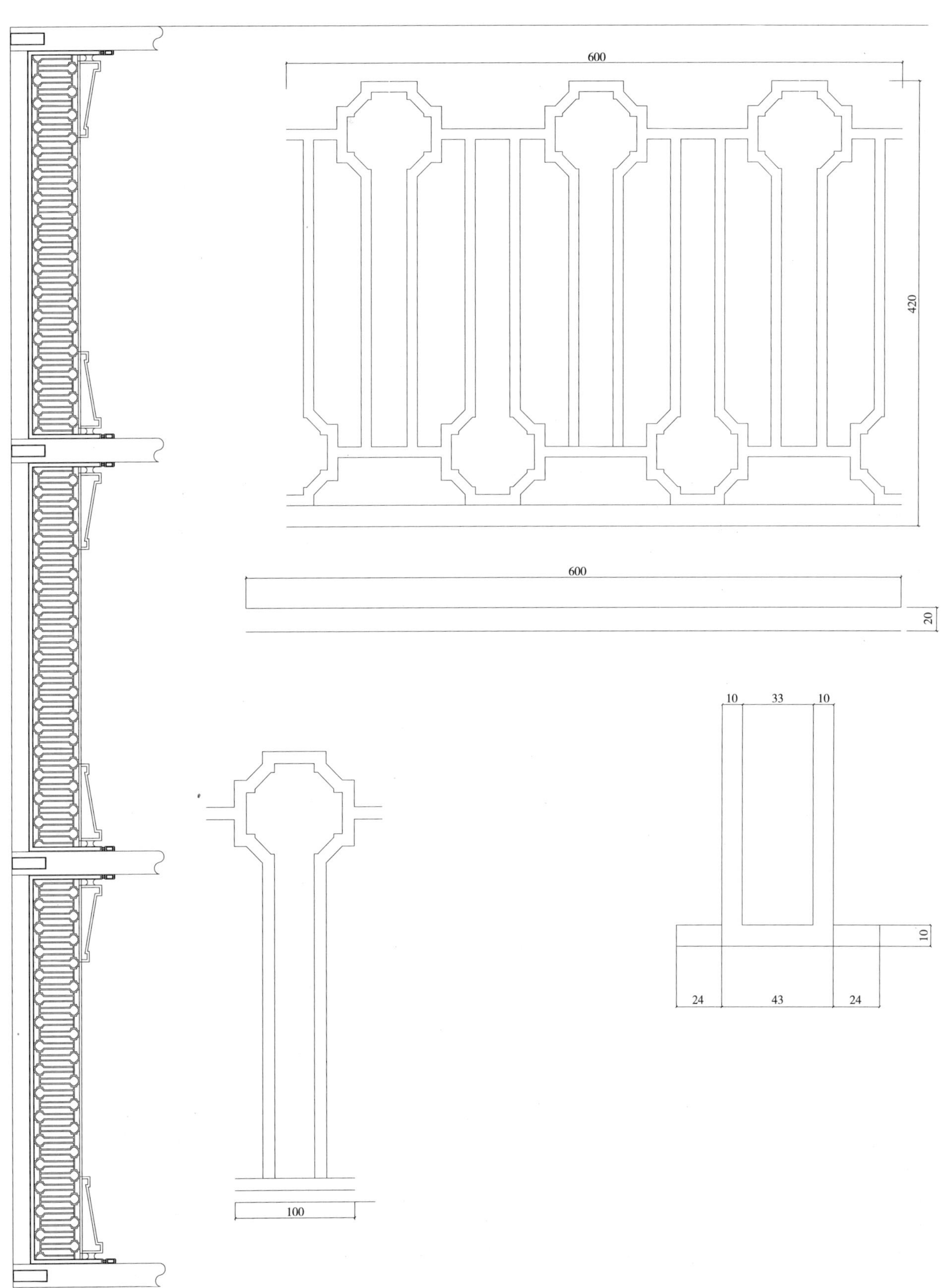
600
420
600
20
10
33
10
10
24
43
24
100

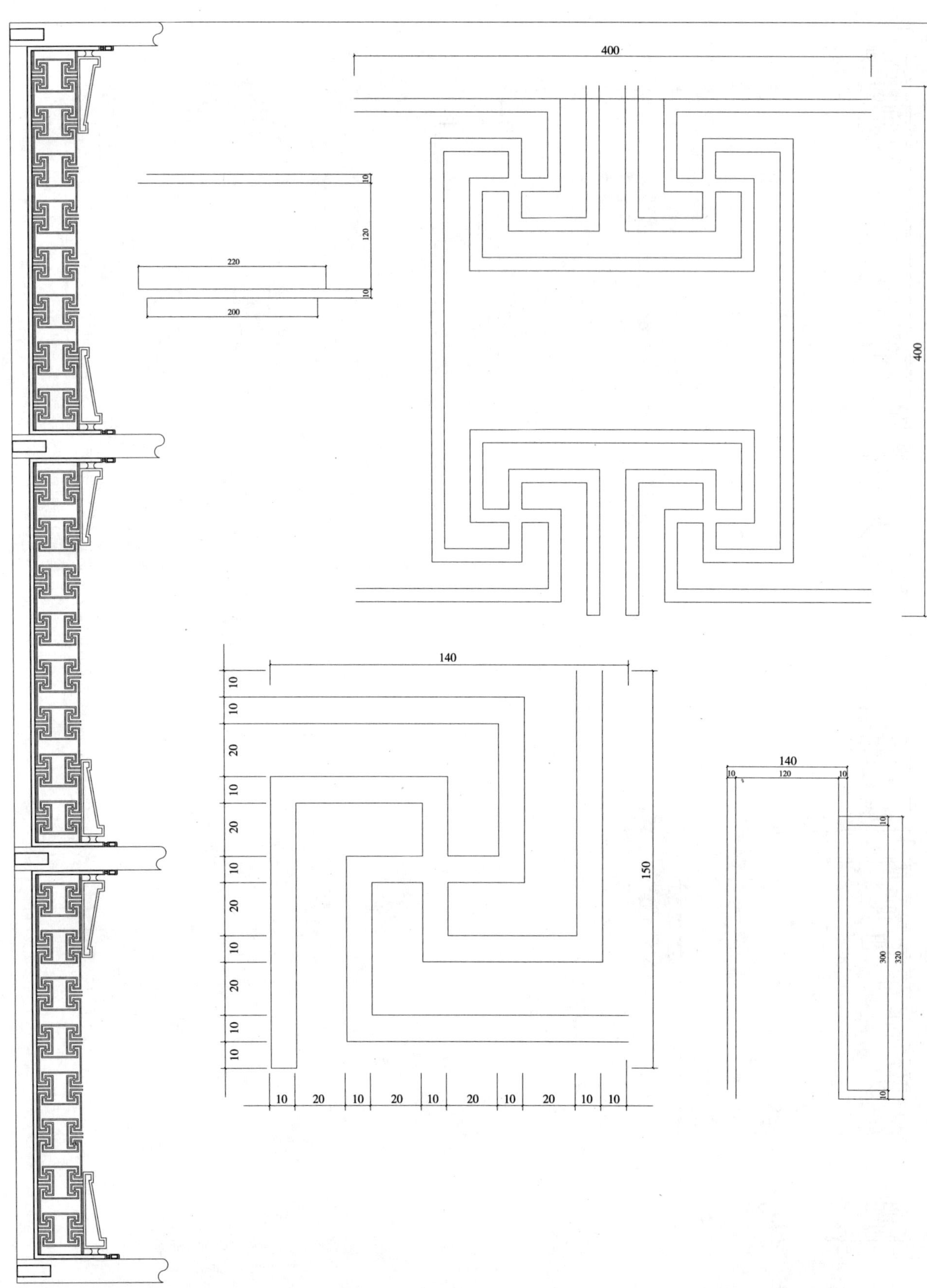
400
400
10
120
10
220
200
140
10
10
20
10
20
10
20
10
20
10
10
150
10 20 10 20 10 20 10 20 10 10
140
10 120 10
10
300
320
10

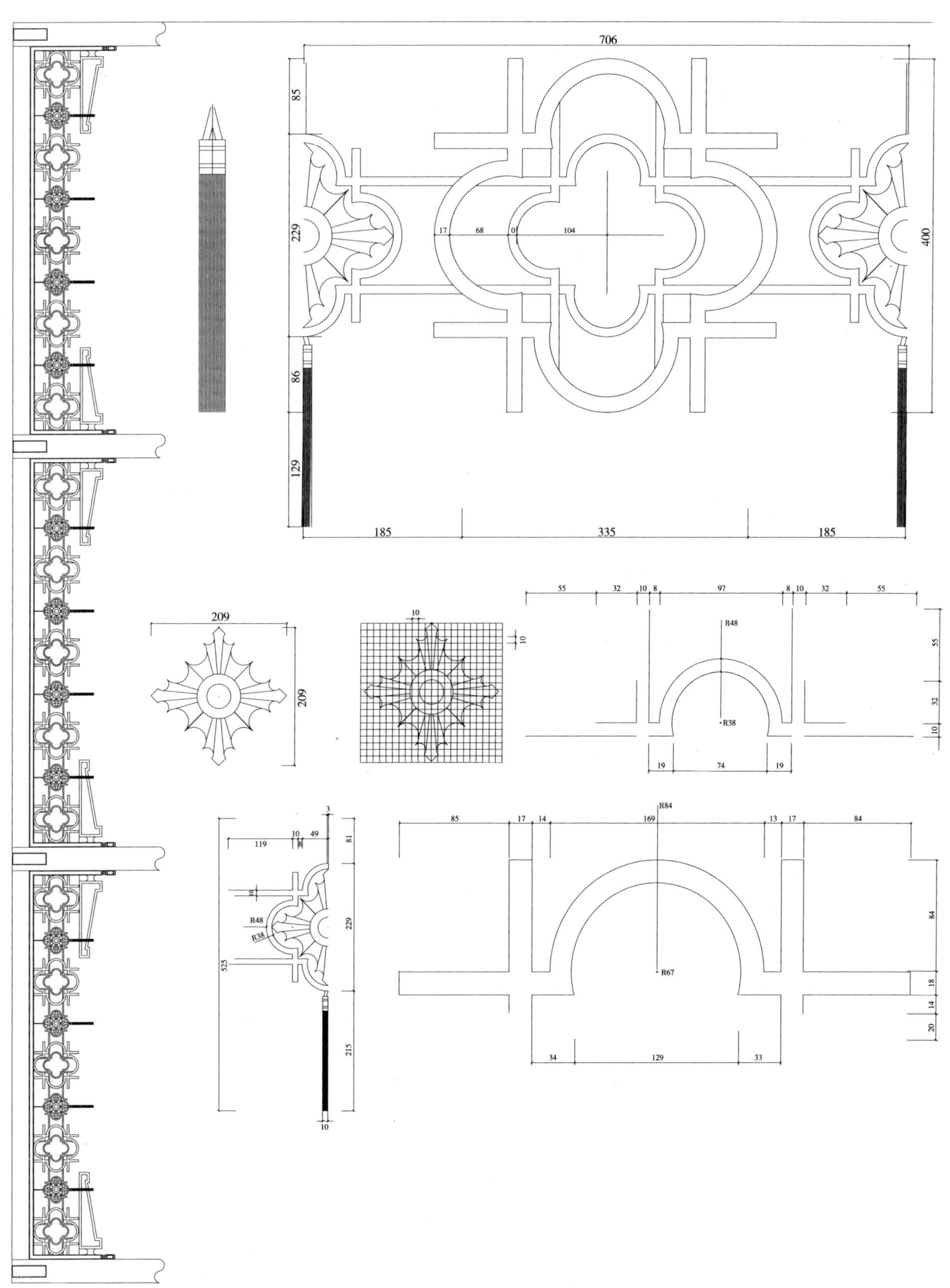
706
85
229
400
86
129
17
68
104
185
335
185
209
209
10
10
55
32
10
8
97
8
10
32
55
R48
R38
19
74
19
3
10
49
119
81
R48
R38
229
525
215
10
85
17
14
169
13
17
84
R84
R67
18
14
20
34
129
33

713
300
50
400
300
400
50
264
186
264
150
141
71
65
90°
131
108
10
10
229
28
10
44
39
233
259
166
94
84
28
76
300
28
84
167
55
73
39
10
64
84
10
84
83
94
261
186
186
167
84
15
15
59
73
56
10
R18
R28
56
10
10

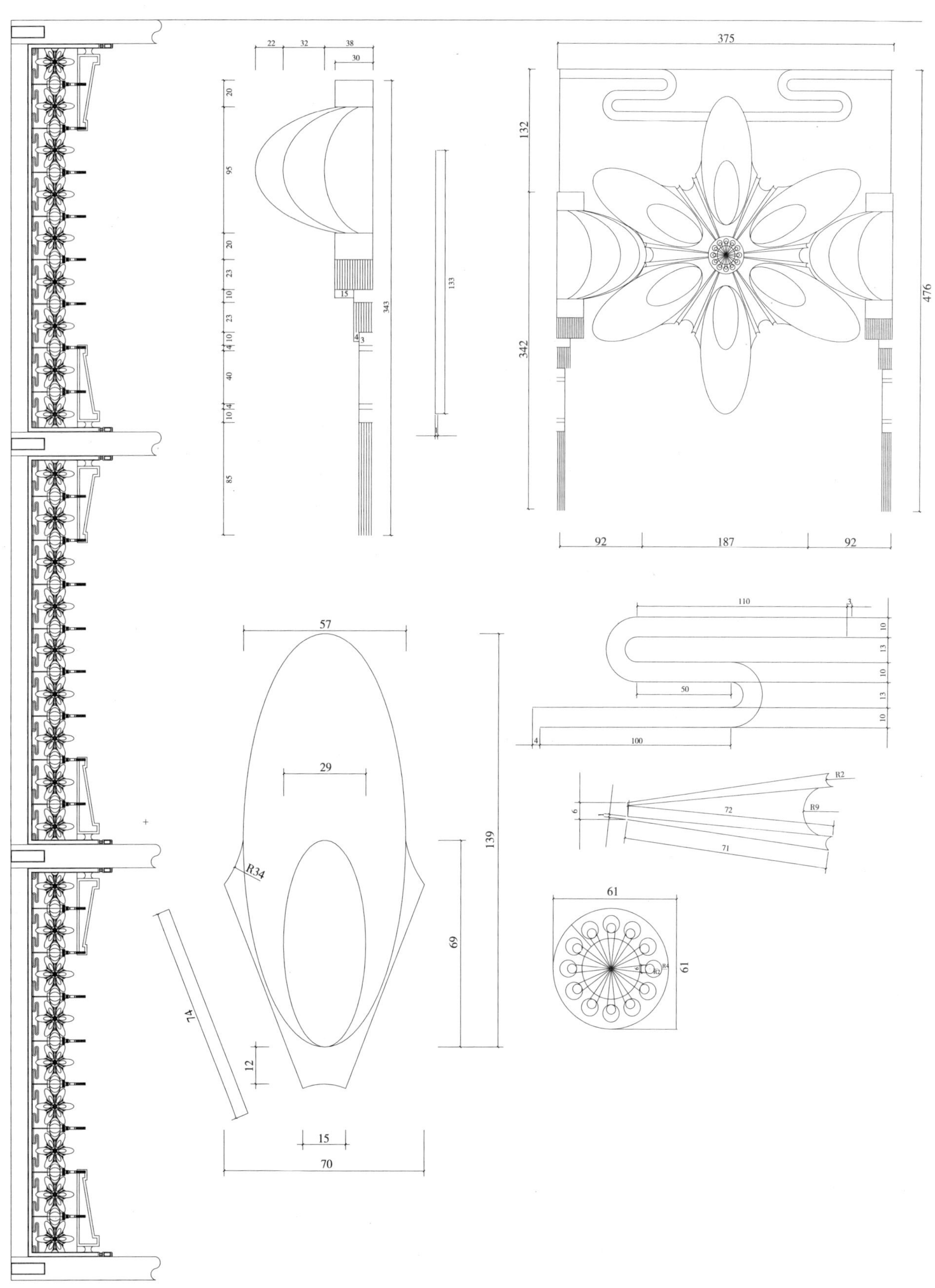
22
32
38
30
20
95
20
23
10
23
10
4
40
4
10
85
15
4
3
343
133
375
132
342
476
92
187
92
110
3
10
13
10
13
10
50
4
100
57
29
R34
139
69
74
12
15
70
R2
6
72
R9
71
61
61

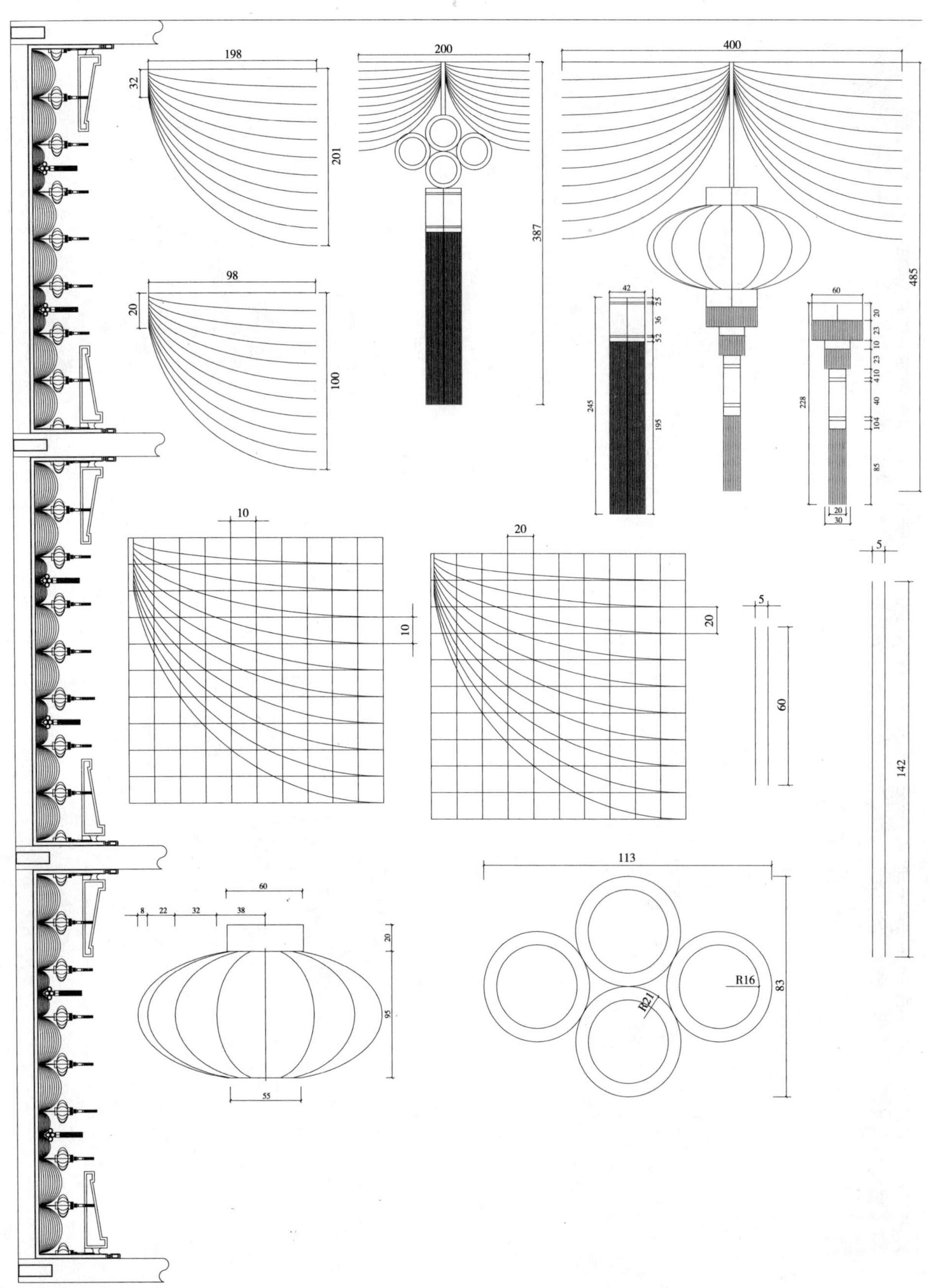
198
32
201
98
20
100
200
387
400
485
42
25
36
52
245
195
60
20
23
10
23
410
40
104
228
85
20
30
10
10
20
20
5
60
5
142
113
R16
R21
83
60
8
22
32
38
20
95
55

705
93
214
93
401
296
114
296
10
10
186
145
296
64
64
5
60°
215
110
15
5 10
110
10
10
124
72
5
52
5
5
52
5

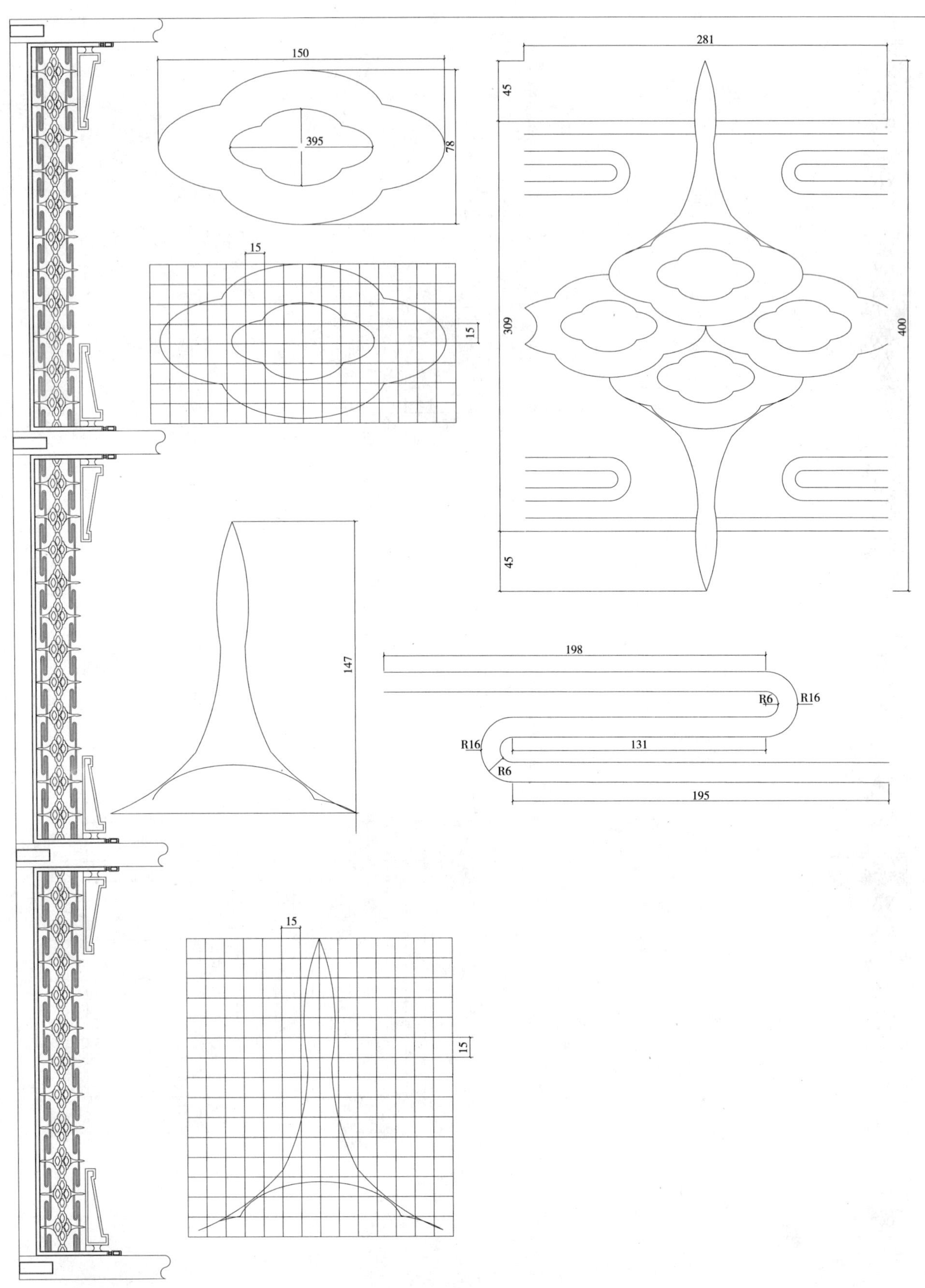

150
395
78
15
15
281
45
309
400
45
147
198
R6
R16
R16
131
R6
195
15
15

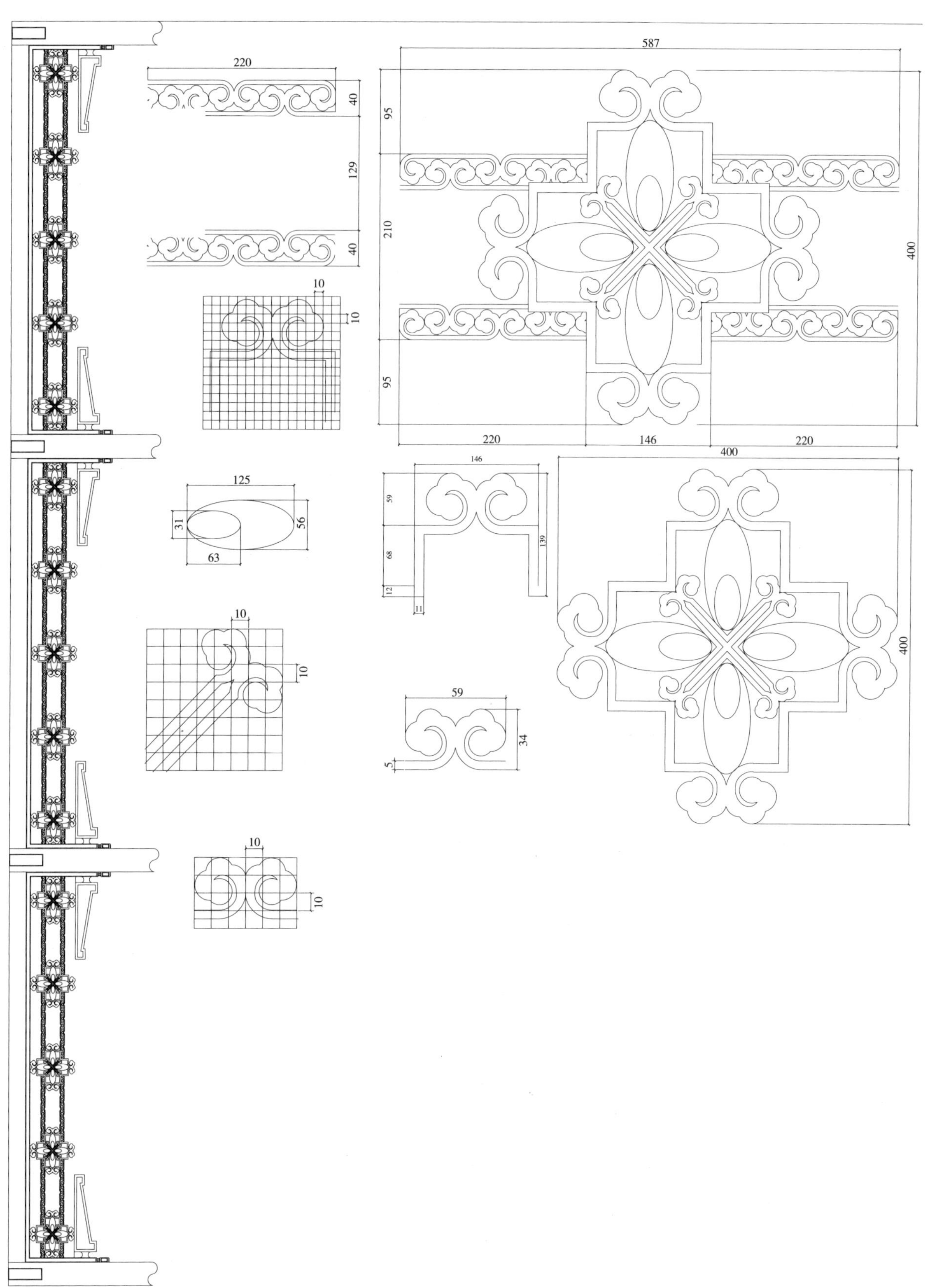
220
40
129
40
95
210
95
587
400
220
146
220
10
10
125
31
56
63
146
59
68
12
11
139
400
400
10
10
59
34
5
10
10

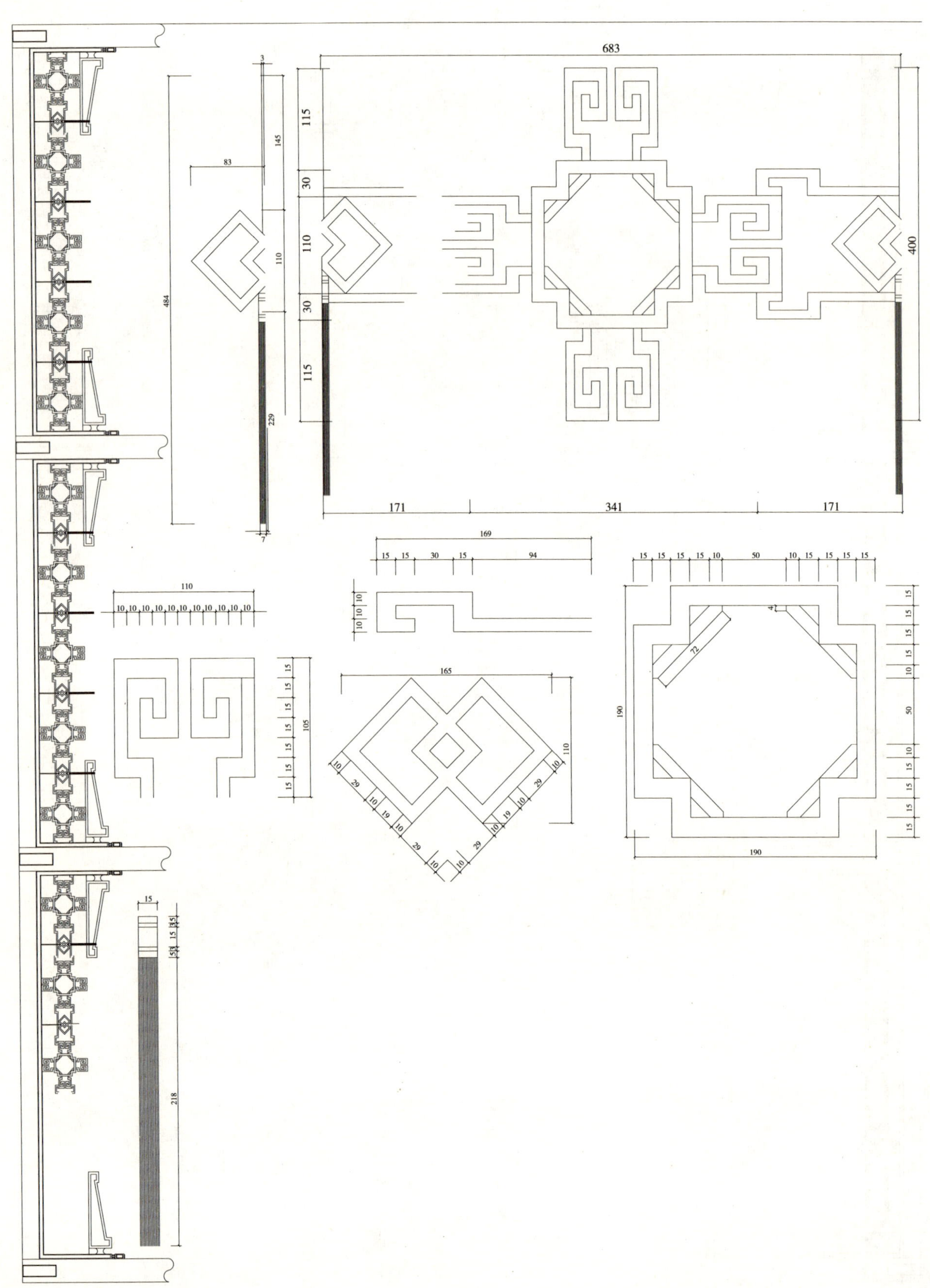
683
115
30
110
30
115
400
171
341
171
145
83
110
484
229
3
7
169
15 15 30 15 94
10 10 10
110
10 10 10 10 10 10 10 10 10 10 10
105
15 15 15 15 15 15 15
165
110
10 29 10 19 10 29 10
10 29 10 19 10 29 10
15 15 15 15 10 50 10 15 15 15 15
190
190
72
4
15 15 15 15 10 50 10 15 15 15 15
15
5 15 15 15
218

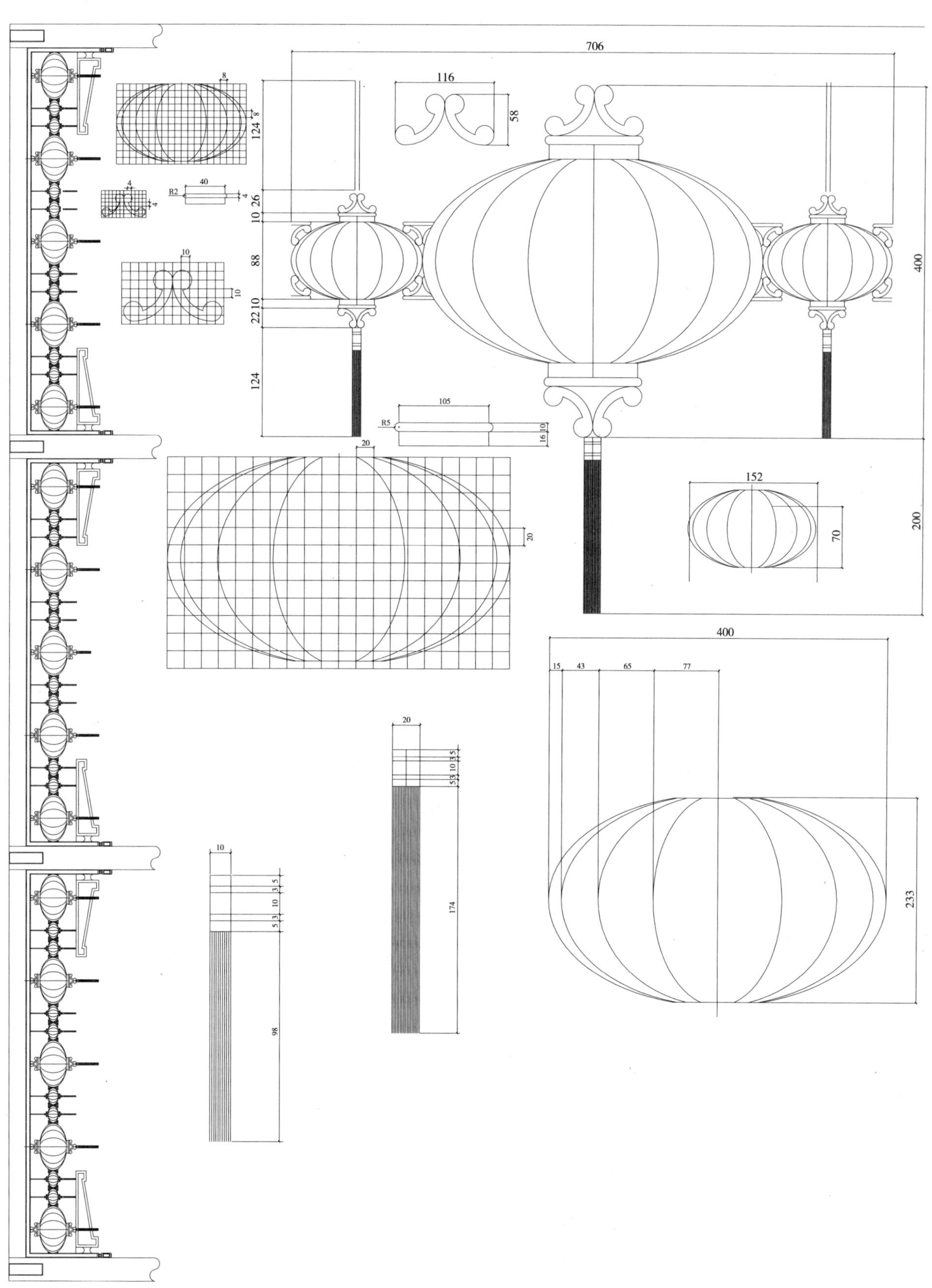
706
116
58
124
8
4
R2
40
26
10
88
22
124
400
105
R5
16
20
152
70
200
400
15
43
65
77
233
174
98

133
249
151
225
713
399
10
10
144
220
514
400
10
10
40
40
10
10

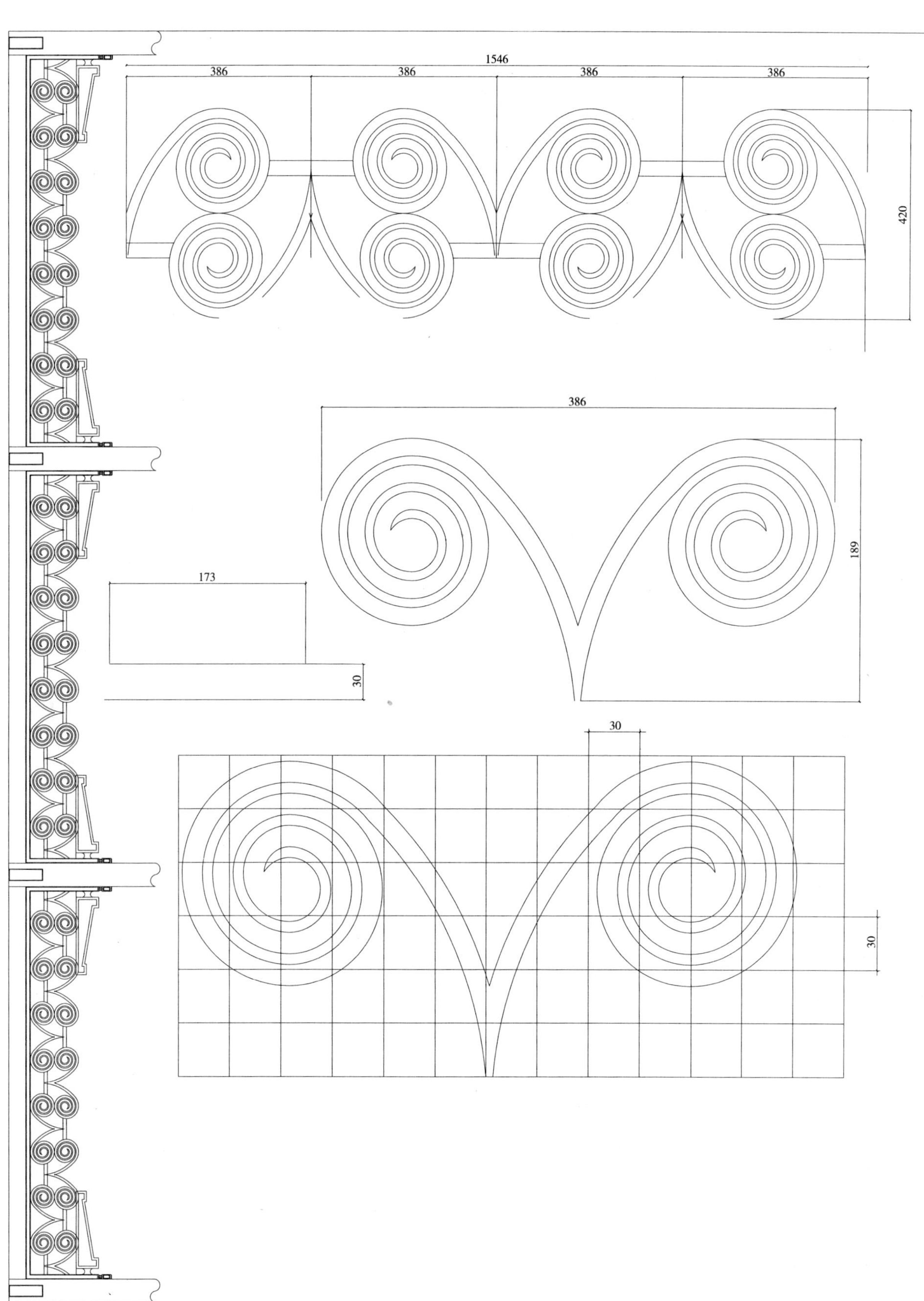
1546
386
386
386
386
420
386
189
173
30
30
30

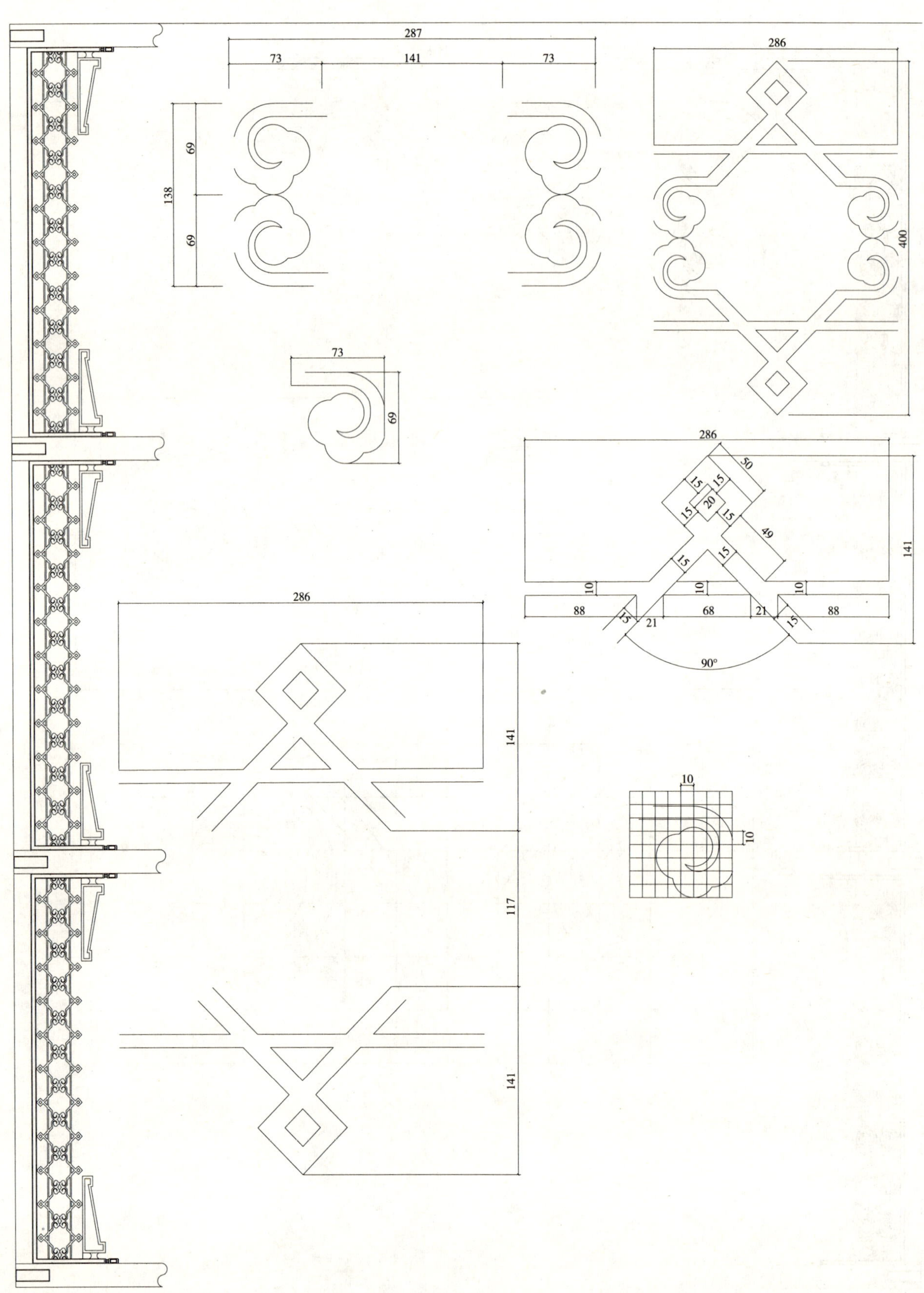

287
73
141
73
138
69
69
286
400
73
69
286
50
15
15
20
15
15
49
15
15
141
10
10
10
88
68
21
88
15
21
21
15
90°
286
141
117
141
10
10

705
69
261
400
69
252
201
252
400
252
75
97
79
95
71
261
95
400
53°
134
150
201
34
50
17
17
50
34
34
50
17
17
50
34
201

1490
400
745
745
745
47
38
297
258
172
31
400
372
100
172
100
484
51
64
62
129
62
64
51
31
31
31
94
186
216
15
15

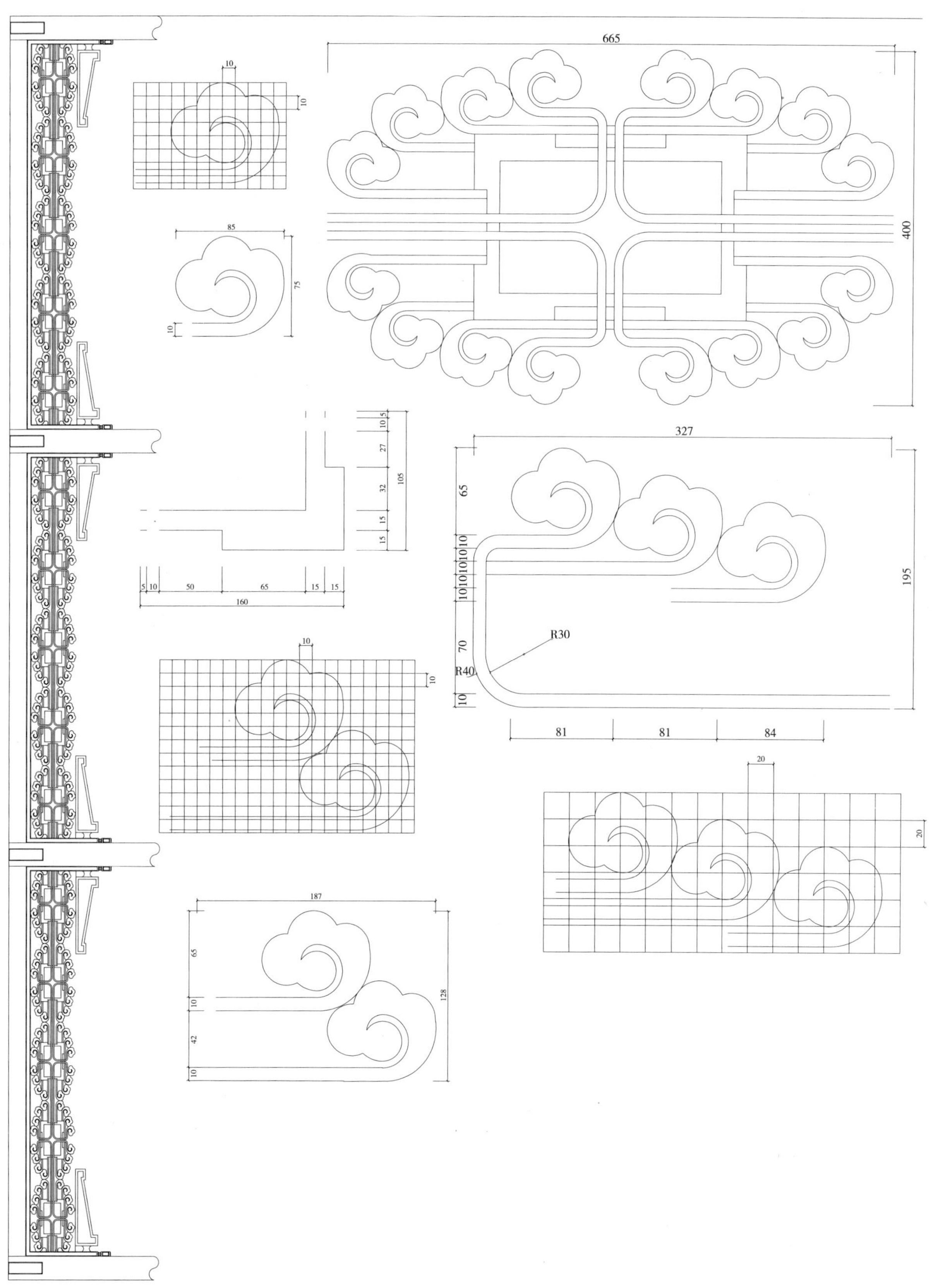
665
400
10
10
85
75
10
5
10
27
32
105
15
15
5 10 50 65 15 15
160
327
65
10
10
10
10
10
10
195
70
R30
R40
10
81 81 84
10
10
20
20
187
65
10
128
42
10

149
20
20
83
20
20
90°
20
20
83
20
20
400
574
400
292
138
125
400
138
118
138
20
85
61
64
82
292
118
138
10
10

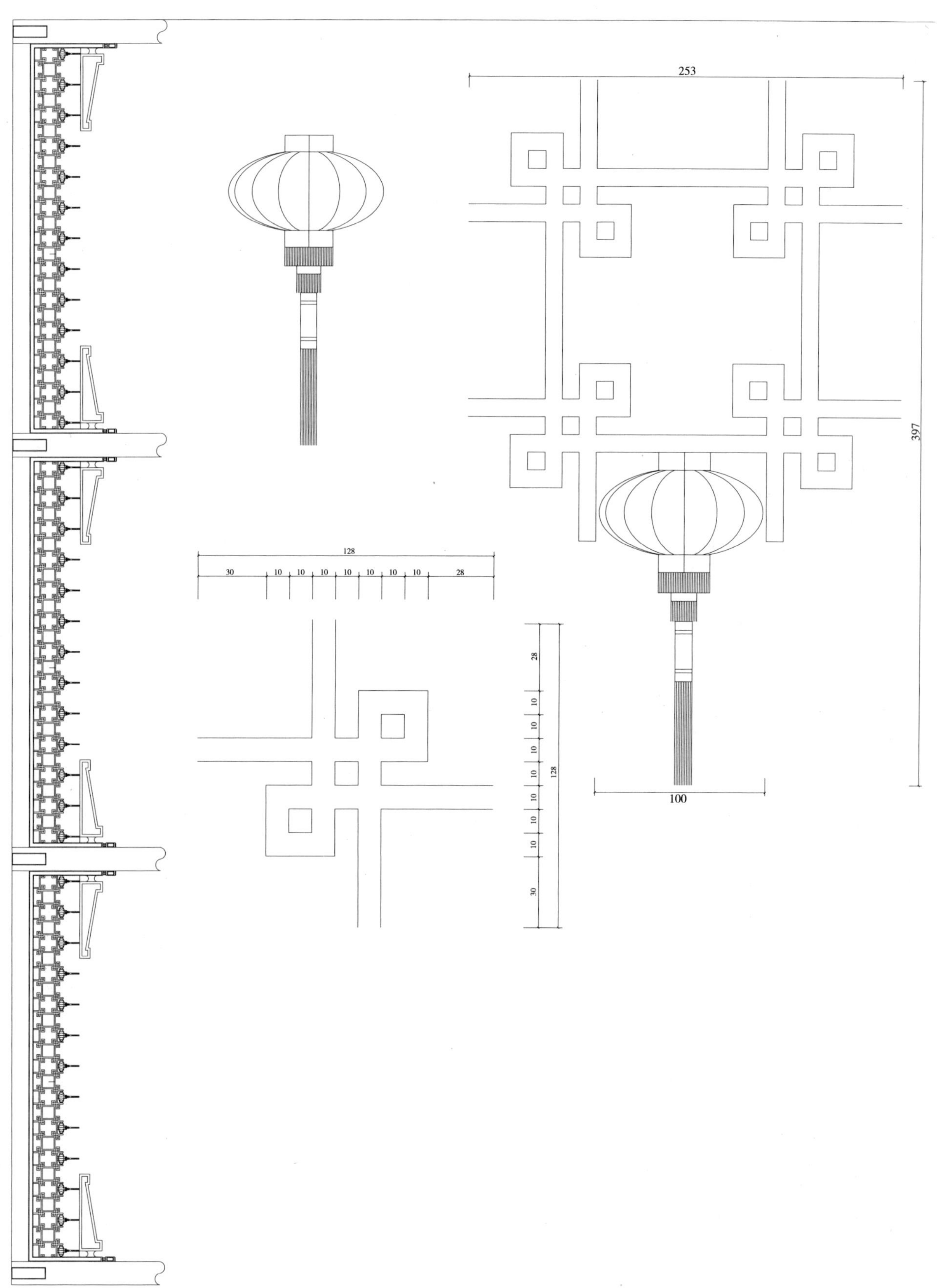
253
397
100
128
30
10
10
10
10
10
10
10
28
128
28
10
10
10
10
10
10
10
30

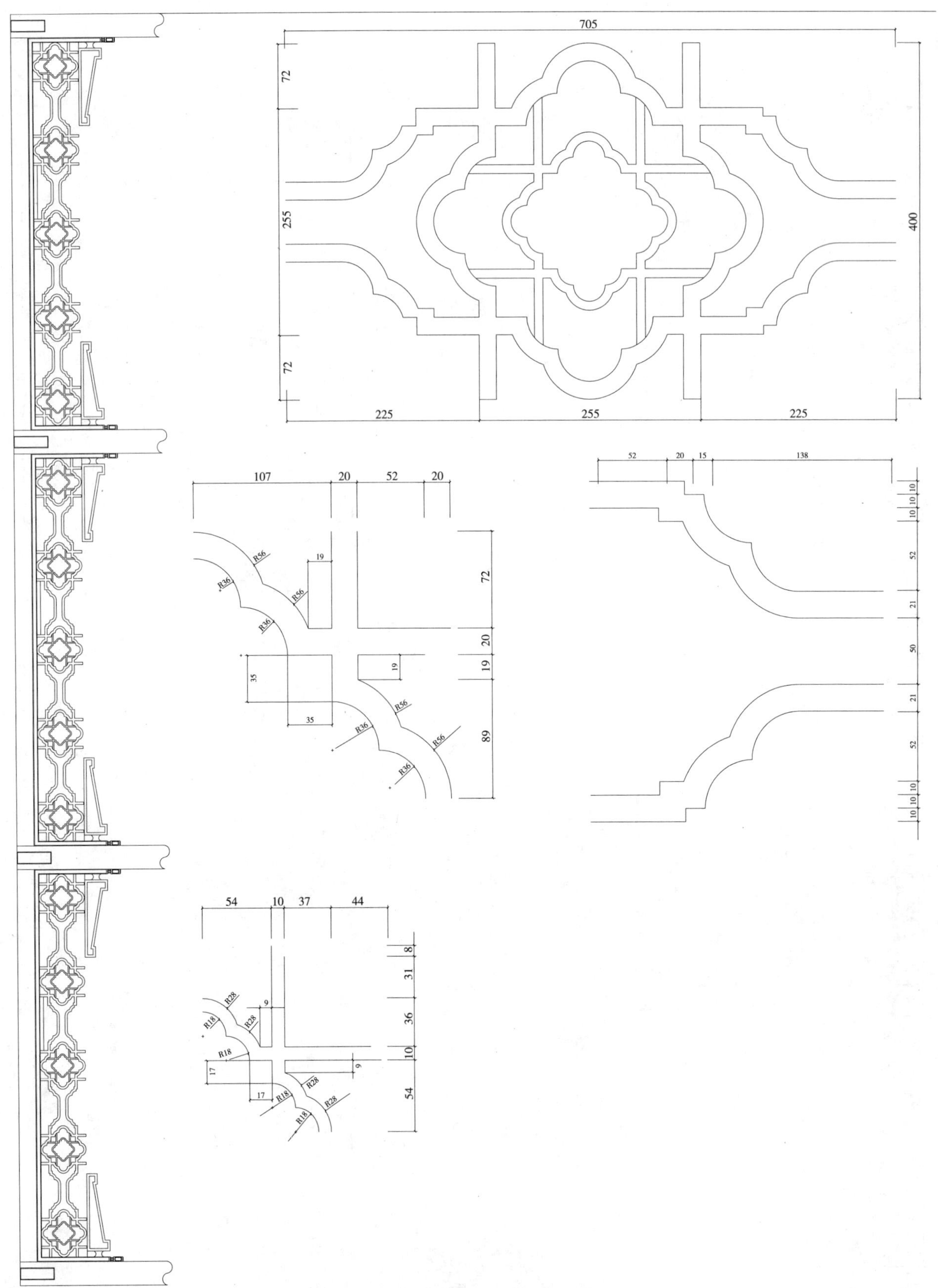
705
72
255
72
400
225
255
225
107
20
52
20
19
R56
R36
R56
R36
72
20
19
19
35
35
R56
R36
R56
R36
89
52
20
15
138
10
10
10
52
21
50
21
52
10
10
10
54
10
37
44
8
31
36
10
54
R28
R18
R28
9
R18
17
17
R18
R28
R18
R28
9

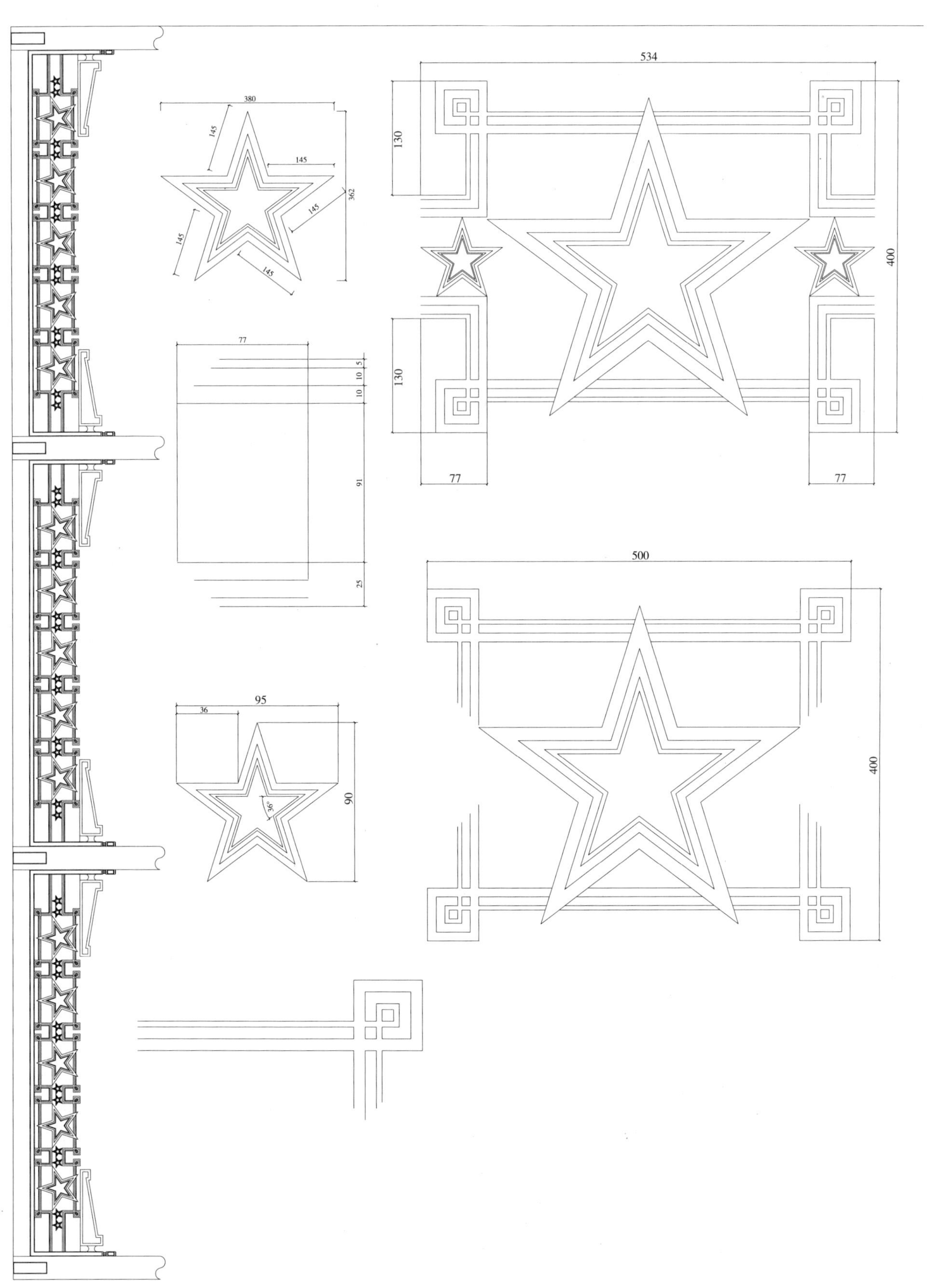
380
145
145
362
145
145
145
534
130
400
130
77
77
77
5
10
10
91
25
500
400
95
36
90
36°

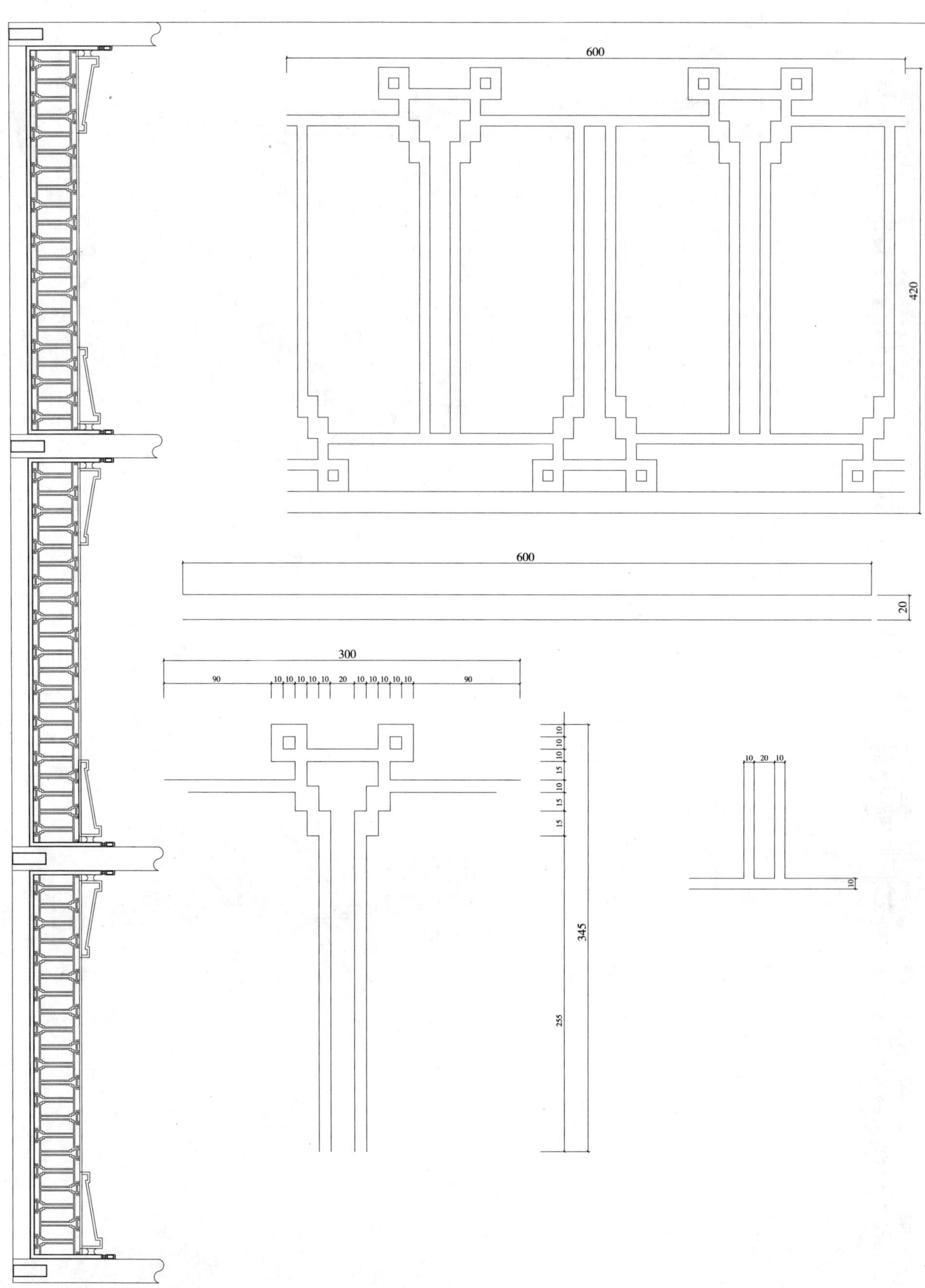
600
420
600
20
300
90
10 10 10 10 10 20 10 10 10 10 10
90
10 10 10 15 10 15 15
345
255
10 20 10
10

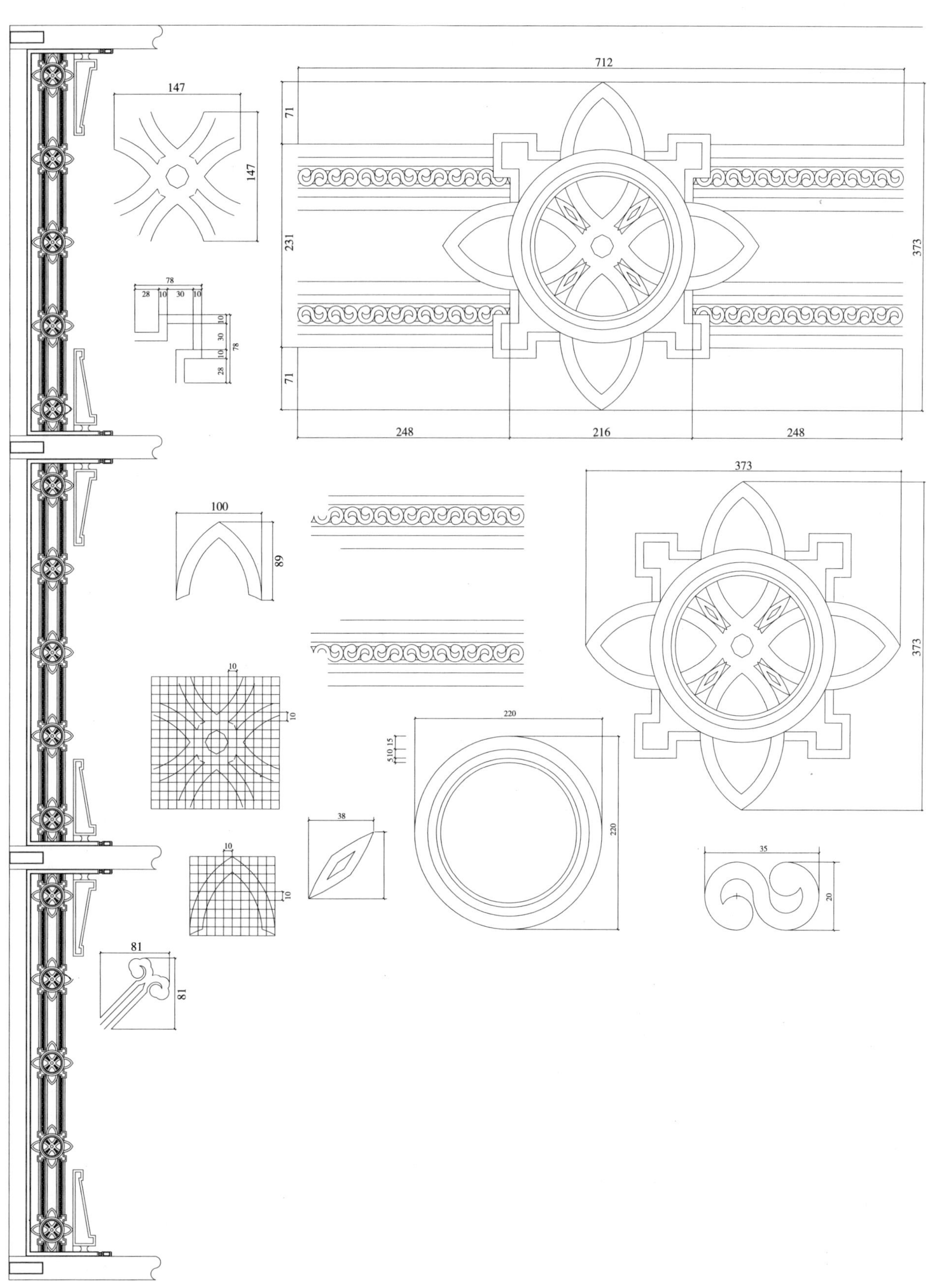
712
71
231
373
71
248
216
248
147
147
78
28
10
30
10
10
30
10
28
78
100
89
373
373
10
10
220
220
5 10 15
38
10
10
35
20
81
81

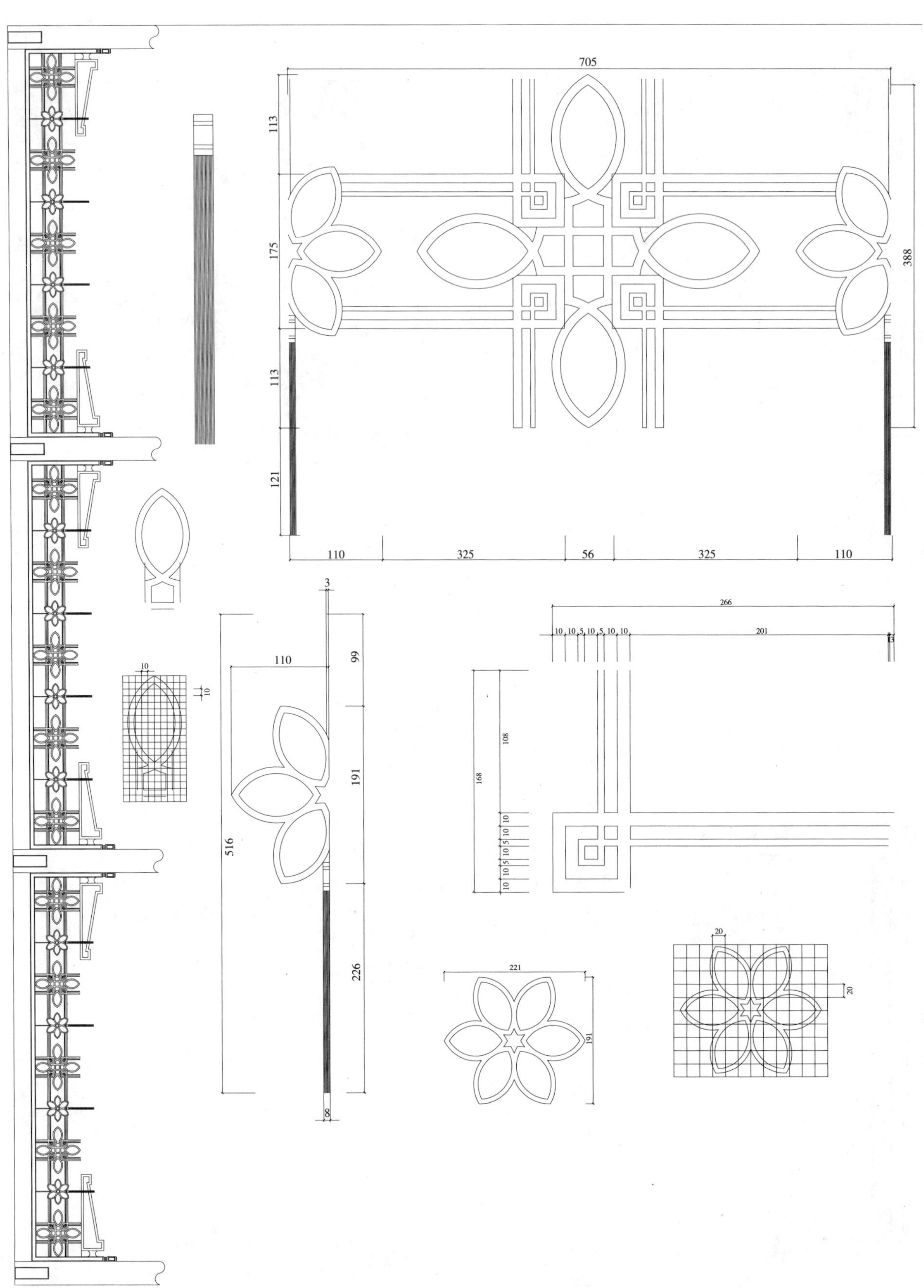
705
113
175
113
121
388
110
325
56
325
110
3
110
99
191
516
226
8
266
10 10 5 10 5 10 10
201
13
168
108
10
10
5
10
5
10
10
221
191
20
20
10
10

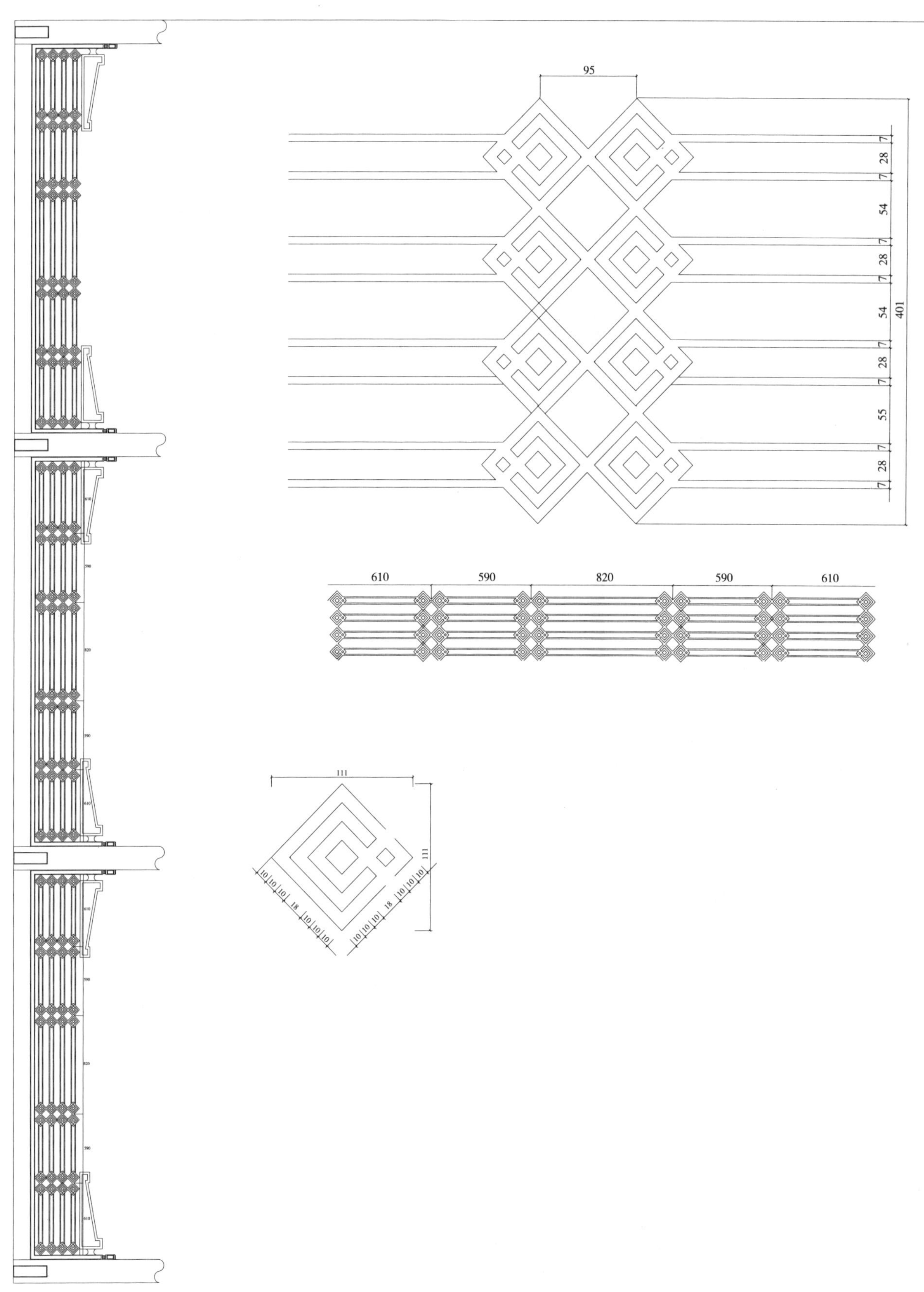
95
7
28
7
54
7
28
7
54
401
7
28
7
55
7
28
7
610
590
820
590
610
111
111
10
10
10
18
10
10
10
10
10
10
18
10
10
10

1375
400
1375
241
168
278
278
168
241
76
47
154
47
76
400
279
324
30
30

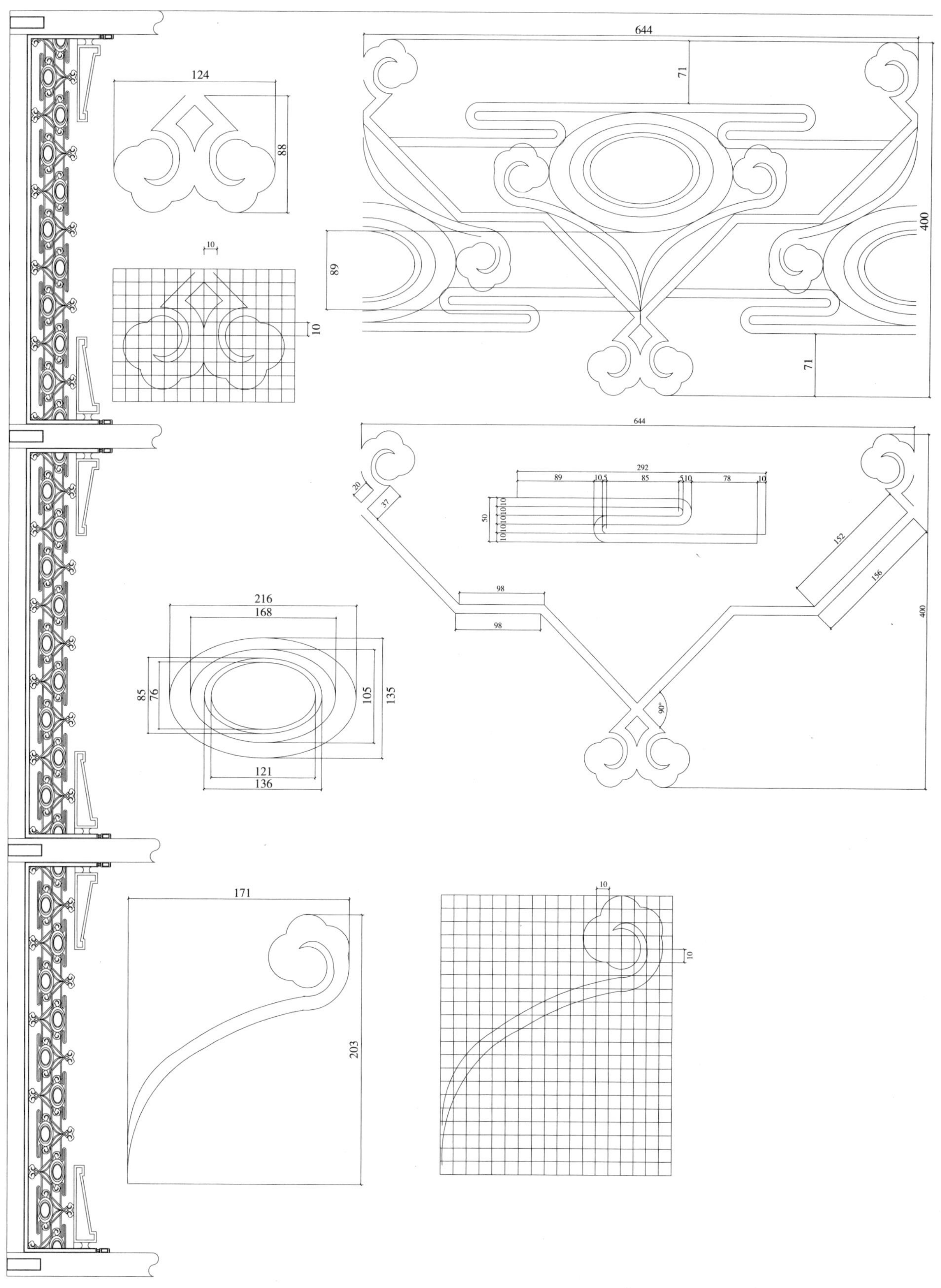
124
88
10
10
89
644
71
400
71
644
292
89
10.5
85
5
10
78
10
50
20
37
98
98
152
156
400
90°
216
168
85
76
105
135
121
136
171
203
10
10